工程材料學

(第五版)

楊榮顯　編著

全華圖書股份有限公司

序言

本書內容主要是以大專機械、材料及相關工程科系為對象，而適合於做為「工程材料」、「機械材料」等課程之教材書。同時亦可提供從事於機械、材料、鑄造、熱處理等方面之研究及工程技術人員作為研讀之書籍。

工程材料目前在工業之各種不同領域上扮演著舉足輕重之關鍵性角色，舉凡航太、汽車、機械等業界無不投入龐大的人力與物力在新材料或材料機能改善之研究與發展上，以提昇其產品之各種性質與功能，方可在競爭激烈的世界性市場上保持領先的地位。所以研讀工程材料學最主要之目的是要瞭解各種工程材料之種類及其性質與特徵，以便擁有選擇最恰當的材料並使用於最適宜之處的能力！

本書首先介紹金屬材料學的基礎理論，如金屬的組織、結晶構造、平衡狀態圖及差排理論、強化機構等，以便使讀者能建立清晰而穩固的理論觀念。接著為金屬材料各論，包括鋼鐵之製造、組織與熱處理、碳鋼、合金鋼、鑄鐵等鋼鐵材料學，以及使用日愈廣泛的鎂合金、鋁合金及鈦合金等輕金屬材料。接著介紹在先端工業及民生工業上日漸普及而且重要性愈形顯著的陶瓷材料、聚合體及複合材料。

本書所用名詞，均以部頒「機械工程名詞」及「材料科學名詞」為準；部份習慣及特殊新名詞則採用通俗譯名，並附原文以茲對照。書中之單位亦儘可能採用全世界正在推行的國際單位(SI)，並於附錄中節錄有常用的硬度對照表及鋼鐵材料規格，以供參考使用。

本書中標示有"*"記號之章節，可視教學需求及進度僅作彈性介紹或參考。

在編纂本書時，參考了許多中外書籍及期刊，並引用了許多的圖表、照片等，僅在此向那些著作者致深忱的謝意。此外，在編纂期間亦由於獲得筆者之鑄造研究室多位同學的幫忙，方能順利完成，亦在此一併致上誠摯的謝意！

本書係於課餘編著而成，雖經細心再三校對，疏漏之處在所難免，敬祈各位讀者先進不吝指正，俾再版時得以修正，不勝感幸！

日本材料工學博士　楊榮顯　謹識

於逢甲大學機械材料實驗室

編輯部序

「系統編輯」是我們的編輯方針，我們所提供給您的，絕不只是一本書，而是關於這門學問的所有知識，它們由淺入深，循序漸進。

目前材料在工業之各種不同領域上扮演著舉足輕重的關鍵性角色，故本書分別將金屬材料學的基礎理論及使用日趨廣泛的鋁合金、鈦合金、陶瓷材料、聚合體及複合材料作一一的介紹，相信您研讀此書後，必可使您瞭解各種工程材料之種類及其特性與特徵。本書適合大專機械、材料及相關工程科系之「工程材料」、「機械材料」課程使用，亦可提供從事於機械、材料、鑄造、熱處理等方面之研究及業界工程技術人員作研讀之書籍。

同時，爲了使您能有系統且循序漸進研習相關方面的叢書，我們以流程圖方式，列出各有關圖書的閱讀順序，以減少您研習此門學問的摸索時間，並能對這門學問有完整的知識。若您在這方面有任何問題，歡迎來函連繫，我們將竭誠爲您服務。

相關叢書介紹

書號：0552405
書名：金屬材料對照手冊
(含各國標準)(第六版)
編著：理工科技顧問有限公司
張印本、楊良太、徐沛麒
陳鴻元、張記逢、郭海單
黃慧婷、邱柏榮
橫 16/1056 頁/950 元

書號：0268701
書名：物理冶金(第三版)(修訂版)
英譯：劉偉隆、林淳杰、曾春風
陳文照
16K/1048 頁/790 元

書號：0624201
書名：金屬熱處理－原理與應用
編著：李勝隆
16K/568 頁/570 元

書號：0398301
書名：機械材料實驗(第二版)
編著：雷添壽、林本源、溫東成
16K/288 頁/320 元

書號：0561502
書名：工程材料科學(第三版)
編著：劉國雄、鄭晃忠、李勝隆
林樹均、葉均蔚
16K/784 頁/750 元

書號：0593102
書名：工程材料科學(第三版)
編著：洪敏雄、王木琴、許志雄
蔡明雄、呂英治、方冠榮
盧陽明
16K/548 頁/600 元

◎上列書價若有變動，請以
最新定價為準。

流程圖

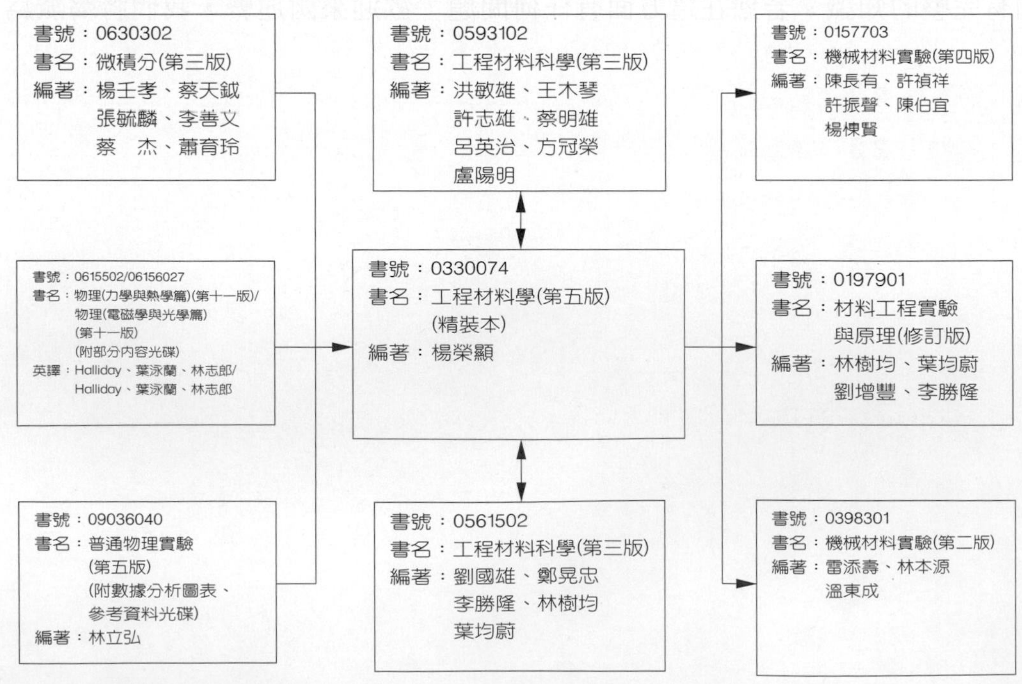

書號：0630302
書名：微積分(第三版)
編著：楊壬孝、蔡天鉞
張毓麟、李善文
蔡 杰、蕭育玲
書號：0615502/06156027
書名：物理(力學與熱學篇)(第十一版)/
物理(電磁學與光學篇)
(第十一版)
(附部分內容光碟)
英譯：Halliday、葉泳蘭、林志郎/
Halliday、葉泳蘭、林志郎
書號：09036040
書名：普通物理實驗
(第五版)
(附數據分析圖表、
參考資料光碟)
編著：林立弘
書號：0593102
書名：工程材料科學(第三版)
編著：洪敏雄、王木琴
許志雄、蔡明雄
呂英治、方冠榮
盧陽明
書號：0330074
書名：工程材料科學(第五版)
(精裝本)
編著：楊榮顯
書號：0561502
書名：工程材料科學(第三版)
編著：劉國雄、鄭晃忠
李勝隆、林樹均
葉均蔚
書號：0157703
書名：機械材料實驗(第四版)
編著：陳長有、許禎祥
許振聲、陳伯宜
楊棟賢
書號：0197901
書名：材料工程實驗
與原理(修訂版)
編著：林樹均、葉均蔚
劉增豐、李勝隆
書號：0398301
書名：機械材料實驗(第二版)
編著：雷添壽、林本源
溫東成

目錄

CONTENTS

附　錄

1 金屬與合金概論

現今之機械、汽機車、航太等基礎及先端工業之領域上，所使用之材料絕大部份是所謂的金屬材料(Metal material)，實際上就是金屬與合金之總稱。金屬材料由於擁有良好的強度、硬度、延性、耐久性、塑性變形能力等各種優良性質，因此用途非常廣泛。一般工業上所使用的金屬材料大都是合金，以純金屬狀態被使用之情形較少。

1.1 金屬及合金之定義

金屬(Metal)通常擁有下列特性：具有高導熱與導電度，不透明但拋光後具光澤，通常較重且易加工成形。在化學特性方面，能與氧結合而生成鹼性氧化物，並且會形成氯化物。

合金(Alloy)是指在一種金屬中加入一種或一種以上之金屬或非金屬後，所形成的具有金屬性質的物質。工業上之使用，合金遠較純金屬爲多。**純金屬**(Pure metal)是指理論上擁有100%純度之金屬元素，但實際上欲煉製出純粹的金屬元素事實上迄今仍是不可能的，通常所謂的純金屬也一定含有微量的第二種或以上之成分在內；以此意義來說，現今所使用的所有金屬將其稱之爲合金亦不爲過。在經由礦石冶煉過程中無法去除的微量成分，或者是在冶煉過程所混入的成分，稱之爲**不純物**或**雜質**(Impurity)；然而若爲了使其擁有某些特殊性質而特意添加的成分元素則將其稱之爲**添加元素**(Addition element)，以示區別，因其意義完全不同。

合金依其成分金屬之種類，可分爲二元合金、三元合金、四元合金……等，分別是指由二種、三種、四種……成分所製成的合金。例如黃銅(Brass)爲銅和鋅、青銅(Bronze)爲銅和錫、矽鋁明(Silumin)爲鋁和矽的二元合金；鎳銀(Nickle silver)則爲銅、鋅和鎳，γ-矽鋁明則爲鋁、矽和鎂的三元合金等。

1.2 金屬及合金之通性

一般而言，金屬及合金具有下述共通特性：

(1) 固體時爲結晶組織。

(2) 不透明且具金屬光澤。

(3) 爲電與熱之良導體。

(4) 具有很大的塑性變形能力。

金屬當中例如Fe、Cu、Al等是同時具備上述四個特性，但亦有無法同時滿足者，此時則將其稱之爲**半金屬**(Semi-metal)如Si、Se、Te等。

金屬之所以具有上述特性，經研究結果得知，乃是由於其構成金屬結晶之原子構造及原子的結合方式所導致。

1.3 原子構造

欲闡述原子構造及其本質是非常困難的問題，除非是利用以量子力學爲基礎的數學式才可獲得正確的理解。但若是以概念性觀點而言，原子的構造是以帶有正電荷的**原子核**(Nucleus)爲中心，在其周圍則有與其原子的**原子序數**(Atomic number)具相同數目而帶有負電荷的電子(Electron)循著圍繞原子核的軌道在運動，對整個原子而言可考慮爲呈中性狀態。原子核是由**質子**(Proton)與**中子**(Neutron)二種粒子所構成，質子帶有陽電荷，其帶電量與電子的帶電量($e = 4.80\times10^{-10}$ esu)相等。中子是不帶電荷的，其質量與質子的質量(1.672×10^{-24} g)幾乎相同。電子的質量爲 9.107×10^{-28} g，約爲質子質量的 1/1840，所以可說原子的質量有 99.95%是集中在原子核內。原子的大小，其直徑約爲10^{-8} cm(＝Å，Angstrom稱爲**埃**)，而位於原子中心之原子核，其直徑約爲10^{-12}～10^{-13} cm 程度，所以僅爲原子直徑的1～10萬分之一左右。

構成原子核內之質子的數目若爲P，中子的數目若爲N時，則原子核的帶電量即爲P×e，而在原子核周圍運動的電子之數目即爲P個，因此將P稱之爲**原子序數**(Atomic number)。P與N之和若爲A時，此A與以質子的質量爲單位時測得的原子核之質量的大小相對應，將A＝P＋N稱之爲**質量數**(Mass number)。將P相同而A不同的原子稱爲**同位素**(Isotope)，因此對於同一原子，若其原子核的構造相異時，以$^{A}_{P}X$或$_{P}X^{A}$來表示，在此X爲元素符號。

原子核外圍的電子，在核的周圍運動而不喪失其能量。每一個電子所具有的能量皆被量子化，並且僅能擁有特定的能量值。所以，電子是在此能量值所對應的特定軌道上運動。也就是說，電子擁有之能量是由所謂的**主量子數**(The principal quantum number)n，**第二量子數**(The second quantum number)l，又稱爲**軌道量子數**；**第三量子數**(The third quantum number)m，又稱爲磁氣量子數；第四量子數(The fourth quantum number)s，又稱**旋轉方向量子數**等四個量子數來規定的。電子是從最靠近原子核的低階能量軌道開始排列，因爲每個軌道所能容納的電子數目是有規定的，所以當某一軌道被電子所排滿時，其多出的電子即進入較外層的較高階能量軌道依序排列，並運行於各軌道上。此外，所謂**包里原理**(Pauli postulate)是指無任兩個電子具有相同的四個量子數。

所有元素其軌道之**電子配置**(Electron configuration)如表1.1所示。位於最外層之電子，因爲距原子核最遠，所以原子核對其拘束力弱，其能量狀態較容易發生變化，因此這些最外層的電子，對於其原子的化學性質之影響是關係最深的電子群。此外，最外層之電子數目將決定其原子之原子價，所以將此電子群稱爲**"價電子"**(Valence electron)。

惰性元素(Inert element)之 Ne、Ar、Kr、Xe、Rn 其最外層之電子數目皆爲8，此最外層(Shell)由於被電子所塡滿而形成所謂**"閉合層"**(Closed shell)。金屬原子一般而言其最外側軌道上只有1個或2個，最多亦只有3個電子。

表 1.1 元素之電子配置

原子序數	元素	電子配置	原子序數	元素	電子配置
1	H	1s	37	Rb	[Kr]5s
2	He	$1s^2$	38	Sr	[Kr]$5s^2$
3	Li	[He]2s	39	Y	[Kr]$4d5s^2$
4	Be	[He]$2s^2$	40	Zr	[Kr]$4d^25s^2$
5	B	[He]$2s^22p$	41	Nb	[Kr]$4d^45s$
6	C	[He]$2s^22p^2$	42	Mo	[Kr]$4d^55s$
7	N	[He]$2s^22p^3$	43	Tc	[Kr]$4d^55s^2$
8	O	[He]$2s^22p^4$	44	Ru	[Kr]$4d^75s$
9	F	[He]$2s^22p^5$	45	Rh	[Kr]$4d^85s$
10	Ne	[He]$2s^22p^6$	46	Pd	[Kr]$4d^{10}$
11	Na	[Ne]3s	47	Ag	[Kr]$4d^{10}5s$
12	Mg	[Ne]$3s^2$	48	Cd	[Kr]$4d^{10}5s^2$
13	Al	[Ne]$3s^23p$	49	In	[Kr]$4d^{10}5s^25p$
14	Si	[Ne]$3s^23p^2$	50	Sn	[Kr]$4d^{10}5s^25p^2$
15	P	[Ne]$3s^23p^3$	51	Sb	[Kr]$4d^{10}5s^25p^3$
16	S	[Ne]$3s^23p^4$	52	Te	[Kr]$4d^{10}5s^25p^4$
17	Cl	[Ne]$3s^23p^5$	53	I	[Kr]$4d^{10}5s^25p^5$
18	Ar	[Ne]$3s^23p^6$	54	Xe	[Kr]$4d^{10}5s^25p^6$
19	K	[Ar]4s	55	Cs	[Xe]6s
20	Ca	[Ar]$4s^2$	56	Ba	[Xe]$6s^2$
21	Sc	[Ar]$3d4s^2$	57	La	[Xe]$5d6s^2$
22	Ti	[Ar]$3d^24s^2$	58	Ce	[Xc]$4f5d6s^2$
23	V	[Ar]$3d^34s^2$	59	Pr	[Xe]$4f^26s^2$
24	Cr	[Ar]$3d^44s^2$	60	Nd	[Xe]$4f^46s^2$
25	Mn	[Ar]$3d^54s^2$	61	Pm	[Xe]$4f^56s^2$
26	Fe	[Ar]$3d^64s^2$	62	Sm	[Xe]$4f^66s^2$
27	Co	[Ar]$3d^74s^2$	63	Eu	[Xe]$4f^76s^2$
28	Ni	[Ar]$3d^84s^2$	64	Gd	[Xe]$4f^75d6s^2$
29	Cu	[Ar]$3d^{10}4s$	65	Tb	[Xe]$4f^96s^2$
30	Zn	[Ar]$3d^{10}4s^2$	66	Dy	[Xe]$4f^{10}6s^2$
31	Ga	[Ar]$3d^{10}4s^24p$	67	Ho	[Xe]$4f^{11}6s^2$
32	Ge	[Ar]$3d^{10}4s^24p^2$	68	Er	[Xe]$4f^{12}6s^2$
33	As	[Ar]$3d^{10}4s^24p^3$	69	Tm	[Xe]$4f^{13}6s^2$
34	Se	[Ar]$3d^{10}4s^24p^4$	70	Yb	[Xe]$4f^{14}6s^2$
35	Br	[Ar]$3d^{10}4s^24p^5$	71	Lu	[Xe]$4f^{14}5d6s^2$
36	Kr	[Ar]$3d^{10}4s^24p^6$	72	Hf	[Xe]$4f^{14}5d^26s^2$

表 1.1　元素之電子配置(續)

原子序數	元素	電子配置	原子序數	元素	電子配置
73	Ta	$[Xe]4f^{14}5d^{3}6s^{2}$	90	Th	$[Rn]6d^{2}7s^{2}$
74	W	$[Xe]4f^{14}5d^{4}6s^{2}$	91	Pa	$[Rn]5f^{2}6d7s^{2}$
75	Re	$[Xe]4f^{14}5d^{5}6s^{2}$	92	U	$[Rn]5f^{3}6d7s^{2}$
76	Os	$[Xe]4f^{14}5d^{6}6s^{2}$	93	Np	$[Rn]5f^{4}6d7s^{2}$
77	Ir	$[Xe]4f^{14}5d^{7}6s^{2}$	94	Pu	$[Rn]5f^{6}7s^{2}$
78	Pt	$[Xe]4f^{14}5d^{9}6s$	95	Am	$[Rn]5f^{7}7s^{2}$
79	Au	$[Xe]4d^{14}5d^{10}6s$	96	Cm	$[Rn]5f^{7}6d7s^{2}$
80	Hg	$[Xe]4f^{14}5d^{10}6s^{2}$	97	Bk	$[Rn]5f^{9}7s^{2}$
81	Tl	$[Xe]4f^{14}5d^{10}6s^{2}6p$	98	Cf	$[Rn]5f^{10}7s^{2}$
82	Pb	$[Xe]4f^{14}5d^{10}6s^{2}6p^{2}$	99	Es	$[Rn]5f^{11}7s^{2}$
83	Bi	$[Xe]4f^{14}5d^{10}6s^{2}6p^{3}$	100	Fm	$[Rn]5f^{12}7s^{2}$
84	Po	$[Xe]4f^{14}5d^{10}6s^{2}6p^{4}$	101	Md	$[Rn]5f^{13}7s^{2}$
85	At	$[Xe]4f^{14}5d^{10}6s^{2}6p^{5}$	102	No	$[Rn]5f^{14}7s^{2}$
86	Rn	$[Xe]4f^{14}5d^{10}6s^{2}6p^{6}$	103	Lw	$[Rn]5f^{14}6d7s^{2}$
87	Fr	$[Rn]7s$	104	Ku	$[Rn]5f^{14}6d^{2}7s^{2}$
88	Ra	$[Rn]7s^{2}$	105	Ha	$[Rn]5f^{14}6d^{3}7s^{2}$
89	Ac	$[Rn]6d7s^{2}$			

1.4 原子結合方式

大半物質在固體狀態時其原子在空間是呈現規則的排列，也就是呈現結晶構結。因此，固體物質的性質會隨著其原子的結合方式而發生顯著的變化。前述之金屬的共通特性，除了因其結晶構造外，另一個根本原因即在於其原子之結合方式之故！

原子之結合方式有離子結合、共價結合、金屬結合與凡德瓦爾結合等四種，簡單說明如下：

(一) 離子結合

藉著一方的原子將其價電子移動至另一方的原子，使一方成爲陽離子而另一方成爲陰離子，由於此陰陽兩離子之間所產生的靜電引力所致之結合方式稱之爲**離子結合**(Ionic bond)，亦稱爲**異極結合**。此種結合之結晶不可能會有類似金屬般的導電性，但由於離子之移動而可呈現弱離子傳導。當受到外力作用時，不易產生塑性變形，而會發生劈開破壞。離子結合的例子為NaCl、CsCl等。

(二) 共價結合

由於鄰近原子之間共價電子之共有，使得原子相互間會產生吸引力，藉著此吸引力所產生的結合方式稱之為**共價結合**(Covalent bond)，亦稱為**同極結合**。

因為其原子間的結合力強，所以共價結合的結晶，其硬度很大，電與熱之傳導率小。共價結合之例子為鑽石、SiC等。

(三) 金屬結合

當原子間互相接近至結晶內原子間距離之程度時，最外層電子的軌道會互相重疊，因而價電子將不再被限定於特定原子的周圍，而能自由運動於結晶中。失去價電子的正離子與自由運動電子群(稱為**自由電子** Free electron)之負離子間的吸引力所導致之結合，稱之為**金屬結合**(Metallic bond)，此為金屬特有的結合方式。

金屬之特性大多數都是由於此金屬結合的特徵所導致。例如，由於自由電子的移動，因此可輸送電與熱，所以使金屬成為電與熱之良導體。而存在於表面之自由電子，可將入射光亦即電磁波予以全部反射，此即是金屬會呈現特有光澤的原因。

另外，由於自由電子群中所配例的金屬離子都是等價的，因此當受到外力作用時，若某處之結合遭破壞而滑向其他位置時，就能夠很容易的在此位置再度的結合起來，這就是金屬具有塑性變形能力的原因。

(四) 凡得瓦爾結合

例如惰性元素之Ne或Ar原子，因為其最外層軌道被電子所填滿，所以不會產生離子結合或共價結合，亦即與其他原子相化合的能力幾乎是沒有的。但是，縱然整體而言是呈中性的原子，當與其他原子相接近時，則會相互影響，使得原子核為正的電荷的中心與在原子核周圍運動的電子群之負的電荷的中心會發生不一致的情形，亦即發生分極現象。由此結果所產生的原子間之微弱吸引力所致之結合稱之為**凡得瓦爾結合**(Van der wall's bond)。因其結合力非常微弱，所以只有在原子振動小之低溫時才能實現。因此這種結合的結晶，在非常低溫時即會融解，例如固態Ar在－190℃即融解，而在－186℃時就變成氣體。

1.5 週期表

僅由一種原子所構成的物質稱爲元素。存在於自然界中的所有物質都是由週期表中所列的 105 種元素所組合而成的。將所有元素按原子序數的大小加以排列時，其化學與物理性質會呈現週期性變化，稱之爲**週期表**(Periodic table)。目前有各種型式的週期表，探討金屬元素時，表 1.2 所示的長週期型的週期表較常被採用。表中愈左邊的元素其金屬性質愈強，相反的愈右邊的元素則其非金屬性質愈強。圖中粗黑線爲金屬與非金屬的分界線，例如ⅢB 族的 B，ⅣB 族的 Si 與 Ge，ⅤB 族的 As，ⅥB 族的 Se、Te、Po 等爲同時具有金屬與非金屬性質的元素。另外在表中央部分Ⅷ族左右之各族中，有物理及化學性質皆很相似的元素，如 21Sc～28Ni，39Y～45Rh，57La～78Pt 等；對於這些元素而言，當較接近於原子核內側之軌道尚未被電子塡滿時，其較外側的軌道已優先被塡滿，所以將這些元素稱爲**過渡元素**或**過渡金屬**(Transition metal)。過渡金屬之融點與硬度都高，磁與電的性質優良，具有複雜之原子價等特徵，一般之實用金屬大部份均屬於此過渡金屬。

表 1.2　元素週期表(長週期型)

族 週期	IA 鹼族	IIA 鹼土族	IIIA 鈧族	IVA 鈦族	VA 釩族	VIA 鉻族	VIIA 錳族	VIII 鐵族(上列)，鈀族			IB 銅族	IIB 鋅族	IIIB 硼族	IVB 碳族	VB 氮族	VIB 氧族	VIIB 鹵族	O 氦族
1	1 H 氫 1.0080							(中列)，鉑族 (下列)										2 He 氦 4.0026
2	3 Li 鋰 6.939	4 Be 鈹 9.012											5 B 硼 10.81	6 C 碳 12.011	7 N 氮 14.007	8 O 氧 15.994	9 F 氟 19.00	10 Ne 氖 20.183
3	11 Na 鈉 22.99	12 Mg 鎂 24.31						過渡元素					13 Al 鋁 26.98	14 Si 矽 28.09	15 P 磷 30.974	16 S 硫 32.064	17 Cl 氯 35.453	18 Ar 氬 39.948
4	19 K 鉀 39.10	20 Ca 鈣 40.08	21 Sc 鈧 44.96	22 Ti 鈦 47.88	23 V 釩 50.94	24 Cr 鉻 52.00	25 Mn 錳 54.49	26 Fe 鐵 55.85	27 Co 鈷 58.93	28 Ni 鎳 58.71	29 Cu 銅 63.54	30 Zn 鋅 65.37	31 Ga 鎵 69.72	32 Ge 鍺 72.59	33 As 砷 74.92	34 Se 硒 78.96	35 Br 溴 79.90	36 Kr 氪 83.80
5	37 Rb 銣 85.47	38 Sr 鍶 87.62	39 Y 釔 88.91	40 Zr 鋯 91.22	41 Nb 鈮 92.91	42 Mo 鉬 95.94	43 Tc 鎝 99	44 Ru 釕 101.07	45 Rh 銠 102.19	46 Pd 鈀 106.4	47 Ag 銀 107.9	48 Cd 鎘 112.4	49 In 銦 114.8	50 Sn 錫 118.69	51 Sb 銻 121.75	52 Te 碲 127.60	53 I 碘 126.9	54 Xe 氙 131.3
6	55 Cs 銫 132.91	56 Ba 鋇 137.34	57~71 鑭系 元素	72 Hf 鉿 178.49	73 Ta 鉭 180.94	74 W 鎢 183.85	75 Re 錸 186.2	76 Os 鋨 190.2	77 Ir 銥 192.2	78 Pt 鉑 195.09	79 Au 金 197.0	80 Hg 汞 200.59	81 Tl 鉈 204.373	82 Pb 鉛 207.19	83 Bi 鉍 208.98	84 Po 釙 (210)	85 At 砈 (210)	86 Rn 氡 (222)
7	87 Fr 鍅 (223.0)	88 Ra 鐳 (226)	89~103 錒系 元素	104 Ku 鑪 (261)	105 Ha 鉲 (262)													

57~71 鑭系稀土金屬	57 La 鑭 138.91	58 Ce 鈰 140.12	59 Pr 鐠 140.91	60 Nd 釹 144.24	61 Pm 鉅 (145)	62 Sm 釤 150.35	63 Eu 銪 152.0	64 Gd 釓 157.25	65 Tb 鋱 158.92	66 Dy 鏑 162.50	67 Ho 鈥 164.93	68 Er 鉺 167.26	69 Tm 銩 168.93	70 Yb 鐿 170.04	71 Lu 鎦 174.97
89~103 錒系稀土金屬	89 Ac 錒 (227.0)	90 Th 釷 232.04	91 Pa 鏷 (231.0)	92 U 鈾 238.03	93 Np 錼 (237)	94 Pu 鈽 (242)	95 Am 鋂 (234)	96 Cm 鋦 (245)	97 Bk 鉳 (249)	98 Cf 鉲 (249)	99 Es 鑀 (253)	100 Fm 鐨 (254)	101 Md 鍆 (256)	102 No 鍩 (253)	103 Lw 鐒 (257)

註：1.元素名稱下之數字爲原子量，括號（）內之數字爲半衰期最長同位數之質量。

1.6 工業用金屬材料

由表 1.2 之週期表可知，金屬元素共有 79 種，但工業上常用的金屬大約是 30 多種。

一般可將金屬材料分類爲下述兩大類：

(1) **鐵屬金屬**(ferrous metal)材料是指鐵及鐵之合金，例如純鐵、鋼及鑄鐵等屬此。

(2) **非鐵屬金屬**(nonferrous metal)材料是指鐵屬以外的金屬材料，如Cu、Al、Mg、Zn、Pb等都屬此。

金屬之比重其範圍很廣，例如較水爲輕的鈉，乃至於較水重 20 倍以上的白金(鉑)等。一般爲了方便起見，以比重5作爲一個分界，較其爲輕之金屬稱爲**輕金屬**(light metal)，例如Mg、Al、Be等；較其爲重之金屬稱爲**重金屬**(heavy metal)，例如Fe、Cu、Ni等。

Au、Ag、Pt、Ir 等金屬稱爲**貴金屬**(precious metal)。皆具有美麗的金屬色澤，而且價格高昂，所以較少作爲機械材料。但是，因爲貴金屬之化學性質安定，所以可用於特殊用途之化學機械上。

稀有金屬(rare earth, RE)廣義而言是指礦石之蘊藏量稀少，開採及冶煉均較不易之金屬，如Ce、Mo、Ti、Ge等皆屬此。狹義而言則是指鑭系稀土金屬[原子序數 57(La鑭)～71(Lu鎦)]，與錒系稀土金屬[原子序數 89(Ac錒)～103(Lw鐒)]。

現今稀有金屬在工業應用上，扮演著舉足輕重的角色。例如當添加於金屬材料時，可提高其強度、硬度、韌性或改變性質等功效；已廣泛應用於冶金、石油化工、玻璃、陶瓷等領域。例如鏑(Dy)、釹(Nd)等爲製造永久磁鐵的主要原料，其所製成之“稀土永久磁鐵”之磁性爲普遍永久磁鐵之4～10倍左右；目前汽車業中最熱門之油電複合車(Hybrid car)、綠能產業之風力渦輪發電機、軍事工業之飛彈兩側導向葉片控制用之電動馬達內之永久磁鐵即爲具代表性之應用例。

習題

1.1　解釋名詞：

⑴金屬　⑵合金　⑶雜質　⑷添加元素　⑸半金屬　⑹原子核　⑺原子序數　⑻同位素　⑼價電子　⑽閉合層　⑾自由電子　⑿週期表　⒀過渡金屬　⒁鐵屬金屬　⒂輕金屬　⒃稀有金屬　⒄非鐵屬金屬

1.2　說明金屬及合金之共通性。

1.3　敘述金屬之結合方式，並說明其與金屬特性間的關連性。

1.4　說明過渡金屬所擁有的特性。

1.5　比較及說明鐵屬金屬與非鐵屬金屬材料。

1.6　稀有金屬在工業上的應用，例舉說明之。

2 金屬的結晶構造

固體狀態的金屬呈結晶構造，而金屬原子在結晶中是以其所屬金屬之特有的排列方式作規則的排列。其原子的排列方式將顯著的影響金屬的各種性質，所以首先需瞭解金屬的結晶構造。

2.1 結晶的內部構造

金屬在固體狀態時爲結晶體(Crystal)，若以顯微鏡加以觀察時可發現是由許多的晶粒(Crystal gain)所構成。此一個個的晶粒即是擁有其特定方位的所謂**單結晶**(Single crystal)，在其之中的金屬原子則依一定的規則呈三次元的排列。若取一個晶粒以**X線繞射法**(X-ray diffraction method)加以分析時，可知悉結晶內的原子是依照一定之規則排列。當然，隨著結晶種類之不同其原子排列的形式亦不同，但通常構成金屬的原子將形成如圖 2.1 所示的**空間格子**(Space lattice)。在經過適當選定的座標軸 X、Y、Z 三個方向上，於其各自之等距離的格子點上具有原子的空間格子乃是最簡單的場合。所謂結晶即是原子在空間的規則排列所形成。

從圖 2.1 可知，若將圖中左下之粗黑線所表示的一個結晶單位，將其在空間加以延伸的結果即構成結晶。一般將此構成結晶之最小結晶單位稱爲**單位格子**(Unit lattice)或**單位晶胞**(Unit cell)，利用單位格子即能表示空間格子中原子的排列特性。所有的結晶都可用單位格子的形狀、大小與其中所含有的原子數目及其位置來表示。圖中之ABC面為空間格子中任意的一個格子面。

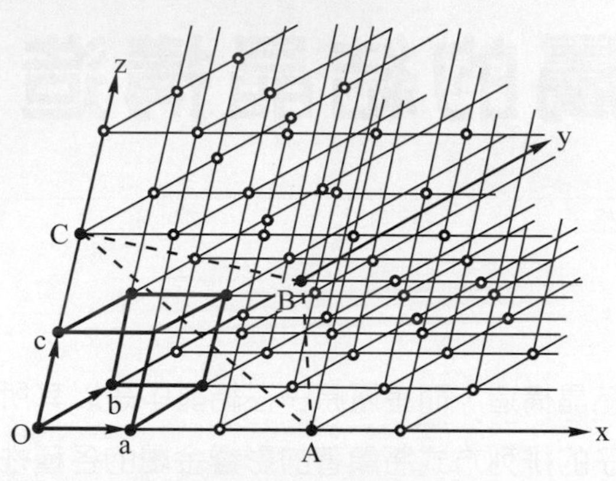

圖2.1 空間格子

2.2 結晶格子之形式

所有的結晶格子之形式如圖2.2所示，可分為7個結晶系，並可再細分為14種類。

(1) 三斜晶系(Triclinic system)

$\alpha \neq \beta \neq \gamma \neq 90°$，a ≠ b ≠ c，例如$K_2CrO_7$、$B(OH)_3$

(2) 單斜晶系(Monoclinic system)

$\alpha = \gamma = 90°$，$\beta \neq 90°$，a ≠ b ≠ c，例如$KClO_3$、β-S

(3) 斜方晶系(Orthorhombic system)

$\alpha = \beta = \gamma = 90°$，a ≠ b ≠ c，例如Ga、$Fe_3C$

(4) 六方晶系(Hexagonal system)

$\alpha = \beta = 90°$，$\gamma = 120°$，a = b ≠ c，例如Zn、Mg、Cd

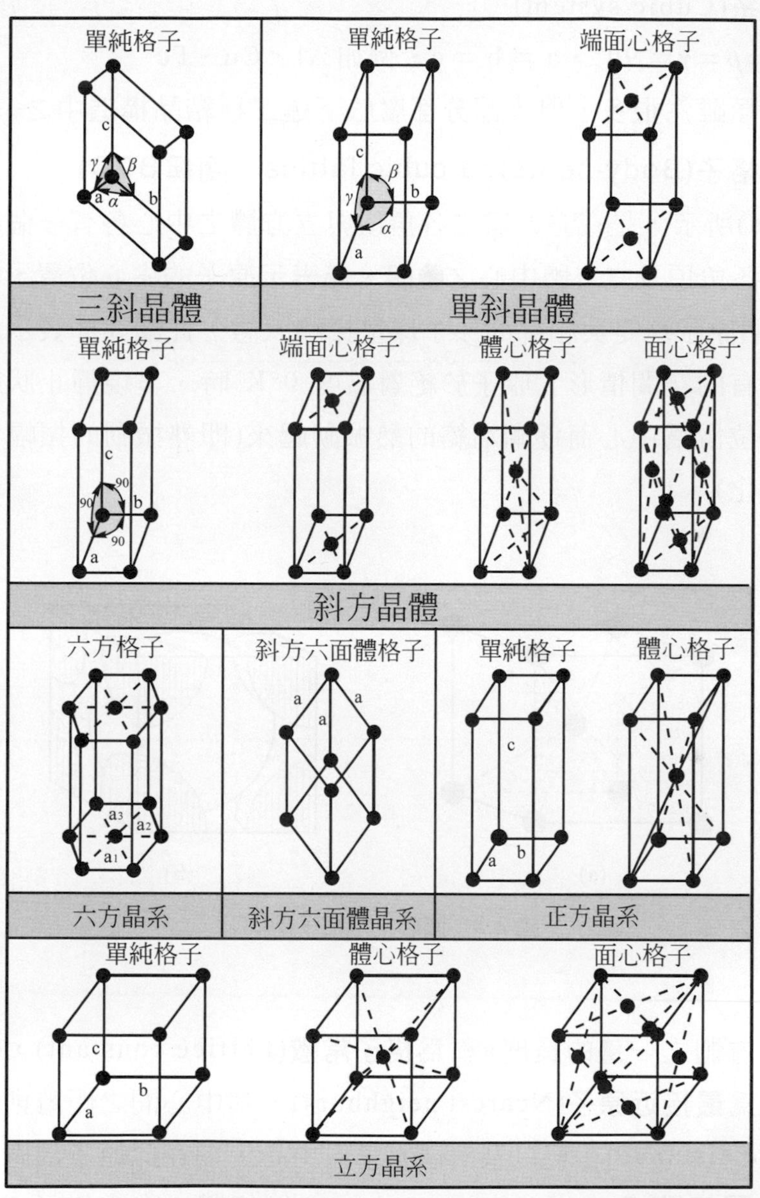

圖 2.2　結晶格子之型式

(5)　**斜方六面體晶系**(Rhombohedral system)

$\alpha=\beta=\gamma\neq 90°$，a = b = c，例如 As、Bi、Sb

(6)　**正方晶系**(Tetragonal system)

$\alpha=\beta=\gamma=90°$，a = b ≠ c，例如 TiO_2、β-Sn

⑺ **立方晶系**(Cubic system)

$\alpha=\beta=\gamma=90°$，a＝b＝c，例如 Al、Cu、Fe

金屬的種類雖然很多，但大部分都屬於下述三種結晶構造中之一種：

㈠ **體心立方格子(Body-centered cubic lattice，簡稱 BCC)**

如圖 2.3(a)所示，是在立方體之各角頂與立方體之中心各有一個原子存在之結晶構造。位於各角頂及立方體中心之●印，僅表示原子的中心位置，實際上應如圖 2.3(b)所示各個原子球是與相鄰的原子球呈接觸狀態，此圖亦即表示原子在單位格子內所眞正佔有的空間情形。原子於絕對溫度 0°K 時，呈現靜止狀態，當溫度升高時，將以此位置爲中心而逐漸活絡的熱振動起來(即熱振動的振幅會變大，但振動數並無什變化)。

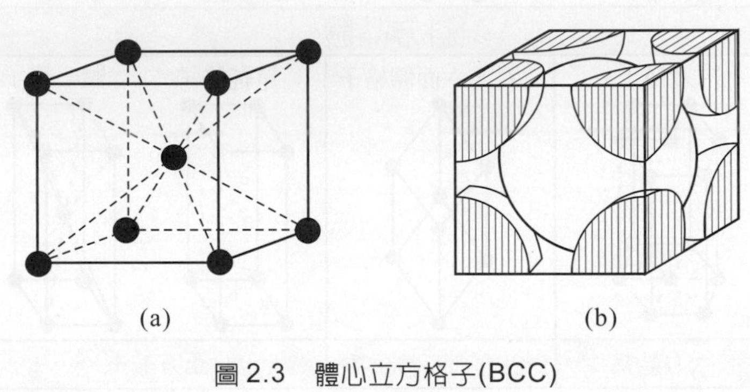

圖 2.3 體心立方格子(BCC)

通常將立方體之一邊的長度 a 稱爲**格子常數**(Lattice constant)，此外將互相接觸的原子稱之爲**最接近原子**(Nearest neighbors)，其中心間之距離則稱爲**原子間距離**(Interatomic distance)。若以某一個原子爲中心，則在此原子周圍之最接近原子的數目稱之爲**配位數**(Coordination number)，例如體心立方格子(BCC)之配位數爲 8 個。

再則，一個體心立方格子內所含有的原子之個數是：因爲各角頂之原子眞正屬於該單位格子之比率僅爲$\frac{1}{8}$，此外，中心尚有一個原子完全屬於該單位格子，所以合計爲 $8\times\frac{1}{8}+1=2$ 個。

㈡ 面心立方格子(Face-centered cubic lattice，簡稱 FCC)

如圖 2.4(a)所示，是在立方體之各角頂與各面之中心各有一個原子排列的結晶構造。這種排列方式，是將球體予以最密堆積的方法之一。面心立方格子之配位數爲 12 個，而一個面心立方格子內所含有的原子之個數合計爲：$8\times\frac{1}{8}+6\times\frac{1}{2}=4$ 個。

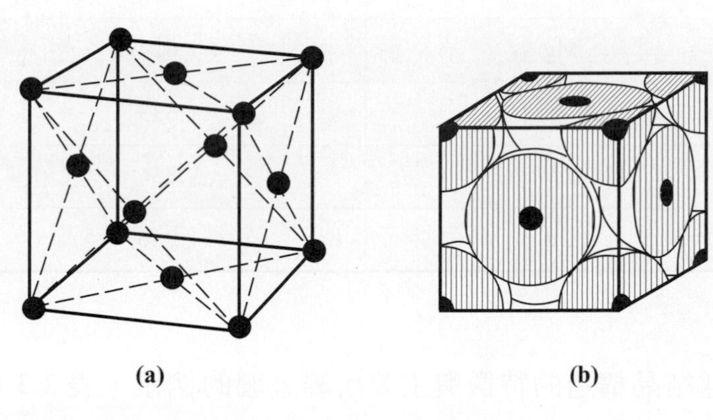

圖 2.4　面心立方格子(FCC)

㈢ 六方密格子(Hexagonal close-packed lattice，簡稱 HCP)

如圖 2.5 所示，是在六角柱之上下兩面的各個角頂及其中心各有一個原子，另外在構成六角柱的 6 個三角柱中每間隔一個三角柱的中心亦各有一個原子的結晶構造。此時以底面之邊長 a 及六角柱之高 c 作爲其格子常數，並將 c/a 之比值稱爲**軸比**(Axial ratio)。

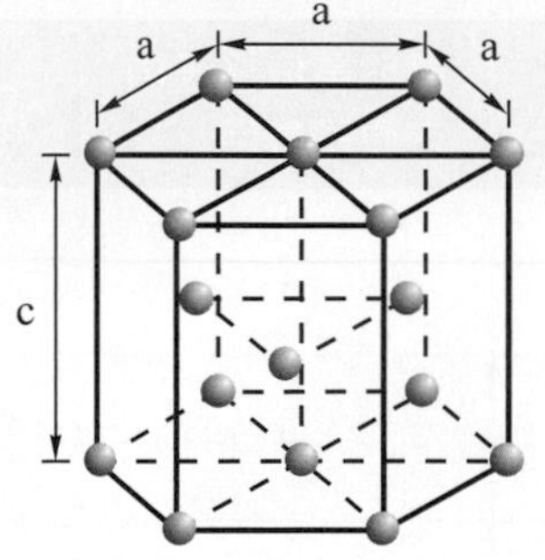

圖 2.5　六方密格子(HCP)

六方密格子與面心立方格子相同，其排列爲球體之最密堆積方式之一。若構成六方密格子排列之原子爲完全的球體時，其軸比理論上應爲一定值(1.633)，但實際上某些屬於 HCP 之金屬其軸比則如表 2.1 所示。

表 2.1　六方密格子金屬之軸比值

金屬	軸比(c/a)值
Be	1.568
Ti	1.587
Zr	1.589
Mg	1.624
理論值	1.633
Zn	1.856
Cd	1.886

表 2.2 爲各種結晶構造的特徵與主要所屬金屬的例子，表 2.3 爲主要金屬之物理性質。

表 2.2　主要金屬之結晶構造及其特徵

結晶構造	屬於單位格子中之原子數目	配位數	最接近原子間距離	所屬金屬※
BCC	2	8	$\frac{\sqrt{3}}{2}a$	Ba, Cr, Cs, Fe, K, Li, Mo, Na,Nb, Rb, Ta, V, W
FCC	4	12	$\frac{1}{\sqrt{2}}a$	Ag, Al, Au, Ca, Cu, Ir, Ni, Pb, Pd, Pt, Rh, Sr, Th
HCP	6	12	a	Be, Cd, Co, Hf, Mg, La, Ti, Te, Zn, Zr

※表示於室溫附近之結晶構造

表 2.3　主要金屬的物理性質

元素符號	金屬名	原子序數	原子量	比重 (20°C)	融點 (°C)	沸點 (°C)	比熱 (cal/g-°C)	熱傳導率(20°C) (cal/cm-s-°C)	結晶構造
Ag	銀	47	107.880	10.497	960.5	2210	0.056(0℃)	1.0(0℃)	面心立方
Al	鋁	13	26.97	2.699	660.2	2060	0.223	0.53	面心立方
As	砷	33	74.91	5.73	814	610(昇華)	0.082	–	斜方六面體
Au	金	79	197.2	19.32	1063.0	2970	0.031	0.71	面心立方
B	硼	5	10.82	2.3	2300±300	2550(昇華)	0.309	–	–
Ba	鋇	56	137.36	3.74	704±20	1640	0.068	–	體心立方
Be	鈹	4	9.02	1.82	1280±40	2770	0.52	0.38	六方密格子
Bi	鉍	83	209.00	9.80	271.3	1420	0.034	0.020	斜方六面體
C	碳	6	12.010	2.22	3700±100	4830	0.165	0.057	六方
Ca	鈣	20	40.08	1.55	850±20	1440	0.149	0.3	面心立方
Cb	鈳	41	92.91	8.569	2415	3300	0065(0℃)	–	體心立方
Cd	鎘	48	112.41	8.65	320.9	765	0.055	0.22	六方密格子
Ce	鈰	58	140.13	6.9	600±50	1400	0.042	–	面心立方
Co	鈷	27	58.94	8.9	1495	2900	0.099	0.165	六方密格子
Cr	鉻	24	52.01	7.188	1890±10	2500	0.11	0.16	體心立方
Cs	銫	55	132.91	1.9	28±2	690	0.052	–	體心立方
Cu	銅	29	63.54	8.96	1083.0	2600	0.092	0.94	面心立方
Fe	鐵	26	55.85	7.869	1539±3	2740	0.11	0.18	體心立方
Ga	鎵	31	69.72	5.91	29.78	2070	0.079	–	斜方
Ge	鍺	32	72.60	5.36	958±10	2700	0.073	–	鑽石立方
Hg	汞	80	200.61	13.56	38.87	357	0.033	0.0201	斜方六面體
In	銦	19	114.76	7.31	156.4	1450	0.057	0.057	體心正方

表 2.3 主要金屬的物理性質(續)

元素符號	金屬名	原子序數	原子量	比重(20℃)	融點(℃)	沸點(℃)	比熱(cal/g-℃)	熱傳導率(20℃)(cal/cm-s-℃)	結晶構造
Ir	銥	77	193.1	22.5	2454±3	5300	0.031	0.14	面心立方
K	鉀	19	39.096	0.862	63±1	770	0.177	0.24	體心立方
La	鑭	57	138.92	6.15	826±5	1800	0.045	–	六方密格子
Li	鋰	3	6.940	0.535	186±5	1370	0.79	0.17	體心立方
Mg	鎂	12	24.32	1.737	650±2	1110	0.25	0.38	六方密格子
Mn	錳	25	54.93	7.43	1245±10	2150	0.115	–	複雜立方
Mo	鉬	42	95.95	10.218	2625±50	3700	0.061	0.35	體心立方
Na	鈉	11	22.997	0.971	97.7	892	0.295	0.32	體心立方
Ni	鎳	28	58.69	8.902	1455	2730	0.112	0.198	面心立方
Os	鋨	76	190.2	22.5	2700±200	5500	0.031	–	六方密格子
P	磷	15	30.98	1.82	44.1	280	0.177	–	立方
Pb	鉛	82	207.21	11.341	327.4	1740	0.031	0.083	面心立方
Pd	鈀	46	106.7	12.03	1554	4000	0.058(0℃)	0.17	面心立方
Pt	鉑	78	195.23	21.45	1773.5	4410	0.032	0.17	面心立方
Rb	銣	37	85.48	1.53	39±1	680	0.080	–	體心立方
Rh	銠	45	102.91	12.44	1966±3	4500	0.059	0.21	面心立方
Ru	釕	44	101.7	12.2	2500±100	4900	0.057(0℃)	–	六方密格子
S	硫	16	32.066	2.07	119.0	444.6	0.175	–	面心正斜方
Sb	銻	51	121.76	6.62	630.5	1440	0.049	0.045	斜方六面體
Se	硒	34	78.96	4.81	220±5	680	0.084	–	六方
Si	矽	14	28.06	2.33	1430±20	2300	0.162(0℃)	0.20	鑽石立方
Sn	錫	50	118.70	7.298	231.9	2270	0.054	0.16	體心正方

表 2.3 主要金屬的物理性質(續)

元素符號	金屬名	原子序數	原子量	比重(20℃)	融點(℃)	沸點(℃)	比熱(cal/g-℃)	熱傳導率(20℃)(cal/cm-s-℃)	結晶構造
Sr	鍶	38	87.63	2.6	770±10	1380	0.176	—	面心立方
Ta	鉭	73	180.88	16.654	2996±50	4100	0.036(0℃)	0.13	體心立方
Te	碲	52	127.61	6.235	450±10	1390	0.047	0.014	六方
Th	釷	90	232.12	11.5	1800±150	3000	0.034	—	面心立方
Ti	鈦	22	47.90	4.45	1668	3300	0.126	0.041	六方密格子
Tl	鉈	81	204.39	11.85	300±3	1460	0.031	0.093	六方密格子
U	鈾	92	238.07	18.7	1133±2	—	0.028	0.064	正斜方
V	釩	23	50.95	6.07	1735±50	3400	0.120	—	體心立方
W	鎢	74	183.92	19.262	3410±20	5930	0.032	0.48	體心立方
Zn	鋅	30	65.38	7.133	419.46	906	0.0915	0.27	六方密格子
Zr	鋯	40	91.22	6.50	1850	4400	0.066	—	六方密格子

2.3 結晶中之面與方向

在討論金屬之結晶時，因爲結晶內隨著排列有原子的面(稱爲格子面)與方向之不同其原子的密度各異，所以格子面或方向不同時其性質將會有所差異。例如當金屬發生塑性變形時，則必定要談論到所謂的原子較易滑動的面與滑動方向等，因此可知結晶中之面與方向乃是非常基本而具重要的意義。一般對於結晶中之面與方向的表示是採用**米勒指標**(Miller index)，此法是將結晶格子之主軸定爲座標軸，**格子面**(Lattice plane)則是以此面與座標軸相交的長度 a、b、c 之倒數$\frac{1}{a}$、$\frac{1}{b}$、$\frac{1}{c}$的最小整數比h：k：l來表示。而**格子方向**(Lattice direction)是將欲表示方向的直線視爲通過原點的直線來考慮時，以其直線上之任一點的座標之最小整數比 u：v：

w來表示。因此格子面是以(hkl)，格子方向則是以[uvw]來表示。當指標爲負時，則如($h\bar{k}l$)般是在數字之上方添加負號表示之。

下述將以立方格子及六方格子爲例，並舉實例來說明結晶中之面與方向，以便於瞭解！

㈠ 立方格子之場合

圖2.6所示之格子面ABC，其與x、y、z三軸相交之距離分別爲2a、3a、a，所以原子間隔數(即分別爲 2、3、1)之倒數爲$\frac{1}{2}$、$\frac{1}{3}$、1，其最小整數比即爲 3：2：6，因此格子面ABC之米勒指標記爲(326)。

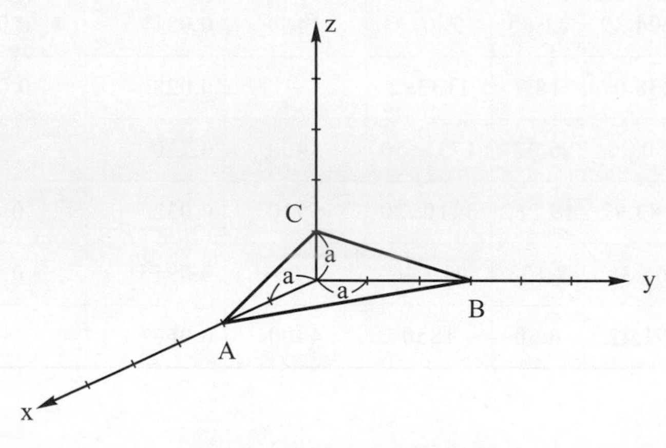

圖2.6 格子面之米勒指標

此外，若是格子面與某一座標軸平行之場合，可考慮與其座標軸交於∞遠處，所以其倒數$\frac{1}{\infty}$爲0。圖2.7中所示爲立方格子內之格子面及其米勒指標，(a)圖是立方體之表面爲(100)面，(b)圖之ABCD面爲(110)面，(c)圖之ABE面爲(111)面。再者，由上述原則可知，互相平行的面是以相同的指標來表示的，而且例如(111)面與($1\bar{1}1$)面，縱使是其指標相同但符號卻完全相反的面也是相互平行的。

以下說明立方格子內格子方向的表示法。如圖2.8所示，若欲表示直線pq時，則先劃一條通過原點o而與直線pq平行的直線os，然後在此直線os上任取一點r(使其對三軸之座標能得到最簡單的整數比，此例即爲1：2：0)，因此直線pq之米勒指標即可用[120]來表示。而直線ot之米勒指標則爲[121]。

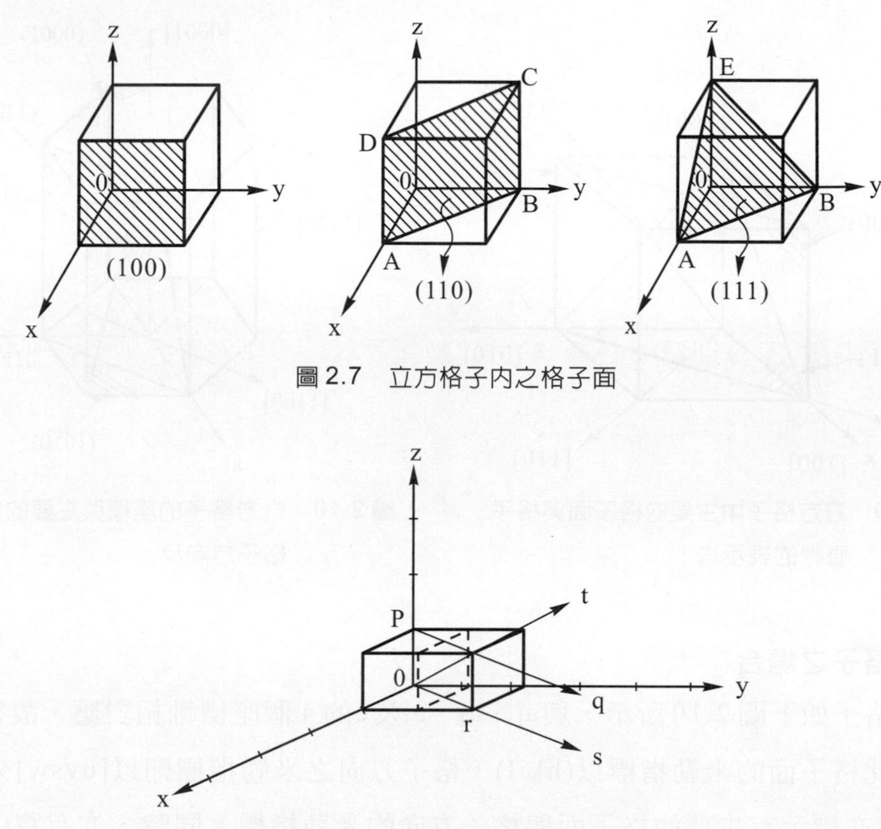

圖 2.7　立方格子內之格子面

圖 2.8　立方格子內之格子方向

圖 2.9 所示爲立方格子中主要的格子面與格子方向之米勒指標。由圖中之[110]方向與(110)面間之關係可知，對立方格子而言，米勒指標相同之面與方向一定是互相垂直的。此外，(100)、(010)、(001)等格子面，對於座標軸而言具有相同的對稱性，因此將這些面或方向稱爲是**等價**(Equivalent)的。欲將所有之等價的面與方向一併加以表示時，可分別寫成{hkl}與<uvw>。這些記號所表示的所有之等價的面與方向都可藉著將指標更換及符號交換而求得。例如{101}是包含(101)、(110)、(011)、$(\bar{1}01)$、$(10\bar{1})$、$(\bar{1}0\bar{1})$、$(\bar{1}10)$、$(1\bar{1}0)$、$(\bar{1}\bar{1}0)$、$(0\bar{1}1)$、$(01\bar{1})$、$(0\bar{1}\bar{1})$等 12 個格子面，但因爲指數相同而符號完全相反的面是互相平行的，所以終究{101}變成是僅用來表示(101)、(110)、(011)、$(10\bar{1})$、$(1\bar{1}0)$、$(01\bar{1})$等6個格子面。

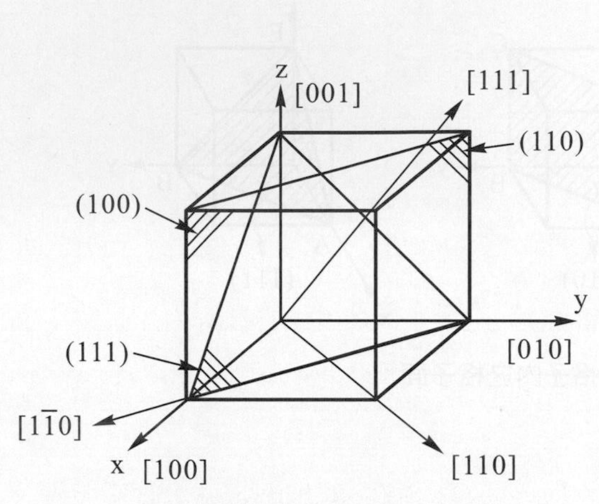

圖 2.9 立方格子中主要的格子面與格子直線的表示法

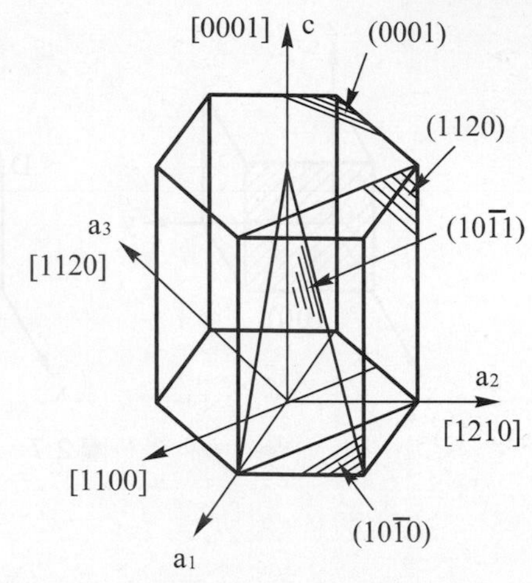

圖 2.10 六方格子的座標與主要的格子面格子方向及

㈡ 六方格子之場合

六方格子如下圖 2.10 所示，與a_1、a_2、a_3及c的4個座標軸相對應，故需要4個指標，因此格子面的米勒指標以(hkil)，格子方向之米勒指標則以[uvsw]來表示。圖 2.10 中亦標示有主要的格子面與格子方向的米勒指標。同時，亦有將(0001)面稱爲**底面**(Basal plane)，(10$\bar{1}$0)面稱爲**柱面**(Prism plane)，(10$\bar{1}$1)面稱爲**錐面**(Pyramidal plane)，<2$\bar{1}$ $\bar{1}$0>方向稱爲第一種對角線，<10$\bar{1}$0>方向稱爲第2種對角線的稱呼法。

再則，對於六方格子而言，由a_1、a_2、a_3三軸之幾何關係，可知下式關係式是成立的：$h+k+i=0$。也就是說若 h 與 k 的值決定時，則 i 之值必然亦隨著被決定。所以也有用(hk · l)，[uv · w]三個指標來表示的方法。

2.4 純金屬的構造

純金屬的結晶從絕對零度開始到融點爲止具有同樣的結晶構造者較多，但其中也有在某溫度範圍會呈現相異的結晶構造者。此外，由於壓力的變化而導致結晶構造的變化者亦是有的。類此由於外在條件(如壓力、溫度等)的變化所造成的結晶構造之變化稱爲**變態**(Transformation)。當變態是由於溫度的變化所引起時，將發生變態的溫度稱爲**變態點**(Transformation point)。

以Fe爲例，從絕對零度到910℃爲體心立方格子(BCC)，超過910℃變成面心立方格子(FCC)，然後於 1392℃時會再度變爲體心立方格子，再於達到融點之1536℃時則結晶構造會崩潰而變成液體。吾人將這3種鐵，由較低溫者開始，分別命名爲α鐵、γ鐵及δ鐵。另外，鐵於780℃時有居里點(Curie point)，亦即由強磁性體變化爲常磁性體。此時，雖然其結晶構造並無變化，但是在原子內部會產生變化，這種磁氣性質發生不連續性之變化，稱爲**磁性變態**(Magnetic transformation)。

在變態之前後各種性質都會發生變化，因此若將金屬試驗片施以加熱或冷卻，同時測定其電阻、磁氣性質、熱膨脹等，然後求取這些性質與溫度間之關係的話，即可知悉其變態點，或者能調查出變態的進行情況。

吾人實際上所使用的純金屬，並非是單結晶而是許多的微細結晶之集合體，亦即是所謂的**多結晶體**(Polycrystalline aggregates)。將純金屬施以充分研磨後，以適當的腐蝕液加以腐蝕，經沖洗後置於顯微鏡下觀察時，則如圖 2.11 所示，可見到類似於地圖上之國界般的境界，將此境界稱爲**晶界**(Grain boundary)，其所包圍的部分則稱爲**晶粒**(Crystal grain)。每一個晶粒即是一個**單結晶**(Single crystal)，在其內原子是呈規則的排列。各個結晶粒通常是完全無秩序性的朝著各個方向。

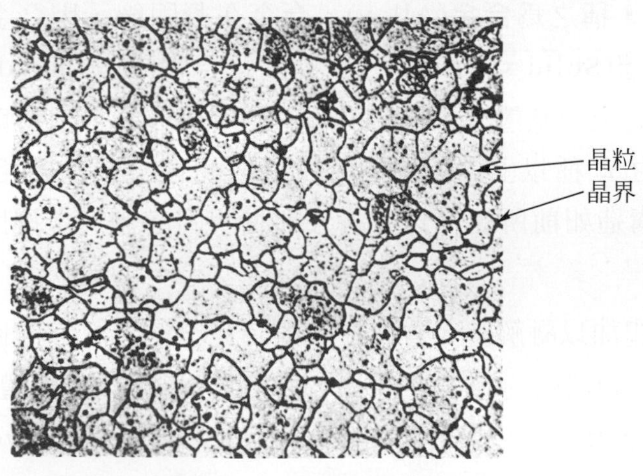

圖 2.11　純金屬之顯微鏡組織

一般而言，實際上吾人所使用的金屬之結晶粒並非是完全沒有缺陷的；當然，其體積所占之大部分都是完美的結晶構造，但是在某些地方其原子的排列方式會有種種混亂的情形存在，因此將這種原子的排列之混亂情形稱之爲**格子缺陷**(Lattice defect或Imperfection)。一般格子缺陷之種類分下述三種：

(1) **點缺陷**：例如空孔(Vacancy)、插入原子(Interstitial atom)等，如圖2.12所示。

(2) **線缺陷**：例如差排(Dislocation)。

(3) **面缺陷**：例如疊積缺層(Stacking fault)等。

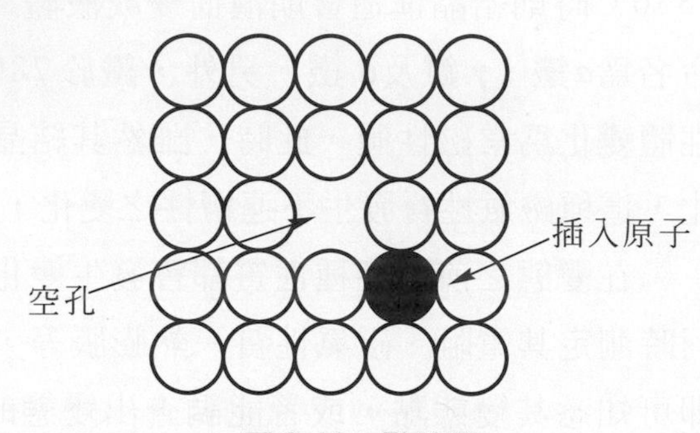

圖2.12 點缺陷

所以，實際上結晶在製作時無論如何的小心翼翼，一定也都會有格子缺陷存在，只是缺陷對整個體積所佔的比率而言是非常微小的，因此還是可以說金屬是由原子排列規則的結晶所構成的。

2.5 合金的構造

在一種金屬中加入一種或一種以上的他種金屬或非金屬，經溶合後所形成的具有金屬性質的物質，稱之爲**合金**(Alloy)。合金在凝固後，因合金種類之不同，而成爲純金屬、固溶體(Solid solution)及金屬間化合物(Intermetallic compound)等結晶之一種或數種的混合狀態。一般將由單一相所構成的合金稱爲**單相合金**(Single phase alloy)，而由 2 種以上之不同的相所構成的合金稱爲**多相合金**(Poly-phase alloy)。純金屬的構造如前所述，以下將分別說明固溶體與金屬間化合物。

(一) 固溶體

將2種金屬一起加以融解時，會有在液態時完全溶合，而凝固後在固態時亦可完全溶合而形成均勻組成的固體之情形，一般將此固體稱爲**固溶體**(Solid solution)。而所謂固態時能完全溶合，是指溶質(Solute)原子溶入溶媒(Solvent)原子的結晶格子中。通常固溶體內之成分金屬是無法以顯微鏡來識別，亦無法以機械方法將其加以分離。固溶體大都以α、β、γ、δ、ε、η等希臘字母來命名。

固溶體依溶質原子溶入溶媒原子之結晶格子內之溶入方式，可分爲下述二種：

(1) **插入式固溶體**

溶質原子插入溶媒原子之結晶格子的間隙內所形成的固溶體稱爲**插入式固溶體**(Interstitial solid solution)，如圖 2.13 所示。因爲溶質原子是插入於溶媒原子間之非常狹小的空間，故插入原子之原子半徑都是在 1Å。以下，也就是說只限於例如 H、B、C、N、O 等非金屬原子。H、C、N 等原子固溶於 Fe 之情形，即屬於插入式固溶體。工業實用上最具重要性之鋼乃爲 Fe 與 C 的合金，即是少量的 C 插入 Fe 之結晶格子之間隙中而形成插入式固溶體。

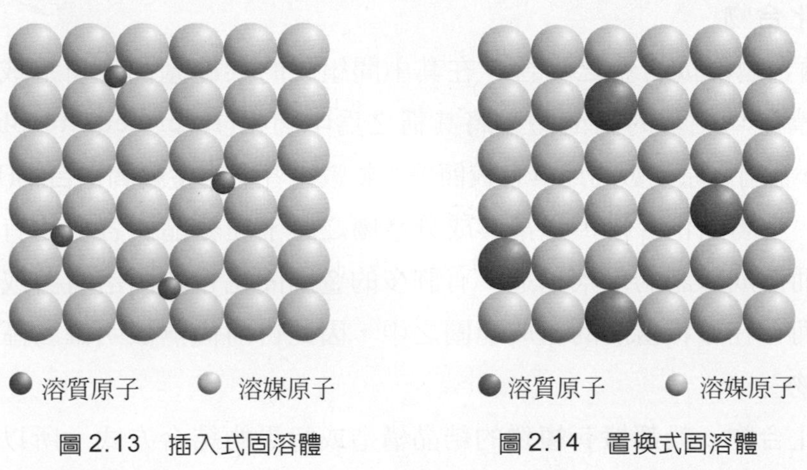

圖 2.13　插入式固溶體　　　圖 2.14　置換式固溶體

(2) **置換式固溶體**

溶質原子置換溶媒原子的位置，並佔據於溶媒原子之格子點上，稱之爲**置換式固溶體**(Substitutional solid solution)，如圖 2.14 所示。通常發生於金屬與金屬之間所產生的固溶體，而且溶質原子與溶媒原子大小相近。例如 Ni-Cu 合金、Au-Ag 合金即屬於此置換式固溶體。

無論是插入式固溶體或置換式固溶體，當形成固溶體時，由於溶質與溶媒原子之大小具有差異，所以結晶格子都會產生**畸變**(Distortion)，如圖 2.15 所示；其結果會導致自由電子之散亂而妨礙其移動，所以會使電阻變大，導電度降低。另外亦使得結晶面之滑動變得不易，也就是不容易發生塑性變形，所以導致其強度與硬度變大。

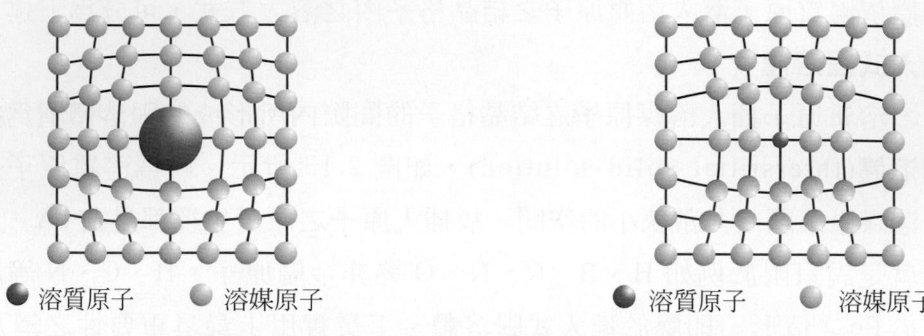

圖 2.15 置換型溶質原子所導致的結晶格子之畸變

(二) 金屬間化合物

A、B 兩金屬形成合金之場合，在其中間組成的某範圍內，可形成與 A、B 兩金屬之結晶構造均相異的固溶體，將其稱之爲**中間相**(Intermediate phase)。中間相當中其成分金屬之原子數的比具有較簡單的整數比者稱爲**金屬間化合物**(Intermetallic compound)。金屬間化合物，通常其成分金屬之原子在結晶內各自佔有特定的格子點之位置，而形成所謂的規則構造。有許多的金屬間化合物固溶有其成分金屬之一者或兩者，而存在於相當廣的組成範圍之中，因此目前尙無法明確的區別中間相與金屬間化合物。

金屬間化合物一般都擁有複雜的結晶構造或特異的結合方式，所以具有不易變形、硬而脆、融點高、電阻大等特徵。實際之例子爲 Fe-C 系中之Fe_3C(雪明碳鐵 cementite)，Al-Cu系中之$CuAl_2$(θ相)，Al-Si-Mg 系中之Mg_2Si等。通常，可利用將硬的金屬間化合物使其均勻的分散於柔韌的固溶體之基地中，而做成強韌材料，詳見後述第 6 章之 6.3 節內容。

習 題

2.1 解釋名詞：

(1)空間格子 (2)單位格子 (3) BCC (4) FCC (5) HCP (6)格子常數 (7)配位數 (8)米勒指標 (9)變態 (10)變態點 (11)居里點 (12)多結晶體 (13)晶粒 (14)晶界 (15)點缺陷 (16)固溶體 (17)畸變 (18)多相合金 (19)中間相 (20)金屬間化合物。

2.2　圖示及說明所有的結晶格子之形式，並各舉出一個實例。

2.3　圖示六方密格子(HCP)之構造，並說明其軸比(axial ratio)。

2.4　指出下述金屬在常溫時之結晶構造為FCC、BCC或HCP。
Fe, Cu, Al, Mg, Ni, Pb, Li, Ti, Zn, Pt

2.5　在立方格子中標示出[111]、$[1\bar{2}1]$、(001)、(121)。

2.6　何謂格子缺陷？其種類有幾？試說明之！

2.7　圖示及比較說明插入式固溶體與置換式固溶體。

2.8　說明金屬間化合物之特徵，又工業上有何實用價值？

3 相律與平衡狀態圖

日常生活上所使用的金屬材料一般多為合金，成分上而言大都含有二種以上的金屬，有時候亦添加入非金屬元素。所謂合金的平衡狀態圖，簡單而言就是隨著合金組成與溫度之不同，將其於平衡狀態時所能呈現的各種相之境界線以線圖來表示者，所以亦成為討論合金之各種性質的基礎。在本章中，將針對二元合金狀態圖加以詳細說明，以期能對於合金的狀態圖之研讀獲得充分的理解！這對於金屬之顯微或巨觀角度之研究而言，均非常的重要！

3.1 相律

首先介紹一些爲了說明平衡狀態圖時所需使用的專門術語。

由一種或二種以上之物質所構成的集合，並將其與外界加以隔絕而來考慮時，稱之爲一個**物質系**(System)。一個物質系若僅是由一種均勻的部份所構成時，稱爲**均質系**(Homogeneous system)，若是由二種以上的均勻部份所構成時，則稱爲**非均質系**(Heterogeneous system)。例如僅考慮水時，則其爲一個均質系，但於0℃時，則是水與冰之共存狀態，此時即是一個非均質系。在一個非均質系中，其各個均勻的部份稱之爲**相**(Phase)。因此亦可將物質系分爲**單相系**(Single phase system)與**多相系**(Poly phase system)。構成物質系之物質稱爲**成分**(Component)，隨著成分數之不同可將物質系稱爲一成分系、二成分系、三成分系或一元系、二元系、三元系等。成分雖是表示物質，但未必就是表示元素。例如，在一容器中裝入約爲容器量之半的飽和食鹽水，然後再加入固態食鹽後使其成爲密閉狀態，則此時可將其視爲一個物質系，此物質系就是由固態食鹽、食鹽水及水蒸氣等三個所構成。因此其成分應爲水與食鹽，而非構成水與食鹽之H、O、Na、Cl等元素。

對於某一物質系而言，當其外界條件保持一定時，若物質系的狀態不會隨著時間而變化時，可稱此系是爲**平衡狀態**(Equilibrium state)。相的狀態(如氣相、液相及固相)是由溫度、壓力與構成相的組成物質之濃度來決定，一般將此三個用來表示相的狀態之因素稱爲**狀態量**(Quantity of state)。而物質系的平衡狀態亦是受到上述之狀態量所左右，所以也將這些狀態量稱爲**變數**(Variable)。對於一個在平衡狀態的非均質系而言，在不改變其現存於系中的相之種類與數目之條件下，其所能獨自改變之變數(狀態量)，稱爲**自由度**(Degree of freedom)。若構成相的數目爲P，而其自由度爲F時，則下述關係式可成立：

$$F = C + 2 - P$$

將此稱爲**相律**(Phase rule)。

通常使用合金時都是在大氣壓下，另外對於合金而言縱使將壓力給予些微的改變，對於其在實用上較爲重要之固體與液體狀態之平衡關係並不會產生變化；所以當考慮合金之平衡狀態的場合，可以將壓力這個變數從其變數(狀態量)中加以扣除，此時相律則可改寫爲下式：

$$F = C + 1 - P$$

將類此之系統稱之爲**凝縮系**(Condensed system)。

狀態圖(State diagram)是將在平衡狀態時相的存在狀態以線圖來表示者。狀態圖中所劃的直線或曲線就是所謂狀態點之集合，而以這些線爲境界來表示狀態，亦即共存相的變化。所以狀態圖爲討論合金之組織或性質時的基礎，一般又將狀態圖稱爲**平衡圖**(Equilibrium diagram)，因爲狀態圖乃是在平衡狀態下所求得的。

3.2 一成分系

一成分系是指其成分僅爲一個的場合，例如純金屬之狀態圖即屬之。圖3.1所示爲Mg之狀態圖，將以此爲例來說明。現在考慮在1 mmHg爲氣體狀態之(1)的狀態，因爲其成分是 1，而相則僅是氣相，所以代入相律之式子時 F ＝ 1＋2－1 ＝ 2，亦即自由度爲 2。也就是說將溫度與壓力獨立的加以改變時，所謂氣相這個狀態是不會發生變化的。

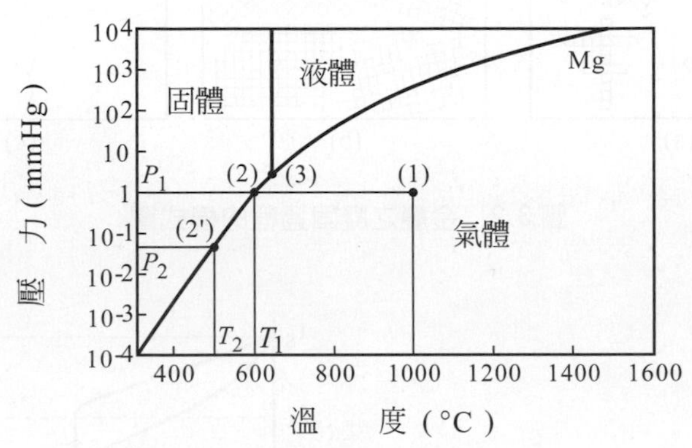

圖 3.1　一成分系狀態圖(純 Mg)

但是若爲固相與氣相共存的(2)之狀態，其成分數爲 1，相數爲 2，所以 F ＝ 1 ＋2－2 ＝ 1。也就是在不改變其二相共存的狀態下，則其所能自由改變的狀態量只有一個，例如將壓力由P_1變爲P_2，則其溫度非由T_1變爲T_2不可。亦即，其可自由改變的僅爲壓力與溫度中之一者而已。

對於由氣相、液相、固相的三相所共存之(3)的狀態而言，其 F ＝ 1＋2－3 ＝ 0，即自由度爲 0。這表示若不欲改變三相共存狀態，則其所能自由改變的狀態量爲零，也就是說溫度與壓力都需保持一定才行，一般將這種點稱爲**三重點**(Triple point)，Mg 之三重點在 650℃，2.5 mmHg，而水之三重點爲 0℃，4 mmHg。

由圖 3.1 可知，金屬之液相與固相共存的線，其對壓力軸(縱軸)而言幾乎是平行的，因此對於金屬之從液相變爲固相之變化亦即凝固而言，可將壓力從變數中除去。

現在若考慮在大氣壓下將純金屬由液態加以冷卻凝固時，則其變化之模式圖將如圖 3.2 所示。當液態金屬被冷卻至熔點時，在液體中之各處將產生結晶之核(nuclei)圖(a)，然後核會漸漸的呈**樹枝狀成長**(Dendritic growth)，而形成一個個結晶粒(圖 b)，由於其形狀的關係，一般將其稱爲**樹枝狀結晶**(Dendrite)。繼之，由許多個結晶核所生成的結晶粒將各自成長而互相接觸，其互相接觸之處即形成境界，也就是晶界，而完成凝固(圖 c)。由於當初結晶核是在液態中之任意方向之處發生，所以在凝固後各個結晶粒亦是朝著任意的方向，如圖 3.3 所示。

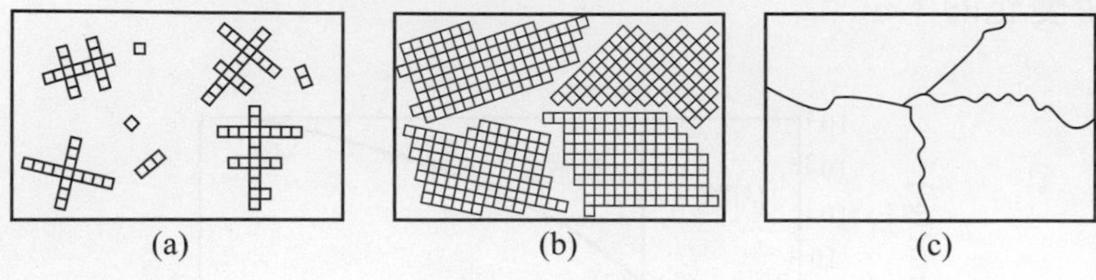

圖 3.2 金屬之凝固過程的模式圖

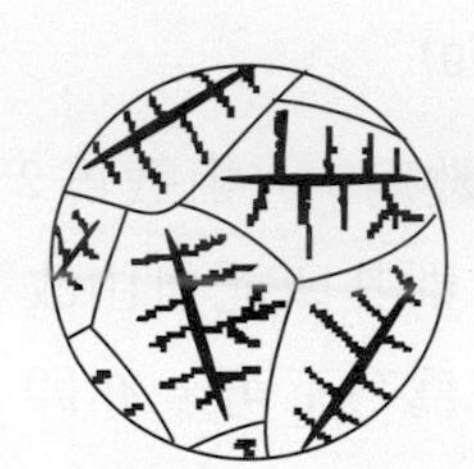

圖 3.3 金屬之多結晶組織

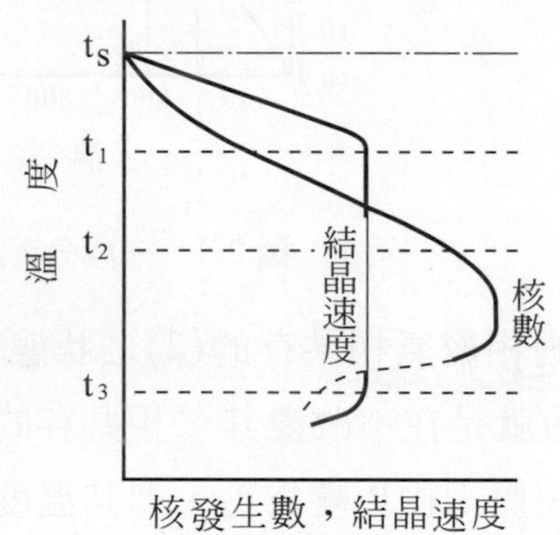

圖 3.4 過冷度與結晶核數及結晶速度的關係

由上述可知金屬的晶出是始於核之發生而終於結晶的成長。因此凝固後金屬結晶組織的粗密，是由單位時間中所發生的核數與結晶速度間的相對關係來決定的，隨著金屬之不同而具有其特有的傾向。圖 3.4 爲單位時間中發生的核數及結晶速度與過冷度的關係。例如若過冷至t_1溫度而開始晶出時，因爲結晶核之發生數少而結晶速度大的關係，可得到結晶粒少而大小不一的結晶組織；但若過冷至t_2溫度而開始晶出時，則可得到結晶粒數多而微小的結晶組織。一般，金屬被急冷時可生成較多的結晶核，而且無充分的時間讓結晶成長，所以可得微細的結晶粒；而徐冷時其生成之結晶核較少，但結晶成長快速，而形成粗大的結晶粒。

再者，純金屬由液態加以冷卻凝固之過程中，若利用**熱分析法**(Thermal analysis method)量取其溫度與時間的關係，則可得如圖 3.5 所示之曲線，將其稱爲**冷卻曲線**(Cooling curve)。亦即在熔點時於液態金屬中若有結晶核發生時，則由於釋出

凝固潛熱(Latent heat)的關係，所以溫度可保持一定。依相律而言，則 F＝1－2＋1＝0，亦即自由度爲 0，所以在凝固完了而液態完全消失之前溫度是一定的。當液態全部消失而僅爲固相時，F＝1，所以在固體狀態時僅溫度會逐漸下降。

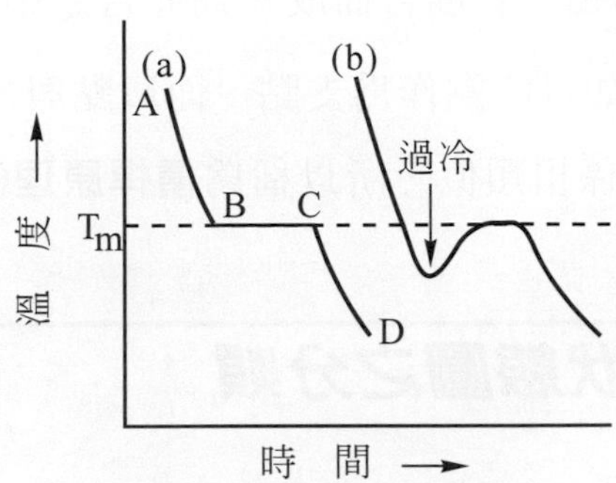

圖 3.5　純金屬的冷卻曲線

3.3 二成分系

金屬之固體與液體狀態，如前所述可將壓力的影響加以忽略，因此對於一成分系而言則僅考慮溫度這一個變數即可，但對於二成分系，則其狀態量(變數)爲溫度及組成。二成分系的場合，若將縱軸作爲溫度，而橫軸爲組成時，則如圖 3.6 所示，以定長之線段($\overline{AB}$)之兩端分別定爲構成成分之純金屬 A 及 B，並以線之全長爲 100%，線上之點則代表任意合金的組成，例如圖中之 C 點所表示的合金之組成爲：

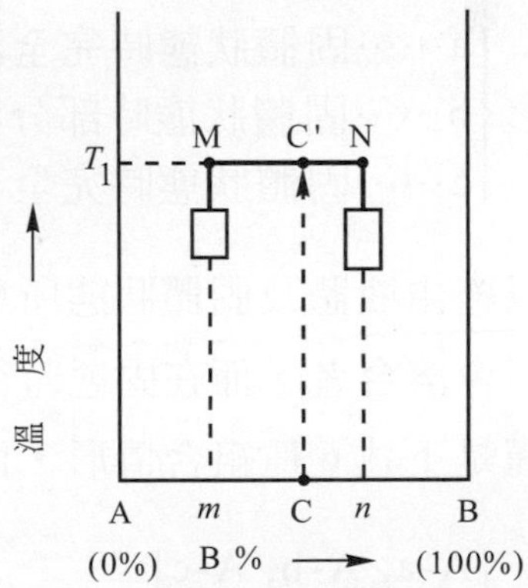

圖 3.6　槓桿原理

$$B 之濃度=\frac{\overline{AC}}{\overline{AB}}\times 100\%，A 之濃度=\frac{\overline{CB}}{\overline{AB}}\times 100\%$$

一般，組成常以重量%來表示，所以C點所表示的合金其A金屬與B金屬之重量比爲：A之重量／B之重量＝$\overline{CB}/\overline{AC}$。

上述關係在兩端非爲純金屬時亦是成立的。例如C組成的合金，當在T_1溫度時爲M組成的相與N組成的相二者混合而成，則此合金中M相之重量／N相之重量＝$\overline{C'N}/\overline{MC'}$。這種關係恰如以C′點作爲支點，而M點與N點分別爲兩端點之天平，其在平衡時之重量比之關係相類似，所以稱爲**槓桿原理**(Lever rule)。

3.4 二成分系狀態圖之分類

液體狀態時，若考慮二成分間相互溶合的程度，則可分爲下述三種場合：

A……液體狀態時完全溶合之場合
B……液體狀態時部分溶合之場合
C……液體狀態時完全不溶合之場合

同樣的，在固體狀態時，亦可考慮有下述三種場合：

a……固體狀態時完全溶合之場合
b……固體狀態時部分溶合之場合
c……固體狀態時完全不溶合之場合

所以經由液體及固體狀態所會發生之狀態，即是上述各種場合之組合。但是於液態時不會溶合者，而在固態時卻會溶合的情形是不可能發生的，所以實際上會發生的，僅是下述6種組合情形，而且各自皆有其基本狀態圖。

A-a, A-b, A-c
B-b, B-c
C-c

其中，A-b型具有三種型式，所以總共有8種基本型狀態圖。

㈠ A-a型基本狀態圖

A 金屬與 B 金屬，在液體及固體狀態時皆可完全溶合之場合的狀態圖，如圖3.7所示。圖中各曲線所代表之意義如下：

$A'l_1l_2l_3B'$：由均勻液相中開始晶出固相的溫度，亦即表示凝固開始的溫度曲線，簡稱爲**液相線**(Liquidus)。

$A's_1s_2s_3B'$：液相消失而完全變成固相之溫度，亦即表示凝固終了的溫度曲線，簡稱爲**固相線**(Solidus)。

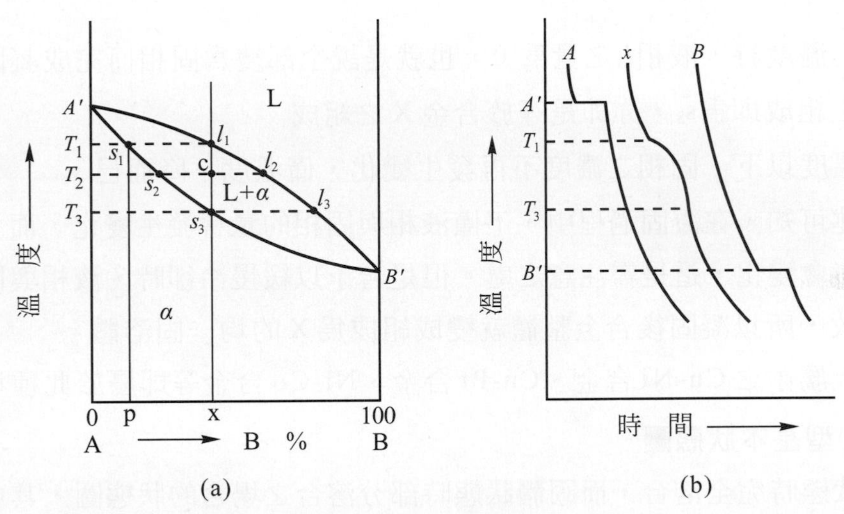

圖 3.7　A-a 型狀態圖

現在考慮將組成 X 的合金由液態冷卻到室溫時之狀態變化過程：

(1) 當溫度下降至T_1溫度時，開始晶出固溶體s_1。類此由液相中產生固相，稱之爲**晶出**(Crystal)。在此溫度時即爲$\begin{Bmatrix}\text{液相 } l_1\\ \text{固相 } s_1\end{Bmatrix}$之平衡共存狀態。

(2) $\begin{cases}\text{固相 } s_1 \text{ 中，其所含 A、B 金屬成分之比爲}\\ \text{液相 } l_1 \text{ 中，其所含 A、B 金屬成分之比爲}\end{cases}$

A：B ＝ pB：pA

A：B ＝ xB：xA

因爲s_1中 B 金屬之成分(pA)少於l_1中 B 金屬之成分(xA)，所以殘留的液相中 B 金屬之濃度會沿著液相線$\widehat{l_1l_2}$變化而逐漸增加。

(3) 當溫度下降至T_2時，爲$\begin{Bmatrix}\text{液相 } l_2\\ \text{固相 } s_2\end{Bmatrix}$之平衡共存狀態，此時依槓桿原理則

$$\frac{\text{液相 } l_2 \text{ 之重量}}{\text{固相 } s_2 \text{ 之重量}} = \frac{\overline{S_2C}}{\overline{Cl_2}}$$

(4) 溫度再下降時，則液相中B之濃度沿$\widehat{l_2 l_3}$變化，而固相中B之濃度則沿著$\widehat{s_2 s_3}$變化。

(5) 至T_3溫度時，液相l_3之量爲 0，也就是說全部變爲固相而完成凝固。此時固相之組成即爲s_3，亦即是等於合金X之組成。

(6) T_3溫度以下，固相之濃度不再發生變化，僅溫度下降而已。

由上述可知，在凝固過程中，不僅液相與固相的量會發生變化，而且液相與固相之濃度亦會變化，這是需注意之處。但是若予以緩慢冷卻時，液相與固相之間會充分的擴散，所以凝固後合金整體就變成組成爲X的均一固溶體。

實用金屬中之Cu-Ni合金、Cu-Pt合金、Ni-Co合金等即屬於此種型式。

(二) A-b (1)型基本狀態圖

液體狀態時完全溶合，而固體狀態時部分溶合之場合的狀態圖，其中之一即是在A-a型之固相中會發生二相分離者，如圖3.8所示，也就是在A-a型之固相中加入溶解度曲線pqr所形成之圖形。

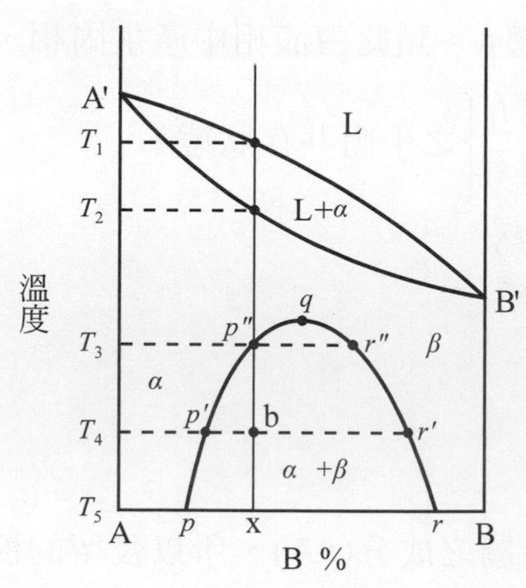

圖3.8 A-b (1)型狀態圖

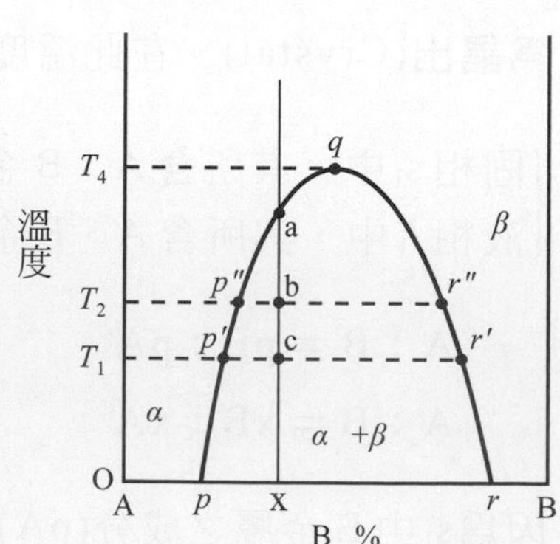

圖3.9 溶解度曲線

在此，首先說明**溶解度曲線**(Solubility curve)。例如於0℃時，在乙醚(Ether)中加入12.17%以上的水將其混合，由於水無法完全溶於乙醚中，因而會使溶液分爲兩層。上層爲溶有12.17%水的乙醚溶液，下層則爲溶有0.93%乙醚的水溶液。也就是說，於0℃時，乙醚溶有12.17%的水而成爲飽和，其餘的水就成爲溶有0.93%乙醚的飽和溶液，而形成第二相。若將此以圖來表示的話，則如圖3.9所示。

於圖3.9中，若將A代表乙醚，而B代表水。於0℃時，若在A中加入少於p點以下之百分比的B時，則B可完全溶解而形成均匀的溶液，但是若再加入更多的B時(即高於p點之%)，則會產生在B中僅溶有$\overline{\mathrm{Br}}$%之A的新液相，並隨著比重之不同而分離爲上下二層液相。例如在A中加入X%之B時，則會產生溶解有$\overline{\mathrm{Ap}}$%的B之α溶液(A液中溶有B液)與溶解有$\overline{\mathrm{Br}}$%的A之β溶液(B液中溶有A液)之混合物，兩溶液之重量比爲

$$\frac{\alpha\text{溶液的量}}{\beta\text{溶液的量}}=\frac{\overline{\mathrm{Xr}}}{\overline{\mathrm{Xp}}}$$

因此，在$\overline{\mathrm{pr}}$間之任何組成的混合液皆會形成上下二層液相，其中之一層爲p點的組成之飽和溶液，另一層爲r點的組成之飽和溶液，這以外的組成之溶液，在此溫度是不會產生的。當溶液全體之平均濃度不同時，則兩飽和溶液量之比僅隨著改變而已。在此場合，通常將p點與r點的二個飽和溶液，稱其互爲**共軛溶液**(Conjugate solution)。

以上說明了在一定溫度時之變化，但是若溫度改變時，則共軛溶液之飽和濃度亦將隨著變化。如圖3.9中所示，共軛溶液之飽和濃度在T_1溫度時爲p'與r'，而在T_2溫度時則變爲p''與r''，也就是會隨著溫度而變化。一般而言，溫度愈高時共軛溶液的飽和濃度會逐漸地接近，當溫度爲T_q時，則共軛溶液之飽和濃度同爲q，將此q點稱爲**臨界點**(Critical point)。在T_q溫度以上，任何組成的溶液都能相互溶合成爲均匀溶液。

與上述相同的變化在固體亦會發生，其例子如圖3.8所示之場合，但是需注意的是在固體時之變化情形，並不會產生上下二相分離的現象。現在考慮將組成x的合金由熔融狀態冷卻至室溫之狀態變化過程：

(1) T_2溫度之前的變化與前述之A-a型相同。

(2) 抵達T_2溫度時則完成凝固而成爲x組成的均匀α固溶體。

(3) T_2～T_3溫度間，α固溶體之濃度不變，僅溫度下降而已。

(4) 抵T_3溫度時，從濃度爲p''之α固溶體中會產生濃度爲r''之β固溶體。類此由固相中分離出另一個固相之現象，稱爲**析出**(Precipitation)。由於是從α固溶體中析出 B 之濃度較大的β固溶體，所以殘留的α固溶體中 B 之濃度會沿著$\overparen{p''p'}$減少。

(5) 於T_4溫度時，則爲

$$\left\{\begin{array}{l}\text{濃度 } p' \text{的} \alpha \text{固溶體} \\ \text{濃度 } r' \text{的} \beta \text{固溶體}\end{array}\right\}\text{之平衡共存狀態}$$

此時

$$\frac{\alpha\text{固溶體的量}}{\beta\text{固溶體的量}}=\frac{\overline{br'}}{\overline{p'b}}$$

(6) 抵T_5溫度(室溫)時，爲

$$\left\{\begin{array}{l}p\text{ 之組成的}\alpha\text{固溶體} \\ r\text{ 之組成的}\beta\text{固溶體}\end{array}\right\}\text{之平衡共存狀態}$$

此時，

$$\frac{\alpha\text{固溶體的量}}{\beta\text{固溶體的量}}=\frac{\overline{xr}}{\overline{px}}$$

這時候之β固溶體是析出於最初所晶出的α固溶體之結晶粒內或是晶界處。

(三) A-b (2)型(共晶型)基本狀態圖

屬於此型之狀態圖如圖 3.10 所示，圖中之各實線與點所表示之意義如下：

$A'E$：從融液中開始晶出α固溶體之溫度曲線。

$B'E$：從融液中開始晶出β固溶體之溫度曲線。

$A'F$：從融液中α固溶體晶出完了之溫度曲線。

$B'G$：從融液中β固溶體晶出完了之溫度曲線。

FEG：爲共晶線，在此溫度會發生下述反應：

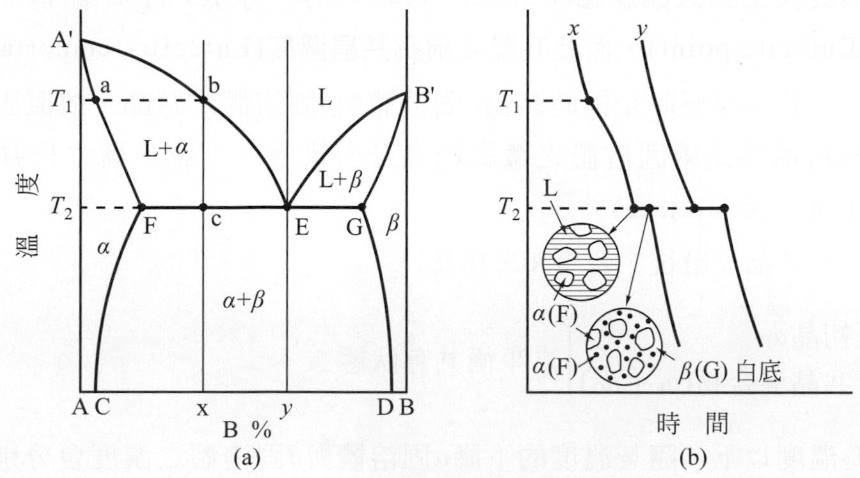

圖 3.10　A-b (2)型狀態圖

液相 E ⇆ 固相 F ＋ 固相 G

FC：從α固溶體中開始析出β固溶體之溫度曲線，亦即是α固溶體中 B 金屬之溶解度曲線。

GD：從β固溶體中開始析出α固溶體之溫度曲線，亦即是β固溶體中 A 金屬之溶解度曲線。

現在考慮將各種組成之合金由液態冷卻到室溫時之狀態變化過程。

(1)　**對於 x 組成之合金而言**

①　當溫度下降至T_1溫度時，由液態中開始晶出組成 a 的α固溶體，將此最初所晶出的固溶體稱爲**初晶**(Primary crystal)。

②　T_1～T_2溫度間，其狀態變化與 A-a 型相同。

③　剛抵T_2溫度時，所存在的相爲

$$\begin{Bmatrix}\text{液相 E}\\ \text{固相 F}\end{Bmatrix}\text{之平衡共存狀態，此時}\frac{\text{液相 E 的量}}{\text{固相 F 的量}}=\frac{\overline{\text{Fc}}}{\overline{\text{cE}}}$$

隨即液相 E 會發生下述反應而完成凝固：

液相 E ⇆ 固相 F (α固溶體)＋固相 G (β固溶體)

稱此反應爲**共晶反應**(Eutecitc reaction)。另外，將 E 點稱爲爲**共晶點**(Eutecitc point)，而此T_2溫度稱爲**共晶溫度**(Eutecitc tempertature)。

共晶反應時是同時晶出α固溶體與β固溶體之結晶，故凝固後所得到的組織爲此兩固溶體之微細結晶粒的緻密混合物，稱之爲**共晶混合物**(Eutectic mixture)。

④ 所以共晶反應後，合金 x 之相爲

$$\left\{\begin{array}{l}\text{初晶}\alpha_F\\ \text{共晶混合物}(\alpha_F+\beta_G)\end{array}\right\}\text{之平衡共存狀態}$$

⑤ T_2溫度以下，隨著溫度的下降α固溶體與β固溶體之濃度會分別沿著溶解度曲線$\overset{\frown}{FC}$與$\overset{\frown}{GD}$發生變化。其變化過程與前述之A-b⑴型相同，亦即在初晶之α固溶體中會析出微細的β固溶體之結晶，而共晶部分之α固溶體中亦會析出β固溶體，β固溶體中亦會析出α固溶體。這種由α固溶體中所析出的β固溶體，或是由β固溶體中所析出的α固溶體，均稱爲**二次晶**(Secondary crystal)。

⑥ 抵室溫時合金 x 之顯微鏡組織爲

$$\left\{\begin{array}{l}\text{初晶之}\alpha_C\text{中有微細的二次晶}\beta_D\\ \text{共晶混合物}(\alpha_C+\beta_D)\text{，而其中之}\alpha_C\text{中有微細的}\\ \text{二次晶}\beta_D\text{，另外}\beta_D\text{中有微細的二次晶}\alpha_C\end{array}\right\}$$

⑵ **對於 y 組成之合金而言**

① 當溫度下降至T_2溫度時，爲E成分之液相(L_E)，然後在此T_2溫度時會發生下述之共晶反應：

$$L_E \leftrightarrows \alpha_F+\beta_G$$

② 所以共晶反應後，液相即完全凝固爲($\alpha_F+\beta_G$)之共晶混合物。而共晶混合物中其

$$\frac{\alpha_F\text{的量}}{\beta_G\text{的量}}=\frac{\overline{EG}}{\overline{FE}}$$

③ T_2溫度以下，共晶混合物中之α_F與β_G的濃度則分別沿著溶解度曲線$\overset{\frown}{FC}$與$\overset{\frown}{CD}$發生變化。其變化情形與上述之 x 組成的合金相同。

④ 室溫時之顯微鏡組織爲：

$$\left\{ 共晶混合物(\alpha_C + \beta_D)，而 \begin{matrix} \alpha_C 中有微細的二次晶 \beta_D \\ \beta_D 中有微細的二次晶 \alpha_C \end{matrix} \right\}$$

此種型式的合金之實例有Ag-Cu合金、Al-Si合金、Ni-Cr合金、Pb-Sn合金等。

(四) A-b (3)型(包晶型)基本狀態圖

屬於此型之狀態圖如圖 3.11 所示，圖中之各實線與點所代表之意義如下：

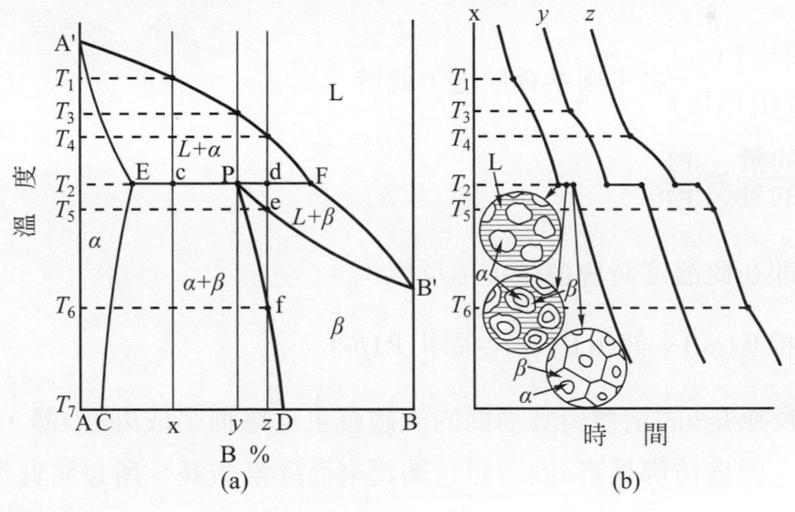

圖 3.11 A-b (3)型狀態圖

A′F：從融液中開始晶出α固溶體之溫度曲線。

FB′：從融液中開始晶出β固溶體之溫度曲線。

A′E：從融液中α固溶體晶出完了之溫度曲線。

EPF：爲包晶線(Line of peritectic)，於此溫度會發生下述反應：

液相F＋固相E ⇆ 固相P

P：包晶點(Peritectic point)。

PB′：β固溶體的晶出完了之溫度曲線。

EC：從α固溶體中開始析出β固溶體之溫度曲線，亦即是α固溶體中 B 金屬之溶解度曲線。

PD：從β固溶體中開始析出α固溶體之溫度曲線，亦即是β固溶體中 A 金屬之溶解度曲線。

現在考慮將各種組成之合金由液態冷卻到室溫時之狀態變化過程。

(1) **對於 y 組成之合金而言**

① 抵T_3溫度時開始由液態中晶出α固溶體。

② T_3～T_2溫度間，其狀態變化與 A-a 型相同。

③ 剛抵達T_2溫度時，合金 y 之相爲

$$\begin{cases}\text{固相 } E(\alpha_E) \\ \text{液相 } F(L_F)\end{cases}\text{之平衡共存狀態，此時}$$

$$\frac{\alpha_E\text{的量}}{L_F\text{的量}}=\frac{\overline{PF}}{\overline{EP}}$$

隨即在此溫度時會發生下述反應：

固相 $E(\alpha_E)$ + 液相 $F(L_F) \leftrightarrows$ 固相 $P(\beta_P)$

此反應是α固溶體與其周圍的液體發生反應而生成β固溶體，如圖 3.12 所示。因爲彷彿是將α固溶體包圍起來而逐漸成長，所以將此反應稱爲**包晶反應**(Peritectic reation)。而P點稱爲**包晶點**(Peritectic point)，此T_2溫度稱爲**包晶溫度**(Peritectic temperature)。此包晶反應是進行至液相 F 或固相 $E(\alpha_E)$完全消失爲止。若液相 F 與固相 $E(\alpha_E)$完全反應，而兩者同時消失而全部變爲β固溶體之場合，則合金之組成恰好是通過 P 點之組成。但是，若合金之組成非爲通過 P 點，而是介於 E、F 兩點間之任意組成時，在此包晶溫度(T_2)發生包晶反應後則參與反應之溶液或α固溶體，會發生過多或不足現象，而造成其中之一者會殘留下來。

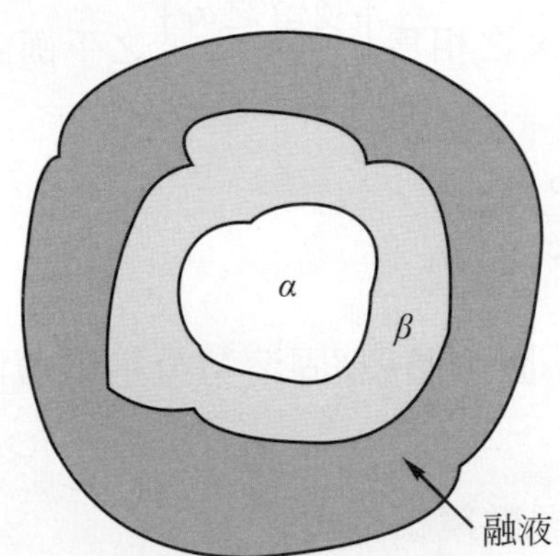

圖 3.12　包晶反應

④ 包晶反應後，合金 y 全部變成β_P。

⑤ T_2溫度以下，隨著溫度的下降，β_P則沿著溶解度曲線$\overparen{PD}$發生濃度變化，而由β固溶體中會析出微細的二次晶之α固溶體。

⑥ 抵T_7溫度(室溫)時，其顯微鏡組織為

$$\begin{Bmatrix} \text{D 成分的}\beta\text{固溶體}(\beta_D) \\ \text{二次晶的}\alpha_C(\text{由}\beta\text{固溶體所析出}) \end{Bmatrix}$$

(2) 對於 x 組成之合金而言

① 抵T_1溫度時由液態中開始晶出α固溶體。

② T_1～T_2間之狀態變化與 A-a 型相同。

③ 剛抵T_2時，合金 x 之相為

$$\begin{Bmatrix} \alpha_E \\ L_F \end{Bmatrix}\text{之平衡共存狀態，其}\frac{\alpha_E\text{之量}}{L_F\text{之量}}=\frac{\overline{cF}}{\overline{Ec}}$$

同時，在此溫度會發生下述之包晶反應

$\alpha_E + L_F \leftrightarrows \beta_P$

因為對合金 x 而言，此時α_E之量($\overline{cF}$)較上述之包晶組成 y 合金之場合時的α_E之量($\overline{PF}$)為多，所以包晶反應後α_E會殘留下來。

④ 包晶反應後，合金 x 之相為$\begin{Bmatrix}殘留之\alpha_E \\ \beta_P\end{Bmatrix}$之平衡共存狀態，此時

$$\frac{殘留之\alpha_E之量}{\beta_P之量}=\frac{\overline{cP}}{\overline{Ec}}$$

⑤ T_2溫度以下時，則α固溶體與β固溶體分別沿著溶解度曲線$\overset{\frown}{EC}$及$\overset{\frown}{PD}$發生濃度變化。

⑥ T_7溫度(室溫)時之顯微鏡組織為

$$\begin{Bmatrix}\alpha_C中有微細的二次晶\beta_D \\ \beta_D中有微細的二次晶\alpha_C\end{Bmatrix}$$

(3) **對於 z 組成之合金而言**

① 抵T_4溫度時由液態中開始晶出α固溶體。

② T_4～T_2間之狀態變化與 A-a 型相同。

③ 剛抵T_2溫度時，合金 z 之相為

$\begin{Bmatrix}\alpha_E \\ L_F\end{Bmatrix}$之平衡共存狀態，此時$\frac{\alpha_E之量}{L_F之量}=\frac{\overline{dF}}{\overline{Ed}}$

隨即，在此溫度會發生包晶反應

$\alpha_E + L_F \leftrightarrows \beta_P$

因為對合金 z 而言，此時L_F之量($\overline{Ed}$)較前述之包晶組成 y 合金之場合時的L_F之量($\overline{EP}$)為多，所以包晶反應後L_F會殘留下來。

④ 所以包晶反應後，合金 z 之相為

$\begin{Bmatrix}殘留之 L_F \\ \beta_P\end{Bmatrix}$之平衡共存狀態，此時

$$\frac{殘留之 L_F之量}{\beta_P之量}=\frac{\overline{Pd}}{\overline{dF}}$$

⑤ T_2～T_7間之變化與 A-b (1)型相同。

在實際例子中並無僅為如圖 3.11 所示之簡單的包晶反應的二元合金，但是在狀態圖之一部份中含有包晶反應之例子則較多，例如Au-Fe合金、Fe-C合金、Cd-Hg合金即屬於此。

㈤　**A-c 型(共晶型)基本狀態圖**

此為液態時完全溶合，而固態時完全不溶合的場合之狀態圖，雖然和 A-b ⑵之共晶型狀態圖相似，但是其兩側的成分金屬是完全不會形成固溶體的，如圖 3.13 所示。圖中各實線與點所代表之意義如下：

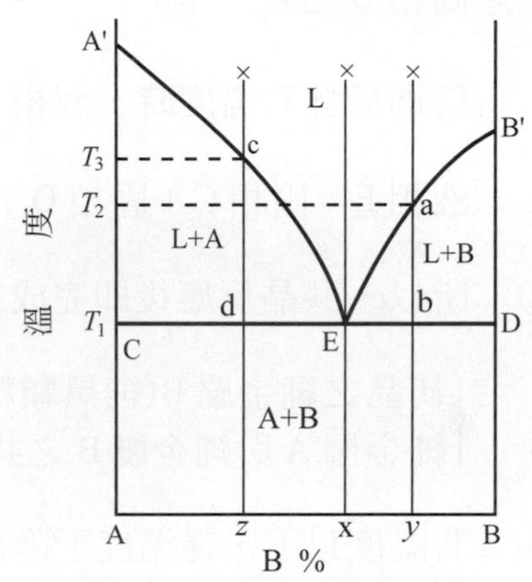

圖 3.13　A-c 型狀態圖

$A'E$及$B'E$：液相線

$A'CEDB'$：固相線

CED：共晶線

E點：共晶點

現在考慮將各種組成之合金由液態冷卻到室溫時之狀態變化過程。

⑴　**對於 x 組成之合金而言**

①　剛抵達T_1溫度時為液相 E，然後在此T_1溫度會發生下述共晶反應

液相 E ⇆ 固相 C(純金屬 A)＋固相 D(純金屬 B)

亦即在凝固後為 A、B 兩金屬之微細結晶相互混合之共晶組織。

②　T_1溫度以下，僅溫度下降而已，其組織不變。

③　室溫時之顯微鏡組織(如圖 3.14(b)所示)為

{純金屬 A 與純金屬 B 之共晶混合物}

⑵　**對於 y 組成之合金而言**

①　抵T_2溫度時，開始由液態中晶出純金屬 B(初晶)。

②　隨著溫度下降，液相則沿$\overset{\frown}{aE}$發生濃度變化，而繼續晶出純金屬 B。

③　剛抵T_1溫度時，為

$\begin{cases}\text{液相 E} \\ \text{固相 D(初晶之純金屬 B)}\end{cases}$ 之平衡共存狀態。此時

$$\frac{\text{液相 E 之量}}{\text{固相 D 之量}}=\frac{\overline{bD}}{\overline{Eb}}$$

隨即於此T_1溫度時，液相 E 會發生下述共晶反應：

液相 E ⇆ 固相 C＋固相 D

④ 所以，共晶反應後即完成凝固，此時合金 y 之相為

$\begin{cases}\text{初晶之純金屬 B(純黑顆粒)} \\ \text{純金屬 A 與純金屬 B 之共晶混合物}\end{cases}$

⑤ T_1溫度以下，僅溫度下降而組織不變。

⑥ 室溫時之顯微鏡組織如圖 3.14(c)所示。

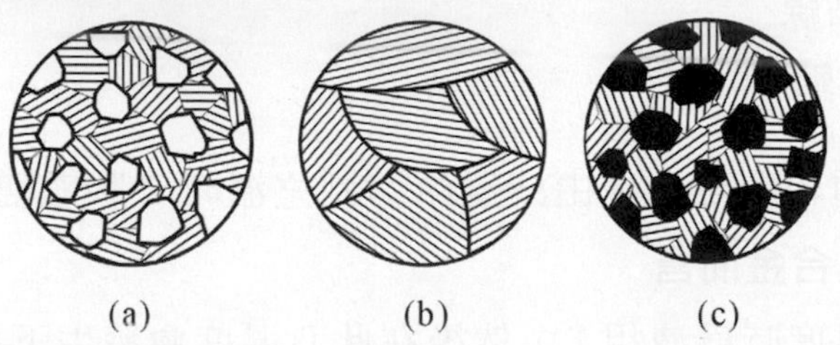

(a) (b) (c)

圖 3.14 A-c 型狀態圖中各種組成之合金於室溫時之顯微鏡組織

(3) 對於 z 組成之合金而言

① 抵T_3溫度時，開始由液態中晶出純金屬 A(初晶)。

② 隨著溫度之下降，液相則沿$\overset{\frown}{cE}$發生濃度變化，而繼續晶出純金屬 A。

③ 剛抵T_1溫度時為

$\begin{cases}\text{液相 E} \\ \text{固相 C(初晶之純金屬 A)}\end{cases}$ 之平衡共存狀態，此時

$$\frac{\text{液相 E 之量}}{\text{固相 C 之量}}=\frac{\overline{Cd}}{\overline{dE}}$$

同時於此T_1溫度時，液相 E 會發生共晶反應。

④　所以共晶反應後，合金z之相爲

$\begin{cases}\text{初晶之純金屬A(純白顆粒)}\\ \text{純金屬A與純金屬B之共晶混合物}\end{cases}$

⑤　T_1溫度以下，僅溫度下降而組織不變。

⑥　室溫時之顯微鏡組織如圖3.14(a)所示。

屬於此種型式的合金之實例爲Sn-Zn合金、Bi-Cd合金等。

(六)　B-b型(偏晶型)基本狀態圖

液體狀態與固體狀態時皆部分溶合之場合的狀態圖，如圖3.15所示。圖中各主要的曲線與點所表示的意義如下：

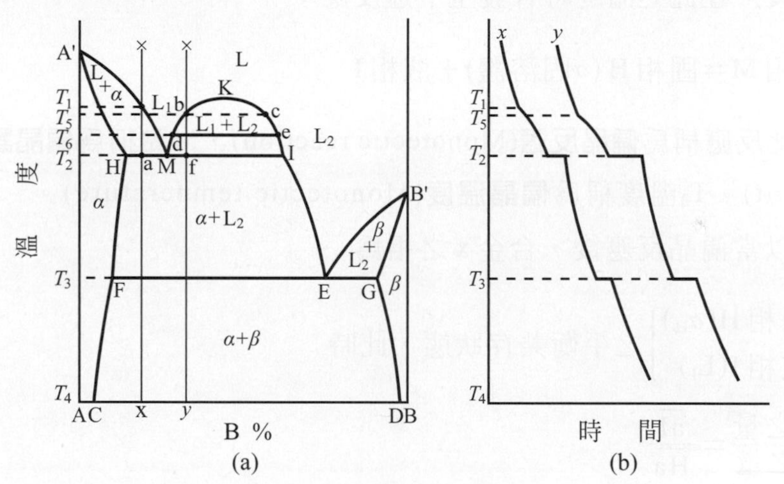

圖3.15　B-b型狀態圖

A′MIEB′：爲液相線。

A′HFEGB′：爲固相線。

MKI：液體分爲二相之溫度曲線，亦即是液態之溶解度曲線。

HMI：偏晶線，在此溫度會發生下述反應：

液相M⇆固相H＋液相I

M：偏晶點。

FC、GD：固體狀態時之溶解度曲線。

現在考慮將各種組成之合金由液態冷卻到室溫時之狀態變化過程。

(1) **對於x組成之合金而言**

① 抵達T_1溫度時，由液態中開始晶出α固溶體。

② T_1～T_2間，其狀態變化過程與A-a型相同。

③ 剛抵T_2溫度時，合金x之相爲

$\left\{\begin{array}{l}\text{液相 } M(L_M) \\ \text{固相 } H(\alpha_H)\end{array}\right\}$之平衡共存狀態，此時

$$\frac{L_M\text{之量}}{\alpha_H\text{之量}}=\frac{\overline{Ha}}{\overline{aM}}$$

然後，在此T_2溫度時會發生下述反應：

液相M⇆固相H(α固溶體)＋液相I

將此反應稱爲**偏晶反應**(Monotectic reaction)，M點稱爲**偏晶點**(Monotectic point)，T_2溫度稱爲**偏晶溫度**(Monotectic temperature)。

④ 所以當偏晶反應後，合金x之相爲

$\left\{\begin{array}{l}\text{固相 } H(\alpha_H) \\ \text{液相 } I(L_I)\end{array}\right\}$之平衡共存狀態，此時

$$\frac{\alpha_H\text{之量}}{L_I\text{之量}}=\frac{\overline{aI}}{\overline{Ha}}$$

⑤ T_2溫度以下時，隨著溫度的下降

$\left\{\begin{array}{l}\alpha_H\text{沿著 } \overset{\frown}{HF} \\ L_I\text{沿著 } \overset{\frown}{IE}\end{array}\right\}$發生濃度變化

⑥ 抵T_3溫度時，合金x之相則爲

$\left\{\begin{array}{l}\text{液相 } E(L_E) \\ \text{固相 } F(\alpha_F)\end{array}\right\}$之平衡共存狀態

隨即在此溫度時液相E將發生下述共晶反應：

液相 E (L_E) ⇆ 固相 F (α_F) ＋ 固相 G (β_G)

⑦　於T_3溫度之上述共晶反應完成後，合金 x 之相爲

$\left\{\begin{array}{l}\text{初晶之}\alpha_F \\ (\alpha_F+\beta_G)\text{之共晶混合物}\end{array}\right\}$之平衡共存狀態

⑧　T_3溫度以下，其狀態變化與前述之 A-b ⑵型之共晶型完全相同。

⑨　所以抵達室溫時之顯微鏡組織爲

$\left\{\begin{array}{l}\text{初晶之}\alpha_C\text{中有微細的二次晶}\beta_D \\ (\alpha_C+\beta_D)\text{之共晶混合物，其中}\alpha_C\text{中有二次晶的}\beta_D \\ \text{而}\beta_D\text{中有二次晶的}\alpha_C\end{array}\right\}$

⑵　**對於 y 組成之合金而言**

①　溫度下降至T_5溫度時，液相開始分爲二層，即爲

$\left\{\begin{array}{l}\text{成分 b 之}L_1\text{溶液} \\ \text{成分 c 之}L_2\text{溶液}\end{array}\right\}$之二層溶液之平衡共存狀態

②　T_5溫度以下，隨著溫度之下降，L_1溶液及L_2溶液則分別沿著$\overset{\frown}{bd}$及$\overset{\frown}{ce}$發生濃度變化。

③　抵T_6溫度時，則爲

$\left\{\begin{array}{l}\text{成分 d 之}L_1\text{溶液} \\ \text{成分 e 之}L_2\text{溶液}\end{array}\right\}$之二層溶液之平衡共存狀態

④　至T_2溫度時，則爲

$\left\{\begin{array}{l}\text{液相 M(M 成分之}L_1\text{溶液)} \\ \text{液相 I(I 成分之}L_2\text{溶液)}\end{array}\right\}$之平衡共存狀態

同時，在此溫度時，液相 M 會發生下述之偏晶反應：

液相 M ⇆ 固相 H ＋ 液相 I

⑤ 所以當上述之偏晶反應終了時，合金 x 為

$\left\{\begin{array}{l}\text{固相 H}(\alpha_H)\\ \text{液相 I}(L_I)\end{array}\right\}$之平衡共存狀態，此時

$$\frac{\alpha_H\text{之量}}{L_I\text{之量}}=\frac{\overline{fI}}{\overline{Hf}}$$

⑥ 爾後(T_2溫度以下)之變化則與上述之 x 組成之合金相同。

屬於此種型式之狀態圖的合金之實例有 Ag-Ni 合金、Cr-Cu 合金等。

(七) **B-c 型(偏晶型)基本狀態圖**

此為液體狀態時部分溶合，而固體狀態時完全不溶合的場合之狀態圖，如圖 3.16 所示。也就是相當於圖 3.15 中將 A、B 金屬兩側之溶解度曲線的部分加以去除後所成者。

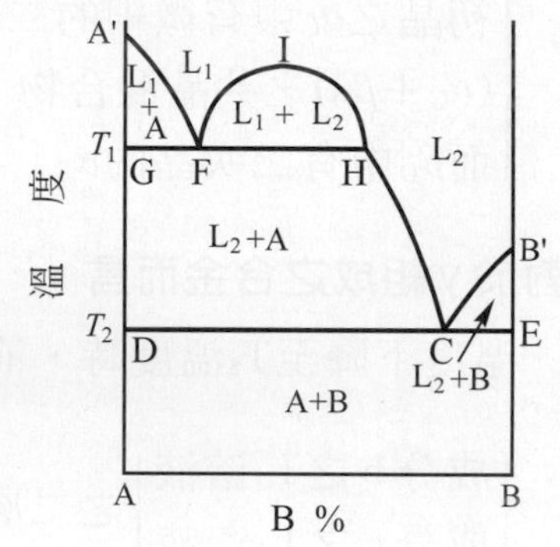

圖 3.16 B-c 型狀態圖

A′FHCB′：液相線。

A′GDCEB′：固相線。

FIH：液態時之溶解度曲線。

GFH：偏晶線。

F：偏晶點。

此型之狀態圖由前述之 B-b 型(偏晶型)即可加以理解，因此不再詳細說明。

屬於此種型式之狀態圖的合金之實例有 Cu-Pb 合金等。

(八) **C-c 型基本狀態圖**

為液體狀態及固體狀態時皆完全不溶合的場合之狀態圖，如圖 3.17 所示。僅由通過 A 之金屬融點之A′點與 B 金屬融點之B′點的兩條水平線所構成之簡單圖形之狀態圖。

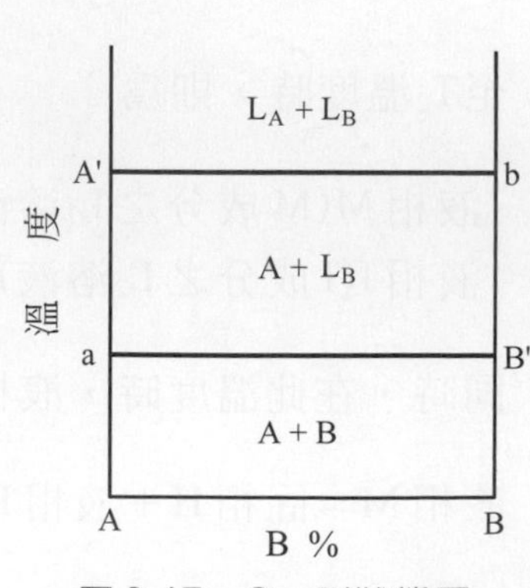

圖 3.17 C-c 型狀態圖

圖 3.17 中各實線所代表之意義如下：

A′b：爲液相線。

aB′：爲固相線。

隨著成分金屬比重之大小，會形成層狀凝固而個別存在。屬於此種型式之狀態圖的合金之實例有 Fe-Pb 合金、Fe-Ag 合金、Al-Pb 合金、Pb-Si 合金等。

(九) 形成金屬間化合物或中間相的二成分系狀態圖

A、B 二成分以某一比率(組成比)生成金屬間化合物 AmBn 之場合，通常是以此金屬間化合物爲境界，其兩側有 A 與A_mB_n之合金的狀態圖及A_mB_n與 B 之合金的狀態圖相併列之型態較多。一般，是以其金屬間化合物在抵達其融點之前會分解爲二個相，或是不會分解爲二個相而具有明確的融點，而區分爲下述兩類：

(1) 金屬間化合物具有融點之場合

金屬間化合物A_mB_n具有融點(c 點)，於抵達融點之前不會分解，其狀態圖如圖 3.18(a)及(b)所示。

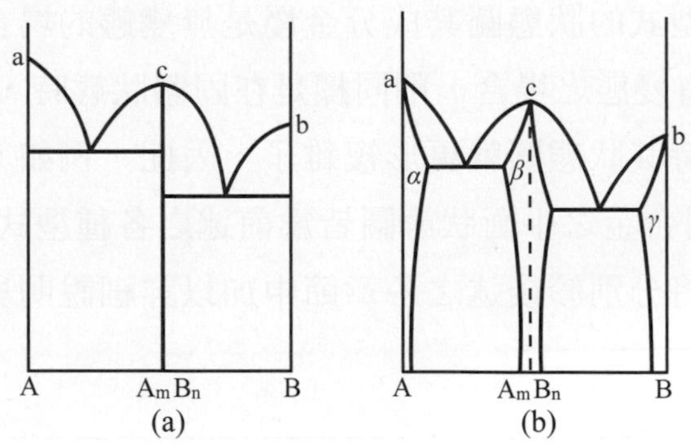

圖 3.18　金屬間化合物型之二成分系狀態圖(金屬間化合物具有融點)

圖 3.18(a)爲 A、B 兩成分皆不形成固溶體之場合，而(b)圖則是金屬間化合物與 A 成分及 B 成分間皆擁有某種程度的固溶範圍，而形成α、β、γ固溶體之例子。

實際上之例子，圖(a)之場合如 Ca-Mg 系(Ca_3Mg_4)，Mg-Si 系(Mg_2Si)等。圖(b)之場合如 Ca-Cu 系($CaCu_4$)，Cu-Al 系($CuAl_2$)等。

⑵ **金屬間化合物不具有融點之場合**

金屬間化合物A_mB_n不具有融點，而於抵達融點途中之某溫度時會分解爲二相的場合之狀態圖，則如圖 3.19 所示，爲含有包晶反應的狀態圖，也就是說經由包晶反應可生成金屬間化合物；圖 3.19(a)爲固體時無溶解度，而圖(b)則爲固體時有溶解度之場合。實際之例子有Pb-Bi合金等。

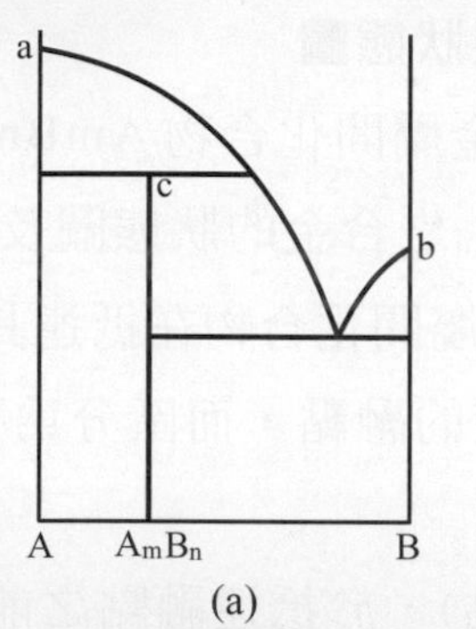

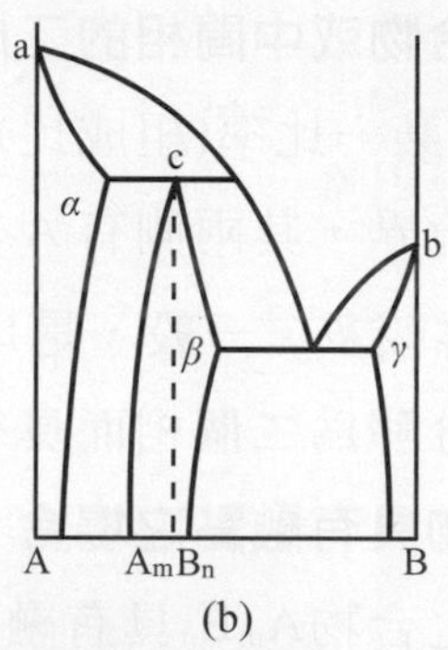

圖 3.19　金屬間化合物型之二成分系狀態圖(金屬間化合物不具有融點)

以上所述之各種型式的狀態圖其成分金屬是無變態的場合，但例如Fe-C系合金，其成分金屬爲具有變態之場合，則同樣是在固體狀態時，變態前後的相皆需以不同的相來考慮，此時其狀態圖就更形複雜了。因此，例如Fe-C系、Cu-Zn系、Al-Cu系等重要的實用合金之平衡狀態圖皆爲前述之各種型式之狀態圖的組合，所以會變得相當複雜，將分別於後述之各章節中加以詳細說明與討論。

習題

3.1　解釋名詞：

⑴ 物質系　⑵均質系　⑶非均質系　⑷相　⑸多相系　⑹成分

⑺平衡狀態　⑻狀態量　⑼自由度　⑽相律　⑾狀態圖　⑿三重點

⒀樹枝狀結晶　⒁冷卻曲線　⒂槓桿原理　⒃初晶　⒄二次晶　⒅熱分析法

⒆析出　⒇共軛溶液　(21)共晶反應　(22)共析反應　(23)偏晶反應　(24)包晶反應

3.2　說明金屬之凝固過程，並繪出其模式圖。

3.3　金屬凝固後其結晶之粗密與其過冷度有何關係？試述之！

3.4　以二成分系爲例，說明槓桿原理。

3.5　說明二成分系狀態圖之分類。

3.6　圖示共晶型之二成分系狀態圖，並舉例說明之。

3.7　圖示包晶型之二成分系狀態圖，並舉例說明之。

3.8　圖示偏晶型之二成分系狀態圖，並舉例說明之。

3.9　共晶反應與共析反應有何不同，試說明之。

3.10　圖示及說明金屬間化合物型之二成分系狀態圖。

3.11　說明金屬在凝固冷卻過程中所發生的晶出與析出現象有何不同意義。

4 金屬的塑性變形與差排

當材料受外力作用而產生某種程度的變形(Deformation)或應變(Strain)後，縱使將外力完全釋除，而材料亦無法恢復原來的形狀，此時稱材料發生了永久之變形亦即塑性變形。

從微觀的觀點而言，塑性變形乃起因於結晶面與結晶面間，原子發生了永久的相對位移；而差排的移動，就是造成了這種相對位移的主要原因。

結晶變形之最主要機構為滑動(Slip)。由於差排在特定的結晶面(一般是最緊密堆積面)及特定的結晶方向(最緊密排列方向)上移動，而導致結晶面與結晶面之間的滑動。

雙晶(Twin)也會導致材料的塑性變形，當滑動受到阻礙時，雙晶於此時即具有重要的貢獻。

上述機構對金屬塑性變形之影響及貢獻，是本章所要探討的主要內容。

4.1 滑動方向與滑動平面

在結晶構造中，爲了描述複雜的空間結構，已於前述的第2章中介紹了結晶面與結晶方向的表示方法，亦即以[ijk]表示結晶方向，而以<ijk>表示**方向族**(Family of directions)。以(hkl)來表示結晶面，而以{hkl}表示**平面族**(Family of planes)。

(1) 在結晶內一個滑動方向與其所在的平面，合起來被定義爲一個**滑動系統**(Slip system)，以{hkl}<ijk>來表示。

在每一個金屬結晶中，滑動方向是取決於線密度最高的方向如圖 4.1 所示。圖中之mn方向爲最緊密堆積方向，於此方向會優先產生滑動現象。而滑動平面乃是具有最高面密度者。

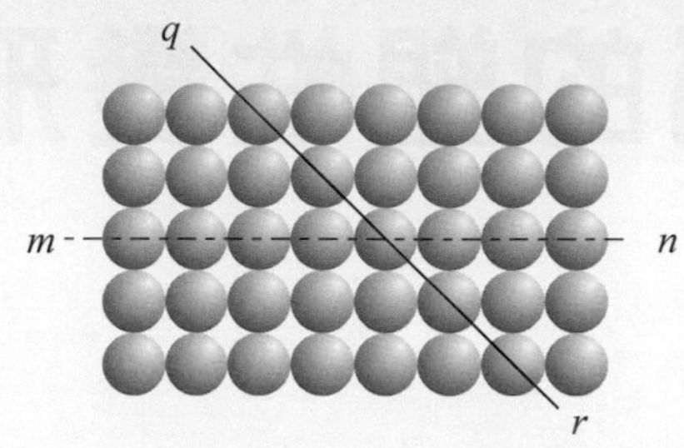

圖 4.1 單純立方晶格中(100)面的原子排列情形，而其中mn方向的線密度最高，亦即mn方向為此平面的滑動方向

以下說明結晶內之任意結晶方向與結晶面之密度的計算方法，以利判定其滑動方向與滑動平面。

(2) **線密度**(Linear Density，簡稱 L.D.)定義爲單位長度內的原子個數，其數學式如下：

$$L.D. = N/L\ (atoms/mm)$$

式中L爲所取線之長度，N爲此長度內之原子個數。如圖 4.2 所示爲體心立方(BCC)格子，在<111>方向，其長度爲$\sqrt{3}a$(a爲格子常數)，有 2 個原子，所以其線密度爲 $2/\sqrt{3}a$，其他結晶方向與線密度之關係如表 4.1 所示。

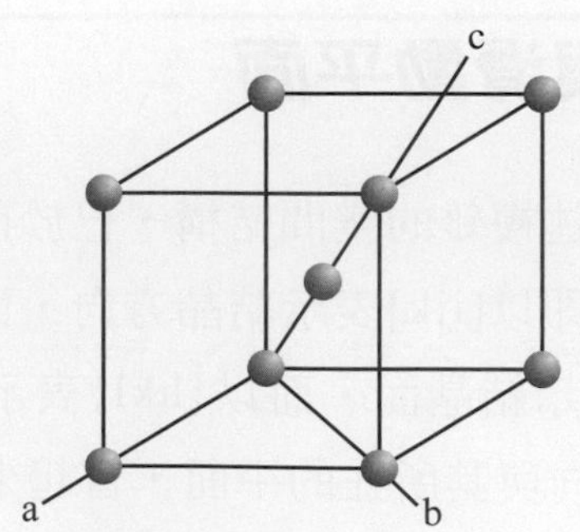

圖 4.2 體心立方格子的原子排列情形，其中 a 表示[100]方向，b 為[110]方向，c 代表[111]方向

表 4.1　體心立方格子(BCC)中之結晶方向與其線密度(L.D.)之關係

方向	L	n	L.D.
<100>	a	1	1/a
<110>	$\sqrt{2}$a	1	1/$\sqrt{2}$a
<111>	$\sqrt{3}$a	2	2/$\sqrt{3}$a

(3) **面密度**(Planer Density，簡稱 P.D.)定義爲單位面積內之原子個數，數學式如下：

$$P.D. = N/A\ (atoms/mm^2)$$

式中 A 爲所取之面積，N 爲此面積內之原子個數。圖 4.3 爲面心立方格子(FCC)其(100)面之示意圖。由圖可知，正方形之面積爲a^2(a 爲格子常數)，正方形內含兩個原子，所以其面密度爲 $2/a^2$。其他結晶面之面密度如表 4.2 所示。

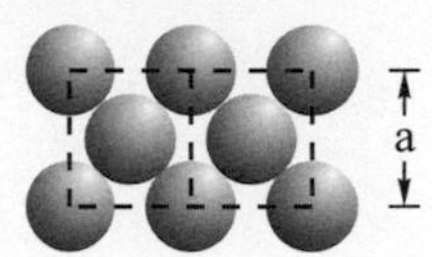

圖 4.3　面心立方格子(FCC)之(100)面之示意圖

表 4.2　FCC 中之結晶面與其面密度之關係

面	A	N	P.D.
(100)	a^2	2	$2/a^2$
(110)	$\sqrt{2}a^2$	2	$2/\sqrt{2}a^2$
(111)	$(\sqrt{3}/2)a^2$	2	$4/\sqrt{3}a^2$

4.2 單晶之塑性變形—滑動

材料施以能夠分解成剪應力的拉伸或壓縮應力時，會產生**剪應變**(Shear strain)，此剪應變即爲導致**塑性變形**(Plastic deformation)的主要因素。

滑動(Slip)比較容易產生於原子緊密堆積的結晶方向與平面(即滑動系統)，而於其他方向與平面則不易產生。如圖 4.4(a)為滑動前；(b)為滑動後。

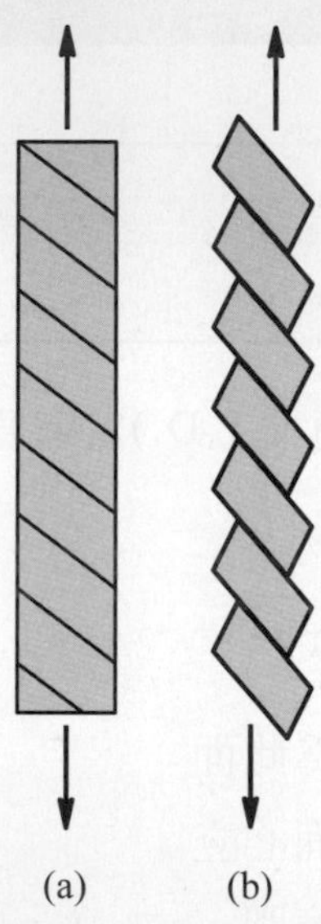

圖 4.4　六方密格子(HCP)的(0001)面。(a)鋅結晶體的滑動方向；(b)當結晶體受到外界所給予的剪應力時，其結晶的變形及滑動面傾向於與拉伸軸平行

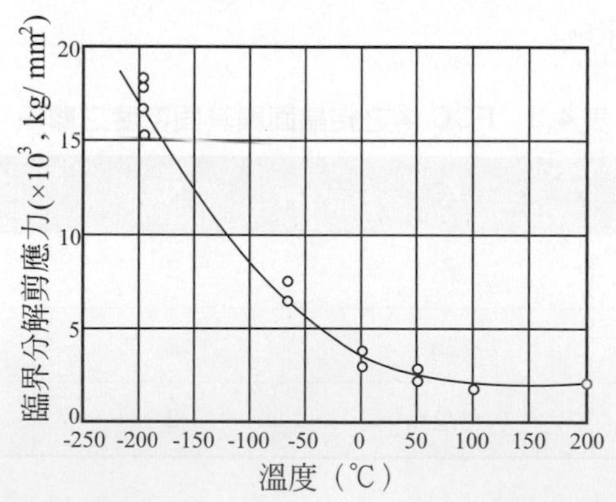

圖 4.5　鐵的單結晶與臨界分解剪應力與溫度的關係

一般之金屬材料多為多結晶體系，亦即其為多數個單結晶之集合體。所以當受到外力時的多結晶體之變形舉動，即可以各個單結晶變形的總和來加以理解，以下考慮造成一個單結晶變形之機構。

單晶(Single crystal)滑動之程度，取決於由外加荷重所分解的剪應力、晶體內原子的堆積方式、以及相對於應力軸的活性滑動面(Actived slip planes)之方位(Orientation)。

當滑動面上之滑動方向的分解剪應力達到某一特定值時，滑動面會開始沿滑動方向滑動，此特定值稱為**臨界分解剪應力**(Critical resolved shear stress，CRSS)，其值主要受到成份與溫度的影響，如表4.3及圖4.5所示。

表4.3　主要金屬的滑移系統及臨界分解剪應力

結晶構造	金屬	純度(%)	滑動面	滑動方向	臨界分解剪應力 (kg/mm^2)
BCC	Fe	99.96	{110}	<111>	2800
			{112}	<111>	
			{123}	<111>	
	Mo		{110}	<111>	5000
FCC	Ag	99.99	{111}	<110>	48
		99.97	{111}	<110>	73
		99.93	{111}	<110>	131
	Cu	99.999	{111}	<110>	65
		99.98	{111}	<110>	94
	Al	99.99	{111}	<110>	104
	Au	99.9	{111}	<110>	92
	Ni	99.8	{111}	<110>	580
HCP	Cd(c/a = 1.886)	99.996	{0001}	$<2\bar{1}\bar{1}0>$	58
	Zn(c/a = 1.856)	99.999	{0001}	$<2\bar{1}\bar{1}0>$	18
	Mg(c/a = 1.623)	99.996	{0001}	$<2\bar{1}\bar{1}0>$	77
	Ti(c/a = 1.587)	99.99	$\{10\bar{1}0\}$	$<2\bar{1}\bar{1}0>$	1400

Schmid's Law

單晶中每個不同方位的結晶面產生滑動時，需要不同的拉伸荷重，這種現象首先由Schmid提出臨界分解剪應力之理論來加以說明。在拉伸試驗中，單晶之臨界分解剪應力大小與首先出現滑動現象的平面，及滑動方向相對於拉伸軸(Tensile axis)的方位有關。

考慮一個截面積為 A 之圓柱狀單晶，如圖4.6所示，其滑動面(如圖中之點狀面)之法線與拉伸軸(XY)之夾角為θ，滑動方向與拉伸軸之夾角為λ。所以滑動面之實際面積為$A/\cos\theta$，而軸向荷重(Load)F於滑動方向上之分量為$F\cos\lambda$。

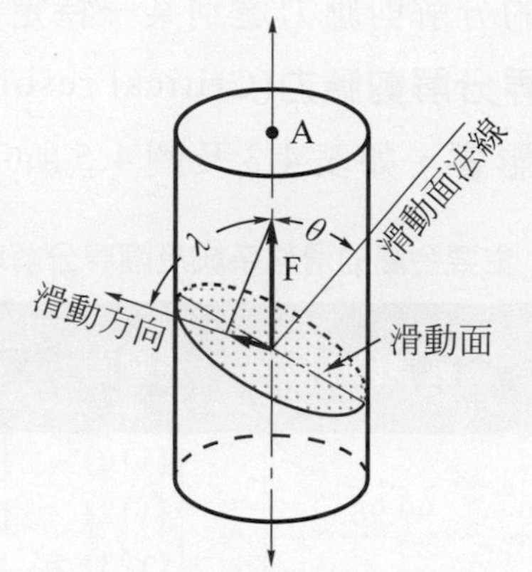

圖 4.6　單晶中滑動面上的分解剪應力

因此分解剪應力可以表示為滑動面之滑動方向上所承受之剪應力：

$$\tau=\frac{F\cos\lambda}{A/\cos\theta}=\frac{F}{A}\cos\theta\cos\lambda \tag{4.1 式}$$

當荷重增加而使滑動系統產生滑動時，此時之分解剪應力稱為**臨界分解剪應力**。

(4.1)式表示滑動面上滑動方向的分解剪應力，此式即為著名的Schmid's Law。此分解剪應力(τ)之極大值$\tau=\frac{1}{2}F/A$ 出現在$\lambda=\theta=45°$。而當$\lambda=90°$或$\theta=90°$時之分解剪應力(τ)為零，因此滑動面將不會有滑移的現象產生。

4.3 理論與實際分解剪應力之差異

當單晶產生塑性變形，其所需的臨界分解剪應力遠小於使完整晶體(Perfect crystal)產生塑性變形之理論值，如表 4.4 所示。

理論上堆積完整的結晶面之滑動方式，如圖 4.7 所示；其中(a)圖表示滑動前原子的排列位置，經一剪力作用後，原子產生相對位移，最後造成如(d)圖之結果，此時原子之相對位移為一個原子直徑的距離。而在此滑動過程中，當原子達到鞍點位置((c)圖所示)時，其剪應變最大。此時

$$\gamma\cong\frac{a}{b}=\frac{a}{2a}=\frac{1}{2} \tag{4.2 式}$$

表 4.4　不同金屬其臨界分解剪應力的計算值與實驗值

金屬	計算值 (kg/mm^2)	實驗值 (kg/mm^2)	(計算值／實驗值)比
Cu	640	0.10	6400
Ag	450	0.060	7500
Au	450	0.092	4900
Ni	1100	0.58	1900
Mg	300	0.083	3600
Zn	480	0.094	5100

其中γ爲剪應變。又**剪力模數**(Shear modulus)爲：

$$\mu=\frac{\tau}{\gamma} \tag{4.3 式}$$

其中τ爲**剪應力**(Shear stress)。所以可得剪應力(τ)

$$\tau=\gamma\cdot\mu \tag{4.4 式}$$

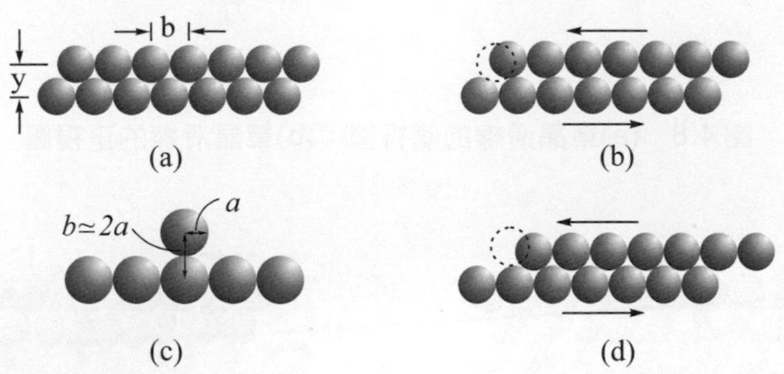

圖 4.7　單晶的原子排列情形：(a)滑動前的原子排列情形；(b)受一剪力作用後原子位移情形；(c)原子達鞍點位置；(d)原子相對位移達一個原子直徑的距離

以 Mg 單晶爲例($\mu= 2.5\times10^6$ psi)，其結晶內產生滑動所需之理論剪應力值可由 4.4 式求得爲10^6 psi，而實驗所測得的實際值約爲10^2 psi，亦即實際值僅爲理論值之 $1/10^4$倍(一般範圍爲 1/1000～1/10000)。對於這種結晶內產生滑動所需之理論與實際的臨界分解剪應力之差異曾有多種假設嘗試提出說明，其中則以差排理論(Dislocation theory)最能完美闡述塑性變形的各種現象。

當差排在滑動面上滑動時，會使得單晶的塑性變形變得極爲容易，而當差排大量產生滑移時，在單晶的試片表面會出現若干平行黑線，稱爲**滑線**(Slip lines)，如圖 4.8 所示。差排之一部分可運動於滑動面內，亦可運動於垂直滑動面之方向；在滑動面上的差排運動乃擴大其滑動面積，此種運動方式稱爲**滑動**(Slipping)，如圖 4.9 所示。而垂直於滑動面上的差排之移動，則以**爬登**(Climb)的方式進行，所謂爬登乃利用空孔或插入原子之擴散而達到原子移動之目的。

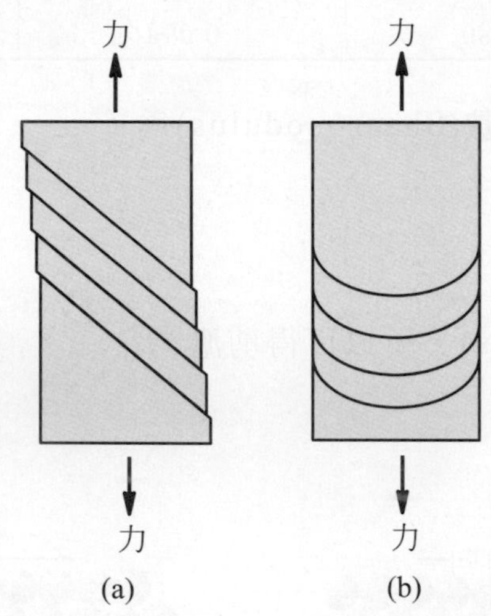

圖 4.8 (a)單晶滑線的側視圖；(b)單晶滑線的正視圖

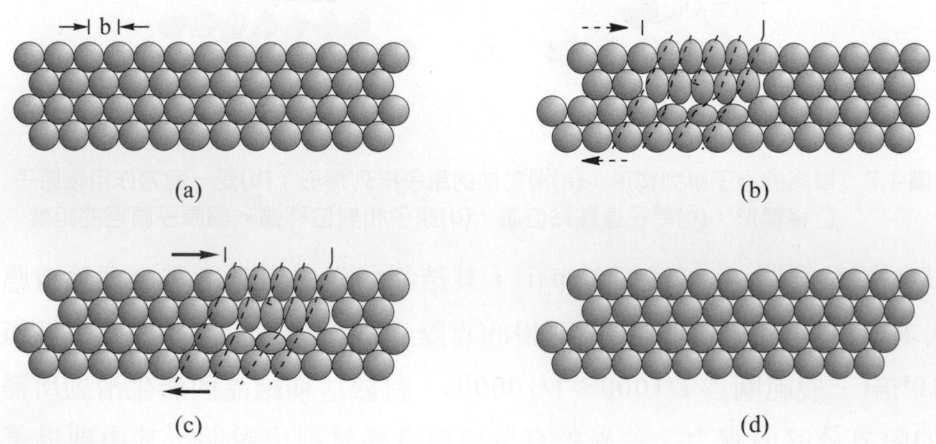

圖 4.9 滑動面上的差排運動情形—滑動(slipping)

※ 4.4 Orowan equation

在討論當大量的差排移動可以產生明顯的塑性變形之前，需先討論一個差排在晶體內運動造成應變的情形。

假設有一立方晶體各邊長為L，當施以適當的剪應力(τ)時，在晶體的左邊產生一個差排，並依施力方向而運動。當差排抵達右端時會留下一個Burger向量(b)的塑性位移，其**剪應變**γ'_P可由b與L之比求得

$$\gamma'_P = \frac{b}{L} \quad \text{(b為Burger vector之大小)}$$

假如差排並未完全通過整個晶體，而只走了一段距離x如圖4.10(a)(x＜L)時，則晶體的剪應變值(γ_P)應介於0到b/L之間，且此值(γ_P)與差排所通過滑動面之面積成正比。

$$\frac{\gamma_P}{\gamma'_P} = \frac{A}{A'} = \frac{Lx}{L^2} = \frac{x}{L} \qquad (4.5式)$$

$$\therefore 剪應變\gamma_P = \frac{x}{L} \cdot \frac{b}{L}$$

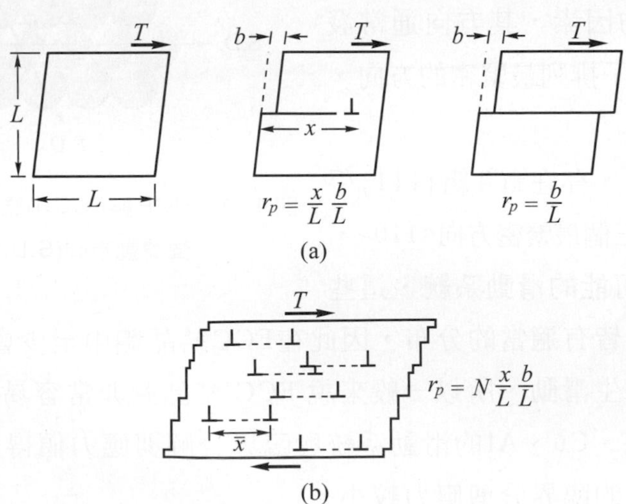

圖4.10 滑動中剪應變與差排移動的關係

如果考慮N個差排存在於晶體內部，且所有的差排均移動一個平均距離$\bar{x}$如圖4.10(b)所示，則可以將(4.2)式之剪應變量改寫成

$$\gamma_P = \frac{N\bar{x}b}{L^2} = \frac{(NL)\bar{x}b}{L^3} = \rho b\bar{x} \quad (4.6式)$$

其中NL爲差排線之總長，$\rho = \frac{NL}{L^3}$表示單位體積的差排總長度即**差排密度**(Dislocation density)。因此由(4.6)式可看出，由差排移動所引起之剪應變γ_P等於差排密度(ρ)、Burger向量(b)及所有差排於晶體內平均位移($\bar{x}$)的乘積。如果差排是在t時間內走了$\bar{x}$的距離，則(4.6)式可改寫成下述之(4.7)式：

$$\frac{\gamma_P}{t} = \rho b\frac{\bar{x}}{t} \quad \therefore \dot{\gamma}_P = \rho b\bar{v} \quad (4.7式)$$

其中$\dot{\gamma}_P$爲**剪應變速率**，$\bar{v}$爲差排之**平均速度**。

※ 4.5 結晶構造與滑動系統

如前所述滑動系統是由滑動方向及滑動平面二者組合而成。滑動方向是滑動系統中最主要的因素，其方向通常發生在滑動面上之原子排列最緊密的方向，如圖4.11所示，

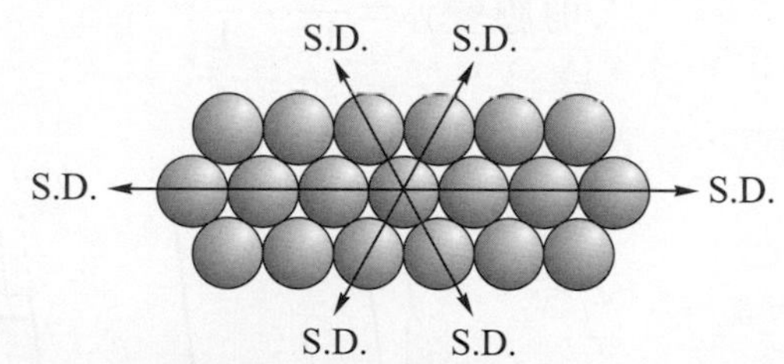

圖4.11 HCP與FCC中原子排列最緊密的面之三個滑動方向(S.D.)

在FCC材料中，存在有4組{111}平面，每個平面含有三個最緊密方向<110>，因此FCC有12個可能的滑動系統，這些滑動系統在空間中皆有適當的分布，因此在FCC結晶體中至少會有一個{111}面處於有利的位置來產生滑動，所以一般來說 FCC 結晶體非常容易變形。這個現象可由前表4.3中的Ag、Cu、Al的滑動系統與臨界分解剪應力值得知，因爲使FCC結晶體產生變形所需的臨界分剪應力較小。

在HCP金屬(如Cd、Mg、Co、Ti)中只有一個最密原子分布結晶面，即(0001)

面，或稱爲基面，該平面上擁有三個**最密排列方向**(Closed-packed direction)<11$\bar{2}$0>，如圖4.11所示，也就是說HCP金屬共有三個滑動系統。

HCP的滑動系統較FCC結構少，因此它的臨界分解剪應力值高於FCC結構者(表4.4)。當HCP結晶體其部份的滑動系統受到限制時，藉著雙晶(twin，詳見後述之4-7)的變形可以引發更多的滑動系統進入適當的位置。若是相鄰晶粒之滑動面與雙晶面(twinning plane)方向相近時，又可藉著雙晶之作用，使另一晶粒產生滑移。一般HCP的塑性成形性(Plasticity)比FCC差但優於BCC結晶體。

BCC結構的單位格子擁有較少的原子，所以其晶體內並沒有定義明確的滑動系統，也沒有確切的最密原子堆積面(Close-pakced plane)，但滑動方向則是以<111>爲最緊密堆積方向，如圖4.12所示。

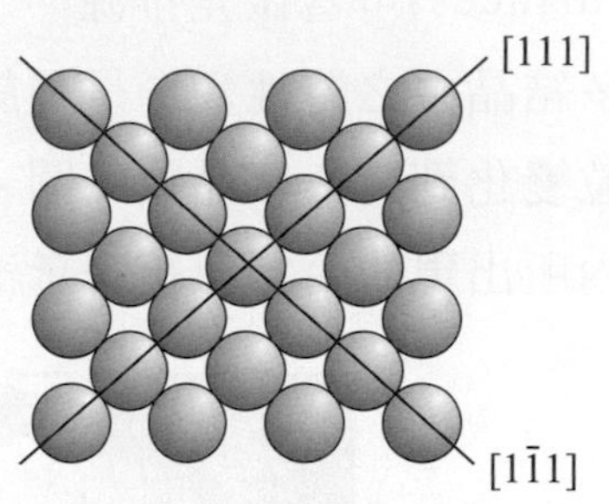

圖4.12　體心立方晶格中的(110)面上之最緊密堆積方向

BCC金屬之滑線由於其形狀的關係，所以常常使得滑動面的確認變得非常地困難。研究結果顯示，任何包含最緊密堆積方向<111>之平面都可以做爲滑動面，因此{110}{112}{123}等平面都可被認爲是滑動面。因爲BCC結晶體缺乏最緊密堆積面，相對的其滑動時所需之臨界分解剪應力較大，因此BCC金屬(如Mo、α-Fe、W)之塑性成形性不佳。

※ 4.6 多結晶與單晶之塑性變形比較

多結晶(Polycrystals)的機械性質與單晶比較時有很大的差異。

首先必需先建立多結晶的定義，一般多結晶又可區分爲Multi crystals與Poly crystals二種，Multi crystals定義爲試片之垂直於拉伸軸(或壓縮軸)的截面上，有二到二十個**晶粒**(Grains)，Poly crystals則定義爲每個截面上有20個以上的晶粒。

多結晶的塑性變形比單晶複雜的多，多結晶與單晶之間有一些基本上的差異，敘述如下：

⑴ 單晶在彈性或塑性上具有**異向性**(Anisotropic)，多結晶在沒有**從優取向**(Preferred orientation or texture)時，可視為等向性(Isotropic)材料。

⑵ 如果適當選擇應力軸的方向，單晶的變形只會發生在單一的滑動系統。由單一的滑動系統所產生的滑移則不會發生於多結晶，因為其變形會同時發生於不同的晶粒上。

⑶ 多結晶中差排的運動，會受到單一晶粒的限制。

⑷ 多結晶在變形中，晶界扮演一個重要的角色。另方面單晶的**自由表面**(Free surfaces)可當做差排源。

⑸ 多結晶中之塑性變形是屬於**非均勻性**(Inhomogeneous)，亦即它是由1個晶粒變化到另一個晶粒。圖 4.13 顯示銅多結晶的塑性變形組織，圖中各晶粒內所出現的平行黑線表示滑動面經過滑移後所留下的軌跡(即滑線)。

圖 4.13　多結晶銅的塑性變形，經拋光後可顯示出滑動面的條紋(滑線)

4.7 塑性變形的另一方式—雙晶

結晶材料的變形，主要是由在特定平面與方向上產生滑動所造成。當滑動受到限制時，則**雙晶**(Twin)也可以產生塑性變形。

在某些材料中特別是 HCP 金屬，雙晶是其塑性變形的主要方式。雙晶會造成材料外觀上可視的變化，亦可藉雙晶變形將原本不易滑動的滑動面轉移到更適合滑動的位置。

雙晶(Twin)乃藉平行於特定平面(雙晶面)之各平行原子面依次移動而產生，因此晶體格子被分開成爲對稱的兩個部份。在雙晶區域中的每個原子面之移動量與至雙晶面的距離成正比，亦即離雙晶面愈遠的原子，其移動量愈大。此對稱的兩個部份，跨越雙晶面而形成**鏡像**(Mirror image)，圖 4.14 爲 FCC 結晶的雙晶示意圖。紙面表示(110)平面，在剪力作用下雙晶區域中的每個(111)平面沿著[11$\bar{2}$]方向(雙晶方向)產生均勻剪變。在顯微鏡下，雙晶區域呈現寬帶狀，如圖 4.15 所示。

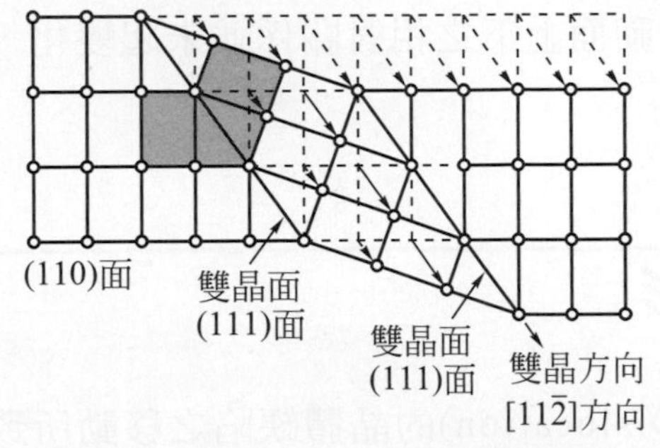

圖 4.14 面心立方格子的雙晶變形

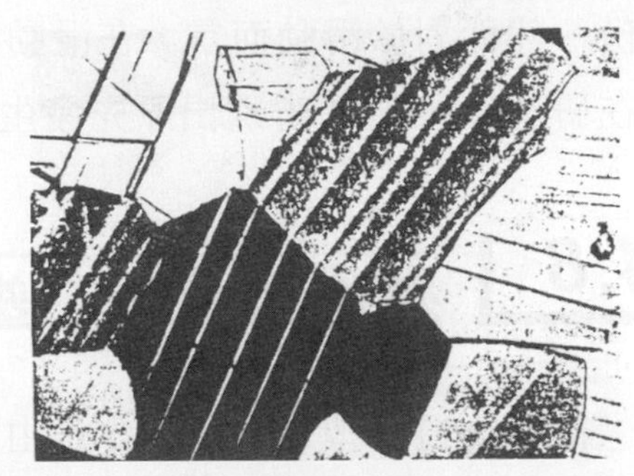

圖 4.15 鋯(Zr)金屬之{11$\bar{2}$1}晶面(×760)

金屬之雙晶可區分爲二種，第一種產生於材料變形時，稱爲**變形雙晶**(Deformation twins)，亦稱爲**機械雙晶**(Mechanical twins)；第二種產生於晶粒成長或退火過程，稱爲**退火雙晶**(Annealing twins)。變形雙晶主要發生於 HCP 及低溫的 BCC 金屬中。而退火雙晶則主要發生於 FCC 金屬。結晶構造不同時，其雙晶變形時之雙晶面與雙晶方向亦不同；不同結晶構造之雙晶系統如下表 4.5 所示。

表 4.5 不同結晶構造的雙晶系統

結晶構造	雙晶面及方向	
FCC	(111)	[11$\bar{2}$]
BCC	(112)	[111]
HCP	(10$\bar{1}$2)	[10$\bar{1}$ $\bar{1}$]

雙晶變形與滑動變形二者間之差異如下所述：

㈠ 移動量

滑動藉著滑動變形，其變形量一次可以進行1個原子的距離或滑動方向上原子間隔的整數倍。而雙晶變形，原子面間相互移動的距離小於雙晶方向上一個原子的間隔，其移動量視各原子面與雙晶面間的距離而定。

㈡ 顯微外觀

滑動的結果乃產生細的滑線，然而雙晶則呈現寬的**雙晶帶**(Twinning bands)。

㈢ 結晶方位

雙晶發生於特別的平面與方向，和未變形的部份有相異的方位，故將試片研磨腐蝕後，則研磨面上之雙晶會因方位(Orientation)不同，而可以明顯的看出變形的部份。然而對於滑動而言，在滑動產生後，滑動面上下之相對關係並未起變化，因此在研磨後則無法辨別出原先發生滑動的部份。

4.8 差排與金屬之塑性變形

結晶物質的塑性變形主要是由稱爲**差排**(Dislocation)的晶體缺陷之移動所致。而差排的相互作用使得欲產生更大塑性變形時所需的應力會隨變形量之增加而增大，通常差排是由受力作用之**差排源**(Dislocation sources)所產生，但也可能在晶體成長時發生。

施一剪應力(Shear stress)於晶體內之平面，使其產生原子間之相對位移δ時，如圖 4.16 所示。如果位移較小則當應力去除後，原子會回到其原來之位置，此時由於受力所產生之變形是屬於彈性應變(Elastic strain)。如果位移夠大而使得原子1移動至原子2與原子4之中央上方時，則由圖4.16上方之位能-位移及剪應力-位移之圖形可看出此時原子之位能最大，是處於不穩定狀態，而且在任意方向產生位移所需之剪應力最小，等於0。當原子受剪力而移至原子4之上方時，晶格的對稱性並未改變，但是在剪平面(Shear plane)兩側，位移前與位移後原子的相對位置已不相同，如圖中原子 1 與原子 2；位移前相對位移爲 0，但位移後卻有一個晶格的相對位移。這種原子面與原子面的相對移動稱爲晶體之滑動(Slip)，或是稱爲產生塑性變形(Plastic deformation)。

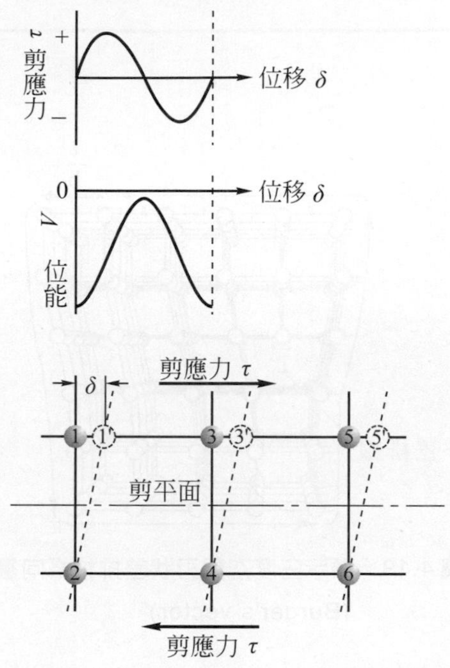

圖 4.16　剪應力τ、位能 V 和位移δ的變化

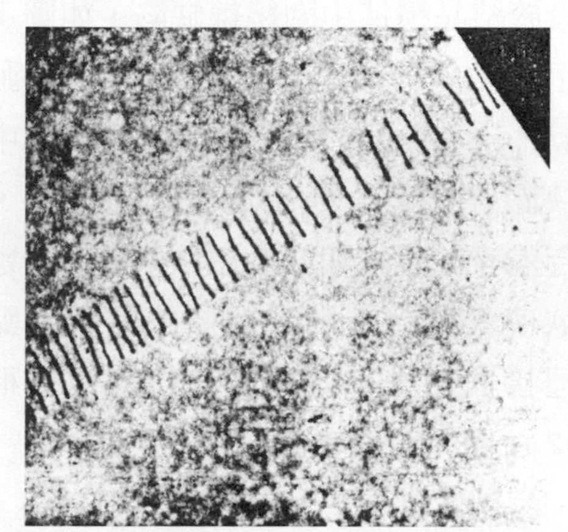

圖 4.17　鋁箔的電子顯微鏡照片，其中差排沿著一滑動面排列

使兩個完整的原子排列平面相互滑動之剪應力值約為 $1\times10^6\sim2\times10^6$ psi，但實驗顯示一個**面心立方**(FCC)之單晶在產生滑動時所需之剪應力為$10^1\sim10^3$ psi。

這理論與實驗數據間之矛盾藉由差排理論的提出已可得到完美的解釋，並且差排亦經由電子顯微鏡之觀察而得到證實如圖 4.17 所示。所謂之**差排**(Dislocation)即是指滑動面上已滑移區與未滑移區之交界，如圖 4.18 所示。

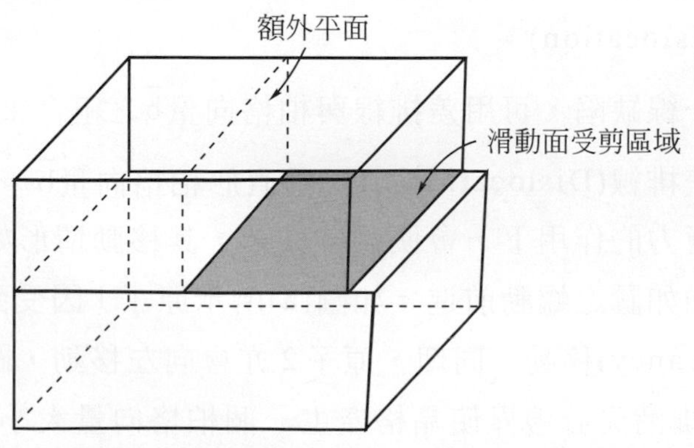

圖 4.18　晶體內包含一個刃狀差排的立體圖，顯示差排在滑移區與未滑移區之滑動面上形成交界

4.9 差排之種類及其特性

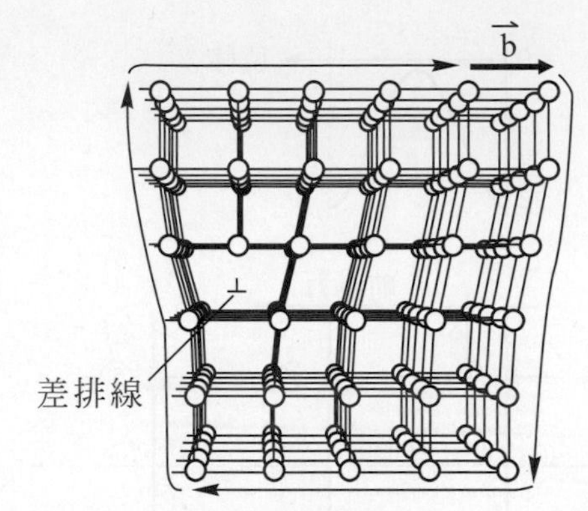

圖 4.19 顯示三度空間刃狀差排柏格向量 (Burger's vector)

差排在結晶格子中是屬於**線缺陷**(Line defect)，其定義方式需配合柏格向量。假設於結晶構造中圍繞線缺陷，如圖 4.19 所示，做成一個假想之環路(每邊移動等間隔)，則將會發現，如果在此環路中有線缺陷存在時，則此環路不能閉合，此閉合差等於原子間之最短距離或其倍數。若欲使其閉合，則需要將終點與起點加以連接而得一向量，因此將此向量稱爲**柏格向量**(Burger's vector)，以符號$\vec{b}$表示，該環路則稱爲**柏格環路**(Burger's circuit)。

差排的種類有下列三種，分述如下。

㈠ 刃狀差排(Edge dislocation)

刃狀差排可用下述幾項說明來簡單的加以定義：

⑴ 刃狀差排爲滑動面上，已滑動區域(Slipped area)與未滑動區域(Unslipped area)之界線，如圖 4.18 所示。

⑵ 如圖 4.20(a)所示，在晶體中有一額外半平面(Extra half-plane)，此平面猶如一刀刃插在晶體內，而差排則爲此刀刃之一邊，故將此種差排定義爲**刃狀差排**(Edge dislocation)。

⑶ 刃狀差排爲一線缺陷，可用差排線與柏格向量$\vec{b}$之組合來表示。

⑷ 刃狀差排之差排線(Dislocation line)垂直於柏格向量$\vec{b}$，如圖 4.20(b)。

刃狀差排在剪應力的作用下，會使差排移動，其移動情形如圖 4.21 所示。刃狀差排移動之情況猶如蠶之蠕動前進。如圖(a)所示原子 1 因受到剪應力τ之作用，而向左邊的空孔(Vacancy)移動。同理，原子 2 亦會向左移動，圖(b)、(c)爲其移動情形，圖(d)則爲差排消失於邊界使晶格產生一個柏格向量大小之位移。以立體圖表示則如圖 4.22 所示。

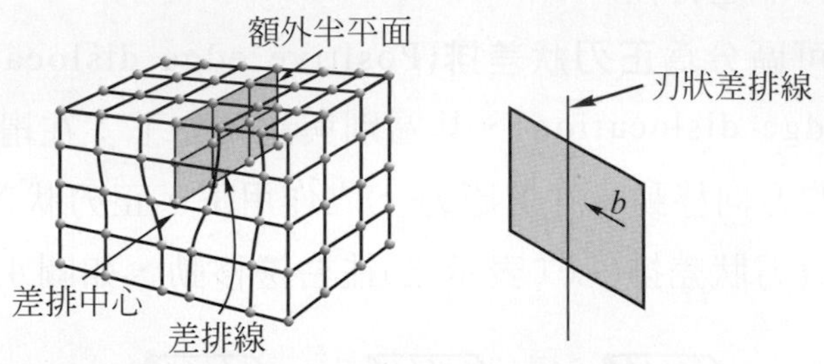

圖 4.20　(a)刃狀差排之額外半平面；(b)刃狀差排之差排線與柏格向量互相垂直

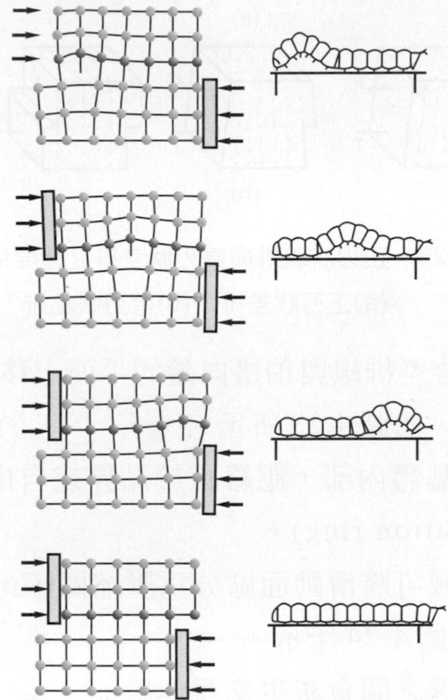

圖 4.21　刃狀差排之移動與蠶之蠕動前進類似

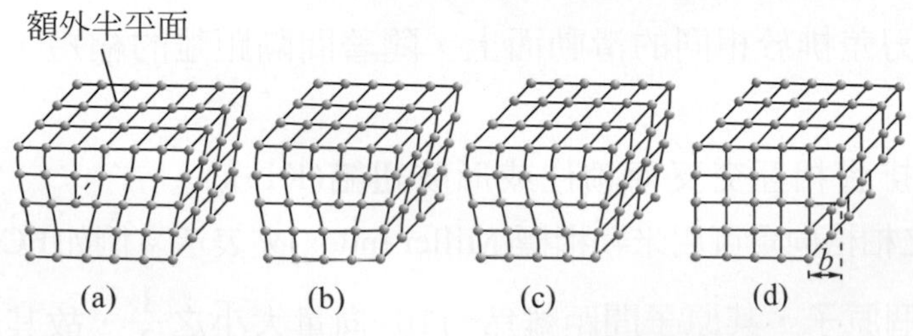

圖 4.22　刃狀差排移動之立體示意圖

※刃狀差排具有下述特性：

⑴ 刃狀差排又可區分為**正刃狀差排**(Positive edge dislocation)與**負刃狀差排**(Negative edge dislocation)，其區別與說明如下：在滑動面上，刃狀差排沿柏格向量的方向移動。在剪應力(τ)之作用下，正刃狀差排(以⊥表示之)往左邊移動；負刃狀差排(以⊤表示之)往右邊移動，如圖 4.23 所示。

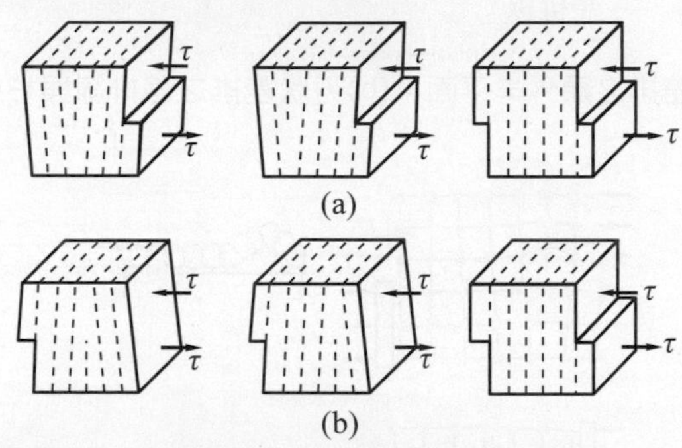

圖 4.23 正刃狀差排與負刃狀差排之移度情形
(a)正刃狀差排 (b)負刃狀差排

⑵ 刃狀差排只能在包含差排線與柏格向量的平面上移動，因此刃狀差排只能在一個滑動面上移動，如圖 4.23 所示。

⑶ 差排線不能終止於晶體內部，應終止於晶界或自由表面(Free surface)，或形成差排環(Dislocation ring)。

⑷ 刃狀差排存在的區域可將滑動面區分為壓縮區(Compression side)與拉伸區(Tension side)，如圖 4.24 所示。

⑸ 刃狀差排與刃狀差排之間會產生交互作用：

① 刃狀差排互相吸引，抵消後可能留下完美晶格、空孔或插入原子，如圖 4.25(a)、(b)、(c)所示。

② 兩個正刃差排於相同的滑動面上，隨著間隔距離的縮短，會有互相排斥現象。

③ 刃狀差排會相互交叉而鎖住或形成**紐結**(Kink)。

⑹ 刃狀差排之柏格向量可用米勒指標(Miller Index)來表示。例如FCC晶格中，<110>方向有兩個原子，其原子間距離為<110>向量大小之$\frac{1}{2}$，故其$\vec{b}$值為$\frac{1}{2}$<110>，其方向與<110>同，但大小為<110>之半。

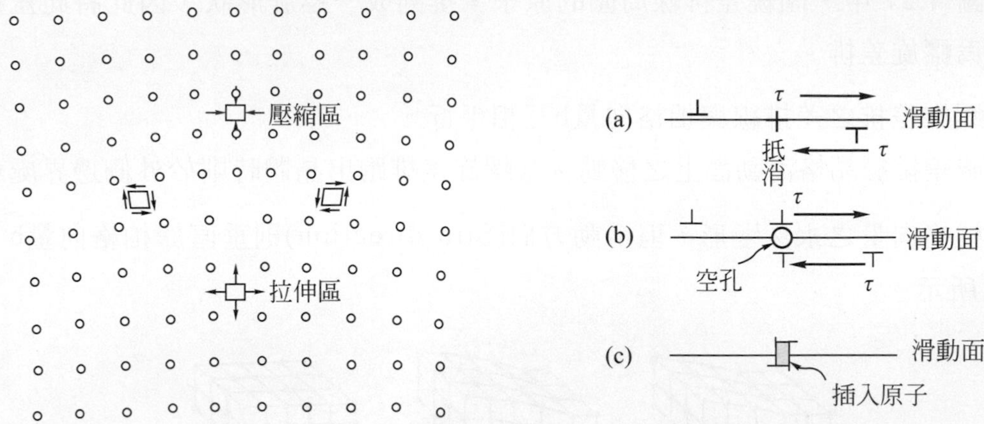

圖 4.24　刃狀差排附近區域所受應力的情形　　圖 4.25　刃狀差排與刃狀差排間的交互作用

⑺　刃狀差排藉著空孔的擴散，以及插入原子的移動，刃狀差排可以轉換到另一個滑動面，這種現象稱爲**爬登**(Climb)，如圖 4.26 所示。

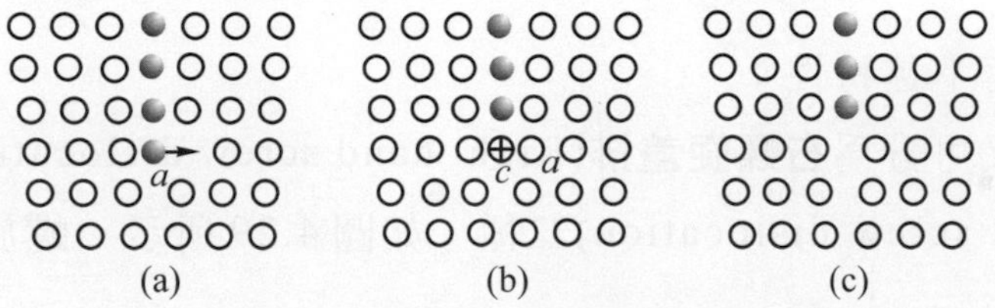

圖 4.26　刃狀差排的爬登，(b)圖中之⊕表示空孔

㈡　螺旋差排(Screw dislocation)

螺旋差排可用下述幾項說明來簡單的加以定義：

⑴　螺旋差排爲滑動面上已滑動區與未滑動區之界線，如圖 4.27 所示。

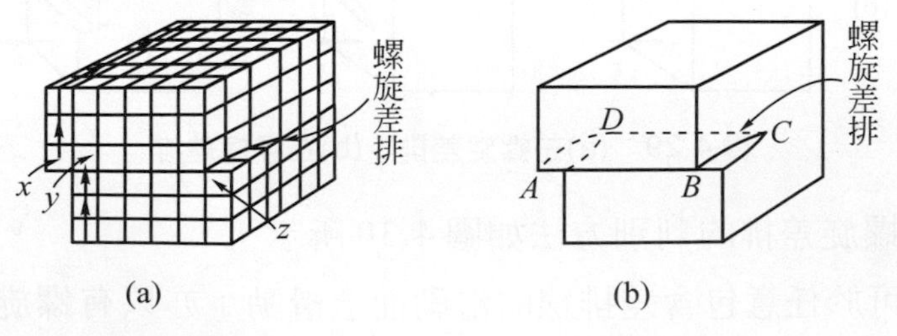

圖 4.27　螺旋差排的兩種示意圖

(2) 圖 4.27 中，圍繞差排線周圍的原子，排列成一螺旋形狀，因此將此差排稱為螺旋差排。

(3) 螺旋差排之差排線與柏格向量$\vec{b}$互相平行。

螺旋差排於晶格滑動面上之移動，當螺旋差排跑出晶體時則於外側邊界處會留下一個柏格向量之永久變形，但滑動方向(Slip direction)則垂直於柏格向量$\vec{b}$，如圖 4.28 所示。

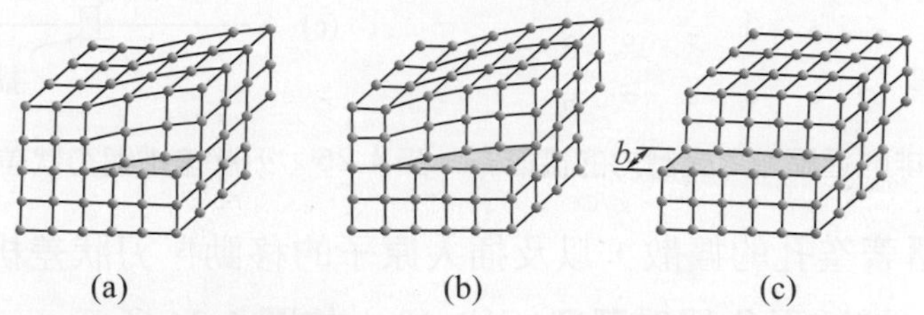

圖 4.28 螺旋差排的滑動過程

螺旋差排具有下述特性：

(1) 螺旋差排又可分為**右螺旋差排**(Right hand screw dislocation)與**左螺旋差排**(Left hand screw dislocation)二種，如圖 4.29 所示。螺旋差排之差排線與柏格向量平行。

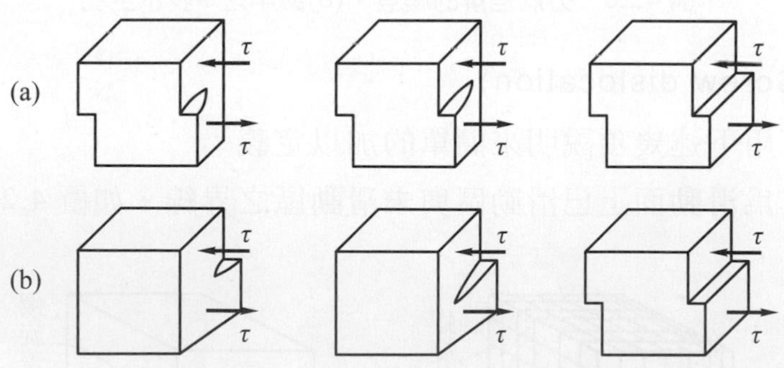

圖 4.29 (a)左螺旋差排；(b)右螺旋差排

左右螺旋差排的判別方法如圖 4.30 所示。

(2) 螺旋差排可於任意包含差排線的滑動面上滑動；亦只有螺旋差排能夠由一個平面移動到另一個平面，這種理論稱為**交叉滑動**(Cross slip)。

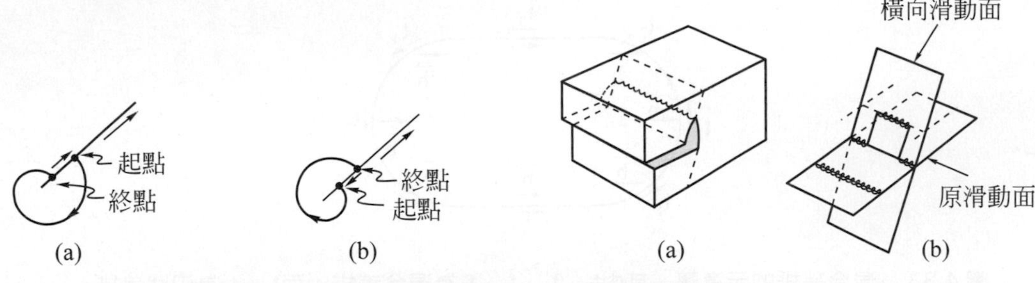

圖 4.30　(a)左螺旋差排；(b)右螺旋差排　　圖 4.31　螺旋差排之交叉滑動

交叉滑動發生於二個或二個以上具有共同滑動方向之滑動面上，所以發生交叉滑動時，差排可由一個滑動面移到另一個滑動面，圖 4.31 可說明交叉滑動的移動情形。

(3) 差排線可以自由表面或晶界為終點，或形成差排環於晶體內部，但不能終止於晶體內部。

(4) 左右螺旋差排可合為一，互相抵消。

(5) 螺旋差排可互相交叉，形成**差階**(jog)，如圖 4.32 所示。

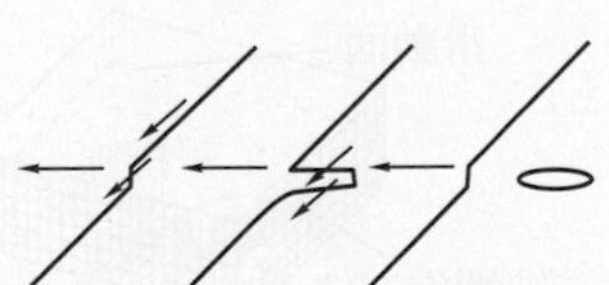

圖 4.32　差排環與差階(jog)之交互作用

(三) 混合差排(Mixed dislocation)

在刃狀及螺旋差排的特性中，曾提過差排線不能終止於晶體內部。其端點必需接觸表面，或者在晶體內部自成一環。差排線平行於柏格向量者稱為螺旋差排(夾角零度)，差排線垂直於柏格向量者稱為刃狀差排(夾角 90°)，而介於二者之間(零度與 90°之間)者稱為**混合差排**(Mixed dislocation)，如圖 4.33 所示。一般混合差排的表示法，如圖 4.34 所示。

有關差排環的移動情形，詳見於後述之小節。今以常見的混合差排來說明其移動並產生一個柏格向量大小之位移情形，如圖 4.35 所示。

由式子$\tau = Gb/r$ (τ：外加剪應力，r：環圈半徑)可說明擴大一個差排環所需的應力與環圈的半徑成反比，其比例常數為 Gb。

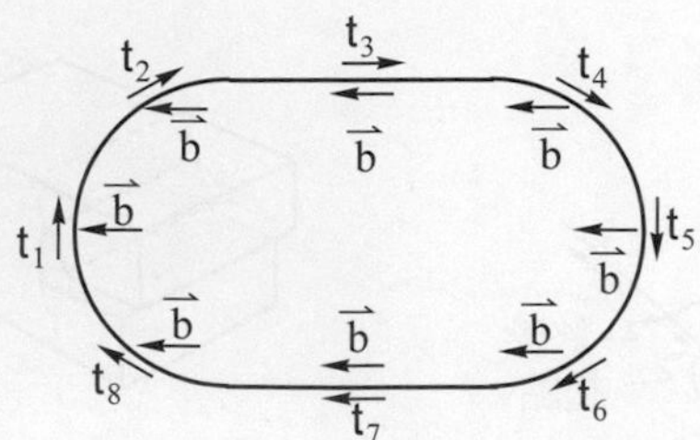

圖 4.33　混合差排的示意圖。其中t_2、t_4、t_6、t_8為混合差排；而t_1、t_5為刃狀差排；t_3、t_7為螺旋差排

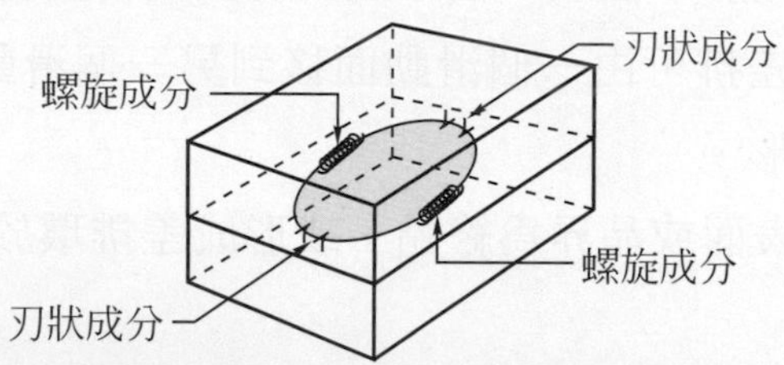

圖 4.34　晶體內的差排環，向量 b 指示原子移動的方向

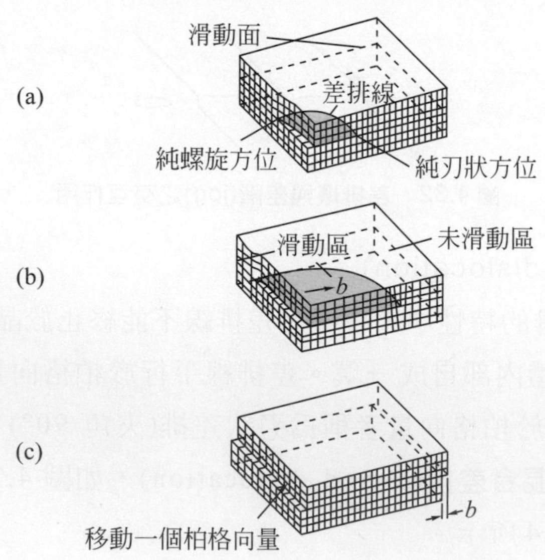

圖 4.35　差排環的擴大過程。(a)晶體邊緣存在一個混合差排；(b)受剪力作用逐漸擴大；(c)差排環通過晶體，留下一個柏格向量的位移

對於任何外加應力若$\tau >$ Gb/r，則環圈將產生擴大；若$\tau <$ Gb/r，則環圈將向內縮小，如圖 4.36 所示。

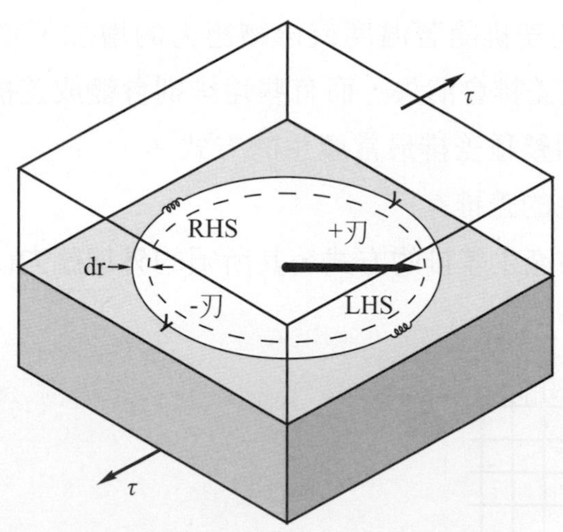

圖 4.36　差排環在剪應力下的擴展情形

欲使完美晶體中之某一滑動面產生滑動，則滑動面上下方的原子鍵必需同時斷裂，如此其所需要的剪應力極大。如果晶體內有差排缺陷存在時，欲使晶體沿滑動面產生位移變形，則一次只要斷裂一原子鍵即可，故差排的存在，可使滑動變得較容易，而且所需的剪應力亦較小。

差排線在受剪應力的作用下，將在滑動面上沿受力方向移動，直到抵達表面，而留下一個柏格向量的位移為止。但是若差排線於移動過程中碰到障礙物(如析出物顆粒)時，則會在二個障礙物的中間突出。

※ 4.10 差排之產生

差排的**孕核**(Nucleation)可分為均質孕核與非均質孕核二種。

差排位於完美晶格(Perfect lattice)中，需在極大的作用力下所產生，這種孕核方式稱為**均質孕核**(Homogeneous nucleation)。如果有缺陷(Defects)或雜質(Impurity)存在於晶格內部，則由於這些缺陷或雜質的關係，只需要較小的外加應力即可形成差排，這種方式稱為**非均質孕核**(Heterogeneous nucleation)。一般材料內部都存在有或多或少的缺陷，故差排的孕核多半乃借助非均質孕核的方式。

材料受到剪應力作用時，若塑性應變量越大，則晶體內所產生之差排密度越高(可由Orowan equation $\dot{r}=\rho b\overline{V}$得知)。材料一旦受到塑性變形時，其內部多少都會產生一些差排，又這些差排隨著溫度或後續應力的增加，差排與差排之間又會作用，作用的結果，有些差排會消失，而有些差排則會變成差排源，又繁殖了許多新的差排。以下分別說明幾種差排最常產生的方式。

⑴ 均質孕核所產生的差排

由均質孕核產生差排的方式，其所須的**外加應力**(Applied stress)較大，如圖 4.37 所示。

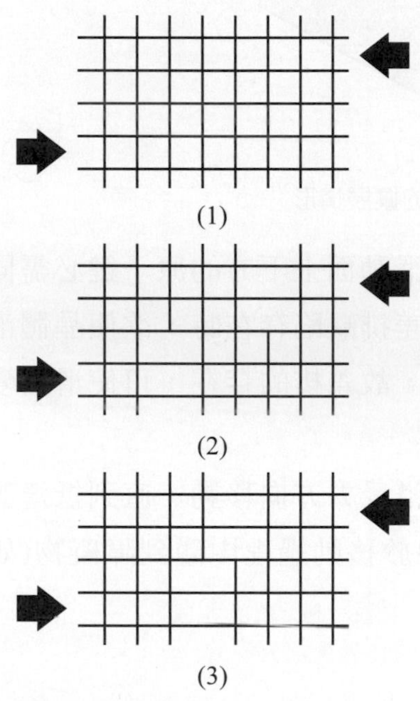

圖 4.37 由均質孕核產生差排，圖中產生一個正刃狀差排與一個負刃狀差排

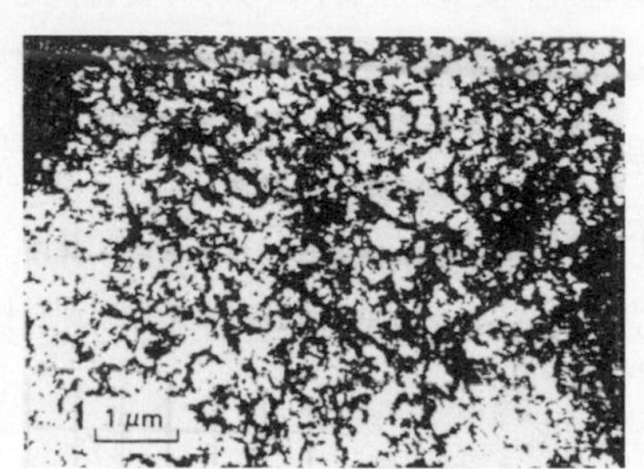

圖 4.38 受敲擊後的 Ni 金屬中，差排均勻分布，各差排只由原出發點移動一小距離

⑵ 有內部應力集中或雜質存在的地方，則只要少量的外加剪應力，即可產生差排。

⑶ 利用敲擊法經由振波的傳遞可以使完美晶體內部產生差排，如圖 4.38 及圖 4.39 所示。

⑷ 由晶界處成核而延伸出來差排，如圖 4.40 所示。

⑸ 單晶表面(Monocrystal surface)應力集中處，隨意加工，表面就會產生許多差排。但是這些差排影響不大，施以表面加工即可去除。

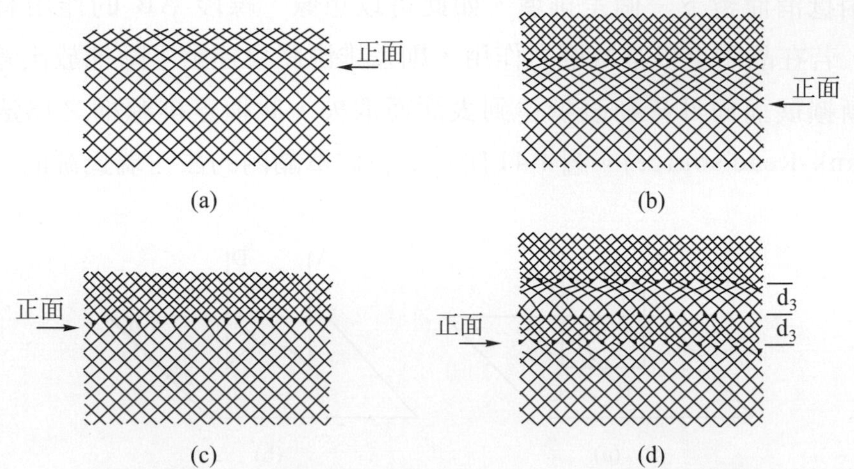

圖 4.39　材料受敲擊時，差排經由均質孕核而產生的過程。(a)晶格的彈性變形；(b)差排和敲擊波同時產生；(c)敲擊波位於差排後面；(d)施以新的剪應力時，新的差排會均質孕核

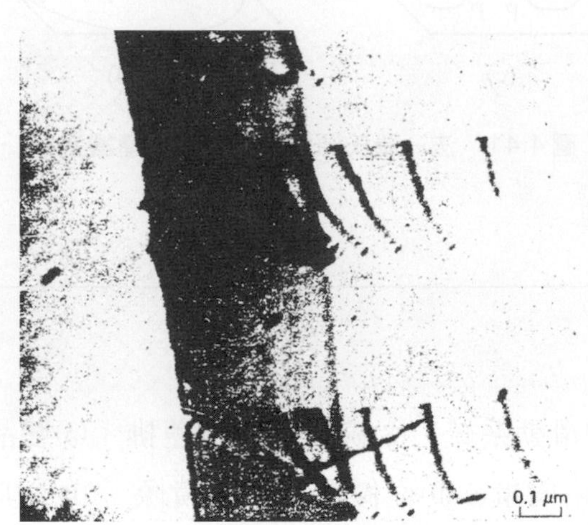

圖 4.40　差排由晶界處延伸出來

(6)　法－瑞氏源(Frank-Read source)

長度爲l的差排線段 $\overline{BC}$，假想此一線段的兩端被固定(此乃由於晶體內的差排，偶作互相交叉，其交叉的各點即爲固定點，如圖 4.41(a)所示)。

設 $\overline{BC}$ 線最初的形狀爲直線，但在應力的作用下，此線段開始向外彎曲。此一彎曲程序的連續變化，如圖 4.41(b)、(c)、(d)所示。當彎曲量達到足夠之程度而使兩邊各繞過固定點時，則此兩點背後逐漸接觸的兩部份，將互相抵消而留下一個差排環。如此可以想像，線段 AB 的作用有如一差排源，若在晶體上仍維持應力作用，則差排源將會連續不斷地放出差排環，並逐漸擴展而向外移動直抵達到表面而消失，此種差排源稱之爲**法－瑞氏源**(Frank-Read source)。圖 4.41 所示爲在矽單晶內的法－瑞氏源的一個例子。

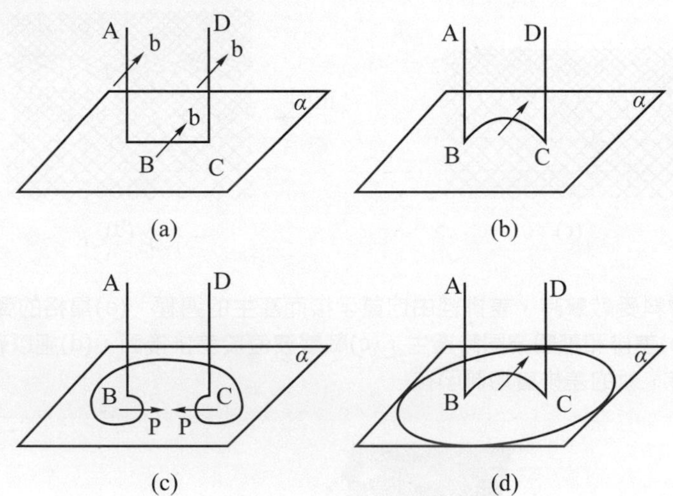

圖 4.41　法－瑞氏源形成差排環的連續過程

習題

4.1　解釋下述名詞：

⑴塑性變形　⑵滑動系統　⑶線密度　⑷差排　⑸雙晶　⑹Schmid's law　⑺CRSS　⑻柏格向量　⑼從優取向　⑽鏡像　⑾差排線　⑿滑線　⒀爬登　⒁均質孕核　⒂差排環　⒃法－瑞氏源(Frank-Read source)

4.2　說明決定單晶的臨界分解剪應力大小的因素。

4.3　試述 Orowan equation 及其表示之意義。

4.4　試比較滑動與雙晶之異同處。

4.5　假設鐵的剪力模數大小爲 10×10^6 psi，試計算在理論上使鐵產生滑動時，所需剪應力大小。

4.6　解釋 FCC 金屬較易產生塑性變形之原因。

4.7　試繪刃狀差排與螺旋差排之立體圖，並指出其柏格向量與差排之位置及相互關係。

4.8　說明刃狀差排與螺旋差排之移動方式。

4.9　差排對空孔之產生與消失有何影響？試述之！

4.10　試解釋為何差排無法終止於晶體內。

4.11　說明差排之孕核方式，並例舉差排最常產生之方式。

5 加工硬化、回復與再結晶

一般的金屬材料被施以冷加工後，其強度與硬度會變大，而伸長率與斷面縮率則會減小，這種現象稱為加工硬化(Work hardening)。發生加工硬化後的材料若欲進行更進一步的塑性加工時，則會變得很困難，所以必須先施以退火之熱處理，以使材料軟化並且回復到未加工前的狀態。

加工硬化的金屬材料施以退火時，則會經過回復、再結晶與晶粒成長的三個階段的變化過程，在此期間內材料的各種性質與金相顯微鏡組織都會隨著變化。

5.1 加工硬化

對金屬材料施以塑性變形，而做成所欲形狀的製品之加工，稱爲**塑性加工**(Plastic deformation)。塑性加工依加工時之溫度是在材料的再結晶溫度以上或以下，而將其區分爲**熱加工**(Hot work)與**冷加工**(Cold word)。一般若僅稱呼加工時，通常是指冷加工而言。

爲了方便說明當材料受到塑性變形時的程度，通常以**冷加工度**(The percentage of cold work，CW%)來表示。所謂冷加工度是以塑性變形所造成的材料截面積的減少百分比來定義：

$$CW(\%)=\left(\frac{A_0-A_f}{A_0}\right)\times 100\%$$

此處，A_0爲最初截面積，A_f爲最後截面積。

一般，金屬材料在經過冷加工後，其物理性質與機械性質都會發生變化。圖 5.1 所示爲 Al 經過加工硬化後，其機械性質的變化情形。由圖可知，隨著加工度的增加，其強度與硬度會增加，但衝擊值、伸長率會減少。也就是說，一般金屬材料經過冷加工後會變得硬而脆，這種現象稱爲**加工硬化**(Work hardening)。利用加工硬化來使金屬材料強化的方法(詳見第 6 章)，是一重要而且實用上已廣爲使用的方法。

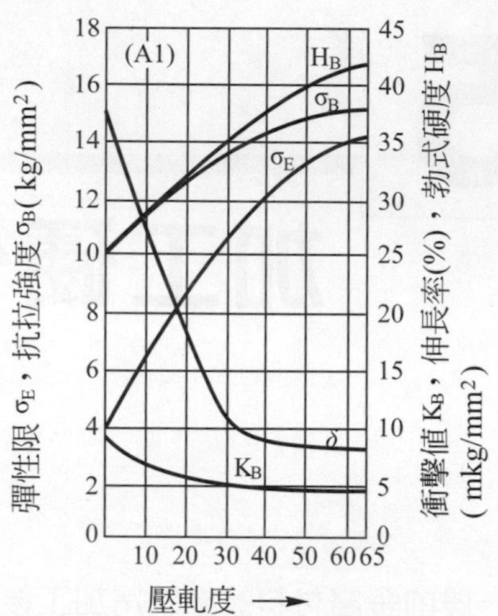

圖 5.1　Al 之冷加工所導致的機械性質變化

由差排之觀點而言，加工硬化是由於材料之晶體內差排之移動或增殖變得困難所導致。另方面，差排間也會相互作用，而成爲阻止其他差排移動的障礙物，所以塑性變形後差排的作用使得晶體若欲進行更進一步的變形時將變得更加困難，也就是說材料因爲受到加工而被強化了。

圖 5.2 所示爲經過高度冷加工的不鏽鋼中，差排的分布情形。圖中糾纏在一起的黑線就是差排，其數目與長度會隨著冷加工度的增加而增加。

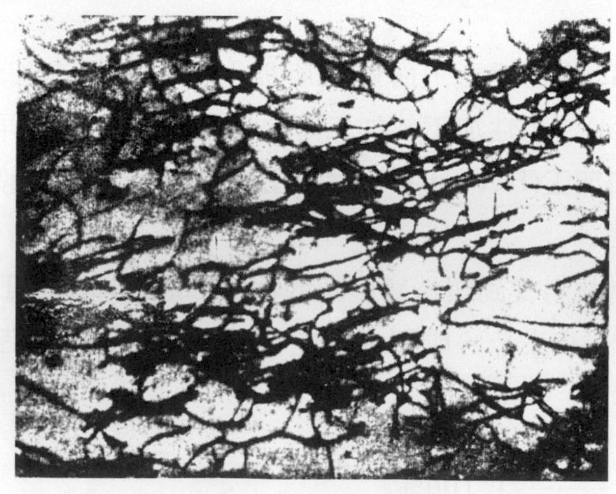

圖 5.2　經過高度冷加工的不鏽鋼中之差排分布情形(×30000)

5.2 退火

如前節所述，經過冷加工之金屬，其強度、硬度、電阻會增加，而延性則會降低。另方面，也將導致差排大量的增加及晶格受到扭曲。

在此需要強調的是，對金屬冷加工所產生的能量，大部份是以熱的形式散失，而只有少部份以內能(Internal energy)及缺陷(Defect)的形式儲存於結晶構造內。通常，經冷加工後儲存在晶體內的能量約只佔冷加工總能量的1～10%左右。

在工業上常爲了欲使已經產生加工硬化的金屬回復到原先的狀態，以便施以更進一步的成形加工，或是欲使電阻等物理性質回復後再使用，而將金屬材料加熱到某溫度以上，使其強度和硬度降低，而延性增加，以及使受到扭曲的結晶構造轉變爲沒有受過應變的結晶構造；一般將此加熱處理稱爲退火(Annealing)。圖 5.3 所示爲經冷加工過的金屬材料施以退火時，其各種性質變化之模式圖，基本上可分爲回復、再結晶及晶粒成長等三個過程。

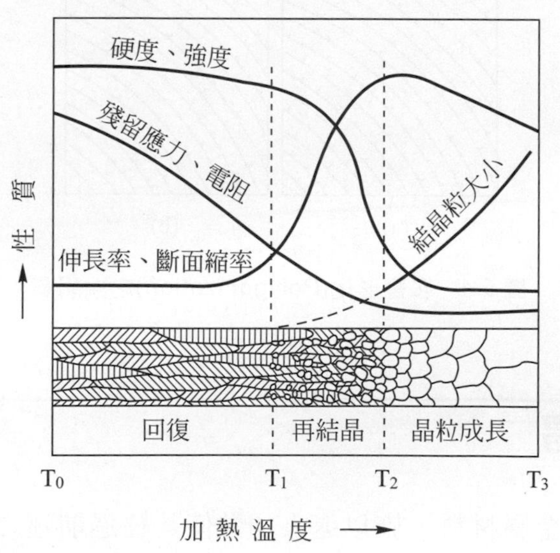

圖 5.3　經過冷加工的金屬施以退火時，其性質之變化情形

5.3 回復

回復(Recovery)主要是在較低的溫度過程中進行，由圖5.3可知相當於是在T_0～T_1溫度區間。於此回復過程中，在顯微鏡組織上，亦即結晶粒的形狀或結晶方向，幾乎無任何變化。而機械性質(強度、硬度、延性)亦無明顯的變化，但是殘留應力則急劇的減小；這是因爲在此過程時，由於冷加工所導致而增加的差排與空孔，會隨著溫度的上昇而活性化，因而會在結晶體內移動，相遇而消失或者是再配列之故。在此階段，由於冷加工而儲存在晶體內的內能之一部份會被釋出而減少。

若在受到冷加工之結晶內部，有許多同符號之刃狀差排存在於同種的滑動面上時，則滑動面會彎曲，此時差排之配列爲不規則則，如圖5.4(a)所示。當經過回復過程後，差排會以安定狀態再配列，因此刃狀差排則會呈現與滑動面垂直之排列，如圖5.4(b)所示。所以結晶格子的彎曲大爲減少，結晶會被分割成彼此間方位差異小(1°以下)的小結晶，將此現象稱爲**多邊形化**(Polygonization)，而縱方向之差排列稱之爲**次晶界**(Subboundary)，被次晶界所劃分的小結晶則稱爲**次結晶粒**(Subgrain)。

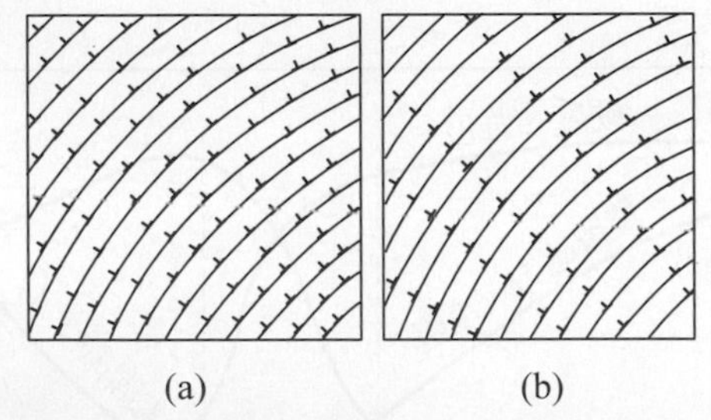

圖5.4　多邊形化(Polygonization)之說明圖

5.4 再結晶

將經過冷加工的金屬材料，施以退火加熱使其經過前述之回復過程後，再繼續加熱到高溫時，則材料會急劇軟化。因爲在此階段時，由於加工而儲存在結晶內的能量將全部被釋出，因此在結晶的內部會產生差排密度非常低而且沒有內部應變的新結晶的核(Nucleus)。此晶核會慢慢成長，而使材料全體變爲由新的而且無應變

(未受到塑性變形)的結晶粒所構成的材料，將此現象稱爲**再結晶**(Recrystallization)，即相當於圖 5.3 中之T_1～T_2區間。再結晶進行過程中，材料內部的殘留應力會繼續減小，強度與硬度則急劇降低，而延性則急速升高。

圖 5.5 所示爲加工硬化之黃銅施以退火(580℃)時之再結晶情形。(a)圖爲冷加工度 33%之晶粒(具方向性，即朝向加工方向)；當加熱到 580℃保持 3 秒時，可見到有新結晶粒產生，如圖(b)；當於 4 秒時，其再結晶已接近完成一半，如圖(c)；而於 8 秒時則再結晶已全部完成，如圖(d)所示。

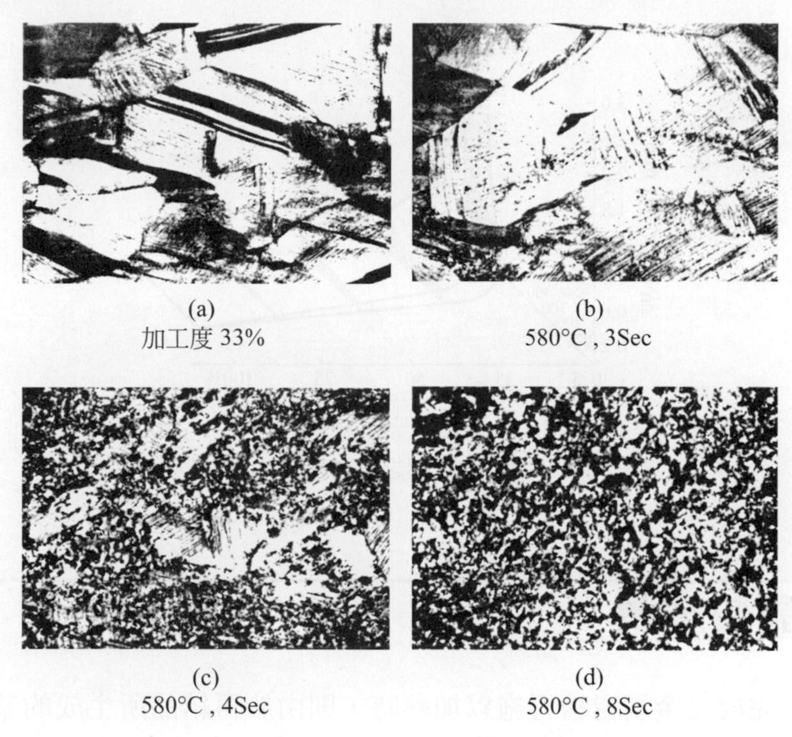

圖 5.5　加工硬化黃銅之再結晶(×40)

發生再結晶的溫度稱爲再結晶溫度，通常很難加以定義，因爲發生再結晶的溫度會隨著加工度而變化。因此，在實用上是將**再結晶溫度**(Recrystallization temperature)定義爲：在指定的加工度下，於 1 小時內完成 100%再結晶時所需的溫度，稱之。一般金屬的再結晶溫度，以絕對溫度來表示時則約爲其金屬融點之 0.4 倍左右。

圖 5.6 所示爲鋁的退火溫度、加工度與晶粒大小三者間之立體關係圖。由圖可知，加工度愈大時其再結晶溫度愈低，但是當加工度大於某一程度時，則其再結晶溫度將趨於一定值。一般，在沒有指定加工度的情況下之所謂的再結晶溫度，即是指達到此一定值時之溫度。此外，由圖亦可知，再結晶後的結晶粒大小是受到加工度與退火加熱溫度的影響，若在僅施以微小程度的加工後而將其退火於高溫時，則可得到非常大的結晶粒。利用此現象可用於製作大的單結晶，但是結晶粒變得粗大的材料其機械性質會劣化，需加以注意。

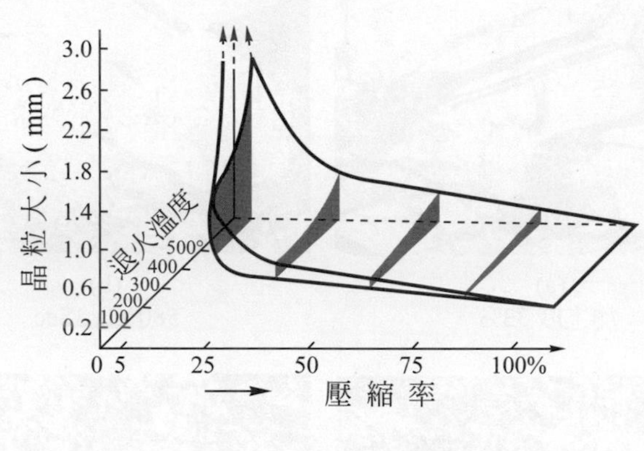

圖 5.6 鋁之再結晶圖

5.5 晶粒成長

將再結晶完成之金屬繼續再施以加熱時，則由於再結晶所生成的某些結晶會吸收其鄰近的晶粒而成長，而使結晶粒的平均粒徑會逐漸的增大，將此現象稱爲**晶粒成長**(Grain growth)，即相當於圖 5.3 中之 T_2～T_3 區間。這乃是因爲經過加工後而儲存於結晶內部的應變能量在被釋出後，會有使晶界面積儘量減少，以便降低晶界所擁有的能量之趨勢，而使材料整體變成較安定的狀態所導致。圖 5.7(a)～(d)所示爲經過冷加工的黃銅，再結晶完成後，其晶粒成長的過程。

將已發生晶粒成長的金屬再加熱到更高溫時，則少數的結晶粒會吞食其他的結晶粒而急速的成長，稱爲**二次再結晶**(Secondary recrystallization)或**粗化**(Coarsening)。

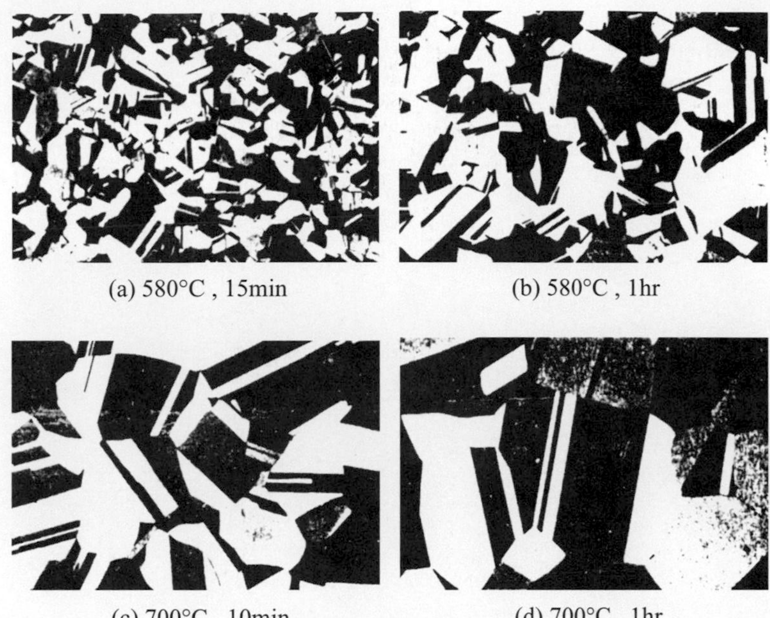

(a) 580°C , 15min　(b) 580°C , 1hr

(c) 700°C , 10min　(d) 700°C , 1hr

圖 5.7　黃銅的晶粒成長

習 題

5.1　解釋下述名詞：

⑴熱加工　⑵冷加工度　⑶加工硬化　⑷退火　⑸回復　⑹多邊形化

⑺次晶界　⑻再結晶溫度　⑼晶粒成長　⑽二次再結晶

5.2　圖示及說明一般金屬材料在經過冷加工後，其機械性質的變化情形。

5.3　試以差排的觀點來解釋加工硬化的現象。

5.4　試述將冷加工後的金屬材料施以退火處理時，其組織與機械性質的變化情形。

6 金屬的強化機構

選用金屬材料的時候，依照其使用狀況而有不同的要求，然而最大的共同點即是強度。強度包括抗拉強度、降伏強度、疲勞強度、潛變強度等各種重要性質。強度是表示對於所有金屬材料的變形或破壞的抵抗性大小。對金屬材料而言，最基本者即為降伏強度，而理論上的研究也大都是在討論降伏強度。

降伏強度是對於塑性變形抵抗性之大小，金屬材料為了能夠產生明顯的塑性變形，則必須有相當多數的差排在廣範圍內以相當的速度來運動。所以降伏強度亦可定義為使差排成為此種狀態時，其所必須的應力。欲增大金屬材料的降伏強度，理論上可考慮有下述兩種方法：

⑴使差排完全消失。

⑵盡可能使差排變得不易移動。

對於⑴而言，若完全沒有差排時，結晶將如前所述會產生變形，降伏強度值約為$\mu/2\pi$，此強度值為實際材料的10^3～10^4倍。實際上，若欲得到完全不含有差排的材料，則除了直徑數μm，長度數mm程度的非常小的鬚晶(Whisker)之外，幾乎是不可能的。所以在目前無法寄望能藉著⑴的方法來得強的金屬材料。而現今實際上用來使金屬強化的方法都是採用⑵的方法，也就是說利用某種方法而使差排移動困難，本章即在介紹數種典型的金屬強化機構。

6.1 固溶強化(Solid solution hardening)

純金屬中固溶入第二種元素時，一般其降伏強度會增加，這是由於差排的移動會受到溶質原子的妨礙而導致。但是隨著差排與溶質的作用方法之不同而有各種的固溶強化機構。

固溶強化的**第一機構**爲彈性的相互作用所導致者。當溶質原子的大小和溶媒原子的大小不同時，在溶質原子的周圍會產生彈性變形。而使得差排的移動會比不具有變形的純金屬的結晶中之差排的移動較爲困難，所以若欲使差排移動，則必需要有額外的力量。因而，材料即會變強。根據種種的研究，此機構所導致的降伏強度的上升，可由下列求得：

$$\sigma_{ss} = \alpha\mu\varepsilon^{4/3}C \qquad \varepsilon = \frac{(\gamma - \gamma_0)}{\gamma_0}$$

在此，μ爲剛性率，γ和γ_0分別爲溶媒和溶質原子的半徑，C 爲溶質原子的濃度，α爲常數。由此式可知，當ε的値愈大時(亦即兩原子的大小相差愈多時)，或是溶質愈多時，則降伏強度的提昇量愈大；但是若金屬原子的大小相差太大時，一般而言其固溶量會減少，相反的，其強化效果會減少。所以，此機構的強化有一定的限度，超過此限度時強化則難以得到。因爲不會由於溫度的關係，而使其效果急速降低，所以在室溫時強度大者在高溫時強度亦大，此爲其特徵。

固溶強化的**第二機構**爲柯瑞爾效應所導致。插入型溶質原子受到刃狀差排拉伸區之吸引，以及壓縮區之排斥，而導致拉伸區之溶質原子的濃度較平均濃度大，而壓縮區則較小，此溶質原子濃度之氣氛，稱爲**柯瑞爾氣氛**(Cottrell atmosphere)。當形成柯瑞爾氣氛時，插入型溶質原子易集中於差排之周圍，而使差排周圍之應力緩和，導致差排安定，亦即受到外力時亦不易移動，稱爲**固著作用**(Locking)。此外，將此插入型溶質原子與差排(刃狀)之相互作用，稱爲**柯瑞爾效應**(Cottrell effect)。由於柯瑞爾效應而使差排被固著時，若差排欲行運動，則非克服此固著力不可，由此之故降伏強度即會增加。但是此效果僅發生於差排附近的氣氛較小領域內，當溫度稍微升高時則會藉著熱能之幫助，使差排很容易的從固著狀態脫離；亦即當溫度上升時，則由此機構所導致的強化效果會急速的變弱。

固溶強化的**第三機構**爲鈴木效果所導致。在擴張差排的**疊積缺層**(Stacking fault)部分，溶質原子會聚集而使差排固著，要使差排從此固著處脫出則必須要有額外的應力，因此降伏強度會增加。鈴木效果使擴張差排的疊積缺層整體被固著，與前述的柯瑞爾效應比較時，其差排氣氛較廣，因此溫度上升不高時，對強度影響不大。但溫度太高時，會使差排氣氛消失，而造成無固溶強化的效果。

固溶強化的**第四機構**爲電氣的相互作用。對刃狀差排而言，會產生電子從壓縮區域流入拉伸區域的現象，而沿著差排線的上下會產生具有正負電荷的線狀雙極子。另方面，帶有Z個價電子的溶質原子會固溶而形成離子，兩者之間會產生電的相互作用，而在刃狀差排的周圍會形成溶質原子的氣氛，而使差排固著，藉著此差排所產生的固著力而使金屬強化。

固溶強化的**第五機構**爲規則化所致之強化。一般固溶體中的溶質原子爲無秩序的分散而固溶於其中，不同原子的結合較同種原子的結合強而又安定，所以不同的原子會相互結合爲AB型或AB_3型的規則格子。在如此的規則格子中，若有一個差排發生移動時，則如圖 6.1 所示，會變成同種原子相互鄰接的配列。但因爲原先之異種原子相互鄰接時其較安定，所以當變成此狀態時，則需要額外的能量。所以當固溶體規則化時，欲使差排運動則需要額外的應力，因而當規則化時則合金會被強化。

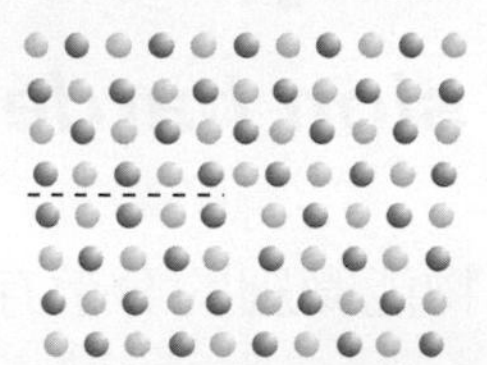

圖 6.1　逆位相境界(虛線部)的生成

6.2 加工強化(Work hardening)

若對金屬材料施以冷加工時則可使其強度變大，此乃爲眾所熟知。藉著加工而強化的機構，由於十分複雜至今仍未完全理解。但藉著加工可引起差排的增加，並使差排密度增加，再經由差排間的相互作用而使得差排變得不易移動。亦即由於差排的相交而會產生**差階**(Jog)，若加工度再增加而使二個以上的滑動面產生差排的滑動時，則經由差排間的作用可形成不動差排，後續的差排則會堆積、糾結，而導致差排移動困難；差排源亦會由於來自聚積差排的逆應力的關係，因此若不給予更大的應力則將不易活動等緣故，所以會導致材料的強化。

姑且不論加工強化的機構，加工所致之強化σ_d和差排密度ρ之間，經過實驗已被確定具有下式之關係：

$$\sigma_d = \alpha\mu b\sqrt{\rho}$$

其中，α爲常數，其值約爲 0.2～0.5 會隨著金屬而異，μ爲剛性率。由此式可知藉著加工，只要使差排密度增加，即可使金屬獲得強化。此外，經過充分退火的普通金屬其差排密度約爲10^6～10^8 cm/cm^3，當施以加工時則可增加到10^{10}～10^{13} cm/cm^{3}的程度。

6.3 析出強化和分散強化(Precipitation and dispersion hardening)

若析出物能微細的分散存在於合金的基地時，則可使合金變得強硬。在工業上重要的高強度材料大都是利用此析出強化的性質，這主要是因爲析出粒子會妨礙差排的運動，其機構如下所述。

析出強化的**第一機構**爲析出粒子的周圍應力場效果。因爲有析出粒子時，其周圍的格子會變形，在其附近會產生內部應力τ_i，若不施以大於此內部應力的外力，則差排無法通過該處。另一方面，差排線由於此應力，會被彎曲到可由$\tau_i b = \mu b^2/2r^*$的關係式求出之曲率半徑 r*處。假設析出粒子間的平均距離爲λ，若⑴$\lambda \ll r^*$時，則差排線無法完全避開此析出粒子的位置，如圖 6.2(a)所示，差排的一部分會通過其內部應力較高之處，所以使差排線移動所必要之應力遠較內部應力τ_i爲小。⑵若$\lambda \gg r^*$時，如圖(b)所示，差排線會避開具有高內部應力的析出粒子之處，通過其周圍而留下差排環。此時所必須的應力可由$\tau = \mu b/\lambda$而求出，降伏應力比τ_i小。⑶若$\tau \doteqdot r^*$時，如(c)圖所示，差排線會避開析出粒子處，而變成佔據於位能低之位置。這種差排可藉著外力而使其移動，例如把 ABC 的部分視爲其他獨立部分時，則其非移到AB′C的位置不可。此時之降伏應力可藉著τ_i而求得，所以此時合金會變得最強。

析出強化的**第二機構**為化學性的硬化機構，因為析出粒子本身的強度並不很大，而其周圍的內部應力也不很高時，則差排大概可通過粒子。結果造成粒子的變形，這時候外力則會耗費更大。亦即差排通過析出粒子而運動時其所需之應力大，因而其降伏強度會上升。

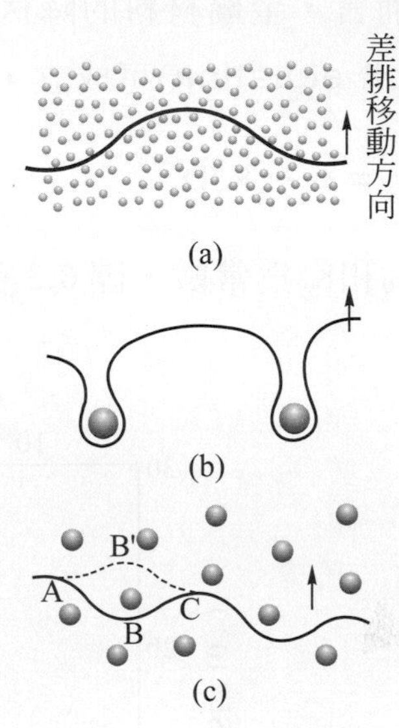

圖 6.2　析出強化的機構

析出強化的**第三機構**為所謂Orowan機構。當析出粒子的強度大，或其周圍的內部應力高時，差排無法通過粒子而行進，則將如圖 6.2(b)所示會在析出粒子之周圍留下差排環而穿行。所以，若析出粒子的平均間隔為λ時，則此時的降伏應力可由$\tau=\mu b/\lambda$($\because \tau b\lambda = 2T = \mu b^2$)而求得。由此可知，若有強度佳而微細分散粒子之材料，則其強度大，此與實驗所得結果一致。

6.4 結晶粒微細化的強化(Grain size reduction hardening)

一般金屬材料的結晶粒愈細時，其強度愈大。藉著加工或熱處理使其結晶粒微細化時，則材料可被強化到某種程度，其理由有二：

(1) 晶界為妨害差排移動的最大障礙物之一，若結晶粒愈細時，則晶界的數量會愈多，所以會使得差排移動不易，因而強度會提高。

(2) 對多結晶體而言，因為各個結晶粒其容易滑動之方向均不相同。若是容易滑動之方向與外力所致之最大剪應力的方向相同之結晶欲發生變形時，則會由於其與相鄰的結晶粒之滑動方向不一致，所以造成對於變形之抵抗大，因而會妨礙在最初為容易變形狀態的結晶之變形，結果導致金屬全體變成不易變形，換言之，材料因而會被強化。

一般而言，金屬材料的降伏強度σ_y和結晶粒的平均直徑 D 之間，下述關係式(Hall-petch equation)可成立，經由實驗亦已確認其成立：

$$\sigma_y = \sigma_0 + K_y D^{-1/2}$$

在此處，σ_0和K_y爲常數，圖 6.3 爲實驗結果之一例。

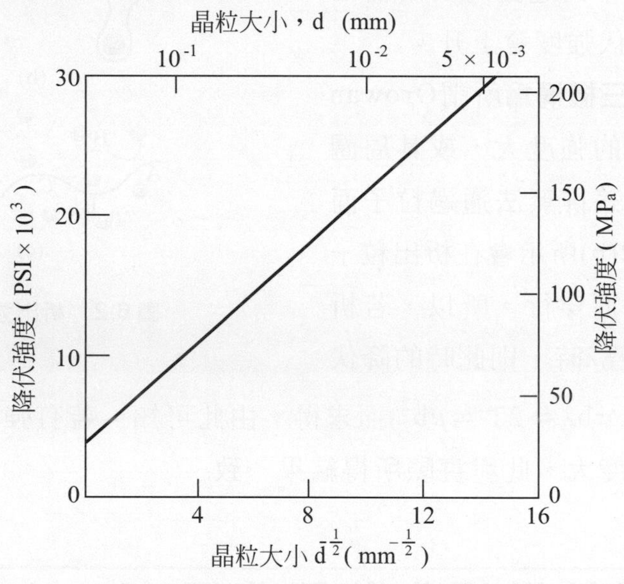

圖 6.3 鐵的降伏強度與結晶粒大小的關係

習 題

6.1 解釋名詞：

(1)柯瑞爾氣氛 (2)柯瑞爾效應 (3)固著 (4)鈴木效果 (5)疊積缺層 (6)差排密度 (7) Hall-petch equation

6.2 金屬材料的強化機構有哪幾種，試述之！

6.3 說明固溶強化的機構。

6.4 試述加工強化的機構。

6.5 試述析出強化的機構。

6.6 說明結晶粒微細化的強化之機構。

7 金屬材料之試驗

金屬材料試驗之目的即是利用各種的材料試驗方法，以瞭解材料的各種機械性質，如強度、延性、韌性、硬度及金相組織等。藉著材料試驗可提供設計者確定其所選用的材料是否合乎其設計要求，對於製造者則可提供其製品是否合乎各國所制定的規格要求，而且也是做為品質保證的最佳憑證。

一般最廣泛被採用的金屬材料試驗方法有拉伸試驗、硬度試驗、衝擊試驗、疲勞試驗、扭轉試驗、潛變試驗、金相試驗等。

7.1 拉伸試驗

拉伸試驗(Tensile test)的目的是測定材料的強度與延性。將一定規格的試片裝在試驗機上後，在其兩端施力至拉斷爲止。從試驗中所得數據即可測出彈性限、比例限、彈性係數、降伏點、降伏強度、抗拉強度、伸長率、斷面縮率等機械性質。

㈠ 試驗設備

所需之試驗設備有拉伸試驗機、游標尺、伸長計、應變計等。一般所使用的試驗機有**萬能試驗機**及**電腦控制材料試驗機**二種。

(1) **萬能試驗機**(Universal testing machine)

圖 7.1 所示爲油壓式萬能試驗機的外觀。一般是將馬達驅動油壓壓縮機後所生成的力量(荷重)，經由力量的傳達裝置而將力量傳遞至試片上，而使

試片受拉伸，直到試片破斷爲止。此試驗機除可做拉伸試驗外，亦可做壓縮、彎曲等試驗。

圖 7.1 萬能試驗機

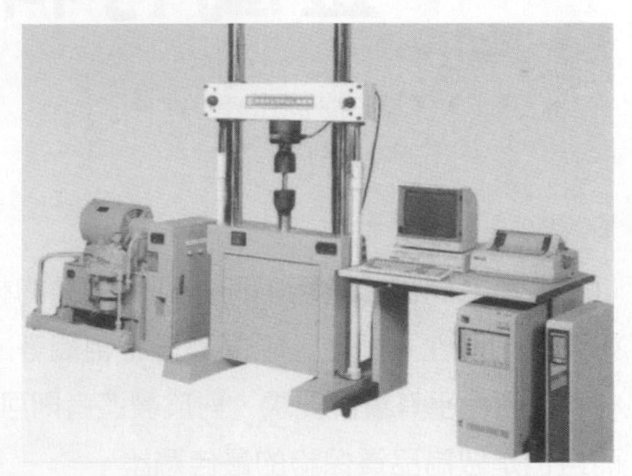

圖 7.2 電腦控制材料試驗機

⑵ **電腦控制材料試驗機**(Computer-controlled material testing machine)

目前生產此類型材料試驗機之世界知名廠商有：Shimadzu(日本)、MTS (USA)、Instron(England)等，圖 7.2 爲其中一例之外觀。

試驗機是由本體、控制裝置、油壓裝置等三大部份所構成。本體(Machine body)則包含框架(Frame)、十字頭(Crosshead)、引動器(Actuator)、荷重元(Load cell)等；控制裝置(Control equipment)則含高速控制器與個人電腦二部份：此外，試驗機之附件有夾具(Grip)和應變計(Strain gage)及一些應用試驗裝置。與前述之萬能試驗機不同之處乃在於電腦控制材料試驗機乃採用**閉合環路控制**(Closed-loop control)，而萬能試驗機爲**開口環路控制**(Open-loop control)。也就是電腦控制材料試驗機採用**回授控制**(Feed-back control)，將實際情況的回授信號送回控制器當作參考，變化的命令信號就能被確實的執行。所以一部電腦控制材料試驗機除了能做拉伸或壓縮試驗以外，同時也能做疲勞、彎曲、破壞力學及部份結構試驗等。

拉伸試驗之常用各種形狀之標準試片如圖 7.3 所示。

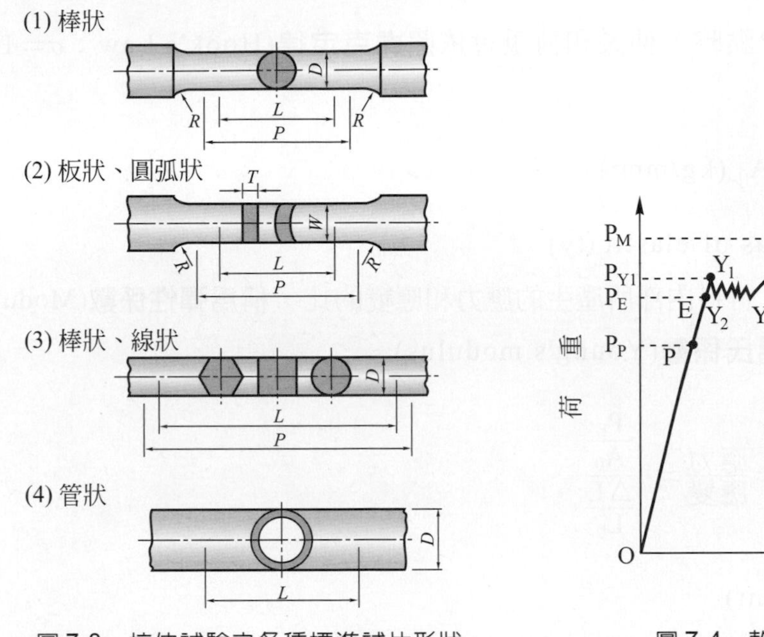

圖 7.3　拉伸試驗之各種標準試片形狀

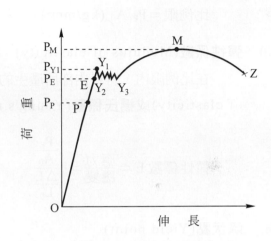

圖 7.4　軟鋼之荷重-伸長曲線

㈡　實驗結果

試驗進行時，隨著所施加力量的增加，試片會漸漸伸長，而截面積則會縮小。一般於試驗進行中記錄其荷重與伸長的關係，則可得到荷重-伸長(或應力-應變)曲線。一般，荷重-伸長曲線隨金屬材料之種類而異，圖 7.4 所示為軟鋼的拉伸試驗結果。

⑴　**彈性限**(Elastic limit)

當荷重O點加至E點，若除去荷重，則伸長會變為零，亦即試片的長度會回復到原長度，而當荷重超過 E 點後，伸長則不隨荷重之去除而恢復原形。通常將受到 E 點以下的荷重時所產生的變形稱為**彈性變形**(Elastic deformation)。將E點所對應的荷重P_E除以試片的原截面積A_0後之數值稱做**彈性限**(Elastic limit)。

彈性限 $= P_E/A_0$ (kg/mm^2)

(2) **比例限**(Proportional limit)

荷重不超過P點時，伸長和荷重會依照**虎克定律**(Hook's Law：$\sigma=E\cdot\varepsilon$)變化。

比例限$=P_P/A_0$ (kg/mm²)

(3) **彈性係數**(Modulus of elasticity)

在比例限內，材料內部所產生的應力和應變的比，稱爲**彈性係數**(Modulus of elasticity)或**楊氏係數**(Young's modulus)。

$$\text{彈性係數}\ E=\frac{\text{應力}}{\text{應變}}=\frac{\frac{P_E}{A_0}}{\frac{\Delta L}{L_0}}$$

(4) **降伏點**(Yield point)

荷重過了 E 點直至Y_1點後，荷重會突然降至Y_2點，爾後一段時間內，荷重會上下起伏，試片則會發生較大的伸長而直到Y_3點爲止，這種現象稱爲**降伏**(Yield)。而將Y_1-Y_2-Y_3間的伸長稱爲**降伏點伸長**(Yield point elongation)。一般稱y_1點爲上降伏點(Upper yield point)，將y_1點所對應的荷重P_{Y1}除以試片的原截面積A_0後之數值，稱爲**降伏強度**(Yield strength)。

$$\text{降伏強度}=\frac{P_{Y1}}{A_0}\ (\text{kg/mm}^2)$$

(5) **抗拉強度**(Tensile strength)

M 點是材料在破斷前所能承受的最大荷重。荷重超過 M 點以後，試片中央部份之斷面會產生急速收縮現象，稱爲**頸縮**(Necking)；其荷重會降低而直到試片被拉斷爲止。一般將 M 點所對應的荷重P_M除以試片的原截面積A_0之後的數值稱做**抗拉強度**(Tensile strength)。此抗拉強度之數值經常用來作爲判斷材料之機械性質中的強度性質良好與否之重要指標之一。

$$\text{抗拉強度}=\frac{P_M}{A_0}\ (\text{kg/mm}^2)$$

⑹ **伸長率**(Percentage of elongation)

把破斷後的試片加以接合後，量取原標點間之距離L_1，以L_1減去原標點間之距離L_0，再除上L_0，以百分率表示即爲**伸長率**(Percentage of elongation)。如圖 7.5 所示。

$$伸長率=\frac{L_1-L_0}{L_0}\times 100(\%)$$

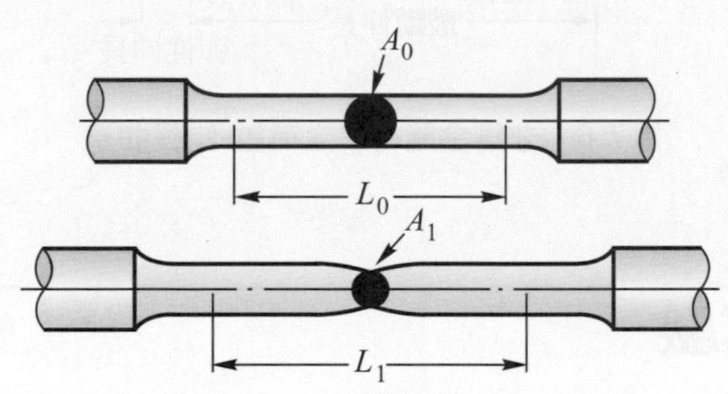

圖 7.5　拉伸試驗前後的試片

⑺ **斷面縮率**(Percentage of area reduction)

若試片拉伸破斷後的頸縮部的截面積爲A_1，則以原來截面積A_0減去A_1，再除上A_0，以百分率表示即爲**斷面縮率**(Percentage of area reduction)。

$$斷面縮率=\frac{A_0-A_1}{A_0}\times 100(\%)$$

非鐵金屬材料及高碳鋼之拉伸試驗所得的荷重-伸長曲線上均無明顯的降伏點，如圖 7.6 所示。因此，一般是採用**橫距法**(Off-set method)來訂定其降伏點。如圖 7.6 中所示，從原點(O)在橫軸上量取一點 R，使 OR 兩點間的距離等於永久伸長之某固定百分率(通常是取標點距離的 0.2%)。再從 R 點劃直線 RC 使其平行於 OP，而交此荷重-伸長曲線於 C 點，即把 C 點訂爲其降伏點，而 C 點所對應的應力即爲其降伏強度。一般將利用此種方法所求得的降伏強度稱爲**保證應力**(Proof stress)，而記爲$\sigma_{0.2}$。

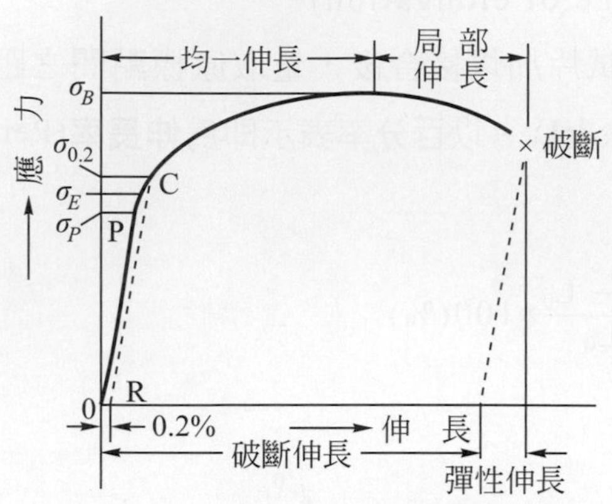

圖 7.6 非鐵金屬材料之荷重-伸長曲線

7.2 硬度試驗

硬度試驗(Hardness test)之目的是要測試材料的硬度。即測試材料表面受外力作用時，材料表面層抵抗被壓凹而塑性變形的能力。測試的方法隨著外力作用條件之不同，所發生的抵抗也不同，故由外力作用的型式可分爲下列幾種方法：勃氏(Brinell)、洛氏(Rockwell)、維氏(Vickers)、蕭氏(Shore)。

㈠ 勃氏硬度(Brinell hardness)

勃氏硬度試驗機如圖 7.7 所示，以機械力、氣壓或液壓施加負荷，經由鋼球製的**壓痕器**(Penetrator)壓在試件上，如圖 7.8 所示。荷重除以壓痕的投影面積，亦即單位面積所承受的荷重即爲**勃氏硬度**(H_B)，如下所示：

$$H_B = \frac{荷重}{投影面積} = \frac{P}{\pi\left(\frac{d}{2}\right)^2} = \frac{2P}{\pi D(D - \sqrt{D^2 - d^2})}$$

P：施加於試件上之荷重(kg)

D：鋼球直徑(mm)

d：壓痕直徑，或$\frac{d_1 + d_2}{2}$(mm)

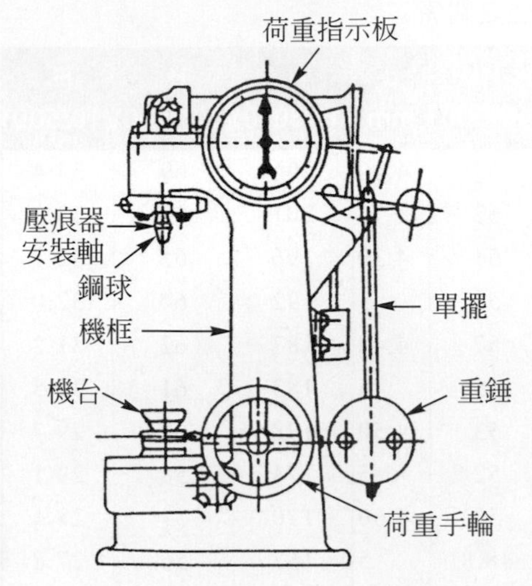

圖 7.7　油壓氏勃氏硬度試驗機

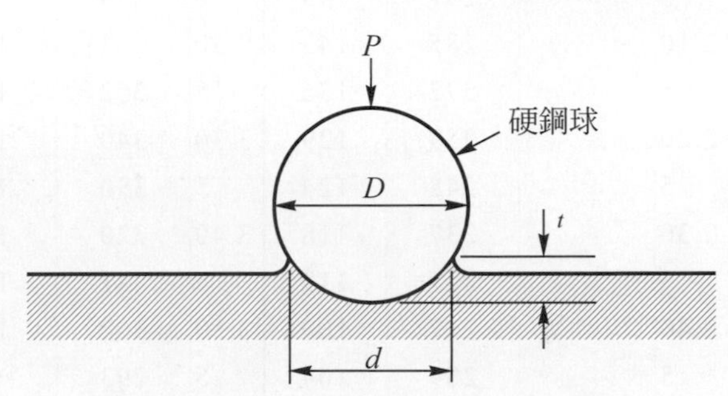

圖 7.8　勃氏硬度試驗的壓痕器與凹痕

若使用機械式試驗機，則可用低倍顯微鏡量測凹痕直徑，如圖 7.9 所示；再查表 7.1 所示凹痕直徑與勃氏硬度之關係即可求得勃氏硬度值。

㈡　洛氏硬度(Rockwell hardness)

洛氏硬度試驗機如圖 7.10 及圖 7.11 所示。其硬度值是由壓痕的深度來表示，即由指針運轉與壓痕深度的相互關係來定劃刻度盤，使讀數與深度成線性比例關係，故可由刻度盤直接讀出硬度值。

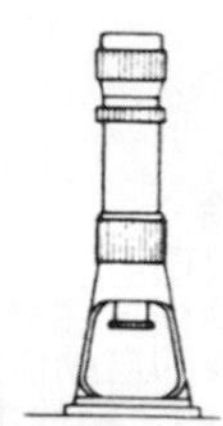

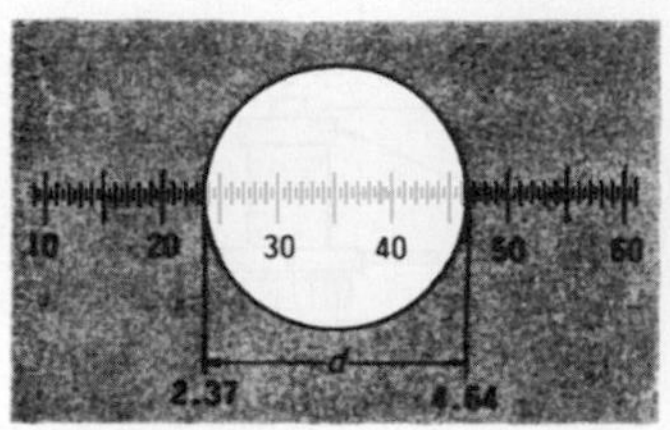

圖 7.9　筒形勃氏量測裝置與凹痕尺寸之測定方法

表 7.1 勃氏硬度與凹痕直徑之關係

d mm	H_B (10/3000)	H_B (10/1000)	H_B (10/500)	d mm	H_B (10/3000)	H_B (10/1000)	H_B (10/500)	d mm	H_B (10/3000)	H_B (10/1000)	H_B (10/500)
2.00		314	157	3.10	387	129	65	4.20	206	69	34.4
5		299	149	5	374	125	62	5	201	67	33.5
2.10		285	143	3.20	363	121	61	4.30	196	65	32.7
5		272	136	5	352	117	59	5	192	64	32.0
2.20		259	129	3.30	340	113	57	4.40	187	62	31.2
5		248	124	5	330	110	55	5	183	61	30.5
2.30		237	118	3.40	320	107	53	4.50	178	59	29.7
5		227	113	5	311	104	52	5	174	58	29.1
2.40		217	109	3.50	302	101	50	4.60	170	57	28.4
5		209	104	5	293	98	48.8	5	167	56	27.8
2.50	601	200	100	3.60	285	95	47.4	4.70	163	54	27.1
5	577	192	96	5	277	92	46.1	5	159	53	26.5
2.60	555	185	93	3.70	269	90	44.8	4.80	156	52	25.9
5	533	178	89	5	262	87	43.6	5	152	51	25.4
2.70	513	171	86	3.80	254	85	42.4	4.90	149	49.6	24.8
5	495	165	82	5	248	83	41.3	5	146	48.5	24.3
2.80	477	159	80	3.90	241	80	40.2	5.00	143	47.5	23.8
5	460	153	77	5	235	78	39.1				
2.90	444	148	74	4.00	229	76	38.1				
5	428	143	71	5	223	74	37.1				
3.00	414	138	69	4.10	217	72	36.2				
5	400	133	67	5	212	71	35.3				

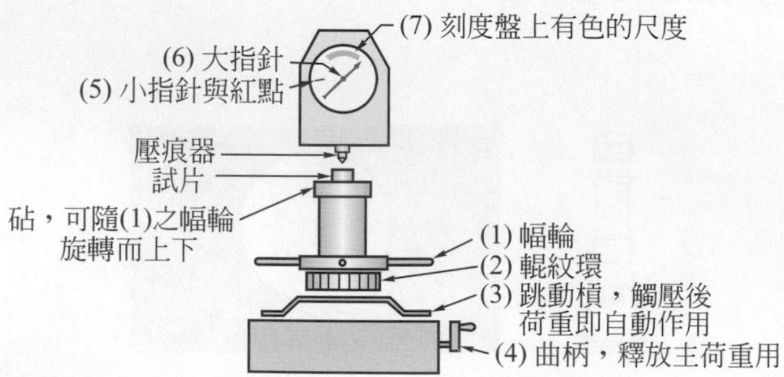

圖 7.10 洛氏硬度試驗機之示意圖

洛氏硬度試驗機之壓痕器有**鋼球**(Steel ball)和**鑽石錐**(Diamond cone)兩種。使用鋼球壓痕器時，必須施加100 kg的荷重，其單位為 H_RB，刻度位於指示盤內圈。當材料硬度較高時，可使用鑽石錐壓痕器，其所需施加之荷重則為 150 kg，單位為H_RC，刻度位於指示盤的外圈。

實際上測試H_RB和H_RC兩種硬度時，都要先施加小荷重10 kg，然後以這時的壓入深度為基準(作歸零)，其次再施加主荷重，使荷重共達100 kg(鋼球時)或150 kg(鑽石錐時)，作用 30 秒後除去主荷重，只留小荷重，而以加大荷重時所發生的永久變形部份的深度來比較硬度的大小。一般直接由洛氏硬度試驗機之刻度表上即可直接讀取洛氏硬度值(H_RB或H_RC)。

圖7.11　洛氏硬度試驗機

圖7.12　維氏硬度試驗機

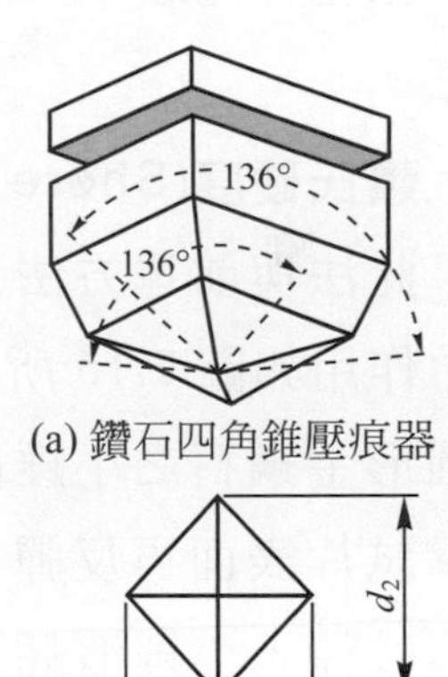

圖7.13　維氏硬度試驗機之壓痕器與凹痕

㈢　**維氏硬度**(Vickers hardness)

維氏硬度試驗機如圖7.12所示，此法與勃氏法類似，只是採用對角為136°之方錐形壓痕器如圖7.13所示，以便量測對角線的長度。

$$H_V = \frac{荷重}{表面積} = \frac{1.854P}{d^2}$$

P：荷重(kg)

d：凹痕之對角線長度，或$\frac{d_1+d_2}{2}$(mm)

圖 7.14 所示為幾種量測維氏凹痕的方法。

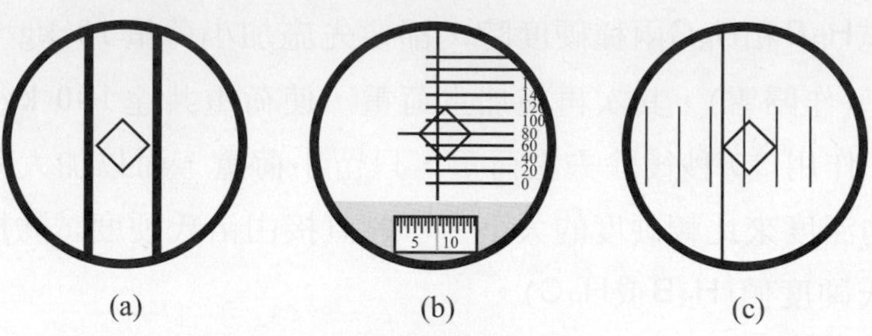

圖 7.14 維氏凹痕之測定方法

維氏硬度通常用於量測材料表面之薄膜硬化層的硬度。當材料經過高週波、滲炭、氮化、電鍍、PVD 和熔射處理後而產生的硬化層的硬度，由維氏法來量測最適宜。

(四) **蕭氏硬度(Shore hardness)**

此法與前述方法大不相同，是採取動力作用如圖 7.15 所示。試驗時，將嵌有圓形金鋼石之小錘自一定高度落下而撞擊試片表面再反彈。若試片較軟，則壓痕較深，小錘消耗之能量大，故殘餘能量小，反彈高度亦小。因此可由反彈高度求得蕭氏硬度值H_S。

$$H_S=\frac{10000}{65}\times\frac{h}{h_0}$$

h_0：小錘懸掛標準高度 254 mm

h：：小錘反彈高度

圖 7.15 蕭氏硬度試驗機

7.3 衝擊試驗

衝擊試驗(Impact test)之目的是測定材料的韌性(Toughness)，即材料破裂時所吸收衝擊能量的大小。試驗後所求出的衝擊值(Kg-m/cm²或Joule/cm²)，即用來表示其韌性的大小。一般使用的試驗機有Charpy和Izod兩種皆採用單衝擊試驗。

圖 7.16 所示爲Charpy衝擊試驗機，而試片之安裝是將試片水平放置，而固定兩端，試片之凹槽背對擺錘如圖 7.17 所示。

Charpy衝擊試片，如圖 7.18 所示爲 JISZ2202 金屬材料衝擊試片中所規定的 3、4、5 號試片，而圖 7.19 所示爲其他世界各國之試片規格。

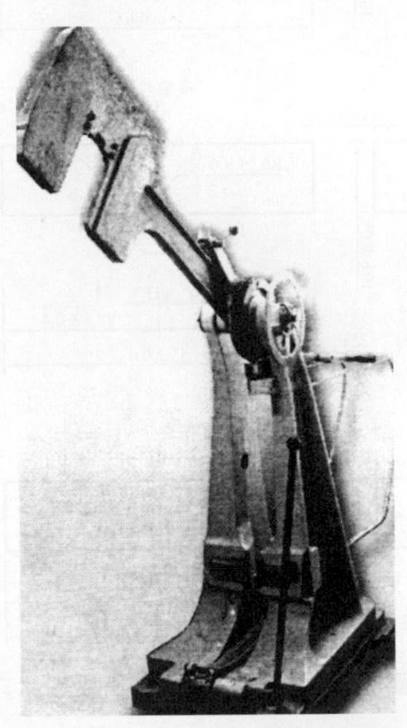

圖 7.16　Charpy 衝擊試驗機

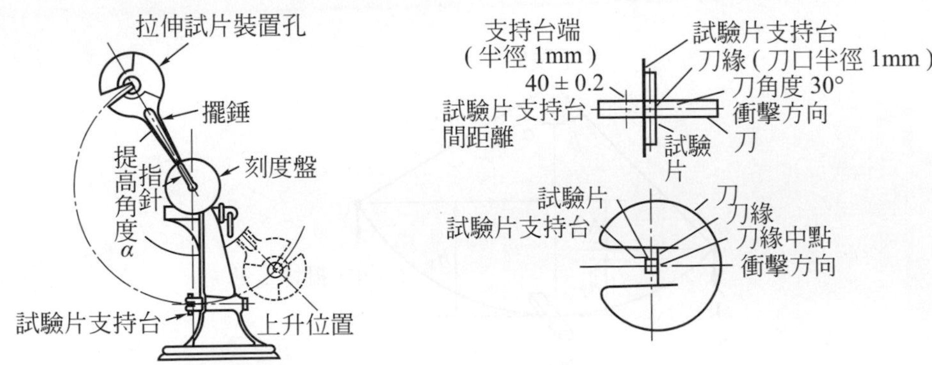

圖 7.17　Charpy 衝擊試驗機說明圖(左)及其擺錘與試片之位置(右)

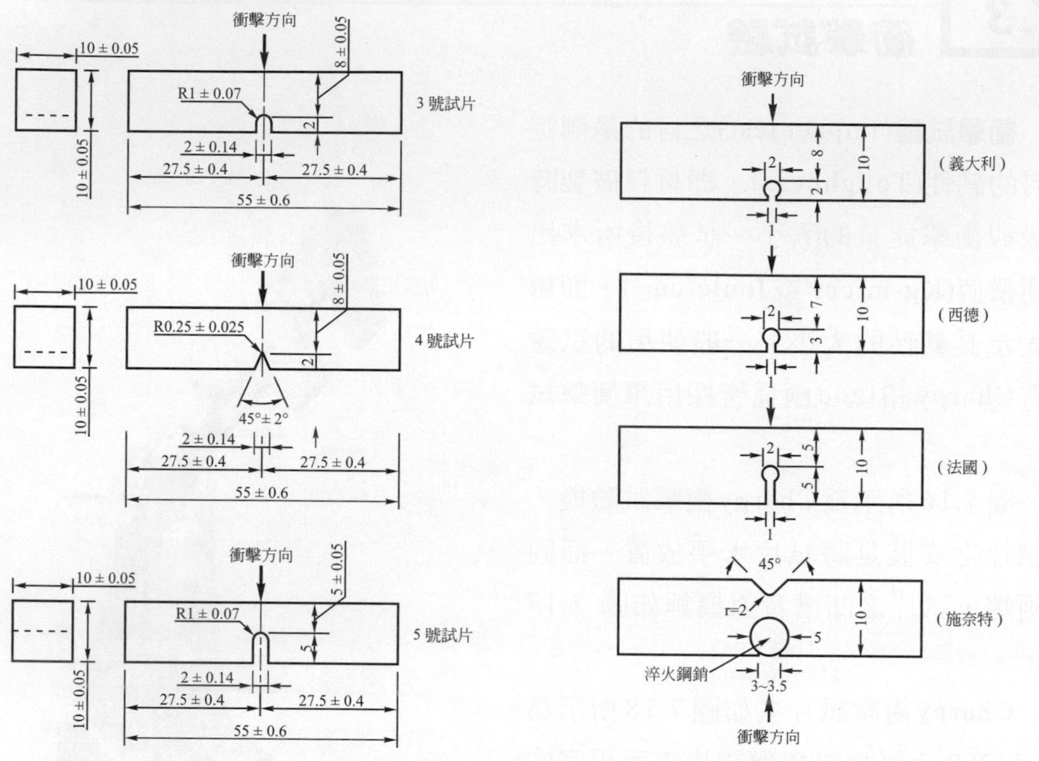

圖 7.18　JIS Charpy 衝擊試片之規格　　圖 7.19　世界各國之 Charpy 衝擊試片

試驗時，先把試片安裝妥後，再將擺錘提升至某一高度h_1，然後讓擺錘自由擺下，衝斷試片。試片吸收一部分能量，而所殘餘能量可使擺錘擺至反方向的一個高度h_2，如圖 7.20 所示。

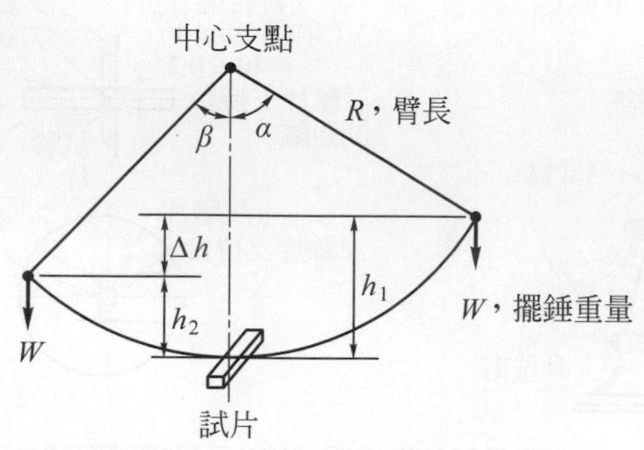

圖 7.20　計算衝擊吸收能量之原理圖

$$\text{衝擊吸收能量}E = Wh_1 - Wh_2$$
$$= WR(1-\cos\alpha) - WR(1-\cos\beta)$$
$$= WR(\cos\beta - \cos\alpha)$$

由上述公式可計算出，試片破斷時所吸收的能量。而在這簡易之計算中，試片衝擊後的動能及擺錘支點的磨擦消耗都忽略不計。

圖 7.21 所示為Izod衝擊試驗機，在Izod衝擊試驗時是把試片垂直放置而固定一端，凹槽面對擺錘，如圖 7.22 所示。

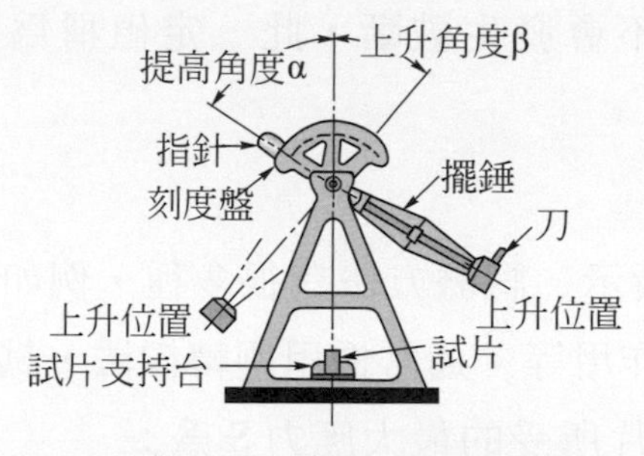

圖 7.21　Izod 衝擊試驗機

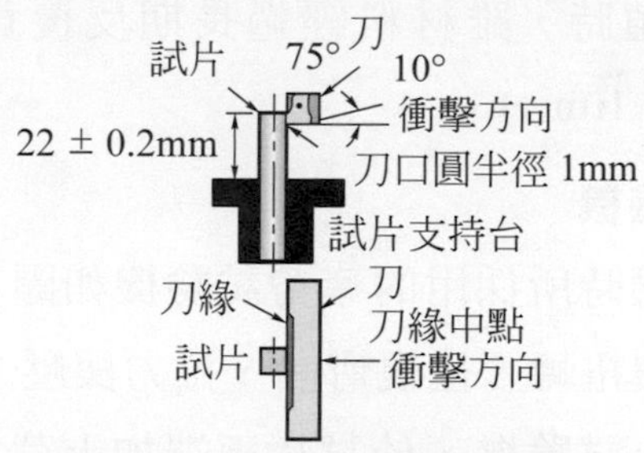

圖 7.22　Izod 衝擊試驗機的試片與擺錘

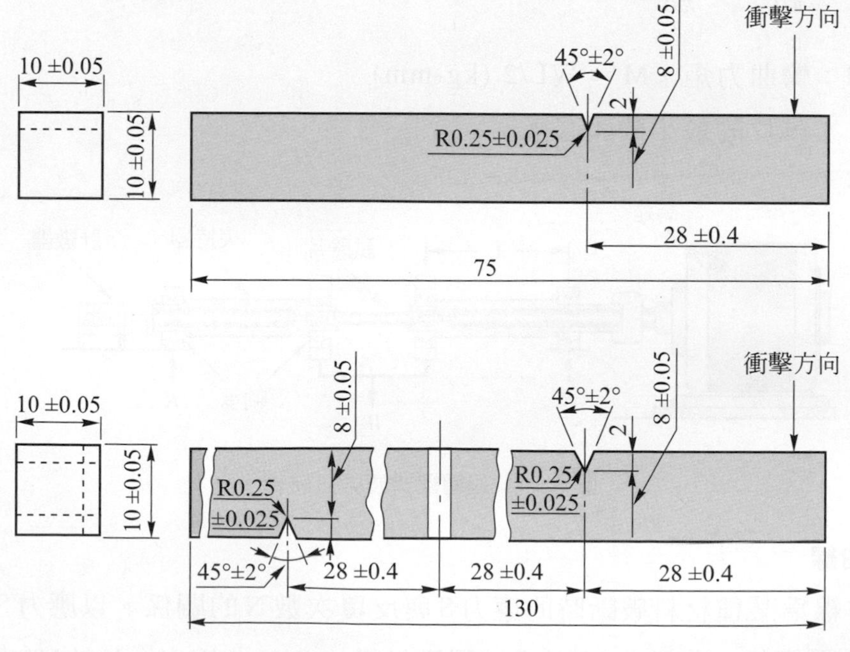

圖 7.23　Izod 衝擊試片

Izod衝擊試片之規格如圖7.23所示，而其衝擊吸收能量之計算原理與Charpy衝擊試驗時相同。

7.4 疲勞試驗

疲勞試驗的目的是測定材料的**疲勞強度**(Fatigue strength)、**疲勞限**(Fatigue limit)等。材料承受比抗拉強度小的荷重時，雖不會使材料破斷，但經過長期的反覆荷重作用時，材料也會發生破斷，稱爲**疲勞破壞**(Fatigue failure)。若荷重小於某一定值時，雖材料經過長期反覆負荷也不會發生破斷，此一定值稱爲**疲勞限**(Fatigue limit)。

㈠ 試驗機

試驗時所採用的疲勞試驗機如圖7.24所示。試驗方法有很多種，例如迴轉樑法、反覆扭轉、往復彎曲、拉力與壓力交互作用等。通常採用迴轉樑法，試驗時將試片裝上試驗機，於試片兩端加上荷重。試片所受的最大應力S爲：

$$S=\frac{32M}{\pi d^3}=\frac{16WL}{\pi d^3}$$

M：彎曲力矩，M ＝ WL/2 (kg-mm)

d ：試片的最小截面直徑

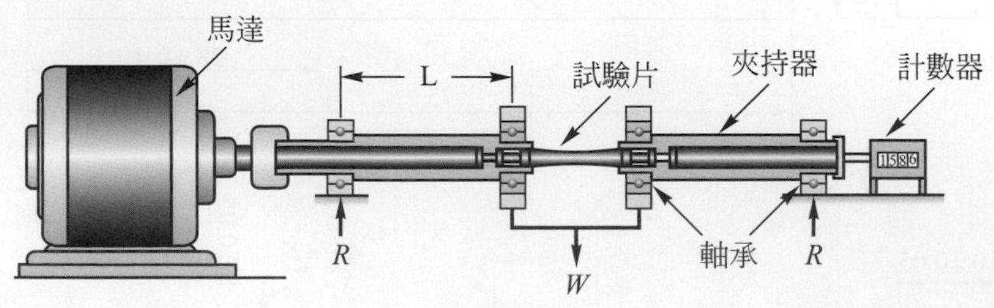

圖7.24 迴轉樑式疲勞試驗機

㈡ S-N曲線

S-N曲線爲某種材料破斷時的應力S與反覆次數N的關係。以應力S爲縱軸，反覆次數N爲橫軸，如圖7.25所示。鋼鐵材料的S-N曲線中，N於10^6處後漸呈水平，即表示為該材料的疲勞限(Fatigue limit)。如果其最大應力低於此一疲勞限，則材料不會有疲勞現象，可長久使用，而不會發生破壞。對於非鐵屬金屬材料如Al-Cu合金則無明顯的水平部分，往往以5×10^7迴轉數所對應的應力做為疲勞強度。

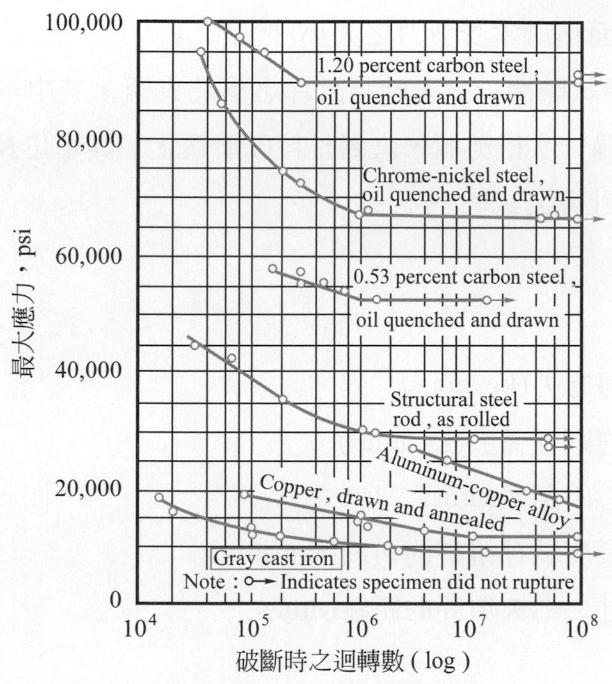

圖 7.25　典型的 S-N 曲線

㈢ 影響材料疲勞試驗的因素大約可分為三種

(1) 試件表面粗糙或加工時留下的刀痕：會降低材料的疲勞限。

(2) 試件表面腐蝕：疲勞限會下降。

(3) 表面殘留應力：

① 殘留拉應力時疲勞限會降低。

② 殘留壓應力時疲勞限會升高。

㈣ 提高疲勞限的方法

(1) 珠擊。

(2) 表面滲氮。

7.5 扭轉試驗

扭轉試驗(Torsion test)之目的在測定材料之**剪強度**(Shear strength)。所謂剪強度，就是指單位面積所承受剪力之大小。

圖 7.26 爲扭轉試驗機，試驗時將試片之兩端夾緊。其中一端施以扭力，每旋轉一固定角度，記錄一次扭勢值，直到材料破斷爲止。其單位長度試桿扭轉的角度正比於剪應力。其計算公式如下：

$$\tau = G\frac{r\theta}{L}$$

τ ：扭轉剪應力(kg/mm^2)

G：材料的剛性係數(kg/mm^2)

r ：離軸心的距離(mm)

θ ：單位長度試桿扭轉的角度(rad/mm)

L ：扭轉計之二夾環間的距離(mm)

圖 7.26　扭轉試驗機

7.6 潛變試驗

潛變(Creep)爲高溫下，材料長時間受到低於降伏強度之定值靜應力時，所發生的緩慢而持續的變形現象。

潛變試驗的目的，是求取應力、應變、溫度和時間之間的關係。另一個目的在求**潛變限**(Creep limit)，又稱**潛變強度**(Creep strength)。意指在某時限內，材料之變形量少於預定值之最大允許應力。

潛變試驗的方法爲將試件施以一定的荷重，置放爐中加熱，爐中保持均溫，則試件會隨著時間的增加而逐漸伸長。然後求得在定時間後之**潛應變**(Creep strain)或穩態期間內之**潛變率**(Creep rate)；或者求取達到潛變破壞爲止之時間。

理想的潛變曲線如圖 7.27 所示，可分爲三個階段，即**初期潛變**(Primary creep)、**次期潛變**(Secondary creep)和**末期潛變**(Final creep)。初期潛變又稱爲遷移潛變(Transient creep)，在此期間內潛變發生快速，可視爲一種結構允許的彈性撓度來看待。接著材料進入次期潛變，又稱爲穩態潛變(Steady state creep)期間，應變會隨著時間之增加而穩定增加。最後進入末期潛變又稱爲加速潛變(Accelerating creep)，應變迅速增加直至破壞爲止。由圖亦可知在三個階段中其潛變率(Creep rate)皆不相同。

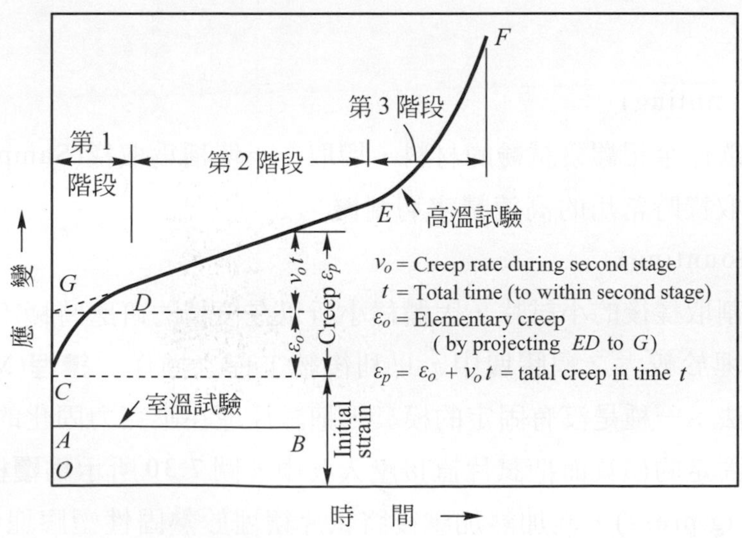

圖 7.27　理想化的潛變曲線

由圖 7.27 知，若試驗所得之潛變曲線，其次期潛變之潛變率在設計的可容許最大潛變率內，則該材料可在該溫度及潛變強度下，安全使用到規定年限。

最高潛變率的選定因使用情況而異，應由設計者自行決定。一般潛變強度係以每 1000、10000、或 100000 小時伸長 1%之應力表示之。

7.7 金相試驗

金相試驗(Metallographic test)之目的是利用金相顯微鏡(Metallographic microscope)，觀察各種金屬材料的組織，以獲知組織中的相之種類、形狀、大小、方向、量及分布等。研究材料內部組織的學問則稱為**金相學**(Metallography)。

(一) 試驗設備

金相試驗所需使用之儀器設備有切割機、覆模壓機、研磨機、拋光機、砂紙、金相顯微鏡等。圖 7.28 所示為金相試驗之流程。

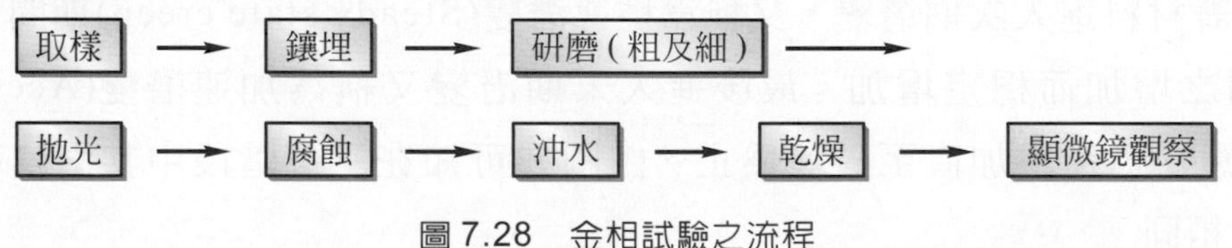

圖 7.28 金相試驗之流程

(二) 試驗方法

(1) **取樣**(Sampling)

將欲作金相觀察試驗的材料，切取一小塊稱為取樣(Sampling)。圖 7.29 所示為取樣時常用的高速精密切割機。

(2) **鑲埋**(Mounting)

切割取樣後的小試片，因體積小所以在後續的研磨時極不方便，故須先將其鑲埋於較大之塑膠塊中，以利後續工程之操作。**鑲埋**(Mounting)分為兩種方法：一種是沒有固定的模具，把試片埋在壓克力固化的物質裡。另一種是有固定的模具而把試片直接壓入其中。圖 7.30 所示為**覆模壓機**(Sample mounting press)，經加熱加壓後將試片鑲埋於熱固性塑膠塊中。

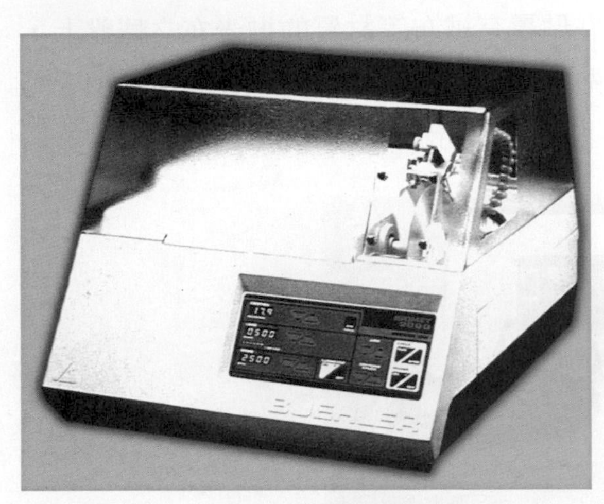

圖7.29　高速切割機

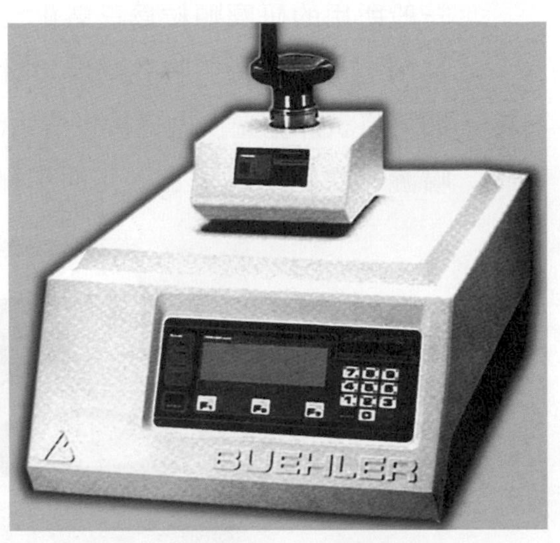

圖7.30　覆模壓機

(3)　**研磨**(Grinding)

將經鑲埋好的試片，以碳化矽或二氧化矽等製成之砂紙加以**研磨**(Grinding)，起初用mesh數少(即粒度大)之砂紙，而後逐漸改用mesh數多(即粒度小)之砂紙，依次磨光；每換一級砂紙時，將試片轉90度，且只以一個方向研磨。圖7.31所示為研磨機之一例。

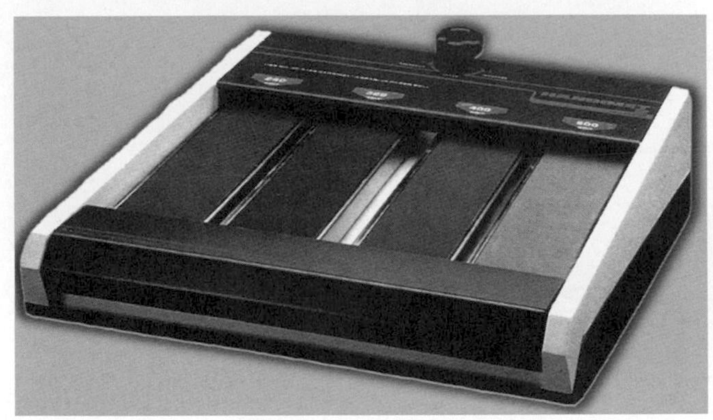

圖7.31　研磨機

(4)　**拋光**(Polish)

經過最細一級的砂紙磨光後，因為試片表面會殘留有細線紋，所以須用更細的硬研磨顆粒，加以研磨至光亮為止，此一程序稱為**拋光**(Polishing)。

一般所用的研磨顆粒為三氧化二鋁或氧化鋯等，將此等研磨顆粒與水混合成乳劑。當拋光時，將乳劑均勻噴灑在貼覆有絨布等材質的拋光布之轉盤上，即可將試片拋光。拋光後以清水沖洗試片，或清洗後再以高濃度之酒精(98%)噴灑，吹乾後可防止拋光面生鏽。圖 7.32 所示為轉速可調式拋光機。

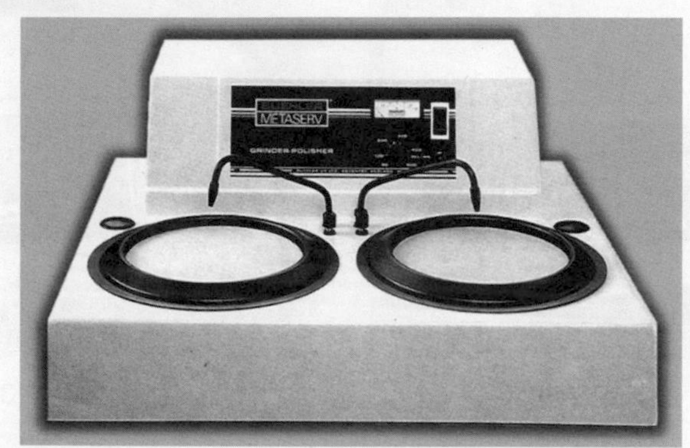

圖 7.32 拋光機

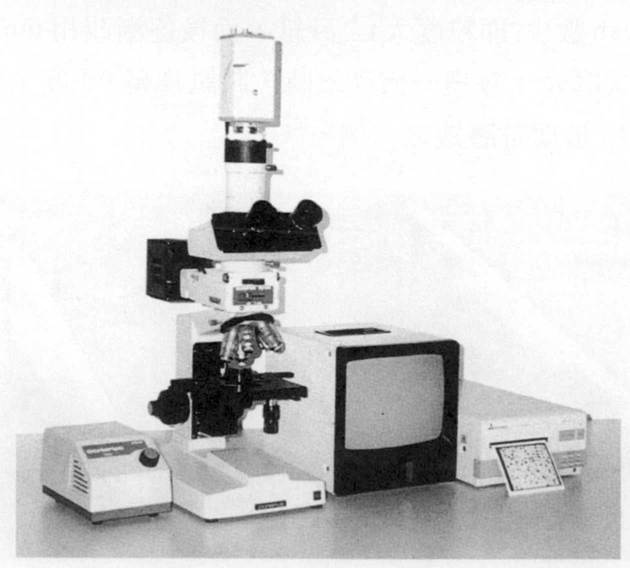

圖 7.33 光學式顯微鏡組合裝置

⑸ **腐蝕**(Etching)

把拋光完成的試片，浸入腐蝕液中幾秒至數十秒而加以腐蝕。然後將試片拿去沖洗、吹乾。一般常用的腐蝕液有Nital、Picral、苦味酸等，依材料及所欲觀察組織之不同來做適當的選擇。

(6) **顯微鏡觀察**

將經腐蝕妥的試片置於顯微鏡下，選擇適當的放大倍率，來觀察其組織。亦可使用顯微鏡上所附屬照相機，將組織拍下照片。圖 7.33 所示爲一般用的**光學式顯微鏡**(Optical microscope)組合裝置。

習 題

7.1 解釋名詞：

(1)比例限　(2)降伏　(3)降伏強度　(4)抗拉強度　(5)伸長率　(6)韌性

(7)橫距法　(8)H_B　(9)H_RB　(10)H_V　(11)疲勞限　(12)潛變率　(13)金相學

(14)研磨　(15)拋光　(16)Nital

7.2 何謂拉伸試驗？其目的何在？說明拉伸試驗機之種類。

7.3 圖示軟鋼經過拉伸試驗後所得之荷重-伸長曲線，並說明由此曲線可求得材料的哪些機械性質？

7.4 圖示一般非鐵金屬材料的應力-應變曲線，並說明如何求取其降伏強度？

7.5 說明常用的硬度試驗法之種類。

7.6 試述洛氏硬度試驗機之構造及原理。

7.7 試述衝擊試驗之目的。

7.8 圖示及說明 Charpy 衝擊吸收能量之計算。

7.9 疲勞試驗之目的爲何？圖示鋼鐵之典型的 S-N 曲線？

7.10 扭轉試驗可求得材料的何種性質？

7.11 何謂潛變？潛變試驗的目的爲何？

7.12 圖示及說明潛變曲線，並寫出潛變強度之表示方法。

7.13 試述金相試驗之流程。

7.14 金相試驗之目的何在？

8 鐵與鋼之製造法

近年來我國的鋼鐵工業已有高水準的發展，除了供應國內民間各種工業所需外，亦在支援國防工業的研究發展上奠定了良好基礎，此外亦外銷至世界各國，這主要是由於熔解、造塊及加工、熱處理等諸技術進步改良的結果，所以在品質上才有良好的提升。金屬材料的製造方法雖隨金屬而異，但是都要經過將礦石精煉後，再經過造塊或熱加工、冷加工等加工程序後而製成各種金屬製品，而鋼鐵製造法即成為瞭解一般的金屬製造法的最佳例子。在本章中首先介紹生鐵的冶煉，之後再談到將生鐵精煉成鋼的各種煉鋼法，然後為鋼錠的製造與性質，最後則為各種鋼製品的製造方法。

8.1 鋼鐵廠之概況

目前鋼鐵廠之作業部門可概分爲①生鐵製造②煉鋼作業③軋延加工等三大部門，若一工廠內同時包含此三大部門者稱爲**一貫作業(A through process)鋼鐵廠**。因爲採用此方式時，由鼓風爐排出之鼓風爐氣(或稱高爐氣)可作爲動力源之燃料使用，而避免再加熱熔煉之能源損耗。另一方面，煉焦爐尚可生產煉焦爐氣(可作爲煉鋼、軋延、加熱爐等之加熱燃料)、苯、萘、酚等副產品，因此可說是成本低，並節省中間產品之轉運時間，而易於控制品質，又可大量生產的鋼鐵製造法。

下述爲具代表性一貫作業鋼鐵廠之例子，來說明其作業情形，通常分爲以下四大部份：

㈠ **原料處理部份**

包括廠深水碼頭(卸下進口礦砂、煤碳)、堆料場、煉焦及副產品工場、水處理場、發電廠等。

㈡ **煉鐵工廠**

利用鼓風爐(又稱高爐)將鐵礦石還原爲生鐵。另有熱風爐(可使冷空氣被加熱後送入鼓風爐內進行煉鐵)、高爐氣處理設備(除塵)、送風機等。

㈢ **煉鋼工廠**

有轉爐、電爐、連續鑄造機等。

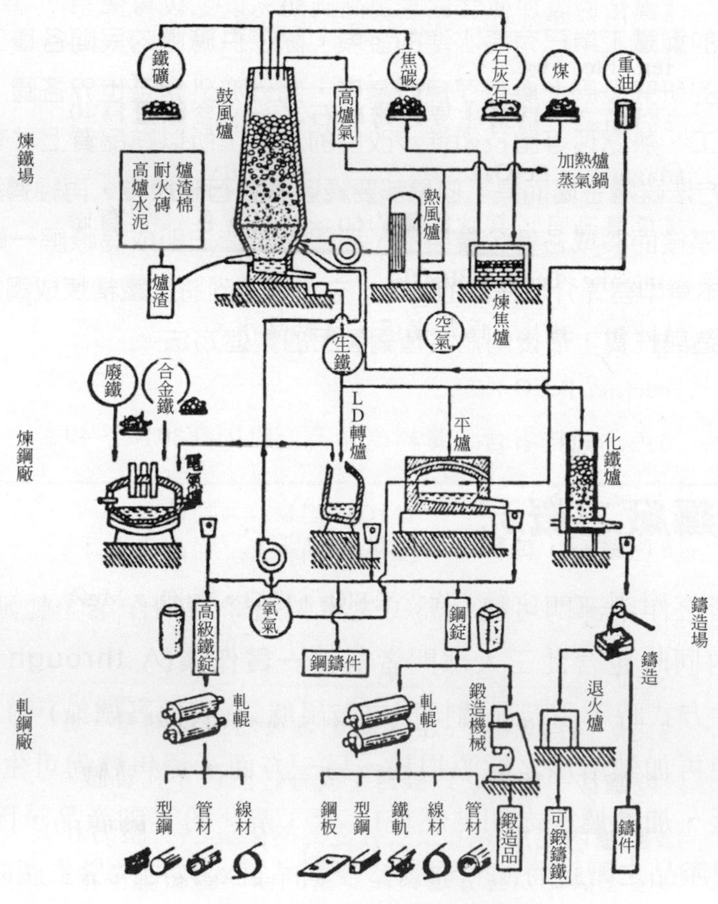

圖 8.1 一貫作業鋼鐵廠概要

(四) **軋鋼廠**

將鋼錠加熱到高溫後，利用各種軋延機將其軋成鋼板、鋼胚、條鋼和線材等四個生產工場。其作業之程序，如圖 8.1 所示。

8.2 煉鋼原料及其他

煉鋼所需的原料有鐵礦石、燃料、熔劑及熱空氣。

(一) **鐵礦石(Iron ore)**

鐵礦石中含鐵量在 50%以上之礦石可以直接用來提煉生鐵，而 50%以下者則需經過預備處理使其鐵量提高到 50%以上後再使用。

(1) **赤鐵礦**(Hematite，Fe_2O_3)

因紅色而名之，為最主要鐵礦石之一，含鐵量為 40～60%。

(2) **磁鐵礦**(Magnetite，Fe_3O_4)

為含鐵量最高者，其含鐵量約 60～80%，色黑，有磁性。

(3) **褐鐵礦**(Limonite，$Fe_2O_3 \cdot 3H_2O$)

含鐵量為 30～35%，為黑褐色，具結晶水。

(4) **菱鐵礦**(Siderite，$FeCO_3$)

為灰褐色，純者含鐵量約 48%，一般則在 30%～40%之間。

(5) **黃鐵礦**(Pyrite，FeS_2)

為金黃色礦石，純者含鐵量約 47%。

礦石中除了上述之主成份外尚含有SiO_2、CaO、Al_2O_3、MgO、TiO_2等雜質。

(二) **燃料(Fuel)**

鼓風爐之燃料為焦炭(Coke)，經燃燒後而提供熱量，是將煤於 1000～1200℃加以乾餾後，所得之以碳為主成分之黑色多孔質體。焦炭在裝卸搬運和倒入鼓風爐內使用，所以須有足夠的強度承受壓力和衝擊力，因此以質地堅硬而整體有均勻細孔者為佳。表 8.1 所示為焦炭之化學成分與性質。

表 8.1 焦炭之化學成分與性質

化學成分：

水 份，%……< 3.0

揮發物，%……< 2.0

固定碳，%……> 86.0

灰 分，%……< 12.0

硫，%…………< 0.80

物理性質：

大 小……通常 4～6 英寸，約爲化鐵爐內徑之 1/10～1/12%

強 度……參照 ASTM 標準 D141

硬 度……參照 ASTM 標準 D294

成堆密度……參照 ASTM 標準 D292，或 24～27 磅／英尺^3

氣孔率及比重……參照 ASTM 標準 D167

表 8.2 熔劑及熔渣的成份分析值

化學組成	石灰石		螢石	蘇打灰	焦炭灰		酸性渣					鹼性渣	
	一般	白雲石			A	B	A	B	C*	D+	E	A	B
SiO_2	0.35	0.40			46.40	46.23	48.60	40.60	45.54	37.64	52.42	26.0	25.8
Al_2O_3	0.20	0.38			16.45	31.93	14.29	22.40	15.30	18.90	18.0	9.2	6.5
CaO					11.80	5.04	36.10	24.40	22.0	28.10	24.39	32.5	40.3
MgO					4.60	2.06	0.34	8.60	6.80	2.80	2.03	28.6	23.2
$CaCO_3$	98.40	53.72											
$MgCO_3$		45.44											
$NaCO_3$				78～98%									
FeO					18.15	14.54	2.21	1.50	5.38	12.62	1.86	2.90	2.0
MnO							1.46	1.95	2.30	1.20	1.02	0.60	0.60
CaF_2			≧85%										
S							0.31	0.20			0.11	1.26	

*暗綠色渣 +由氧化熔煉產生的黑色渣

㈢ 熔劑(Flux)

熔劑(或稱造渣劑)之種類視雜質而定，一般鐵礦石之雜質大多爲酸性之氧化矽(SiO_2)，故熔劑多爲鹼性材料。可與焦炭灰及熔解爐的爐襯反應而形成流動的熔渣(Slag)，浮於鐵液上方，一方面隔絕空氣使鐵液不受氧化，另方面可去除鐵液中的雜質。最常用之熔劑爲石灰石、螢石、蘇打灰，螢石及蘇打灰的同時添加比僅單獨添加石灰石，更能使爐渣具流動性。表 8.2 所示爲熔劑及熔渣的成分分析值。

㈣ 熱空氣(Hot air)

鼓風爐操作所需之原料(包括空氣用量)約等於出鐵量的噸數。由於鼓風爐內溫度最高可達 1800℃，若將冷空氣直接吹入爐內，則會有使爐溫劇降而反應中斷之危險，故須用**熱風爐**(Hot stove)來預熱冷空氣，使其成爲 600～900℃之熱空氣。所需空氣量也隨溫度、壓力、濕度及鼓風之均勻量而不同。

8.3 生鐵之製造

要將鐵礦石冶煉爲鋼鐵，首先得將鐵礦石以鼓風爐(少部分以電爐法、電解法或直接還原法)冶煉爲生鐵，再加以精煉後才得到鋼。

㈠ 鼓風爐之構造

如圖 8.2 所示爲**鼓風爐**(Blast furnace)又稱**高爐**之斷面圖。

鼓風爐之大小，一般是以一天所能熔解的生鐵量(噸／天)來表示。小的鼓風爐約只有 100 噸左右，大的有數百～數千噸左右。

鼓風爐的最底部稱爲**爐床**(Hearth)，爐床的下方有**出鐵口**(Iron tap hole)，而上方則有**風口**(Tuyere)，再上方則有**出渣口**(Cinder notch)。爐床的上端爲**爐腹**(Bosh)，再上端爲**爐胸**(Stack)。一般鼓風爐高約 15～30 m，所以又稱爲**高爐**；爐腹直徑約 6～12 m，爐床直徑約 7～12 m，其主要尺寸如表 8.3 所示。

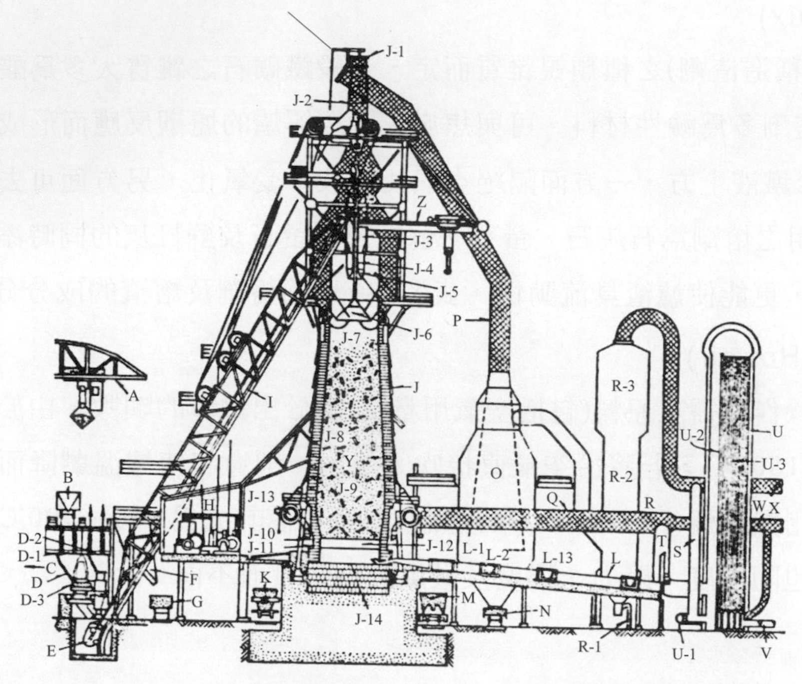

A 礦石起重機
B 礦石移動機
C 礦石放置機
D 貯藏庫
D-1 礦石和石灰石倉
D-2 焦碳倉
D-3 秤車
E 吊車
F 粉末回收斜槽
G 貨車
H 吊斗吊車
I 吊斗結橋
J 熔礦爐
J-1 抽器閥
J-2 氣體上昇管
J-3 礦石接受漏斗
J-4 分配器
J-5 小鐘型塞進器
J-6 大鐘型塞進器
J-7 存料線
J-8 內壁
J-9 爐腹
J-10 風口
J-11 出渣口
J-12 儲液處
J-13 環狀管
J-14 出鐵口
K 礦鍋
L 鑄床
L-1 溶液桶
L-2 除渣器
L-3 流道
M 鐵液盛桶
N 塵粒裝盛車
O 除塵器
P 下降管
Q 熱風管
R 氣體濾清器
R-1 至調稀器之綴縫線
R-2 噴霧洗滌塔
R-3 電氣收塵器
S 至熱風爐燃燒器之氣體取出量
T 從熱風爐來的熱風之連絡
U 熱風爐
U-1 氣體燃燒器
U-2 燃燒室
U-3 蓄熱室
V 至煙囪的排氣管
W 接送風機之冷風管
X 氣體管
Y 裝入物-鐵礦石、焦碳、碳石
Z 起重機

圖 8.2 近代化鼓風爐的斷面圖

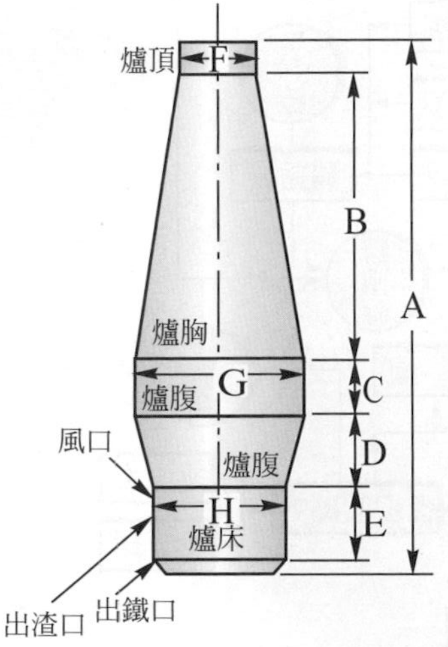

表 8.3　鼓風爐各部位之主要尺寸

NO	容量 (m^2)	各部位尺寸(mm)								風口數
		A	B	C	D	E	F	G	H	
1	1020	24800	13800	2000	3500	3400	5800	8450	7300	16
2	1909	29300	17300	2800	3000	3700	7200	10530	9800	26
3	2705	30100	17900	2300	3300	4000	8400	12600	11500	28
4	2924	30043	17300	2800	3300	4343	8500	12800	11700	28
5	1728	30200	18700	2500	3500	3800	6700	10000	9000	22
6	2626	30200	17000	2725	3775	4200	8400	12200	11200	32
7	2142	30800	18000	2700	3400	3900	7450	10000	10000	24
8	2857	32900	18400	2350	3400	4258	8300	12600	11500	34
9	1672	29256	17300	2800	3200	3675	6900	9800	8900	24
10	904	24300	12400	2500	3000	3200	5800	8000	7200	16

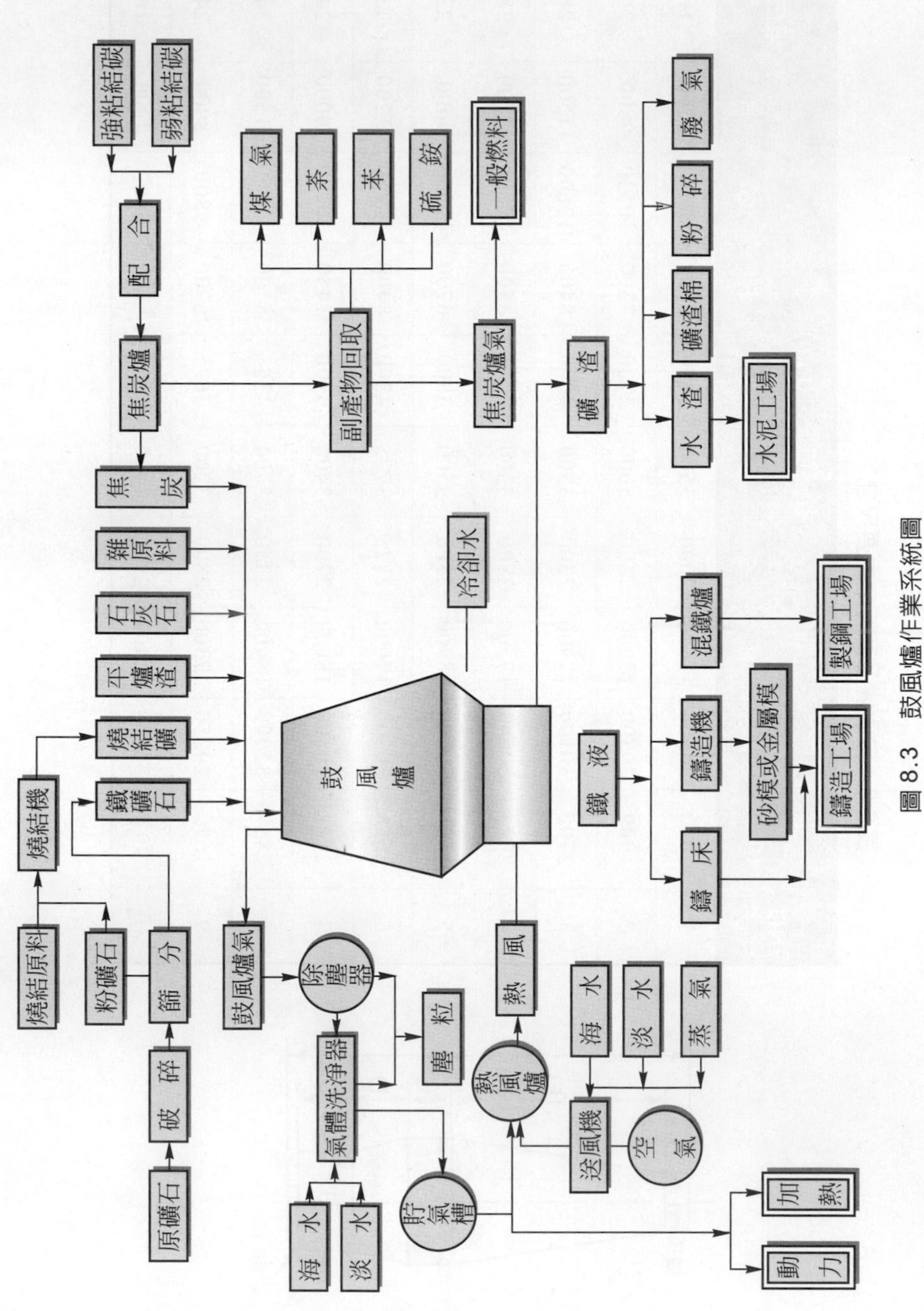

圖 8.3 鼓風爐作業系統圖

(二) 鼓風爐作業系統

圖 8.3 所示爲鼓風爐的作業系統圖。將鐵礦石、焦炭、石灰石等原料由鼓風爐頂部投入爐內，再將經由**熱風爐**(Hot stove)預熱過之熱空氣(600～900℃)由風口送入鼓風爐內，熱空氣上升後與焦炭作用而產生還原氣體CO，可將氧化鐵還原成鐵並生成CO_2，若CO_2再遇焦炭，則又成 CO，如此反覆作用。反應次序如下：

$$C(焦炭) + O_2 \rightarrow CO_2$$

$$CO_2 + C(焦炭) \rightarrow 2CO\uparrow$$

$$3Fe_2O_3 + CO \rightarrow 2Fe_3O_4 + CO_2$$

$$FE_3O_4 + CO \rightarrow 3FeO + CO_2$$

$$FeO + CO \rightarrow Fe + CO_2$$

$$CO_2 + C(焦炭) \rightarrow 2CO$$

由上述反應後所得的鐵稱爲**生鐵**(Pig iron)，爲含有 2.5～4.5%碳和其他不純物的 Fe-C 合金，以液狀沉積於爐床，再經由出鐵口排出爐外。

如上所述大部份之 CO 在爐內以還原劑之作用和鐵礦石反應外，另一部份之 CO(約佔20～30%)則以200～300℃之溫度由爐頂逸出，成爲熱風爐氣再被回收送入熱風爐內用來預熱冷空氣。

圖 8.4 所示爲鼓風爐內的溫度分布與投入爐內各種物質之變化狀況。

另一方面，石灰石($CaCO_3$)下降至爐溫爲 900℃左右的區域時，會分解爲石灰(CaO)，而與鐵礦中之雜質及焦炭灰(SiO_2)結合，成爲低融點的**熔渣**(Slag)而流下爐床。

$$CaCO_3(熔劑) \xrightarrow{\triangle} CaO + CO_2$$

$$CaO + SiO_2 \rightarrow CaSiO_3\downarrow$$

因熔渣比鐵輕，故會浮在鐵液上，而不會與鐵液混合，所以可容易的被分離去除。生鐵液與熔渣則各自從出鐵口與渣口取出。從鼓風爐流出的鐵液，可運到煉鋼廠，以便煉鋼，或一部份做成**生鐵錠**(Pig iron ingot)以供應鑄造廠使用。表 8.4 爲生鐵的化學組成例。

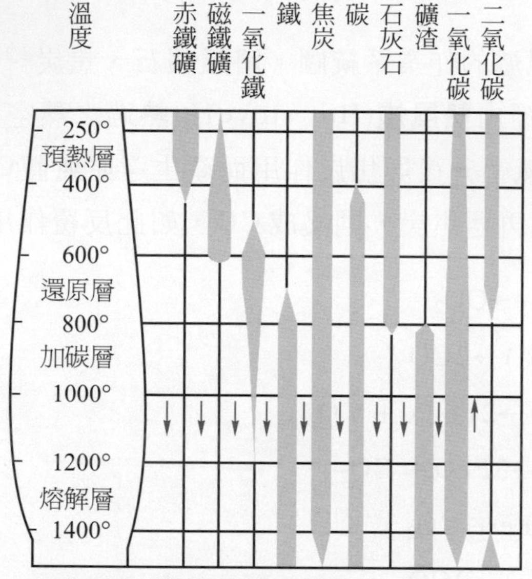

圖 8.4 熱風爐內裝入物的變化狀況

表 8.4 生鐵的化學組成例

種類	C(%)	Si(%)	Mn(%)	P(%)	S(%)
製鋼用生鐵	＞3.505	＜1.40	＞0.80	＜0.500	＜0.070
鑄造用生鐵	＞3.30	1.40～3.00	0.30～1.00	＜0.600	＜0.080

8.4 煉鋼法

煉鋼法是指將鼓風爐所熔煉成的生鐵加以精煉成**鋼**(Steel)。生鐵中因為含有多量的雜質(C、Si、Mn、P、S)在內，所以性質極脆，必需將其煉成鋼後方有廣大用途。這種將生鐵煉成鋼之作業，稱為**煉鋼**，煉鋼原理一般分為下述二個階段，第一階段為**精煉**(Refining)或**氧化**(Oxidation)：加熱至高溫時空氣中(或鐵礦石中)之O_2會使生鐵中之 C、Si、Mn、P、S 等雜質被氧化而去除，即形成氧化錳(MnO、MnO_2)，氧化矽(SiO_2)之熔渣，而得到鋼，此操作稱為精煉。第二階段為**脫氧**(Deoxidation)或**還原**(Reduction)：精煉完成後，須添加錳鐵(Ferro-manganese)或矽鐵(Ferro-silicon)或鋁(Al)等於爐中或盛桶中，以去除溶解於鋼中之O_2、N_2等氣體。

煉鋼法主要分爲下述三種方法：平爐法(Open-hearth process)、轉爐法(Converter process)及電爐法(Electric furnace process)。

(一) 平爐煉鋼法

所謂**平爐**(Open-hearth furnace)即是一種反射式蓄熱爐，如圖 8.5 所示。以高溫可燃燒氣體或重油爲燃料，將爐內生鐵、廢鐵、鐵礦石、石灰石、加熱至高溫，使雜質被空氣或鐵礦石中的氧所氧化，而使雜質減少到適當的成分。平爐煉鋼因雜質之氧化非常慢，所以煉鋼之時間長且熱效率差，故逐漸爲下述之轉爐煉鋼法所取代。

如圖 8.5 所示，先將燃料與空氣使分別通過左下部之蓄熱室，使其被預熱至 1000℃左右，再噴入爐內令其均勻混合而完全燃燒。燃燒生成的廢氣則通過右側蓄熱室而將其加以預熱，再經由煙囪逸散至大氣中。每隔 30 分鐘左右更換空氣與燃料之通路，將通過原先已被預熱過的蓄熱室而已經被預熱完成的燃料與空氣送入爐內，另方面原先已被用來預熱過的蓄熱室則利用廢氣來進行加熱，如此反覆操作後，則可使爐內溫度保持於 1800℃程度的高溫，而將原料加以熔解以進行精煉。

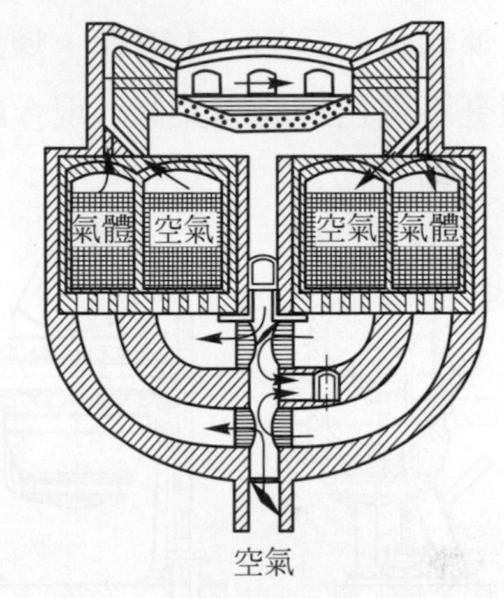

圖 8.5　平爐

平爐的容量是以每次的裝入量來表示，目前多使用 50～200 噸者，每爐之煉鋼時間爲 4～12 小時。平爐依其內襯可區分爲酸性平爐與鹼性平爐兩種。

(1) 酸性平爐

其爐床乃用矽砂加以燒結而成。實際作業時因無法大量使用石灰石，所以對於P、S的去除甚爲困難。故對於做爲原料的生鐵或鐵屑之選擇須以P、S含量少者爲佳。

(2) 鹼性平爐

爐床之內襯是使用燒成氧化鎂。將鐵液或生鐵塊及鐵屑裝入爐內使保持在熔融狀態。加入鐵礦石後使碳及雜質氧化，再加入石灰石而製成熔渣。爲了提高鹼基度通常將P、S降低至0.02%左右。

㈡ 轉爐煉鋼法

圖 8.6 所示爲一般**轉爐**(Converter)，爐體可繞一水平軸旋轉，其型如梨。普通轉爐爲 60～100 噸，大型的轉爐則爲 200～300 噸。底部有數個孔(直徑 10～30 mm)，若由底部之孔灌入 1.5～2 atm 之空氣時，熔液中的不純物會受到空氣中氧的氧化作用而生成氧化物而浮起，同時氧化熱亦可防止熔液的冷卻。轉爐亦可區分爲酸性及鹼性轉爐。最近也有利用將氧氣由爐頂直接吹入爐內的LD法(Linz Donawitz process)如圖 8.7 所示。由於雜質的氧化熱，可使熔液溫度上昇，所以不需要燃料。每次之煉鋼量約爲 70～150 噸，煉鋼時間每爐約 40～45 分，鋼質與電爐或平爐鋼相較則毫不遜色，成本又低，現今歐美、日本及國內之中鋼公司都採用此方法。

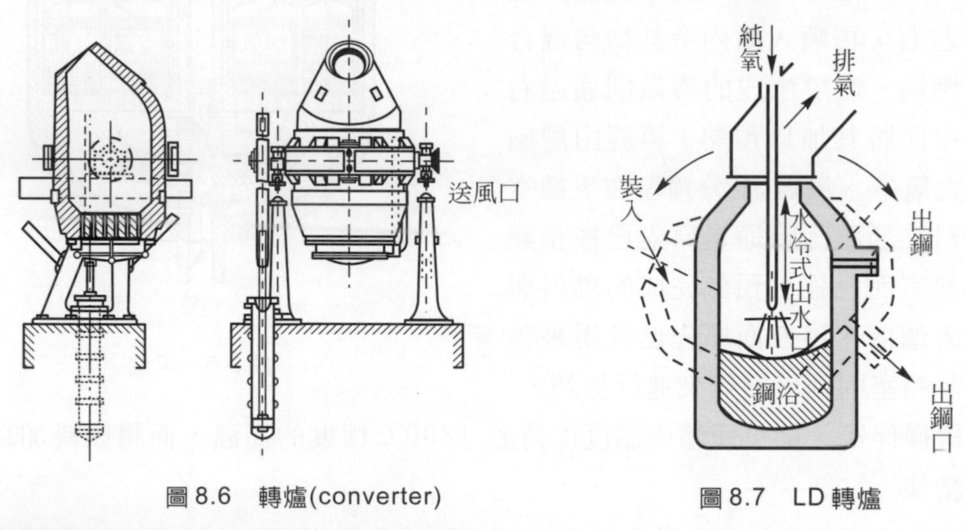

圖 8.6 轉爐(converter)　　圖 8.7 LD 轉爐

㈢ 電爐煉鋼法

依發熱方式之不同可分爲**電弧爐**(Electric-arc furnace)、**電阻爐**(Resistance furnace)、**感應爐**(Induction furnace)：一般常用者爲電弧爐與感應爐，而且以鹼性爐爲多。電爐之溫度調節容易，熔解速度快而且熔解溫度高。不含碳和其他氣體，此外也不與含有 C 與 S 之燃料相接觸，故煉得的鋼其性質佳。圖 8.8 所示爲電弧爐中最常用的傾卸式電弧爐，其煉鋼原理是利用在石墨電極與鋼鐵原料間所產生的電弧之高熱來進熔解精煉，主要是用於合金鋼的製造或不具有轉爐之工廠於製鋼時使用。電爐的容量以 2～30 噸左右者最多，煉鋼時間爲 4～6 小時。

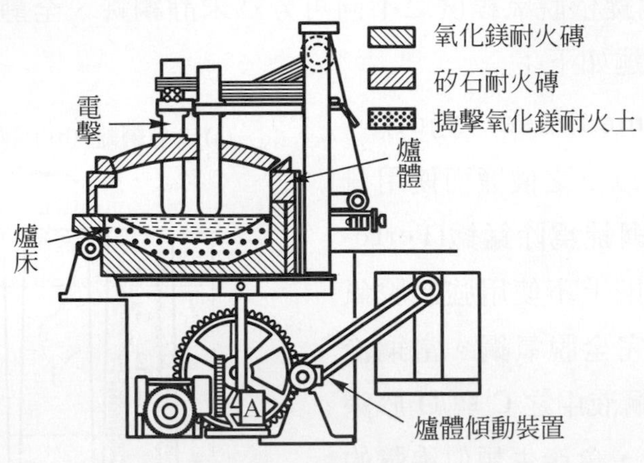

圖 8.8 傾卸式電弧爐

感應爐大致上可分爲高週波爐與低週波爐。以高週波感應電爐爲例，則如圖 8.9 所示，其原理爲對環繞著坩鍋的水冷線圈通以1000 Hz左右的高週波電流，則在坩鍋爐內的鋼鐵原料上會有感應電流(二次電流)產生，藉著其電阻熱即可使鋼材原料自行熔化而進行熔解精煉。主要是用於高純度的高級鋼之熔製。

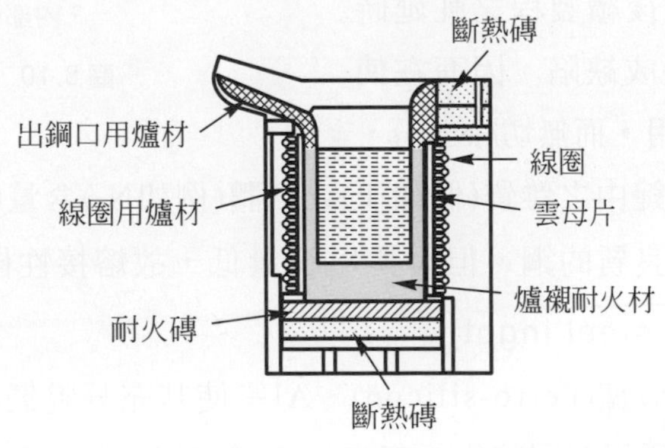

圖 8.9 高週波感應電爐

8.5 鋼錠

精煉或熔解後之鋼液，通常在加入脫氧劑使其脫氧後，再澆鑄於鑄鐵製的鑄模(Mold)中使其凝固；一般鑄鐵製鑄模之型狀有圓型、六角型、八角型等，可依情況選擇所需的形狀來使用；而將澆鑄於鑄模內待其凝固冷卻後所得到的鋼塊稱爲鋼錠(Steel ingot)；鋼錠依脫氧程度之不同可分爲未靜鋼錠、全靜鋼錠、半靜鋼錠，如圖 8.10 所示，詳述如下：

㈠ **未靜鋼錠(Rimmed steel ingot)**

適用於 0.3% C以下之價廉而使用量多的普通鋼材。此鋼錠爲除錳鐵(Ferro-manganese)以外原則上不使用強制脫氧劑，而所製得的不完全脫氧鋼。當鋼液澆入鋼錠模中時，鋼液中之 C 與 O 於鋼錠模中反應而成CO，會產生類似沸騰的現象，稱之爲Rimming action。鋼錠的下半部因爲熔液壓力的關係，其沸騰現象較弱，因此所產生的CO通常都無法上浮而封存於內。所以待凝固後在鋼錠的下半部之周圍及內部可見到有成列的小氣泡，這些小氣泡在後續製程之軋延時可被去除所以不會造成缺陷。因而在使用時幾乎可以全部使用，而無切除部份，所以經濟性高，但鋼錠中之雜質(例如 P)或氣體(例如N_2)含量較多，而且其偏析亦顯著，所以不能算是良質的鋼。但因其 Si 含量低，故熔接性佳。

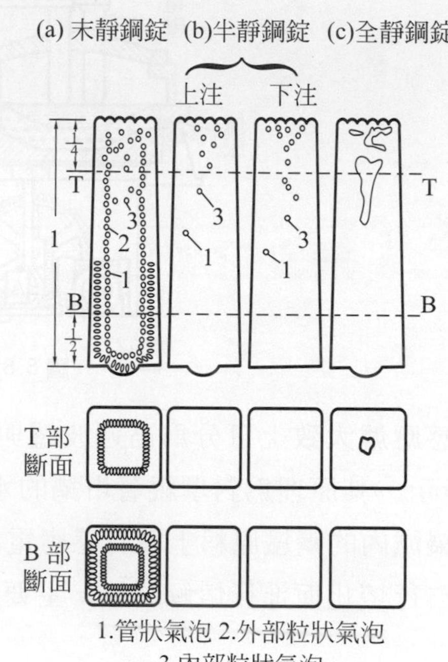

圖 8.10 各種鋼錠

㈡ **全靜鋼錠(Killed steel ingot)**

爲在熔鋼中加入矽鐵(Ferro-silicon)、Al等使其充分脫氧後所鑄成的鋼錠。因爲氧氣已被充分去除所以凝固時幾乎不產生氣體而無沸騰現象，因此是在鋼錠模中寧靜的凝固；但是在鋼錠的上方中央部分會生成大的收縮管(Shrinkage pipe)，所以需將此部份加以切除，約佔全長的 10～20%，甚不經濟。全靜鋼錠除脫氧外亦以Al或Ti來脫氮。因爲雜質較少，所以機械性質較未靜鋼錠佳，例如在同樣的抗拉強度時，全靜鋼錠之衝擊値即優於未靜鋼錠。機械構造用鋼、特殊鋼、含碳量 0.3%以上的鋼皆是以此全靜鋼錠所製成。

(三) **半靜鋼錠(Semi-killed steel ingot)**

爲了減少全靜鋼錠的切除部分，而以矽鐵、Al 等加以適當的脫氧之鋼錠，其脫氧程度與未靜鋼錠及全靜鋼錠比較時，則較接近於全靜鋼錠。也就是說在凝固時不會產生 Rimming action 而呈平靜之凝固而且亦會產生某種程度的氣泡，所以凝固收縮少。與全靜鋼錠比較時其價廉，通常是做爲普通構造用及造船用厚鋼板。

8.6 鋼錠之加工

鋼錠通常不直接拿來使用，而需經過加工後才使用。例如造船、橋樑、建築用之板材、型材、棒材皆以鋼錠直接加工成製品，而以熱加工狀態來使用。而薄板或金屬針，則需要熱加工後再施以冷加工。

鋼錠在冷卻後必須先送入**均熱爐**(Soaking pit)中加熱到 1200℃左右，使各部位之溫度均勻，再送至軋鋼機將其輾軋成中鋼胚、小鋼胚及扁胚等半成品後，再繼續軋成鋼板、鋼條、型鋼、線材等產品以供市場使用。**中鋼胚**(Bloom)爲正方型斷面，邊長 150 mm 以上；**小鋼胚**(Billet)爲正方形斷面，邊長 38 mm 以上；**扁胚**(Slab)爲長方形斷面，最小之斷面爲寬 250 mm、厚 38.1 mm，通常寬需大於或等於 3 倍之厚度。圖 8.11 所示爲鋼板、鋼條、型鋼、線材等製造法的概要。

向來製鋼的工程是將鋼液澆鑄成鋼錠，經過均熱後再軋延爲各種鋼片。現今將以上的過程加以連貫，即由熔鋼直接澆鑄成鋼胚後再經過連續的加工程序而製成鋼片，這種方法稱爲**連續鑄造法**(Continuous casting)如圖 8.12 所示。使鋼液從盛桶經過**餵槽**(Tundish)，連續的注入於水冷的銅鑄模中，再經過擠延而往下移動，通過彎曲急冷室(Curved cooling chamber)，再經由抽拉整平後，於適當長度時將其切斷。這種方法在最初工業化時爲垂直式的，故高度甚高，最近世界各國所採用的連續鑄造法已改良成爲彎曲式或 S 型，高度大爲降低，可節省空間。

連續鑄造法的特徵，即是將造塊、均熱、分塊的過程省略而加以機械化，可節省能源又提高**成品率**(Yield)，例如將全靜鋼錠以連續鑄造法來製造時其成品率可提高 10～20%，又例如將不鏽鋼般的高合金鋼以連續鑄造法來製造時，則更是有利。在品質方面由於水冷銅鑄模的內壁平滑，所以可製得表面潔淨、偏析很少而且均質的鋼片。當初之小型設備規模僅是爲了提高合金鋼的成品率而設計的，然而近年來則已適用於各種鋼種而且也大容量化，目前則即使是非鐵金屬亦可以連續鑄造法來製造。

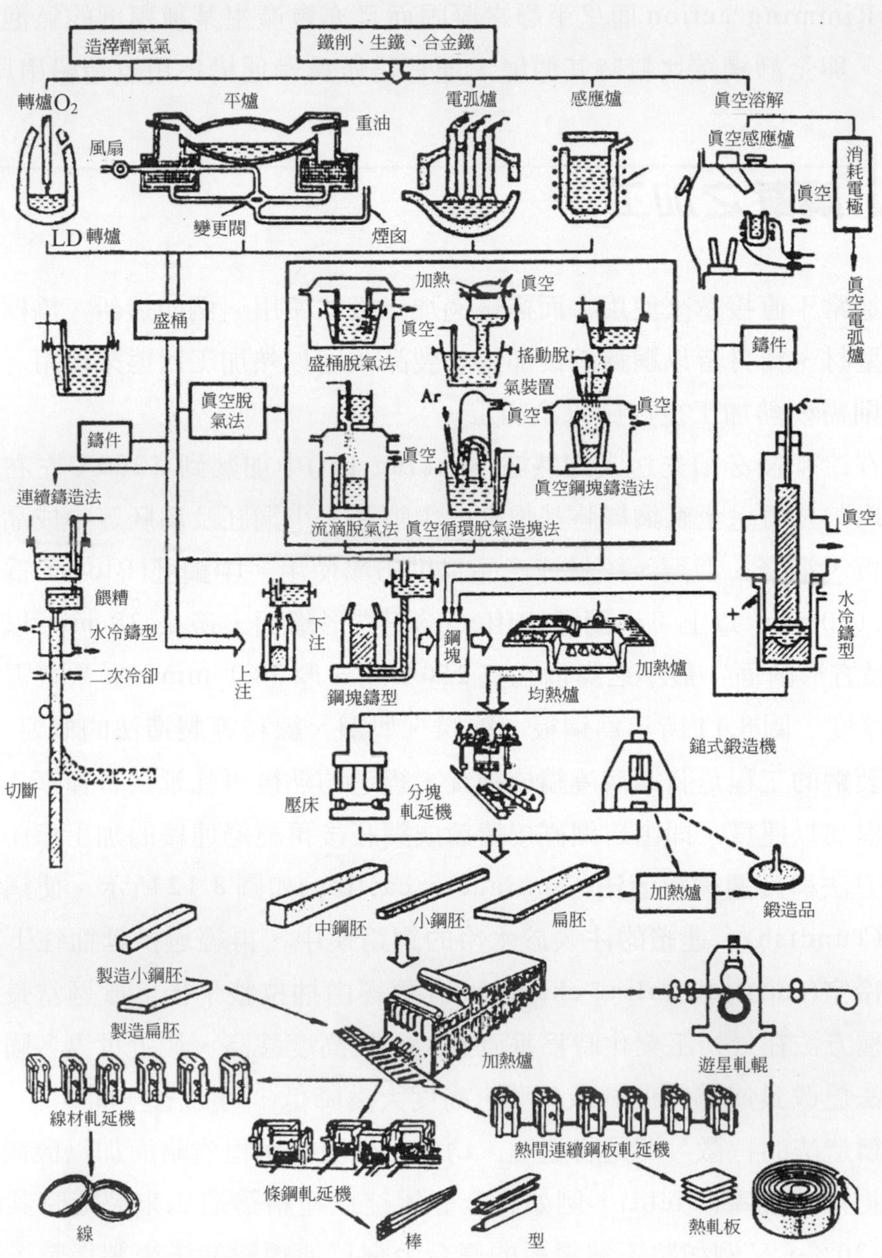

圖 8.11 鋼板、鋼條、型鋼、線材之製造方法概要

連續鑄造法即爲在鋼鐵生產之製程上，節省能源之最具代表性的例子，此乃是研究開發與積極投資所致之成果。現今在日本、歐洲、美國等導入連續鑄造法的比率已接近 100%，這對於在產業界其CO_2排出量佔最大宗之鋼鐵業而言，此節省能源的例子具有重大的意義！

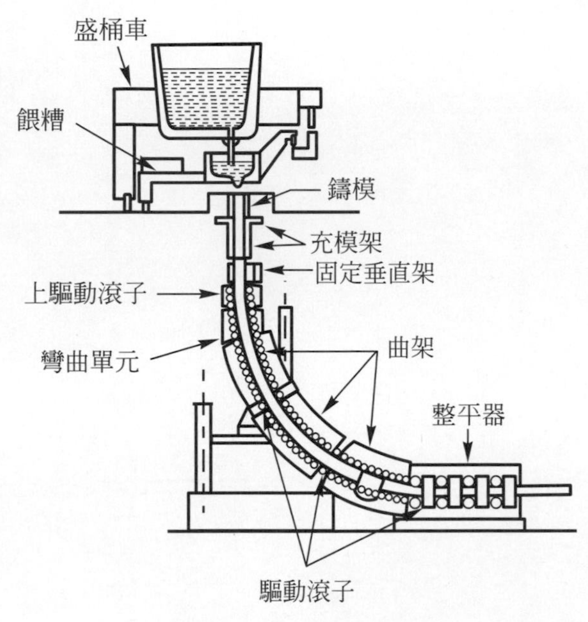

圖 8.12　連續鑄造法

習題

8.1　解釋名詞：

⑴鐵礦石　⑵焦炭　⑶熔劑　⑷高爐　⑸鼓風爐氣　⑹生鐵　⑺熔渣　⑻精煉　⑼還原　⑽ LD 法　⑾ rimming action　⑿小鋼胚　⒀扁胚　⒁鋼錠　⒂餵槽

8.2　一貫作業鋼鐵廠通常包括哪幾個部份，試說明之。

8.3　圖示鼓風爐之詳細斷面圖。

8.4　試述利用鼓風爐來提煉生鐵之過程。

8.5　例舉煉鋼法的種類，並簡單的加以比較說明。

8.6　圖示及說明高週波感應電爐，其優點爲何？

8.7 試比較與說明未靜鋼錠、全靜鋼錠及半靜鋼錠之異同。

8.8 圖示及說明連續鑄造法，特徵爲何？在節省能源方面其意義何在？

8.9 以鋼條爲例，說明其製造方法概要(從原料到製品)。

9 純鐵

普通所謂的純鐵(pure iron)實際上均含有微量的不純物在內，而欲製造完全無不純物之純鐵迄今為止仍幾乎是不可能的。工業應用上以純鐵狀態來使用的情形較少，大多是與其他元素做成合金後使用！

9.1 純鐵的種類

工業上所生產之較高純度的純鐵有：**電解鐵**(Electrolytic iron)、**亞姆克鐵**(Armco iron)、**碳醯鐵**(Carbonyl iron)等，其化學組成如表 9.1 所示。由表可知，三者中以電解鐵之純度爲最高，工業用純鐵即是以電解鐵爲主。

表 9.1　純鐵之化學組成

種類＼成分(%)	C	Si	Mn	P	S	O	H
電解鐵	0.008	0.007	0.002	0.006	0.003	—	0.080
亞姆克鐵	0.020	0.010	—	tr	0.004	—	—
碳醯鐵	0.015	0.010	0.020	0.010	0.020	0.150	—

(一) **電解鐵(Electrolytic iron)**

以不純的鐵作爲陽極，而硫酸鐵的溶液作爲電解液，來進行電解，使純鐵沉積於陰極上，此即爲電解鐵。其碳含量雖然極低但會含有氫在內，因此性脆。其原料主要是採用忌諱有碳之混入的高級鋼鐵材料。

(二) **亞姆克鐵(Armco iron)**

爲 American Rolling Mill Co.所製造之工業用純鐵。是利用鹼性平爐以大量的鐵屑或生鐵爲原料所製成。

(三) **碳醯鐵(Carbonyl iron)**

在鐵屑中導入 150～200 氣壓(atm)之 CO 氣體，並加熱至 200～220℃，使其發生反應即可得到液態的$Fe(CO)_5$。再於一大氣壓下將$Fe(CO)_5$加熱至200℃左右即分解爲微細的 Fe 細末及 CO。市面上即以 Carbonyl 鐵粉爲名來銷售，廣泛的作爲粉末冶金(Powder metallurgy)的原料。

9.2 純鐵的變態

純鐵內之含碳量極微少(＜0.02%)，這些碳均完全固溶於鐵中。在室溫時，鐵的結晶構造屬於等軸晶系之BCC，此安定相的鐵稱爲**“α鐵”**，而在冶金學上是將其稱之爲**“肥粒鐵”**(ferrite)。圖 9.1 所示即爲純鐵在室溫時的顯微鏡組織。

將純鐵由室溫加熱至熔點以上溫度時，在此期間內會發生一連串的變態，亦即：

(1) 磁性變態(Magnetic transformation)
(2) 同素變態(Allotropic transformation)
(3) 相變態(Phase transformation)

若以狀態圖來表示，則如圖 9.2 所示。

(一) **磁性變態(Magnetic transformation)**

將純鐵加熱時，在 800℃以下測量其長度變化，可發現並無異常的變化，但是在強磁場內之磁化強度(Intensity of magnetization)則如圖 9.3 所示會有急劇的變化。也就是說，磁化強度隨著溫度之升高，起初會緩緩減弱，之後則會急劇減少，而至 780℃時幾乎完全消失。亦即純鐵由強磁性體 (Ferro-magnetic material) 變爲

圖 9.1　亞姆克鐵(退火狀態

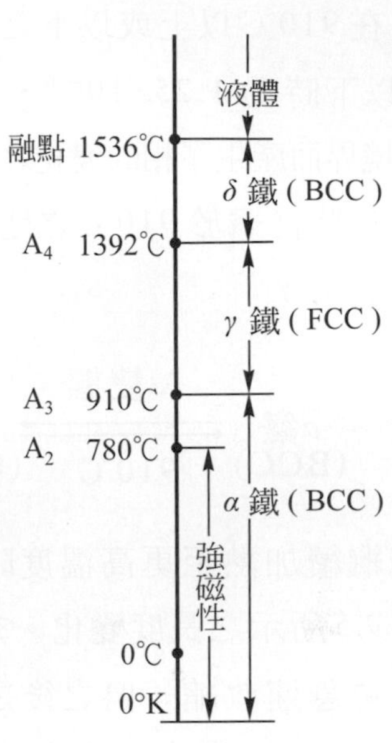

圖 9.2　純鐵之狀態圖

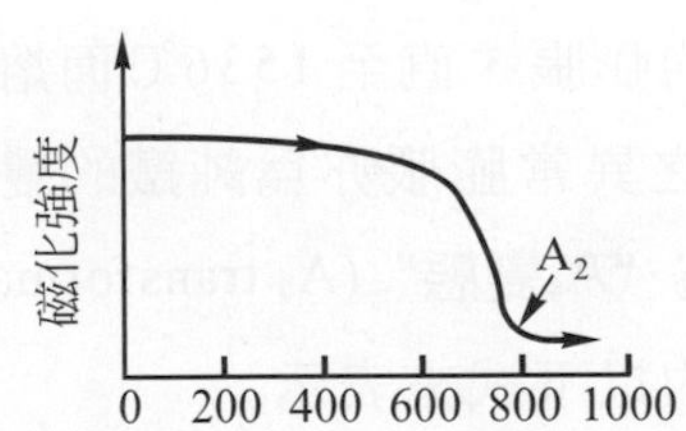

圖 9.3　純鐵之磁性變態

常磁性體(Para-magnetic material)，將此變化稱爲**“磁性變態”**(Magnetic transformation)或**“A_2變態”**(A_2 Transformation)。此變態與下述之A_3或A_4變態不同，亦即其結晶構造並無任何變化，而且並不是在一定的溫度時發生，而是隨著溫度而連續的進行，此爲其特徵。

㈡　同素變態(Allotropic transformation)

某些金屬，於固態時在某些溫度其原子排列會發生變化，而產生變態，稱之爲**“同素變態”**(Allotropic transformation)，如純鐵之A_3與A_4變態即屬於此。將純鐵加熱，並研究其長度變化時，可知起初幾乎是呈現直線性膨脹，但是過了900℃後會產生約0.26%之急速收縮，其後於更高溫時會再度的呈現直線性膨脹。再則，從 1000℃附近之高溫冷卻時，起初會呈現直線性收縮，但在略低於 900℃之溫度時會呈現急劇的膨脹，此後，隨著溫度的下降將與加熱曲線合而爲一，而產生直線性的收縮。這種長度之異常變化現象，隨著加熱或冷卻速度的大小，其發生的溫度範圍將會變大或縮小，但主要是以910℃爲中心而變化，如圖 9.4 所示。對於純鐵而言，在910℃以上或以下之溫度時其各種的物理性質均相異，例如膨脹係數，在910℃以下時為 1.25×10^{-6}，而於 910℃以上時則變大為 20×10^{-6}。這是由於以此溫度為境界而產生了相的變化之故，這種變化即是前述所謂之"變態"(Transformation)。因此，將此純鐵於910℃之變態稱為**"A_3變態"**(A_3 transformation)，可簡單的以下式來表示：

$$\underset{(\text{BCC})}{\alpha\text{鐵}} \underset{910^\circ\text{C}}{\overset{A_3\text{變態}}{\rightleftarrows}} \underset{(\text{FCC})}{\gamma\text{鐵}}$$

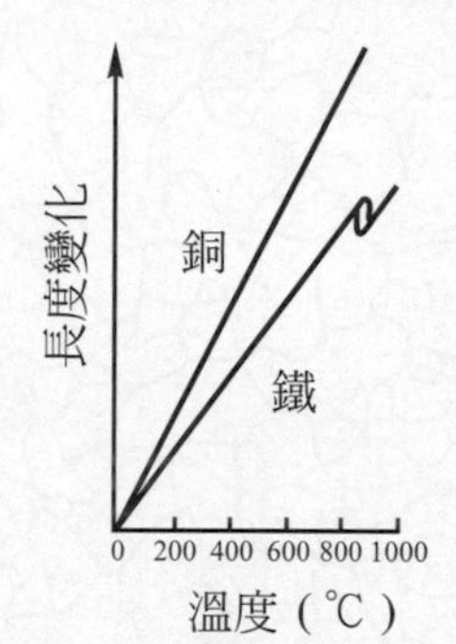

圖 9.4　鐵與銅的熱膨脹曲線

將純鐵繼續加熱至更高溫度時，則可見到如圖9.5所示之長度變化。亦即在A_3變態點雖會急速收縮，但之後是隨著溫度的上昇而呈現直線性的膨脹，然而至1392℃時會產生急劇的伸長，之後則再直線性的膨脹，直至1536℃而熔解。此1392℃之異常膨脹亦為純鐵的變態，將其稱之為**"A_4變態"**(A_4 transformation)，可簡單的以下式來表示：

$$\underset{(\text{FCC})}{\gamma\text{鐵}} \underset{1392^\circ\text{C}}{\overset{A_4\text{變態}}{\rightleftarrows}} \underset{(\text{BCC})}{\delta\text{鐵}}$$

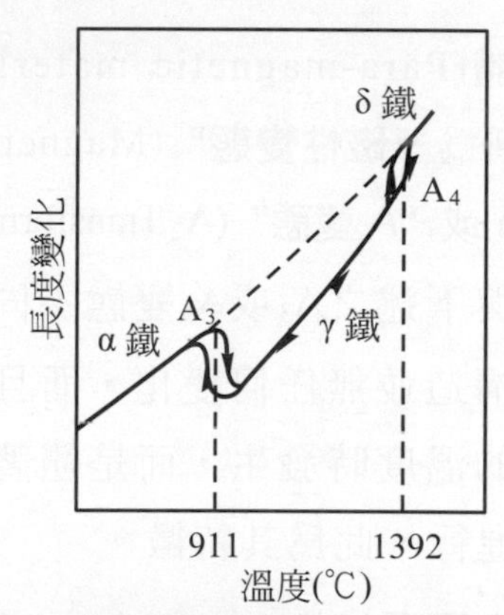

圖 9.5　純鐵的變態與長度變化

圖9.5中需注意之處為，在1392℃以上的膨脹曲線與A_3變態點(910℃)以下的膨脹曲線之延長線相互一致，此乃是由於純鐵的結晶構造之故，亦即在A_3變態點以下為體心立方格子(BCC)，A_3變態點與A_4變態點間為面心立方格子(FCC)，而A_4變態點以上則又為體心立方格子(BCC)。

欲區別這些由於變態所導致的純鐵之各種不同種類，而將A_3變態點以下的純鐵稱之為"*α*鐵"，A_3與A_4變態點間的純鐵稱為"*γ*鐵"，而A_4變態點以上的鐵則稱為"*δ*鐵"。因此*α*鐵、*γ*鐵、*δ*鐵三者即為純鐵的**同素異形體**(Allotrope)。

α鐵的格子常數在 16℃爲 2.87×10^{-8} cm，800℃時爲 2.90×10^{-8} cm；γ鐵於 950℃時爲 3.65×10^{-8} cm，δ鐵於 1425℃時爲 2.93×10^{-8} cm。

同素變態乃是由於結晶構造內原子排列上的變化所引致，因此其變態的進行需要某些時間。所以，若將純鐵予以急速的加熱或冷卻使其通過變態點時，其A_3、A_4變態點的溫度會有些微的差異，亦即若是急速加熱時其變態會在較高溫度進行，若是急速冷卻時則變態會在較低溫度發生，而呈現所謂履歷現象。因此爲了區別加熱時的變態點與冷卻時的變態點，而分別添加上小寫字母“c”(法文chauffage之簡寫)及“r”(法文refroidissment之簡寫)，例如將加熱時之A_3點寫爲A_{c3}，冷卻時之A_3點則寫爲A_{r3}。對於純鐵而言，亦可見到如上所述之履歷現象，其情形則如圖9.6所示。

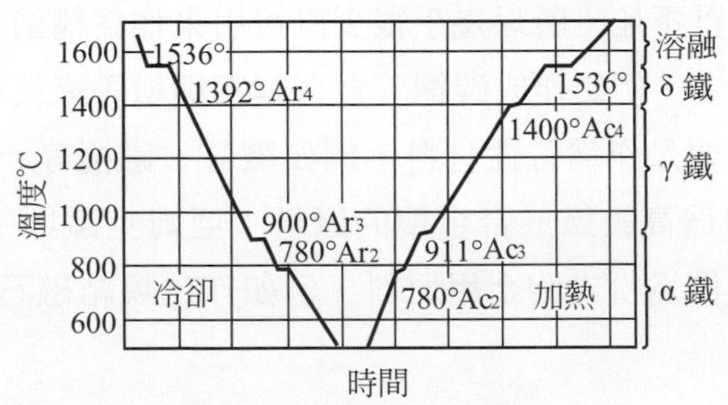

圖 9.6　純鐵之A_r與A_c變態

㈢　**相變態(Phase transformation)**

將純鐵由室溫加熱至1536℃時會由固相變爲液相，若再繼續加熱至更高溫時，則於2450℃將由液相變爲氣相，上述二個溫度即爲純鐵的**相變態**(Phase transformation)溫度。

9.3　純鐵的性質

純鐵的機械性質如表9.2所示。一般，機械性質會受到不純物的量、結晶粒之大小等因素而發生變化，因此本表所列僅作爲一個參考值。將純鐵施以高度的冷加工時，其抗拉強度會變為 70 kgf/mm²，而勃氏硬度(H_B)則升高至 107 左右。若再將其加熱至 420～460℃時，則將發生再結晶而又回復到原來的性質。

表 9.2 純鐵的機械性質

種類	抗拉強度 (kgf/mm²)	降伏強度 (kgf/mm²)	伸長率 (%)	斷面縮率 (%)	彈性係數 (kgf/mm²)	勃氏硬度 (H_B)
電解鐵	25	11	60	85	—	60～70
碳醯鐵	20～28	11～17	30～40	75～80	20700	55～80

9.4 純鐵的用途

純鐵因為機械性質不佳，所以幾乎很少直接用來作為構造材料，而大都是用來與其他的元素做成合金，例如作成碳鋼、合金鋼與鑄鐵等來使用。純鐵在作為實用材料而具價值者，主要是作為磁性材料，例如鐵芯、磁極等。

電解鐵主要是作為高級鐵或合金鋼的原料；亞姆克鐵則主要用於薄鐵板的製造；碳醯鐵則主要是作為粉末冶金用原料，例如作為燒結磁石用鐵粉。

習 題

9.1 解釋名詞：

(1)碳醯鐵 (2)同素變態 (3)同素異形體 (4)α鐵 (5)γ 鐵 (6)δ鐵 (7)履歷現象 (8)Ar_3 (9) Ac_4

9.2 例舉工業用純鐵的種類，並說明其製造方法。

9.3 將純鐵由室溫加熱至融點以上溫度過程中，會發生哪些變態，試說明之。

9.4 敘述純鐵的性質與用途。

10 鋼的變態與組織

鋼鐵材料為最廣泛使用的工程材料之一，這是因為除了價格便宜之外，經由熱處理或機械加工即可得到非常優秀的機械性質。關於鋼之熱處理將於下述之第十一章討論外，本章之內容主要是提供理解鋼鐵之熱處理及強度等有關之諸問題的基本知識，所以首先是以Fe-C系平衡狀態圖為中心，來說明於平衡狀態時碳鋼的變態與標準組織，然後再討論碳鋼之各種冷卻速度與變態之關係，以及恆溫變態之現象與組織之關係等。

10.1 鋼鐵材料之分類

鋼鐵材料皆是鐵與碳的合金，依C%之多寡可作下述之分類，亦即

⑴ 含碳量小於0.02%以下者稱爲**純鐵**(Pure iron)。

⑵ 含碳量於0.02～2.14%者稱爲**碳鋼**(Carbon steel)或**普通鋼**。

⑶ 含碳量爲2.14～6.67%者稱爲**鑄鐵**(Cast iron)。

而且上述之鋼鐵材料中一定含有少量的Si、Mn、P、S等不純物在內。一般之所以會以含碳量之多寡來將鋼鐵材料加以分類，其主要理由乃在於碳含量對鋼鐵材料性質的影響最大。欲理解爲何C%不同時鋼鐵材料之性質會隨之而異，則可利用Fe-C系平衡狀態圖來加以詳細說明，即可獲得清晰的觀念及理解。

10.2 Fe-C 系平衡狀態圖

圖 10.1 所示為 Fe-C 系二元合金平衡狀態圖。圖中之實線為 Fe-Fe_3C系(Iron-iron carbide system)之平衡狀態圖，而虛線為Fe-Graphite系(Iron-graphite system)之平衡圖；一般將圖 10.1 稱為複平衡狀態圖，Fe-Fe_3C系於 Fe-C 合金中為**准安定系**(Meta-stable system)，因為Fe_3C在適當條件下會分解為Fe和石墨，而Fe-Graphite系則為**安定系**(Stable system)。鋼中之碳不會游離存在，而是以碳化物Fe_3C亦即**雪明碳鐵**(Cementite)存在。討論鋼時只需看實線部分即可，而虛線部分則於後述之第 14 章鑄鐵時才用得上。圖 10.2 為 Fe-C 系平衡圖中左上角部分之放大圖。

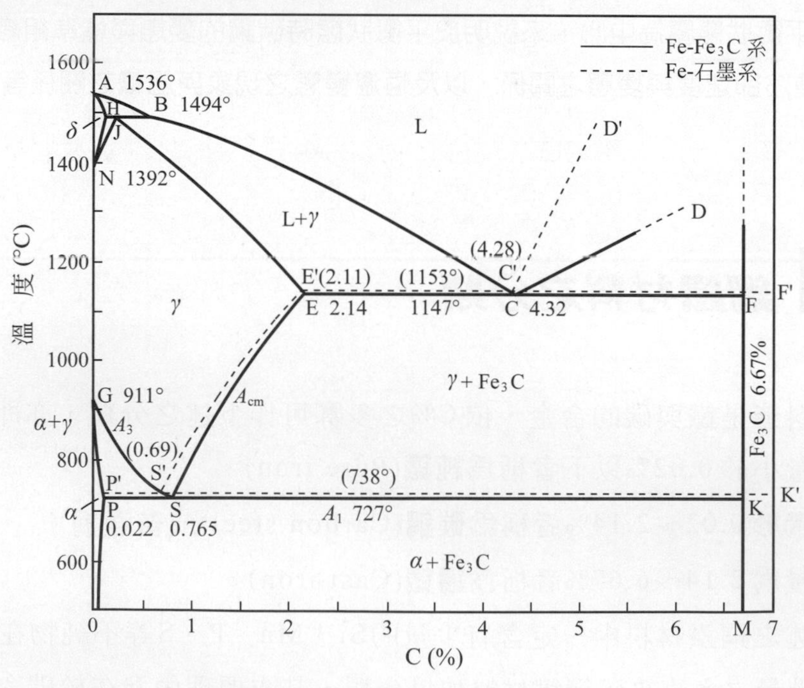

圖 10.1 Fe-C 系平衡狀態圖

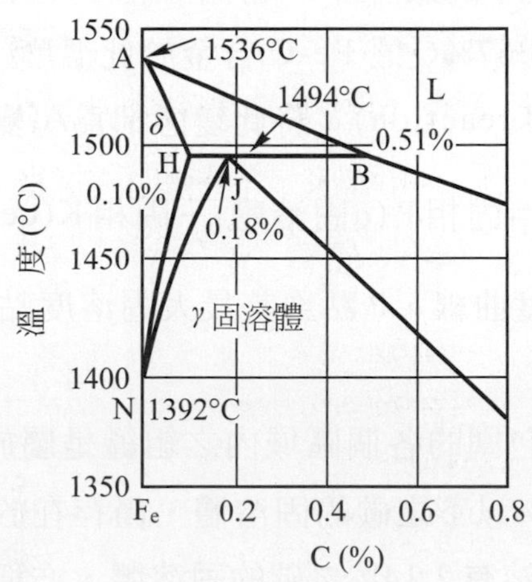

圖 10.2　Fe-C 系平衡圖中左上角部分之放大圖

茲將圖 10.1 中實線部分之線與點所代表之意義分述於下：

A：純鐵之凝固點 1536℃。

AB：從熔液中開始晶出δ固溶體之溫度曲線。

BC：從熔液中開始晶出γ固溶體之溫度曲線。

CD：從熔液中開始晶出 cementite 之溫度曲線。

AH：對於%C 在 0.1%以下之鋼而言，從熔液中δ固溶體晶出完了之溫度曲線。

HJB：爲包晶線，0.1～0.51%C 之鋼於此溫度(1494℃)會產生下述包晶反應：

固相 H (δ固溶體)＋液相 B ⇆ 固相 J (γ固溶體)

HN：由δ固溶體中開始析出γ固溶體之溫度曲線。

JN：由δ中γ固溶體析出完成之溫度曲線。

JE：由熔液中γ固溶體晶出完了之溫度曲線。

ECF：共晶線，2.14～6.67%C 之 Fe-C 合金於此溫度(1147℃)將發生下述共晶反應，C 爲共晶點(4.32%C)。

液相 C ⇆ 固相 E (γ固溶體)＋固相 F(cementite，Fe_3C)

ES：從γ固溶體中開始析出 cementite 之溫度曲線，稱爲 Acm 線。

GS：從γ固溶體中開始析出α固溶體之溫度曲線，稱爲 A_3 線。

GP：對於碳含量在0.02%以下的鐵而言，從γ固溶體中α固溶體析出完成之溫度曲線。

PSK：為共析線，0.02～6.67%C 之 Fe-C 合金於此溫度(727℃)時，會發生下述之**共析反應**(Eutectoid reaction)。將此變態稱為A_1**變態**或**波來鐵變態**。

$$\text{固相 S}(\gamma\text{固溶體}) \leftrightarrows \text{固相 P}(\alpha\text{固溶體}) + \text{固相 K(cementite)}$$

PO：α固溶體中 C 之溶解度曲線，P 點為其最大固溶度點。

FKM：Fe_3C之組成線。

圖中所列由各曲線所包圍的各個區域內之組織是屬於 Fe-Fe_3C系者。其中，δ固溶鐵為δ鐵中固溶有 0.1%以下之碳的固溶體，僅存在於 1392℃以上之高溫。γ固溶體則為γ固溶體中最多固溶有 2.14%之碳的固溶體，亦稱為**沃斯田鐵**(Austenite)，僅存在於A_1變態點以上之高溫。α固溶體則為α鐵中固溶有 0.02%以下之碳的固溶體，稱為**肥粒體**(Ferrite)。Fe_3C為具有複雜的結晶構造之白色的非常硬之金屬間化合物，稱為**雪明碳鐵**(Cementite)；雪明碳鐵於 213℃時具有磁性變態點，將其稱為A_0**變態點**(A_0 transformation point)；雪明碳鐵之含碳量為 6.67%。

10.3 碳鋼之變態與標準組織

茲將以圖 10.3 為例子來說明各種組成的碳鋼之變態及其所得之組織：

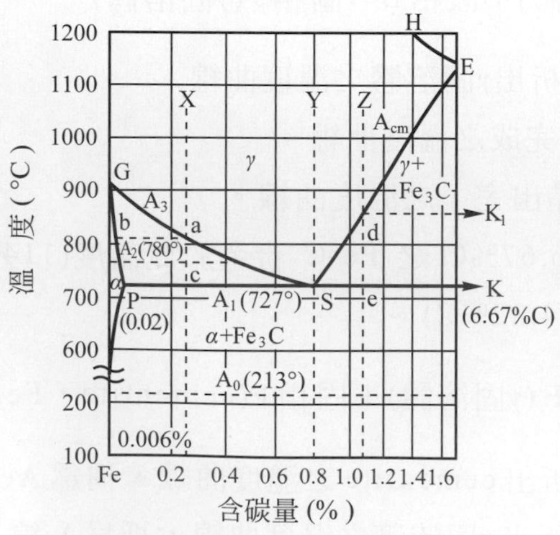

圖 10.3　Fe-C 系平衡狀態圖之一部份

㈠ 首先考慮將Y之垂線所表示的共析組成(0.8%C)之碳鋼由約 900°C之高溫徐冷至室溫時之組織變化過程

⑴ 於 900°C時為沃斯田鐵(γ)，在抵達S點之前僅溫度下降而已，期間其組織無變化。

⑵ 抵S點(727°C)時，S點組成之沃斯田鐵會變成P點組成之肥粒鐵與K點組成之雪明碳鐵。也就是會發生下述之**A_1變態**(A_1 transformation)(又稱波來鐵變態或共析反應)。

$$\underset{0.8\%C}{\text{沃斯田鐵(S)}} \leftrightarrows \underbrace{\{\underset{0.02\%C}{\text{肥粒鐵(P)}} + \underset{6.67\%C}{\text{雪明碳鐵(K)}}\}}_{\text{波來鐵}} \tag{10.1}$$

⑶ 變態後則成為如圖 10.4(b)所示之肥粒鐵與雪明碳鐵以層狀交互存在之組織，將其稱之為**波來鐵**(Pearlite)。圖 10.5 所示即為波來鐵之高倍率顯微鏡組織，可以很清楚的看出其層狀組織(Lamellar structure)構造。

⑷ 727°C 以下組織則不再發生變化。

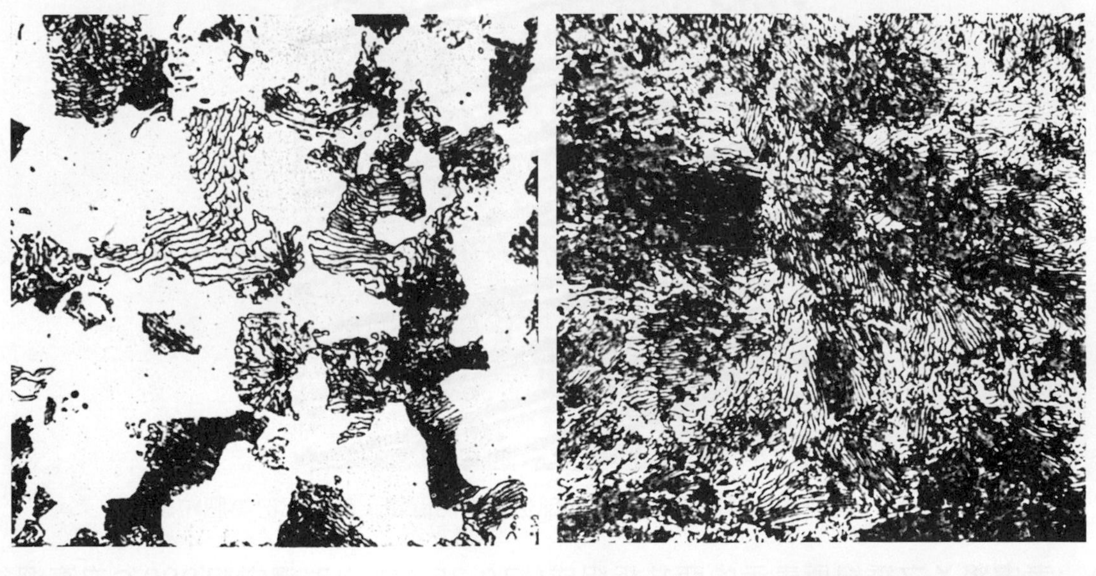

(a)　(b)

圖 10.4　碳鋼之顯微鏡組織(×670)

(c)

圖 10.4 碳鋼之顯微鏡組織(×670)(續)

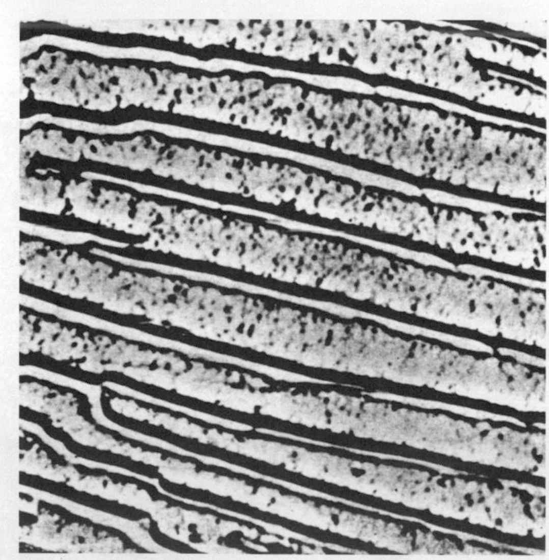

圖 10.5 波來鐵之顯微鏡組織(浮起部份為雪明碳鐵，其餘部份為肥粒鐵)

㈡ 考慮將X之垂線所表示的亞共析組成(約0.25%C)之碳鋼由約900℃之高溫徐冷至室溫時之組織變化過程

⑴ 於900℃時同樣爲沃斯田鐵。

(2) 當溫度抵達與A_3線相交於a點之溫度時，會開始析出b成分之肥粒鐵。一般將此於冷卻之初所析出之肥粒鐵稱爲**初析肥粒鐵**(Proeutectoid ferrite)。

(3) 爾後隨著溫度的下降，肥粒鐵的量漸增；另方面殘留之沃斯田鐵的C%則沿著$\widehat{aS}$逐漸增加，當剛抵達727℃即A_1變態之溫度時，則組織爲

$$\left.\begin{cases}\text{P 點組成之肥粒鐵}\\ \text{S 點組成之沃斯田鐵}\end{cases}\right\}\text{之平衡共存狀態}$$

此時其重量比爲$\dfrac{cS}{Pc}$

(4) 再則，於此727℃時，S點組成(共析組成)之沃斯田鐵會發生A_1變態(如上述10.1式子)而變成波來鐵。

(5) 727℃溫度以下組織則不再發生變化。

(6) 所以室溫時之組織爲如圖10.4(a)所示之

$$\left.\begin{cases}\text{初析肥粒鐵(白色)}\\ \text{波來鐵(黑色層狀)}\end{cases}\right\}\text{之混合組織}$$

圖10.6所示爲亞共析鋼於徐冷時其組織形成之模式圖。C因爲大半無法固溶於α鐵中，所以隨著初析α鐵(肥粒鐵)之成長其被擠出之C則濃縮於未變態之γ固溶體中，而於抵達共析溫度時γ固溶體(沃斯田鐵)則變態成爲波來鐵。

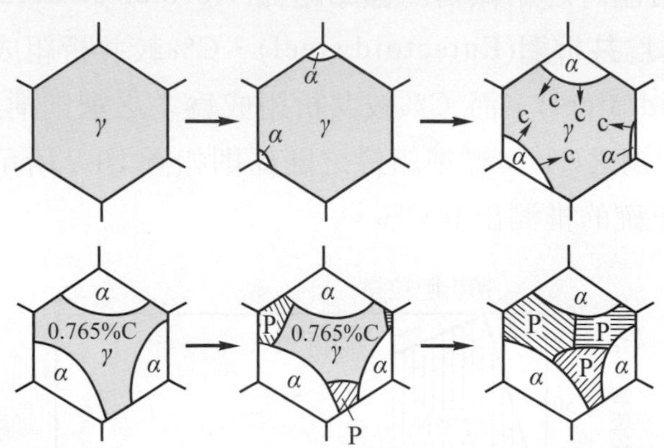

圖 10.6　亞共析鋼於徐冷時組織形成之模式圖

㈢ 考慮將Z之垂線所表示之過共析組成(約1.1%C)之碳鋼由約900°C之高溫徐冷至室溫時之組織變化過程

⑴ 溫度下降至與 Acm 線相交於 d 點之溫度時，於沃斯田鐵之晶界處會開始析出網狀之雪明碳鐵，將其稱之爲**初析雪明碳鐵**(Proeutectoid cementite)。

⑵ 爾後，隨著溫度的下降，所析出之雪明碳鐵的量會漸漸增加，而殘留之沃斯田鐵之C%則沿$\widehat{dS}$減少。

⑶ 當抵達727℃即共析溫度時，則組織成爲

$$\left.\begin{cases}\text{S點組成之沃斯田鐵}\\ \text{K點組成之雪明碳鐵}\end{cases}\right\}\text{之平衡共存狀態，此時其}$$

重量比爲$\dfrac{eK}{Se}$

⑷ 於此727℃時，S點組成之沃斯田鐵會發生A_1變態而變成波來鐵。

⑸ 727℃以下，組織不再發生變化。

⑹ 所以在室溫時之組織爲如圖10.4(c)所示之

$$\left.\begin{cases}\text{初析之網狀雪明碳鐵(晶界處)}\\ \text{波來鐵}\end{cases}\right\}\text{之混合組織}$$

如上所述，將鋼從沃斯田鐵狀態加以徐冷時，於狀態圖中所示之各變態溫度附近發生變態後，於常溫時之組織稱爲**標準組織**(Normal structure)。一般將共析組成(0.8%C)之碳鋼稱爲**共析鋼**(Eutectoid steel)，C%較共析組成爲少之鋼稱爲**亞共析鋼**(Hypo-eutectoid steel)，而C%較共析組成爲多之鋼則稱爲**過共析鋼**(Hyper-eutectoid steel)。碳鋼之C%與標準組織之關係則如圖10.7所示，因此只要觀察鋼之標準組織，即可正確的推測出其C%。

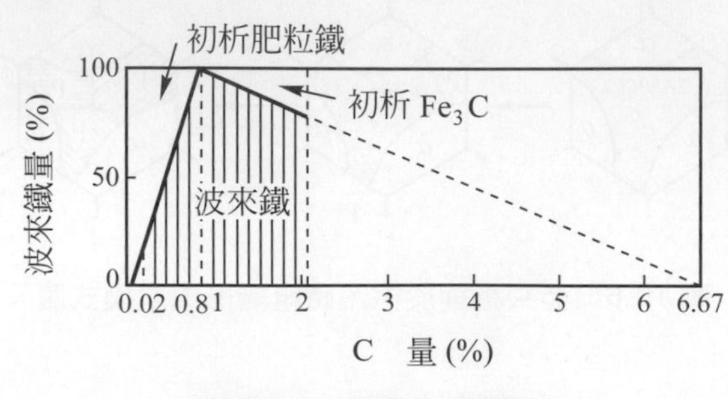

圖 10.7 碳鋼之組織圖

10.4 碳鋼之冷卻速度與變態

A_1變態依狀態圖雖然可用前述之(10.1)式來表示，但亦可考慮爲在A_1變態點以上時γ鐵中是固溶有碳，而A_1變態點後即變爲α鐵之狀態，但α鐵中僅固溶有非常微量的碳($<$ 0.02%)，因此原先固溶於γ鐵中之碳的大部分則以雪明碳鐵的狀態游離存在。所以，A_1變態是包含下述二個變化：

⑴　γ鐵變爲α鐵，即由面心立方格子(FCC)變爲體心立方格子(BCC)。

⑵　由於γ鐵變爲α鐵，所以成爲過飽和的碳則以雪明碳鐵析出。在此，⑴之變化其發生非常快，爲人力所無法阻止。⑵的變化則因爲伴隨有碳原子的移動，因此在變化終了之前需要相當的時間。所謂標準組織是指從沃斯田鐵狀態加以徐冷，使其充分發生上述二個變化後所得之組織。但，若是從沃斯田鐵狀態之冷卻速度很快時，則僅會發生⑴之變化，而⑵之變化則會完全或是一部分會被阻止。此時鋼將會呈現何種組織呢？以下將作詳細之探討。

現在將直徑 25 mm 之共析鋼加熱至 820℃後，以各種不同的冷卻速度加以冷卻，於此期間並以熱膨脹計(Dilatometer)來測定其長度變化，圖 10.8 所示即爲量測所得之熱膨脹曲線，由圖即可瞭解於各種冷卻速度時變態的延遲情形。

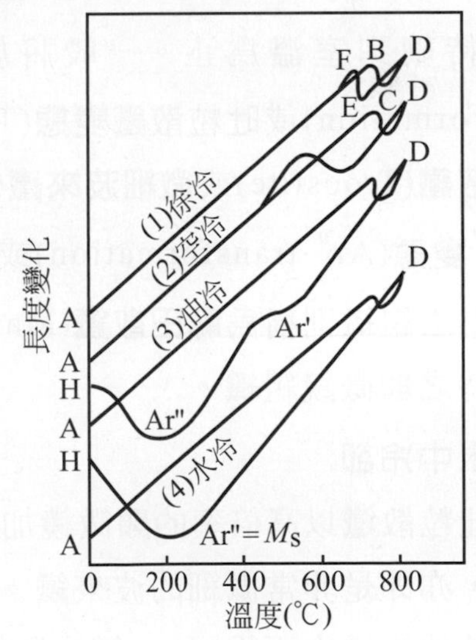

圖 10.8　共析鋼之加熱與冷卻時，於各種不同冷卻速度時之長度變化

㈠　爐中冷卻

圖 10.8 中之曲線(1)爲爐中冷卻(徐冷)，其冷卻速率最慢。於 720℃附近會發生Ar_1變態，而成爲層狀之波來鐵又稱爲**粗波來鐵**(Coarse pearlite)。由曲線(1)亦可知，發生Ac_1與Ar_1變態之溫度約相差 20～30℃。

㈡ 空氣中冷卻

曲線(2)爲空氣中冷卻時之情形，Ac_1與Ar_1變態之溫度差異變大。Ar_1於 600℃附近發生，此時所得之組織稱爲**糙斑鐵**(Sorbite)，爲無法於標準組織中見到之組織。雖然其與波來鐵爲不同的組織，但若以高倍率的顯微鏡觀察時，可知其仍爲肥粒鐵與雪明碳鐵所構成的微細之層狀組織，因此亦稱爲**中波來鐵**(Medium pearlite)。

㈢ 油中冷卻

油中冷卻時之冷卻速度較空氣中冷卻時爲快，曲線(3)所示即爲其發生變態的情形。沃斯田鐵會更被過冷，於500℃附近可見到由於變態所產生的膨脹，因爲其冷卻速度很快，所以在全部尚未完成變態之前溫度已下降至更低的溫度。因此未發生變態之沃斯田鐵則會被過冷到200℃附近才開始變態，變態所致之膨脹則持續到室溫爲止。一般將於 500℃附近所發生的變態稱爲**Ar′變態**(Ar′ transformation)或**吐粒散鐵變態**(Troostite transformation)，此時所得之組織稱爲**吐粒散鐵**(Troostite)或**微細波來鐵**(Fine pearlite)。而於200℃附近所發生的變態稱爲**Ar″變態**(Ar″ transformation)或**麻田散鐵變態**(Martensite transformation)，此時所得之組織則稱爲**麻田散鐵**(Martensite)。圖 10.9 所示爲共析鋼於油中冷卻後於室溫時之顯微鏡組織。

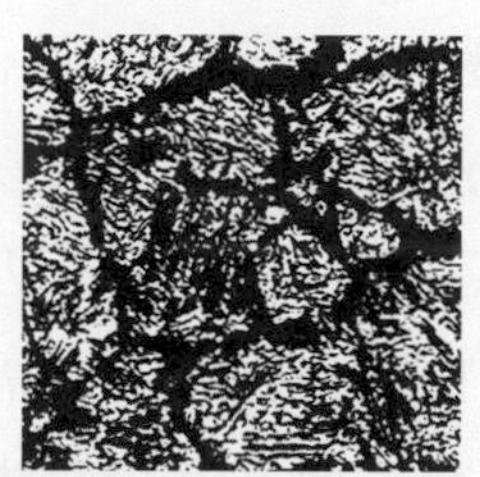

圖 10.9　共析鋼之油中冷卻組織(150 倍)
(於晶界處之黑色部分為吐粒散鐵，其餘部分則為麻田散鐵)

㈣ 水中冷卻

吐粒散鐵以高倍率的顯微鏡加以觀察時，可知其爲肥粒鐵與雪明碳鐵之層狀混合物，亦即是非常微細的波來鐵。而麻田散鐵爲固溶有過飽和的碳之α鐵，其與上述之其他組織均不相同。α鐵由狀態圖來說是僅固溶有 0.02%以下的碳，而若從沃斯田鐵狀態之冷卻速度很快時，則僅會發生前述(1)的變化，而(2)的變化則將會被凍結而不會發生，所以將成爲使得 0.02%以上之相當量的碳原子被強迫固溶的狀態，此即爲麻田散鐵，其結晶構造爲體心正方格子(BCT)。圖 10.10 所示爲麻田散鐵之格子常數與碳含量之關係。隨著 C%之增加 C 軸將呈現直線性的增加，a 軸則略爲減小，因此 c/a 對 C%而言是呈現直線性的增加，也就是說，低碳鋼之麻田散鐵是近似於體心立方格子(BCC)，而C%多的鋼之麻田散鐵則爲**體心正方格子**(Body centered tetragonal lattice)，簡稱爲BCT。

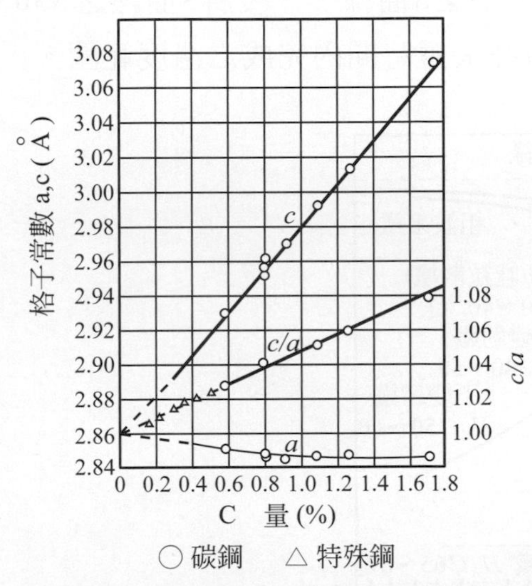

圖 10.10　麻田散鐵之格子常數與 C%之關係

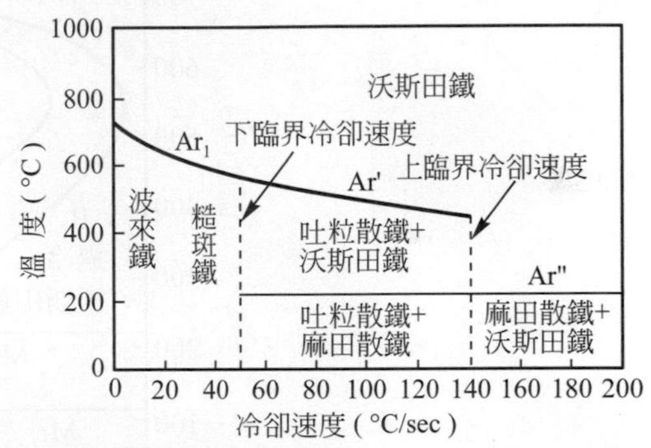

圖 10.11　共析鋼之變態溫度與冷卻速度的關係

對於共析鋼而言，其由沃斯田鐵狀態之冷卻速度與發生Ar_1、Ar′及Ar″變態溫度間之關係，若予以更詳細而且定量的加以調查的結果則如圖 10.11 所示。亦即Ar_1與Ar′是隨著冷卻速度的增加而下降，而Ar″點則與冷卻速度無關而爲一定值。因此，將初次發生Ar″變態之冷卻速度稱爲**下臨界冷卻速度**(Lower critical cooling rate)，而僅會出現Ar″變態之最小冷卻速度則稱爲**上臨界冷卻速度**(Upper critical cooling rate)。若僅稱呼臨界冷卻速度時，通常是指上臨界冷卻速度之意，因此若欲得到完全的麻田散鐵組織時，則其冷卻速度就必須在此上臨界冷卻速度以上。

10.5 碳鋼之恆溫變態

將一小鋼塊自沃斯田鐵狀態置入保持在A_1變態點以下某一溫度的恆溫液中而予以急速冷卻時，則過冷之沃斯田鐵經過一段時間後會開始發生變態，並且再經過一段時間後而完成變態，將此變態稱爲**恆溫變態**(Isothermal transformation)。若測定在各溫度(恆溫液)時之變態開始時間與完成時間，並將這些點加以連接起來而劃出變態開始線與變態完成線時，則可得到如圖 10.12 所示之**恆溫變態圖**(Isothermal transformation diagram)，亦稱爲**S 曲線**(S curve)或**T.T.T.圖**(Time-temperature-transformation diagram)。圖 10.12 所示爲共析鋼之S曲線，一般將S曲線之 550℃附近的突出部稱爲**鼻部**(Nose)，亦即是變態會在最短時間內完成之溫度範圍。

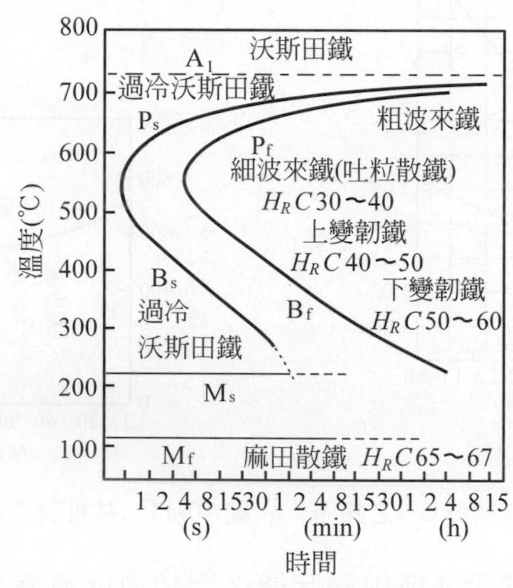

圖 10.12　共析鋼之 T.T.T.圖

以下將討論當把共析鋼置於A_1變態點以下之各種不同的溫度施以恆溫變態時，其所發生的變態情形與變態完成後所得的組織：

㈠　**於A_1點與鼻部間之溫度範圍施以恆溫變態時**

(1)　與P_s線(波來鐵變態開始線)相交時開始發生波來鐵變態。

(2)　經過一段時間後與P_f線(波來鐵變態完成線)相交時即完成波來鐵變態而成爲波來鐵。

在此種場合，若恆溫變態之溫度愈高則愈容易成爲粗的層狀波來鐵組織，其硬度較低；而恆溫變態之溫度愈近於鼻部時，則可得到微細的層狀波來鐵組織。此時將粗的層狀組織稱爲波來鐵，微細的層狀組織則稱爲糙斑鐵，而更微細的組織(於鼻部附近發生)則稱爲吐粒散鐵。

㈡　**於鼻部與M_s點(麻田散鐵變態開始溫度)間之溫度範圍施以恆溫變態時**

(1)　與B_s線(變韌鐵變態開始線)相交處開始發生變韌鐵變態。

(2) 與B_f線(變韌鐵變態完成線)相交時即完成變韌鐵變態，而生成**變韌鐵**(Bainite)。

一般將在較高溫度(較接近鼻部之溫度)時所得之變韌鐵稱爲**上變韌鐵**(Upper bainite)，而在接近M_s點之低溫時所得之變韌鐵稱爲**下變韌鐵**(Lower bainite)，兩者之組織完全不同，如圖 10.13 及圖 10.14 所示。

圖 10.13　共析鋼之羽毛狀上變韌鐵(0.82%C，350℃，16 秒恆溫變態後鹽水淬火)

圖 10.14　共析鋼之針狀下變韌鐵(0.82%C，300℃，4 min 恆溫變態後鹽水淬火)

亦即上變韌鐵呈鳥之**羽毛狀組織**(Feather structure)，而下變韌鐵則呈**針狀組織**(Acicular structure)。此二種變韌鐵雖可清楚的看出是完全不同的組織，但皆爲在肥粒鐵中有雪明碳鐵之微粒子分散存在之組織，圖 10.15 即爲變韌鐵之形成機構之模式圖。由圖可知上變韌鐵中之Fe_3C是點列狀的析出於肥粒鐵之晶界處，而下變韌鐵中之Fe_3C是均勻微細的析出於肥粒鐵之晶粒內。

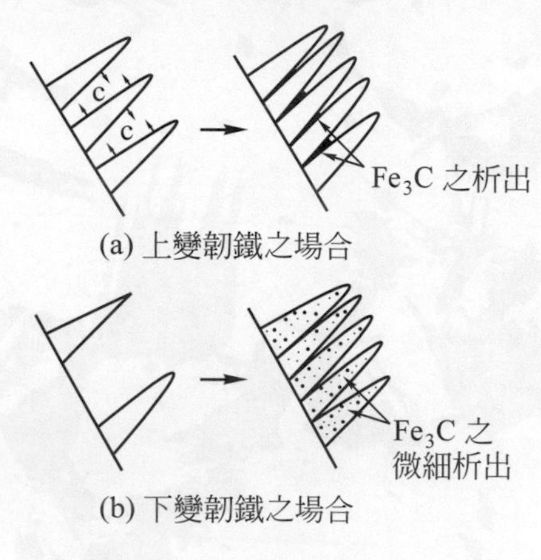

圖 10.15　變韌鐵組織之形成機構

㈢　**於M_s點以下之溫度施以急冷之恒溫變態時**

於M_s點處會發生麻田散鐵變態，而成爲麻田散鐵。

麻田散鐵變態與波來鐵變態或變韌鐵變態均不相同，其於恆溫時變態不會進行，而除非繼續的加以冷卻時變態才會進行。因此，溫度愈低時其所生成的麻田散鐵量會增加，而當抵達M_f點溫度時即完成麻田散鐵變態。

以上是針對共析鋼之 S 曲線作了詳細的討論，但對於亞共析鋼或過共析鋼之 S 曲線而言，其在P_s線之前另外有肥粒鐵析出開始線F_s與雪明碳鐵析出開始線C_s，所以將會變得較爲複雜。

10.6 碳鋼之連續冷卻變態

T.T.T.圖(恒溫變態圖)可完美的表現出過冷沃斯田鐵之恆溫變態舉動，其實用價值亦高，但通常鋼的熱處理，其於冷卻途中即產生變態的情形非常多。在這種場合，固然亦可從T.T.T.圖來想像其變態的模樣，但是T.T.T.圖本身是無法完全適用的。因此，求取在一定速度予以冷卻場合時之變態進行圖，而將其稱為**連續冷卻變態圖**(Continuous cooling transformation diagram)或**C.C.T.圖**。

圖 10.16 所示為共析鋼之C.C.T.圖，於圖中並劃有T.T.T.圖以供作為比對。由圖可知C.C.T.圖位於T.T.T.圖之稍右下方，也就是較靠近低溫度、長時間之一側。圖中曲線P_s-C 代表波來鐵變態開始之溫度曲線，而P_f-C 則代表波來鐵變態完成之溫度曲線；另外，虛線AB為變態停止線，在此溫度以下冷卻之變態，事實上即不再進行之假想線。

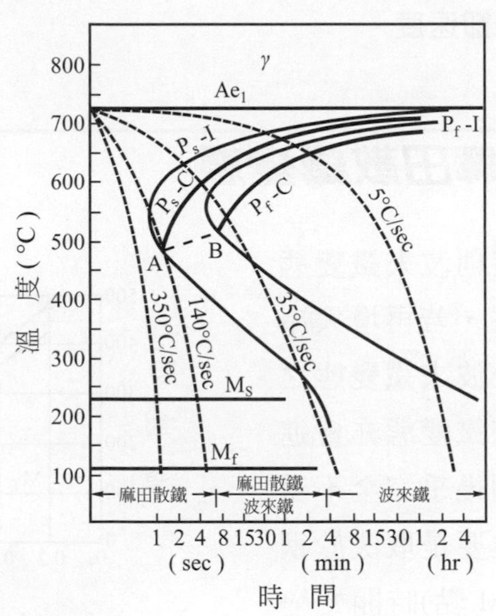

圖 10.16　共析鋼之 C.C.T.圖(粗黑線)與 T.T.T.圖之關係

以下將討論參照圖 10.16 而把沃斯田鐵狀態之共析鋼以各種冷卻速率將其冷卻到室溫時，其過程中所生之變態及最後所得之組織：

㈠　施以比通過 B 點之冷卻速度為緩慢之冷卻時

⑴　在與P_s-C 線相交之處即開始發生波來鐵變態。

⑵　於與P_f-C 線相交之處則完成波來鐵變態。

此時，若冷卻速度愈快則可得到愈細之波來鐵的層狀組織，而且其硬度高。

㈡　以界於 AB 間之冷卻速度予以冷卻時

⑴　於與P_s-C 線相交之處開始發生波來鐵變態。

⑵ 當與虛線 AB 相交時則波來鐵變態會中止，溫度則繼續下降。

⑶ 而未發生變態之沃斯田鐵則於抵達M_s點以下之溫度時則變為麻田散鐵。

⑷ 所以室溫時為麻田散鐵與極細的波來鐵(吐粒散鐵)之混合組織。

㈢ **施以比通過 A 點之冷卻速度為快速之冷卻時**

⑴ 因為不會與P_s-C 線相交，所以不會發生波來鐵變態。

⑵ 過冷之沃斯田鐵則於M_s點以下之溫度時會發生麻田散鐵變態而成為麻田散鐵。

⑶ 所以室溫時之組織為麻田散鐵。

由上述之說明可知，通過 A 點與 B 點之冷卻速度即分別是已於前述的所謂**上臨界冷卻速度**與**下臨界冷卻速度**。

10.7 碳鋼之麻田散鐵變態

如上所述，當急冷時則波來鐵變態將變成於較低溫時才發生，若再增大冷卻速度時，則可完全阻止波來鐵變態之發生；此外於恆溫時波來鐵變態亦會進行。但是麻田散鐵變態則幾乎完全不受到冷卻速度所左右，而主要是取決於鋼之組成，其於一定溫度(M_s點)時開始變態，短時間內即完成變態。而且於恆溫狀態時其變態不會進行，除非持續的加以冷卻時變態才會繼續進行，而於抵達M_f點時完成變態。也就是說若冷卻抵達M_s點以下之某溫度時，則僅會有對應於此溫度之一定量的麻田散鐵被生成，在此以後的保持時間內其麻田散鐵之量不會增加。

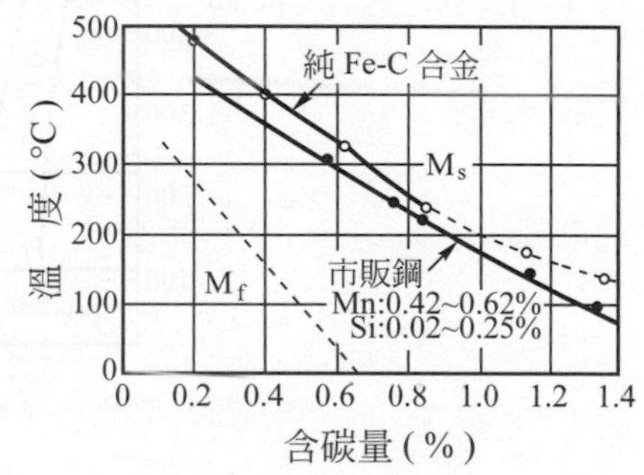

圖 10.17 碳鋼之M_s、M_f點與 C%之關係

對於鋼之M_s點與M_f點的影響最大者為化學組成，其中尤以 C%之影響為最顯著。圖 10.17 為碳鋼之 C%與M_s、M_f點之關係。由圖可知隨著 C%之增加其M_s與M_f點之溫度會下降，而含碳量較高之鋼(約＞0.7C%)其M_f點已在室溫以下。因此若將這種鋼冷卻到室溫時，其麻田散鐵變態亦還尚未完成，而會殘留下來少量的尚未變

態之沃斯田鐵，將其稱之爲**殘留沃斯田鐵**(Retained austenite)，一般簡寫爲γ_R。圖10.18 所示爲 Fe-C 合金於室溫時之殘留沃斯田鐵(γ_R)與 C%關係。

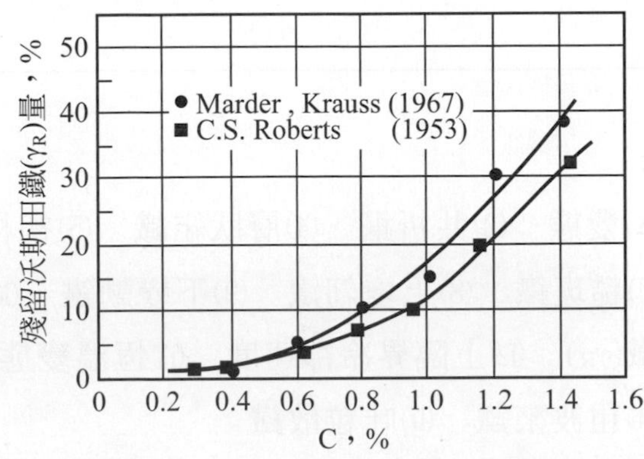

圖 10.18　Fe-C 合金於室溫之殘留沃斯田鐵與 C%關係

圖 10.19 所示爲將 1.1%C 之碳鋼從 1030℃淬火於油中後所得之組織。圖中黑色針狀晶之部分爲麻田散鐵，白色部分即爲殘留沃斯田鐵。

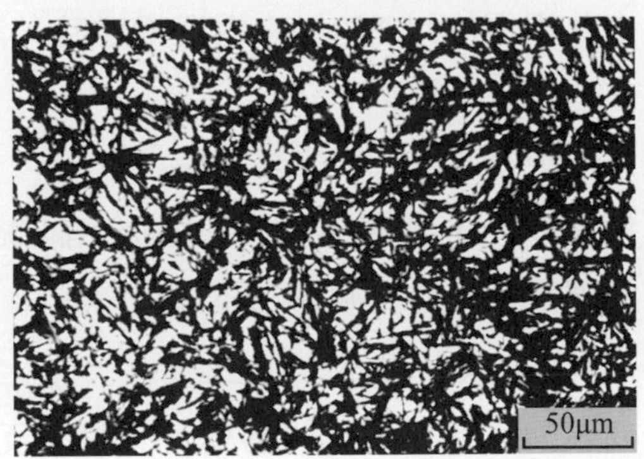

圖 10.19　1.1%C 之碳鋼的油中淬火組織(1030℃淬火)

當鋼中含有合金元素時，其M_s點會變化。在實用上，若能從化學組成來推測其M_s點應非常方便，目前已有實驗式可供利用，茲舉一例子如下所示：

$$\begin{aligned} M_s(℃) = {} & 550 - 360\times C\% - 40\times Mn\% \\ & - 35\times V\% - 20\times Cr\% - 17\times Ni\% \\ & - 10\times Cu\% - 5\times Mo\% - 5\times W\% \\ & + 15\times Co\% + 30\times Al\% \end{aligned} \tag{10.2}$$

上述式子僅適用於鋼中之所有成分元素均可固溶於沃斯田鐵中之場合，若像工具鋼等在尚殘留有未溶解的碳化物之狀態即施以淬火之場合則不適用。

習題

10.1 解釋下述名詞：

(1)A_0變態 (2)A_1變態 (3)共析鋼 (4)層狀組織 (5)初析肥粒鐵

(6)標準組織 (7)糙斑鐵 (8)上變韌鐵 (9)下變韌鐵 (10)麻田散鐵

(11)殘留沃斯田鐵(γ_R) (12)上臨界冷卻速度 (13)恆溫變態 (14) T.T.T.圖

(15) C.C.T.圖 (16)粗波來鐵 (17)吐粒散鐵

10.2 繪出Fe-Fe_3C系平衡狀態圖，並簡單說明圖中之各點與線所代表之意義。

10.3 以0.14%C之碳鋼為例，說明將其由液態冷卻到室溫時之狀態變化過程。

10.4 以0.30%C之碳鋼為例，說明將其由液態徐冷到室溫時之狀態變化過程。

10.5 說明碳鋼之冷卻速度與變態之關係。

10.6 將沃斯田鐵狀態之共析鋼施以450℃之恆溫變態時，說明其變態過程及室溫之組織。

10.7 說明變韌鐵組織之形成機構。

10.8 鋼之臨界冷卻速度與C.C.T.圖間具有何種關係，試說明之。

10.9 敘述碳鋼之麻田散鐵變態，並說明M_s及M_f點。

10.10 圖示及說明碳鋼之C%與γ_R之關係。

10.11 寫出本章中所提到碳鋼之各種變態的名稱及其變態反應。

11 鋼之熱處理

熱處理是指對金屬材料施以適當的加熱和冷卻之操作，以使材料擁有所需的各種性質之處理。鋼鐵材料即是能夠藉著熱處理而使其機械性質獲得顯著改善的金屬材料之代表性例子。

在本章中即介紹各種主要的熱處理方法，如退火、正常化、淬火、回火等普通常用的熱處理，及一些特殊的熱處理，如深冷處理、沃斯回火、加工熱處理等之程序及其目的。

11.1 鋼之退火

將鋼料加熱至適當的溫度，保持一段時間後，讓它慢慢冷卻至常溫，這種熱處理稱爲**退火**(Annealing)。爲了不同的目的，可採用不同的退火方法，如完全退火、球化退火、製程退火及弛力退火等，茲分述如下。

㈠ 完全退火(Full annealing)

完全退火的目的是使鋼料軟化以改善其被削性、塑性加工性，及使鑄造組織、過熱組織、加工組織等成爲微細而均勻的組織。

完全退火的方法是將鋼料加熱至A_3或A_1線上方 30～50℃處，如圖 11.1 所示，保持一段時間後，讓它在爐中或灰中慢慢冷卻至室溫。經過完全退火後，鋼料由沃斯田鐵變態爲肥粒鐵和粗波來鐵，同時可以消除內部應力。一般若單單稱呼退火，而無特別說明是哪種退火時，則大都是指此完全退火而言。

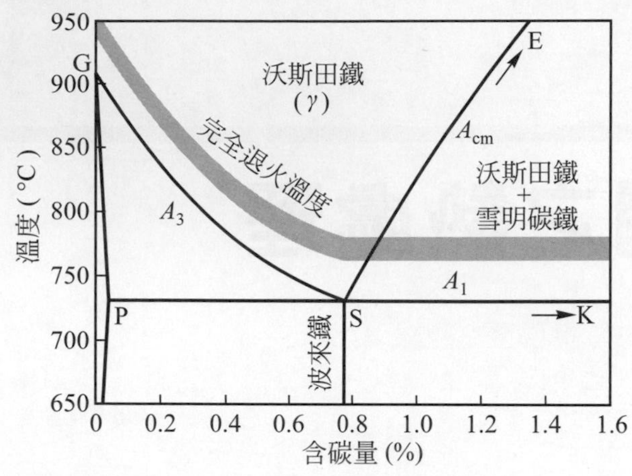

圖 11.1 碳鋼的完全退火

㈡ 球化退火(Spheroidizing annealing)

球化退火的目的是將鋼材組織中的網狀雪明碳鐵或層狀雪明碳鐵變爲球狀，使鋼料易於切削加工或塑性加工。

退火方法有下列數種，依鋼料種類狀態及目的而異，如圖 11.2 所示：

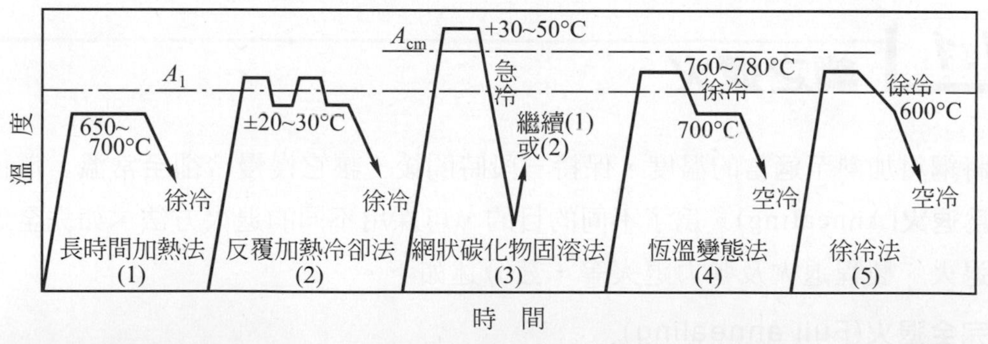

圖 11.2 各種球化退火的方法

⑴ 長時間加熱法：將鋼料加熱至A_1下方之650～700℃範圍內，保持長時間(約1～2 小時)後，徐冷之。一般適用於淬火鋼或冷溫加工用鋼。

⑵ 反覆加熱冷卻法：將鋼料加熱至A_1上下 20～30℃處，並反覆加熱 2～3 次，然後徐冷之。一般適用於亞共析鋼。

(3)　網狀碳化物固溶法：將鋼料加熱至A_3或A_{cm}上方 30～50℃處，保持一段時間後急速冷卻；再繼續施以上述(1)或(2)之操作。

(4)　恒溫變態法：將鋼料加熱至A_1或A_{cm}上方之 760～780℃內，保持短時間後，緩慢冷卻至 700℃，再保持一段時間後空冷之。

(5)　徐冷法：與(4)項相似，加熱後緩慢冷卻至 600℃後，再空冷至室溫。

㈢　製程退火(Process annealing)

製程退火之目的是將已發生加工硬化的鋼料使其軟化，以利於繼續加工，並消除內部之殘留應力。

製程退火方法是將鋼料加熱至A_1以下 600℃以上之溫度，保持一段時間後，於空氣中加以冷卻，如圖 11.3 所示。

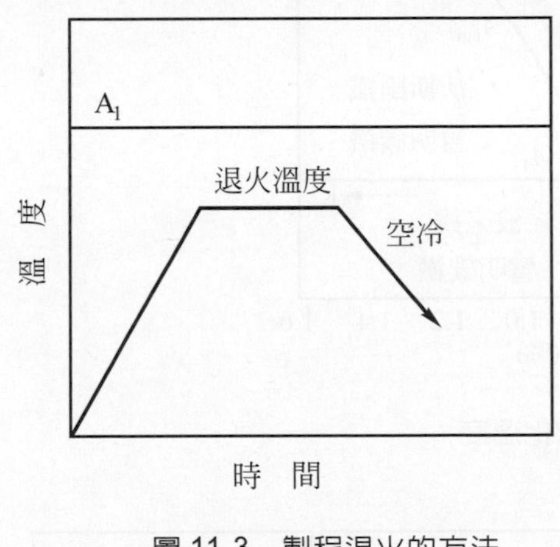

圖 11.3　製程退火的方法

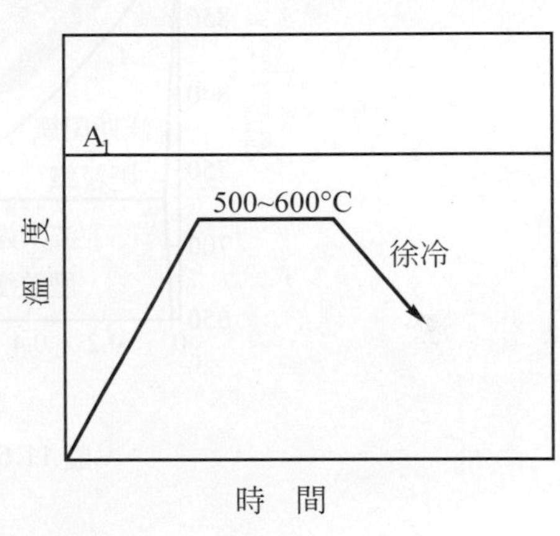

圖 11.4　弛力退火的方法

㈣　弛力退火(Stress relief annealing)

弛力退火之目的是消除鑄造、鍛造、機械加工或焊接等所產生的殘留應力。

弛力退火方法是將鋼料加熱至 500～600℃，保持適當時間後，徐冷之，如圖 11.4 所示。

此外，尚有爲了消除或減少鋼中之化學成分的偏析而所施行的退火，稱爲**均質退火**(Homogenizing annealing)，及利用恆溫變態以獲得較佳退火效果之**恆溫退火**(Isothermal annealing)等。

11.2 鋼之正常化

將鋼料加熱至A_3或A_{cm}線上方 30～50℃處，保持一段時間後，讓它在空氣中冷卻，這種熱處理稱爲**正常化**(Normalizing)，如圖 11.5 及 11.6(a)所示。經過正常化後，鋼料可得到近似於平衡圖上的組織，其主要目的是使結晶粒微細化及消除殘留應力。

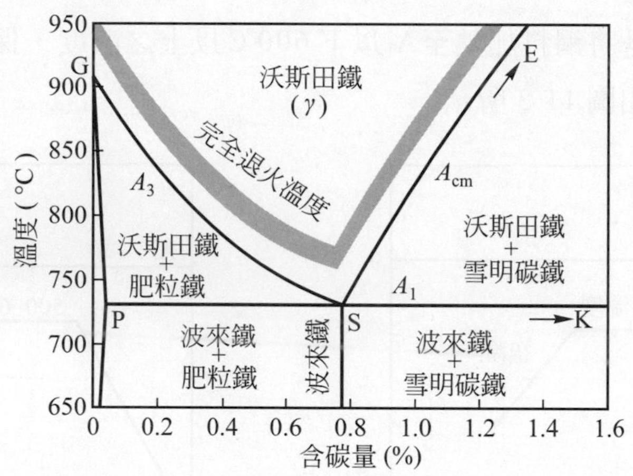

圖 11.5 鋼之正常化溫度

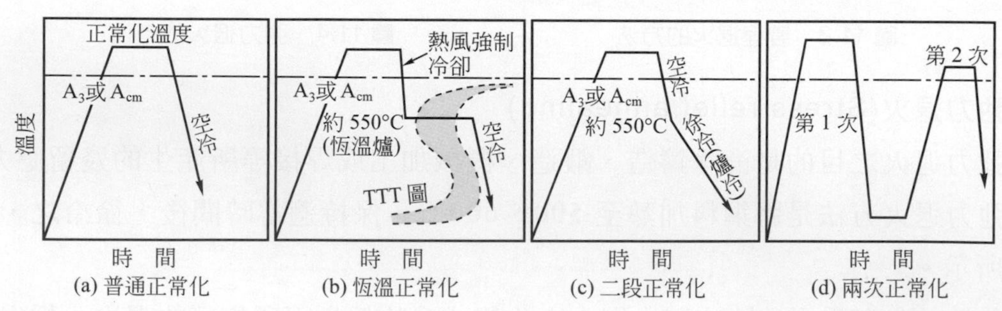

圖 11.6 碳鋼的各種正常化方法

除了上述之普通正常化外，尚有另三種，即恆溫正常化、二段正常化及兩次正常化，如圖 11.6(b)、(c)、(d)所示。

⑴　**恆溫正常化**：加熱至正常化溫度後，用熱風強制冷卻至550℃，然後使其恆溫變態後，再空冷之。

⑵　**二段正常化**：加熱至正常化溫度後急冷至550℃，然後置於爐內徐冷之。

⑶　**兩次正常化**：第一次加熱至正常化溫度上方150～200℃並保持一段時間後，空冷至室溫，其目的為改善粗大組織，並使其偏析成分均勻化。第二次正常化是採用一般的正常化條件，以便使組織微細化。

11.3 鋼之淬火

將鋼料加熱至A_1或A_3上方 30～50℃處之溫度，保持一段時間後，使其急速冷卻，以便得到麻田散鐵之操作稱為**淬火**(Quenching)。淬火後之鋼料在淬火狀態幾乎很少被使用，通常都需要再施以回火(詳見後述之11.4節)後而才使用。

淬火時之淬火溫度，是將鋼料加熱至A_1或A_3上方 30～50℃處，如圖 11.7 所示，使鋼的組織轉變為沃斯田鐵。若加熱(淬火)溫度太高時，沃斯田鐵結晶粒會成長，並且常發生氧化和脫碳現象而影響其機械性質；但若太低時，則無法得到完全的淬火組織。所以淬火溫度需恰當，不可過高或過低，否則均有不良影響。

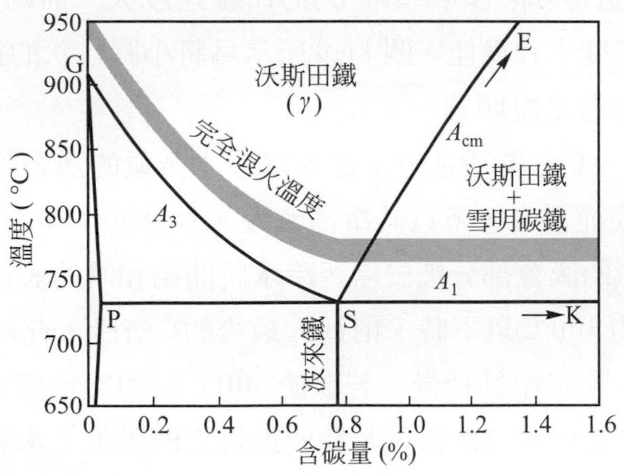

圖 11.7　鋼之淬火溫度

11.3.1 淬火硬度

若鋼的含碳量不同，則經淬火後，所得的硬度也不相同，如圖 11.8 所示。隨著含碳量的增加，所得的硬度也隨之增加。但含碳量超過 0.6%後，所得的硬度大致相同。

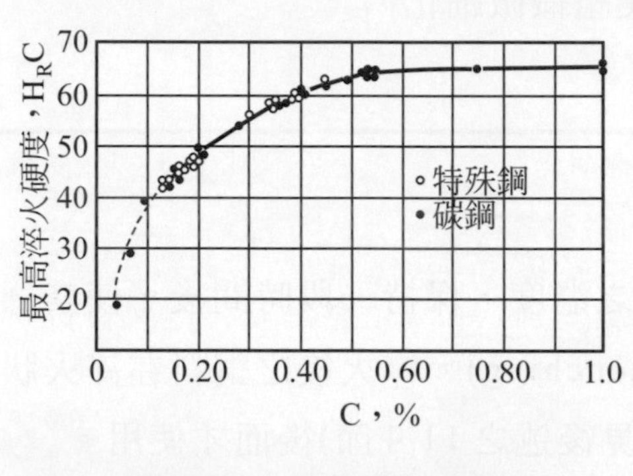

圖 11.8 C%與淬火硬度

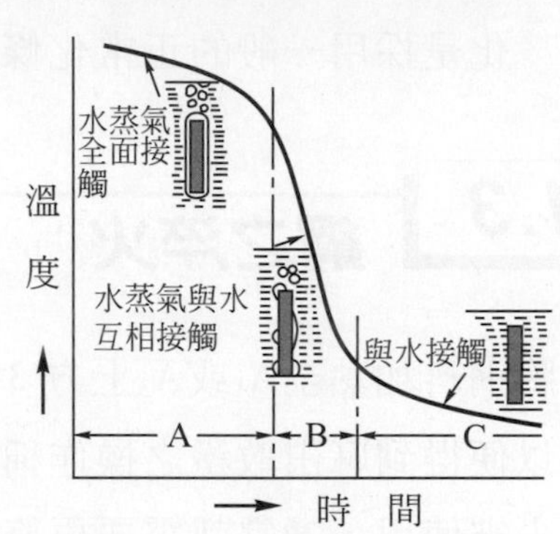

圖 11.9 淬火於平靜的水中時，在各溫度之冷卻情形

11.3.2 淬火液

普通所使用的淬火液(Queching media)爲水或油；對於淬火液而言，是以在抵達 S 曲線的鼻部附近(亦即 720～550℃)的冷卻速度大，而麻田散鐵變態域(亦即 300℃以下)的冷卻速度小者爲佳。圖 11.9 所示爲將小圓柱狀的鋼從約 830℃淬火到靜置水中時的冷卻曲線之說明圖。

冷卻分爲 A、B、C 三階段進行；在 A 階段水蒸氣的薄膜將鋼材包圍，熱傳導是經由此氣體狀薄膜而發生，所以其冷卻較慢。當抵約 600℃以下時即進入 B 階段，鋼表面之水蒸氣的膜會部分被去除，冷水將開始和鋼的表面接觸，鋼於是急速被冷卻；當溫度抵約 300℃以下時，則進入最後的C階段，此時無水蒸氣產生，但因爲鋼的溫度降低，所以冷卻緩慢。若欲使 500℃前的冷卻迅速，則非使A階段之出現愈小不可，因此需使水溫降低，及欲使鋼料表面所生之水蒸氣薄膜被破壞，則施以攪拌較好。圖 11.10 所示爲各種淬火液在各溫度時的冷卻速度。於 40℃的淡水中，當鋼的溫度抵 600℃時其冷卻速度最大，所以 Ar′ 變態可充分被阻止，但是在

300℃以下的冷卻速度亦大，因此Ar″變態會急速發生，因而容易產生淬裂或淬火變形。油之冷卻能，整體而言比水差，因而在500～600℃之冷卻速度小，所以易生成吐粒散鐵；但是300℃以下的冷卻速度遠較水爲低，所以在Ar″變態域可被緩慢冷卻，因而淬裂或淬火變形之發生大爲減少。保持於300℃之熔融錫(Sn)，其在500～600℃的冷卻速度比油大，而300℃以下因施以空冷，所以冷卻速度較油小，所以熔融錫可說是近乎於理想的淬火液。

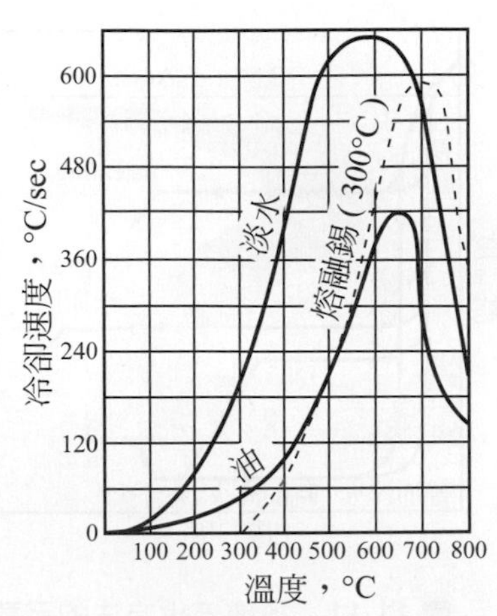

圖 11.10　淬火液在各溫度時之冷卻速度(850°C淬火，攪拌)

此外，水的溫度在60℃以上時不易淬硬，但是相反的油在70℃附近時，因爲其流動性變佳，因而其冷卻能會變大。

11.3.3　淬火方法

淬火操作有各種方法如圖11.11所示。一般所施行的**普通淬火**(Normal quenching)是指將鋼材加熱至淬火溫度範圍後，於水中或油中冷卻的方法，但是此淬火方法容易發生淬裂及淬火變形。若欲防止淬裂及淬火變形的發生，則在產生吐粒散鐵的Ar′變態域急冷後，於其後會產生麻田散鐵的Ar″變態域使其緩慢冷卻即可。其方法有時間淬火、麻淬火及熱浴淬火等。

時間淬火(Time quenching)是指將鋼加熱到淬火溫度後淬入水中，經過適當時間後再取出使其空冷的方法；在空冷的階段使其緩緩發生麻田散鐵變態，如圖11.12所示。這是一種巧妙的淬火方法，但是並不適用於厚度不均勻的鋼料，此爲受限制之處。

麻淬火(Marquenching)爲將沃斯田鐵化的鋼置入於保持在M_s點稍上方的熱浴(熔融金屬、熔融塩、油等)中，一直保持到使材料內外部的溫度達到與熱浴的溫度相同爲止，然後再取出空冷之。

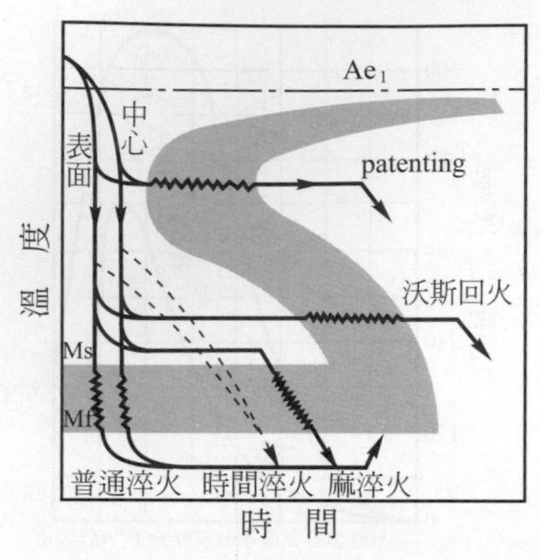

圖 11.11 各種淬火方法的示意圖

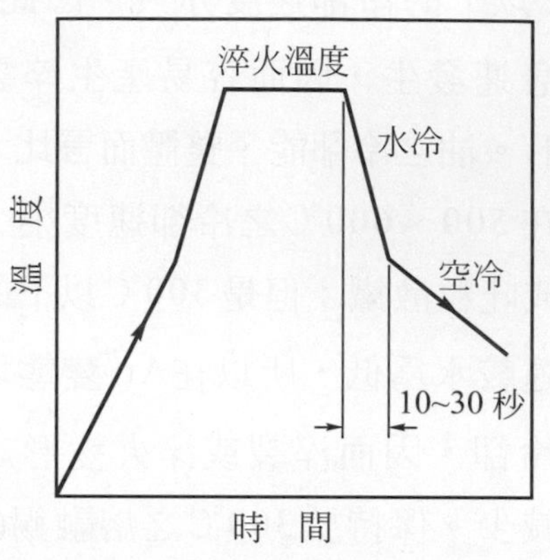

圖 11.12 時間淬火

熱浴淬火(Hot bath quenching)是指將已加熱至淬火溫度範圍內之鋼材置入於冷卻液(已保持在適當的溫度之熱浴)中，然後再取出使其空冷方法之總稱。若將熱浴的保持溫度提高時，則將成爲將於後述(11.5 節)的恆溫熱處理。

11.3.4 質量效果

尺寸較大的鋼料施以淬火時，鋼料之內部無法得到完全的淬火效果(組織)，即不完全爲麻田散鐵組織，這種內外部淬火組織之差異現象稱爲**質量效果**(Mass effect)。

鋼料淬火時，若所使用的淬火液不同，則最後於室溫時所得到的組織亦不同。尺寸較大的鋼料急冷時，表面比內部的冷卻速度快，因此表面可得到麻田散鐵而內部則爲吐粒散鐵。假如鋼料尺寸太大時，即使表面也無法得到完全的麻田散鐵組織。

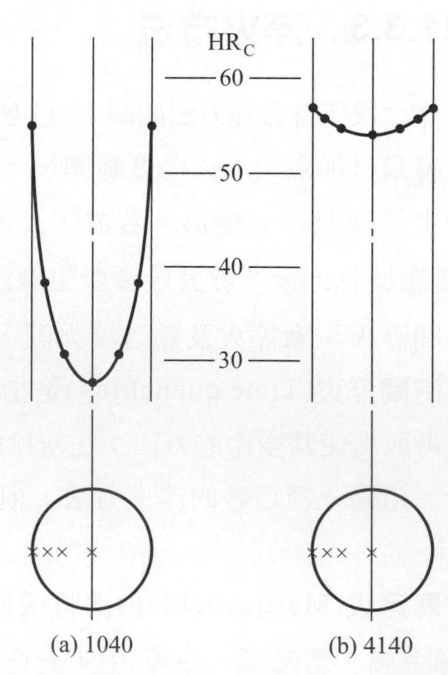

圖 11.13 AISI 1040 與 4140 鋼材其質量效果之差異

淬火時，如果發生質量效果，則在組織上除了有麻田散鐵外，尚可能會出現有吐粒散鐵、波來鐵、肥粒鐵等組織，因此對機械性質之影響很大。一般而言，碳鋼之質量效果大，而添加有 Ni、Cr、Mo、Mn 等之合金鋼則其質量效果較小。圖 11.13 所示爲桿徑相同之 AISI 1040(碳鋼)與 4140(Cr-Mo 鋼)鋼材其質量效果之比較。

11.3.5　硬化能

鋼材之化學組成不同時，縱使所施之淬火條件相同，但其所能被硬化之程度則不同，此種被硬化之難易度，稱爲**硬化能**(Hardenability)。硬化能愈大，則硬化深度愈深，亦即質量效果愈小。

鋼之硬化能通常以**喬米尼端面淬火試驗**(Jominy end quench test)所求得硬化能曲線來判定，圖 11.14 所示爲喬米尼端面淬火試驗裝置。

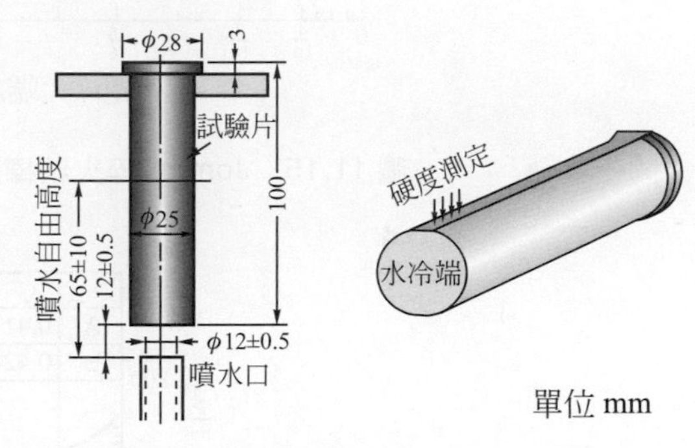

圖 11.14　Jominy 端面淬火試驗法(JIS G 0561)

試驗時，將加熱至淬火溫度之試棒(直徑 25 mm、長 100 mm)置於架上，由底部以一定之條件噴水使其冷卻(水溫 24±3℃，試片底部距噴水口 12±0.5 mm，噴水口孔徑爲 12±0.5 mm，噴水之自由高度爲 65±10 mm)。之後，將試片表面沿長度方向之相對兩面(間隔 180°)磨去 0.4～0.5 mm，於所定之位置量測其硬度，取其平均值(自淬火端起)，則可得到硬度-距淬火端距離關係的曲線，即稱爲**硬化能曲線**(Hardenability curve)或**喬米尼曲線**(Jominy curve)，如圖 11.15 所示。淬火端之冷卻速度最快，形成完全之麻田散鐵，所以硬度最大。離淬火端愈遠時其冷卻速度愈慢，麻田散鐵量愈少，所以硬度漸減，因此硬化能曲線皆呈現由左向右遞減之特徵。通常硬化能差的鋼，其硬化能曲線將如圖 11.16 中所示之曲線A，其硬度之下降急驟；而硬化能良好的鋼，則如曲線B，其距淬火端的距離增加時，硬度並無明顯的下降。

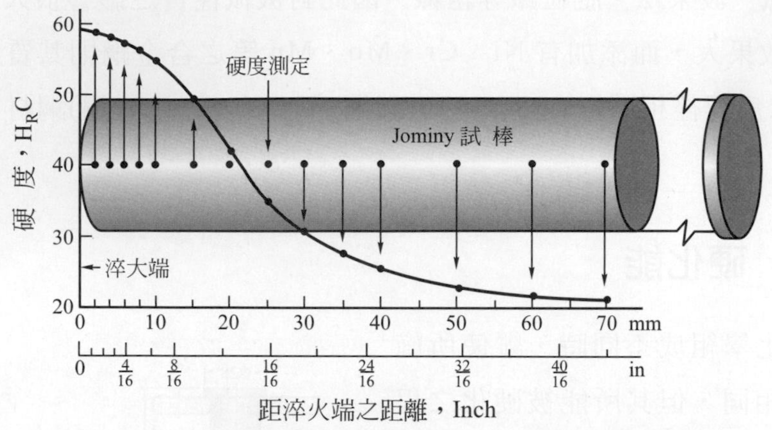

圖 11.15　Jominy 淬火試棒之硬度測定位置及其硬化能曲線

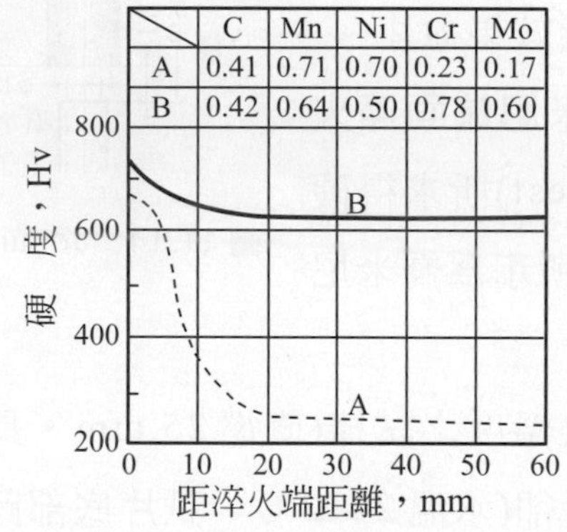

圖 11.16　硬化能曲線之比較

鋼之硬化能與其化學組成有關，如圖 11.17 所示。對碳鋼而言，共析鋼之硬化能最大。對合金鋼而言，視合金元素之種類與含量而定。一般，除 Co 等外，普通之合金元素皆有助於硬化能之提高，如 Cr、Mn、Mo、Ni、Si 可提升硬化能，但 Co、Zr、Ti(＞0.2%)則會降低硬化能。

對於大量生產之現場作業，希望相同鋼種之硬化能皆能一樣最好。因此針對此目的，吾人不僅對於鋼種之化學成分範圍，而且對於硬化能的容許範圍亦加以規定。也就是說，將鋼種所對應的喬米尼曲線的上限與下限加以限制，實際的喬米尼曲線則規定其必須在此容許範圍內。因為喬米尼曲線的上限與下限之間會形成帶狀區域，所以將其稱之為**硬化能帶**(Hardenability band)或**H 帶**(H band)。對於規定有 H 帶的鋼則稱之為 **H 鋼**(H steel)，JIS 規格中有保證其硬化能的構造用鋼材(H 鋼)，例如SCr415H、SCM435H、SNC815H、SNCM220H，是在規格記號之後再加上附加記號“H”來表示，詳參閱JIS G 4052。H鋼與普通用鋼比較時，一般而言其化學組成的容許範圍稍大。

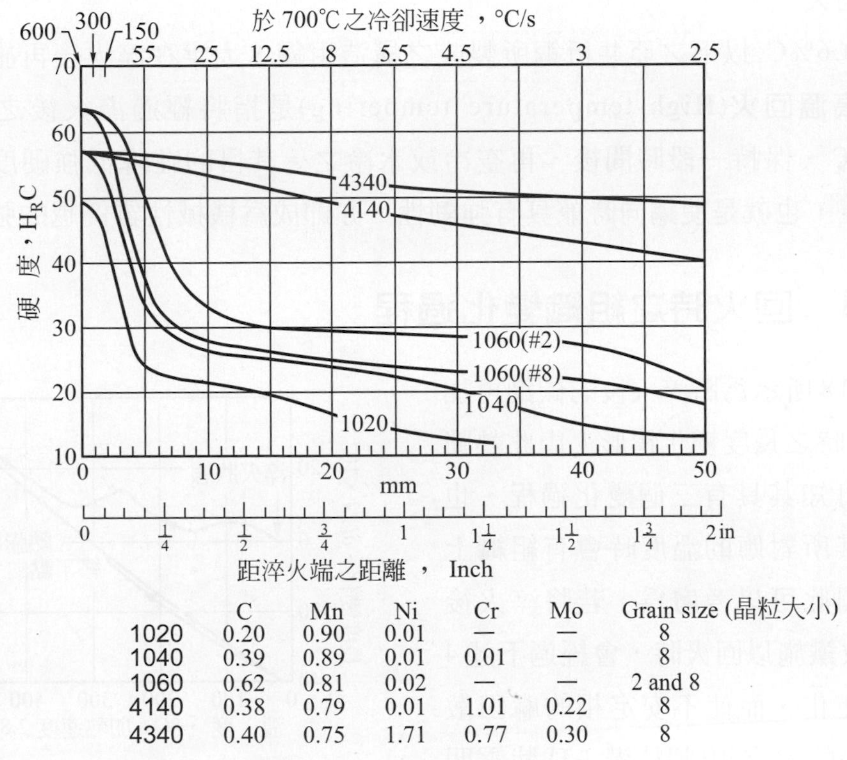

	C	Mn	Ni	Cr	Mo	Grain size (晶粒大小)
1020	0.20	0.90	0.01	—	—	8
1040	0.39	0.89	0.01	0.01	—	8
1060	0.62	0.81	0.02	—	—	2 and 8
4140	0.38	0.79	0.01	1.01	0.22	8
4340	0.40	0.75	1.71	0.77	0.30	8

圖 11.17　各種鋼之硬化能曲線

11.4 鋼之回火

淬火後之鋼，雖強度大而硬度高但很脆，所以不立即使用，通常是會再次加熱使其具有延性及韌性後才使用。因此，把淬火鋼再加熱至A_1變態點以下溫度之操作，稱為**回火**(Tempering)。回火之加熱溫度因目的之不同而異，通常分為下述二種。

㈠ **低溫回火**

如做為刀具、工具、量具、軸承等需要講求硬度與耐磨耗性者，通常使用C%多之鋼，一般皆淬火後再行此低溫回火。所謂**低溫回火**(Low temperature tempering)是指將經過淬火後之鋼加熱至 150～200℃，保持一段時間後空冷之。其目的在不太使硬度降低之條件下，除去淬火時所產生之內部殘留應力及使韌性稍回復。

㈡ **高溫回火**

例如 0.6%C 以下之亞共析鋼所製成之構造用鋼，大半在淬火後再施以高溫回火。所謂**高溫回火**(High temperature tempering)是指將經過淬火後之鋼加熱至 550～650℃，保持一段時間後，再空冷或水冷之。其目的在降低強硬度，而提高延性及韌性，也就是使鋼同時兼具有強韌性，亦即成為機械性質優越的強韌材料。

11.4.1 回火時之組織變化過程

圖 11.18 所示為將淬火後的碳鋼再加熱到 530℃時之長度變化情形。由此熱膨脹曲線中可知其具有三個變化過程，也就表示在其所對應的溫度時會有組織上的變化。因此可以考慮為，若將淬火後所得麻田散鐵施以回火時，會經過下述4個階段的變化，而使不安定相的麻田散鐵變成最終的安定相(肥粒鐵＋球狀雪明碳鐵)。

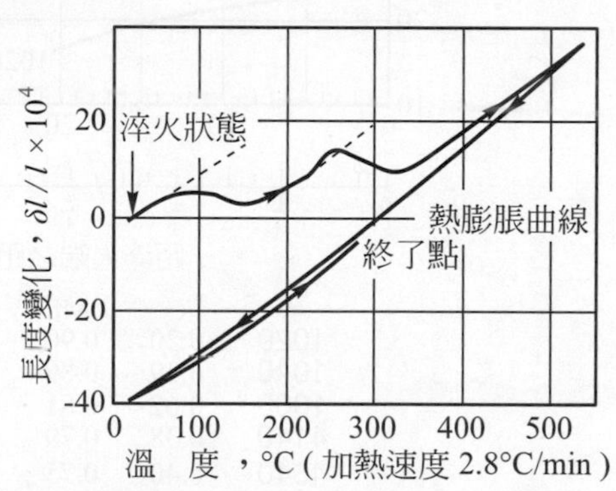

圖 11.18 回火所致長度的變化(0.94%C)

㈠ **第一階段**

在 100～150℃發生，伴隨有很大收縮之組織變化。固溶於麻田散鐵中之 C，會被以ε碳化物(Fe_2C)析出，因而使得麻田散鐵的C%會降低至約 0.25%，而成為立方格子的麻田散鐵的過程。此變化在常溫時亦會緩慢進行，約 0.25%C 以下的鋼則不會出現此第一階段。

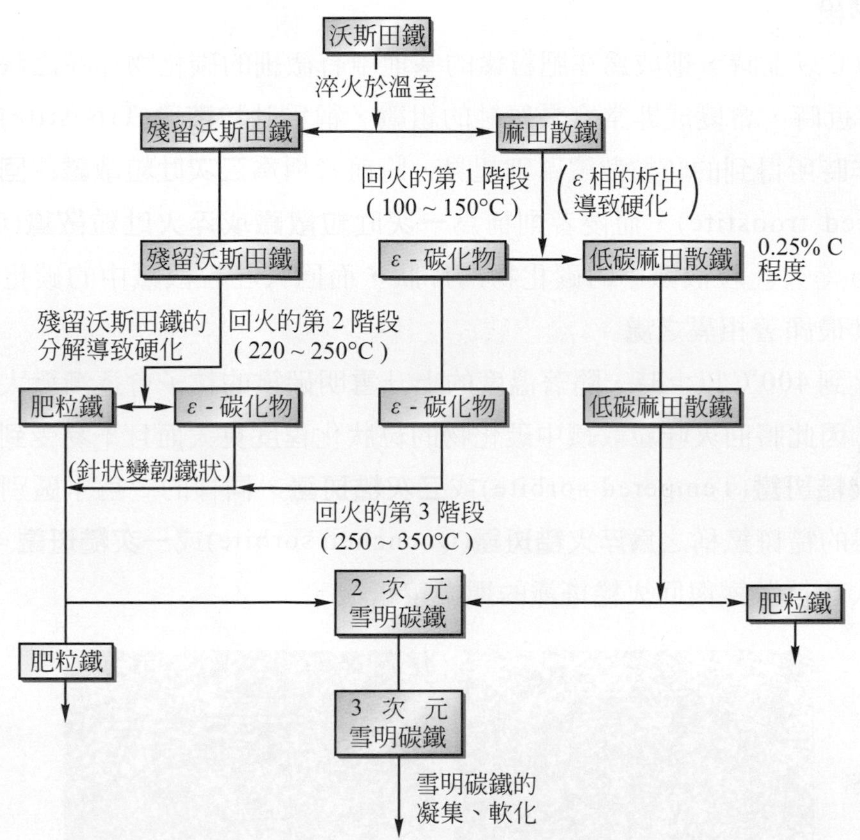

圖 11.19　淬火鋼施以回火時其組織變化之說明圖

㈡　**第二階段**

在 220～250℃發生，伴隨有微小膨脹之組織變化。殘留沃斯田鐵會分解爲肥粒鐵與ε碳化物，而變成針狀變韌鐵狀的組織之階段。

㈢　**第三階段**

在 300℃左右發生，伴隨有大的收縮之變化，在某種程度上會與第二階段重覆發生。此爲第一階段所生成的低碳麻田散鐵會分解爲肥粒鐵與二次元的雪明碳鐵之同時，在第一及第二階段所析出的ε碳化物會消失而析出二次元的雪明碳鐵之階段。此時，ε碳化物並非直接變成雪明碳鐵，而是析出與ε碳化物不同的二次元雪明碳鐵，因此ε碳化物才隨之消失。將第三階段之前的變化加以歸納時，則如圖 11.19 所示。

㈣ 第四階段

在400℃以上時，則成爲在肥粒鐵的基地中有微細的碳化物存在之狀態。回火到400℃附近時，會變成非常容易腐蝕的組織，稱爲**吐粒散鐵**(Troostite)。但爲了與淬火操作時所得到的吐粒散鐵區別起見，將前者稱爲**二次吐粒散鐵**或**回火吐粒散鐵**(Tempered troostite)，而後者則稱爲**一次吐粒散鐵**或**淬火吐粒散鐵**(Quenched troostite)。淬火吐粒散鐵中的碳化物爲片狀，而回火吐粒散鐵中的碳化物則爲粒狀，此爲其最顯著相異之處。

當回火到400℃以上時，隨著溫度的上升雪明碳鐵的粒子會逐漸變大，而數目則會減少。因此將回火吐粒散鐵中碳化物的粒狀化程度更大而且不易受到腐蝕的組織稱爲**回火糙斑鐵**(Tempered sorbite)或**二次糙斑鐵**，同樣的，爲了區別起見而將淬火時所得的糙斑鐵稱之爲**淬火糙斑鐵**(Quenched sorbite)或**一次糙斑鐵**。圖11.20所示爲回火吐粒散鐵與回火糙斑鐵的顯微鏡組織。

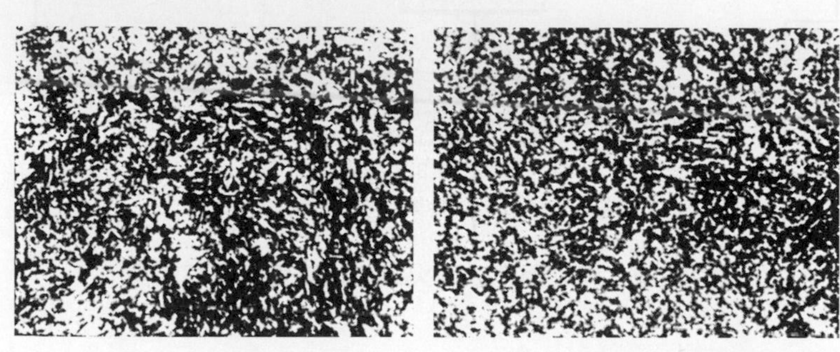

(a) 回火吐粒散鐵　　(b) 回火糙斑鐵

圖 11.20　0.82%C 鋼之回火組織(×670)

11.4.2 回火時機械性質之變化

圖11.21所示爲0.41%C之碳鋼淬火後施以回火時機械性質的變化情形。由圖可知抗拉強度與降伏強度都是在200℃時呈現最大值，此後，隨著回火溫度的上昇而呈現緩慢的下降。彈性限在約300℃時呈現最大值，之後在抵達500℃之前，其值之下降非常微小。而伸長率及斷面縮率大致上會隨著回火溫度的上升而變大。

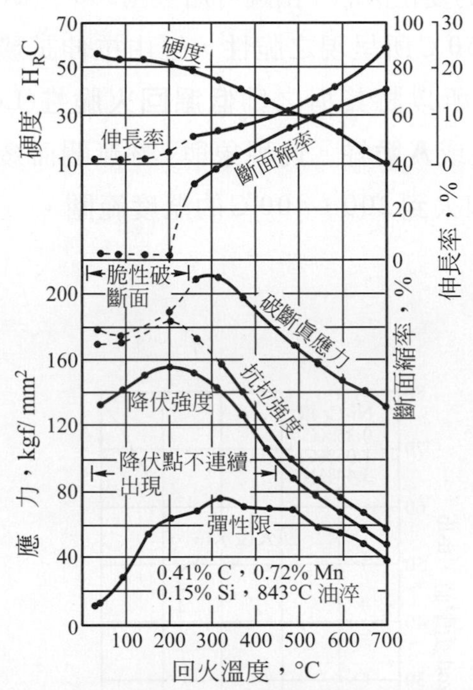

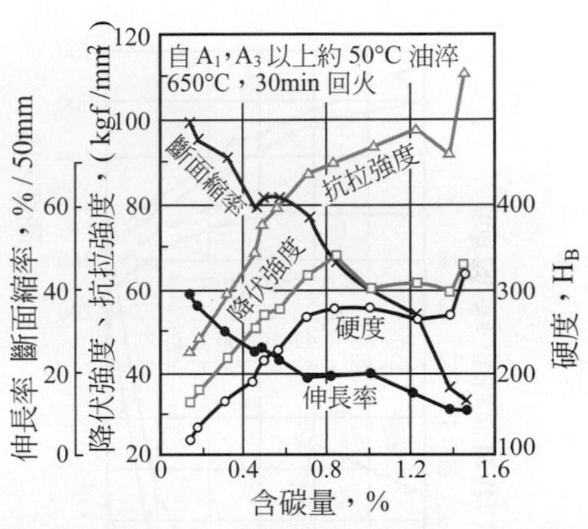

圖 11.21　回火所導致機械性質之變化　　圖 11.22　各種碳鋼之 650°C 回火狀態時的機械性質

圖 11.22 所示爲鋼淬火後回火到 650℃時之機械性質與C%之關係。由圖可知，在亞共析鋼之範圍，隨著C%的增加，其硬度、降伏強度、抗拉強度都會增加，而斷面縮率、伸長率則會減少。但是，在過共析鋼的範圍，抗拉強度雖然會隨C%之增加而逐漸變大，而降伏強度與硬度則幾乎不變，或者可說是有減小的傾向。所以，含碳量高的鋼施以高溫回火後，其抗拉強度雖高，但是降伏強度則比較低，而且有缺乏韌性之缺點。因此作爲構造用鋼時，即使是對於過共析鋼而言一般也都是採用 0.6%C 以下者。

11.4.3　回火脆性

淬火鋼的韌性(Toughness)並不會單純的隨著回火溫度的升高而增加，而是在某特定的回火溫度範圍時反而會呈現脆化(韌性降低)的現象，稱之爲**回火脆性**(Temper brittleness)。一般回火脆性又可分爲低溫回火脆性與高溫回火脆性二種。

圖 11.23 所示為各種碳鋼回火時，其衝擊值的變化情形。由圖可知，在 300～350℃附近時衝擊值會呈現最低值，這種在 300～350℃所呈現之脆性，經由拉伸試驗或硬度測定的結果是完全無法預測到的現象，所以將其稱之為**低溫回火脆性**(Low temperature temper brittleness)，**500˚F 脆性**或 **A 脆性**。此現象與 C%無關而幾乎都會在所有的鋼種出現，所以應該避免將鋼回火到 200～400℃的溫度範圍。

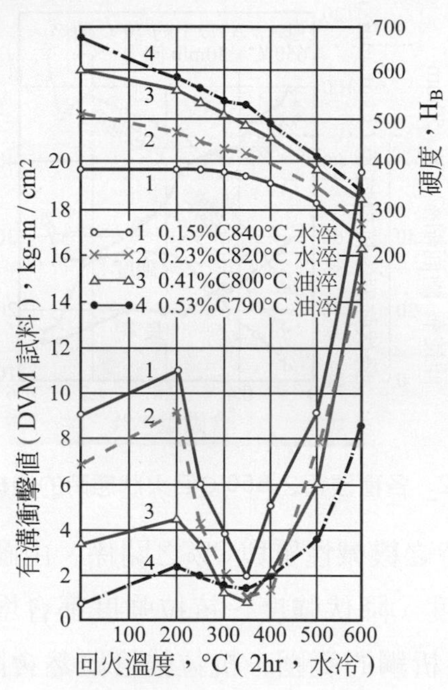

圖 11.23　各種碳鋼回火時之衝擊值變化情形（低溫回火脆性）

圖 11.24　Ni-Cr 的高溫回火脆性

圖 11.24 所示為 Ni-Cr 鋼淬火後施以回火時，其衝擊值的變化情形。由圖可知，當回火到 500～650℃附近後，若予以徐冷時，其衝擊值就會降低而發生脆化現象，稱之為**高溫回火脆性**(High temperature temper brittleness)。但若回火後予以急冷時，則不會發生脆化現象。此高溫回火脆性易發生於含有 Ni、Cr 的鋼，所以在高溫回火後需施以急冷，以避免其發生。通常藉著添加合金元素 Mo，則可有效的防止高溫回火脆性的現象。

11.5 鋼之特殊熱處理

㈠　深冷處理

前述之圖 10.17 所示為鋼的 C%與M_s及M_f點的關係，由圖可知 C%高的鋼其M_f點在室溫以下，所以縱使將其淬火冷卻到室溫時，仍會有未變態的沃斯田鐵會殘留下來，將其稱之為**殘留沃斯田鐵**(Retained austenite，γ_R)。若將淬火鋼冷卻到室溫後，再繼續的予以冷卻到 0℃以下的溫度時，則麻田散鐵變態將會持續進行，而使殘留沃斯田鐵減少，這種操作稱為**深冷處理**(Subzero treatment)。一般，將鋼料冷卻到 0℃以下溫度之方法有乾冰法、機械冷凍法、液態N_2法等。

圖 11.25 所示為碳鋼的淬火溫度與殘留沃斯田鐵量的關係，由圖可知，將 C%高的鋼從高溫淬火後再經過低溫回火來使用時，其殘留沃斯田鐵量會出乎意外的多。將此類鋼放置於室溫時，殘留沃斯田鐵會逐漸變態為麻田散鐵，而使尺寸產生變化。所以欲製作要求尺寸的正確性之量具類、球軸承、測定工具等時，於淬火後需施以深冷處理，之後再行低溫回火。

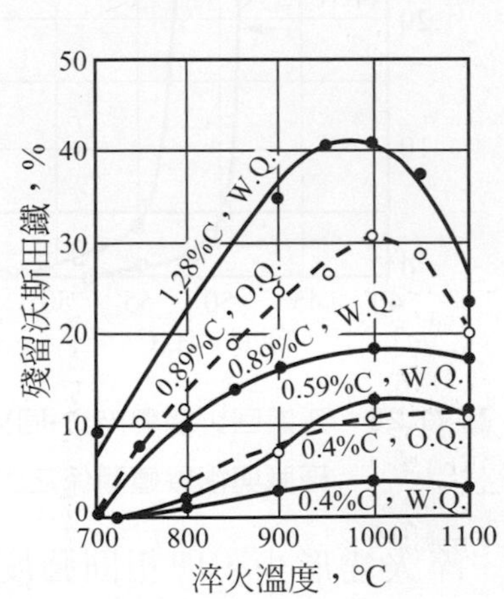

圖 11.25　各種碳鋼的淬火溫度與殘留沃斯田鐵的關係

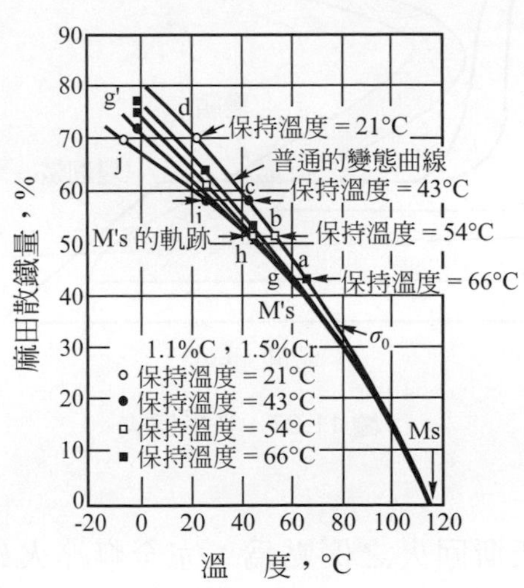

圖 11.26　殘留沃斯田鐵的安定化

此時，淬火鋼當冷卻到室溫時，必須立即施以深冷處理，這點非常重要。因為若抵室溫後到深冷處理的這段時間愈長時，則深冷處理的效果愈小，所以需加以注意。這種，殘留沃斯田鐵在保持於室溫的期間，變態會變得不易進行之現象，稱為**殘留沃斯田鐵的安定化**(Stabilization of retained austenite)。此外於冷卻過程中若有中斷冷卻之情形時，亦會有殘留沃斯田鐵安定化的現象，如圖 11.26 所示。

(二) 沃斯回火

將加熱到沃斯田鐵溫度的鋼，淬火置入於保持在恆溫變態圖(T.T.T.圖)的鼻點與M_s點間的一定溫度的鹽浴或 Pb-Bi 合金等金屬液中，保持 30～60 min 使其完成變態後取出空冷之操作，稱為**沃斯回火**(Austempering)如圖 11.27 所示。恆溫液之溫度愈高，則會生成羽毛狀之上變韌鐵，若恆溫液之溫度為接近於M_s點附近的溫度，則會得到針狀之下變韌鐵。

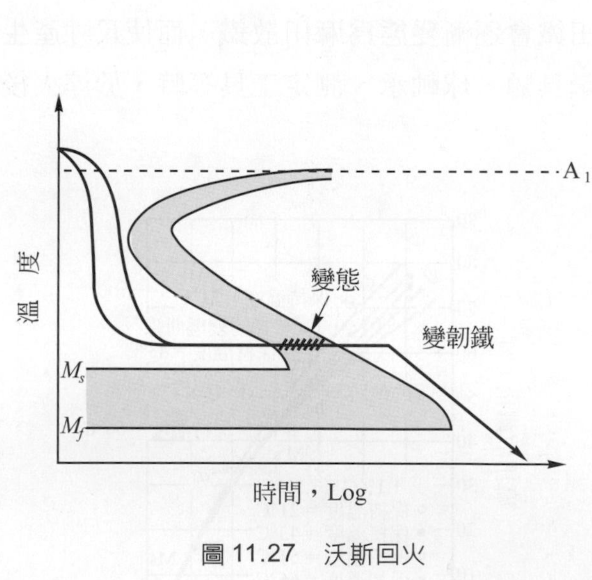

圖 11.27　沃斯回火

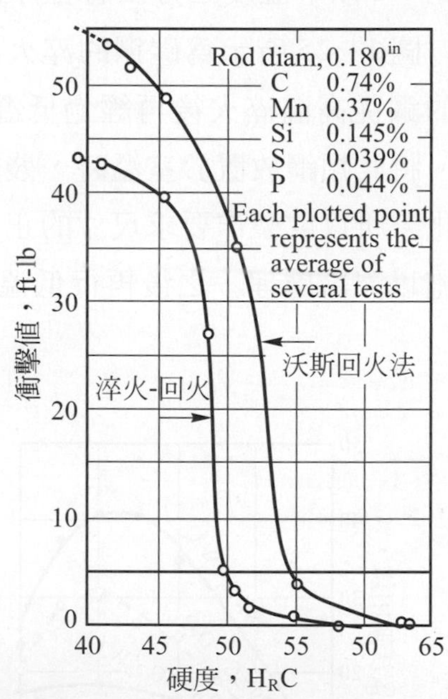

圖 11.28　沃斯回火鋼與淬火-回火鋼之硬度與衝擊值關係之比較

沃斯回火之優點為：完全無淬火龜裂的憂慮、淬火變形少，與相同強度的淬火-回火材料比較時其衝擊值大(但是僅限於硬度在H_RC40～50 之範圍)，如圖 11.28 所示。

沃斯回火在實用上須注意的問題是，須使用不易發生Ar′變態的鋼，而且不適用於尺寸大的製品。目前是使用於彈簧、軸類、高爾夫球桿、釣竿等厚度雖不大但要求具有強韌性的製品。此外，近年來沃斯回火之熱處理亦逐漸應用於鑄鐵鑄件上，而可得到強韌材料之鑄鐵，足可與鋼材之優良性質相比美。(參閱後述之第 14 章 11.4 節)

表 11.1 所示爲適合於沃斯回火的鋼種及其最大直徑。

表 11.1　適合沃斯回火的鋼種及其最大直徑

鋼種	主要合金成分%	直徑[a] mm
碳鋼	1.0C，0.5Mn 1.0C，0.9Mn	＜4 5
Mn 鋼	0.6C，1.0Mn 0.6C，2.0Mn	7 16
Mo 鋼	0.7C，0.8Mn，0.25Mo	16
Cr-Mo 鋼	0.5C，0.8Mn，1.0Cr，0.2Mo	13
Ni-Cr-Mo 鋼	0.6C，0.7Mn，0.7Cr 1.5Ni，0.3Mo	25

a)板爲直徑的 1/2

㈢ 麻回火

將加熱到沃斯田鐵狀態之鋼淬火於保持在M_s與M_f點間之恆溫液中，於此溫度中保持到令其變態完成爲止，再取出空冷之，將此操作稱爲**麻回火**(Martempering)，如圖 11.29 所示。

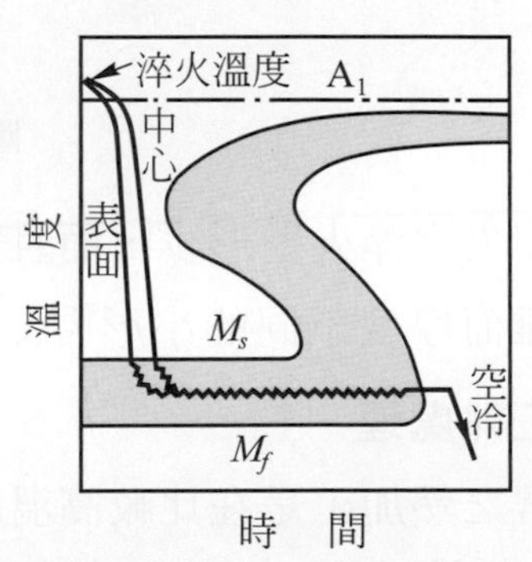

圖 11.29　麻回火

沃斯田鐵被急冷到M_s與M_f點間的恆溫液時，其中的一部份則會馬上變態爲麻田散鐵。隨著時間的經過則尚未變態的沃斯田鐵在此溫度保持過程中會發生恆溫變態而成爲變韌鐵，而先前所生成的麻田散鐵在此恆溫保持中會自行回火而軟化，遂成爲回火麻田散鐵。所以經過麻回火之鋼在常溫時，則成爲回火麻田散鐵和變韌鐵的混合組織。

麻回火雖具有可緩和淬火應力的效果，但是在低溫使其完成變韌鐵變態所需的時間非常長，所以在工業上並不是一種實用的方法。

㈣ 麻淬火－回火

將加熱到沃斯田鐵狀態的鋼淬火於保持在M_s點稍上方溫度的鹽浴中，並保持適當時間使鋼料表面與中心的溫度一致為止，之後再取出空冷之，在此空冷期間則會產生麻田散鐵變態，將此操作稱為**麻淬火**(Marquenching)，如圖 11.30 所示。麻淬火後通常再施以普通之**回火**(tempering)。

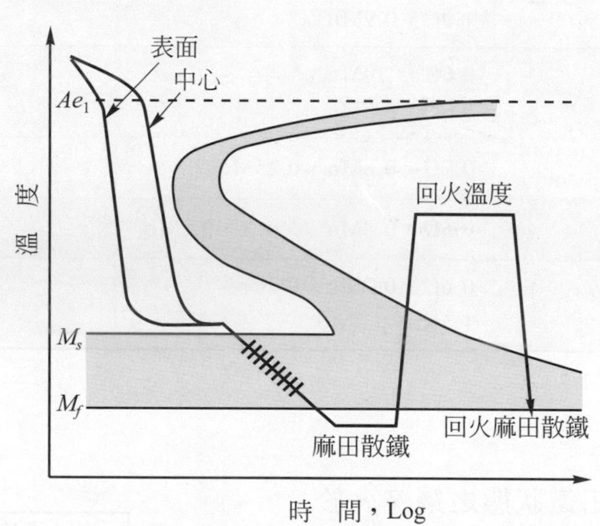

圖 11.30 麻淬火－回火

麻淬火之淬火變形少，而且熱應力分布均一，所以可防止淬裂的發生，適合於形狀複雜而厚度不同的小形製品。

㈤ 加工熱處理

通常之熱加工是在比較高溫的沃斯田鐵區域施行，而近年來為了提高鋼之強度與韌性，常在低溫之沃斯田鐵域或是更低溫之變態途中、變態終了後施以加工，而可得到微細組織之各種處理法，亦被開發出來而且受到注目。這種將加工與熱處理加以組合的處理稱之為**加工熱處理**(Thermo-Mechanical Treatment，TMT)，表 11.2 所示為其一些代表性的方法。

表 11.2　鋼之加工熱處理的分類與通稱

分類	小分類	通稱
I 變態前之加工	1. 在安定沃斯田鐵範圍加工後，急冷。 2. 在準安定沃斯田鐵範圍加工後，麻田散鐵變態。 3. 在準安定沃斯田鐵範圍加工後，沃斯回火。	鍛造淬火，加工淬火。 沃斯成形(Ausforming)，熱冷間加工(Hot-cold working) 沃斯軋延回火(Ausrolltempering)
II 變態途中之加工	4. 變態途中之塑性加工(麻田散鐵；波來鐵)。	深冷軋延(Subzero rolling) 恆溫成形(Isoforming)
III 變態後之加工(尤其是昇溫時)	5. 麻田散鐵之加工。 6. 回火麻田散鐵之加工。 7. 波來鐵或變韌鐵之加工。	麻成形(Marforming) 溫加工(Warm working) 韌化(Pateneing)加工
IV 在變態前至變態途中之加工	8. 在沃斯田鐵低溫域(再結晶域，非再結晶域)之加工。 9. 在沃斯田鐵、肥粒鐵兩相區域之加工。	控制軋延，控制水冷。 TMCP 鋼(Thermo-Mechanical Control Process steel)

習題

11.1　解釋名詞：

⑴退火　⑵正常化　⑶淬火　⑷回火　⑸弛力退火　⑹質量效果　⑺硬化能

⑻ H 鋼　⑼回火吐粒散鐵　⑽低溫回火脆性　⑾深冷處理

⑿殘留沃斯田鐵的安定化　⒀麻淬火　⒁麻回火　⒂ TMT

11.2　例舉工業上常用的退火之種類，並說明其方法及目的。

11.3　說明鋼之正常化的目的，並比較恆溫正常化與兩段正常化。

11.4　理想之淬火液應具備哪些功能？試述之！

11.5　試比較與說明以水或油做為淬火液時之特徵。

11.6　解釋下列名詞：

⑴時間淬火　⑵熱浴淬火

11.7　試述喬米尼端面淬火試驗，並圖示一典型的硬化能(喬米尼)曲線。

11.8　說明鋼之回火方法及其適用對象與目的。

11.9 將淬火鋼由常溫漸次的回火到高溫時，試述其金屬組織與機械性質的變化過程。

11.10 何謂回火脆性？並說明低溫及高溫回火脆性。

11.11 試述深冷處理，其目的爲何？說明之。

11.12 說明沃斯回火(austempering)，其優點爲何？適用於哪些鋼種？

11.13 說明沃斯田鐵安定化現象之例子。

11.14 圖示及說明麻淬火—回火，其優點爲何？

11.15 何謂加工熱處理(TMT)？並試將其加以分類。

12 碳鋼

碳鋼是指經由前述第 8 章中之平爐、轉爐等煉鋼方法所製得的鋼，而沒有添加任何特殊的合金元素的鋼。一般是僅依照其含碳量之多寡來分類，工業上所使用的鋼材中之大部份均屬此。此外，由於在煉鋼時無可避免的均會混入有 Si、Mn、P、S 等不純物元素，而其含碳量通常是在 0.02～2.14%範圍。

12.1 碳鋼的標準狀態之性質

標準狀態的碳鋼其組織為肥粒鐵與雪明碳鐵的混合物。而所謂**標準狀態**(Normal state)是指將碳鋼從沃斯田鐵狀態加以徐冷後，經由近似於平衡狀態圖中所示之變態後的狀態。圖 12.1 所示為碳鋼之物理性質與其 C%之關係，而圖 12.2 所示為碳鋼之標準狀態之機械性質與 C%的關係。由圖可知，亞共析鋼(%C ＜ 0.8%)是隨著其%C之增加，抗拉強度、降伏強度與硬度均增加，而伸長率、斷面縮率及衝擊值則減小。過共析鋼則其 C%增加時，機械性質幾乎無什變化。

圖 12.3 為碳鋼在高溫時機械性質之例子。一般而言，碳鋼在 200～300℃時其抗拉強度與硬度最大，而伸長率與斷面縮率最小。也就是說鋼於 200～300℃時較室溫時變得硬且脆，將此現象稱為**青(藍)脆性**(Blue shortness)。衝擊值則在 0℃以下及 400～500℃時呈現最低值。此外，鋼隨著溫度的降低，通常其強度會增加，而伸長率、斷面縮率等會減少，而尤以衝擊值之減少為最顯著，所以將鋼於低溫時變脆的現象稱之為**冷脆性**(Cold shortness)。

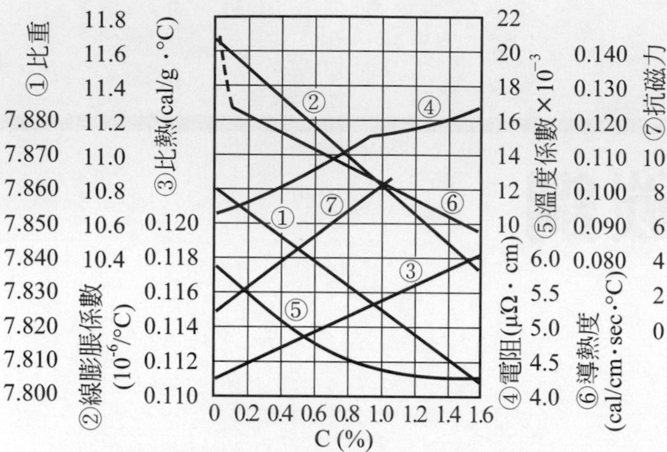

圖 12.1　碳鋼之物理性質與 C%的關係

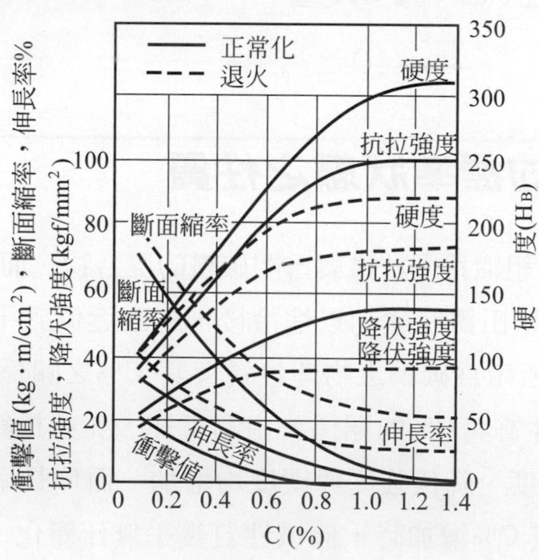

圖 12.2　碳鋼之機械性質與 C%的關係

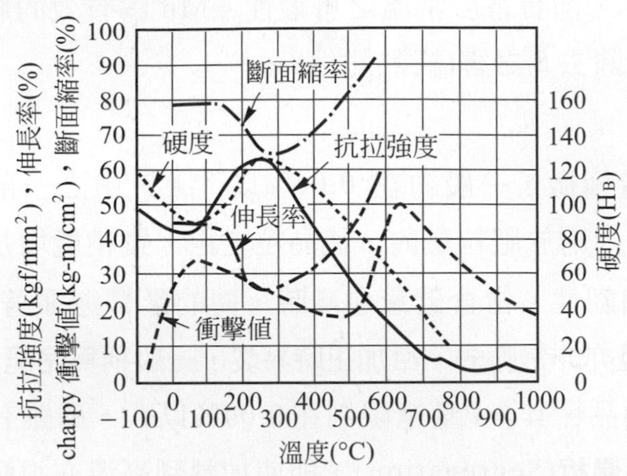

圖 12.3 軟鋼之機械性質與試驗溫度的關係

12.2 碳鋼中之不純物對其性質之影響

碳鋼爲 C%於 0.02～2.14%範圍之鐵與碳的合金，此外尚含有 Si、Mn、P、S 等不純物及 O、H、N 等氣體在內。茲將各種不純物對於鋼性質的影響分述如下：

㈠ 矽(Si)

矽固溶於肥粒鐵內，可增加鋼的硬度、彈性限和強度，但伸長率、衝擊值及冷加工性會減低；使晶粒增大變粗，對於鍛造性有害。矽在鋼內有防止氣孔形成，增進收縮等作用，但有助於鋼液之流動性等益處。若矽含量夠高，且經適當處理，鋼內的雪明碳鐵會分解爲石墨，成爲石墨鋼。一般鋼中矽之含量在 0.3%以下，冷加工用者則以 0.2%以下爲宜。

㈡ 錳(Mn)

碳鋼中通常含有 0.2～0.8%的 Mn，一部份熔於鋼中，一物份則與 S 結合成爲 MnS，可防止熱脆性。而熔於鋼中的Mn會降低鋼的變態點，使變態速度減慢，同時可以提高淬火效果，抑制晶粒的成長，使鋼的硬度、抗拉強度及韌性提高，利於高溫時的鍛造和軋延。但是若工具鋼中的Mn含量過多時，則容易發生淬火裂痕，故以 0.2～0.4%之含 Mn 量爲適當。於高碳鋼中，Mn 與 C 結合成爲Mn_3C且與Fe_3C相溶合成$(FeMn)_3C$，更增強其硬度及抗拉強度，惟延性降低。當碳及錳含量低時，雖不影響高溫鍛延性，卻有害於常溫之可鍛性。Mn 爲有效的脫氧劑，其含量在 S %之三倍以上時即可除去 S 之害(紅熱脆性)。

㈢ **磷(P)**

磷在鋼中之含量極微，一般約在 0.06%以下。P 中之一部份和 Fe 化合成爲 Fe_3P，剩餘的部份則固溶於肥粒鐵內，使晶粒變粗，雖稍能增加鋼的硬度和抗拉強度，但會降低延性和韌性。當含碳量愈高時，磷的影響愈顯著，尤其當 P 含量達 0.25%以上時，在常溫亦非常脆弱，冷加工時易裂，一般稱爲**冷脆性**(Cold shortness)，故寒帶地方使用之鋼品，其含P量應限制在0.04%以下。磷雖有助於鋼之耐大氣腐蝕性，但在鋼中易起**偏析**(Segregation)，即使加熱到高溫亦很難擴散而留在原處，而於軋延或鍛造時會變爲細長的帶狀組織，一般將其稱之爲**魔線**(Ghost line)，爲鋼料破壞之原因。磷含量之限制，一般工具鋼在 0.025%以下，半硬鋼在 0.04%以下，而軟鋼在0.06%以下。

㈣ **硫(S)**

硫雖有助於鋼的切削性，但其對於鋼有不良的影響。硫的含量在0.02%時，就會減少鋼的強度、伸長率和衝擊值，其最顯著的影響是對鋼的高溫加工性有害，因爲 S 會產生硬脆的硫化鐵(FeS)而和鐵成爲共晶而包圍在肥粒鐵的晶界，成爲網狀的薄膜，這種共晶混合物的熔點低，加熱於鍛造溫度時會熔解，所以於鍛造時容易發生龜裂，此稱爲**紅熱脆性**(Red shortness)。鋼內含硫量的多寡及其偏析狀況可用硫印法(Sulfur print)觀察之。若於製鋼過程中添加少量的 Mn，則 S 與 Mn 會化合爲MnS，而浮於爐渣中，因此鋼中一定要添加Mn以除S之害。工具鋼的S含量在0.03%以下，軟鋼須在0.05%以下。

㈤ **氫氣(H_2)**

氫氣爲鋼料中各種氣體之爲害最大者，含量過多時會使鋼變脆。尤其因氫氣而造成的**毛裂**(Hair crack)爲一種內部龜裂，於外部或切削狀態無法察覺，是一種令人擔心的缺陷。毛裂易於Ni-Cr鋼、Ni-Cr-Mo鋼、Cr鋼、Cr-Mo鋼中發現，其改進方法爲將鋼錠軋延後徐冷之，或以眞空鑄造、眞空脫氣等方法處理之。

12.3 碳鋼之降伏現象與應變時效

軟鋼之拉伸試驗所得之應力-應變曲線如圖 12.4 所示。亦即當達某應力值時其應力會急速降低，之後縱使再增加應力而其應變在達某一定量之前則會呈現塑性變形，此即爲**降伏現象**，一般將 A 點稱爲**上降伏點**，B 點稱爲**下降伏點**，AC 兩點間之應變稱爲**降伏點伸長**(Yield point elongation)。

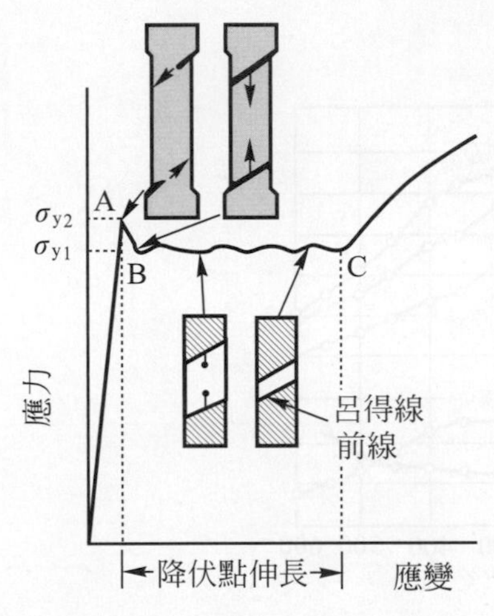

圖 12.4　軟鋼之降伏現象

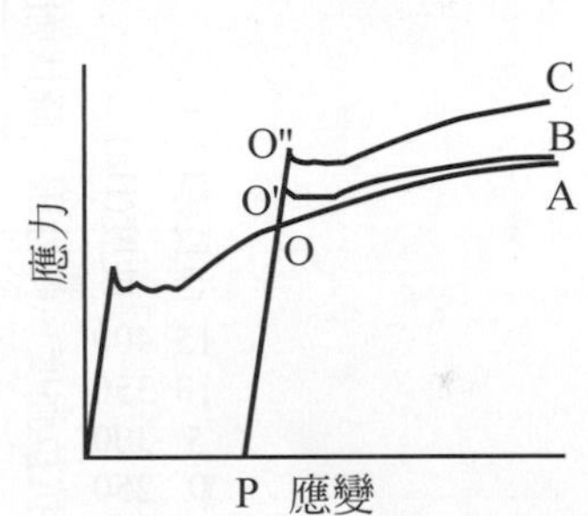

圖 12.5　軟鋼之應變時效

若預先將試片充分研磨，當其抵達上降伏點時則在試片之平行部份之端部附近會發生應變大之領域，而此領域會急速的朝横方向擴大，更而由於會向試片之縱方向(長度方向)傳播，所以會發生降伏點伸長。一般將此應變大的領域稱爲**呂德線**(Luders lines 或 Hartman lines)，呂德線的部份之應變即相當於圖中之 C 點。因此下降伏應力即成爲呂德線向試片之長度方向傳播時所必須之應力。

圖 12.5 所示爲將軟鋼作拉伸試驗使其被拉伸至超過降伏點而達 O 點時，將荷重去除，則會回復到 P 點。若再施以荷重時則其應力-應變曲線則爲 POA，而見不到有降伏點伸長現象。但是，若在除去荷重後於常溫放置長時間，或者是保持於較常溫爲高之 200℃以下的溫度(例如於 100℃加熱 5～10 min)一段時間後，再繼續施以拉伸試驗時則其應力-應變曲線將如PO′B或PO″C所示，曲線會向高應力側移動，而且會再度呈現降伏點伸長，將此現象稱爲**應變時效**(Strain aging)。此外，

鋼在發生應變時效後會有顯著脆化的情形，稱之爲**加工脆化**(Work brittleness)。在鋼中添加Al或Ti、Zr、Nb等而使其不易產生應變時效的鋼稱爲**非時效鋼**(Non-aging steel)。

應變時效亦可被善加利用，圖12.6爲0.74%C之鋼在施以冷抽拉加工後，於各溫度加熱1小時後的機械性質變化情形。由圖可知藉著200℃之加熱，可使降伏強度、彈性限、硬度增加，其中尤以彈性限之增加最爲顯著。而且藉著這些強度之增加，並沒有導致伸長率之降低，此乃爲應變時效之一大特徵。

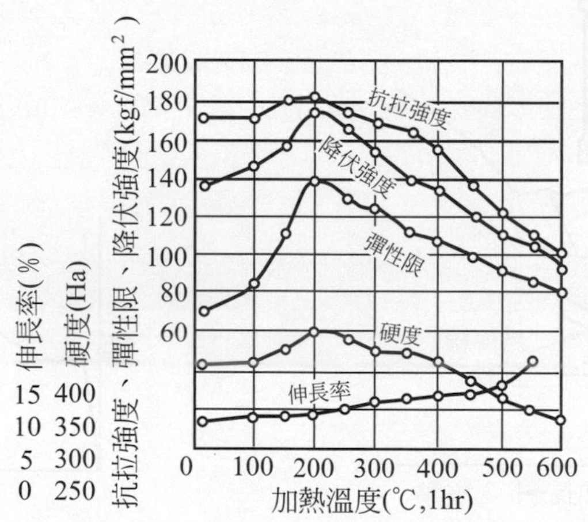

圖 12.6　0.74%C 鋼之冷抽拉後的人工時效所致之性質變化

將時效性軟鋼於青脆性之溫度域施以拉伸試驗時，其應力-應變曲線如圖12.7所示會呈鋸齒形，將此現象稱爲**Portevin-Lechatelier effect**或**鋸齒形變形**(Serrated flow)或**覆變降伏**(Repeated yielding)。

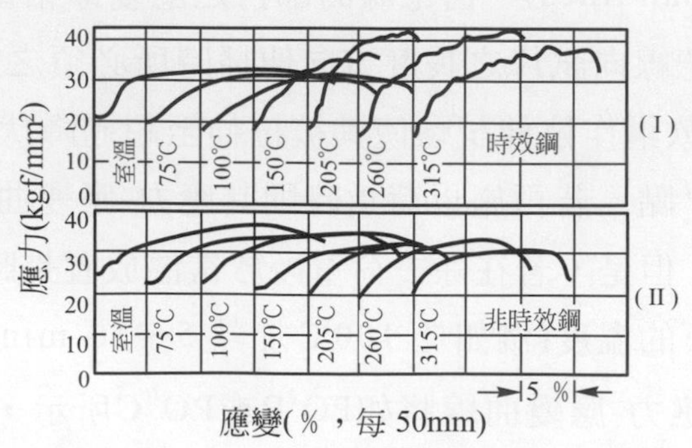

圖 12.7　時效與非時效鋼之高溫應力-應變曲線

12.4 碳鋼之分類與用途

碳鋼係鐵與碳的合金，工業用碳鋼之%C在0.05～1.5%之範圍，隨著%C之不同，其機械性質也不同。一般常以鋼的硬度作爲基準，而將鋼分爲極軟鋼、軟鋼、硬鋼等，其分類方法及用途，如表12.1所示。

然而，工業上碳鋼大都以其用途來分類，詳述如下：

㈠ 普通構造用碳鋼

使用在建築、橋梁、船舶、鐵路車輛，及其他一般構造物上之鋼條、鋼板、平鋼、型鋼、棒鋼等，係使用軟鋼程度之碳鋼，含碳量在0.12～0.20%左右，其成份雖無嚴格的規定，但雜質中的P與S必須低於0.050%。這些鋼料大都是用鹼性平爐或轉爐精煉而得之未靜鋼所製得，一般以軋延狀態或鍛造狀態使用，而不加以熱處理。這類鋼材之切削加工、塑性加工及熔接性均良好，而且加工後表面光滑。表12.2所示爲普通構造用碳鋼之JIS標準，表12.3則爲最新版CNS標準之種類符號與化學成份。

㈡ 銲接構造用軋延鋼材

此爲銲接性較普通構造用碳鋼爲優良之鋼種，適用於橋梁、船舶、車輛、儲油槽、容器及其他結構用銲接性良好之軋鋼材。亦即爲了使銲接後之熱影響區或接合部不會發生硬化而將C%限制在0.2%以下；另外，欲去除在熔接作業中所侵入的氧、與肥粒鐵之強化、晶粒之微細化等目的，而使Mn之含量在1.6%以下，一般是使用全靜鋼錠所製成。表12.4所示爲熔接構造用軋延鋼材之JIS標準，表12.5與12.6分別爲CNS標準之種類符號與化學成份。

本類鋼材可進行正常化、淬火回火或回火熱處理。此外，亦可進行熱機控制軋延製程等熱處理。另爲了滿足具有良好銲接性之需求，在化學成份上特別針對碳當量(Carbon equivalent)及銲接冷裂敏感指數作爲管制之指標，CNS 2947, G3057: 2014標準中之規定如下所述。

(1) SM570之碳當量及銲接冷裂敏感指數

SM570的碳當量及銲接冷裂敏感指數依下列規定。

此外，碳當量適用於淬火回火的鋼料。

① 碳當量以所得之鋼液分析值並依公式(1)計算。

$$C_{eq}=\mathrm{C}+\frac{\mathrm{Mn}}{6}+\frac{\mathrm{Si}}{24}+\frac{\mathrm{Ni}}{40}+\frac{\mathrm{Cr}}{5}+\frac{\mathrm{Mo}}{4}+\frac{\mathrm{V}}{14} \quad \cdots\cdots(1)$$

式中，C_{eq}：碳當量(%)

厚度 mm	50 以下	超過 50，100 以下	超過 100
碳當量(%)	0.44 以下	0.47 以下	依買賣雙方協議

② 依買賣雙方協議，可以用銲接冷裂敏感指數代替碳當量。此時，銲接冷裂敏感指數以所得之鋼液分析值並依公式⑵計算。

$$P_{CM}=\mathrm{C}+\frac{\mathrm{Si}}{30}+\frac{\mathrm{Mn}}{20}+\frac{\mathrm{Cu}}{20}+\frac{\mathrm{Ni}}{60}+\frac{\mathrm{Cr}}{20}+\frac{\mathrm{Mo}}{15}+\frac{\mathrm{V}}{10}+5\mathrm{B} \quad \cdots\cdots(2)$$

式中，P_{CM}：銲接冷裂敏感指數(%)

厚度 mm	50 以下	超過 50，100 以下	超過 100
銲接冷裂敏感指數(%)	0.28 以下	0.30 以下	依買賣雙方協議

⑵ 進行熱機控制軋延鋼板之碳當量及銲接冷裂敏感指數

依買賣雙方協議，進行熱機控制軋延鋼板的碳當量，依買賣雙方協議以銲接冷裂敏感指數代替碳當量，依下列規定。

① 碳當量以所得之鋼液分析值並依公式⑴計算。

種類符號			SM490A、SM490YA、SM490B、SM490YB、SM490C	SM520B、SM520C
厚度[(a)]	50mm 以下	碳當量(%)	0.38 以下	0.40 以下
	超過 50mm，100mm 以下		0.40 以下	0.42 以下

註[(a)] 厚度超過 100mm 之鋼板，其碳當量依買賣雙方之協議。

② 銲接冷裂敏感指數以所得之鋼液分析值，並依公式⑵計算。

種類符號			SM490A、SM490YA、SM490B、SM490YB、SM490C	SM520B、SM520C
厚度[(a)]	50mm 以下	銲接冷裂敏感指數(%)	0.24 以下	0.26 以下
	超過 50mm，100mm 以下		0.26 以下	0.27 以下

註[(a)] 厚度超過 100mm 之鋼板，其銲接冷裂敏感指數依買賣雙方之協議。

㈢ 機械構造用碳鋼

使用於機械構造用之鋼，因爲上述之普通構造用碳鋼之材質不盡理想，所以必須採用較高級而性質優良之碳鋼。這種鋼是用電爐或平爐精煉的全靜鋼錠所製成的，具有加工性良好、品質均勻、無缺陷等特點，一般是在實施熱處理後才供使用。表12.7爲最新版JIS標準之機械構造用碳鋼之化學成分，對於機械性質、外觀組織、顯微組織等均無規定，可由買賣雙方協議之。表12.8則爲最新版CNS標準之種類符號與化學成份，表12.9爲舊制之JIS與CNS所規定之機械構造用碳鋼之規格及機械性質，僅供作爲參考。

含碳量低者(約 0.25%以下)於 860℃～950℃之溫度施以正常化處理後使用，多用於螺栓、螺帽、銷、軸、曲柄軸等之製造，用途極廣。含碳量在0.4%以上之機械構造用碳鋼，耐磨耗性佳但延性降低淬火易裂，故須愼重作熱處理，且回火後必須急冷，以避免回火脆性。若再施以球化退火熱處理，可以改善這類鋼的切削困難性。一般多作爲曲柄軸、銷、工具、彈簧、及鋼軋等。

表 12.1　碳鋼以硬度之分類與用途

種類	化學成份(%)			機械性質				用途例
	C	Si	Mn	抗拉強度 (kgf/mm^2)	降伏強度 (kgf/mm^2)	伸長率 (%)	硬度 (H_B)	
特別極軟鋼	＜0.08	＜0.05	0.20～0.40	32～36	18～28	30～40	95～100	電信用線、薄板
極軟鋼	0.8～0.12	＜0.05	0.30～0.50	36～42	20～29	30～40	80～120	焊接管、鉚釘
軟鋼	0.12～0.20	＜0.20	0.30～0.50	38～48	22～30	24～36	100～130	鋼架、鋼筋、鉚釘、螺絲、螺帽造船・車輛用板、棒、型鋼
半軟鋼	0.20～0.30	＜0.20	0.40～0.60	44～55	24～36	22～32	120～145	建築・造船・橋・蒸氣鍋用板
半硬鋼	0.30～0.40	0.15～0.25	0.40～0.60	50～60	30～40	17～30	140～170	軸、螺絲
硬鋼	0.40～0.50	0.15～0.25	0.50～0.70	58～70	34～46	14～26	160～200	氣缸、鐵軌
最硬鋼	0.50～0.60	0.15～0.25	0.60～0.80	65～100	36～47	11～20	180～235	軸、鐵軌、車輪、外輪、車軸

表 12.2　一般構造用軋延鋼材(JIS G 3101：2010)
Rolled Steels for General Structure

JIS 記號	化學成份(%)				降伏強度 (N/mm^2)	抗拉強度 (N/mm^2)	伸長率 (%)
	C	Mn	P	S			
SS330	—	—	0.050 以下	0.050 以下	175 以上	330～430	21 以上
SS400	—	—	0.050 以下	0.050 以下	215 以上	400～510	17 以上
SS490	—	—	0.050 以下	0.050 以下	255 以上	490～610	15 以上
SS540	0.30 以下	1.60 以下	0.040 以下	0.040 以下	390 以上	540 以上	13 以上

表 12.3　一般結構用軋鋼料(CNS 2473, G3039:2014)
Rolled Steels for General Structure

種類符號	適用範圍	化學成份　單位：%				
		C	Mn	P	S	B
SS330	鋼板、鋼片、鋼帶、扁鋼及鋼棒。	—	—	0.050 以下	0.050 以下	未滿 0.0008
SS400	鋼板、鋼片、鋼帶、扁鋼、鋼棒及型鋼。					
SS490						
SS540	厚度、直徑、邊長或對邊距離為 40mm 以下之鋼板、鋼片、鋼帶、扁鋼、鋼棒及型鋼。	0.30 以下	1.60 以下	0.040 以下	0.040 以下	未滿 0.0008
備考：鋼棒包括捲狀鋼棒。		備考：必要時得添加表中以外之合金元素。				

表 12.4　熔接構造用軋延鋼材(JIS G 3106：2008)
Rolled Steels for Welded Structure

JIS 記號	化學成份(%)					機械性質	
	C	Si	Mn	P	S	抗拉強度 (N/mm^2)	伸長率 (%)
SM400 A	0.25 以下	—	2.5×C%以上	0.035 以下	0.035 以下	400～510	18～24 以上
SM400 B	0.22 以下	0.35 以下	0.60～1.50	〃	〃		
SM400 C	0.18 以下	〃	0.60～1.50	〃	〃		
SM490 A	0.22 以下	0.55 以下	1.65 以下	〃	〃	490～610	17～23 以上
SM490 B	0.20 以下	〃	〃	〃	〃		
SM490 C	0.18 以下	〃	〃	〃	〃		
SM490 YA	0.20 以下	〃	〃	〃	〃	490～610	15～21 以上
SM490 YB		〃	〃	〃	〃		
SM520 B	0.20 以下	〃	〃	〃	〃	520～640	15～21 以上
SM520 C		〃	〃	〃	〃		
SM570	0.18 以下	〃	1.70 以下	〃	〃	570～720	19～26 以上

表 12.5　銲接結構用軋鋼料(CNS 2947, G3057:2014)之種類符號
Rolled Steels for Welded Structure　　　單位：mm

種類符號	鋼　料	適用厚度[a]
SM400A	鋼板、鋼帶、型鋼及扁鋼	200 以下
SM400B		
SM400C[b]	鋼板、鋼帶及型鋼	100 以下
	扁鋼	50 以下
SM490A	鋼板、鋼帶、型鋼及扁鋼	200 以下
SM490B		
SM490C[b]	鋼板、鋼帶及型鋼	100 以下
	扁鋼	50 以下
SM490YA	鋼板、鋼帶、型鋼及扁鋼	100 以下
SM490YB		
SM520B	鋼板、鋼帶、型鋼及扁鋼	100 以下
SM520C[b]	鋼板、鋼帶及型鋼	100 以下
	扁鋼	40 以下

表 12.5　銲接結構用軋鋼料(CNS 2947, G3057:2014)之種類符號

Rolled Steels for Welded Structure(續)　　單位：mm

種類符號	鋼　料	適用厚度[a]
SM570	鋼板、鋼帶及型鋼	100 以下
	扁鋼	40 以下

註[a]　經買賣雙方協議，可以生產達到以下厚度的鋼板，SM400A 厚度可達 450 mm，SM490A 厚度可達 300 mm，SM400B、SM400C、SM490B 及 SM490C 厚度可達 250 mm 以及 SM490YA、SM490YB、SM520B、SM520C 及 SM570 厚度可達 150 mm。

[b]　經買賣雙方協議，可以生產達到以下厚度的扁鋼，SM400C 及 SM490C 厚度可達 75 mm，SM520C 厚度可達 50 mm。

表 12.6　銲接結構用軋鋼料(CNS2947, G3057:2014)之化學成分[a]

種類符號	厚度	C[b]	Si	Mn	P	S	B
SM400A	50mm 以下	0.23 以下	—	2.5×C[b]以上	0.035 以下	0.035 以下	未滿 0.0008
	超過 50mm 200mm 以下	0.25 以下					
SM400B	50mm 以下	0.20 以下	0.35 以下	0.60～1.50	0.035 以下	0.035 以下	未滿 0.0008
	超過 50mm 200mm 以下	0.22 以下					
SM400C	100mm 以下	0.18 以下	0.35 以下	0.60～1.50	0.035 以下	0.035 以下	未滿 0.0008
SM490A	50mm 以下	0.20 以下	0.55 以下	1.65 以下	0.035 以下	0.035 以下	未滿 0.0008
	超過 50mm 200mm 以下	0.22 以下					
SM490B	50mm 以下	0.18 以下	0.55 以下	1.65 以下	0.035 以下	0.035 以下	未滿 0.0008
	超過 50mm 200mm 以下	0.20 以下					
SM490C	100mm 以下	0.18 以下	0.55 以下	1.65 以下	0.035 以下	0.035 以下	未滿 0.0008

表 12.6 銲接結構用軋鋼料(CNS2947, G3057:2014)之化學成分[a] (續)

種類符號	厚度	C[b]	Si	Mn	P	S	B
SM490YA SM490YB	100mm 以下	0.20 以下	0.55 以下	1.65 以下	0.035 以下	0.035 以下	未滿 0.0008
SM520B SM520C	100mm 以下	0.20 以下	0.55 以下	1.65 以下	0.035 以下	0.035 以下	未滿 0.0008
SM570	100mm 以下	0.18 以下	0.55 以下	1.70 以下	0.035 以下	0.035 以下	未滿 0.0008

註[a] 必要時可添加表 12.6 以外之合金元素。
[b] C 為鋼液分析值。

表 12.7 機械構造用碳鋼之種類記號與化學成分(JIS G 4051：2009)

Carbon Steels for Machine Structural Use

單位：%

種類記號	C	Si	Mn	P	S
S10C	0.08～0.13	0.15～0.35	0.30～0.60	0.030 以下	0.035 以下
S12C	0.10～0.15	0.15～0.35	0.30～0.60	0.030 以下	0.035 以下
S15C	0.13～0.18	0.15～0.35	0.30～0.60	0.030 以下	0.035 以下
S17C	0.15～0.20	0.15～0.35	0.30～0.60	0.030 以下	0.035 以下
S20C	0.18～0.23	0.15～0.35	0.30～0.60	0.030 以下	0.035 以下
S22C	0.20～0.25	0.15～0.35	0.30～0.60	0.030 以下	0.035 以下
S25C	0.22～0.28	0.15～0.35	0.30～0.60	0.030 以下	0.035 以下
S28C	0.25～0.31	0.15～0.35	0.60～0.90	0.030 以下	0.035 以下
S30C	0.27～0.33	0.15～0.35	0.60～0.90	0.030 以下	0.035 以下
S33C	0.30～0.36	0.15～0.35	0.60～0.90	0.030 以下	0.035 以下
S35C	0.32～0.38	0.15～0.35	0.60～0.90	0.030 以下	0.035 以下
S38C	0.35～0.41	0.15～0.35	0.60～0.90	0.030 以下	0.035 以下
S40C	0.37～0.43	0.15～0.35	0.60～0.90	0.030 以下	0.035 以下
S43C	0.40～0.46	0.15～0.35	0.60～0.90	0.030 以下	0.035 以下

表 12.7　機械構造用碳鋼之種類記號與化學成分(JIS G 4051：2009)
Carbon Steels for Machine Structural Use(續)

單位：%

種類記號	C	Si	Mn	P	S
S45C	0.42～0.48	0.15～0.35	0.60～0.90	0.030 以下	0.035 以下
S48C	0.45～0.51	0.15～0.35	0.60～0.90	0.030 以下	0.035 以下
S50C	0.47～0.53	0.15～0.35	0.60～0.90	0.030 以下	0.035 以下
S53C	0.50～0.56	0.15～0.35	0.60～0.90	0.030 以下	0.035 以下
S55C	0.52～0.58	0.15～0.35	0.60～0.90	0.030 以下	0.035 以下
S58C	0.55～0.61	0.15～0.35	0.60～0.90	0.030 以下	0.035 以下
S09CK	0.07～0.12	0.10～0.35	0.30～0.60	0.025 以下	0.025 以下
S15CK	0.13～0.18	0.15～0.35	0.30～0.60	0.025 以下	0.025 以下
S20CK	0.18～0.23	0.15～0.35	0.30～0.60	0.025 以下	0.025 以下

註：(a)Cr 不可超過 0.20%。但若經由買賣雙方協議亦可定爲 0.30%未滿。

(b)S09CK、S15CK 與 S20CK 之以下不純物不可超過下述數值：Cu：0.25%，Ni：0.20%，Ni + Cr：0.30%。其他種類則爲：Cu：0.30%，Ni：0.20%，Ni + Cr：0.35%。但若經由買賣雙方協議後，Ni + Cr 之上限值，S09CK、S15CK 與 S20CK 可定爲 0.40%未滿，其他種類則可定爲 0.45%未滿。

表 12.8　機械構造用碳鋼鋼料(Carbon steels for machine structural use)
之種類符號及化學成份[(a)(b)](CNS3828, G3086:2014)

單位：%

種類符號	C	Si	Mn	P	S	B
S10C	0.08～0.13	0.15～0.35	0.30～0.60	0.030 以下	0.035 以下	未滿 0.0008
S12C	0.10～0.15	0.15～0.35	0.30～0.60	0.030 以下	0.035 以下	未滿 0.0008
S15C	0.13～0.18	0.15～0.35	0.30～0.60	0.030 以下	0.035 以下	未滿 0.0008
S17C	0.15～0.20	0.15～0.35	0.30～0.60	0.030 以下	0.035 以下	未滿 0.0008
S20C	0.18～0.23	0.15～0.35	0.30～0.60	0.030 以下	0.035 以下	未滿 0.0008
S22C	0.20～0.25	0.15～0.35	0.30～0.60	0.030 以下	0.035 以下	未滿 0.0008
S25C	0.22～0.28	0.15～0.35	0.30～0.60	0.030 以下	0.035 以下	未滿 0.0008
S28C	0.25～0.31	0.15～0.35	0.60～0.90	0.030 以下	0.035 以下	未滿 0.0008
S30C	0.27～0.33	0.15～0.35	0.60～0.90	0.030 以下	0.035 以下	未滿 0.0008
S33C	0.30～0.36	0.15～0.35	0.60～0.90	0.030 以下	0.035 以下	未滿 0.0008

表 12.8 機械構造用碳鋼鋼料(Carbon steels for machine structural use)之種類符號及化學成份[a][b](CNS3828, G3086:2014)(續)

單位：%

種類符號	C	Si	Mn	P	S	B
S35C	0.32～0.38	0.15～0.35	0.60～0.90	0.030 以下	0.035 以下	未滿 0.0008
S38C	0.35～0.41	0.15～0.35	0.60～0.90	0.030 以下	0.035 以下	未滿 0.0008
S40C	0.37～0.43	0.15～0.35	0.60～0.90	0.030 以下	0.035 以下	未滿 0.0008
S43C	0.40～0.46	0.15～0.35	0.60～0.90	0.030 以下	0.035 以下	未滿 0.0008
S45C	0.42～0.48	0.15～0.35	0.60～0.90	0.030 以下	0.035 以下	未滿 0.0008
S48C	0.45～0.51	0.15～0.35	0.60～0.90	0.030 以下	0.035 以下	未滿 0.0008
S50C	0.47～0.53	0.15～0.35	0.60～0.90	0.030 以下	0.035 以下	未滿 0.0008
S53C	0.50～0.56	0.15～0.35	0.60～0.90	0.030 以下	0.035 以下	未滿 0.0008
S55C	0.52～0.58	0.15～0.35	0.60～0.90	0.030 以下	0.035 以下	未滿 0.0008
S58C	0.55～0.61	0.15～0.35	0.60～0.90	0.030 以下	0.035 以下	未滿 0.0008
S09CK	0.07～0.12	0.10～0.35	0.30～0.60	0.025 以下	0.025 以下	未滿 0.0008
S15CK	0.13～0.18	0.15～0.35	0.30～0.60	0.025 以下	0.025 以下	未滿 0.0008
S20CK	0.18～0.23	0.15～0.35	0.30～0.60	0.025 以下	0.025 以下	未滿 0.0008

註[a] Cr 不得超過 0.02%。但經買賣雙方協議亦可不得超過 0.30%。

[b] S09CK、S15CK 及 S20CK 之不純物 Cu 不得超過 0.25%，Ni 不得超過 0.20%，Ni+Cr 不得超過 0.30%，其他種類之不純物 Cu 不得超過 0.30%。Ni 不得超過 0.20%，Ni+Cr 不得超過 0.35%。經買賣雙方協議 Ni+Cr 之上限，S09CK、S15CK 及 S20CK 不得超過 0.40%，其他種類不得超過 0.45%亦可。

表 12.9　機械構造用碳鋼之規格及機械性質　　CNS3828 G 3086

Cabon Steels for Machine Structural Use　　J I S G 4501

CNS, JIS 記號	C 量(%)	熱處理°C				熱處理	機械性質		
		正常化(N) 空冷	退火(A) 爐冷	淬火回火(H)			抗拉強度 (N/mm²)	伸長率 (%)	硬度 (H_B)
				水冷	急冷				
S10 C	0.08～0.13	900～950	約 900	—	—	N A	＞310 —	＞33 —	109～156 109～149
S12C S15C	0.10～0.15 0.13～0.18	880～930	約 880	—	—	N A	＞370 —	＞30 —	111～167 111～149
S17C S20C	0.15～0.20 0.18～0.23	870～920	約 860	—	—	N A	＞400 —	＞28 —	116～174 114～153
S22C S25C	0.20～0.25 0.22～0.28	860～910	約 850	—	—	N A	＞440 —	＞27 —	123～183 121～156
S28C S30C	0.25～0.31 0.27～0.33	850～900	約 840	850～900	550～650	N A H	＞470 — ＞540	＞25 — ＞23	137～197 126～156 152～212
S33C S35C	0.30～0.36 0.33～0.38	840～890	約 830	840～890	550～650	N A H	＞510 — ＞570	＞23 — ＞22	149～207 126～163 167～235
S38C S40C	0.35～0.41 0.37～0.43	830～880	約 820	830～880	550～650	N A H	＞540 — ＞610	＞22 — ＞20	156～217 131～163 179～255
S43C S45C	0.40～0.46 0.42～0.48	820～870	約 810	820～870	550～650	N A H	＞570 — ＞690	＞20 — ＞17	167～229 137～170 201～269

表 12.9 機械構造用碳鋼之規格及機械性質(續) CNS3828 G 3086
Cabon Steels for Machine Structural Use J I S G 4501

CNS, JIS 記號	C 量(%)	熱處理°C				熱處理	機械性質		
		正常化(N) 空冷	退火(A) 爐冷	淬火回火(H) 水冷	淬火回火(H) 急冷		抗拉強度 (N/mm^2)	伸長率 (%)	硬度 (H_B)
S48C S50C	0.45～0.51 0.47～0.53	810～860	約 800	810～860	550～650	N A H	＞610 － ＞740	＞18 － ＞15	179～235 143～187 212～277
S53C S55C	0.50～0.56 0.52～0.58	800～850	約 790	800～850	550～650	N A H	＞650 － ＞780	＞15 － ＞14	183～255 149～192 229～285
S58C	0.55～0.61	800～850	約 790	800～850	550～650	N A H	＞650 － ＞780	＞15 － ＞14	183～255 149～192 229～285
S09CK	0.07～0.12	900～950	約 900	1 次 880～920 油(水)冷 2 次 750～800 水冷	150～200 空冷	A H	－ ＞390	－ ＞23	107～149 121～179
S15CK	0.13～0.18	880～930	約 880	1 次 870～920 油(水)冷 2 次 750～800 水冷	150～200 空冷	A H	－ ＞490	－ ＞20	111～149 143～235
S20CK	0.18～0.23	870～920	約 860	1 次 870～920 油(水)冷 2 次 750～800 水冷	150～200 空冷	A H	－ ＞540	－ ＞18	114～153 159～241

(Si ＝ 0.15～0.35%，Mn ＝ 0.30～0.90%，P ＜ 0.030%，S ＜ 0.035%)
熱處理記號：N 爲正常化　A 爲退火　H 爲淬火回火

㈣ 碳鋼鑄鋼

適用於鑄造形狀複雜且難以鍛造的機械零件等。雖然適於鑄造的鋼鐵材料中以鑄鐵較優，但鋼之機械性質比鑄鐵優良，因此鑄鋼件之用途亦大。表 12.10 所示為碳鋼鑄鋼依其 C%之分類及用途。鋼之鑄造性甚佳，幾乎任何含碳量的鋼都可鑄造，唯因熔點較高(約 1600℃左右)，且凝固收縮率較大，故其作業比鑄鐵困難。鑄鋼所採用的熔解爐以電弧爐及感應電爐者居多，熔鋼內常須加入矽鐵、錳鐵、或鋁等，以使其還原而除去氣體。

表 12.10　碳鋼鑄鋼之含碳量及其用途

種類	化學成份(%)		熱處理溫度(℃)				用途例
	C	其他	退火	正常化	淬火	回火	
低碳鑄鋼	0.20 以下	Mn：0.50～1.00 Si：0.25～0.75 P：＜0.05 S：＜0.05	870 ≀ 900	900 ≀ 930	870 ≀ 900	430 ≀ 680	電機材料、退火箱、熔液盛桶、托架
中碳鑄鋼	0.20 ≀ 0.50		810 ≀ 870	840 ≀ 900	810 ≀ 870	430 ≀ 680	鐵路車輛、船舶、橋梁、高溫閥
高碳鑄鋼	0.50 以上		760 ≀ 810	790 ≀ 840	760 ≀ 810	430 ≀ 680	軋輥、齒輪、工具機

鑄鋼於鑄造狀態時其內部會有殘留應力，所以需施以退火去除之。此外鑄鋼之組織非常粗大，性硬且脆，若施以正常化後則可使其組織微細化而改善其機械性質。圖 12.8 所示為鑄鋼之熱處理對於衝擊值的影響，由圖可知當施以淬火-回火後，最能使其韌性獲得改善。表 12.11 所示為 JIS 標準之碳鋼鑄鋼之種類及其機械性質，表 12.12 所示則為 CNS 標準之種類符號與適用範圍。

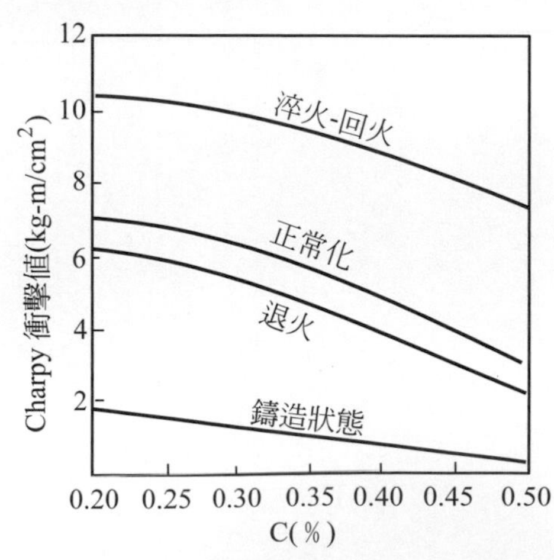

圖 12.8　碳鋼鑄鋼之熱處理與衝擊值的關係

表 12.11　碳鋼鑄鋼之 JIS 標準(JIS G 5101：1991)

Carbon Steel Castings

種類記號	化學成份(%)			機械性質		
	C	P	S	降伏強度 (N/mm²)	抗拉強度 (N/mm²)	伸長率 (%)
SC360	0.20 以下	0.040 以下	0.040 以下	175 以上	360 以上	23 以上
SC410	0.30 以下	0.040 以下	0.040 以下	205 以上	410 以上	21 以上
SC450	0.35 以下	0.040 以下	0.040 以下	225 以上	450 以上	19 以上
SC480	0.40 以下	0.040 以下	0.040 以下	254 以上	480 以上	17 以上

表 12.12　碳鋼鑄鋼件(CNS 2906，G3052:1994)之種類符號與適應範圍

Carbon Steel Castings

種類符號	舊符號(參考)	適用
SC360	SC37	一般結構用 電動機零件用
SC410	SC42	一般結構用
SC450	SC46	一般結構用
SC480	SC49	一般結構用

備考：離心鑄鋼管時，於符號後加註 CF。
例：SC410-CF

習題

12.1　解釋下述名詞：

⑴青(藍)脆性　⑵冷脆性　⑶魔線　⑷紅熱脆性　⑸呂德線　⑹應變時效　⑺加工脆化　⑻非時效鋼　⑼鋸齒形變形　⑽軟鋼　⑾SS400　⑿SM490YB　⒀S50C　⒁S15CK　⒂SC410

12.2　何謂碳鋼之標準狀態？並說明碳鋼之%C 與其物理及機械性質的關係。

12.3　碳鋼中之不純物有哪些？並分別簡述其對於碳鋼性質之影響。

12.4　說明呂德線與碳鋼之拉伸試驗之降伏點伸長的關係。

12.5　試述碳鋼之應變時效現象。

12.6　試述碳鋼之分類。

12.7　說明機械構造用碳鋼之組成、性質及用途。

12.8　試述銲接結構用軋延鋼材之適用領域及其種類。

12.9　說明銲接結構用軋延鋼材之碳當量與銲接冷裂敏感指數之定義。

12.10　碳鋼鑄鋼通常會施以哪些熱處理，並簡述其效果；又碳鋼鑄鋼之應用領域爲何？

13 合金鋼

為了滿足及符合製造各種機器或其他構造物等特殊性質的要求，而在碳鋼中加入一種或一種以上的合金元素，以改善碳鋼的性質，而使其擁有各種特殊及優良性質的鋼，稱為合金鋼(Alloy steel)，又稱為特殊鋼(Special steel)。

13.1 合金鋼的分類

合金鋼的分類，一般主要可分爲下述兩大類：

㈠ **依合金鋼所含元素種類的多寡來區分：**

因爲碳鋼是Fe與C的合金，所以若在碳鋼中加入一種合金元素則成爲三元鋼，加入二種合金元素則成爲四元鋼，餘依此類推。

- 三元鋼：Ni 鋼，Si 鋼，Mn 鋼，Cr 鋼，W 鋼，V 鋼。
- 四元鋼：Ni—Cr 鋼，Cr—Mo 鋼，Cr—V 鋼，Ni—Mo 鋼，Si—Mn 鋼。
- 五元鋼：W—Cr—V 鋼，Ni—Cr—Mo 鋼，Cr—Mo—V 鋼，Cr—W—V 鋼。

㈡ 依照合金鋼的用途來區分：

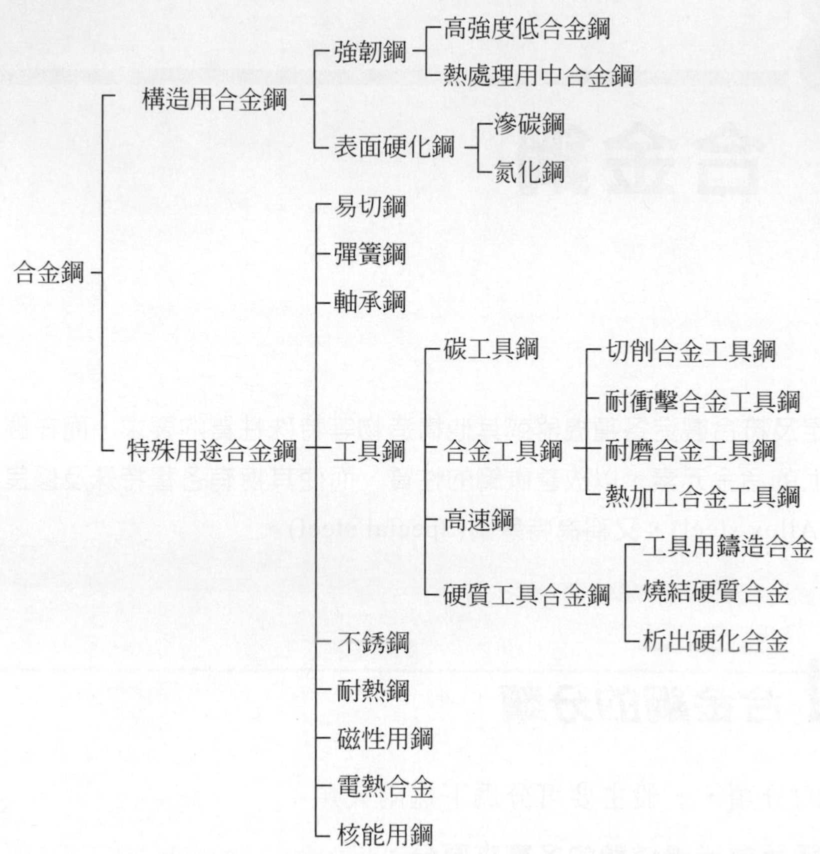

13.2 合金鋼所添加之主要合金元素

構造用合金鋼以具有優良的機械性能爲主，所含合金元素之總量較少；而特殊用途合金鋼以具有特殊性質(耐酸、耐蝕、耐熱、磁性等)爲主，或者是如特殊工具鋼是以具有高硬度及耐磨耗爲主，硬化能極佳，故特殊用途合金鋼之合金元素總含量較多。

㈠ 添加合金元素之個別特性：

Ni ：韌性及低溫衝擊抵抗性增加、耐蝕、硬化能微升。

Cr ：耐磨耗性、腐蝕及氧化抵抗性、硬化能及高溫強度增加。

Mo：防止回火脆性，硬化層深入，高溫強度、硬度、潛變強度、韌性、耐磨耗性增加。

W：形成耐磨耗粒子(WC)，高溫硬度及強度增加。

Cu：空氣中耐酸性、耐蝕性、強度增加。

Si：耐熱性、電磁氣特性增加，氧化抵抗性增加，常作爲脫氧劑。

V：調節晶粒使微細化，具回火時之二次硬化，回火軟化之抵抗性，耐磨耗。

P：增加腐蝕抵抗性，增加低碳鋼的強度。

Mn：增加強度、硬度、硬化能，防止硫所造成的脆性。

Al：強力之脫氧劑，抑制晶粒成長。

Co：降低硬化能，改善鋼之高溫硬度。

㈡ **添加合金元素之共通特性：**

⑴ 碳化物生成性：Ti、V、Cr、Mo、W。

⑵ 回火軟化抵抗性：V、Mo、W、Cr、Si、Mn、Ni。

⑶ 沃斯田鐵晶粒的成長防止性：Al、V、Ti、Zr、Mo、Cr、Si、Mn。

⑷ 淬火效果滲透性：V、Mo、Mn、Cr、Ni、W、Cu、Si。

⑸ 肥粒鐵強化性：P、Si、Mo、Ni、Cr、W、Mn。

13.3 合金元素對於鋼性質的影響

將合金元素添加於鋼時，對於鋼性質的影響共可分爲下述四大項，詳述如下。

㈠ **狀態圖的變化**

鐵和各種合金元素所形成的二元狀態圖，依其γ領域之形狀則大體上可分爲三種形式，如圖 13.1(a)、(b)、(c)所示。(a)圖中由於添加合金元素而使γ領域擴大，於常溫時可得到沃斯田鐵的**γ領域開放型**；(b)圖則爲隨著合金元素之增加其γ領域雖會擴大，但在抵達常溫前，沃斯田鐵會發生共析變態之**γ領域擴大型**；(c)圖中所示爲A_4點會下降但是A_3點則會上昇而形成環狀之**γ領域閉鎖型**。其中將可構成γ領域閉鎖型狀態圖的元素(例如 Si、Al 等)稱爲**肥粒鐵形成元素**(Ferrite former)，而構成γ領域開放型狀態圖之元素(例如 Ni、Mn)則稱爲**沃斯田鐵形成元素**(Austenite former)。

此外，圖 13.2 所示爲添加合金元素後鋼之共析溫度和共析碳濃度的變化情形，此結果對於熱處理溫度之選定是非常重要的。

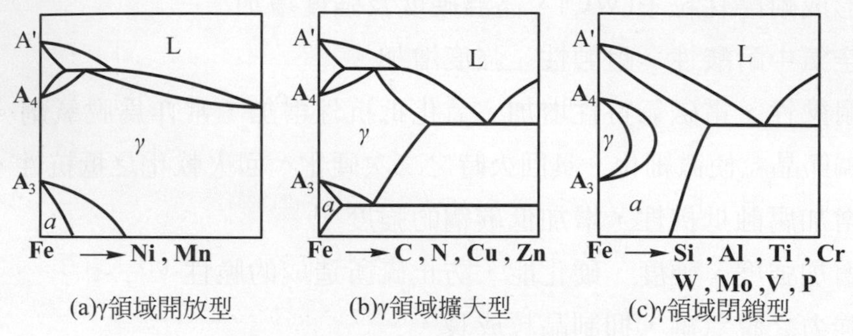

(a)γ領域開放型　(b)γ領域擴大型　(c)γ領域閉鎖型

圖 13.1　鐵合金狀態圖之三種型式

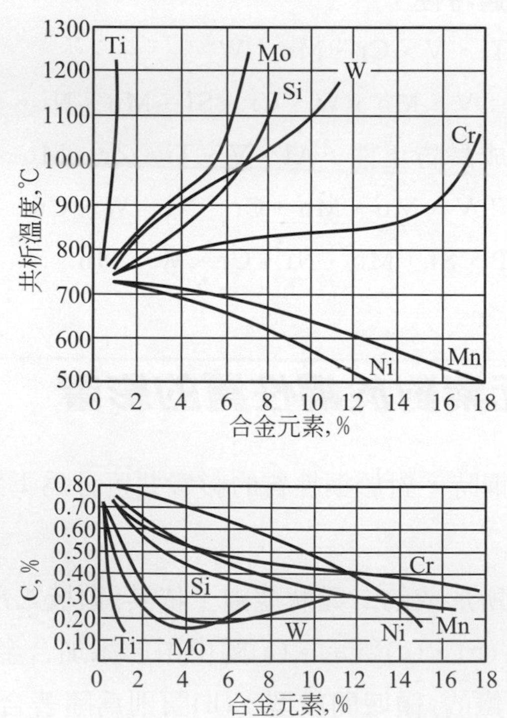

圖 13.2　合金元素對於共析溫度(上圖)與共析碳濃度(下圖)的影響

㈡ 碳化物形成能力(Formability of carbide)

在碳鋼中出現的碳化物爲Fe_3C，若在鋼中添加合金元素時，這些合金元素將會以適當的比例分別固溶於肥粒鐵和雪明碳鐵中，而當合金元素的量多時則會形成雪明碳鐵以外的特殊碳化物MxCy(例如M_2C、M_7C_3、M_6C等)。此時與C親和力弱的合金元素則大部分會固溶於肥粒鐵或沃斯田鐵中，而且縱使其量再多也不會生成特殊的碳化物，例如Ni、Al、Si等就不會形成特殊碳化物。以下所示爲可形成碳化物的合金元素，其碳化物形成能力的大小順序爲：

$$Ti > Nb > V > Ta > W > Mo > Cr > Mn > Fe$$

此外，若是在鋼中同時添加許多種類的合金元素時，則添加量較多的合金元素較易生成碳化物，所以上述所示的順序是指合金元素量爲一定時的順序。

此外，雪明碳鐵中的合金元素的濃度(M)與肥粒鐵中的合金元素之濃度[M]的比例(M)/[M]爲一定值，而與合金元素的含量無關。此時其分配係數(M)/[M]的重量比依次爲

Cr(28%)、Mn(10.5%)、V(9%)、Mo(7.5%)、W(2.0%)、Ni(0.34%)、Co(0.23%)、Si(0.03%)

特殊碳化物的形成具有下述優點：促使鋼的耐磨耗性增加、在高溫長時間加熱時能抑制沃斯田鐵結晶粒的成長、對回火軟化的抵抗性增加等。

(三) 對硬化能的影響(Effect on hardenability)

圖13.3所示爲在0.3%C的鋼中單獨添加各種元素時，其臨界冷卻速度的變化情形。各種元素對於臨界冷卻速度的影響可分爲下述三種類型。第一類型爲添加1%左右時能使硬化能顯著增加的元素，如Mo、Cr、Mn、V等；第二類型爲雖可增進硬化能，但其效果較第一類型爲弱，如Al、Ni、W、Si、Cu等；而第三類型爲使硬化能變差的元素如Co、Zr、Ti等。此外，若是適當的選擇兩種以上的合金元素並同時添加時，則可發揮顯著的合成效果，而使硬化能變的非常良好。欲增進硬化能時，同時添加多種能夠促進硬化能的元素比僅單獨添加一種且多量添加時之效果好。

此外，上述之合金元素對於硬化能的影響是指所有的合金元素在淬火時均已固溶於沃斯田鐵中，若無法固溶而以碳化物的型態存在時，則完全無法達到改善硬化能的效果。

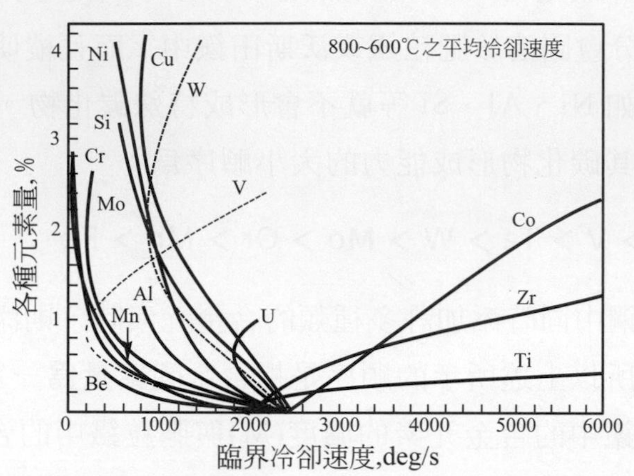

圖 13.3 各種元素對於臨界冷卻速度的影響

(四) 回火軟化之抵抗性(Temper softening resistance)

圖 13.4 中所示為 0.3%C 鋼中加入 Mo 時，回火溫度和硬度的關係。類此在回火之初會呈軟化的狀態，此後，隨著回火溫度的上升會再次發生硬化的現象，稱為**回火硬化**(Temper hardening)或**二次硬化**(Secondary hardening)。發生二次硬化後，則將其回火到相當高溫時亦不會發生軟化，這是由於對回火軟化產生了抵抗性之故，將此性質稱為**回火軟化抵抗性**。合金元素對於回火軟化抵抗性的影響將做如下所述之比較。

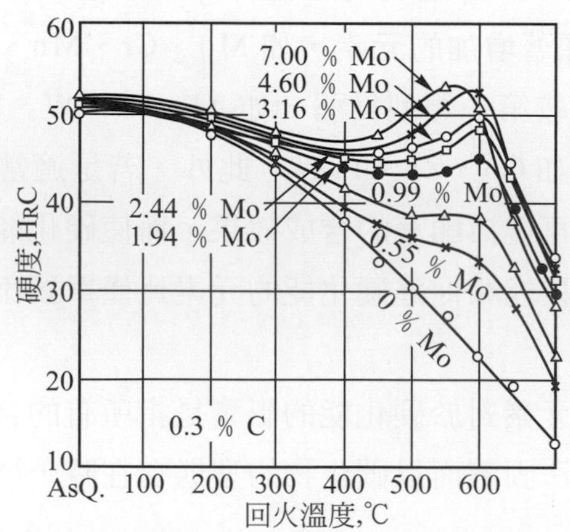

圖 13.4 Mo 添加量與二次硬化的關係

圖 13.5 所示爲鋼中含有合金元素時的回火硬度曲線MADFS，以及與此鋼具相同 C%量的碳鋼之回火硬度曲線爲 MABEC。若將其回火到T_3溫度時，其回火硬度差爲FE，此差異即是由於添加合金元素後所賦予的回火軟化抵抗性的大小。圖 13.6 所示爲以 600℃做爲T_3溫度，經過二小時回火後，V、Mo、W、Cr 等不同合金元素所造成的回火硬度之差異。以下所示爲各種不同合金元素之**回火軟化抵抗性 (Temper softening resistance)**的大小順序：

V > Mo > W > Cr

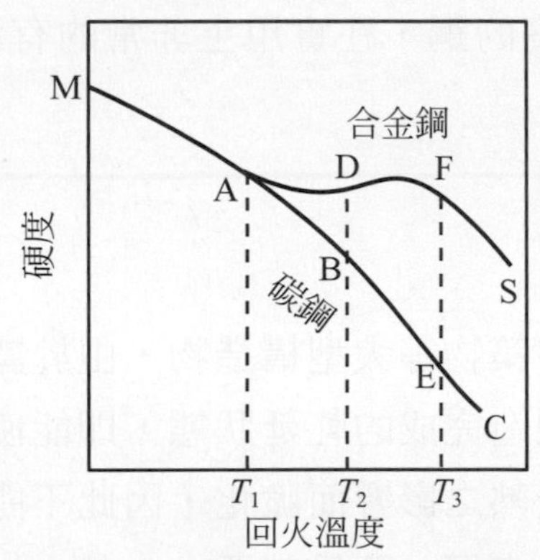

圖 13.5　合金鋼之回火硬度增加量(說明圖)

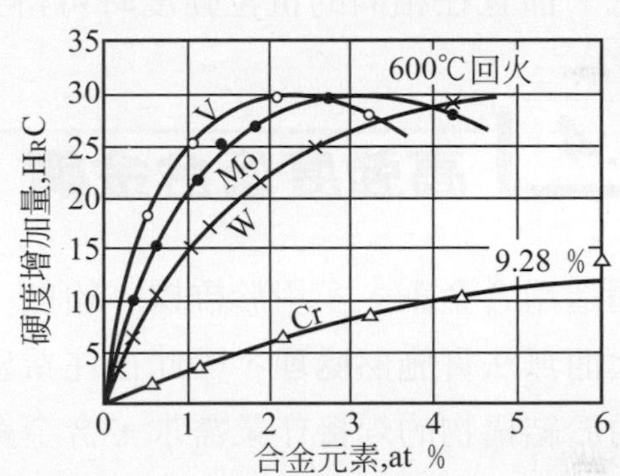

圖 13.6　回火硬度增加量與合金元素的關係

發生二次硬化的原因有兩種，茲說明如下：

(1) Cr 4%以下的 Cr 鋼，在回火過程中首先會從麻田散鐵中析出Fe_3C，因凝集而產生軟化。但是當回火溫度愈高時，Cr的擴散則變得容易，則Cr會固溶於Fe_3C中而形成(Fe、Cr)$_3$C，此碳化物的凝集比Fe_3C慢，所以經回火後所產生的軟化，較碳鋼時爲遲緩，所以會產生回火軟化的抵抗性，但是此時並不會發生硬度上升的情形，而僅是產生軟化的遲滯而已。然而，若 Cr 含量在4%以上時，則會產生二次硬化的現象。其原因爲殘留沃斯田鐵經過回火後變爲麻田散鐵，而產生硬化的情形。

(2) Mo 含量在1%以上的Mo鋼時，其Mo的擴散速度比C遲緩，在低溫回火時Mo與反應無關。由於Fe_3C的析出和凝集而形成(Fe，Mo)$_3$C。若是鋼中Mo含量少時，則Mo會全部固溶於Fe_3C之中，縱使會引起回火軟化的遲滯但仍不會發生二次硬化現象。至此階段爲止是與Cr鋼相同。但是當Mo%含量超過某一定程度時，過剩的Mo會殘留於肥粒鐵中。而當回火溫度更高時，因爲Mo之碳化物形成能力較Fe大，因此Mo會個別產生新的碳化物Mo_2C。隨著新碳化物的產生，因爲其需要C的補充，所以Fe_3C會逐漸的消失。這時候生成的Mo_2C較先前所產生Fe_3C或者是$(Fe、Mo)_3C$更微細而且量多。因此，硬度會再度上升亦即產生二次硬化現象。含V、W、Ti等在某量以上的合金鋼，大體上都會產生二次硬化，而其硬化機構也全都相同。

鋼的回火軟化抵抗性大時，則當作爲工具鋼時，隨著工具溫度的上升亦不易發生軟化的現象；而作爲構造用鋼時可在較高的回火溫度下施以回火但其抗拉強度不會降低，而且在相同的抗拉強度時可得到韌性更高的鋼，在實用上非常的有利。

13.4 高強度低合金鋼

構造用合金鋼，多用於橋樑、船舶、車輛、建築物等大型構造物，由於體積過於龐大而無法實施熱處理，因此往往希望能夠在製造完成的軋延狀態，即能使用。同時由於結構物的焊接作業需求，合金鋼應不易受熱之影響而脆化，因此不能以提高含碳量來增加其強度。故低碳且強度大及熔接性良好，乃爲其要求，其中以**高強度低合金鋼**(High-Strength Low-Alloy steel，HSLA)爲最常使用者。

爲了提高正常化狀態的低碳鋼之強度，則必須增加肥粒鐵的強度。通常在肥粒鐵內添加合金元素時，硬度和抗拉強度都會增加，其中以Si、Ti、Mo、Mn的影響較大，而Co、Cr的影響較小。由此可知，高強度低合金鋼乃是使少量的合金元素固溶於鋼內，使組織內肥粒鐵的強度提高，以增進其機械性質的合金鋼。

此外，由於構造物常暴露於風雨中，因此必須有相當的耐氣候性，一般以添加Cu、P、Cr等來增進其耐候性。高強度低合金鋼依其抗拉強度之大小分類爲50、60、70 kgf/mm^2等三級，如表13.1所示。目前使用最多的是50 kgf/mm^2級的COR-TEN，因爲顧慮到其熔接性等，所以將其C%定爲0.2%左右；另外提高Mn與Si量以增大其強度，而且添加有P、Cu、Cr等，所以爲典型的耐候性鋼，通常是在熱軋狀態或正常化狀態使用。60 kgf/mm^2級爲添Si、Mn，或更而添加有少量的Ni、Cr、Mo、V等例如NK-HITEN60即爲其例子，又分爲在熱軋或正常化狀態使用的非調質鋼與施以淬火-回火的調質鋼等兩類。70 kgf/mm^2級以上者大半爲調質鋼，

表 13.1 各種熔接用高強度低合金鋼(HSLA)一覽表

級別	規格名國籍	成分(%)												機械性質		
		C	Si	Mn	P	S	Ni	Cr	Mo	V	Cu	B	其他	抗拉強度 (kgf/mm^2)	降伏強度 (kgf/mm^2)	伸長率 (%)
50 kg 級	WEL-TEN50 日	< 0.18	0.25～0.45	0.30～1.20	< 0.045	< 0.045								50～58	> 33	> 18 < 10 mm > 19 10～20 > 20 20～30 (5 號)
	HS-1 日	< 0.18	0.30～0.60	1.00～1.30	< 0.040	< 0.040								52～60	> 33	> 20(200 min)
	COR-TEN 美	< 0.12	0.25～0.75	0.20～0.50	0.07～0.15	< 0.050	< 0.65	0.20～1.25			0.25～0.75			> 49	> 35	> 18
	Vanity 美	< 0.18	0.15～0.35	< 1.80	> 0.04	< 0.04	0.25	< 0.15	< 0.05	> 0.02	< 0.35		Ti > 0.005	< 62	> 33	> 20
	St-52 德	< 0.20	< 0.60	< 1.20	< 0.06	< 0.06							P+S < 0.10	50～60	> 32	> 20
	HSB50 德	< 0.20	< 0.45	< 0.95	< 0.05	< 0.05							鋁處理	50～60	> 36	> 20
60 kg 級	WEL-TEN60 A/B 日	< 0.16	< 0.55			< 0.04	– < 0.60	< 0.40		< 0.15				> 60	> 46	> 16
	NK-HITEN60 日	< 0.16	< 0.55	< 1.35	< 0.04	< 0.04	< 0.60	< 0.40	< 0.30	< 0.15				> 60	> 46	> 16
	2H 日	< 0.18	< 0.55	< 1.35	< 0.04	< 0.04								60～68	> 46	> 20(4 號)
	Ducol W30 英	< 0.18		< 1.4			< 0.50	< 0.80	< 0.25	< 0.10	< 0.50			> 60	> 47	
	Fortiweld 英	< 0.15	< 0.40	< 0.60	< 0.05	< 0.05			0.40～0.55			0.0015～0.0035		> 58	> 46	> 20(2")
	HSB55 德	< 0.20	< 0.40	< 0.80	< 0.05	< 0.05	< 0.7		< 1.5		< 0.9		鋁處理	55～68	> 46	> 18
70～80 kg 級	2H-Super 日	< 0.18	< 0.55	< 1.25	< 0.04	< 0.050	< 1.00	< 0.50	< 0.40		< 0.30			> 70	> 60	> 18
	2H-Ultra 日	0.08～0.16	< 0.55	0.60～1.20	< 0.035	< 0.040	< 1.5	< 0.8	< 0.5	< 0.10	0.15～0.50	< 0.006		80～95	> 70	>(20)(1 號)
	T-1 美	0.10～0.20	0.15～0.35	0.60～1.00	< 0.040	< 0.050	0.70～1.00	0.40～0.80	0.40～0.60	0.03～0.10	0.15～0.50	0.002～0.006		80～95	> 70	> 18
	HY-80 美	< 0.22	0.15～0.35	0.10～0.40	< 0.035	< 0.04	2.00～2.75	0.90～1.40	0.23～0.35					–	56～66	> 20
	NAXTR100 美	< 0.20	0.50～0.80	0.50～0.70	< 0.04			0.50～0.70	0.10～0.20				Zn 0.05～0.15	> 84	> 71	
	WEL-TEN80 日	< 0.18	0.15～0.35	0.60～1.20	< 0.035	< 0.040	< 1.5	0.40～0.80	< 0.60	< 0.10	0.15～0.50	≤0.006		80～95	> 70	> 18

強度大且合金元素的種類與量均增加；亦即在沃斯田鐵狀態水淬後，再回火至650℃左右，使其抗拉強度藉著調質後可達 60～100 kgf/mm^2，所以稱爲**調質型高強度鋼**。此型鋼所添加之合金元素種類較多，如 Ni、Cr、Mo、V、Cu 等，或者添加0.002%程度的B，以改善其硬化能，表13.1中之T-1、WEL-TEN80即爲其代表性例子。

圖13.7所示爲80 kgf/mm^{2}級高強度合金鋼之CCT圖與各種冷卻速度冷卻後之機械性質的關係。

組　成 (質量%)	C	Si	Mn	P	S	Cu	Ni	Cr	Mo	V	Al
	0.12	0.3	0.8	0.004	0.005	0.3	1.1	0.5	0.5	0.03	0.03

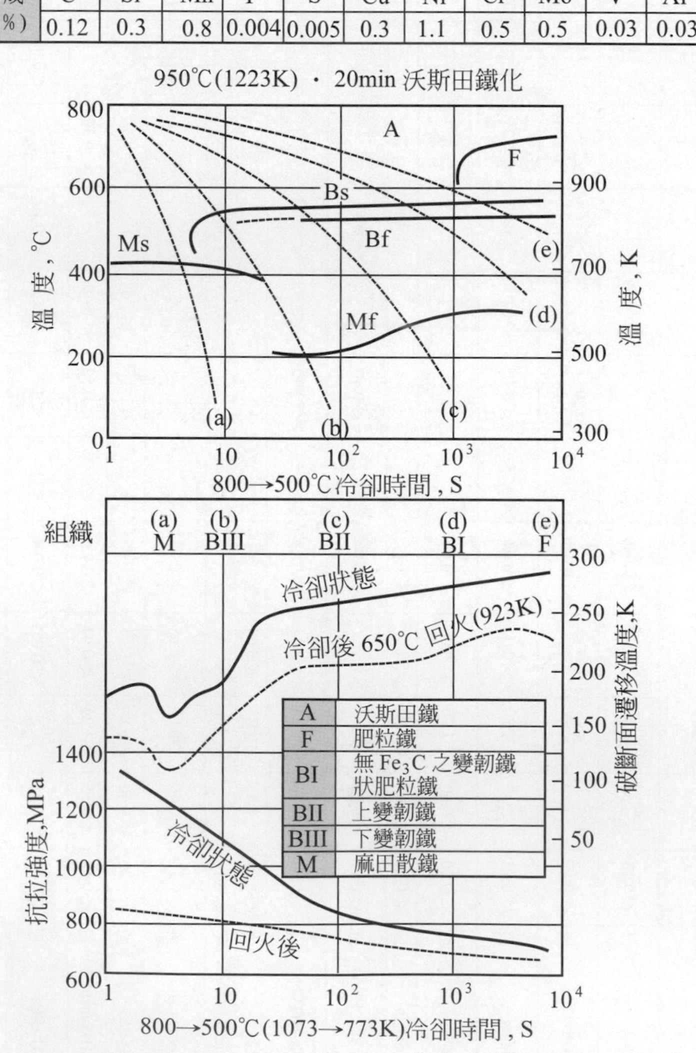

圖 13.7　調質型高強度低合金鋼之 CCT 圖與機械性質之關係

13.5 熱處理用中合金鋼

㈠ Cr 鋼

含0.13～0.48%C，0.9～1.2%Cr及0.60～0.85%Mn，其特性爲擁有高的硬化能，對回火軟化的抵抗性亦高，且耐磨耗性佳。此外，鉻鋼之強度、硬度及耐蝕性均高，但高溫回火脆性顯著，所以回火後必須水冷。一般之熱處理方式爲：由830～880℃油中淬火，再於550～650℃回火，由於碳化物的析出，於500℃回火時會產生二次硬化。表13.2所示爲Cr鋼之JIS規格；CNS規格與JIS完全相同，詳見CNS G 3065。

㈡ Ni-Cr 鋼

爲在0.12～0.40%C的鋼中加入1.0～3.5%Ni、0.5～1.0%Cr之鋼。由於Ni能增加肥粒鐵的強度和韌性，因此雖Ni-Cr鋼之抗拉強度低於Cr鋼，但其韌性則較佳。一般之熱處理方法爲820～880℃油中淬火，再於550～650℃回火，回火後再冷卻於水中，以降低其高溫回火的脆性。表13.3所示爲Ni-Cr鋼之JIS規格；CNS規格與JIS完全相同，詳見CNS G 3064。Ni-Cr鋼爲構造用合金鋼之始祖，爲一代表性的強韌鋼，但因回火脆性顯著，而且Ni蘊藏量少之關係，現今幾乎已爲下述之Cr-Mo鋼所取代。

㈢ Cr-Mo 鋼

於Cr鋼中添加少量的Mo(約0.15～0.45%)之鋼。因含有Mo，故減低了回火脆性，而且其硬化能大，對回火軟化的抵抗性也高。其抗拉強度、韌性、伸長率，均優於鉻鋼。其熱處理方式一般爲830～880℃油中淬火，然後回火於530～630℃，並續施以急冷，以避免其微小的回火脆性。此鋼之高溫強度及熔接性良好，400～500℃時抗潛變性亦佳，所以除了應用於高強度螺栓、曲柄軸之製造外，亦廣泛的使用於高溫高壓用管材之製作。

表13.4所示爲Cr-Mo鋼之JIS規格；CNS規格與JIS完全相同，詳見CNS G 3063。

表 13.2　Cr 鋼之 JIS 規格(JIS G 4053：2008)

記號	參考	化學成分(%)			熱處理(°C)		機械性質					
	舊記號	C	Mn	Cr	淬火	回火	降伏強度 (N/mm^2)	抗拉強度 (N/mm^2)	伸長率 (%)	斷面縮率 (%)	衝擊值 (J/cm^2)	硬度 (HB)
SCr 415	SCr 21	0.13～0.18	0.60～0.90	0.90～1.20	第 1 次 850～900 油冷 第 2 次 800～850 油冷(水冷)	150～200 空冷	—	＞780	＞15	＞40	＞59	217～302
SCr 420	SCr 22	0.18～0.23	〃	〃	〃	〃	—	＞830	＞14	＞35	＞49	235～321
SCr 430	SCr 2	0.28～0.33	〃	〃	830～880 油冷	520～650 急冷	＞635	＞780	＞18	＞55	＞88	229～293
SCr 435	SCr 3	0.33～0.38	〃	〃	〃	〃	＞735	＞880	＞15	50	＞69	255～321
SCr 440	SCr 4	0.38～0.43	〃	〃	〃	〃	＞785	＞930	＞13	＞45	＞59	269～331
SCr 445	SCr 5	0.43～0.48	〃	〃	〃	〃	＞835	＞980	＞12	＞40	＞49	285～352

(1)上述鋼中之不純物含量不可超過此範圍：Si 0.15～0.35%，P 0.030%，S 0.030%，Ni 0.25%，Cu 0.30%。
(2) SCr 415、SCr 420 主要作為表面硬化用鋼。

表 13.3　Ni-Cr 鋼之 JIS 規格(JIS G　4053：2008)

記號	參考	化學成分(%)				熱處理(°C)		機械性質					
	舊記號	C	Mn	Ni	Cr	淬火	回火	降伏強度 (N/mm^2)	抗拉強度 (N/mm^2)	伸長率 (%)	斷面縮率 (%)	衝擊值 (J/cm^2)	硬度 (HB)
SNC 236	SNC 1	0.32～0.40	0.50～0.80	1.00～1.50	0.50～0.90	820～880 油冷	550～650 急冷	＞590	＞740	＞22	＞50	＞118	217～277
SNC 415	SNC 21	0.12～0.18	0.35～0.65	2.00～2.50	0.20～0.50	第 1 次 850～900 油冷 第 2 次 740～790 水冷 或 780～830 油冷	150～200 空冷	−	＞780	＞17	＞45	＞88	235～341
SNC 631	SNC 2	0.27～0.35	〃	2.50～3.00	0.60～1.00	820～880 油冷	550～650 急冷	＞685	＞830	＞18	＞50	＞118	248～302
SNC 815	SNC 22	0.12～0.18	〃	3.00～3.50	〃	第 1 次 830～880 第 2 次 750～800	150～200 空冷	−	＞980	＞12	＞45	＞78	285～388
SNC 836	SNC 3	0.32～0.40	〃	3.00～3.50	〃	820～880 油冷	550～650 急冷	＞785	＞930	＞15	＞45	＞78	269～321

註：上述鋼中之不純物含量不可超過：Si 0.15～0.35%，P 0.030%，S 0.030%，Cu 0.30%。

表 13.4　Cr-Mo 鋼之 JIS 規格(JIS G 4053：2008)

記號	參考	化學成分(%)				熱處理(°C)		機械性質					
	舊記號	C	Mn	Cr	Mo	淬火	回火	降伏強度 (N/mm^2)	抗拉強度 (N/mm^2)	伸長率 (%)	斷面縮率 (%)	衝擊值 (J/cm^2)	硬度 (HB)
SCM 415	SCM 21	0.13～0.18	0.60～0.90	0.90～1.20	0.15～0.25	第 1 次 850～900 油冷 第 2 次 800～850 油冷	150～200 空冷	—	＞830	＞16	＞40	＞69	235～321
SCM 418	—	0.16～0.21	〃	〃	〃	〃	〃	—	＞880	＞15	＞40	＞69	248～331
SCM 420	SCM 22	0.18～0.23	〃	〃	〃	〃	〃	—	＞930	＞14	＞40	＞59	262～352
SCM 421	SCM 23	0.17～0.23	0.70～1.00	〃	〃	〃	〃	—	＞980	＞14	＞35	＞59	285～375
SCM 430	SCM 2	0.28～0.33	0.60～0.90	〃	0.15～0.30	830～880 油冷	530～630 急冷	＞685	＞830	＞18	＞55	＞108	241～302
SCM 432	SCM 1	0.27～0.37	0.30～0.60	1.00～1.50	〃	〃	〃	＞735	＞880	＞16	＞50	＞88	255～321
SCM 435	SCM 3	0.33～0.38	0.60～0.90	0.90～1.20	〃	〃	〃	＞785	＞930	＞15	＞50	＞78	269～331
SCM 440	SCM 4	0.38～0.43	〃	〃	〃	〃	〃	＞835	＞980	＞12	＞45	＞59	285～352
SCM 445	SCM 5	0.43～0.48	〃	〃	〃	〃	〃	＞885	＞1030	＞12	＞40	＞39	302～363
SCM 822	SCM 24	0.20～0.25	〃	〃	0.35～0.45	第 1 次 850～900 油冷 第 2 次 800～850 油冷	150～200 空冷	—	＞1030	＞12	＞30	＞59	302～415

註：(1)上述鋼中之不純物含量不可超過：Si 0.15～0.35%，P 0.030%，S 0.030%，Ni 0.25%，Cu 0.30%。
(2) SCM415、SCM418、SCM420、SCM421、SCM822 主要作爲表面硬化用鋼。

表 13.5　Ni-Cr-Mo 鋼之 JIS 規格(JIS G 4053：2008)

記號	參考	化學成分(%)					熱處理(°C)		機械性質					
	舊記號	C	Mn	Ni	Cr	Mo	淬火	回火	降伏強度 (N/mm^2)	抗拉強度 (N/mm^2)	伸長率 (%)	斷面縮率 (%)	衝擊值 (J/cm^2)	硬度 (HB)
SNCM 220	SNCM 21	0.17～0.23	0.60～0.90	0.40～0.70	0.40～0.60	0.15～0.25	第 1 次 850～900 油冷 第 2 次 800～850 油冷	150～200 空冷	−	＞830	＞17	＞40	＞59	248～341
SNCM 240	SNCM 6	0.38～0.43	0.70～1.00	〃	〃	0.15～0.30	820～870 油冷	580～680 急冷	＞785	＞880	＞17	＞50	＞69	255～311
SNCM 415	SNCM 22	0.12～0.18	0.40～0.70	1.60～2.00	〃	〃	第 1 次 850～900 油冷 第 2 次 780～830 油冷	150～200 空冷	−	＞880	＞16	45	＞69	255～341
SNCM 420	SNCM 23	0.17～0.23	〃	〃	〃	〃	第 1 次 850～900 油冷 第 2 次 770～820 油冷	〃	−	＞980	＞15	＞40	＞69	293～375
SNCM 431	SNCM 1	0.27～0.35	0.60～0.90	〃	0.60～1.00	〃	820～870 油冷	580～680 急冷	＞685	＞830	＞20	＞55	＞98	248～302
SNCM 439	SNCM 8	0.36～0.43	〃	〃	〃	〃	〃	〃	＞885	＞980	＞16	＞45	＞69	293～352

表 13.5　Ni-Cr-Mo 鋼之 JIS 規格(JIS G 4053：2008)(續)

記號	參考	化學成分(%)					熱處理(°C)		機械性質					
	舊記號	C	Mn	Ni	Cr	Mo	淬火	回火	降伏強度 (N/mm^2)	抗拉強度 (N/mm^2)	伸長率 (%)	斷面縮率 (%)	衝擊值 (J/cm^2)	硬度 (HB)
SNCM 447	SNCM 9	0.44～0.50	〃	〃	〃	〃	〃	〃	＞930	＞1030	＞14	＞40	＞59	302～368
SNCM 616	SNCM 26	0.13～0.20	0.80～1.20	2.80～3.20	1.40～1.80	0.40～0.60	第 1 次 850～900 空冷(油冷) 第 2 次 770～830 空冷(油冷)	150～200 空冷	—	＞1180	＞14	＞40	＞78	341～415
SNCM 625	SNCM 2	0.20～0.30	0.35～0.60	3.00～3.50	1.00～1.50	0.15～0.30	820～870 油冷	570～670 急冷	＞835	＞930	＞18	＞50	＞78	269～321
SNCM 630	SNCM 5	0.25～0.35	〃	2.50～3.50	2.50～3.50	0.50～0.70	850～950 空冷(油冷)	550～650 急冷	＞885	＞1080	＞15	＞45	＞78	302～352
SNCM 815	SNCM 25	0.12～0.18	0.30～0.60	4.00～4.50	0.70～1.00	0.15～0.30	第 1 次 830～880 油冷 第 2 次 750～800 油冷	150～200 空冷	—	＞1080	＞12	＞40	＞69	311～375

註：(1)上述鋼中之不純物含量不可超過：Si 0.15～0.35%，P 0.030%，S 0.030%，Cu 0.30%。

(2) SNCM220、SNCM415、SNCM420、SNCM616、SNCM815 主要作爲表面硬化用鋼。

(3) SNCM630 之 Mo 含量，經由買賣雙方協議，亦可將其下限定爲 0.3%。

(四) Ni-Cr-Mo 鋼

含 0.12～0.5%C，0.4～4.5%Ni，0.4～3.5%Cr，0.15～0.7%Mo 之鋼。其熱處理程序一般爲：由 820～870℃油中淬火，再回火於 570～670℃後予以急冷，其因 Mo 含量高，故回火後不必急冷。由於含有 Mo，所以淬火硬化能極大，同時回火軟化抵抗性也大，因此Ni-Cr-Mo鋼爲中低合金構造用鋼中最優秀者。表 13.5 所示爲Ni-Cr-Mo 鋼之 JIS 規格；CNS 規格與 JIS 完全相同，詳見 CNS G 3068。

Ni-Cr-Mo 鋼中之 Ni、Cr、Mo 含量高者其硬化能極大，在空氣中亦可充份冷卻而淬硬，所以又稱爲**自硬鋼**(Self hardening steel)，如表 13.5 中之SNCM 630 即爲代表性例子。

13.6 滲碳鋼

滲碳用鋼如表 13.6 所示，可分爲二大類，亦即前述之機械構造用碳鋼及熱處理型中合金鋼中分別有規定適用於表面硬化用之鋼種即屬此！

表 13.6　滲碳鋼之 JIS 規格

鋼種		記號	用途
機械構造用碳鋼		S9CK	線滾子(紡織機)
		S15CK	凸輪軸、活塞銷
		S20CK	〃
熱處理型中合金鋼	Cr 鋼	SCr415	〃
		SCr420	齒輪、栓槽、軸類
	Cr-Mo 鋼	SCM415	齒輪、軸類
		SCM418	〃
		SCM420	〃
		SCM421	〃
		SCM822	〃

表 13.6　滲碳鋼之 JIS 規格(續)

鋼種		記號	用途
熱處理型中合金鋼	Ni-Cr 鋼	SNC415	齒輪、活塞銷
		SNC815	齒輪、凸輪軸
	Ni-Cr-Mo 鋼	SNCM220	齒輪、軸類
		SNCM415	齒輪
		SNCM420	齒輪、軸承
		SNCM616	高強度齒輪
		SNCM815	高強度齒輪與軸類

滲碳用機構造用碳鋼其質量效果大，有淬裂之憂慮，因此適用於形狀單純之小或薄件。滲碳 Cr 鋼與碳鋼比較時，其滲碳部之硬度高而強韌，但因含有形成碳化物元素之 Cr，所以易造過度滲碳。Cr-Mo 鋼其機械性質較佳，質量效果亦小，但與Cr鋼同樣易形成過度滲碳現象。而Ni-Cr鋼則較上述鋼種爲強韌且質量效果小，結晶粒之粗大化亦少；Ni-Cr-Mo 鋼則性質更爲優秀。

滲碳後施以淬火的鋼其表面不但硬，而且亦存在有雪明碳鐵，因此耐磨耗性良好。此外，其疲勞強度亦可獲得明顯的改善，表 13.7 所示爲數種滲碳鋼在滲碳硬化後所致疲勞強度之上升例子。

表 13.7　滲碳硬化所致疲勞強度之上升例

種類	區分	抗拉強度 (N/mm^2)	伸長率 (%)	斷面縮率 (%)	疲勞強度 (N/mm^2)
碳鋼	非滲碳部	695	42	45	321
	滲碳硬化	957	0	0	587
3% Ni 鋼	非滲碳部	957	—	50	448
	滲碳硬化	1266	0	0	826
5% Ni 鋼	非滲碳部	1111	—	55	525
	滲碳硬化	1366	0	0	849

13.7 氮化鋼

氮化法亦是改變鋼表面之化學成分而使鋼的表層硬化之一種表面硬化法。氣體氮化方法爲：將氮化鋼預先施以淬火-回火後，再置入於氮化爐內，於氨氣(NH_3)流中加熱至500～550℃，持續20～100小時，使其擴散進入氮化用鋼內，並與Fe、Cr、Al、Mo、V等結合生成硬的氮化物層，使鋼表面硬化。氮化後表面硬度可達H_v1000～1200，較由滲碳法所得爲高，並且耐磨耗性及耐蝕性均佳。氮化後不需施以熱處理，此外因氮化處理時之溫度在A_1點以下，所以其變形少。表 13.8 爲氮化鋼之標準成分及特徵。

表 13.8　氮化鋼之標準組成及特徵

鋼種	化學成分(%)						特徵
	C	Cr	Ni	Al	Mo	V	
A	0.2～0.5	1.4～1.8	–	0.8～1.3	0.2～0.5	–	爲標準的氮化鋼，最高硬度可達H_v1000 以上，但脆，製造上需熟練技術。
B	0.3～0.5	1.2～1.7	–	0.25～0.35	0.25～0.35	–	Al量稍少，最高硬度約爲H_v950 左右，較強韌，機械加工容易且較廉。
C	0.20～0.27	1.0～1.5	3.25～3.75	0.85～1.20	0.20～0.30	–	爲添加 Ni 以提高心部的強韌性之鋼種，氮化過程中心部會時效硬化。
D	0.24～0.34	2.3～2.7	–	–	0.2～0.4	0.15～0.35	提高 Cr 量並添加V以提高心部強度之鋼種，最高硬度約爲H_v850 左右。

表 13.9　Al-Cr-Mo 鋼(氮化鋼)之 JIS 規格(JIS G 4503：2008)

種類	記號	化學成分(%)							
		C	Si	Mn	P	S	Cr	Mo	Al
Al-Cr-Mo 鋼	SACM 645	0.40 ~ 0.50	0.15 ~ 0.50	< 0.60	< 0.030	< 0.030	1.30 ~ 1.70	0.15 ~ 0.30	0.70 ~ 1.20

種類	記號	熱處理		機械性質					
		淬火 (°C)	回火 (°C)	降伏強度 (N/mm^2)	抗拉強度 (N/mm^2)	伸長率 (%)	斷面縮率 (%)	衝擊值 (J/cm^2)	硬度 (HB)
Al-Cr-Mo 鋼	SACM 645	880 ~ 930 油冷	630 ~ 720 急冷	> 686	> 833	> 15	> 50	> 98	229 ~ 285

表 13.9 所示為JIS中所規定唯一的氮化鋼，氮化處理前之熱處理溫度亦同時列於表中。因含有會使變態點溫度上升之 Al、Cr、Mo 等元素所以其淬火溫度稍高(880～930℃)，此外為避免在稍後之氮化處理過程時長時間之加熱所導致回火脆性之進行，所以回火溫度亦較高(630～720℃)，以提高其韌性。

CNS 規格與 JIS 完全相同，詳見 CNS G 3106。

13.8 易切鋼

近年來隨著工具機之電腦數值控制化之進步，大量生產與尺寸精度高之切削已逐漸普及，因此對於切削性良好之鋼材之需求亦急速增加！

在鋼中加入特殊的元素以改良其切削性的鋼，稱之為**易切鋼**(Free cutting steel)。一般將易切鋼分為下述四類：

(一) S系易切鋼

在鋼中添加0.1～0.25%S 稱為 **S 系易切鋼**，此外為了使 S 全部成為 MnS 而分散於鋼中，所以亦同時添加有0.4～1.5%左右之 Mn。當鋼中分散存在有某程度的 MnS 時，則此 MnS 會具有如**斷屑器**(Chip breaker)般的作用而可使被削性變好。MnS 在高溫時具有黏性，而在被加工狀態時，會順著加工方向延伸，而使材料產生異向性。圖 13.8 中所示為低碳鋼與 S 系易切鋼其被削性之比較。

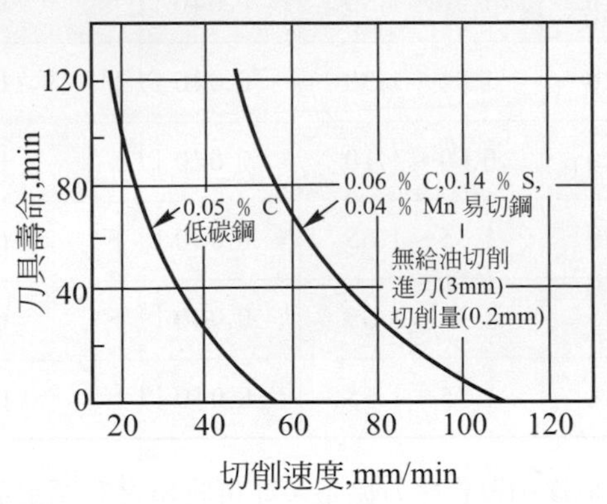

圖 13.8 低碳鋼與 S 系易切鋼之被削性比較

鋼中的P容易產生偏析，而且是使鋼變脆的有害元素，但此缺點若從被削性的觀點來看時，則反而是有利的。因此也有將硫系易切鋼中的P含量稍微提高一點，而使其同時具有MnS與P的複合效果之鋼。

向來易切鋼具有切削容易與切削後加工面光滑的特徵，而不必要特別要求其強度和韌性。所以對於易切鋼通常不施以特別的熱處理，而一般是在熱軋狀態或退火狀態來使用。表13.10所示爲S系及S複合系易切鋼之JIS規格，CNS之規格詳見CNS G 3094。

表13.10 S系及S複合系易切鋼之JIS規格(JIS G 4804：2008)
Free-Cutting Steels

記號	化學成分%[(1),(2)]				
	C	Mn	P	S	Pb
SUM 21	0.13以下	0.70～1.00	0.07～0.12	0.16～0.23	－
SUM 22	0.13以下	0.70～1.00[(3)]	0.07～0.12	0.24～0.33	－
SUM 22L	0.13以下	0.70～1.00[(3)]	0.07～0.12	0.24～0.33	0.10～0.35[(4)]
SUM 23	0.09以下	0.75～1.05	0.04～0.09	0.26～0.35	－
SUM 23L	0.09以下	0.75～1.05	0.04～0.09	0.26～0.35	0.10～0.35[(4)]
SUM 24L	0.15以下	0.85～1.15	0.04～0.09	0.26～0.35	0.10～0.35[(4)]
SUM 25	0.15以下	0.90～1.40	0.07～0.12	0.30～0.40	－
SUM 31	0.14～0.20	1.00～1.30	0.040以下	0.08～0.13	－
SUM 31L	0.14～0.20	1.00～1.30	0.040以下	0.08～0.13	0.10～0.35[(4)]
SUM 32	0.12～0.20	0.60～1.10	0.040以下	0.10～0.20	－
SUM 41	0.32～0.39	1.35～1.65	0.040以下	0.08～0.13	－
SUM 42	0.37～0.45	1.35～1.65	0.040以下	0.08～0.13	－
SUM 43	0.40～0.48	1.35～1.65	0.040以下	0.24～0.33	－

註：(1)Si含量原則上不規定。但經由買賣雙方協議，亦可將Si之範圍定爲：0.1%以下，0.10～0.20%，0.15～0.35%之範圍或界限值內。
(2)本表未規定之元素，若買賣雙方無特別協議時，不可特意添加。
(3) SUM22及SUM22L之Mn，經由買賣雙方協議，可將其上限值定爲1.10%。
(4)若買方要求針對含有鉛之鋼進行鉛之製品分析時，鉛之製品分析值爲0.07～0.35%。

㈡ Pb 系易切鋼

在碳鋼與合金鋼中添加 0.1～0.3%的 Pb，則可使鋼的被切削性變佳的鋼材，稱爲**Pb 系易切鋼**。因爲 Pb 在熔融狀態或固體狀態時均不會與 Fe 熔合在一起而單獨存在，所以 Pb 在鋼中是以極微粒狀均勻分布於鋼中，而扮演斷屑器及潤滑劑之角色，因此其被切削性相當良好。由於 Pb 的存在對於鋼的機械性質和熱處理條件不會有什麼影響，因而除了在碳鋼外，於合金鋼和工具鋼中添加 Pb 皆可使其被削性增加。此外，Pb 系易切鋼和普通的鋼一樣可藉著施以熱處理來改善其材質，所以亦可使用來作爲重視機械性質之零件。

㈢ S 複合系易切鋼

S 系易切鋼中同時添加 P 和 Pb 之複合型易切鋼，稱爲 **S 複合系易切鋼**或**超易切鋼**。JIS 規格中對硫複合系易切鋼材均有規定，如表 13.10 所示之 SUM22L、SUM23L 等。

㈣ Ca 系易切鋼

Ca 系易切鋼與上述的 S 系易切鋼及 Pb 系易切鋼比較時，其爲由完全不同的機構所形成的易切鋼。Ca 系易切鋼爲在製造鋼時以 Ca 爲脫氧劑，其所生成的含有 Ca 的脫氧生成物($Al_2O_3 \cdot SiO_2 \cdot CaO$)，在切削時會熔著於超硬刀具的傾面上，因此除了具有減少摩擦作用外，同時亦可保護刀具尖端，並可提高工具的耐久性。雖然與所謂易切的說法稍爲不同，但卻同樣是具有使工具的壽命顯著增長的特徵。

Ca 系易切鋼之另一個特徵是在賦予快削性之同時並未犧牲其機械性質。S 系易切鋼中因爲含有 MnS，由於此非金屬化合物而會使其性質變差，特別是在橫方向之機械性質會呈現顯著的變差。而 Ca 易切鋼中僅存在有與普通的鋼具相同程度的非金屬介在物，所以其機械性質不會變差。但是這也意味著其切削的破碎性差，這點則是遠不及其他種類的易切鋼。

13.9 彈簧鋼

小型的彈簧是利用經過冷加工過的鋼線或鋼帶直接成型而製得，而大型的彈簧則是利用經過熱加工過的軋延板或棒施以熱加工而製成，並且於成型後再施以淬火回火之熱處理。

表 13.11　彈簧鋼之 JIS 規格(JIS G 4801：2005)

Spring Steel

記號	化學成分%								
	C	Si	Mn	P	S	Cr	Mo	V	B
SUP 6	0.56～0.64	1.50～1.80	0.70～1.00	0.035 以下	0.035 以下	－	－	－	－
SUP 7	0.56～0.64	1.80～2.20	0.70～1.00	0.035 以下	0.035 以下	－	－	－	－
SUP 9	0.52～0.60	0.15～0.35	0.65～0.95	0.035 以下	0.035 以下	0.65～0.95	－	－	－
SUP 9A	0.56～0.64	0.15～0.35	0.70～1.00	0.035 以下	0.035 以下	0.70～1.00	－	－	－
SUP 10	0.47～0.55	0.15～0.35	0.65～0.95	0.035 以下	0.035 以下	0.80～1.10	－	0.15～0.25	－
SUP 11A	0.56～0.64	0.15～0.35	0.70～1.00	0.035 以下	0.035 以下	0.70～1.00	－	－	0.0005 以上
SUP 12	0.51～0.59	1.20～1.60	0.60～0.90	0.035 以下	0.035 以下	0.60～0.90	－	－	－
SUP 13	0.56～0.61	0.15～0.35	0.70～1.00	0.035 以下	0.035 以下	0.70～0.90	0.25～0.35	－	－

註：⑴ P、S 之值經由買賣雙方協議，亦可皆定為 0.035%以下。

⑵上述鋼中之不純物 Cu ＜ 0.30%。

表 13.11　彈簧鋼之 JIS 規格(JIS G 4801：2005)
Spring Steel(續)

記號	熱處理℃		機械的性質					用途例
	淬火	回火	降伏強度 ($\sigma_{0.2}$) N/mm²	抗拉強度 N/mm²	伸長率% 4 號試驗片或 7 號試驗片	斷面縮率% 4 號試驗片	硬度 H_B	
SUP 6	830～860 油冷	480～530	1080 以上	1230 以上	9 以上	20 以上	363～429	疊板彈簧 螺旋彈簧 扭轉棒
SUP 7	830～860 油冷	490～540	1080 以上	1230 以上	9 以上	20 以上	〃	
SUP 9	830～860 油冷	460～510	1080 以上	1230 以上	9 以上	20 以上	〃	〃
SUP 9A	830～860 油冷	460～520	1080 以上	1230 以上	9 以上	20 以上	〃	
SUP 10	840～870 油冷	470～540	1080 以上	1230 以上	10 以上	30 以上	〃	螺旋彈簧 扭轉棒
SUP 11A	830～860 油冷	460～520	1080 以上	1230 以上	9 以上	20 以上	〃	大型疊板彈簧 螺旋彈簧 扭轉棒
SUP 12	830～860 油冷	510～570	1080 以上	1230 以上	9 以上	20 以上	〃	螺旋彈簧
SUP 13	830～860 油冷	510～570	1080 以上	1230 以上	10 以上	30 以上	〃	大型疊板彈簧 螺旋彈簧

㈠　熱間成型彈簧用鋼

彈簧鋼的 JIS 規格如表 13.11 所示，由表可知雖然亦可使用碳鋼或過共析鋼，但其硬化能差。在日本主要是使用於鐵路車輛方面。長久以來即使用含有 0.6%C、1.5～2.0%Si的 Si-Mn 鋼來作爲彈簧的材料，因爲其比碳鋼具有較佳的韌性和硬化能，所以廣泛的被使用在汽車用彈簧及其他方面。Si 可有效的提高鋼的彈性限，但若 Si 的含量太高時則容易引起脫碳，所以在加熱時必須要注意。此外，作爲彈簧用的合金鋼有 Cr-Mn 鋼、Cr-Mn-V 鋼等。後者的耐熱性及韌性比前者佳，所以適合於作為例如會受到高壓力衝擊的兵器用彈簧。

彈簧鋼一般是從 830～860℃油淬後，再回火到比工具鋼的回火溫度還高的 450～540℃，這是為了保持其高彈性限和疲勞限的緣故！

(二) 彈簧用鋼線及其他

小型的彈簧是利用鋼琴線或是油淬火-回火鋼線製成。**鋼琴線**(Piano wire)為將含有 0.6～0.95%C 的鋼於常溫施以高度的抽拉(Drawing)加工，使其擁有高抗拉強度和降伏強度的鋼。在抽拉加工前必須將其從 950℃淬入保持於 500～600℃間的恆溫鉛浴中，使其在此溫度發生 A_1 變態而成為糙斑鐵的組織，將此處理稱為**韌化**(Patenting)。鋼琴線的抗拉強度雖高，但其彈性限卻反常的低。但，若是將其加熱到 300℃左右使其發生應變時效，則可使其彈性限提高，一般將此加熱處理稱為**發藍**(Blueing)。圖 13.9 所示為鋼琴線在低溫退火時，其機械性質的變化情形。由圖可知其彈性限顯著的上升，而且經發藍處理後也會使疲勞限上升。

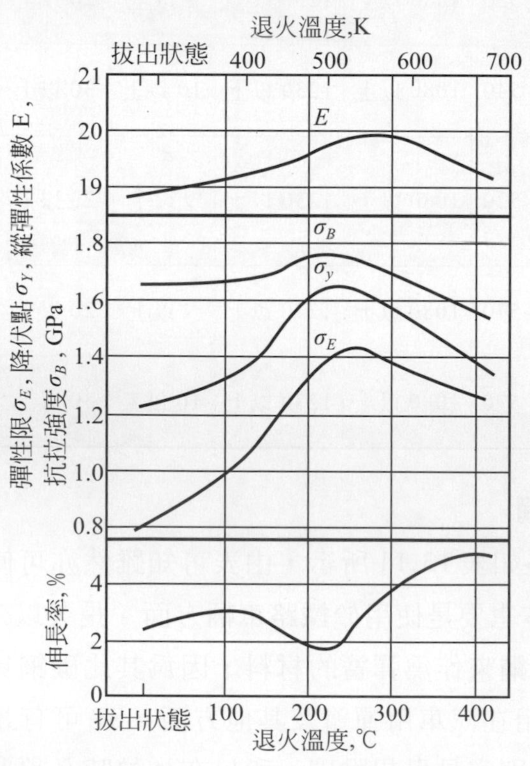

圖 13.9 ϕ4 mm 鋼琴線的退火溫度(4 min)與機械性質的關係

油淬火-回火鋼線(Oil quenching and tempering steel wire)所使用的鋼線與鋼琴線相同，通常不施以冷加工，而是經由淬火-回火而使其獲得強化的鋼線。其回火溫度爲400～500℃。JIS 規格中對彈簧用及閥彈簧用碳鋼油淬火-回火鋼線及閥彈簧用 Cr-V 鋼油回火鋼線等均有規定。

CNS之規格與JIS完全相同，詳見CNS G 3051。

13.10 軸承鋼

球軸承、輥軸承(Roller bearing)所使用的軸承鋼，在點或線接觸狀態下必須承受反覆高荷重的材料，所以其彈性限、降伏強度、硬度、韌性、尺寸安定性和疲勞強度要高且耐磨耗性需良好。今日世界各國所共通使用的爲含有約 1%C、0.9～1.6%Cr 的高碳鉻鋼。表 13.12 所示爲軸承鋼的 JIS 規格。其中有考慮其硬化能而加入多量的 Mn 者和添加 Mo 者等。因爲軸承鋼具有類似於工具鋼的組成，所以其熱處理亦與工具鋼相同。800～850℃油淬後，再回火到 150～180℃的溫度，如此可得硬度約H_RC62 以上，而在此高硬度低韌性的狀態下被使用。因此，只要材質有稍微的缺陷時就會顯著的影響其疲勞強度，爲在所有的特殊鋼中，材質的要求最爲嚴格，其要求非金屬介在物等要少而且清靜度要高。此外，在退火狀態下，Fe_3C的直徑須在 1 μm 以下，全體分佈均勻，而且不能有碳化物的偏析和巨大碳化物的存在。

表 13.12　高碳 Cr 軸承鋼鋼材(JIS G 4805：2008)
High Carbon Chromium Bearing Steels

記號	化學成分%						
	C	Si	Mn	P	S	Cr	Mo
SUJ 2	0.95～1.10	0.15～0.35	0.50 以下	0.025 以下	0.025 以下	1.30～1.60	—
SUJ 3	〃	0.40～0.70	0.90～1.15	〃	〃	0.90～1.20	—
SUJ 4	〃	0.15～0.35	0.50 以下	〃	〃	1.30～1.60	0.10～0.25
SUJ 5	〃	0.40～0.70	0.90～1.15	〃	〃	0.90～1.20	0.10～0.25

註：⑴不純物之 Ni 及 Cu，皆不可超過 0.25%。但，線材之 Cu 需在 0.20%以下。
⑵ SUJ2 與 SUJ3 中之不純物 Mo，不可超過 0.08%。

近年來也有以經過滲碳處理過的表面硬化用合金鋼來做爲軸承鋼。經滲碳處理後其疲勞強度會增加，而且縱使表面硬度高，然而由於其內部的C%低而韌性大，所以做爲特別需要承受大衝擊的軸承最爲有適當。

CNS 規格與 JIS 完全相同，詳見 CNS G 3060。

13.11 工具鋼

工具鋼(Tool steel)是指對於金屬或非金屬材料在常溫或高溫進行切削、成型加工時作爲工具來使用的鋼。一般作爲工具鋼來使用的有碳工具鋼、合金工具鋼、高速鋼、中空鋼、硬質工具合金等種類，分述如下。

(一) 碳工具鋼(Carbon tool steel)

是從全靜鋼錠所製成的 P、S 量少的良質高碳鋼，其含 C%爲 0.6～1.5%及 Si 0.35%以下，Mn 0.5%以下，適用於低速切削較軟材料的場合。

由於將正常化組織的鋼施以淬火時，其在晶界處的碳化物仍會保留原狀，故極爲脆弱，因此必須在淬火之前將碳化物施以球化處理，使成均勻之球狀分布於基地中。淬火溫度爲 760～820℃，而於淬火時，爲避免淬裂，在淬火溫度抵 250℃前須急冷，而250℃以下時則須行緩冷，淬火後再施以低溫回火，溫度約150～200℃。若回火於 200～400℃時則容易產生低溫回火脆性而變脆，所以需加以注意。表13.13 爲碳工具鋼之 JIS 規格、鋼材之退火硬度(鋼板與鋼帶除外)、用途等，而表13.14 則爲碳工具鋼之熱與冷軋延鋼板與鋼帶之硬度。

碳工具鋼之 CNS 規格，詳見 CNS G 3058。

(二) 合金工具鋼(Alloy tool steel)

因爲碳工具鋼之硬化能差，所以在碳工具鋼內添加Cr、W、Mo、V、Mn、Si等合金元素以提高其硬化能，而達到能淬火硬化之效果，並使其擁有良好的回火軟化抵抗性及耐磨耗性與耐高溫軟化等，經過這種改良之碳鋼即稱**合金工具鋼**。

合金工具鋼若按其用途可分爲下述四類：

(1) **切削合金工具鋼**(Cutting alloy tool steel)

主要做爲切削工具，由於硬度及耐磨性之特殊要求，因此提高含碳量及添加W、Cr、Ni、V。屬此類之鋼包括Cr鋼、Cr-W鋼、Cr-W-V鋼及Ni鋼等。Cr 可增加硬化能，對回火軟化具抵抗性，在高溫時亦能維持高硬度。W 易生成特殊碳化物，可增加鋼的淬火硬度及高溫硬度，而使磨耗抵抗性增大。Ni可以增加鋼的強度和韌性，並改進鋼的切削性，耐磨耗性及韌性。

表 13.13　碳工具鋼(JIS G 4401：2009)(選粹)
Carbon Tool Steels

種類記號	含碳量 (%)	退火硬度 H_B	淬火回火硬度 H_RC(參考)	用途例(參考)
SK140 (SK 1)	1.30～1.50	＜217	＞63	刀刃銼刀、紙銼刀
SK120 (SK 2)	1.15～1.25	＜217	＞63	細鑽、小型衝頭、銻刀、鐵工銼刀、刀具、發條
SK105 (SK 3)	1.00～1.10	＜212	＞63	鑿刀、量具、發條、冲壓模、冶工具、刀具
SK95 (SK 4)	0.90～1.00	＜207	＞61	木工用鋸、斧、鑿刀、發條、筆尖、冲壓模、量具
SK90	0.85～0.95	＜207		冲壓模、發條、量具、針
SK85 (SK 5)	0.80～0.90	＜207	＞59	冲壓模、發條、帶鋸、刻印、圓鋸、冶工具、刀具、量具、針
SK80	0.75～0.85	＜192		刻印、冲壓模、發條
SK75 (SK 6)	0.70～0.80	＜192	＞57	刻印、圓鋸、發條、冲壓模、鉤
SK70	0.65～0.75	＜183		刻印、鈎、發條、冲壓模
SK65 (SK 7)	0.60～0.70	＜183	＞56	刻印、鈎、冲壓模、刀子
SK60	0.55～0.65	＜183		刻印、鈎、冲壓模

(Si0.10～0.35%，Mn0.10～0.50%，P＜0.030%，S＜0.030%)
熱處理：退火：SK1～3，750～780℃徐冷，SK4，740～760℃徐冷，SK5～7，730～760℃徐冷
淬火：760～820℃水冷
回火：150～200℃空冷

表 13.14　碳工具鋼之熱與冷軋延鋼板與鋼帶之硬度(JIS G 4401：2009)

種類記號	熱軋延鋼板與鋼帶			冷軋延鋼板與鋼帶	
	熱軋狀態硬度 HRC	退火硬度		退火硬度 Hv	冷軋狀態硬度 Hv(參考値)
		HRB	HRC		
SK140	—	—	34 以下	230 以下	(230～320)
SK120	—	—	31 以下	220 以下	(220～310)
SK105	—	—	〃	〃	〃
SK95	44 以下	—	27 以下	210 以下	(210～300)
SK90	〃	—	〃	〃	〃
SK85	43 以下	100 以下	—	200 以下	(200～290)
SK80	〃	〃	—	〃	〃
SK75	39 以下	98 以下	—	190 以下	(190～280)
SK70	〃	〃	—	〃	〃
SK65	36 以下	96 以下	—	〃	〃
SK60	〃	〃	—	〃	〃

⑵ **耐衝擊合金工具鋼**(Shock-resisting alloy tool steel)

需要承受衝擊力的工具如鏨子、衝頭、鉚釘頭模等，必須具有強韌性，含碳量較少(約 0.35～0.55%)，切削性及耐磨性稍差。包括有Cr-W鋼、Cr-W-V 鋼等均屬此。

⑶ **耐磨合金工具鋼**(Abrasion-resisting alloy tool steel)

例如量規、螺絲攻、拉線模、沖壓模具、粉末冶金成型模具等需要耐磨耗且不變形之場合，則必須要求其淬火時之尺寸變化及內應力減至最低，一般又稱爲**不收縮鋼**；此外亦大都應用於冷加工，所以又稱爲**冷加工(Cold work)金屬模用合金工具鋼**。此類鋼係於高碳鋼中添加Mn、Cr、Mo、W、

V來改善其硬化能，並生成硬質碳化物以維持高硬度及耐磨性。包括Cr-Mn鋼、V鋼、Cr-W鋼、Cr-Mo-V鋼等均屬此。

(4) **熱加工合金工具鋼**(Hot work tool steel)

適用於高溫加工用的衝模、壓鑄模、擠製模、鍛造模、模塊等，在使用中不致因高溫上升而軟化、變形，因此在紅熱狀態下仍應有高的硬度及耐磨性，而且受到反覆加熱及冷卻時其表面不會產生熱裂(heat crack)。一般添加 Ni、Cr、W、Mo、Mn、V 等合金元素，以增加淬火硬化深度和耐磨耗性，並可防止回火脆性，改善硬化能，包括 Cr 鋼、Cr-W 鋼、Cr-Mo-V 鋼等均屬此。

表 13.15 爲 JIS 規格之合金工具鋼之種類、記號及用途，表 13.16 爲合金鋼之化學成分，表 13.17 爲合金鋼之熱處理條件及硬度。

合金工具鋼之CNS規格，詳見CNS G 3059。

美國材料測試協會(ASTM)對於工具鋼之分類、記號、種類等如下述表 13.18 所示。亦即將工具鋼大分類爲碳工具鋼與合金工具鋼二大類，分別屬於 ASTM A 686與ASTM A681之規範詳細內容分述如下。

表 13.15　合金工具鋼之種類、記號及用途(JIS G 4404：2006)
Alloy Tool Steels

分類	JIS 記號	用途
切削合金工具鋼	SKS 11	切削刀具、冷拉線模
	SKS 2 SKS 21	螺絲攻、鑽頭、弓鋸成型模
	SKS 5 SKS 51	木工用帶鋸、圓鋸
	SKS 7	弓鋸
	SKS81	刀具、弓鋸
	SKS 8	銼刀
耐衝擊合金工具鋼	SKS 4 SKS 41	鑿、衝頭、鉚釘頭模
	SKS 43	鑿岩機用活塞
	SKS 44	鑿、鍛頭模
耐磨(冷加工)合金工具鋼	SKS 3	量規、螺絲攻、沖壓模、剪斷用模
	SKS 31	量規、沖壓模、剪斷用模
	SKS 93 SKS 94 SKS 95	量規、沖壓模、剪切刀具
	SKD 1 SKD 2	拉線模、沖壓模、粉末成型模
	SKD 10 SKD 11 SKD 12	量規、螺絲滾打模、 金屬刀具、沖壓模
熱加工合金工具鋼	SKD 4 SKD 5 SKD 6 SKD 61	沖壓模、壓鑄模及擠出工具、切剪板
	SKD 62	沖壓模、擠製工具
	SKD 7	沖壓模、擠製工具
	SKD 8	沖壓模、擠製工具、壓鑄模
	SKT 3 SKT 4 SKT 6	鍛造模、沖壓模、擠製工具

表 13.16　合金工具鋼之化學成份(JIS G 4404：2006)

Alloy Tool Steels

分類	記號	化學成份(%)								
		C	Si	Mn	Ni	Cr	Mo	W	V	Co
切削合金工具鋼	SKS 11	1.20～1.30	＜0.35	＜0.5	—	0.20～0.50	—	3.00～4.00	0.10～0.30	—
	SKS 2	1.00～1.10	〃	＜0.80	—	0.50～1.00	—	1.00～1.50	(1)	—
	SKS 21	〃	〃	＜0.50	—	0.20～0.50	—	0.50～1.00	0.10～0.25	—
	SKS 5	0.75～0.85	〃	〃	0.70～1.30	〃	—	—	—	—
	SKS 51	〃	〃	〃	1.30～2.00	〃	—	—	—	—
	SKS 7	1.10～1.20	〃	〃	—	〃	—	2.00～2.50	(1)	—
	SKS 81	1.10～1.30	〃	〃	—	〃	—	—	—	—
	SKS 8	1.30～1.50	〃	〃	—	〃	—	—	—	—
耐衝擊合金工具鋼	SKS 4	0.45～0.55	＜0.35	＜0.50	—	0.50～1.00	—	0.50～1.00	—	—
	SKS 41	0.35～0.45	〃	〃	—	1.00～1.50	—	2.50～3.50	—	—
	SKS 43	1.00～1.10	0.10～0.30	0.10～0.40	—	—	—	—	0.10～0.25	—
	SKS 44	0.80～0.90	＜0.25	＜0.30	—	—	—	—	—	—
耐磨（冷加工）合金工具鋼	SKS 3	0.90～1.00	＜0.35	0.90～1.20	—	0.50～1.00	—	0.50～1.00	—	—
	SKS 31	0.95～1.05	〃	〃	—	0.80～1.20	—	1.00～1.50	—	—
	SKS 93	1.00～1.10	＜0.50	0.80～1.10	—	0.20～0.60	—	—	—	—
	SKS 94	0.90～1.00	〃	〃	—	〃	—	—	—	—

表 13.16　合金工具鋼之化學成份(JIS G 4404：2006)(續)

Alloy Tool Steels

分類	記號	化學成份(%)								
		C	Si	Mn	Ni	Cr	Mo	W	V	Co
耐磨（冷加工）合金工具鋼	SKS 95	0.80～0.90	〃	〃	—	〃	—	—	—	—
	SKD 1	1.90～2.20	0.10～0.60	0.20～0.60	—	11.00～13.00	—	—	—	—
	SKD 2	2.00～2.30	0.10～0.40	0.30～0.60	—	11.00～13.00	—	0.60～0.80	—	—
	SKD 10	1.45～1.60	0.10～0.60	0.20～0.60	—	11.00～13.00	0.70～1.00	—	0.70～1.00	—
	SKD 11	1.40～1.60	＜0.40	＜0.60	—	11.00～13.00	0.80～1.20	—	0.20～0.50	—
	SKD 12	0.95～1.05	0.10～0.40	0.40～0.80	—	4.80～5.50	0.90～1.20	—	0.15～0.35	—
熱加工合金工具鋼	SKD 4	0.25～0.35	＜0.40	＜0.60	—	2.00～3.00	—	5.00～6.00	0.30～0.50	—
	SKD 5	〃	0.10～0.40	0.15～0.45	—	2.50～3.20	—	8.50～9.50	〃	—
	SKD 6	0.32～0.42	0.80～1.20	＜0.50	—	4.50～5.50	1.00～1.50	—	〃	—
	SKD 61	0.35～0.42	〃	0.25～0.50	—	4.80～5.50	〃	—	0.80～1.15	—
	SKD 62	0.32～0.40	〃	0.20～0.50	—	4.75～5.50	1.00～1.60	1.00～1.60	0.20～0.50	—
	SKD 7	0.28～0.38	0.10～0.40	0.15～0.45	—	2.70～3.20	2.50～3.00	—	0.40～0.70	—
	SKD 8	0.35～0.45	0.15～0.50	0.20～0.50	—	4.00～4.70	0.30～0.50	3.80～4.50	1.70～2.10	4.40～4.50
	SKT 3	0.50～0.60	＜0.35	＜0.60	0.25～0.60	0.90～1.20	〃	—	—	—
	SKT 4	〃	0.10～0.40	0.60～0.90	1.50～1.80	0.80～1.20	0.35～0.55	—	0.05～0.15	—
	SKT 6	0.40～0.50	0.10～0.40	0.20～0.50	3.80～4.30	1.20～1.50	0.15～0.35	—	—	—

(P、S ＜ 0.030%，Cu ＜ 0.25%)

(1) SKS2 與 SKS7，可添加 0.2%以下之 V。

(2)各種類之不純物，Ni 不可超過 0.25%(SKS5 與 SKS51 除外)，Cu 亦不可超過 0.25%。

(3) SKS 43 與 SKS 44 中不純物 Cr 不可超過 0.2%。

(4) SKD1 可添加 0.3%以下之 V。

(5) SKT3 可添加 0.2%以下之 V。

表 13.17　合金工具鋼之熱處理條件及硬度(JIS G 4404：2006)

Alloy Tool Steels

分類	JIS 記號	熱處理條件(°C)			硬度	
		退火	淬火	回火	退火(H_B)	淬火回火(H_RC)
切削合金工具鋼	SKS 11	780～850 徐冷	790 水冷	180 空冷	241 以下	62 以上
	SKS 2	750～800 徐冷	860 油冷	〃	217 以下	61 以上
	SKS 21	〃	800 水冷	〃	〃	〃
	SKS 5	〃	830 油冷	420 空冷	207 以下	45 以上
	SKS 51	〃	〃	〃	〃	〃
	SKS 7	〃	860 油冷	180 空冷	217 以下	62 以上
	SKS 81	〃	790 水冷	〃	212 以下	63 以上
	SKS 8	〃	810 水冷	〃	217 以下	63 以上
耐衝擊合金工具鋼	SKS 4	740～780 徐冷	800 水冷	180 空冷	201 以下	56 以上
	SKS 41	760～820 徐冷	880 油冷	〃	217 以下	53 以上
	SKS 43	750～800 徐冷	790 水冷	〃	212 以下	63 以上
	SKS 44	730～780 徐冷	790 水冷	〃	207 以下	60 以上
耐磨(冷加工)合金工具鋼	SKS 3	750～800 徐冷	830 油冷	180 空冷	217 以下	60 以上
	SKS 31	〃	〃	〃	〃	61 以上
	SKS 93	750～780 徐冷	820 油冷	〃	217 以下	63 以上
	SKS 94	740～760 徐冷	〃	〃	212 以下	61 以上

表 13.17 合金工具鋼之熱處理條件及硬度(JIS G 4404：2006)(續)
Alloy Tool Steels

分類	JIS 記號	熱處理條件(°C)			硬度	
		退火	淬火	回火	退火(H_B)	淬火回火(H_RC)
耐磨(冷加工)合金工具鋼	SKS 95	730～760 徐冷	〃	〃	〃	59 以上
	SKD 1	830～880 徐冷	970 空冷	〃	248 以下	62 以上
	SKD 2	〃	970 空冷	〃	255 以下	〃
	SKD 10	〃	1020 空冷	〃	255 以下	61 以上
	SKD 11	〃	1030 空冷	〃	255 以下	58 以上
	SKD 12	〃	970 空冷	〃	241 以下	60 以上
熱加工合金工具鋼	SKD 4	800～850 徐冷	1080 油冷	600 空冷	235 以下	42 以上
	SKD 5	〃	1150 油冷	〃	241 以下	48 以上
	SKD 6	820～870 徐冷	1050 空冷	550 空冷	229 以下	48 以上
	SKD 61	〃	1020 空冷	〃	〃	50 以上
	SKD 62	〃	〃	〃	〃	48 以上
	SKD 7	〃	1040 空冷	〃	〃	46 以上
	SKD 8	〃	1120 油冷	600 空冷	262 以下	48 以上
	SKT 3	760～810 徐冷	850 油冷	500 空冷	235 以下	42 以上
	SKT 4	740～800 徐冷	〃	500 空冷	248 以下	42 以上
	SKT 5	720～780 徐冷	〃	180 空冷	285 以下	52 以上

ASTM對於工具鋼之分類、記號、種類、性質與特徵如下表13.18所示。

表13.18 ASTM工具鋼之分類

大分類	小分類	記號	種類	性質與特徵
碳工具鋼 (Carbon Tool Steels)	水冷硬化 (Water Hardening)	W	W1 ～ W5	高C%，價廉
合金工具鋼 (Alloy Tool Steels)	熱加工工具鋼 (Hot Work Tool Steels)	H	H10 ～ H19 H21 ～ H26 H41 ～ H43	Cr合金 W合金 Mo合金
	冷加工工具鋼 (Cold Work Tool Steels)	A	A2 ～ A10	自硬性 (Air-Hardening) 中合金
		D	D2 ～ D7	高C%，高Cr%，
		O	O1 ～ O7	油冷硬化 (Oil-Hardening)
	耐衝擊鋼 (Shock-Resisting Steels)	S	S1 ～ S7	某些爲高Si%
	特殊目的工具鋼 (Special-Purpose Tool Steels)	L	L2 ～ L6	低合金
		F	F1 ～ F2	高C%-W合金
	模具鋼 (Mold Steels)	P	P2 ～ P6 P20 ～ P21	極低C% 已預硬化處理 (Prehardened Condition)

㈠ 碳工具鋼(Carbon Tool Steels) (ASTM A686-2004)

ASTM對於碳工具鋼之種類、等級、化學成分等之規定如下表13.19所示。

碳工具鋼之記號爲 W，種類有 W1、W2、W5 等三種，一般歸類爲水冷硬化(Water hardening)工具鋼，因其需急速之淬火速率方可獲得所需硬度。種類W1爲非合金工具鋼，有多種不同之% C範圍。種類W2含有中央值爲0.25%之V(釩)，種類 W5則含有中央值爲0.5%之 Cr(鉻)。C%範圍之附加記號(Suffix)附加於種類之後，例如寫成W1-9，W2-13等。W1與W2再細分類A與C二個等級。

等級A通常歸類爲超級或特別(Extra or Special)等級，具有可控制的硬化能，其硬化能分爲 3 級，分別爲淺硬化(Shallow hardening)、一般硬化(Regular hardening)、深硬化(Deep hardening)；化學成分接近規定之上限值。等級C則通常歸類爲一般或標準(Regular or Standard)等級；應用於不需要控制硬化能之場合，故在均勻性上允許某範圍之偏差。

表 13.19　碳工具鋼之化學成分(Chemical Composition，%[a]) (ASTM A686-2004)

TYPE 種類	GRA-DE 等級	C 碳		Mn 錳		Si 矽		P 磷	S 硫	Cr 鉻		V 釩		W 鎢	Mo 鉬	Cu 銅	Ni 鎳
		min	max	min	max	min	max	max	max	min	max	min	max	max	max	max	max
W1	A	b	b	0.10	0.40	0.10	0.40	0.030	0.030	...	0.15	...	0.10	0.15	0.10	0.20	0.20
W1	C	b	b	0.10	0.40	0.10	0.40	0.030	0.030	...	0.30	...	0.10	0.15	0.10	0.20	0.20
W2	A	c	c	0.10	0.40	0.10	0.40	0.030	0.030	...	0.15	0.15	0.35	0.15	0.10	0.20	0.20
W2	C	c	c	0.10	0.40	0.10	0.40	0.030	0.030	...	0.30	0.15	0.35	0.15	0.10	0.20	0.20
W5	...	1.05	1.15	0.10	0.40	0.10	0.40	0.030	0.030	0.40	0.60	...	0.10	0.15	0.10	0.20	0.20

a 化學成分之上下限包括產品分析之公差。

b W1 的 C%範圍及其分別之附加記號，如下所示：

附加記號	C%範圍	附加記號	C% 範圍
8	0.80～0.90	10	1.00～1.10
8.5	0.85～0.90	10.5	1.05～1.15
9	0.90～1.00	11	1.10～1.20
9.5	0.95～1.05	11.5	1.15～1.25

c W2 的 C%範圍及其分別之附加記號，如下所示:

附加記號	C%範圍
8. 5	0.85～0.95
9	0.90～1.00
9. 5	0.95～1.10
13	1.30～1.50

退火或冷抽拉後之碳工具鋼之硬度上限值，如下表13.20所示。

表13.20　退火或冷抽拉之碳工具鋼之硬度上限值(ASTM A686-2004)

Type (種類)	Annealed BHN (退火，勃氏硬度)	Cold Drawn BHN (冷抽拉，勃氏硬度)
W1	202	241
W2	202	241
W5	202	241

精製鋼棒 Drill Rod (W1，W2 or W5)		
Ordered Diameter,in (mm) 訂單直徑　英吋　(公厘)	Brinell (勃氏硬度)	Rockwell (洛氏硬度)
To 1/8 (3.2)	HB 341	HRC 37
Over 1/8 to 1/4 (3.2to6.4),inch	HB 275	HRC 28
Over 1/4 to 1/2 (6.4to12.7),inch	HB 241	HRC 23
Over 1/2 (12.7)	HB 207	HRB 96

(二)　合金工具鋼(Alloy Tool Steels)　(ASTM　A681 – 2008)

合金工具鋼之ASTM規格如下表13.21所示，是以化學成份來分類，共分爲8大類。

(1)　熱加工工具鋼(Hot Work Tool Steels)，記號為H：

種類 H10～H19除具規定之 Cr%外，另添加有其他合金元素。前4種(H10～H13)含有Mo，使其具有極佳韌性與高硬化能，經常用於在高硬度時需具有韌性要求之冷加工。

種類H21～H26除具規定之W%外，另添加有其他合金元素。此類型之材料，具有在高溫環境時其軟化之抵抗性高的性質，但韌性較差。

種類H41～H43爲改良型之低C%的Mo系高速鋼，其性質近似於W系高速鋼。

(2)　冷加工工具鋼(Cold Work Tool Steels)，記號為A：

種類 A2～A10，其C與合金元素之含量範圍大，但皆具有高硬化能，而且可於空氣中硬化(自硬性)。

種類 A8 與 A9 與本類型之其他種類比較時，耐磨性稍差但韌性較佳。

種類 A7 含高%之 C 與 V，所以具絕佳之耐磨耗性但韌性極差。

(3) **冷加工工具鋼(Cold Work Tool Steels)，記號為 D：**

種類 D2～D7 爲含高 C%及高 Cr%成份，具良好耐磨耗性。含有 Mo 之種類則可在空氣中硬化，在熱處理時具高度之尺寸安定性。

(4) **冷加工工具鋼(Cold Work Tool Steels)，記號為 O：**

種類O1～O7 爲低合金型，需油淬才可硬化。截面尺寸大於約 2in(50mm)時內部硬度會較低。

(5) **耐衝擊鋼(Shock-Resisting Steels)，記號為 S：**

種類 S1～S7 其合金含量不同，適用於耐衝擊之用途。

(6) **特殊目的工具鋼(Special-Purpose Tool Steels)，記號為 L：**

種類 L2～L6 爲低合金鋼但具有寬範圍之 C%，低 C%之類型通常應用於需有良好韌性之構造用途。

(7) **特殊目的工具鋼(Special-Purpose Tool Steels)，記號為 F：**

種類F1～F2 爲W%不同之高C%鋼，主要應用於少量(短期)生產之細緣(刃)切削工具。

(8) **模具鋼(Mold Steels)，記號為 P：**

種類 P2～P6 爲極低 C%之鋼，在機械加工或模壓(Hubbing)後需滲碳處理。

種類P20～P21 通常已施予預硬處理(Prehardened condition)，經加工後即可直接使用。

表 13.21　合金工具鋼之化學成分，%[A]（ASTM　A681-2008）

TYPE 種類	C 碳		Mn[C] 錳		P 磷	S[D] 硫	Si 矽		Cr 鉻		V 釩		W 鎢		Mo 鉬		
	min	max	min	max	max	max	min	max	min	max	min	max	min	max	min	max	
H10	0.35	0.45	0.20	0.70	0.030	0.030	0.80	1.25	3.00	3.75	0.25	0.75	...	...	2.00	3.00	
H11	0.33	0.43	0.20	0.60	0.030	0.030	0.80	1.25	4.75	5.50	0.30	0.60	...	...	1.10	1.60	
H12	0.30	0.40	0.20	0.60	0.030	0.030	0.80	1.25	4.75	5.50	0.20	0.50	1.00	1.70	1.25	1.75	
H13	0.32	0.45	0.20	0.60	0.030	0.030	0.80	1.25	4.75	5.50	0..80	1.20	...	...	1.10	1.75	
H14	0.35	0.45	0.20	0.60	0.030	0.030	0.80	1.25	4.75	5.50	...	...	4.00	5.25	...	...	
H19	0.32	0.45	0.20	0.50	0.030	0.030	0.15	0.50	4.00	4.75	1.75	2.20	3.75	4.50	0.30	0.55	Co 4.00 - 4.50
H21	0.26	0.36	0.15	0.40	0.030	0.030	0.15	0.50	3.00	3.75	0.30	0.60	8.50	10.00	...	...	
H22	0.30	0.40	0.15	0.40	0.030	0.030	0.15	0.40	1.75	3.75	0.25	0.50	10.00	11.75	...	...	
H23	0.25	0.35	0.15	0.40	0.030	0.030	0.15	0.60	11.0	12.75	0.75	1.25	11.00	12.75	...	...	
H24	0.42	0.53	0.15	0.40	0.030	0.030	0.15	0.40	2.50	3.50	0.40	0.60	14.00	16.00	...	...	
H25	0.22	0.32	0.15	0.40	0.030	0.030	0.15	0.40	3.75	4.50	0.40	0.60	14.00	16.00	...	...	
H26	0.45	0.55[E]	0.15	0.40	0.030	0.030	0.15	0.40	3.75	4.50	0.75	1.25	17.25	19.00	...	...	
H41	0.60	0.75[E]	0.15	0.40	0.030	0.030	0.20	0.45	3.50	4.00	1.00	1.30	1.40	2.10	8.20	9.20	
H42	0.55	0.70[E]	0.15	0.40	0.030	0.030	0.20	0.45	3.75	4.50	1.75	2.20	5.50	6.75	4.50	5.50	
H43	0.50	0.65[E]	0.15	0.40	0.030	0.030	0.20	0.45	3.75	4.50	1.80	2.20	...	...	7.75	8.50	

表 13.21 合金工具鋼之化學成分，%[a] (ASTM A681-2008)(續)

TYPE 種類	C 碳		Mn[C] 錳		P 磷	S[D] 硫	Si 矽		Cr 鉻		V 釩		W 鎢		Mo 鉬		
	min	max	min	max	max	max	min	max	min	max	min	max	min	max	min	max	
A2	0.95	1.05	0.40	1.00	0.030	0.030	0.10	0.50	4.75	5.50	0.15	0.50	...	...	0.90	1.40	
A3	1.20	1.30	0.40	0.60	0.030	0.030	0.10	0.70	4.75	5.50	0.80	1.40	...	...	0.90	1.40	
A4	0.95	1.05	1.80	2.20	0.030	0.030	0.10	0.70	0.90	2.20	...	...	...	...	0.90	1.40	
A5	0.95	1.05	2.80	3.20	0.030	0.030	0.10	0.70	0.90	1.40	...	...	...	...	0.90	1.40	
A6	0.65	0.75	1.80	2.50	0.030	0.030	0.10	0.70	0.90	1.40	...	...	...	...	0.90	1.40	
A7	2.00	2.85	0.20	0.80	0.030	0.030	0.10	0.70	5.00	5.75	3.90	5.15	0.50	1.50	0.90	1.40	
A8	0.50	0.60	0.20	0.50	0.030	0.030	0.75	1.10	4.75	5.50	...	...	1.00	1.50	1.15	1.65	
A9	0.45	0.55	0.20	0.50	0.030	0.030	0.95	1.15	4.75	5.50	0.80	1.40	...	...	1.30	1.80	Ni 1.25 - 1.75
A10	1.25	1.50	1.60	2.10	0.030	0.030	1.00	1.50	...	...	...	...	...	...	1.25	1.75	Ni 1.55 - 2.05
D2	1.40	1.60	0.10	0.60	0.030	0.030	0.10	0.60	11.00	13.00	0.50	1.10	...	...	0.70	1.20	...
D3	2.00	2.35	0.10	0.60	0.030	0.030	0.10	0.60	11.00	13.50	...	1.00	...	1.00	...	...	
D4	2.05	2.40	0.10	0.60	0.030	0.030	0.10	0.60	11.00	13.00	0.15	1.00	...	...	0.70	1.20	
D5	1.40	1.60	0.10	0.60	0.030	0.030	0.10	0.60	11.00	13.00	...	1.00	...	...	0.70	1.20	Co 2.50 - 3.50
D7	2.15	2.50	0.10	0.60	0.030	0.030	0.10	0.60	11.50	13.50	3.80	4.40	...	...	0.70	1.20	

表 13.21　合金工具鋼之化學成分，%[A] (ASTM　A681-2008)(續)

TYPE 種類	C 碳		Mn[C] 錳		P 磷	S[D] 硫	Si 矽		Cr 鉻		V 釩		W 鎢		Mo 鉬			
	min	max	min	max	max	max	min	max	min	max	min	max	min	max	min	max		
O1	0.85	1.00	1.00	1.40	0.030	0.030	0.10	0.50	0.40	0.70	...	0.30	0.40	0.60	...	...		
O2	0.85	0.95	1.40	1.80	0.030	0.030	...	0.50	...	0.50	...	0.30	...	...	...	0.30		
O6	1.25	1.55	0.30	1.10	0.030	0.030	0.55	1.50	...	0.30	...	...	...	...	0.20	0.30		
O7	1.10	1.30	0.20	1.00	0.030	0.030	0.10	0.60	0.35	0.85	0.15	0.40	1.00	2.00	...	0.30		
S1	0.40	0.55	0.10	0.40	0.030	0.030	0.15	1.20	1.00	1.80	0.15	0.30	1.50	3.00	...	0.50		
S2	0.40	0.55	0.30	0.50	0.030	0.030	0.90	1.20	...	...	...	0.50	...	...	0.30	0.60		
S4	0.50	0.65	0.60	0.95	0.030	0.030	1.75	2.25	0.10	0.50	0.15	0.35	...	...	...	...	...	...
S5	0.50	0.65	0.60	1.00	0.030	0.030	1.75	2.25	0.10	0.50	0.15	0.35	...	...	0.20	1.35	...	...
S6	0.40	0.50	1.20	1.50	0.030	0.030	2.00	2.50	1.20	1.50	0.20	0.40	...	...	0.30	0.50	...	...
S7	0.45	0.55	0.20	0.90	0.030	0.030	0.20	1.00	3.00	3.50	...	0.35	...	...	1.30	1.80	...	...
L2	0.45	1.00	0.10	0.90	0.030	0.030	0.10	0.50	0.70	1.20	0.10	0.30	...	...	...	0.25	...	...
L3	0.95	1.10	0.25	0.80	0.030	0.030	0.10	0.50	1.30	1.70	0.10	0.30	...	...	...	...	...	...
																	Ni 鎳	
L6	0.65	0.75	0.25	0.80	0.030	0.030	0.10	0.50	0.60	1.20	...	...	...	...	...	0.50	1.25	2.00

表 13.21 合金工具鋼之化學成分，%[A] (ASTM A681-2008)(續)

TYPE 種類	C 碳		Mn[C] 錳		P 磷	S[D] 硫	Si 矽		Cr 鉻		V 釩		W 鎢		Mo 鉬		Ni 鎳	
	min	max	min	max	max	max	min	max	min	max	min	max	min	max	min	max		
F1	0.95	1.25	...	0.50	0.030	0.030	0.10	0.50	...	...	...	...	1.00	1.75	...	...	...	...
F2	1.20	1.40	0.10	0.50	0.030	0.030	0.10	0.50	0.20	0.40	...	...	3.00	4.50	...	...	...	...
P2	...	0.10	0.10	0.40	0.030	0.030	0.10	0.40	0.75	1.25	...	...	...	...	0.15	0.40	0.10	0.50
P3	...	0.10	0.20	0.60	0.030	0.030	...	0.40	0.40	0.75	...	...	...	...	...	...	1.00	1.50
P4	...	0.12	0.20	0.60	0.030	0.030	0.10	0.40	4.00	5.25	...	...	...	...	0.40	1.00	...	...
P5	0.06	0.10	0.20	0.60	0.030	0.030	0.10	0.40	2.00	2.50	...	...	...	...	...	...	...	0.35
P6	0.05	0.15	0.35	0.70	0.030	0.030	0.10	0.40	1.25	1.75	...	...	...	...	...	...	3.25	3.75
P20	0.28	0.40	0.60	1.00	0.030	0.030	0.20	0.80	1.40	2.00	...	...	...	...	0.30	0.55	...	...
P21[F]	0.18	0.22	0.20	0.40	0.030	0.030	0.20	0.40	0.20	0.30	0.15	0.25	...	...	...	...	3.90	4.25

A：化學成分之上、下限包括產品分析之公差。除非另有規定，對所有種類而言鎳(Ni)加上銅(Cu)之最大值爲 0.75%。

B：新記號之規定依照 E527 和 SAEJ1086 所建立。

C：再硫化(Resulfurized)H13 之 Mn%上限値爲 1.0%。

D：爲了改善機械加工性，某些特定鋼種之 S%範圍爲 0.06～0.15%。

E：C%範圍有數種。

F：可含 1.05～1.25% Al。

㈢ 高速鋼

高速度工具鋼，簡稱爲**高速鋼**(High speed steel，HSS)爲切削工具鋼之一種。作爲切削工具在高速切削時其刀鋒尖端會被加熱到 500～600℃，但是並不會產生回火軟化，而且在高溫時硬度降低極微，此爲高速鋼之特徵。其基本組成爲 18% W、4% Cr、1% V(18-4-1 型)另含 C%約 0.8%，一般是將其由熔點下之約 1300℃的溫度加以淬火後，而於 530～630℃施以回火，使其在產生二次硬化的狀態下被使用。但是最近有許多的改良型鋼種亦被使用者。表 13.22 所示爲高速鋼的 JIS 規格及化學成份，大致上分爲 W 系和 Mo 系二大類；表 13.23 所示爲高速鋼之熱處理條件及硬度。

高速鋼之 CNS 規格，詳見 G 3050。

(1) W 系高速鋼(Tungsten series high speed steel)

標準型爲 SKH2，一般稱之爲 18-4-1 型。若於此型中再分別加入 5、10%的 Co，則成爲 SKH3、4。SKH10 爲高 C 高 V 型。通常 V 添加量愈多時其 C%亦愈高，添加 Mo、W、V 則爲其所形成的碳化物具二次硬化效果，對切削性能或耐磨耗性具重要意義。Cr 則可提高硬化能。

表 13.22 高速鋼之 JIS 規格及化學成份(JIS G 4403：2006)

High Speed Tool Steels

種類記號	化學成分%										用途例(參考)
	C	Si	Mn	P	S	Cr	Mo	W	V	Co	
SKH 2	0.73～0.83	0.45以下	0.40以下	0.030以下	0.030以下	3.80～4.50	—	17.20～18.70	1.00～1.20	—	一般切削用及其他各種工具
SKH 3	0.73～0.83	0.45以下	0.40以下	0.030以下	0.030以下	3.80～4.50	—	17.00～19.00	0.80～1.20	4.50～5.50	高速重切削用及其他各種工具
SKH 4	0.73～0.83	0.45以下	0.40以下	0.030以下	0.030以下	3.80～4.50	—	17.00～19.00	1.00～1.50	9.00～11.00	難削材切削用及其他各種工具
SKH 10	1.45～1.60	0.45以下	0.40以下	0.030以下	0.030以下	3.80～4.50	—	11.50～13.50	4.20～5.20	4.20～5.20	高難削材切削用及其他各種工具
SKH 40	1.23～1.33	〃	〃	〃	〃	〃	4.70～5.30	5.70～6.70	2.70～3.20	8.00～8.80	要求硬度、韌性、耐磨耗性之一般切削用及其他各種工具
SKH 50	0.77～0.87	0.70以下	0.45以下	〃	〃	3.50～4.50	8.00～9.00	1.40～2.00	1.00～1.40	—	要求韌性之一般切削用及其他各種工具
SKH 51	0.80～0.88	0.45以下	0.40以下	0.030以下	0.030以下	3.80～4.50	4.70～5.20	5.90～6.70	1.70～2.10	—	〃
SKH 52	1.00～1.10	0.45以下	0.40以下	0.030以下	0.030以下	3.80～4.50	5.50～6.50	5.90～6.70	2.30～2.60	—	比較要求韌性之高硬度材切削用及其他各種工具
SKH 53	1.15～1.25	0.45以下	0.40以下	0.030以下	0.030以下	3.80～4.50	4.70～5.20	5.90～6.70	2.70～3.20	—	〃

表 13.22　高速鋼之 JIS 規格及化學成份(JIS G 4403：2006)(續)

High Speed Tool Steels

記號	化學成分%										參考用途例
	C	Si	Mn	P	S	Cr	Mo	W	V	Co	
SKH 54	1.25～1.40	0.45 以下	0.40 以下	0.030 以下	0.030 以下	3.80～4.50	4.20～5.00	5.20～6.00	3.70～4.20	－	高難削材切削用及其他各種工具
SKH 55	0.87～095	0.45 以下	0.40 以下	0.030 以下	0.030 以下	3.80～4.50	4.70～5.20	5.90～6.70	1.70～2.10	4.50～5.00	比較要求韌性之高速重切削用及其他各種工具
SKH 56	0.85～0.95	0.45 以下	0.40 以下	0.030 以下	0.030 以下	3.80～4.50	4.70～5.20	5.90～6.70	1.70～2.10	7.00～9.00	〃
SKH 57	1.20～1.35	0.45 以下	0.40 以下	0.030 以下	0.030 以下	3.80～4.50	3.20～3.90	9.00～10.00	3.00～3.50	9.50～10.50	高難削材切削用及其他各種工具
SKH 58	0.95～1.05	0.70 以下	0.40 以下	0.030 以下	0.030 以下	3.50～4.50	8.20～9.20	1.50～2.10	1.70～2.20	－	要求韌性之一般切削用及其他各種工具
SKH 59	1.05～1.15	0.70 以下	0.40 以下	0.030 以下	0.030 以下	3.50～4.50	9.00～10.00	1.20～1.90	0.90～1.30	7.50～8.50	比較要求韌性之高速重切削用及其他各種工具

註：(1)上述鋼中之不純物 Cu ＜ 0.25%。

表 13.23　高速鋼之熱處理條件及硬度(JIS G 4403：2006)

High Speed Tool Steels

記號	熱處理條件及溫度(°C)			硬度	
	退火	淬火	回火	退火硬度(H_B)	淬火回火硬度(H_RC)
SKH 2	820～880 徐冷	1260 油冷	560 空冷	269 以下	63 以上
SKH 3	840～900 徐冷	1270 油冷	560 空冷	269 以下	64 以上
SKH 4	850～910 徐冷	1270 油冷	560 空冷	285 以下	64 以上
SKH 10	820～900 徐冷	1230 油冷	560 空冷	285 以下	64 以上
SKH 40	800～880 徐冷	1180 油冷	560 空冷	302 以下	65 以上
SKH 50	800～880 徐冷	1190 油冷	560 空冷	262 以下	63 以上
SKH 51	800～880 徐冷	1220 油冷	560 空冷	262 以下	64 以上
SKH 52	800～880 徐冷	1200 油冷	560 空冷	262 以下	64 以上
SKH 53	800～880 徐冷	1200 油冷	560 空冷	269 以下	64 以上
SKH 54	800～880 徐冷	1210 油冷	560 空冷	269 以下	64 以上
SKH 55	800～880 徐冷	1210 油冷	560 空冷	269 以下	64 以上
SKH 56	800～880 徐冷	1210 油冷	560 空冷	285 以下	64 以上
SKH 57	800～880 徐冷	1230 油冷	560 空冷	293 以下	66 以上
SKH 58	800～880 徐冷	1200 油冷	560 空冷	269 以下	64 以上
SKH 59	800～880 徐冷	1190 油冷	550 空冷	277 以下	66 以上

備考：各種類之回火需反覆 2 次。

(2) **Mo系高速鋼(Molybdenum series high speed steel)**

此系為將W系高速鋼中之W量降至約1.2～11.0%程度後，再加入3.0%～10.0% Mo的合金鋼，一般而言其C和V的含量比W系多。Mo系高速鋼與W系比較時，前者具有價格便宜、韌性大、淬火溫度低(約1200～1260℃)、導熱度佳、熱處理容易等特徵，因而在近年來其使用量已佔高速鋼生產量的90%以上。含有V 3%以上者應該稱為V系高速鋼，因為其碳化物VC很堅硬，所以其耐磨耗性比W系優秀了好幾倍。但是因為V碳化物很堅硬，所以切削性不佳，不適合於研磨工程多的工具。

(3) **高速鋼的熱處理**

一般是從1200～1350℃油淬，而回火於530～630℃左右。如此可在麻田散鐵基地中析出有堅硬的碳化物而引起二次硬化，所以可得到高的回火硬度。高速鋼的淬火溫度必須要高的理由如下所述：

高速鋼在退火狀態時存在有$M_{23}C_6$、M_6C和MC三種特殊碳化物，如圖13.10所示。為了淬火而將淬火加熱溫度提高時，首先含有多量Cr的碳化物$M_{23}C_6$會固溶於沃斯田鐵中，但是以W為主體的M_6C和以V為主體的MC若不加熱到1200℃以上，則不會固溶於沃斯田鐵之中。所以若從1200℃以下的溫度淬火時，則在經由淬火後所生成的麻田鐵中僅會固溶有少量的W及V，所以在爾後的回火時就不會發生二次硬化的現象。

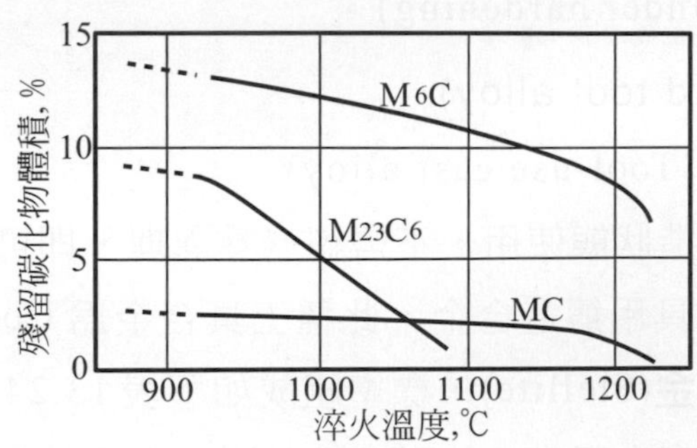

圖13.10　高速鋼中的碳化物於淬火加熱時其固溶量的變化

高速鋼的二次硬化現象是由於淬火後所生成的麻田散鐵中之碳化物的析出，與殘留沃斯田鐵中的碳化物之析出，及殘留沃斯田鐵的麻田散鐵化等三者互相重複發生而造成的。SKH2的淬火組織爲M_6C與MC碳化物佔16～17%，麻田散鐵60～80%，殘留沃斯田鐵15～30%。此外，一般高速鋼若經過2～3次重覆的回火，則其硬度高且切削耐久力佳。回火後可析出W_2C、Mo_2C、VC等碳化物而具二次硬化效果。淬火加溫度愈高及保持時間愈長時，二次硬化效果愈佳。圖13.11所示爲各種高速鋼之回火硬度曲線。

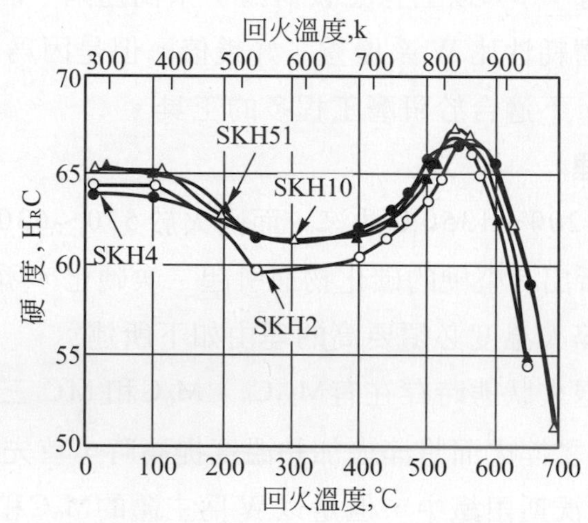

圖13.11 各種高速鋼之回火硬度曲線

高速鋼若不作爲切削工具而當做成型鋼時，爲了確保其在室溫時的耐磨耗性和韌性，其淬火溫度需比一般常用的淬火溫度低約100℃左右，而將其稱爲**低溫硬化**(Under hardening)。

(四) 硬質工具合金(Hard tool alloy)

(1) 工具用鑄造合金(Tool-use cast alloy)

係直接以鑄造狀態使用，不需經過熱處理，即可獲得高硬度，直接研磨成型後使用之工具用鑄造合金。此種工具合金爲Co-Cr-W系合金，其典型代表爲**史泰勒合金**(Stellite)，標準組成如下表13.24所示。其特徵爲在常溫及高溫皆具有極高之硬度，及耐磨性、耐久力大於高速鋼。一般應用於製造各種切削工具、銑刀、測定工具、拉線用模、毛邊沖除用模具等各種耐磨耗模具。

表 13.24　史泰勒合金焊條之化學組成

	Co	Cr	W	C	Fe	Si	Ni	其他	製造商
被覆焊條 ϕ4.0 mm	Bal	28	5	1.08	－	1.10	－	－	England，Deloro Stellite Limited
裸焊條 ϕ3.8 mm	Bal	28	4	1	＜3	＜2	＜3	－	Mitsubishi Stellite No.6

(2) **燒結硬質合金**(Sintered hard alloy)

在鋼的麻田散鐵基地中分佈有特殊碳化物的鋼，其比單純是麻田散鐵組織的鋼更具有耐磨耗性，但是麻田散鐵在高溫時會失去其硬度，所以其性能並不充分。改良此缺點的方法為使碳化物的量增加，若可能的話，能做成全部都是碳化物所構成的工具最好。但是因為一般碳化物的熔點很高，無法以熔解法來製造，所示必須利用燒結法(Sintering)來固著碳化物。燒結硬質合金工具材料中有超硬合金、瓷金工具、陶瓷工具等三類，分述如下：

① **超硬合金**(Cemented carbide)

❶ **WC＋Co 系超硬合金**

此合金為於 WC 的粉末中加入做為結合劑的 Co 粉末 2～20%以球磨機(ball mill)等加以充分混合後置入壓模中加壓成形之，接著在氫氣中加熱到約 1400℃而予以燒結，即得。一般 Co%含量增加時則硬度和壓縮強度會降低但抗折力會上升。此系合金的導熱度為鋼的 2～3 倍，此為其切削性良好的原因之一。用於鑄鐵、非鐵金屬、非金屬等切屑為不連續型材料的切削，而且也做為採礦工具、模具等。圖 13.12 為超硬合金之組織，圖 13.13 為 WC-Co 系超硬合金之特性與 Co%關係。

❷ **WC＋TiC＋Co 系超硬合金**

此為 WC-Co 系合金的改良型，是將 TiC 和 TaC 同時或單獨添加的合金。TiC 添加量增加時，其硬度會增加而壓縮強度、抗折力則會降低。抗折力變差之原因為 Co 與 TiC 之界面結合力比 Co 與 WC 為小之故。TiC、TaC 之高溫硬度比 WC 大，所以本系合金廣泛的使用於鋼的切削用途上。圖 13.14 所示為各種工具材料的高溫硬度之比較。

圖 13.12 (a)室溫下受負荷所致 WC 粒内龜裂；(b)900°C受負荷所致 WC 粒界龜裂

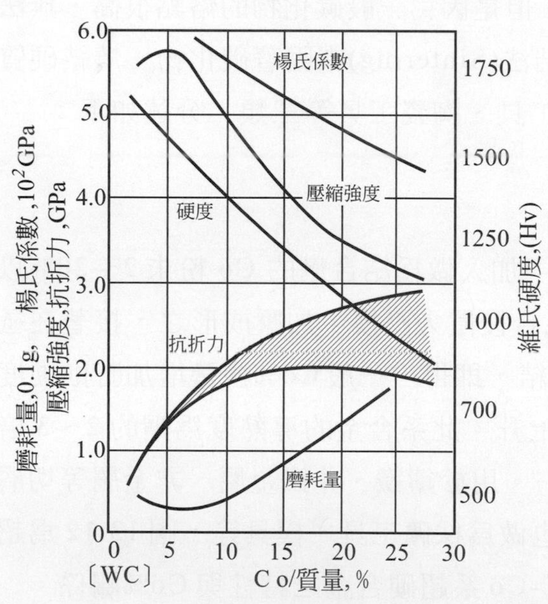

圖 13.13 WC-Co 系超硬合金之特性與 Co%關係

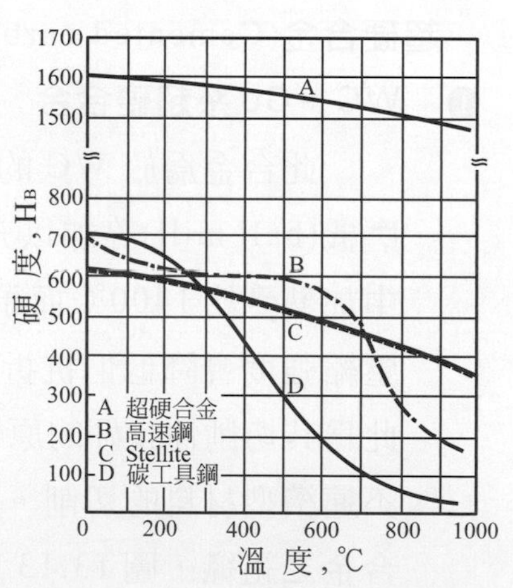

圖 13.14 各種工具材料的高溫硬度

② **瓷金工具**(Cermet tools)

因為 TiC 具有良好的高溫硬度、高溫耐氧化性、耐凹蝕(crater)性，所以開發出TiC和Ni或Ni合金(Ni-Mo，Ni-Mo-Cr)的燒結合金，稱之為**瓷金工具**(Cermet tools)。此為陶瓷(Ceramic)與金屬(Metal)加以複合而成，故稱之！為介於超硬合金和陶瓷工具之間而令人受注目的工具材料。

Ti-Ni-Mo 瓷金其韌性佳，所以與超硬合金相同亦應用於工具或耐磨耗材料之製作；目前亦已開發有 TiC-20Mo_2C-20Ni 之瓷金。

③ **陶瓷工具**(Ceramic tools)

以氧化鋁(Al_2O_3)為主體，而類似於陶瓷器的材料。通常是在純度為 99.5%以上的Al_2O_3中添加微量的 MgO、CaO、Na_2O、K_2O、SiO_2等，並於 1600℃以上加以燒結製得。與前述瓷金工具不同的是燒結時不使用結合劑。MgO、SiO_2等添加物是為了保持Al_2O_3粒子的微細，並且使密度增加。陶瓷工具在高溫時具有極大的硬度和強度，此為其特徵。所以可比 WC 系超硬合金在更高的速度進行切削，而且可以不需要使用切削冷卻劑。但是因為陶磁工具比WC系合金更脆而缺乏耐衝擊性，所以僅適合做為最後加工(光製)或半最後加工用的切削工具。

(3) **時效硬化合金**

時效硬化合金為將工具用硬質合金自高溫予以急冷，使其成為過飽和固溶體，然後令其發生時效，析出微細化合物而硬化。表 13.25 所示為工具用時效硬化合金，其中以 Fe-W-Co 系及 Fe-Mo-Co 系為其代表，在美國是稱為 548 合金。因為其硬化是由於析出硬化而非麻田散鐵所致之硬化，所以縱

表 13.25　工具用時效硬化合金

系別	化學成分(%)					淬火硬度 (H_RC)	回火硬度 (H_RC)	用途
	W	Mo	Co	Fe	Cr			
Fe-W-Co	15～25	—	30	50～55	—	40	65～70	工具，磁石
Fe-Mo-Co	—	15～25	30	〃	—	〃	〃	〃
Fe-W-Cr	20	—	—	68	12	—	61	〃
Fe-W-Mo	〃	12	—	〃	—	—	〃	〃
Fe-W	30	—	—	70	—	—	—	〃
Fe-Mo	—	20	—	80	—	—	—	〃
W-Co	20～25	—	75～80	—	—	30～40	60～65	W 之高溫軋延型

使在高溫時亦不會發生軟化，例如加熱至700℃時其硬度並不會降低，所以比高速鋼更具耐久力。此外，因為不含有碳，所以熱處理時不需擔心脫碳，而且不會發生淬裂；由於淬火後會軟化因此機械加工容易，之後施以回火硬化即可。

13.12 不銹鋼

鋼的耐蝕性可藉著添加鉻而顯著的增加。圖13.15所示為在鐵中加入鉻時，在大氣中暴露腐蝕而致重量減少與 Cr%的關係。由圖中可知隨著 Cr%的增加，其耐蝕性也會增加，而在10%以上時其耐蝕性已獲顯著改善。圖13.16所示為合金元素對於鐵的耐酸性的影響，由圖可知能夠抵抗硝酸等氧化性的酸者為 Cr，而能夠抵抗硫酸、鹽酸等非氧化性的酸者為 Ni。因此以改善鋼之耐蝕性為目的而常在鋼中添加Cr與Ni，一般將Cr%在約11%以上之鋼稱為**不銹鋼**(Stainless steel)。目前所使用的不銹鋼都是以單獨添加Cr或者同時添加Cr和Ni為主要合金元素，而將不銹鋼大致分為Cr系和Cr-Ni系不銹鋼二大類。若以組織之觀點來區分時，則將Cr系再分為肥粒鐵系與麻田散鐵系；而Cr-Ni系則稱為沃斯田鐵系。

上述不銹鋼是在1910年前後在歐美相繼被開發出來。首先是英國人 Brearley 發明了 0.3%C、13%Cr 之麻田散鐵鋼，命名為“Stainless steel”。接著德國人 Straauss 與 Maurer 開發了0.25%C、20%Cr、6%Ni 之沃斯田鐵鋼，將其命名為 V2A；此外，在美國有 Dantsizen 發表了低 C%-15%Cr，以及 Becket 發表了25% Cr之鋼，此二者皆為肥粒鐵系不銹鋼。

之後，高強度之析出硬化系不銹鋼，以及改善了耐孔蝕性、耐海水性之沃斯田鐵-肥粒鐵系的2相組織之不銹鋼亦被開發出來，此二者均被分類於 Cr-Ni 系，此外亦有Cr-Ni-Mn系。

JIS之不銹鋼記號是依據美國之AISI為基準，採3位數字，其規定如下：

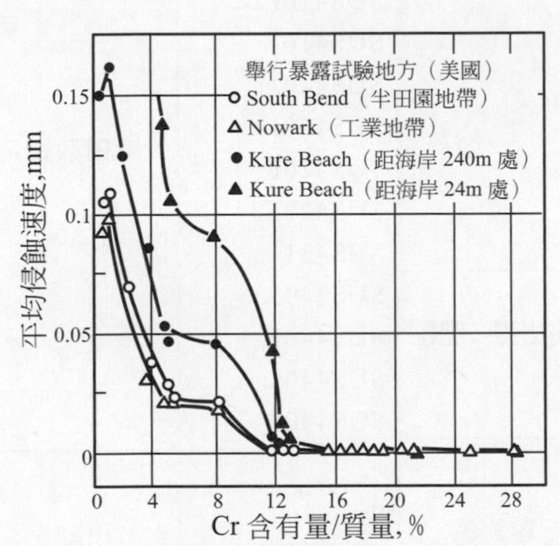

圖 13.15　Fe-Cr 合金在 8 年間大氣中暴露結果與 Cr%之關係

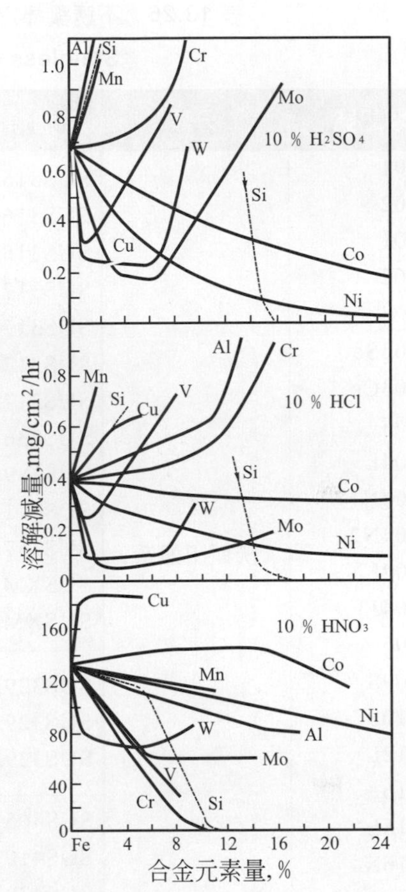

圖 13.16　合金元素對於 Fe 之耐酸性的影響

SUS200 系列(Cr-Ni-Mn)　沃斯田鐵系
SUS300 系列(Cr-Ni)　沃斯田鐵系、沃斯田鐵-肥粒鐵系(兩相系)
SUS800 系列(Cr-Ni)　沃斯田鐵系

SUS400 系列(Cr 系)　肥粒鐵系 / 麻田散鐵系

SUS600 系列(Cr-Ni 系)——析出硬化系

日本獨特之鋼種，則在其近似的 AISI 鋼種記號之後，再附加上 J1、J2 等記號。表 13.26 所示爲 JIS 規格之不銹鋼棒之種類記號與分類。

不銹鋼棒之 CNS 規格與 JIS 完全相同，詳見 CNS G 3067。

表 13.26 不銹鋼棒之種類記號與分類(JIS G 4303：2005)
Stainless Stell Bars

種類記號	分類	種類記號	分類	種類記號	分類
SUS201	沃斯田鐵系	SUS316J1	沃斯田鐵系	SUS434	肥粒鐵系
SUS202		SUS316J1L		SUS447J1	
SUS301		SUS316F		SUSXM27	
SUS302		SUS317		SUS403	麻田散鐵系
SUS303		SUS317L		SUS410	
SUS303Se		SUS317LN		SUS410J1	
SUS303Cu		SUS317J1		SUS410F2	
SUS304		SUS836L		SUS416	
SUS304L		SUS3890L		SUS420J1	
SUS304N1		SUS321		SUS420J2	
SUS304N2		SUS347		SUS420F	
SUS304LN		SUSXM7		SUS420F2	
SUS304J3		SUSXM15J1		SUS431	
SUS305		SUS329J1	沃斯田鐵．肥粒鐵系	SUS440A	
SUS309S		SUS329J3L		SUS440B	
SUS310S		SUS329J4L		SUS440C	
SUS312L		SUS405	肥粒鐵系	SUS440F	
SUS316		SUS410L		SUS630	析出硬化系
SUS316L		SUS430		SUS631	
SUS316N		SUS430F			
SUS316LN					
SUS316Ti					

備考：若需以記號表示爲鋼棒時，則以 B 附加於種類記號之後，例如 SUS304-B。

(一) Cr系不銹鋼

圖 13.17 爲Fe-Cr系狀態圖，屬於γ領域閉鎖型，γ相的最大Cr含量爲 14.3%。此外，在45% Cr附近會呈現被稱爲σ相的非磁性且非常脆的相，因此Cr%在 14.3%以上時則不會呈現沃斯田鐵，而從高溫到低溫皆爲單一的肥粒鐵相；但含有此程度Cr%的鋼若添加適量的 C%時，狀態圖的γ環狀區域會向高 Cr 側擴散，則在高溫時可使其成爲單一的沃斯田鐵，經淬火後即變態爲麻田散鐵而硬化，因此將前者稱爲**肥粒鐵系不銹鋼**，而後者爲**麻田散鐵系不銹鋼**。Cr 的最少量爲 12%時才能使鋼具有不銹性；C%愈多時，則能賦予鋼耐蝕性的Cr會固溶於碳化物中，而使得基地中的 Cr 變少，故會減低其耐蝕效果。而且如果碳化物過多則會產生異相共存，而使其耐蝕性變差，所以C%愈多，耐蝕性愈差。

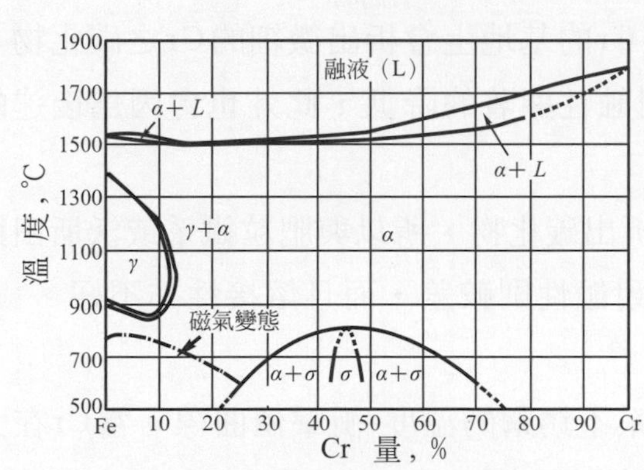

圖 13.17　Fe-Cr 系狀態圖

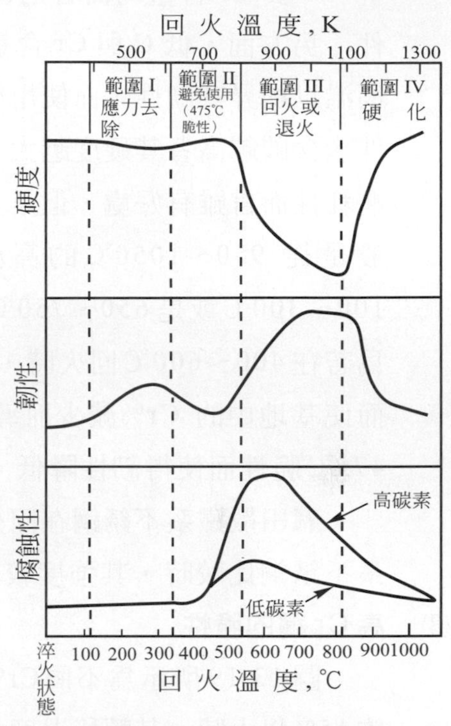

圖 13.18　麻田散鐵系不銹鋼之回火溫度與各種性質之關係

(1)　**肥粒鐵系不銹鋼(Ferritic stainless steel)**

此爲含 11.5～32%Cr 的低碳不銹鋼，而 16～18% Cr 鋼(SUS430)爲其代表，不論在室溫或高溫時均爲肥粒鐵組織；因爲無變態點，所以無法經由熱處理來改善其機械性質；但另方面其冷加工性優良，而且熱膨脹率小所以不易引起熔接龜裂，不含 Ni 故價廉，此外也具有不易發生將於後述之沃斯田鐵系之缺點的應力腐蝕破壞之缺點。另，肥粒鐵系不銹鋼加熱到 900℃以上時，其晶粒會粗大化而變脆。因爲無法藉熱處理使其晶粒微細化，所以要注意在加熱時不可過熱。

(2)　**麻田散鐵系不銹鋼(Martensitic stainless steel)**

此爲含有 11.5～18% Cr和 0.08～1.2% C的不銹鋼，經淬火後爲麻田散鐵組織，所以必須經過適當的回火後再使用，SUS403、410、431、440 等皆屬此。圖 13.18 爲麻田散鐵系不銹鋼之回火溫度與各種性質之關係。

C與Cr含量均高者則在低溫回火後適用於作爲刀具、耐蝕與耐磨耗零件。另方面，低C與Cr含量者如SUS403、410J1則回火至650～700℃之高溫以提昇其韌性，而使用於作爲蒸氣輪機葉片、船舶用軸等機械構造用零件。含碳越高者其硬度越大，這對於作爲刀具時的銳利性與機械零件時的耐磨耗性而言雖有好處，但是其耐蝕性變差。Cr%越多時其淬火溫度越高，一般是從950～1050℃的高溫急冷之。回火溫度視其用途而定，可使用100～300℃或是650～750℃，而兩者之間的回火溫度則不可使用，這是因爲若在400～600℃回火時，固溶有Cr的基地上會析出微細的Cr之碳化物，而使基地中的Cr%減少而導致其耐蝕性顯著的降低，此外也會因爲後述的475℃脆性而使得韌性降低。

麻田散鐵系不銹鋼在回火後會析出碳化物，所以與肥粒鐵系或沃斯田鐵系不銹鋼比較時，其強度較佳，但耐蝕性則較差，而且熔接性亦不好。

(3) **高Cr鋼的脆性**

圖13.19所示爲不同Cr%之Cr系不銹鋼的溫度-衝擊值曲線。當Cr在大約15%以上時，其轉移溫度會上升到常溫以上。33% Cr鋼在100℃左右時，其衝擊值不會上升。此外，約17% Cr以上的Cr系不銹鋼在400～550℃的範圍長時間加熱時會顯著的脆化，此脆化現象在475℃時最爲顯著，因此稱之爲**475℃脆性**(475℃ Embrittlement)。Cr%越多越容易脆化，因此脆性造成硬度的上升和耐蝕性的降低。但是因475℃脆性而脆化的不銹鋼在600℃附近的溫度短時間加熱時，還是很容易就可回復其韌性。475℃脆性的原因如圖13.20所示，被認爲是高Cr鋼在此溫度之平衡狀態時，分離爲高Cr之α'相和低Cr之α相所導致。

此外，高Cr鋼在平衡狀態時有σ相存在，自高溫急冷時不會析出σ相的狀態者，其韌性高，但是若在700～800℃長時間加熱而析出σ相時，則硬度會異常上升而產生脆性，這是因爲析出之σ相爲以FeCr爲主體之金屬間化合物，將此稱爲**σ相脆性**(σ Embrittlement)。產出σ相脆性的材料將其加熱到800℃以上的溫度後予以冷卻時，可使其韌性回復。

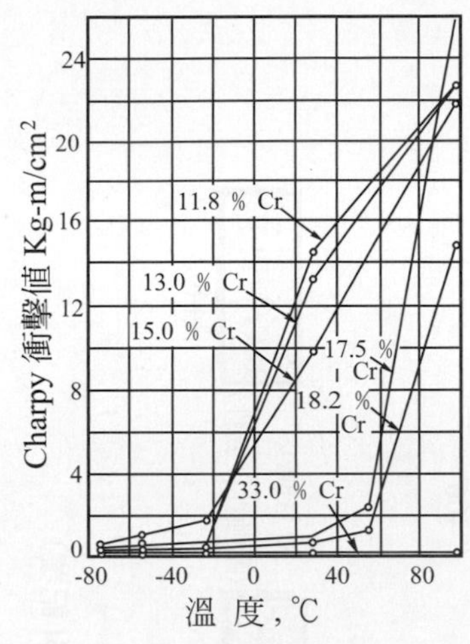

圖 13.19　退火狀態之 Fe-Cr 合金的溫度-衝擊值曲線(C < 0.01%)

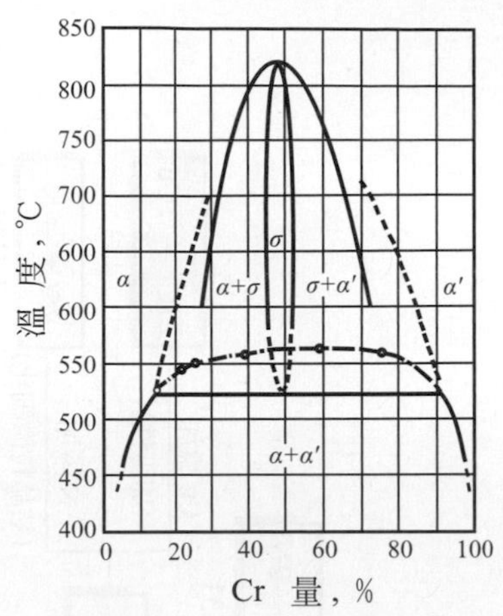

圖 13.20　Fe-Cr 系狀態圖(2)

(4)　**JIS 規格**

圖 13.21 所示為 Cr 系不銹鋼其發展經過之系統圖，表 13.27、表 13.28 分別為其 JIS 規格中之肥粒鐵系與麻田散鐵系之化學成分；表 13.29 為肥粒鐵系而表 13.30 與表 13.31 則為麻田散鐵系之機械性質。

表 13.27　Cr 系不銹鋼之 JIS 規格(JIS G 4303：2005)肥粒鐵系之化學成分

記號	C	Si	Mn	P	S	Cr	Mo	N	Al
SUS405	0.08 以下	1.00 以下	1.00 以下	0.040 以下	0.030 以下	11.50～14.50	–	–	0.10～0.30
SUS410L	0.030 以下	1.00 以下	1.00 以下	0.040 以下	0.030 以下	11.00～13.50	–	–	–
SUS430	0.12 以下	0.75 以下	1.00 以下	0.040 以下	0.030 以下	16.00～18.00	–	–	–
SUS430F	0.12 以下	1.00 以下	1.25 以下	0.060 以下	0.15 以上	16.00～18.00	(1)	–	–
SUS434	0.12 以下	1.00 以下	1.00 以下	0.040 以下	0.030 以下	16.00～18.00	0.75～1.25	–	–
SUS447J1	0.010 以下	0.40 以下	0.40 以下	0.030 以下	0.020 以下	28.50～32.00	1.50～2.50	0.015 以下	–
SUSXM27	0.010 以下	0.40 以下	0.40 以下	0.030 以下	0.020 以下	25.00～27.50	0.75～1.50	0.015 以下	–

註：(1) Mo 可含有 0.60%以下。

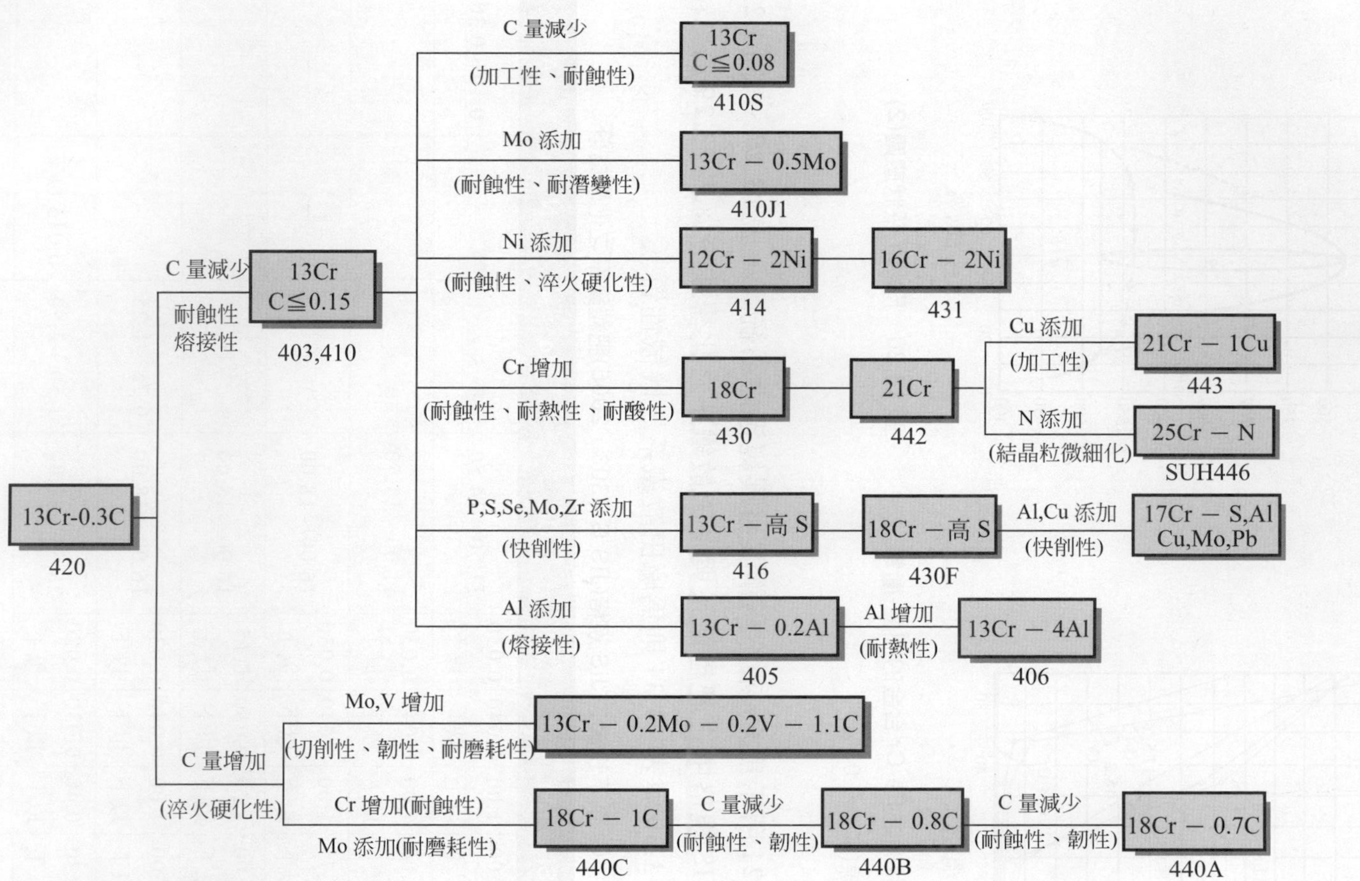

圖 13.21　Cr 系不鏽鋼發展經過之系統圖
(方格內所示為主成份，其下方之數字為 JIS、SUS 或 AISI 記號)

表 13.28　Cr 系不銹鋼之 JIS 規格(JIS G 4303：2005)麻田散鐵系之化學成分

記號	C	Si	Mn	P	S	Ni	Cr	Mo	Pb
SUS403	0.15 以下	0.50 以下	1.00 以下	0.040 以下	0.030 以下	(2)	11.50～13.00	－	－
SUS410	0.15 以下	1.00 以下	1.00 以下	0.040 以下	0.030 以下	(2)	11.50～13.50	－	－
SUS410J1	0.08～0.18	0.60 以下	1.00 以下	0.040 以下	0.030 以下	(2)	11.50～14.00	0.30～0.60	－
SUS410F2	0.15 以下	1.00 以下	1.00 以下	0.040 以下	0.030 以下	(2)	11.50～13.50	－	0.05～0.30
SUS416	0.15 以下	1.00 以下	1.25 以下	0.060 以下	0.15 以上	(2)	12.00～14.00	(1)	－
SUS420J1	0.16～0.25	1.00 以下	1.00 以下	0.040 以下	0.030 以下	(2)	12.00～14.00	－	－
SUS420J2	0.26～0.40	1.00 以下	1.00 以下	0.040 以下	0.030 以下	(2)	12.00～14.00	－	－
SUS420F	0.26～0.40	1.00 以下	1.25 以下	0.060 以下	0.15 以上	(2)	12.00～14.00	(1)	－
SUS420F2	0.26～0.40	1.00 以下	1.00 以下	0.040 以下	0.030 以下	(2)	12.00～14.00	－	0.05～0.30
SUS431	0.20 以下	1.00 以下	1.00 以下	0.040 以下	0.030 以下	1.25～2.50	15.00～17.00	－	－
SUS440A	0.60～0.75	1.00 以下	1.00 以下	0.040 以下	0.030 以下	(2)	16.00～18.00	(3)	－
SUS440B	0.75～0.95	1.00 以下	1.00 以下	0.040 以下	0.030 以下	(2)	16.00～18.00	(3)	－
SUS440C	0.95～1.20	1.00 以下	1.00 以下	0.040 以下	0.030 以下	(2)	16.00～18.00	(3)	－
SUS440F	0.95～1.20	1.00 以下	1.25 以下	0.060 以下	0.15 以上	(2)	16.00～18.00	(3)	－

註：(1) Mo 可含有 0.60%以下。
(2) Ni 可含有 0.60%以下。
(3) Mo 可含有 0.75%以下。

表 13.29　肥粒鐵系不銹鋼之退火狀態的機械性質(JIS G 4303：2005)

記號	熱理條件	機械性質					
	退火 (°C)	降伏強度 (N/mm^2)	抗拉強度 (N/mm^2)	伸長率 (%)	斷面縮率 (%)	衝擊值 (J/cm^2)	硬度 H_B
SUS405	780～830 空冷或徐冷	175 以上	410 以上	20 以上	60 以上	98 以上	183 以下
SUS410L	700～820 空冷或徐冷	195 以上	360 以上	22 以上	60 以上	—	183 以下
SUS430	780～850 空冷或徐冷	205 以上	450 以上	22 以上	50 以上	—	183 以下
SUS430F	680～820 空冷或徐冷	205 以上	450 以上	22 以上	50 以上	—	183 以下
SUS434	780～850 空冷或徐冷	205 以上	450 以上	22 以上	60 以上	—	183 以下
SUS447J1	900～1050 急冷	295 以上	450 以上	20 以上	45 以上	—	228 以下
SUSXM27	900～1050 急冷	245 以上	410 以上	20 以上	45 以上	—	219 以下

備考：(1)本表所列之値適用於徑、邊、對邊距離或厚度爲 75mm 以下之棒材。超過 75mm 時由買賣雙方協議之。

(2) $1N/mm^2=1MPa$

表 13.30　麻田散鐵系不銹鋼之淬火—回火狀態的機械性質(JIS G 4303：2005)

種類記號	降伏強度 (N/mm^2)	抗拉強度 (N/mm^2)	伸長率 (%)	斷面縮率 (%)	Charpy 衝擊值 (J/cm^2)	硬度	
						HBW	HRC
SUS403	390 以上	590 以上	25 以上	55 以上	147 以上	170 以上	—
SUS410	345 以上	540 以上	25 以上	55 以上	98 以上	159 以上	—
SUS410J1	490 以上	690 以上	20 以上	60 以上	98 以上	192 以上	—
SUS410F2	345 以上	540 以上	18 以上	50 以上	98 以上	159 以上	—
SUS416	345 以上	540 以上	17 以上	45 以上	69 以上	159 以上	—
SUS420J1	440 以上	640 以上	20 以上	50 以上	78 以上	192 以上	—
SUS420J2	540 以上	740 以上	12 以上	40 以上	29 以上	217 以上	—
SUS420F	540 以上	740 以上	8 以上	35 以上	29 以上	217 以上	—
SUS420F2	540 以上	740 以上	5 以上	35 以上	29 以上	217 以上	—
SUS431	590 以上	780 以上	15 以上	40 以上	39 以上	229 以上	—
SUS440A	—	—	—	—	—	—	54 以上
SUS440B	—	—	—	—	—	—	56 以上
SUS440C	—	—	—	—	—	—	58 以上
SUS440F	—	—	—	—	—	—	58 以上

表 13.31　麻田散鐵系不銹鋼之退火狀態的硬度(JIS G 4303：2005)

種類記號	硬度 HBW	種類記號	硬度 HBW
SUS403	200 以下	SUS420F	235 以下
SUS410	200 以下	SUS420F2	235 以下
SUS410J1	200 以下	SUS431	302 以下
SUS410F2	200 以下	SUS440A	255 以下
SUS416	200 以下	SUS440B	255 以下
SUS420J1	223 以下	SUS440C	269 以下
SUS420J2	235 以下	SUS440F	269 以下

(二) Cr-Ni 系不銹鋼

(1) 沃斯田鐵系不銹鋼

Cr系不銹鋼對於如HNO_3的氧化性酸的耐蝕性很強，但對於H_2SO_4、HCl等非氧化性酸則毫無耐蝕性，因此於其中加入 8%的Ni使其對於非氧化性的酸亦具有耐蝕性，而且其金屬組織爲沃斯田鐵，以 18% Cr-8% Ni爲代表之高Cr-Ni不銹鋼，即稱爲**沃斯田鐵系不銹鋼**(Austenitic stainless steel)。圖13.22 所示爲Ni%對於Fe-Cr-Ni合金的耐硫酸性的影響。類此，Ni%在 10%以上時，則與 C%無關，其耐硫酸性均會變佳。Fe-18%Cr 合金，如前所述爲肥粒鐵之單一相，若添加入 Ni 時，則如圖 13.23 所示，將成爲$\alpha+\gamma$二種相，而當Ni含量達 8%左右時則會成爲沃斯田鐵之單一相。圖 13.24 爲若將不銹鋼之成分元素分爲沃斯田鐵形成元素及肥粒鐵形成元素，並將其分別換算爲Ni及Cr含量時，其與組織間之關係，稱爲**Schaeffler's圖**(Schaeffler's diagram)。由圖可知，當添加有Mn、Si，並且使價格昂貴之Ni添加量爲最少而可得到沃斯田鐵單一相之化學組成爲 0.05C%-18%Cr-10Ni%。鋼之組織爲沃斯田鐵時其耐蝕性比肥粒鐵組織時爲佳，因爲在結晶學上沃斯田鐵的密度較高。

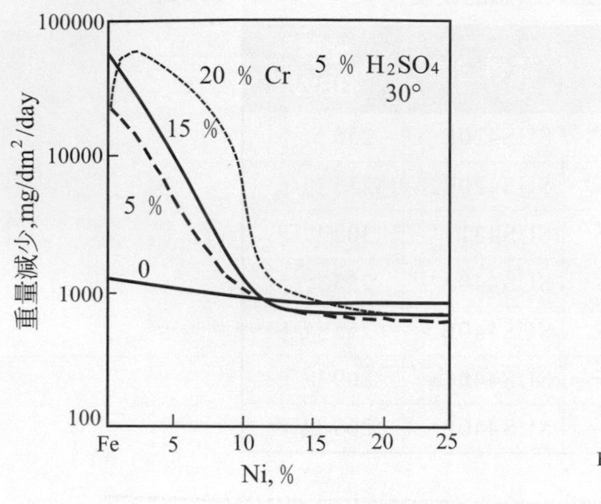

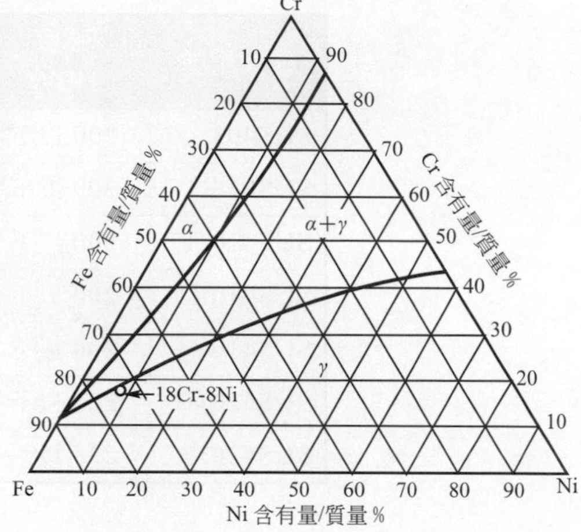

圖 13.22 Fe-Cr-Ni 合金之硫酸腐蝕　圖 13.23 Fe-Cr-Ni 三元系狀態圖之 1100°C 等溫斷面圖

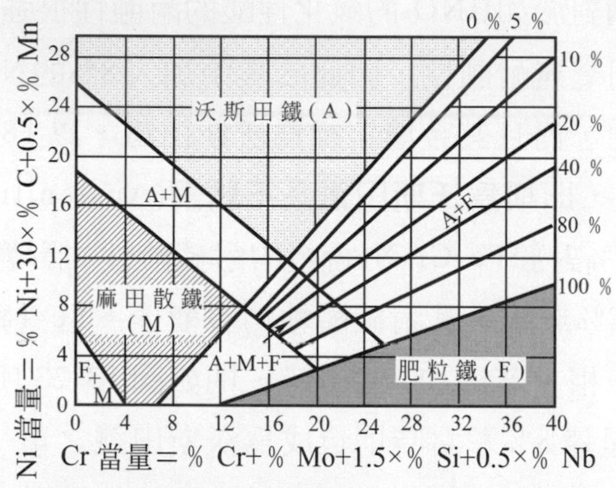

圖 13.24 Schaeffler 之組織圖

沃斯田鐵系不銹鋼發展經過之系統圖如圖 13.25 所示，而其 JIS 規格則如表 13.32 與 13.33 所示，分別為化學成份與機械性質。

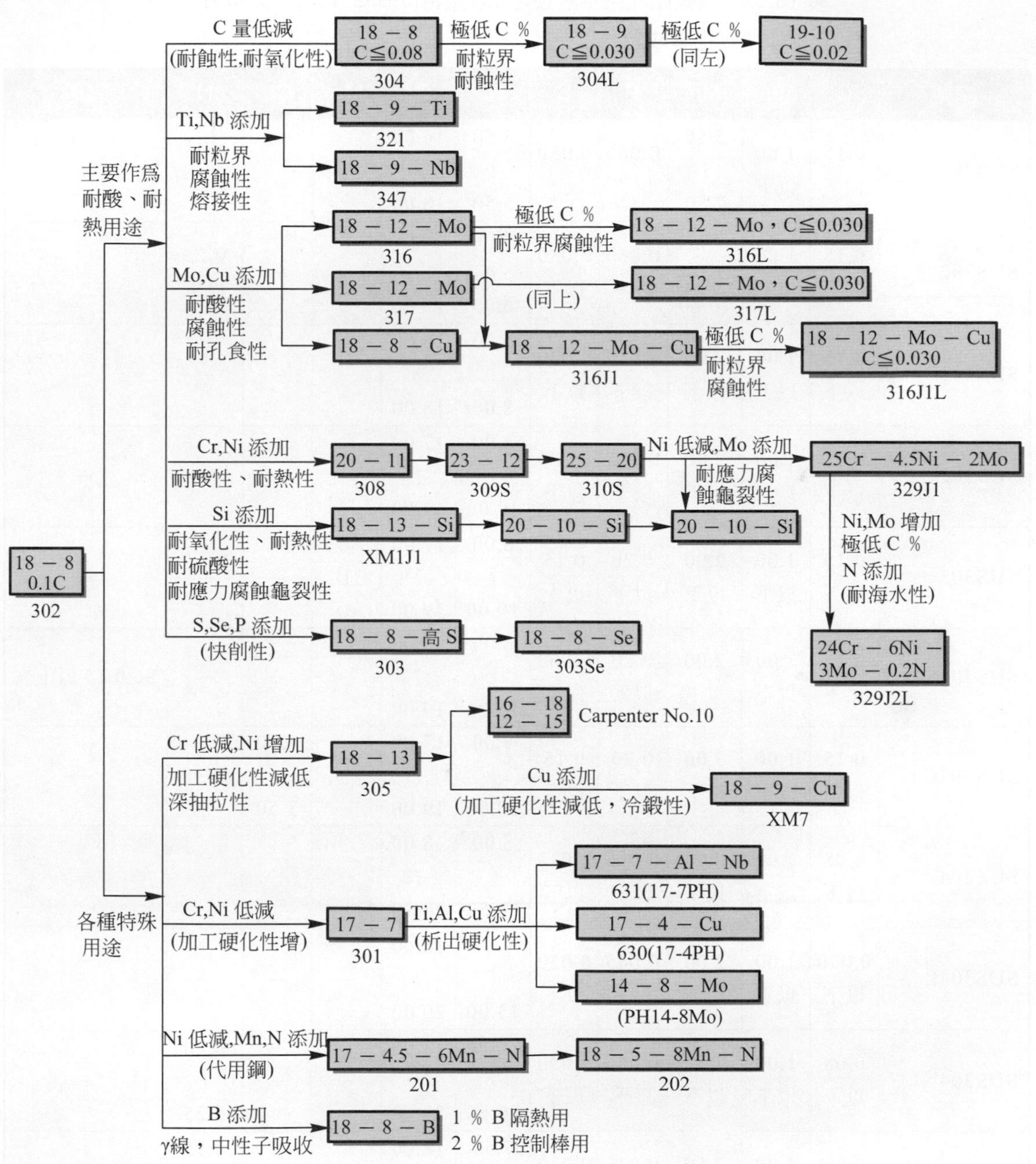

圖 13.25　Cr-Ni 系不銹鋼發展經過之系統圖

(方格內所示為主成份，其下方之數字為 JIS、SUS 或 AISI 記號)

表 13.32 沃斯田鐵系不銹鋼之 JIS 規格(JIS G 4303：2005)
化學成分

記號	C	Si	Mn	P	S	Ni	Cr	Mo	Cu	N	其他
SUS201	0.15 以下	1.00 以下	5.50 ≀ 7.50	0.060 以下	0.030 以下	3.50 ≀ 5.50	16.00 ≀ 18.00	—	—	0.25 以下	—
SUS202	0.15 以下	1.00 以下	7.50 ≀ 10.00	0.060 以下	0.030 以下	4.00 ≀ 6.00	17.00 ≀ 19.00	—	—	0.25 以下	—
SUS301	0.15 以下	1.00 以下	2.00 以下	0.045 以下	0.030 以下	6.00 ≀ 8.00	16.00 ≀ 18.00	—	—	—	—
SUS302	0.15 以下	1.00 以下	2.00 以下	0.045 以下	0.030 以下	8.00 ≀ 10.00	17.00 ≀ 19.00	—	—	—	—
SUS303	0.15 以下	1.00 以下	2.00 以下	0.20 以下	0.15 以上	8.00 ≀ 10.00	17.00 ≀ 19.00	(1)	—	—	—
SUS303Se	0.15 以下	1.00 以下	2.00 以下	0.20 以下	0.060 以下	8.00 ≀ 10.00	17.00 ≀ 19.00	—	—	—	Se 0.15 以上
SUS303Cu	0.15 以下	1.00 以下	3.00 以下	0.20 以下	0.15 以上	8.00 ≀ 10.00	17.00 ≀ 19.00	(1)	1.50 ≀ 3.50	—	—
SUS304	0.08 以下	1.00 以下	2.00 以下	0.045 以下	0.030 以下	8.00 ≀ 10.50	18.00 ≀ 20.00	—	—	—	—
SUS304L	0.030 以下	1.00 以下	2.00 以下	0.045 以下	0.030 以下	9.00 ≀ 13.00	18.00 ≀ 20.00	—	—	—	—
SUS304N1	0.08 以下	1.00 以下	2.50 以下	0.045 以下	0.030 以下	7.00 ≀ 10.50	18.00 ≀ 20.00	—	—	0.10 ≀ 0.25	—
SUS304N2	0.08 以下	1.00 以下	2.50 以下	0.045 以下	0.030 以下	7.50 ≀ 10.50	18.00 ≀ 20.00	—	—	0.15 ≀ 0.30	Nb 0.15 以下
SUS304LN	0.030 以下	1.00 以下	2.00 以下	0.045 以下	0.030 以下	8.50 ≀ 11.50	17.00 ≀ 19.00	—	—	0.12 ≀ 0.22	—

表 13.32　沃斯田鐵系不銹鋼之 JIS 規格(JIS G 4303：2005)(續)
化學成分

記號	C	Si	Mn	P	S	Ni	Cr	Mo	Cu	N	其他
SUS304J3	0.08 以下	1.00 以下	2.00 以下	0.045 以下	0.030 以下	8.00 ≀ 10.50	17.00 ≀ 19.00	—	1.00 ≀ 3.00	—	—
SUS305	0.12 以下	1.00 以下	2.00 以下	0.045 以下	0.030 以下	10.50 ≀ 13.00	17.00 ≀ 19.00	—	—	—	—
SUS309S	0.08 以下	1.00 以下	2.00 以下	0.045 以下	0.030 以下	12.00 ≀ 15.00	22.00 ≀ 24.00	—	—	—	—
SUS310S	0.08 以下	1.00 以下	2.00 以下	0.045 以下	0.030 以下	19.00 ≀ 22.00	24.00 ≀ 26.00	—	—	—	—
SUS312L	0.020 以下	0.80 以下	1.00 以下	0.030 以下	0.015 以下	17.50 ≀ 19.50	19.00 ≀ 21.00	6.00 ≀ 7.00	0.50 ≀ 1.00	0.16 ≀ 0.25	—
SUS316	0.08 以下	1.00 以下	2.00 以下	0.045 以下	0.030 以下	10.00 ≀ 14.00	16.00 ≀ 18.00	2.00 ≀ 3.00	—	—	—
SUS316L	0.030 以下	1.00 以下	2.00 以下	0.045 以下	0.030 以下	12.00 ≀ 15.00	16.00 ≀ 18.00	2.00 ≀ 3.00	—	—	—
SUS316N	0.08 以下	1.00 以下	2.00 以下	0.045 以下	0.030 以下	10.00 ≀ 14.00	16.00 ≀ 18.00	2.00 ≀ 3.00	—	0.10 ≀ 0.22	—
SUS316LN	0.030 以下	1.00 以下	2.00 以下	0.045 以下	0.030 以下	10.50 ≀ 14.50	16.50 ≀ 18.50	2.00 ≀ 3.00	—	0.12 ≀ 0.22	—
SUS316Ti	0.08 以下	1.00 以下	2.00 以下	0.045 以下	0.030 以下	10.00 ≀ 14.00	16.00 ≀ 18.00	2.00 ≀ 3.00	—	—	Ti 5×C%以上
SUS316J1	0.08 以下	1.00 以下	2.00 以下	0.045 以下	0.030 以下	10.00 ≀ 14.00	17.00 ≀ 19.00	1.20 ≀ 2.75	1.00 ≀ 2.50	—	—
SUS316J1L	0.030 以下	1.00 以下	2.00 以下	0.045 以下	0.030 以下	12.00 ≀ 16.00	17.00 ≀ 19.00	1.20 ≀ 2.75	1.00 ≀ 2.50	—	—

表 13.32 沃斯田鐵系不銹鋼之 JIS 規格(JIS G 4303：2005)(續)
化學成分

記號	C	Si	Mn	P	S	Ni	Cr	Mo	Cu	N	其他
SUS317	0.08 以下	1.00 以下	2.00 以下	0.045 以下	0.030 以下	11.00 ~ 15.00	18.00 ~ 20.00	3.00 ~ 4.00	–	–	–
SUS317L	0.030 以下	1.00 以下	2.00 以下	0.045 以下	0.030 以下	11.00 ~ 15.00	18.00 ~ 20.00	3.00 ~ 4.00	–	–	–
SUS317LN	0.030 以下	1.00 以下	2.00 以下	0.045 以下	0.030 以下	11.00 ~ 15.00	18.00 ~ 20.00	3.00 ~ 4.00	–	0.10 ~ 0.22	–
SUS317J1	0.040 以下	1.00 以下	2.50 以下	0.045 以下	0.030 以下	15.00 ~ 17.00	16.00 ~ 19.00	4.00 ~ 6.00	–	–	–
SUS836L	0.030 以下	1.00 以下	2.00 以下	0.045 以下	0.030 以下	24.00 ~ 26.00	19.00 ~ 24.00	5.00 ~ 7.00	–	0.25 以下	–
SUS890L	0.020 以下	1.00 以下	2.00 以下	0.045 以下	0.030 以下	23.00 ~ 28.00	19.00 ~ 23.00	4.00 ~ 5.00	1.00 ~ 2.00	–	–
SUS321	0.08 以下	1.00 以下	2.00 以下	0.045 以下	0.030 以下	9.00 ~ 13.00	17.00 ~ 19.00	–	–	–	Ti 5×C%以上
SUS347	0.08 以下	1.00 以下	2.00 以下	0.045 以下	0.030 以下	9.00 ~ 13.00	17.00 ~ 19.00	–	–	–	Nb 10×C%以上
SUSXM7	0.08 以下	1.00 以下	2.00 以下	0.045 以下	0.030 以下	8.50 ~ 10.50	17.00 ~ 19.00	–	3.00 ~ 4.00	–	–
SUSXM15J1	0.08 以下	3.00 ~ 5.00	2.00 以下	0.045 以下	0.030 以下	11.50 ~ 15.00	15.00 ~ 20.00	–	–	–	–

注(1) Mo 可含有 0.60%以下。

表 13.33 沃斯田鐵系不銹鋼之 JIS 規格(JIS G 4303：2005)
固溶化熱處理狀態之機械性質

記號	固溶化熱處理 (℃)	降伏強度 (N/mm^2)	抗拉強度 (N/mm^2)	伸長率 (%)	斷面縮率 (%)	硬度		
						H_B	H_RB	H_V
SUS201	1010～1120 急冷	275 以上	520 以上	40 以上	45 以上	241 以下	100 以下	253 以下
SUS202	1010～1120 急冷	275 以上	520 以上	40 以上	45 以上	207 以下	95 以下	218 以下
SUS301	1010～1150 急冷	205 以上	520 以上	40 以上	60 以上	207 以下	95 以下	218 以下
SUS302	1010～1150 急冷	205 以上	520 以上	40 以上	60 以上	187 以下	90 以下	200 以下
SUS303	1010～1150 急冷	205 以上	520 以上	40 以上	50 以上	187 以下	90 以下	200 以下
SUS303Se	1010～1150 急冷	205 以上	520 以上	40 以上	50 以上	187 以下	90 以下	200 以下
SUS303Cu	1010～1150 急冷	205 以上	520 以上	40 以上	50 以上	187 以下	90 以下	200 以下
SUS304	1010～1150 急冷	205 以上	520 以上	40 以上	60 以上	187 以下	90 以下	200 以下
SUS304L	1010～1150 急冷	175 以上	480 以上	40 以上	60 以上	187 以下	90 以下	200 以下
SUS304N1	1010～1150 急冷	275 以上	550 以上	35 以上	50 以上	217 以下	95 以下	200 以下
SUS304N2	1010～1150 急冷	345 以上	690 以上	35 以上	50 以上	250 以下	100 以下	200 以下
SUS304LN	1010～1150 急冷	245 以上	550 以上	40 以上	50 以上	217 以下	95 以下	200 以下
SUS304J3	1010～1150 急冷	175 以上	480 以上	40 以上	60 以上	187 以下	90 以下	200 以下
SUS305	1010～1150 急冷	175 以上	480 以上	40 以上	60 以上	187 以下	90 以下	200 以下
SUS309S	1030～1150 急冷	205 以上	520 以上	40 以上	60 以上	187 以下	90 以下	200 以下
SUS310S	1030～1180 急冷	205 以上	520 以上	40 以上	50 以上	187 以下	90 以下	200 以下
SUS312L	1030～1180 急冷	300 以上	650 以上	35 以上	40 以上	223 以下	96 以下	230 以下
SUS316	1010～1150 急冷	205 以上	520 以上	40 以上	60 以上	187 以下	90 以下	200 以下
SUS316L	1010～1150 急冷	175 以上	480 以上	40 以上	60 以上	187 以下	90 以下	200 以下
SUS316N	1010～1150 急冷	275 以上	550 以上	35 以上	50 以上	217 以下	95 以下	200 以下
SUS316LN	1010～1150 急冷	245 以上	550 以上	40 以上	50 以上	217 以下	95 以下	200 以下
SUS316Ti	920～1150 急冷	205 以上	520 以上	40 以上	50 以上	187 以下	90 以下	200 以下
SUS316J1	1010～1150 急冷	205 以上	520 以上	40 以上	60 以上	187 以下	90 以下	200 以下
SUS316J1L	1010～1150 急冷	175 以上	480 以上	40 以上	60 以上	187 以下	90 以下	200 以下
SUS317	1010～1150 急冷	205 以上	520 以上	40 以上	60 以上	187 以下	90 以下	200 以下
SUS317L	1010～1150 急冷	175 以上	480 以上	40 以上	60 以上	187 以下	90 以下	200 以下
SUS317LN	1010～1150 急冷	245 以上	550 以上	40 以上	50 以上	217 以下	95 以下	200 以下
SUS317J1	1030～1180 急冷	175 以上	480 以上	40 以上	45 以上	187 以下	90 以下	200 以下
SUS836L	1030～1180 急冷	205 以上	520 以上	35 以上	40 以上	217 以下	96 以下	200 以下
SUS890L	1030～1180 急冷	215 以上	490 以上	35 以上	40 以上	187 以下	90 以下	200 以下
SUS321	920～1150 急冷	205 以上	520 以上	40 以上	50 以上	187 以下	90 以下	200 以下
SUS347	980～1150 急冷	205 以上	520 以上	40 以上	50 以上	187 以下	90 以下	200 以下
SUSXM7	1010～1150 急冷	175 以上	480 以上	40 以上	60 以上	187 以下	90 以下	200 以下
SUSXM15J1	1010～1150 急冷	205 以上	520 以上	40 以上	60 以上	207 以下	95 以下	218 以下

① **沃斯田鐵系不銹鋼的特性**

此系最著名的合金爲 18%Cr-8%Ni 不銹鋼，此鋼種在大氣中具有優良的耐蝕性，無磁性；因其結晶屬於面心立方結晶，所以不會呈現低溫脆性，而且具有高衝擊值，此爲其特徵。一般而言因其組織爲沃斯田鐵，故線膨脹係數爲普通鋼的 1.5 倍左右(在 20～100℃時約爲 20.0×10^{-6}/℃)，導熱度和導電度爲普通鋼的 1/4。

沃斯田鐵系不銹鋼其耐蝕性與加工性均較肥粒鐵系優秀，所以廣泛應用於化學工業、建築、家庭等方面。

將 18-8 不銹鋼在 1000～1100℃加熱後急冷時可得單相的沃斯田鐵，因爲質軟所以冷加工容易，但是加工時，部分的沃斯田鐵會變態爲麻田散鐵。所以除了一般的加工硬化外，再加上麻田散鐵化所導致的硬化之雙重硬化作用，其加工硬化度會變得比碳鋼還大，因此藉著冷加工可得到高強度並可作爲彈簧材料。將 18-8 不銹鋼的沃斯田鐵組織在液態空氣的溫度施以冷卻時，也不會產生麻田散鐵變態(亦即其 M_s 點在 −195℃以下)，而在 M_s 點以上的某溫度施以塑性變形時則會變態成麻田散鐵。會發生此種變態的最高溫度有其界限，將其稱爲 M_d 點，亦即 $M_d > M_s$。在 M_d 點以上無論如何地施以塑性加工也都不會產生麻田散鐵變態，但是若在 M_s 點以上和 M_d 點以下的溫度範圍施以塑性變形的時候則會生成麻田散鐵。18-8 不銹鋼的 M_d 點約爲 100℃，Ni 含量較多的 18-11 不銹鋼，其 M_d 點則約爲 −70℃。

② **沃斯田鐵系不銹鋼的耐蝕性**

沃斯田鐵系不銹鋼在大氣中的耐蝕性，及對於如硝酸的氧化性酸的耐蝕性非常良好。然而對於硫酸、鹽酸等非氧化性酸的耐蝕性，雖然在添加 Ni 後已獲得改善，但仍不算良好。此外，沃斯田鐵系不銹鋼在某些使用環境下會產生粒界腐蝕和應力腐蝕龜裂等各種不同型態的局部腐蝕現象，詳細說明如下：

將 18-8 不銹鋼在 500～900℃之間，尤其是在 600～800℃的溫度加熱時，Cr 碳化物($M_{23}C_6$)會在粒界析出，而使得粒界附近的 Cr%減少，造成粒界附近會產生選擇性的腐蝕，此現象稱爲**粒間腐蝕**(Intergranular corrosion)。此現象在熔接和冷加工後的應力消除退火時特別容易造成問題。在熔接時，距離熔接部位數 mm 處會被加熱到 500～800℃，所以此部分的耐蝕性會減少，將此現象稱爲**熔接衰弱**(Weld decay)。18-8 不銹鋼在冷加工後，於 600～700℃中退火時也會產生同樣的問題。這時候可將材料加熱到 1000～1200℃，使所析出的碳化物固溶於沃斯田鐵中後再施以急冷。但是，大型構造物則不適於作此種熱處理，此時只適合採用C%在 0.03%以下的含碳量極低的不銹鋼(如 SUS 304L、316L)，或者是添加與 C 的親和力大的 Ti、Nb、Ta 等元素而使 C 以 TiC、NbC、TaC 等型態被固定的**安定型不銹鋼**(如 SUS321、347)即可。

此外，對 18-8 不銹鋼施以降伏強度以下的微小抗拉應力(包括殘留應力)時，則在含有Cl^-等特定離子之水溶液或鹼性溶液中會同時受到微弱腐蝕作用，雖然不會產生全面性的腐蝕，但是有可能產生局部脆性之龜裂而經過一段時間後導致破壞，此現象稱爲**應力腐蝕破壞**(Stress corrosion cracking)。應力越高則越容易引起破裂，但在微弱的腐蝕時，不產生破裂的應力有其限界存在。此外，壓縮應力是不會造成應力腐蝕破壞。應力腐蝕破壞的原因至今仍不清楚，但可藉著減少使用中所受到的抗拉應力，或熔接、塑性加工所引起的殘留應力，增加 Ni 含量，減少 Mn、P、N 等並降低 C%以使其應力腐蝕感受性減小，或添加 Si 或 Cu 等均可防止應力腐蝕破壞之發生。

(2) **析出硬化系不銹鋼**

麻田散鐵系不銹鋼可藉著淬火回火，而沃斯田鐵系不銹鋼可藉著冷加工、應變時效、應力時效(Stress ageing)等來強化其性質。隨著工業的進步而必須要求具有更高性能的高強度不銹鋼，基於此要求下利用析出硬化之作用而發展出**析出硬化系不銹鋼**(Precipitation hardening stainless steel)。此系爲 1940 年代爲了作爲航空材料而被開發出來，有Stainless W、17-4PH、17-7PH等數十種。表 13.24 所示爲析出硬化系不銹鋼之JIS規格、熱處理法及其機械性質。

析出硬化系不銹鋼主要可分爲兩種(SUS630，SUS631)，詳述如下。

表 13.34　析出硬化系不銹鋼之 JIS 規格(JIS G 4303：2005)

記號	C	Si	Mn	P	S	Ni	Cr	Cu	其他
SUS630	0.07 以下	1.00 以下	1.00 以下	0.040 以下	0.030 以下	3.00～5.00	15.00～17.50	3.00～5.00	Nb 0.15～0.45
SUS631	0.09 以下	1.00 以下	1.00 以下	0.040 以下	0.030 以下	6.50～7.75	16.00～18.00	–	Al 0.75～1.50

記號	熱處理			機械性質				硬度	
	種類	記號	條件	降伏強度 (N/mm^2)	抗拉強度 (N/mm^2)	伸長率 (%)	斷面縮率 (%)	H_B	H_RC
SUS630	固溶化熱處理	S	1020～1060℃急冷	–	–	–	–	＜363	＜38
	析出硬化熱處理	H900	S 處理後 470～490℃空冷	＞1175	＞1310	＞10	＞40	＞375	＞40
		H1025	S 處理後 540～560℃空冷	＞1000	＞1070	＞12	＞45	＞331	＞35
		H1075	S 處理後 570～590℃空冷	＞860	＞1000	＞13	＞45	＞302	＞31
		H1150	S 處理後 610～630℃空冷	＞725	＞930	＞16	＞50	＞277	＞28
SUS631	固溶化熱處理	S	1000～1100℃急冷	＞380	＞1030	＞20	–	＜229	–
	析出硬化熱處理	RH950	S處理後於 955±10℃保持 10 分鐘，空冷至室溫，在 24 小時內於－73±6℃保持 8 小時，於 510±10℃保持 60 分鐘後空冷。	＞1030	＞1230	＞4	＞10	＞388	–
		TH1050	S處理後於 760±15℃保持 90 分鐘，1 小時以內冷卻到 15℃以下，保持 30 分鐘，於 565±10℃保持 90 分鐘後空冷。	＞960	＞1140	＞5	＞25	＞363	–

表 13.35　沃斯田鐵‧肥粒鐵系不銹鋼(JIS G 4303：2005)

化學成分

記號	C	Si	Mn	P	S	Ni	Cr	Mo	N
SUS329J1	0.08 以下	1.00 以下	1.50 以下	0.040 以下	0.030 以下	3.00～6.00	23.00～28.00	1.00～3.00	—
SUS329J3L	0.030 以下	1.00 以下	2.00 以下	0.040 以下	0.030 以下	4.50～6.50	21.00～24.00	2.50～3.50	0.08～0.20
SUS329J4L	0.030 以下	1.00 以下	1.50 以下	0.040 以下	0.030 以下	5.50～7.50	24.00～26.00	2.50～3.50	0.08～0.30

註：有必要時可添加上表所列之外的元素如 Cu、W 或 N 中之一種或多種。

固溶化熱處理狀態之機械性質

記號	熱處理條件	機械性質						
	固溶化處理 (℃)	降伏強度 (N/mm^2)	抗拉強度 (N/mm^2)	伸長率 (%)	斷面縮率 (%)	硬度		
						H_B	H_RC	H_V
SUS329J1	950～1100 急冷	390 以上	590 以上	18 以上	40 以上	277 以下	29 以下	292 以下
SUS329J3L	950～1100 急冷	450 以上	620 以上	18 以上	40 以上	302 以下	32 以下	320 以下
SUS329J4L	950～1100 急冷	450 以上	620 以上	18 以上	40 以上	302 以下	32 以下	320 以下

① **17-4PH 不銹鋼(SUS 630)**

表 13.34 所示 JIS 規格中的 SUS630 即爲此種不銹鋼，其 Cr 與 Ni 之含量即分別爲約 17%及 4%，另添加 3～5%Cu，並施以固溶化及時效硬化熱處理，所以稱之爲 **17-4PH 不銹鋼**。熱處理的記號 S，其意義是表示從 1020～1060℃急冷之固溶化熱處理。記號 H900、H1025、H1075 皆表示析出硬化處理之意，其數字是代表時效(析出硬化)處理溫度(°F)，亦即分別爲於 470～490℃、540～600℃和 570～590℃加熱後而空冷的處理。時效處理溫度越高時，其強度越低，而伸長率和斷面縮率會越大。

此種析出硬化系不銹鋼經固溶化熱處理(S)後爲沃斯田鐵之單一相，再經過急冷後即會變成麻田散鐵組織，之後再經時效處理後則會在此麻田散鐵基地中析出含有 Cu 的金屬間化合物 Ni_3Cu 而強化。所以通常是使 C% 降爲極低，而使其在固溶狀態時亦可以施以某種程度的冷加工，但是無法加工成板狀材料、帶狀材料和線狀材料等，所以僅作爲鍛造材料、棒狀材料或鑄造材料。機械加工在固溶化和時效後的兩種狀態時皆可實施。

② **17-7PH 不銹鋼(SUS 631)**

此不銹鋼在表 13.34 所示 JIS 中的規格爲 SUS 631。含有約 17%的 Cr 與 7%的 Ni，另添加有 0.75～1.50%之 Al，在經過固溶化熱處理(記號爲 S，加熱到 1000～1100℃後，水冷或空冷)後成爲沃斯田鐵組織。再以適當方法使其成爲麻田散鐵組織後再施以時效處理，此時則可在麻田散鐵基地中析出 Al 的金屬間化合物 Ni_3Al 而強化之。因爲在固溶化熱處理狀態時爲沃斯田鐵組織，所以可施以塑性加工，以冷加工則亦可做成板狀材料和線狀材料。

(3) **沃斯田鐵．肥粒鐵系不銹鋼**

前述之沃斯田鐵系 18-8 不銹鋼，如前所述會產生粒間腐蝕或應力腐蝕破壞等現象，或者是應用於熱交換器或海水淡化裝置等海水相關機器時，則常會發生孔蝕或間隙腐蝕等情形。其對策之一，即是調整不銹鋼中之 Cr、Ni 組織，而使其在固溶化熱處理狀態時之組織爲沃斯田鐵與肥粒鐵之混合組織，所以稱爲**沃斯田鐵．肥粒鐵系不銹鋼**(Austenitic-ferritic stainless steel)亦稱爲 **2 相不銹鋼**(Two phase stainless steel)。

此系不銹鋼主要是將18Cr-8Ni不銹鋼之Cr%提高至20%以上，並降低Ni量，但另添加Mo，JIS規格中之SUS329J1(25Cr-4.5Ni-2Mo)等即屬此類型之不銹鋼，實用鋼種中亦有再添加N、Cu、Ti、W等者。表13.35所示爲沃斯田鐵．肥粒鐵系不銹鋼之JIS規格。

圖13.26所示爲2相不銹鋼之一例。典型的2相不銹鋼組織是在肥粒鐵之基地上分散著沃斯田鐵相，其比例約爲1：1。合金元素之Cr、Mo、Si等主要固溶於肥粒鐵中，而Ni、Mn、C等則固溶於沃斯田鐵中。

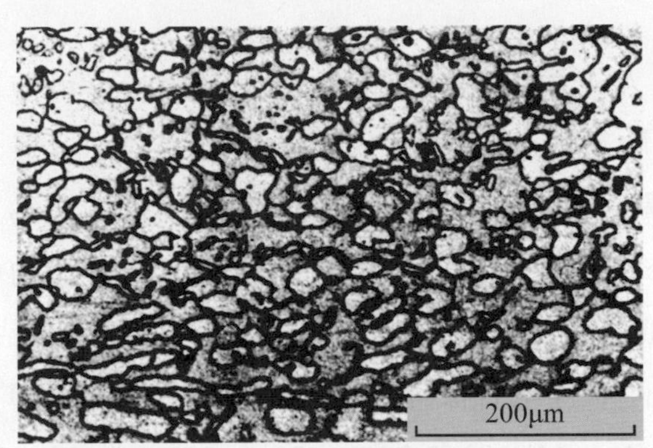

圖 13.26　2 相不銹鋼 SUS329J1 之光學顯微鏡組織，基地為肥粒鐵，帶圓之島狀則為沃斯田鐵。
熱處理：1050℃(1320K)．20 min 水冷
腐　蝕：10%Cr_2O_3水溶液電解

13.13 耐熱鋼

火力發電之鍋爐與蒸氣輪機(蒸氣溫度 570℃)、燃氣輪機(最高運轉溫度高於1100℃)、石油化學工業之反應裝置(1000℃)、噴射引擎(1200～1400℃)、汽車引擎或排氣淨化裝置(700～800℃)等高溫部位之構成材料，需在上述各種溫度可使用數萬小時或更長時間；因此爲了滿足這些用途之使用，而將在高溫的各種環境下改善其耐氧化性、耐高溫腐蝕性、強度、韌性等之合金鋼稱爲**耐熱鋼**(Heat resisting steels)。

一般作爲耐熱鋼者，必須具備下述性質：

(1)　在高溫時化學性質安定，亦即在空氣中不易氧化，而且不易受各種氣體的侵

蝕，經過脫碳、滲碳、氮化等處理後也不會變質。

⑵ 高溫時的機械性質佳；亦即不僅在高溫時的衝擊值及抗拉強度要高，而且潛變強度亦要大。

⑶ 組織安定，即在使用溫度時其組織不會起變化，此外在所使用溫度下無變態點。

⑷ 具有良好的加工性、熔接性、鑄造性、耐蝕性等。

上述性質中以耐氧化性和高溫強度二者最為重要，分述如下：

㈠ 耐氧化性

於鐵中加入 Cr、Al、Si 等與氧親和力強的金屬時，可使得鐵之耐氧化性顯著增加。這是由於當添加某量以上的 Cr、Al、Si 後，於高溫氧化時，這些元素會被優先的氧化(稱為**選擇氧化**)而形成以Cr_2O_3、Al_2O_3、SiO_2等為主體的薄而緻密的被膜。此薄膜可抑制 Fe 原子向表面的擴散，而形成保護被膜的作用。為了使保護被膜有效的作用，則必須使其氧化膜不易剝離、蒸氣壓小、而融點高，Cr_2O_3、Al_2O_3、SiO_2等可滿足這些條件而且也有保護作用。為了使鋼在 1000℃時能夠完全防止氧化，則必須單獨添加 Cr、Al、Si 各 20%、9%、5%。當 Al、Si 的添加量多時，其材質會變硬脆，因此為了使其耐氧化性增加時，則主要是使用 Cr 之外，亦可補助性的添加少量的 Al 和 Si。圖 13.27 所示為 Cr、Al、Si 對於鐵的高溫氧化之影響，圖 13.28 為添加 Cr 時在鋼表面所形成的氧化膜，因此可抑制鋼的氧化。

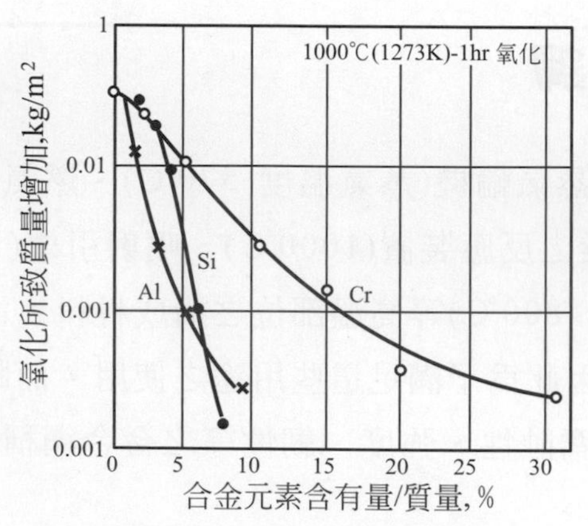

圖 13.27　Cr、Al、Si 對於鐵的高溫氧化之影響

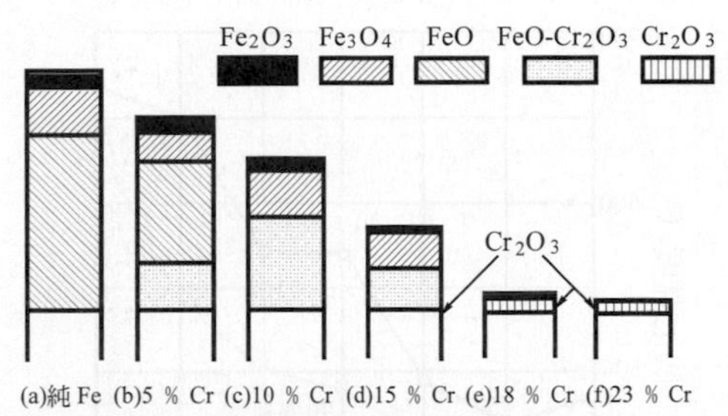

圖 13.28　純鐵與 Fe-Cr 合金之高溫氧化膜之構成(1200℃，2hr)

(二)　高溫強度

圖 13.29 所示為合金元素對於肥粒鐵的潛變強度之影響。圖中可知，在添加量為 1%時，其能有效的提高潛變強度之大小順序為 Mo ＞ Cr ＞ Mn ＞ Si。這些元素和能有效提高肥粒鐵的抗拉強度之元素完全不同，由此可知，提高潛變強度與提高抗拉強度間是無相互關係的。能提高鐵的潛變強度的元素被認為是與具有可使鐵的結晶溫度上升作用的元素或能賦予鋼回火軟化抵抗性的元素有關。圖 13.30 所示為合金元素對於純鐵的再結晶溫度的影響。可知其可使再結晶溫度上升的元素之順序為 Mo ＞ Cr ＞ Mn≥Si，對於潛變強度而言，其合金元素的影響順序也是一樣。

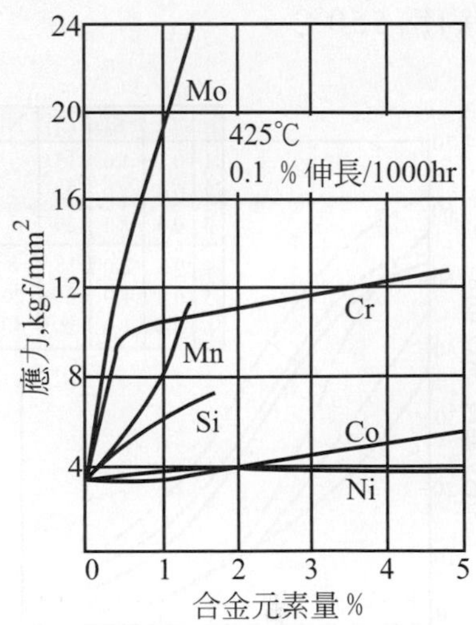

圖 13.29　肥粒鐵中的固溶元素對於潛變強度的影響

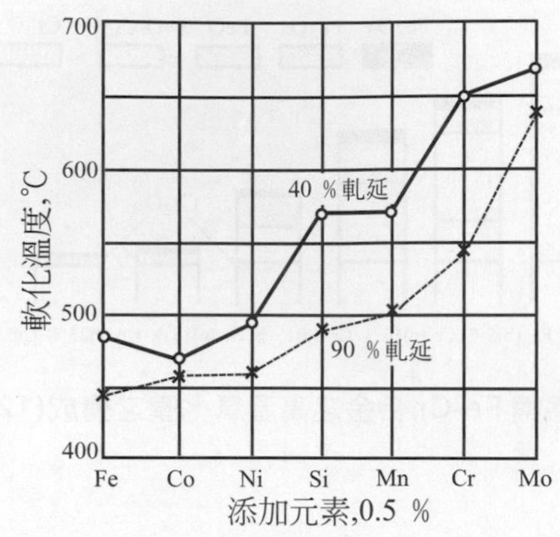

圖 13.30　加工硬化後二元鐵合金的再結晶軟化溫度

圖 13.31 所示爲肥粒鐵組織的鋼和沃斯田鐵組織的鋼其高溫強度的比較。一般而言，沃斯田鐵鋼的高溫強度比肥粒鐵鋼優秀。這是由於肥粒鐵經由柯瑞爾效應而被強化，但是當溫度上升時，則此效應會急速的消失。然而沃斯田鐵鋼則是藉著鈴木效果而被強化，當溫度的上升時，其效果並不會急劇的減少。Ni 雖然無法提高潛變強度，但是欲使其成爲沃斯田鐵組織時則是一個必要的元素。

耐熱鋼依使用溫度及目的之不同，可大致分爲低合金耐熱鋼與不銹鋼系耐熱鋼二大類，其使用溫度之境界約爲 550℃。

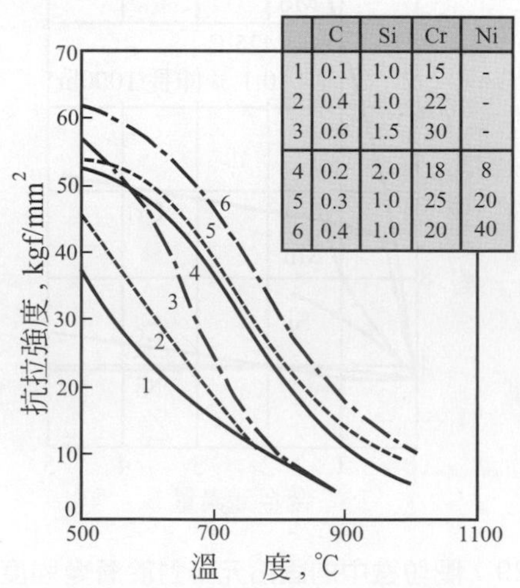

	C	Si	Cr	Ni
1	0.1	1.0	15	-
2	0.4	1.0	22	-
3	0.6	1.5	30	-
4	0.2	2.0	18	8
5	0.3	1.0	25	20
6	0.4	1.0	20	40

圖 13.31　肥粒鐵鋼與沃斯田鐵鋼的高溫強度之比較

㈠ 低合金耐熱鋼(Low alloy heat resisting steel)

此種耐熱鋼使用於鍋爐用鋼管(板)，蒸氣和燃氣輪機的葉輪和葉片，高溫螺栓(Bolt)和高溫構造物等，以Cr和Mo爲主要的合金元素。JIS對鍋爐、熱交換器用合金鋼鋼管有規定，一般是使用0.5% Mo鋼、1% Cr-0.5%Mo鋼、2.25% Cr-1% Mo鋼、5% Cr-0.5% Mo鋼、9% Cr-1% Mo鋼等。JIS對於其他高溫用合金鋼鍋爐材料也有規定，其C%含量稍高，但通常是使用類似的合金鋼。這些耐熱鋼都是在高溫中使用，爲了使其在高溫持溫時的組織不會產生變化，淬火後應在至少比其使用溫度約高55℃的溫度施以回火，或是施以完全退火後才使用。

㈡ 不銹鋼系耐熱鋼

不銹鋼中，有很多可直接作爲耐熱鋼來使用，如表13.36所示。

表13.36 可做為耐熱鋼使用的不銹鋼鋼棒(JIS G 4311：1991)

記號	分類	種類的記號	分類
SUS 405 SUS 410L SUS 430	肥粒鐵系	SUS 304 SUS 309S SUS 310S SUS 316 SUS 316Ti SUS 317 SUS 321 SUS 347 SUS XM15J1	沃斯田鐵系
SUS 403 SUS 410 SUS 410J1 SUS 431	麻田散鐵系	SUS 630 SUS 631	析出硬化系

以下所敘述者，爲表13.36以外的耐熱鋼如表13.37所示，爲耐熱鋼棒的JIS規格。依組織可分爲肥粒鐵系、麻田散鐵系、沃斯田鐵系耐熱鋼等3種，詳述如下。

耐熱鋼棒之CNS規格與JIS完全相同，詳見CNS G 3199。

表 13.37 耐熱鋼棒之 JIS 規格(JIS G 4311：1991)

記號	化學成分%											
	C	Si	Mn	P	S	Ni	Cr	Mo	W	Co	V	N	其他
沃斯田鐵系													
SUH31	0.35～0.45	1.50～2.50	0.60 以下	0.040 以下	0.030 以下	13.00～15.00	14.00～16.00	—	2.00～3.00	—	—	—	—
SUH35	0.48～0.58	0.35 以下	8.00～10.00	〃	〃	3.25～4.50	20.00～22.00	—	—	—	—	0.35～0.50	—
SUH36	0.48～0.58	〃	〃	〃	0.040～0.090	〃	〃	—	—	—	—	0.35～0.50	—
SUH37	0.15～0.25	1.00 以下	1.00～1.60	〃	0.030 以下	10.00～12.00	20.50～22.50	—	—	—	—	0.15～0.30	—
SUH38	0.25～0.35	〃	1.20 以下	0.18～0.25	〃	〃	19.00～21.00	1.80～2.50	—	—	—	—	B 0.001～0.010
SUH309	0.20 以下	〃	2.00 以下	0.40 以下	〃	12.00～15.00	22.00～24.00	—	—	—	—	—	—
SUH310	0.25 以下	1.50 以下	〃	〃	〃	19.00～22.00	24.00～26.00	—	—	—	—	—	—
SUH330	0.15 以下	〃	〃	〃	〃	33.00～37.00	14.00～17.00	—	—	—	—	—	—
SUH660	0.08 以下	1.00 以下	〃	〃	〃	24.00～27.00	13.50～16.00	1.00～1.50	—	—	0.10～0.50	—	Ti 1.90～2.35 Al 0.35 以下 B 0.001～0.010
SUH661	0.08～0.16	〃	1.00～2.00	〃	〃	19.00～21.00	20.00～22.50	2.50～3.50	2.00～3.00	18.50～21.00	—	0.10～0.20	Nb 0.75～1.25

表 13.37　耐熱鋼棒之 JIS 規格(JIS G 4311：1991)(續)

記號	化學成分%											
	C	Si	Mn	P	S	Ni	Cr	Mo	W	Co	V	N	其他
肥粒鐵系													
SUH446	0.20 以下	1.00 以下	1.50 以下	0.040 以下	0.030 以下	(1)	23.00～27.00	—	—	—	—	0.25 以下	—
麻田散鐵系													
SUH1	0.40～0.50	3.00～3.50	0.60 以下	0.030 以下	0.030 以下	(1)	7.50～9.50	—	—	—	—	—	—
SUH3	0.35～0.45	1.80～2.50	〃	〃	〃	(1)	10.00～12.00	0.70～1.30	—	—	—	—	—
SUH4	0.75～0.85	1.75～2.25	0.20～0.60	〃	〃	1.15～1.65	19.00～20.50	—	—	—	—	—	—
SUH11	0.45～0.55	1.00～2.00	0.60 以下	〃	〃	(1)	7.50～9.50	—	—	—	—	—	—
SUH600	0.15～0.20	0.50 以下	0.50～1.00	0.040 以下	〃	(1)	10.00～13.00	0.30～0.90	—	—	0.10～0.40	0.05～0.10	Nb 0.20～0.60
SUH616	0.20～0.25	〃	〃	〃	〃	0.50～1.00	11.00～13.00	0.75～1.25	0.75～1.25	—	0.20～0.30	—	—

註：(1)含＜0.6%Ni 亦可

備考：肥粒鐵系與麻田散鐵系含＜0.3%Cu 亦可。

⑴ **肥粒鐵系耐熱鋼**(Ferritic heat resisting steels)

含有25% Cr的肥粒鐵鋼，相當於JIS的SUH446。肥粒鐵單相的鋼無法藉著熱處理使其結晶粒微細化，而粗晶粒組織的鋼於室溫時非常脆。因爲其在500℃以上時之潛變強度低，所以不適合於有外加應力的用途。表13.38爲其熱處理及機械性質的JIS規格。

表 13.38　肥粒鐵系耐熱鋼之退火熱處理狀態及其機械性質(JIS G 4311：1991)

記號	熱處理	機械性質				
	退火(℃)	降伏強度(N/mm^2)	抗拉強度(N/mm^2)	伸長率(%)	斷面縮率(%)	硬度(H_B)
SUH446	780～880急冷	＞275	＞510	＞20	＞40	＜201

⑵ **麻田散鐵系耐熱鋼**(Martensitic heat resisting steels)

含有12% Cr的鋼，其耐氧化性佳，施以淬火-回火後可得到良好的機械性質，若於其中再添加Mo、W、V、Nb等時則可使潛變強度變高。JIS的SUH600、616即屬此，而大量使用於做爲蒸氣和燃氣輪機的動葉片。此外，降低回火溫度而使強度提高者，亦可使用於噴射引擎的葉輪等。此鋼與將於後述的沃斯田鐵系耐熱鋼比較時，則具有：在550℃以下時潛變強度及降伏強度大，熱膨脹係數小而導熱度大，熱應力小，不含有高價的Ni，製造容易等優點。

上述的Cr系耐熱鋼中若添加Si 2～3%，則稱爲Si-Cr鋼，廣泛的被做爲汽車等內燃機的閥門鋼。JIS的SUH1、3、4相當於此種鋼。熱處理方法爲在980～1080℃油淬，而在700～850℃回火後急冷之。因爲淬火溫度高所以容易引起沃斯田鐵粒的粗大化，而有衝擊值低的缺點。表13.39所示爲麻田散鐵系耐熱鋼其熱處理條件與機械性質的關係。

表 13.39　麻田散鐵系耐熱鋼之熱處理與機械性質(JIS G 4311：1991)

記號	熱處理 退火(°C)	硬度(H_B)
SUH1	800～900 徐冷	269 以下
SUH3	800～900 徐冷	269 以下
SUH4	800～900 徐冷或約 720 空冷	321 以下
SUH11	750～850 徐冷	269 以下
SUH600	850～950 徐冷	269 以下
SUH616	830～900 徐冷	269 以下

記號	熱處理(°C)		機械性質						
	淬火	回火	降伏強度 (N/mm^2)	抗拉強度 (N/mm^2)	伸長率 (%)	斷面縮率 (%)	衝擊值 (J/cm^2)	硬度 (H_B)	適用尺寸 徑、邊或對邊距離或厚度
SUH1	980～1080 油冷	700～850 急冷	685 以上	930 以上	15 以上	35 以上	–	269 以上	75 以下
SUH3	〃	700～800 急冷	685 以上	930 以上	15 以上	35 以上	20 以上	269 以上	25 以下
			635 以上	880 以上	15 以上	35 以上	20 以上	262 以上	25～75
SUH4	1030～1080 油冷	〃	685 以上	880 以上	10 以上	15 以上	10 以上	262 以上	75 以下
SUH11	1000～1050 油冷	650～750 空冷	685 以上	880 以上	15 以上	35 以上	20 以上	262 以上	25 以下
SUH600	1100～1170 油冷或空冷	600 以上空冷	685 以上	830 以上	15 以上	30 以上	–	321 以下	75 以下
SUH616	1020～1070 油冷或空冷	〃	735 以上	880 以上	10 以上	25 以上	–	341 以下	75 以下

(3) 沃斯田鐵系耐熱鋼(Austenitic heat resisting steels)

本系耐熱鋼其Cr、Ni含量比一般的18-8不銹鋼多，而且C%含量也高。此鋼種可承受在1000～1150℃的耐氧化性而且高溫強度也大，易製作無縫鋼管，所以多用於鍋爐用管。經固溶化熱處理後再施以時效硬化來使用，增加Cr、Ni含量或添加各種合金元素來改善其高溫特性之鋼種已實用化。表13.40所示爲沃斯田鐵系耐熱鋼之熱處理條件與其機械性質的關係。

表 13.40 沃斯田鐵系耐熱鋼之熱處理條件與機械性質之關係(JIS G 4311：1991)

記號	固溶化處理(℃)	時效處理(℃)
SUH31	950～1050 急冷	–
SUH35	1100～1200 急冷	730～780 空冷
SUH36	1100～1200 急冷	730～780 空冷
SUH37	1050～1150 急冷	750～800 空冷
SUH38	1120～1150 急冷	730～760 空冷
SUH309	1030～1150 急冷	–
SUH310	1030～1180 急冷	–
SUH330	1030～1180 急冷	–
SUH660	885～915 急冷或 965～995 急冷	700～760×16h 空冷或徐冷
SUH661	1130～1200 急冷	780～830×4h 空冷或徐冷

記號	熱處理		降伏強度 (N/mm^2)	抗拉強度 (N/mm^2)	伸長率 (%)	斷面縮率 (%)	硬度 (H_B)	適用尺寸 mm
	種類	記號						徑、邊或對邊距離或厚度
SUS31	固溶化處理	S	315 以上	740 以上	30 以上	40 以上	248 以下	25 以下
			315 以上	690 以上	25 以上	35 以上	248 以下	25～180
SUH35	固溶化處理後時效處理	H	560 以上	880 以上	8 以上	－	302 以上	25 以下
SUH36			560 以上	880 以上	8 以上	－	302 以上	25 以下
SUH37			390 以上	780 以上	35 以上	35 以上	248 以下	25 以下
SUH38			490 以上	880 以上	20 以上	25 以上	269 以上	25 以下
SUH309	固溶化處理	S	205 以上	560 以上	45 以上	50 以上	201 以下	180 以下
SUH310			205 以上	590 以上	40 以上	50 以上	201 以下	180 以下
SUH330			205 以上	560 以上	40 以上	50 以上	201 以下	180 以下
SUH660	固溶化處理後時效處理	H	590 以上	900 以上	15 以上	18 以上	248 以上	180 以下
SUH661	固溶化處理	S	315 以上	690 以上	35 以上	35 以上	248 以下	180 以下
	固溶化處理後時效處理	H	345 以上	760 以上	30 以上	30 以上	192 以上	75 以下

13.14 超耐熱合金

爲了改善耐熱鋼之高溫特性而將Ni、Cr、Co等合金元素之添加量逐漸增加，而使 Fe 之含量降至 50%以下之合金，以及以 Ni 或 Co 爲主成份的高溫用合金，稱爲**超耐熱合金**(Super heat resistant alloy)，或僅稱爲**耐熱合金**或**超合金**(Superalloy)。

超耐熱合金自 1940 年代問世以來，迄今約 50 幾年間已有長足之進步，尤其在噴射引擎之大型化與高性能化上有非常重要的貢獻。依化學成份則大致上可將超耐熱合金分爲 Fe 基、Ni 基、Co 基等三種。

超耐熱合金之 JIS 規格之種類記號與化學成份如表 13.41 所示，機械性質則如表 13.42 所示，而相關之附屬書一與二，則分別如表 13.43 及表 13.44 所示。另，表 13.45 則爲超耐熱合金之舊制 JIS 規格之種類記號與通稱、特徵及用途，提供作爲參考。表 13.46 所示則爲歐美各國所開發之超耐熱合金將其依開發年代順序來排列者。

耐蝕耐熱超含金棒之 CNS 規格與 JIS 完全相同，詳見 CNS G 3197。

表 13.41　超耐熱合金之 JIS 規格之種類記號與化學成份(JIS G 4901：1999)

Corrosion-resisting and Heat-resisting Superalloy Bars

單位%

種類記號	C	Si	Mn	P	S	Ni	Cr	Fe	Mo	Cu	Al	Ti	Nb+Ta	B
NCF600	0.15 以下	0.50 以下	1.00 以下	0.030 以下	0.015 以下	72.00 以上	14.00～17.00	6.00～10.00	–	0.50 以下	–	–	–	–
NCF601	0.10 以下	0.50 以下	1.00 以下	0.030 以下	0.015 以下	58.00～63.00	21.00～25.00	殘餘	–	1.00 以下	1.00～1.70	–	–	–
NCF625	0.10 以下	0.50 以下	0.50 以下	0.015 以下	0.015 以下	58.00 以上	20.00～23.00	5.00 以下	8.00～10.00	–	0.40 以下	0.40 以下	3.15～4.15	–
NCF690	0.05 以下	0.50 以下	0.50 以下	0.030 以下	0.015 以下	58.00 以上	27.00～31.00	7.00～11.00	–	0.50 以下	–	–	–	–
NCF718	0.08 以下	0.35 以下	0.35 以下	0.015 以下	0.015 以下	50.00～55.00	17.00～21.00	殘餘	2.80～3.30	0.30 以下	0.20～0.80	0.65～1.15	4.75～5.50	0.006 以下
NCF750	0.08 以下	0.50 以下	1.00 以下	0.030 以下	0.015 以下	70.00 以上	14.00～17.00	5.00～9.00	–	0.50 以下	0.40～1.00	2.25～2.75	0.70～1.20	–
NCF751	0.10 以下	0.50 以下	1.00 以下	0.030 以下	0.015 以下	70.00 以上	14.00～17.00	5.00～9.00	–	0.50 以下	0.90～1.50	2.00～2.60	0.70～1.20	–
NCF800	0.10 以下	1.00 以下	1.50 以下	0.030 以下	0.015 以下	30.00～35.00	19.00～23.00	殘餘	–	0.75 以下	0.15～0.60	0.15～0.60	–	–
NCF800H	0.05～0.10	1.00 以下	1.50 以下	0.030 以下	0.015 以下	30.00～35.00	19.00～23.00	殘餘	–	0.75 以下	0.15～0.60	0.15～0.60	–	–
NCF825	0.05 以下	0.50 以下	1.00 以下	0.030 以下	0.015 以下	38.00～46.00	19.50～23.50	殘餘	2.50～3.50	1.50～3.00	0.20 以下	0.60～1.20	–	–
NCF80A	0.04～0.10	1.00 以下	1.00 以下	0.030 以下	0.015 以下	殘餘	18.00～21.00	1.50 以下	–	0.20 以下	1.00～1.80	1.00～1.80	–	–

備考：*1.* Ni 分析值中可包含 Co。但 NCF80A 之 Co 分析值需在 2%以下。

2. NCF80A，必要時可添加 B 等元素。

表 13.42　超耐熱合金之 JIS 規格之機械性質(JIS G 4901：1999)
Corrosion-resisting and Heat-resisting Superalloy Bars

種類記號	熱處理 (記號)	降伏強度 (N/mm²)	抗拉強度 (N/mm²)	伸長率 (%)	硬度 HBS 或 HBW	適用尺寸 mm 徑、邊或對邊距離或厚度
NCF600	退火(A)	245 以上	550 以上	30 以上	179 以下	—
NCF601	退火(A)	195 以上	550 以上	30 以上	—	—
NCF625	退火(A)	415 以上	830 以上	30 以上	—	100 以下
		345 以上	760 以上	30 以上	—	超過 100 但在 250 以下
	固溶化熱處理(S)	275 以上	690 以上	30 以上	—	—
NCF690	退火(A)	240 以上	590 以上	30 以上	—	100 以下
NCF718	固溶化熱處理後時效處理(H)	1035 以上	1280 以上	12 以上	331 以上	100 以下
NCF750	固溶化熱處理(S1,S2)	—	—	—	320 以下	100 以下
	固溶化熱處理後時效處理(H1)	615 以上	960 以上	8 以上	262 以上	100 以下
	固溶化熱處理後時效處理(H2)	795 以上	1170 以上	18 以上	302～363	60 以下
		795 以上	1170 以上	15 以上	302～363	超過60但在100以下
NCF751	固溶化熱處理(S)	—	—	—	375 以下	100 以下
	固溶化熱處理後時效處理(H)	615 以上	960 以上	8 以上	—	100 以下
NCF800	退火(A)	205 以上	520 以上	30 以上	179 以下	—
NCF800H	固溶化熱處理(S)	175 以上	450 以上	30 以上	167 以下	—
NCF825	退火(A)	235 以上	580 以上	30 以上	—	—
NCF80A	固溶化熱處理(S)	—	—	—	269 以下	100 以下
	固溶化熱處理後時效處理(H)	600 以上	1000 以上	20 以上	—	100 以下

備考：*1.* 徑、邊、對邊距離或厚度未滿 2.5mm 之棒，不適用上表之伸長率。但，需加以記錄。

2. NCF690，NCF750，NCF751，NCF80A 之徑、邊、對邊距離或厚度超過 100mm 之棒的機械性質，由買賣雙方協議之。

3. NCF718，NCF751 與 NCF80A，若實施附屬書表 1 所示之外的熱處理時，棒的機械性質則由買賣雙方協議之。

表 13.43　附屬書一(熱處理)

種類記號	固溶化熱處理(記號)	退火(記號)	時效熱處理(記號)
NCF 600	–	800～1150℃急冷(A)	–
NCF 601	–	950℃以上急冷(A)	–
NCF 625	1090℃以上急冷(S)	870℃以上急冷(A)	–
NCF 690	–	900℃以上急冷(A)	–
NCF 718	925～1010℃急冷(S)	–	S處理後，705～730℃，保持8小時，爐冷至610～630℃，於此溫度時效後空冷，總時效時間18小時(H)。
NCF 750	1135～1165℃急冷(S1)	–	S1處理後，800～830℃，保持24小時，空冷至室溫，670～720℃，保持20小時空冷(H1)。
	965～995℃急冷(S2)	–	S2處理後，720～740℃，保持8小時，爐冷至610～630℃，於此溫度時效後空冷，總時效時間18小時(H2)。
NCF 751	1135～1165℃急冷(S)	–	S處理後，830～860℃，保持24小時，空冷至室溫，690～720℃保持20小時後空冷(H)。
NCF 800	–	980～1060℃急冷(A)	–
NCF 800H	1100～1170℃急冷(A)	–	–
NCF 825	–	930℃以上急冷(A)	–
NCF 80A	1050～1100℃急冷(S)	–	S處理後，690～710℃保持16小時後空冷。

備考：NCF718，NCF751與NCF80A，經由雙方協議後可進行上表以外之熱處理。

表 13.44　附屬書二(熱處理與表面最終加工方法之記號)

項目	記號
固溶化熱處理	S，S1，S2
固溶化熱處理後時效處理	H，H1，H2
退火	A
最後加工	P
冷抽拉	D
切削	T
研削	G

備考：熱處理記號之條件依據附屬書一。

表 13.45　超耐熱合金之 JIS 規格、特徵與用途(JIS G 4901)
Corrosion-resisting and heat-resisting superalloy bars

種類記號 (通稱)	概略成分	特徵	用途
NCF 600 (Inconel 600)	15.5Cr-76Ni-8Fe-0.03C	高溫之氧化，還元氣氛及其他強腐蝕環境之耐蝕性佳。	化學、食品製程設備，熱處理爐零件，核能用水蒸氣管。
NCF 601 (Inconel 601)	23Cr-61Ni-14Fe-1.35Al-0.07C	高溫特性佳，氧化、滲炭、滲硫氣氛下有耐蝕性。	熱交換器，熱處理用零件，燃燒器用零件，航空機引擎零件。
NCF 750 (Inconel X-750)	15.5Cr-73Ni-7Fe-2.5Ti-0.7Al-1Nb-0.04C	時效硬化性，高溫耐氧化、耐蝕性，耐洩漏性佳。	燃氣輪機零件，與水蒸氣接觸零件，核能反應爐用彈簧，螺栓，熱處理爐零件，熱間擠製模，成形用工具。
NCF 751 (Inconel 751)	15Cr-72Ni-7Fe-2.3Ti-1.2Al-1Nb-0.07C	本質上與NCF750相同，但化學成分之若干變更可使870℃之潛變破壞特性獲改善。	柴油引擎排氣閥。
NCF 800 (Incoloy 800)	20.5Cr-32Ni-44.5Fe-0.4Ti-0.4Al-0.4Cu-0.05C	高溫耐氧化、耐滲炭性、硫化腐蝕、粒界氧化、耐銹蝕性強、其他廣範圍之氣氛下耐腐蝕性強。	熱交換器，製程配管，滲碳爐零件，蒸餾器，核能用水蒸氣管。
NCF 800H (Incoloy 800)	20.5Cr-32Ni-44.5Fe-0.4Ti-0.4Al-0.4Cu-0.08C	與 NCF800 相同，620℃以上之高溫強度大，590～980℃之潛變破壞特性更佳。	化學工場，發電所用熱交換器，反應管及其他零件。
NCF 825 (Incoloy 825)	21Cr-42Ni-30Fe-3Mo-2Cu-Ti	富耐蝕性，特別是對於粒間腐蝕，還元性酸具良好特性。	磷酸製造裝置，酸洗器具，化學裝置。
NCF 80A (Nimonic 80A)	20Cr-74Ni-1.5Fe-1.3Al-2.4Ti-0.07C	耐氧化性與高溫潛變強度之組合最佳，爲析出硬化型合金所以潛變抵抗大，適用於815℃以下之高溫。	燃氣輪機用零件，核能反應爐用零件，引擎閥。

表 13.46　歐美各國所開發之超耐熱合金之化學成份、特徵與用途

	合金名	Ni	Cr	Co	Mo	W	Al	Ti	Fe	Mn	Si	C	B	Zr	其他	特徵、用途
Fe基	16-25-6	25	16	—	6.0	—	—	—	Bal	1.35	0.70	0.08	—	—		燃氣輪機零件
	Discaloy	26	13.5	—	2.75	—	0.10	1.75	Bal	0.9	0.8	0.04	—	—		燃氣輪機零件、螺栓
	N 155	20	21	20	3.0	2.5	—	—	Bal	1.5	0.5	0.15	—	—	0.15N，1.0Nb	燃氣輪機薄板零件
	A 286	26	15	—	1.25	—	0.2	2.15	Bal	1.40	0.4	0.05	0.003	—	0.30V	燃氣輪機零件、動翼、螺栓
	Incoloy 901	42.7	13.5	—	6.2	—	0.2	2.5	34	0.4	0.4	0.05	—	—	0.015B	燃氣輪機轉子、零件
	V 57	27	14.8	—	1.25	—	0.25	3.0	Bal	0.35	< 0.75	< 0.08	0.01	—	0.5V	噴射引擎轉子
Ni基	Nimonic 75	Bal	20.0	—	—	—	—	0.4	—	0.10	0.70	0.1	—	—	—	噴射引擎零件
	Nimonic 80A	Bal	19.5	1.1	—	—	1.3	2.5	< 3.0	0.10	0.70	0.06	—	—	—	〃
	Nimonic 90	Bal	19.5	18.0	—	—	1.4	2.4	< 1.5	0.50	0.70	0.07	—	—	—	〃
	Nimonic 95	Bal	19.5	18.0	—	—	2.0	2.9	< 5.0	—	—	< 0.15	—	—	—	〃
	M 252	Bal	19.0	10	10	—	1.0	2.6	—	< 0.5	< 0.5	< 0.15	0.005	—	—	燃氣機輪動翼、零件、薄板
	Nimonic 100	Bal	11.0	20.0	5.0	—	5.0	1.4	< 2.0	—	—	< 0.30	—	—	—	噴射引擎零件
	Udimet 500	Bal	19	18.0	4	—	3.0	3.0	< 0.5	—	—	0.08	0.005	—	—	燃氣輪機零件、薄板、螺栓
	Rene' 41	Bal	19	11	10	—	1.5	3.1	—	—	—	0.09	< 0.010	—	—	噴射引擎動翼、零件
	Alloy 713C	Bal	12.5	—	4.2	—	6.1	0.8	—	—	—	0.12	0.012	0.10	2.0Nb	〃
	Udimet 700	Bal	15	18.5	5.0	—	4.4	3.5	< 0.5	—	—	0.07	0.025	—	—	噴射引擎零件
	Nimonic 115	Bal	15.0	14.8	4.0	—	5.0	4.0	< 1.0	—	—	0.15	0.018	< 0.15	—	〃
	IN 100(a)	Bal	10.0	15.0	3.0	—	5.5	4.7	—	—	—	0.18	0.014	0.06	1.0V	噴射引擎動翼、翼車
	Mar-M200(a)	Bal	9.0	10	—	12.5	5.0	2.0	—	—	—	0.15	0.015	0.05	1.8Nb	噴射引擎動翼
	B-1900(a)	Bal	8.0	10	6.0	< 0.1	6.0	1.0	< 0.35	< 0.2	< 0.25	0.1	0.015	0.08	—	〃

表 13.46　歐美各國所開發之超耐熱合金之化學成份、特徵與用途(續)

	合金名	Ni	Cr	Co	Mo	W	Al	Ti	Fe	Mn	Si	C	B	Zr	其他	特徵、用途
Ni 基	Mar-M246(a)	Bal	9.0	10	2.5	10.0	5.5	1.5	–	0.10	0.05	0.15	0.015	0.05	1.5Ta	延性較 Mar-M200 大
	IN-738(a)	Bal	16	8.5	1.75	2.6	3.4	3.4	< 0.5	< 0.2	< 0.3	0.17	0.01	0.10	0.9Nb，1.8Ta	耐高溫腐蝕性良好
	Rene' 80	Bal	14	9.5	4.0	4.0	3.0	5.0	–	–	–	0.17	0.015	0.03	–	輪機動翼
	TRW VIA(a)	Bal	6.1	7.5	2.0	5.8	5.4	1.0	–	–	–	0.13	0.02	0.13	0.5Nb，9.0Ta，0.5Re，0.43Hf	〃
	Mar-M247(a)	Bal	8.4	10.0	0.6	10.0	5.5	1.0	–	–	–	0.15	0.015	0.05	3.3Ta，1.5Hf	Mar-M246 之改良
	In 792(a)	Bal	12.7	9.0	2.0	3.9	3.2	4.2	–	–	–	0.21	0.02	0.10	3.9Ta	耐高溫蝕性良好，動翼
	MA 754	Bal	20	–	–	–	0.3	0.5	–	–	–	0.05	–	–	$0.6Y_2O_3$	機械化合金所得 ODS 合金
Co 基	HS 21(a)	3.0	27	Bal	5.0	–	–	–	1.0	0.60	0.60	0.25	–	–	–	初期噴射引擎動、靜翼
	HS 25(L605)	10	20	Bal	–	15	–	–	–	1.50	0.50	0.10	–	–	–	噴射引擎零件、薄板
	HS 30(a)	15	26	Bal	6.0	–	–	–	1.0	0.60	0.60	0.45	–	–	–	初期噴射引擎動、靜翼
	S 816	20	20	Bal	4.0	4.0	–	–	3.0	1.20	0.40	0.38	–	–	4.0Nb	燃氣輪機動翼、螺栓、彈簧
	HS31(X-40)(a)	10	25	Bal	–	7.5	–	–	1.5	0.50	0.50	0.50	–	–	–	燃氣輪機零件，靜翼
	WI 52(a)	< 1.0	21	Bal	–	11	–	–	2.0	< 0.50	< 0.50	0.45	0.09	–	2.0Nb	〃
	Mar-M302(a)	–	21.5	Bal	–	10.0	–	–	–	0.10	0.10	0.85	0.005	0.15	9.0Ta	噴射引擎動、靜翼
	Mar-M322(a)	–	21.5	Bal	–	9.0	–	0.75	–	0.10	0.10	1.00	–	2.25	4.5Ta	〃
	Mar-M509(a)	10	21.5	Bal	–	7.0	–	0.2	1.0	< 0.1	< 0.1	0.60	< 0.01	0.50	3.5Ta	〃

註：(a)鑄造合金

(1) **Fe 基超耐熱合金**(Iron base super heat resistant alloy)

此系最早開發的合金為 1942 年之 Timken(16-25-6 合金)應用於輪機、輪葉或輪盤之製作，之後於 1950 年代開發出析出硬化型合金——Discaloy、A-286、V57 等，目前仍使用在 750℃以下之環境。使用溫度低所以含有 15%Cr即有足夠之耐蝕性，而為了使其固溶強化而添加Mo與W，另外為了使其形成γ'相[$Ni_3(Al,Ti)$]而導致析出強化則會添加 2～3%左右的 Al與 Ti。此外，當添加上述元素時為了不使其生成肥粒鐵而將 Ni 提高至 25%左右。

對此系合金而言，當強化元素之添加量再增加時，則很容易會析出擁有複雜結晶構造的σ相(AB 型)、μ相(A_7B_6型)、Laves 相(A_2B型)等金屬間化合物。為了避免此現象，將強化元素之添加量更為提高同時再增加 Ni 含量之高強度 Ni-Fe 基合金，例如 Incoloy 901 等合金已被開發出來。圖 13.32 為各種 Fe 基超耐熱合金之 1000 小時的潛變破壞強度。

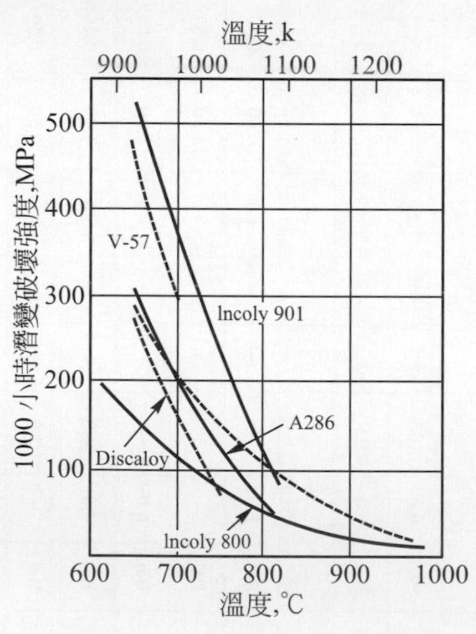

圖 13.32 各種 Fe 基超耐熱合金之 1000 小時的潛變破壞強度

(2) **Ni 基超耐熱合金**(Nickel base super heat resistant alloy)

此類型的合金有很多，其中之一部份如表 13.33 所示。最早是在 1906 年由 Marsh 所開發出來的 **Nicoromu 合金**(80%Ni-20%Cr)。此系合金以 Ni 為主要成分，並含有多量的 Cr、Co、Mo 等的合金，此外其特徵為一定都含有 Ti 和 Al。此合金是利用各種添加元素而使產生固溶強化，以及碳化物或γ'相之析出強化的效果，但主要仍是以γ'相[$Ni_3(Al,Ti)$]之析出強化之效應為最大。

通常 Al、Ti 含量增加時γ'相的量亦會隨之增加而使其高溫強度變大，相對的造成鍛造時的困難，而且 Al、Ti 在熔解時容易產生氧化現象。因此需採用真空熔解及熱擠製加工，其後於 1950 年末期則轉換為利用脫蠟鑄造法來製作精密鑄造合金。藉此，γ'相高達 60～65%Vol之金也被開發出來並實用化；同時由於陶瓷砂心製作技術之進步也製作出了採用強制空氣冷卻方式之薄斷面的中空輪機葉片，這對於噴射引擎之運轉溫度之大幅度提升而導致出力之增加上具有重大貢獻。鑄造用 Ni 基超耐熱合金在目前是高溫強度最大之超耐熱合金。

圖 13.33 所示為各種 Ni 基超耐熱合金之 1000 小時的潛變破壞強度，圖 13.34 為 Nimonic 115 合金之穿透式電子顯微鏡(TEM)組織，而圖 13.35 則為 Ni 基超耐熱合金之發展經過與其組織及潛變破壞強度之推移圖。

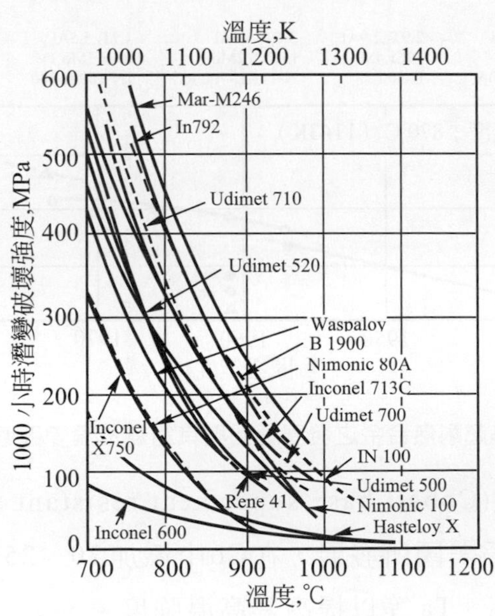

圖 13.33　各種 Ni 基超耐熱合金之 1000 小時潛變破壞強度

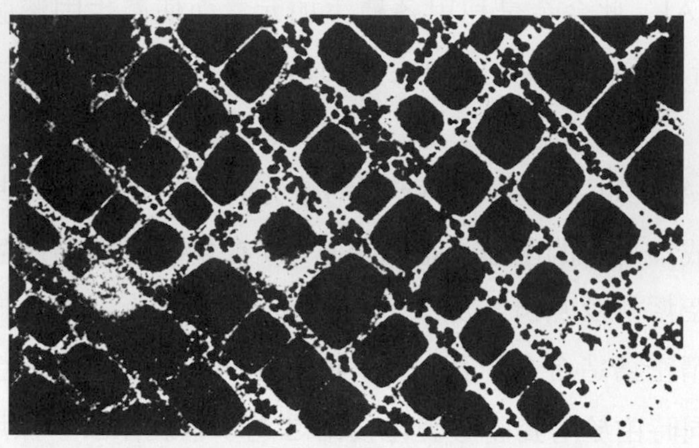

圖 13.34 Nimonic 115 合金之穿透式電子顯微鏡組織

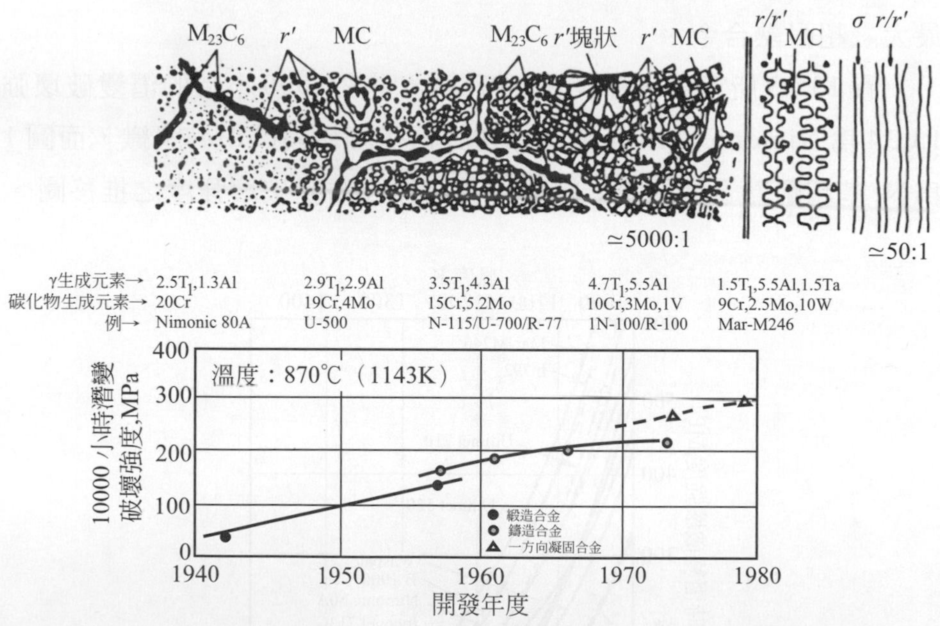

圖 13.35 Ni 基超耐熱合金之發展經過與其組織及潛變破壞強度之推移圖

(3) **Co 基超耐熱合金**(Cobalt base super heat resistant alloy)

此合金主要爲美國所發展，在Co中添加20～25%的Cr後，再添加Ni、W、Mo、Nb、Ti、Ta等以提高其高溫強度。

Co 基超耐熱合金最初是將齒科用 Vitallium(0.25C-28Cr-6Mo)合金應用在增壓過給機上，1940 年代以後HS21、WI52 等相繼被開發，1960 年代之後由於採用眞空熔解因此除 W 外 Ta 等元素之多量添加亦成爲可能，所以一系列的 Mar-M 合金亦先後登場。

初期之飛機用燃氣輪機之動或靜輪葉上皆曾廣泛採用過 Co 基超耐熱合金，但由於γ'相析出型 Ni 基超耐熱合金之急速發展，較 Co 基超耐熱合金之強度還要大的 Ni 基超耐熱合金相繼開發出來，因此大致上現今已漸都改用 Ni 基超耐熱合金。

但是由於 Co 基超耐熱合金一般而言因其 Cr 含量高所以耐高溫腐蝕性強，此外其耐熱疲勞性、熔接性、鑄造性等優良，最近常應用於例如利用脫蠟鑄造法製成之靜輪葉等其負荷應力不大之零件上。

圖 13.36 所示爲各種 Co 基超耐熱合金之 1000 小時潛變破壞強度，圖 13.37 所示爲各種金屬材料之耐氧化性與強度對於耐用溫度影響之比較。

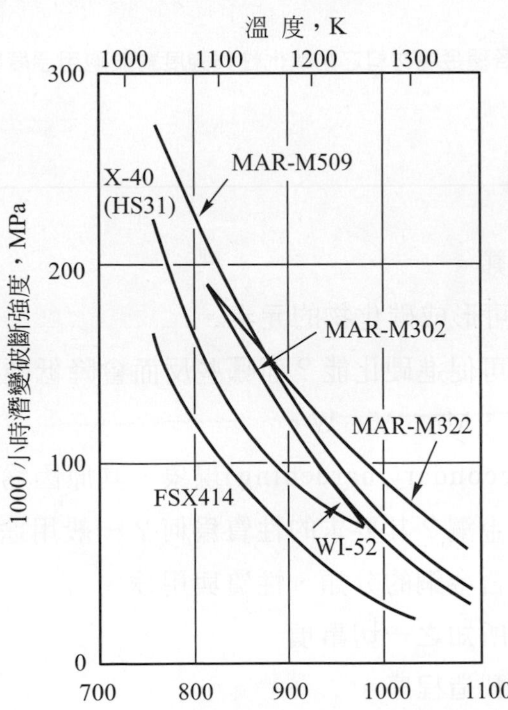

圖 13.36　各種 Co 基耐熱超合金之 1000 小時潛變破壞強度

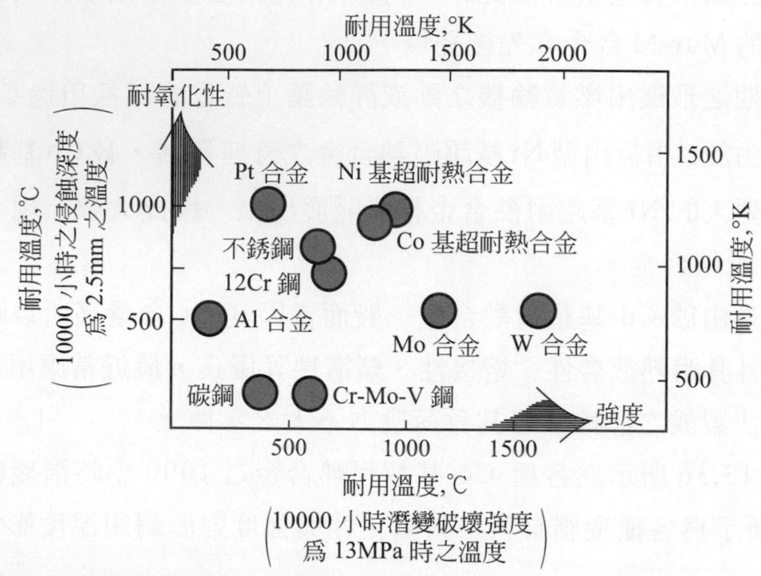

圖 13.37 各種金屬材料之耐氧化性與強度對於耐用溫度影響之比較

習題

13.1 試述合金鋼的分類。

13.2 例舉 6 種在鋼中可形成碳化物的元素。

13.3 下列元素中哪些可促進硬化能？而哪些反而會降低硬化能？Mo、Al、Co、Cr、Ni、Zr、Ti、Mn、V、W。

13.4 說明二次硬化(secondary hardening)現象，其原因爲何？

13.5 何謂高強度低合金鋼？其要求的性質爲何？一般用途何在？

13.6 試述熱處理用中合金鋼的分類、性質與用途。

13.7 對於易切鋼寫出所知之一切事項。

13.8 說明小型彈簧之製造程序。

13.9 試述工具鋼之分類，並簡單加以說明。

13.10 將合金工具鋼依其用途加以分類，並例舉其代表性鋼種。

13.11 試述 Mo 系與 W 系高速鋼的特徵，並說明其熱處理之程序。

13.12 解釋下列名詞：

Ca 系易切鋼、韌化(patenting)、發藍(blueing)、軸承鋼、碳工具鋼、史泰勒合金(stellite)、超硬工具、瓷金工具、陶瓷工具。

13.13 試述超硬合金之製程及其特性。

13.14 說明不銹鋼之分類，並分別加以簡單說明。

13.15 試將不銹鋼中所含有的 Ni 及 Cr 之效用加以說明。

13.16 試述沃斯田鐵系不銹鋼的特性。

13.17 說明析出硬化系不銹鋼之分類及其熱處理。

13.18 耐熱鋼之必備性質有哪些？試述之！

13.19 說明耐熱鋼之分類及其特性。

13.20 例舉超耐熱合金的種類，並說明其強化機構。

13.21 解釋下列名詞：

475℃脆性、σ相脆性、粒間腐蝕、熔接衰弱、應力腐蝕破裂、M_d點、γ'相、NCF751、16-25-6、Incoloy901、Mar-M200、HS21、S816、Nimonic 115

13.22 解釋下列名詞：

SCr415、SCM420、SNCM630、SACM645、SUM23L、SUP10、SUJ2、SK90、SKS81、SKD11、SKD61、SKT6、W1-10、W2-13、H10、A7、D4、O7、S5、L6、F1、P20

14 鑄鐵

鑄鐵以化學成分而言是指含碳量在2.14～6.67%之間的 Fe-C 合金，但是實際上除 C 以外尚含有 Si、Mn、P、S 等元素在內。

鑄鐵依斷面之顏色可分為灰鑄鐵、斑鑄鐵、白鑄鐵等，若依性質則可分為高級鑄鐵、球狀石墨鑄鐵、冷硬鑄鐵、展性鑄鐵等。其中以灰鑄鐵及球狀石墨鑄鐵之使用量為最多。

鑄鐵自古以來即為廣為使用，在古代鑄鐵是以外觀為主，對於強度並不太講究，但是現代則由於工業上各領域使用之鑄鐵逐漸增多，因此對於強度之要求亦漸嚴格。近年來同時兼具有強度與韌性之延性鑄鐵(球狀石墨鑄鐵)已廣泛的實用化，而且也漸漸的取代了鍛造品及其他材料，所以鑄鐵目前在工業上已扮演著相當重要而關鍵的角色。

14.1 鑄鐵之概論

鑄鐵(Cast iron)之組織可說是在鋼的基地中有所謂的石墨(Graphite)之非金屬物質分散存在之組織。這些分散存在的石墨即賦於鑄鐵各種性質之特徵，也就是說鑄鐵之性質是隨著所存在石墨之形狀、量、尺寸及分布狀態等不同而有顯著之差異。通常鑄鐵具有下述特性：

(1) 對於複雜形狀、尺寸之零件其鑄造性良好。

(2) 切削性佳。

(3) 耐磨耗性優良。

(4) 能同時擁有適當的強度與延性。

(5) 耐蝕性佳。

(6) 制震能大。

(7) 熱傳導性大。

鑄鐵中除了有灰鑄鐵、球狀石墨鑄鐵、展性鑄鐵外，最近各種之合金鑄鐵、CV石墨鑄鐵(縮狀石墨鑄鐵)及白鑄鐵之用途亦漸廣泛。

這些鑄鐵的構成之思維如圖 14.1 所示，由圖即可容易的了解到所謂“鑄鐵”這一系統之材料。

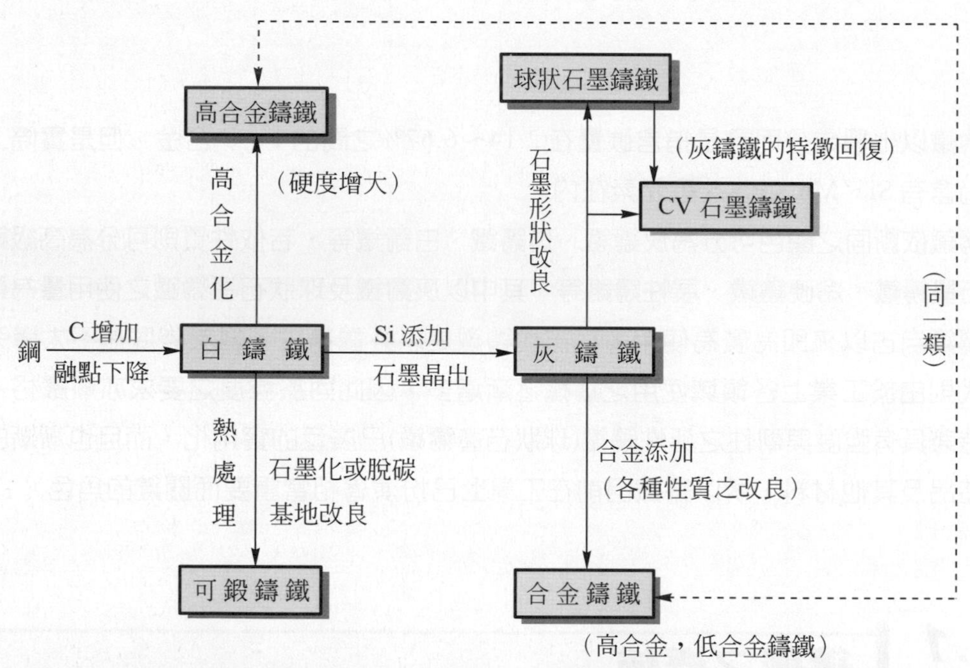

圖 14.1 鑄鐵構成之思維圖

14.2 鑄鐵之分類

一般鋼具有良好的強度與延性，但若欲用來製作複雜形狀之鑄件時，因為其融點高、鑄造性差所以甚為困難。在此若使鋼中之含C量增加時，則其融點會隨著降低，當含 C 量為4.3%時則其融點將較純鐵之融點低約 380℃左右。若將此成分之熔液澆鑄時則會得到非常硬且脆的鑄件，而變成僅適用於特殊用途之鑄件；但若在此 C 與 Fe 之二元合金中添加 1～3%程度之 Si 而使其成爲 Fe-C-Si 之三元合金時，就會變成具有優良的鑄造性及各種特性之**灰鑄鐵**(Grey cast iron)。這是由於添加了Si之關係，而在組織中晶出了不會存在於鋼組織中之**石墨**(Graphite)。石墨之抗拉強度約僅 2 kgf/mm^2，因此若構成灰鑄鐵之基地組織爲抗拉強度在 45～60 kgf/mm^{2}之波來鐵組織時，則對灰鑄鐵整體而言其抗拉強度也僅會在 20～40 kgf/mm^{2}程度(與片狀石墨之量、形狀、尺寸有關)而已，且其延性差。但是若欲作爲要求高抗拉強度及伸長率之機械零件的鑄件時，則非將存在於鑄鐵組織中之石墨的形狀由片形石墨改良爲塊狀或球狀石墨不可，此即爲**可鍛鑄鐵**(Malleable cast iron)與**球狀石墨鑄鐵**(Spheroidal graphite cast iron)，前者爲將白鑄鐵於高溫施以長時間的退火之熱處理後所製成，後者則是使石墨成爲球狀。但是石墨被球狀化後則原先灰鑄鐵所具有之優良鑄造性、制震能、被削性及熱傳導性等性質均會變差，因此若可使石墨不完全球狀化，而使其停留於蚯蚓狀(compacted/vermicular)則可使上述特徵在某程度上被保留下來，此即最近廣受注目之**縮狀(C/V)石墨鑄鐵**(Compacted/Vermicular graphite cast iron)。

另方面，於灰鑄鐵中添加 Ni、Cr、Mo、Cu 等合金元素，而主要是用來增加基地組織之硬度、強度，以便使其強度性質、耐磨耗性或耐蝕性等獲得改善之**低合金鑄鐵**、**高合金鑄鐵**亦被製成，例如鎳耐蝕合金、鎳硬合金、高鉻鑄鐵等皆應用於某些特殊零件。最近不僅是將灰鑄鐵合金化，而且亦推廣將球狀石墨鑄鐵合金化，並逐漸盛行中。這類鑄鐵都是以改良其基地組織爲主要目的，例如將其基地組織改爲變韌鐵、沃斯田鐵、麻田散鐵或糙斑鐵。高合金鑄鐵一般大都是使石墨完全不晶出或僅微量晶出，而使雪明碳鐵或合金碳化物析出於基地中，以增高其硬度。表 14.1 爲鑄鐵之分類及其實用名稱，而表 14.2 所示爲實用合金鑄鐵之例子。

表 14.1　鑄鐵之分類及其實用名稱

分類名稱	JIS 規格記號	其他實用名稱
白鑄鐵		白生鐵
灰鑄鐵	FC	片狀石墨鑄鐵 普通鑄鐵、高級鑄鐵、強韌鑄鐵(抗拉強度 30 kgf/mm^{2}以上) 合金鑄鐵

表 14.1 鑄鐵之分類及其實用名稱(續)

分類名稱	JIS 規格記號	其他實用名稱
球狀石墨鑄鐵	FCD	延性鑄鐵 合金延性鑄鐵
縮狀石墨鑄鐵		C/V 石墨鑄鐵
可鍛鑄鐵	FCM FCMB FCMW FCMP	展性鑄鐵 黑心可鍛鑄鐵 白心可鍛鑄鐵 波來鐵可鍛鑄鐵

表 14.2 合金元素添加所致鑄鐵組織之改良與其名稱

基地	添加合金元素	鑄鐵名稱例
沃斯田鐵	Ni、Cr、Cu	鎳耐蝕合金(Ni-resist)、鎳克矽(Nicrosilal)、無磁(No-Mag)、延性鎳耐蝕合金(Ni-resist ductile)
變韌鐵	Ni、Mo、Cu	針狀鑄鐵、沃斯回火延性鑄鐵(ADI)
麻田散鐵	Ni、Cr、Mo	鎳硬合金(Ni-hard)
鉻碳化物與肥粒鐵	Cr、Mo	高 Cr 鑄鐵
肥粒鐵	Si	高 Si 鑄鐵

14.3 鑄鐵的組織

由Fe-C系平衡狀態圖來說，鑄鐵是指含C量在2.14～6.67%之Fe-C合金，但一般實用者之C%在2.5～4.3%之範圍。由鼓風爐所煉得之生鐵其一部分除做爲煉鋼用外，另一部分即以生鐵錠之狀態來提供予化鐵爐(cupola)，將其再加以熔解及調整成分後，做成鑄鐵來使用。

實用鑄鐵之金屬組織是隨著化學組成、熔解條件、鑄型內之冷卻速度等而發生變化，一般鑄鐵依其斷面之顏色可分爲灰鑄鐵、白鑄鐵與斑鑄鐵三大類，如圖 14.2 所示。**灰鑄鐵**(Grey cast iron)其斷面呈灰色，材質軟而脆，其組織若僅爲肥粒鐵及游離存在於其中之片狀石墨所構成者則稱為**肥粒鐵鑄鐵**(Ferritic cast iron)，如圖 14.2(a)；若為波來鐵與游離的片狀石墨所構成之組織，則稱為**波來鐵鑄鐵**(Peralitic cast iron)，如圖 14.2(c)所示；若為肥粒鐵與波來鐵及游離的片狀石墨所構成之組織，則稱為**肥粒鐵-波來鐵鑄鐵**(Ferritic-pearlitic cast iron)如圖 14.2(b)。**白鑄鐵**(White cast iron)其斷面呈白色，非常硬且脆，其化學成分中之碳除微量固溶於鐵中外，皆以化合碳(Fe_3C)即雪明碳鐵(cementite)之狀態存在，其中一部分成為游離雪明碳鐵，另一部分則與肥粒鐵一起而形成波來鐵，故無游離石墨存在，亦即其組織為波來鐵與游離雪明碳鐵之混合物，如圖 14.2(e)所示。**斑鑄鐵**(Mottled cast iron)之組織為灰鑄鐵與白鑄鐵之混合組織，亦即是由游離石墨、游離雪明碳鐵及波來鐵所構成，其斷面呈灰白色，如圖 14.2(d)所示。

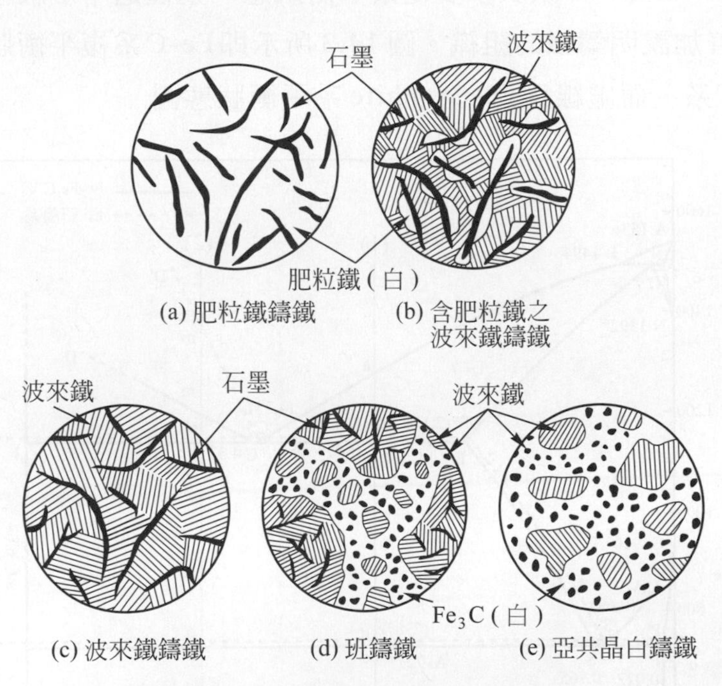

圖 14.2　鑄鐵之金屬組織(說明圖)

如上所述，鑄鐵中之碳是以雪明碳鐵(Fe_3C)及石墨(C)兩種狀態存在，因此為了區別起見，一般將雪明碳鐵中的碳稱為**化合碳**(Combined carbon)，而將石墨稱為**游離碳**(Free carbon)。上述兩者其含碳量之和則稱為**總碳**(Total carbon)。

14.3.1 複平衡狀態圖

一般合金之組織依其平衡狀態圖即可加以說明而且相律亦成立，但對於鑄鐵來說，似乎會發生與相律矛盾的現象。例如波來鐵鑄鐵是由波來鐵與石墨所構成，而波來鐵又為肥粒鐵與雪明碳鐵之混合物，也就是說波來鐵鑄鐵是由肥粒鐵、雪明碳鐵及石墨等三種相所構成。在二成分系而三相共存之狀態，依相律則其自由度F＝0，亦即是僅在一定溫度時才會存在之狀態，而波來鐵鑄鐵之組織從室溫到相當高溫(727℃)為止都不會發生變化(換句話說在相當長的溫度範圍中都存在)。在此我們必須考慮利用由Fe-Fe_3C系及Fe-Graphite系二種狀態圖所構成的複平衡狀態圖，來說明鑄鐵的組織。亦即，Fe-Fe_3C系為準安定系平衡狀態，而僅適用於比較快速冷卻之情形；Fe-Graphite系表示安定系平衡狀態，則僅適用於緩慢冷卻之情形，依此觀念即可善加說明鑄鐵的組織。圖14.3所示即Fe-C系複平衡狀態圖，圖中之實線為Fe-Fe_3C系，而虛線為Fe-Graphite系平衡狀態圖。

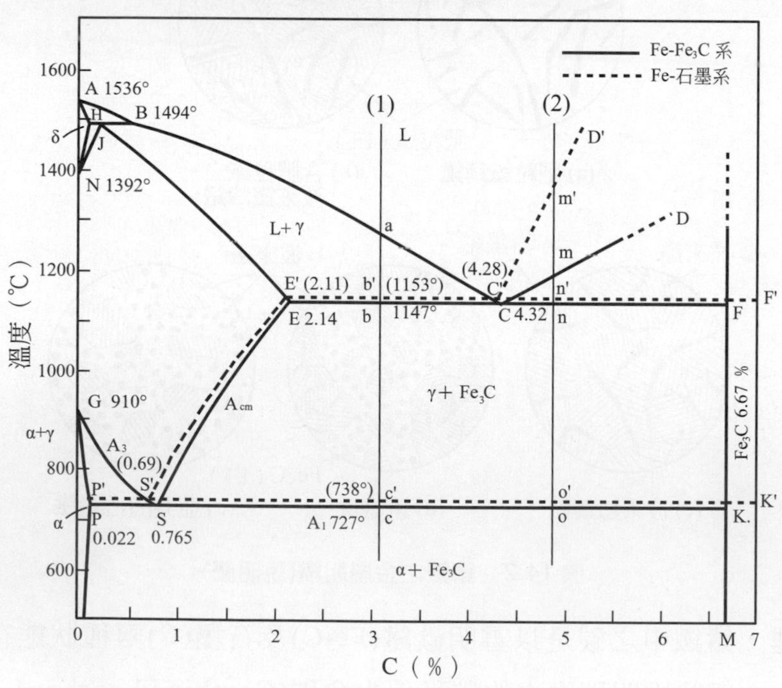

圖14.3 Fe-C系複平衡狀態圖

⑴　將圖中⑴成分之合金由液態加以冷卻時：

① 於溫度a時開始由熔液中晶出γ固溶體，殘液之濃度則沿著$\overset{\frown}{ac}$線變化。

② 若抵安定系之共晶溫度b′(即1153℃)，則殘液之濃度為約4.28%C，於此狀態若適合石墨之晶出，則殘液將變態為γ固溶體(E′)與石墨之共晶。

③ 若殘液被過冷到準安定系之共晶溫度b(即1147℃)，則其濃度為約4.32% C，此時殘液將變態為γ固溶體(E)與Fe_3C(固相 F)之共晶，在冶金學上將此共晶組織稱為**粒滴斑鐵**(Ledeburite)。

④ 此後隨著溫度的下降，若為適合石墨之析出狀態則會沿著$\overset{\frown}{E'S'}$線，由γ固溶體中會析出石墨。或者是沿$\overset{\frown}{ES}$線析出Fe_3C。

⑤ 殘留之γ固溶體之濃度則漸次減少，若抵安定系之共析點S′，則在此溫度(738℃)發生共析變態而成為肥粒鐵與石墨之混合組織(此時所產生之石墨並不會形成共析組織，而是析出於既存之石墨上，而肥粒鐵則產生於石墨之周圍)。若過冷到準安定系之 S 點時，則γ固溶體於此溫度(727℃)將發生共析反應而成為肥粒鐵與Fe_3C之混合組織，即波來鐵。

⑥ 因此，若僅依照Fe-Graphite系平均狀態圖，即可得到如圖 14.4 所示之**肥粒鐵鑄鐵**(Ferritic cast iron)。而若僅依照Fe-Fe_3C系平衡狀態圖，則可得到如圖 14.5 所示之**白鑄鐵**(White cast iron)。再則，若共晶反應在 Fe-Graphite 系發生，而共析反應在 Fe-Fe_3C系發生，則會形成**波來鐵鑄鐵**(Pearlitic cast iron)；而若共晶反應在Fe-Graphite系發生，而共析反應一部分在Fe-Graphite系，另一部分在Fe-Fe_3C系發生時則會形成**含有肥粒鐵之波來鐵鑄鐵**(Ferritic-pearlitic cast iron)。

⑵　將圖中⑵成分即含碳量＞4.3%之合金，由液態加以冷卻時：

① 若冷卻極緩慢則有利於石墨之晶出，則於m′溫度時開始從溶液中晶出石墨(初晶)，殘液之含碳量則沿$\overset{\frown}{m'C'}$線減少，於抵C′點(4.28%C，1153℃)時則變為石墨與γ固溶體(E′)之共晶。上述由溶液中所晶出之初晶石墨，通常是呈發達之片狀或塊狀，稱之為**凝析石墨**(Kish graphite)。

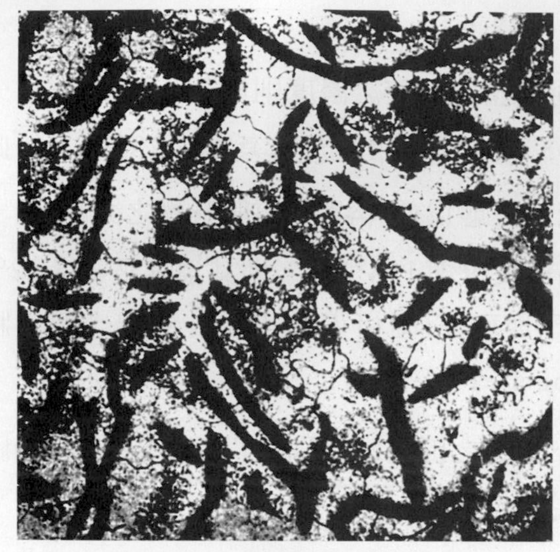

圖 14.4 肥粒鐵鑄鐵(×400)(灰鑄鐵)　　圖 14.5 白鑄鐵(×250)

② 若冷卻速度很快時，在尚無足夠的時間晶出石墨時則溫度已下降至Fe_3C之溶解度曲線($\widehat{CD}$)而於溫度m時開始晶出Fe_3C，殘液則沿$\widehat{mC}$線發生濃度變化，於抵C點(4.32%C，1147℃)時則成爲Fe_3C與γ固溶體(E)之共晶。

③ 此後，γ固溶體之變化與上述⑴之情形相同。

14.3.2 鑄鐵的組織圖

對於鑄鐵的組織影響最大的是化學組成中之C與Si的含量及冷卻速度。若化學成分一定時，冷卻速度愈大則愈容易出現前述圖 14.2 中右下側的組織，此時之鑄鐵較硬；若冷卻速度一定時，C與Si量愈多則愈容易出現如前述圖 14.2 中左上側的組織，此時之鑄鐵較軟，此爲吾人在經驗上所熟知，能將此結論加以定量的表現者即是所謂鑄鐵的組織圖。

圖 14.6 稱爲**馬氏(Maurer)組織圖**，這是將鑄鐵液加熱到1400℃後，於1250℃澆鑄到乾砂模(dry sand mold)中，所鑄得直徑75 mm圓棒的組織與C及Si含量之關係圖。

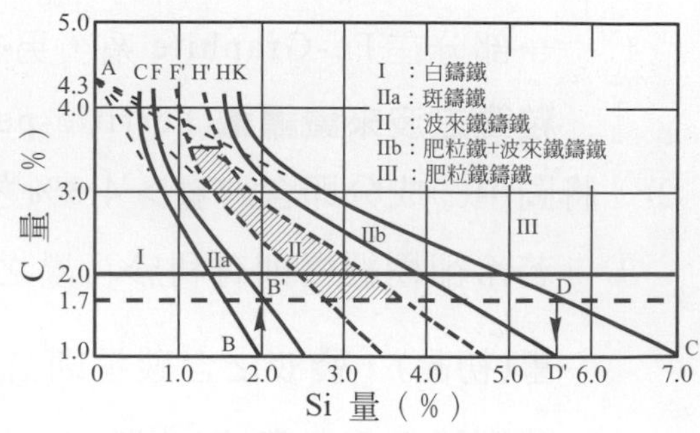

圖 14.6 馬氏(Maurer)組織圖

圖 14.6 中之 AB 線與 AC 線是利用實驗求得，然後從 B 求得B′，從 D 求得D′後再劃得AB′線與AD′線，如此則整體可分為 I 、II a、II 、II b、III 等 5 個區域，各區域中所得鑄鐵之名稱如圖中所示。因為波來鐵鑄鐵在作為機械構造用時其性質最佳，所以在區域II內組成之鑄鐵最好。但是此圖是在一定的冷卻速度下所求得的，因此對於直徑在 10～90 mm 之鑄件若欲獲得波來鐵組織則其組成必須要在圖中之斜線範圍內，尤其能在 2.8～3.2%C、1.5～2.0%Si 附近之範圍為最好。

圖 14.7 為 **Greiner & Klingenstein 組織圖**，橫軸為鑄件厚度即冷卻速度，縱軸為(C＋Si)%值。其導入了鑄件厚度此一觀念乃較上述Maurer組織圖為進步，但是將 C 與 Si 同等看待則仍有商確之處，例如(C＋Si)%同樣是 5%時，3%C 與 2.0% Si時及 3.7%C 與 1.3%Si時，縱使冷卻速度相同而所得組織亦將不同。而將此點加以改正者即為導入**碳飽和度**S_c(Saturation degree of carbon)之組織圖。圖 14.8 所示為**Sipp組織圖**，其橫軸為S_c，而縱軸為鑄件厚度。碳飽和度S_c與Fe-C-Si平衡狀態圖中 Si 所導致其共晶碳濃度之移動相關連，現今將S_c定義為S_c＝ T.C%/(4.23－Si%/3.2)；當S_c＝1 時之鑄鐵稱為共晶組成，S_c＜1 時為亞共晶組成，而S_c＞1 時則為過共晶組成。然而Sipp組織圖仍只能說是與實際已非常接近，仍無法說是完美。

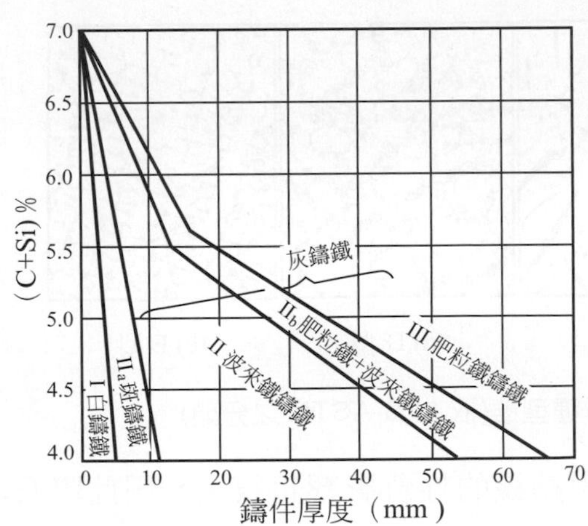

圖 14.7　Greiner & Klingenstein 組織圖

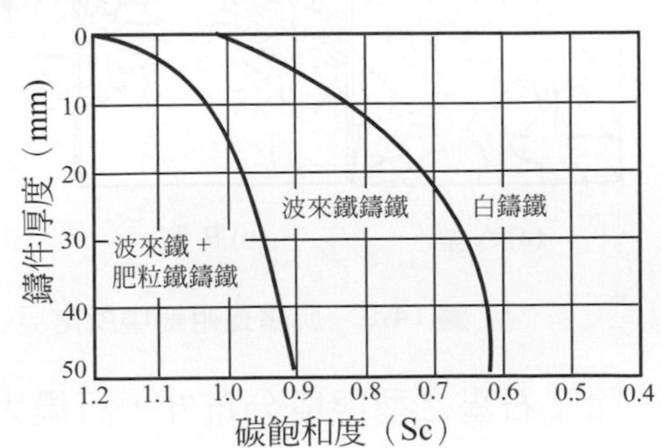

圖 14.8　Sipp 組織圖

14.3.3 石墨的型態與分布

鑄鐵中有石墨存在，而石墨可以考慮爲是一種凹口。鑄鐵的強度不單是受到基地組織，而且亦受到石墨的形狀、大小、分布狀態等很大的影響。圖 14.9 所示爲依美國鑄造協會AFS(American Foundry Sociely)之規定，普通常出現於灰鑄鐵中的石墨之型態及其名稱。由圖可知，將石墨型態分爲 A～E 共 5 種型態。C 型爲在片狀石墨之均勻分布中有直而粗大的片狀石墨，常出現於冷卻緩慢而厚度大的鑄件，此外 C 與 Si 量多時亦容易形成這種組織，其機械性質不良。而當冷卻速度較C型快時則將得到A型石墨亦即片狀石墨，爲細、短而略呈彎曲之形狀，其分布均勻而且無方向性。若冷卻速度較A型之情形更快時則將成爲E型，此爲沿著沃斯田鐵之樹枝狀晶間有小片狀石墨分布著，在配列上爲具有方向性的石墨組織。若冷卻速度較E型略慢時，則成爲中間程度大小的彎曲石墨並呈均勻分布之組織，也就是說可得到較小的 A 型石墨，稱之爲**菊花組織**(Chrysanthemum structure)，而若基地爲強度 20～35 kg/mm^{2}之波來鐵，其機械性質佳。將Si%多的鑄鐵以比較快的速度冷卻時則將得到 D 型的石墨組織，亦即微細的共晶石墨分布於樹枝狀晶之間。若將 Si%多的鑄鐵予以徐冷時，或者是C%高的情形時，則將得到B型石墨，一般由於其形狀似薔薇所以稱爲**薔薇狀石墨**(Rosette graphite)，中心部爲共晶石墨，而其周圍有片狀石墨。石墨型態爲D型與B型者其機械性質不佳。

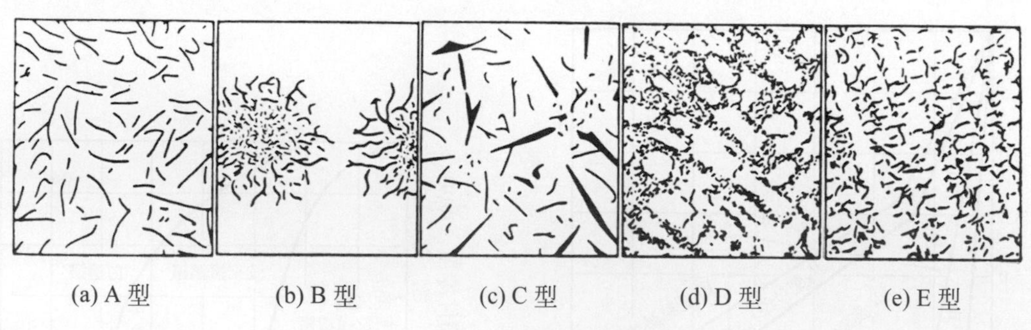

(a) A 型　(b) B 型　(c) C 型　(d) D 型　(e) E 型

圖 14.9　灰鑄鐵組織中所常見石墨的 5 種型態(依 AFS-ASTM 之分類)

除了石墨之型態與分布外，石墨大小亦對鑄鐵的性質影響也很大，因此將石墨大小以下述方法來表示。用 100 倍的顯微鏡加以觀察，當最長的石墨在 100 mm以上時稱爲1號，而在 50～100 mm 時稱爲 2 號，長度的大小爲 2 號之一半時稱爲 3

號，以下按序類推，而最後將石墨之最大長度在1.5 mm以下者稱爲8號。因此，若欲將石墨之型態與大小合併表示時則寫爲如A．3，C．4等。

14.4 鑄鐵的鑄造性質

鑄鐵因爲價廉，容易鑄造而獲得健全的鑄件，而且亦具有相當的強度，所以廣泛的被使用著。欲鑄造出健全的鑄件則需滿足下列各種條件：熔解容易、熔液的流動性佳、凝固收縮少等，因此以下將分別敘述與這些相關的事項。

㈠ 融　點

鑄鐵於約1200℃時會熔解，愈是C%高而Si%低之鑄鐵其熔點會降低而較容易熔解。

㈡ 流動性

鑄造溫度愈高，(C＋Si)%愈多時，鑄鐵之流動性愈佳。P可促進流動性，但是S則會降低流動性。

㈢ 收縮率

鑄鐵在澆鑄而凝固完成後冷卻到室溫之這段期間內，會呈現5/1000～10/1000的收縮，所以一般需使用**鑄造尺**(Shrinkage rule)來補償其收縮。鑄鐵在凝固及冷卻時會析出石墨，此時會產生膨脹而抵消一部分的收縮，所以鑄鐵的收縮較鋼爲少。當(C＋Si)%愈多而冷卻速度愈小時，則可析出大量的石墨而降低其收縮率。此外，收縮率愈大時其鑄造殘留應力亦愈大。

㈣ 厚度效應

金屬材料一般而言，快速冷卻而凝固者其組織微細而強度大，緩慢冷卻者則組織粗大而強度弱，所以鑄件之強度會隨著厚度大小之不同而異乃理所當然。然而因爲鑄鐵中含有石墨，其石墨的量、形狀、大小，尤其會受到凝固時之冷卻速度的影響而變化，愈是緩慢冷卻時則石墨大而且量多，所以強度會變小。因此，鑄鐵隨著厚度的變化，其強度的變動亦較其他材料爲顯著。欲減小鑄鐵的厚度效應則降低Si%即可，或添加合金元素Ni(2%)亦有效。

14.5 鑄鐵的機械性質

鑄鐵的強度是隨著其組織而異，但是組織中所含有的石墨的大小、形狀、分布狀態、量等對於鑄鐵的強度亦有顯著的影響。以下簡單說明鑄鐵的抗拉強度、硬度等機械性質。

㈠ 抗拉強度

圖 14.10 所示為鑄鐵的抗拉強度與碳飽和度(S_c)的關係。由圖可知S_c愈小，或者是試棒的直徑愈小時其抗拉強度愈大。

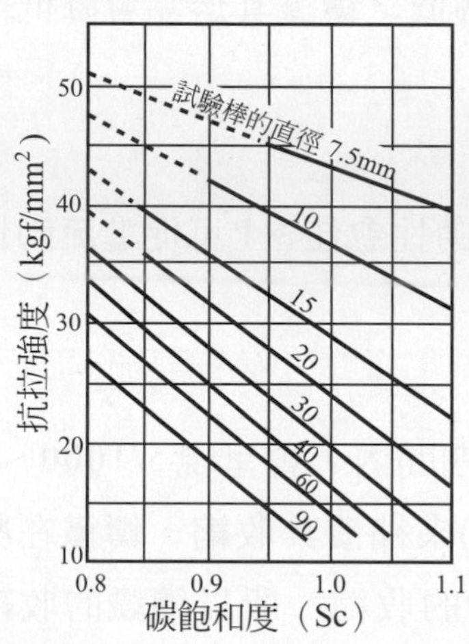

圖 14.10 碳飽和度S_c與抗拉強度的關係

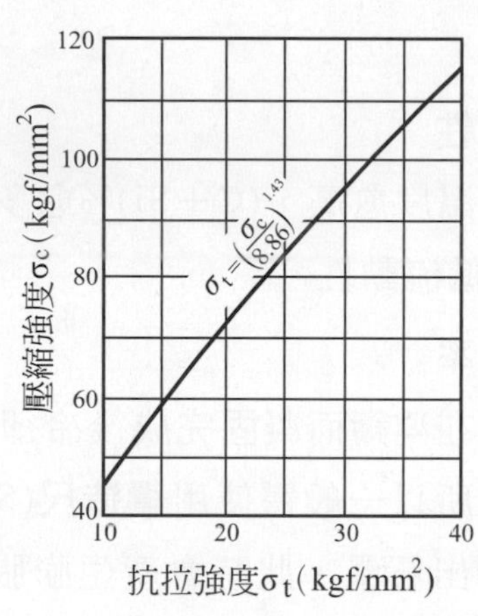

圖 14.11 壓縮強度與抗拉強度的關係

㈡ 壓縮強度

圖 14.11 所示為鑄鐵的壓縮強度與抗拉強度的關係。壓縮強度σ_c約為抗拉強度σ_t之 2.5～4.0 倍。所以鑄鐵做為耐壓零件來使用者比作為承受抗拉強度之零件為多。

㈢ 硬 度

鑄鐵硬度一般是以勃氏硬度(H_B)來表示，其值約在 130～270 的範圍中。鑄鐵之硬度與抗拉強度的關係如圖 14.12 所示。

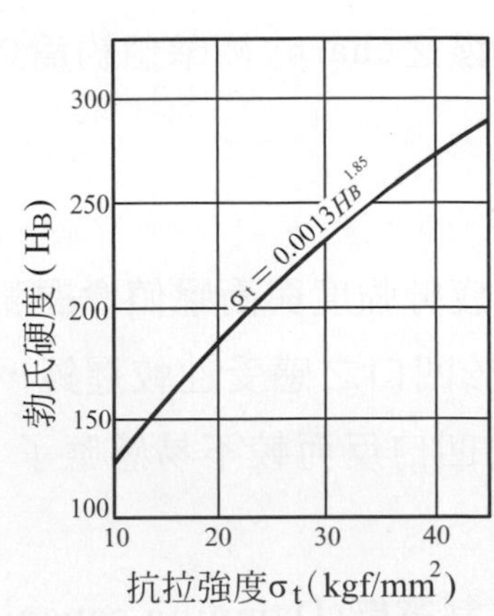

圖 14.12　勃氏硬度與抗拉強度的關係

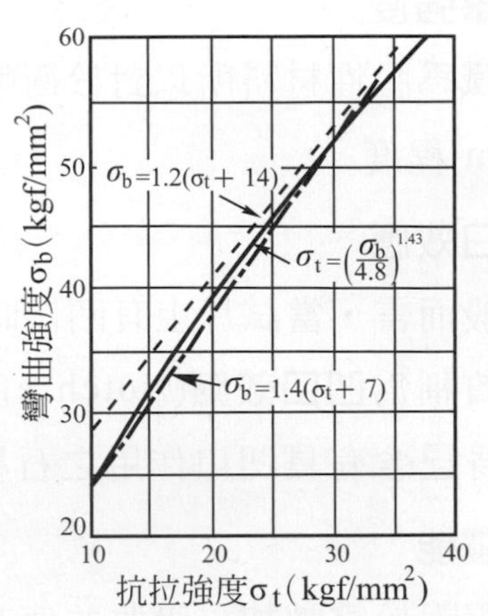

圖 14.13　彎曲強度與抗拉強度的關係

(四) 彎曲強度

圖 14.13 所示爲彎曲強度與抗拉強度的關係。彎曲強度σ_b爲抗拉強度σ_t的 1.5～2.0 倍，強度愈大的鑄鐵其σ_b/σ_t之比愈小。

(五) 彈性係數

鑄鐵的彈性係數約在 7500～14500 kgf/mm^{2}的範圍，通常隨材質而異。其差異主要是由於石墨的析出量所導致，而幾乎不受基地的影響，當石墨析出量愈多時則彈性係數會降低。圖 14.14 所示爲彈性係數與抗拉強度的關係。鑄鐵之彈性係數小的原因乃是在石墨的尖端附近會產生應力集中，所以當承受低荷重時亦會引起很大的伸長之故。

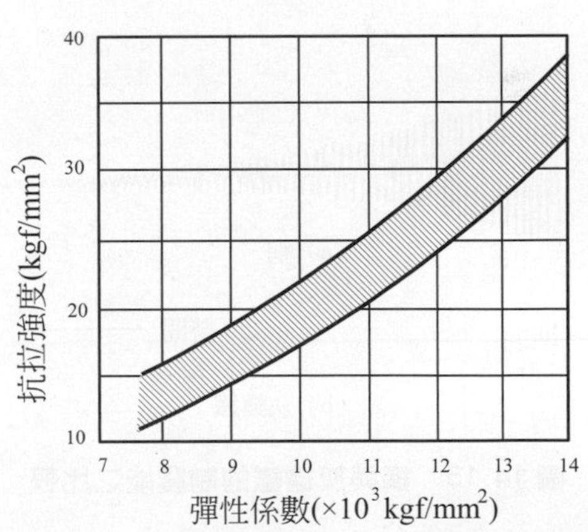

圖 14.14　彈性係數與抗拉強度的關係

(六) 疲勞限

鑄鐵的疲勞限大都在 9～23 kgf/mm^{2}範圍內，受凹口的影響小。與抗拉強度之比約在 0.35～0.65 程度。

(七) 衝擊強度

鑄鐵爲脆性材料所以對於衝擊之抵抗弱。灰鑄鐵之charpy衝擊值約爲0.3～0.8 kg-m/cm^{2}程度。

(八) 凹口效應

一般而言，當試片上有凹口時，則金屬材料之疲勞強度與衝擊值會顯著降低，將此性質稱爲**凹口效應**(Notch effect)。灰鑄鐵對於凹口之感受性較遲鈍，這是由於其本身已含有具凹口作用之石墨，所以對人爲的凹口反而較不易感應了！

(九) 制震能

物體對於震動加以吸收並使其減弱的性質稱爲**制震能**(Damping capacity)。灰鑄鐵之制震能遠較鋼爲優，圖14.15所示爲鋼與灰鑄鐵之制震能的比較。而圖14.16所示爲鑄鐵的抗拉強度與比制震能之關係，通常抗拉強度愈小者其比制震能愈大，鋼的比制震能爲2～3%左右。

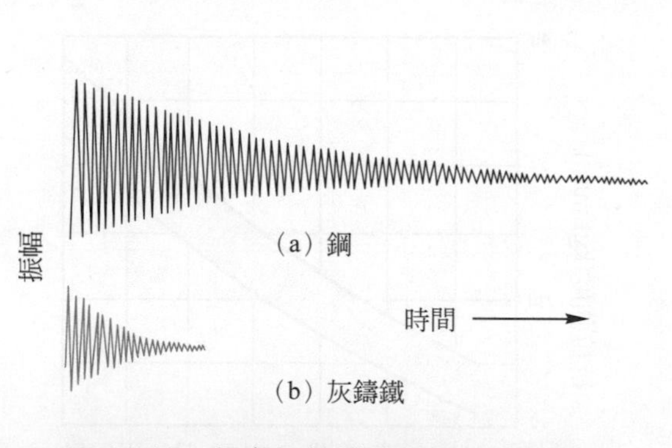

圖14.15　鋼與灰鑄鐵的制震能之比較

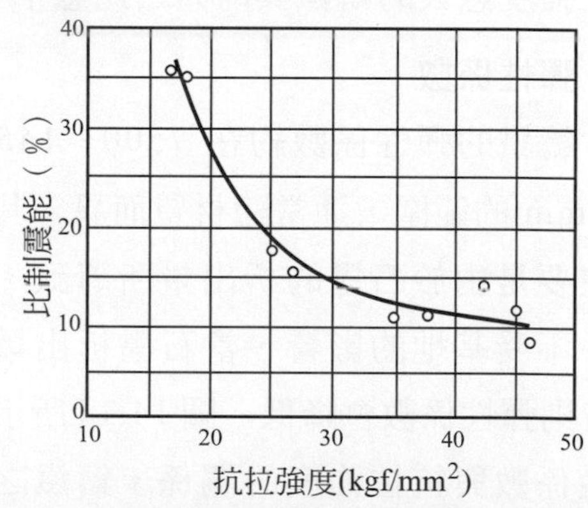

圖14.16　鑄鐵之抗拉強度與比制震能之關係(負荷3.5 kgf/mm^2)

鑄鐵因爲制震能大，所以常用來製造受較大震動的汽車零件之引擎本體、飛輪、曲柄軸、凸輪軸，工具機之底座、床柱(Column)等。

(十) 耐磨耗性

鑄鐵對於磨耗之抵抗性較強，這是由於鑄鐵中有石墨存在之故，表面的石墨剝離後會成爲滑動面的潤滑材料所以可防止磨耗。此外石墨剝離處之微小孔穴可成爲潤滑油之儲存處，亦可做爲被剝離的微小破片之收容所的緣故。而基地爲波來鐵而且組織上擁有均勻分布的 A 型石墨之鑄鐵，其耐磨耗性佳，而基地爲肥粒鐵者則較差。鑄鐵的耐磨耗性在溫度抵達約400℃之前，隨著溫度之上升並不會變差。

(十一) 高溫強度

鑄鐵的機械性質大致上在溫度抵達約400℃之前與室溫時並無不同，但當超過400℃後則會急劇的開始變差，因此在室溫時強度大者其於高溫時之強度亦較大。

(十二) 鑄鐵的成長

將灰鑄鐵於600℃以上的溫度反覆的施以加熱、冷卻時，則體積會逐漸增加，終至產生龜裂而破壞，將此現象稱爲**鑄鐵的成長**(Growth of cast iron)。圖 14.17 所示爲將灰鑄鐵加熱到950℃後，再於650～950℃間之溫度施以9次的反覆加熱、冷卻後之長度變化，由圖可知每次加熱冷卻後均會有成長現象。

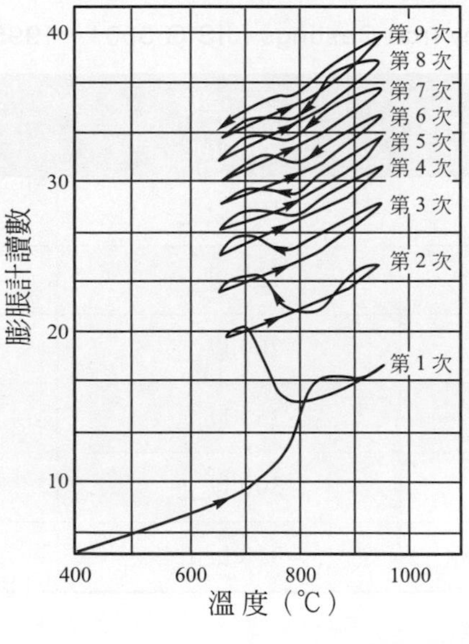

圖 14.17　鑄鐵的成長現象

鑄鐵的成長依研究結果可歸納爲下述原因所造成：

(1) Fe_3C石墨化時之膨脹。

(2) A_1變態時之體積變化所伴隨產生的微細龜裂之膨脹。

(3) 肥粒鐵與固溶於其中的元素，尤其是Si的氧化所導致的膨脹。

欲防止鑄鐵的成長則添加少量的 Cr、Mn 等為有效。添加 0.8%Cr 則可使成長量降低為約 1/10 左右。基地為肥粒鐵或沃斯田鐵的鑄鐵較不易發生成長現象。

14.6 普通鑄鐵

鑄鐵的機械性質單以化學組成是無法決定的，所以 CNS 及 JIS 規格對於鑄鐵的組成並無規定，而是以機械性質來加以區分。表 14.3 為普通(灰)鑄鐵之JIS規格。灰鑄鐵之 CNS 規格與 JIS 完全相同，詳見 CNS G 3038。

表 14.3　灰鑄鐵之 JIS 規格的種類記號與另鑄供試樣之機械性質

Grey Iron Castings (JIS G 5501：1995)

種類記號	抗拉強度 N/mm^2	硬度 H_B
FC100	100 以上	201 以下
FC150	150 以上	212 以下
FC200	200 以上	223 以下
FC250	250 以上	241 以下
FC300	300 以上	262 以下
FC350	350 以上	277 以下

FC100 應用於強度及硬度要求不高之一般鑄件用，FC150 與 200 則做為機械零件用。普通鑄鐵之化學組成大致為 C ＜ 3.5%、Si 1.4～2.5%、Mn 0.4～1.0%、P 0.3%～0.8%、S ＜ 0.08%。這類鑄鐵澆鑄後，若鑄件之斷面薄時將會成為白鑄鐵而無法施以加工，所以應視鑄件厚度而調整 Si%。表 14.4 所示為普通鑄鐵中所含不純物之影響。

表 14.4 鑄鐵中之不純物

元素	含量(%)	存在狀態	鑄造性質			對機械性質的影響	其他
			收縮率	流動性	質量效應		
C	· 2.5～4.3 · 普通為≒3.5	· Fe_3C或石墨	減少	變佳	變大	· 隨著 C%機械性質會顯著的變動 · 碳量愈低強度愈大	
Si不可過少	· 0.8～2.5 · 普通為1.5～2.0	· 全部固溶於肥粒鐵中	減少	變佳	變大	· 強化肥粒鐵 · 促進 C 之石墨化並使鑄件軟化	· 可安定石墨
P 不可過多	· 0.2～0.6 · 普通為0.3～0.5	· 3.0%C 時，當 P 含量在 0.3%以下時則固溶於肥粒鐵中，更多時則會生成Fe_3P，而形成($Fe+Fe_3C+Fe_3P$)之三元共晶組織，稱之為**史帝田鐵**(Steadite)		· 變佳，但其效果僅為 C 之1/3 左右 · 美術鑄件中其含量多		· 使鑄件變成硬脆 · 使耐磨耗性變佳，所以在活塞環、襯墊等中常添加 0.45～0.65%P	· 可安定Fe_3C，而易產生**冷硬**(chill)現象 · 史帝田鐵之莫氏硬度*為5.5，會析出於晶界
S 愈少愈佳	· 0.1 以下 · 普通為0.05～0.1	· FeS(有害)或 MnS(無害)	增加			· 易生成游離Fe_3C而使鑄件變脆 · 增加冷硬的深度 · 被削性變佳而改善耐磨耗性	· 可安定Fe_3C · 凝固點會變高
Mn	· 0.3～1.0 · 普通為≒0.5	· 一部份成為MnS，其餘則固溶於肥粒鐵中	增加			· 使波來鐵緻密化而增加強度、硬度 · Mn 含量在 1.0%以上時會冷硬化而使鑄件變脆	· 可安定Fe_3C · 除去 S 之害

*鑽石之硬度當做 10 時，其硬度之比較值

14.7 高級鑄鐵

要求強度與耐磨耗性而作爲機械類重要部位之鑄鐵，一般是使用FC250、300及350，而將此類鑄鐵稱爲**高級鑄鐵**。其鑄鐵液中並無添加特別的合金元素，澆鑄於砂模後可得到在波來鐵的基地中均勻分布有微細石墨的組織。

鑄鐵的組織如前所述是由基地組織與石墨所構成，欲改善鑄鐵的機械性質時可考慮有二種方法，一爲改善基地組織，另一則爲改善石墨的型態。若可使基地成爲波來鐵或糙斑鐵等強韌組織，或石墨量少或微細石墨的均勻分布，則將可得到所期待的做爲高級鑄鐵的性質。表14.5所示爲各種高級鑄鐵的名稱與製造法。

表14.5　各種高級鑄鐵的比較

鑄鐵名	化學成分(%)			抗拉強度 (kgf/mm^2)	特色
	全碳	Si	Mn		
Lanz法鑄鐵 (低Si)	約3.2	0.8～1.1	0.7～0.8	28～35	儘量降低Si含量，將鑄模預熱以使冷卻速度減小。
Emmel法鑄鐵 (低C高Si)	2.5～3.0	2.0～2.5	0.8～1.4	30～35 韌性小	加入50～100%鋼屑，並配合以高Si生鐵或合金鐵，高溫熔解。
Corsalli法鑄鐵 (低C高Si)	2.8	2.0～2.2	1.3	35～39 韌性小	加入全量的2/3的鋼屑，在熔解中利用特殊裝置來添加矽鐵及錳鐵，高溫熔解。
Piwowarsky 法鑄鐵	2.7～3.0	1.6～2.7	–	30～40	爲了使石墨微細化而將鐵液過熱到1450～1550℃。
Meehanite鑄鐵 (低C高Si)	2.8	1.2～1.6	0.6～0.8	32～34	於盛桶內之鐵液中加入矽或矽化鈣，以施以石墨的接種。

表14.5中之**米漢納(Meehanite)鑄鐵**，是將低C低Si之生鐵加以熔解後，若直接拿來澆鑄的話則會成爲白鑄鐵，所以通常於盛桶(ladle)內之鐵液中加入Si或矽化鈣，使產生石墨的核，以便得到微細而分布均勻的石墨。一般將類此使其得到石墨的核之操作稱爲**接種**(Inoculation)。表14.6爲Meehanite鑄鐵之化學組成例子，其中I與II之機械性質優良，I於鑄造狀態使用，II則爲熱處理用，III之耐熱性良好。用途亦擴大至鋼的緣故，而作爲蝸桿(Worm)、蝸輪(Worm gear)及氣缸等。

表 14.6　Meehanite 鑄鐵之組成例

	全碳 (%)	Si (%)	Mn (%)	S (%)	Fe (%)
I	3.0	0.8～1.0	1.4	0.1	Bal.
II	3.0	0.8～1.4	1.0	0.1	Bal.
	化合碳 (%)	石墨 (%)	Si (%)	Cr (%)	Fe (%)
III	0.84	2.16	0.75	1.0	Bal.

14.8 合金鑄鐵

在普通鑄鐵中加入Ni、Cr、Mo等合金元素，以改善其物理、化學及機械性質爲目的，而製成的鑄鐵稱爲**合金鑄鐵**(Alloy cast iron)。可分爲高強度鑄鐵、耐磨耗鑄鐵、耐蝕鑄鐵、耐熱鑄鐵、電氣用鑄鐵等，將詳細分述於下：

(一) 高強度鑄鐵(High strength cast iron)

這是在鑄鐵中添加少量的合金元素，以改善其機械性質的鑄鐵。有 Ni 鑄鐵、Cr 鑄鐵、Ni-Cr 鑄鐵等。Ni 可使波來鐵及石墨微細化而增加強度，並且可阻止白鑄鐵化，而被削性亦不受損。Ni 含量 0.5～4.0%之 Ni 鑄鐵通常做爲機械鑄件用。Cr 可增加硬度、強度，並使其擁有耐磨耗性，但 Cr 量在 0.5%以上時，Fe_3C將增加而使鑄鐵變脆。Ni可緩和Cr之上述作用，所以做爲機械用時很少使用Cr鑄鐵，而是使用 Ni-Cr 鑄鐵或 Cu-Cr 鑄鐵等。Ni-Cr 鑄鐵在做爲機械構造用鑄鐵中最廣泛被使用者爲 Ni＜3%、Cr＜1%，而以 Ni：Cr＝2.5：1 爲最適當。由於 Ni 的軟化作用與 Cr 的硬化作用之適當組合，所以強韌性、耐磨耗性優良，而且切削加工容易。於 Ni-Cr 鑄鐵中添加 Mo 0.3～1.2%時更可改善其強度與耐磨耗性。於 Cr 鑄鐵中以添加 Cu 來取代 Ni，而改善機械性質之 Cu-Cr 鑄鐵亦常被使用。

(二) 耐磨鑄鐵(Abrasion resistant cast iron)

鑄鐵是耐磨耗性較佳的材料，若要求必須具有高度的耐磨耗性時，則可使用將於後述之冷硬鑄鐵或下述之耐磨鑄鐵。有單獨或適當的同時添加少量的 Cr、Cu、Mo 而得到基地爲硬的波來鐵之鑄鐵，與添加 0.5～0.9%P 而得到有網狀的史帝田鐵組織之鑄鐵，即**針狀鑄鐵**(Acicular cast iron)，此為C 2.7～3.2%、Ni 0.5～4.0%、Mo 0.7～1.5%組成的鑄鐵，石墨為片狀但其基地在鑄造狀態時為下變韌鐵組織。Ni%需隨厚度而改變，當厚度在38 mm以下時Ni量為1.0～1.5%，厚度再增加時則需增加其 Ni%。此外，若以適當的方法加以接種而調整石墨的形狀，則抗拉強度可達37～47 kg/mm^2，比波來鐵鑄鐵的強度大且韌性亦高。

金屬材料與其他的硬物質連續的相互磨擦，激烈撞擊時所產生的磨耗稱為**磨耗**(Abrasion)，例如粉碎機、混練機(Mixer)、礦石處理機械、砂泵、珠粒噴擊(Shot blast)機等零件之磨耗現象均屬此。耐磨耗之首要條件就是要硬，因此以白鑄鐵系最適合，其主要種類如表 14.7 所示。普通的白鑄鐵組織是由游離雪明碳鐵與波來鐵所構成，其平均硬度最高可達成H_v550左右。所謂的**鎳硬合金**(Ni-hard)鑄鐵，為添加 Ni 2.5～5.0%於鑄造狀態時基地為麻田散鐵組織之鑄鐵，其平均硬度高達H_v600～650。若僅添加Ni則多少會有析出石墨的傾向，所以會再添加Cr 1.5～2.0%。

高Cr鑄鐵(High-chromium cast iron)亦為有名的耐磨鑄鐵，常做為礦業及水業之管路輸送設備、水泥磨球等。

高 Cr 鑄鐵隨 Cr%之不同，其基地組織與特殊碳化物$(FeCr)_3C$、$(CrFe)_7C_3$、$(CrFe)_{23}C_6$將隨之而異，進而導致性質之變化。一般依使用目的之不同來調整 Cr %：12～17%Cr 鑄鐵為耐磨耗用，20～28%Cr 鑄鐵為耐磨耗、耐蝕用，30～35% Cr 鑄鐵則為耐熱、耐蝕用。

表 14.7　耐磨鑄鐵

種類	化學成分(%)							維氏硬度(鑄造狀態) H_v
	C	Si	Mn	P	Ni	Cr	Mo	
白鑄鐵 高C	3.2～3.8	0.4～0.8	0.3～0.7	< 0.2	–	–	–	450～550
白鑄鐵 低C	3.0～3.4	0.9～1.3	0.6～1.0	< 0.2	–	–	–	400～500
鎳硬合金鑄鐵	2.7～3.2	0.5	0.3～0.5	< 0.4	3.0～5.0	1.5～2.0	–	525～625
	3.3～3.6	0.5～0.8	0.3～0.5	< 0.4	2.5～4.5	1.5～2.0	–	550～650
12～18%Cr 鑄鐵	3.0～4.0	0.4～1.0	0.5～0.9	< 0.1	–	12～18	–	600～700
	3.0～4.0	0.4～1.0	0.5～0.9	< 0.1	–	12～18	2～4	700～800
30%Cr 鑄鐵	2.5～2.9	0.3～0.6	0.6～0.8	< 0.1	–	28～33	–	350～450

㈢ 耐蝕鑄鐵(Corrosion resistant cast iron)

鑄鐵之抗酸性弱而抗鹼性強，對水之耐蝕性佳所以可作爲自來水管及閥等，但對於沖蝕(erosion)之抵抗弱。欲改善鑄鐵之耐蝕性時添加Cu、Ni、Cr、Al、Si等爲有效，表 14.8 所示爲現今之主要耐蝕鑄鐵之種類。於鑄鐵中添加 Cu 0.5～1.0% 可顯著改善其耐蝕性，對於僅含有少量酸的水，以及含有S的石油等爲有效。Cr、Ni 亦可改善耐蝕性，但若是少量添加時則以 Cu 較有效。

表 14.8　耐蝕鑄鐵

(%)

名稱	C	Si	Mn	P	Cu	Ni	Cr
低 Cu 鑄鐵	3.0～3.5	1.0～2.5	0.6～1.0	0.1～0.3	0.5～1.0	－	－
鎳耐蝕合金	2.6～3.1	1.0～2.0	0.8～1.4	0.1～1.0	5.5～8.0	12～16	2.6～3.6
高 Si 鑄鐵	0.2～0.6	14～15	0.2～0.4	＜0.1	－	－	－
高 Cr 鑄鐵	1.0～1.3	1.0～1.3	0.7～1.0	＜0.1	－	－	30～33

鎳耐蝕合金(Ni-resist)之耐蝕性較普通鑄鐵爲甚優，但有時候亦會比高Si鑄鐵及高 Cr 鑄鐵爲差。鎳耐蝕鑄鐵之抗硫酸、鹽酸性強，但抗硝酸性弱；其抗鹼性較普通鑄鐵佳，故亦爲有名的耐鹼鑄鐵。

含約 15%Si 之**高 Si 鑄鐵**爲代表性的耐酸鑄鐵，整體而言其耐酸性佳。對於濃鹽酸而言則將 Si%提高到 18%左右或添加 3%Mo 即可。但是對於鹼之耐蝕性較普通鑄鐵差。高 Si 鑄鐵多用於無機酸製造裝置之管類，因其硬而脆，所以使用上需多加注意。此外只能以磨床進行加工，所以不適於作爲需要複雜的精密加工之零件。

高Cr鑄鐵對於硝酸之耐蝕性特別強，而且對於 80℃以下之所有濃度的硫酸亦可承受。但是對於鹽酸之耐蝕性較弱，而且抗鹼性亦比普通鑄鐵差。表 14.9 所示爲各種耐蝕鑄鐵之特性。

㈣ 耐熱鑄鐵(Heat resistant cast iron)

高級鑄鐵一般其耐熱及耐蝕性佳，但是對於經常承受高溫的部位則需用特殊的耐熱鑄鐵。耐熱鑄鐵需具備不易氧化、高溫強度大、不易成長等性質。欲使鑄鐵擁有耐氧化性，則添加 Cr(＞8%)、Si(＞6%)、Al(10%)等爲有效。鑄鐵的高溫強度在400℃前與常溫時無異，當超過400℃以上時則會急速的開始變差，一般而言在常溫時強度大的鑄鐵其在高溫時強度亦大。添加 Cr(＞0.8%)、Si(＞5%)、Al(＞4%)可有效的防止鑄鐵的成長。表14.10爲主要的耐熱鑄鐵及其化學組成。

表 14.9　鑄鐵之耐蝕性

(%)

鑄鐵 ＼ 藥品	鹽酸	硫酸	硝酸	鹼
普通鑄鐵	×	×	×	○
高 Si 鑄鐵	○	◎	○	×
鎳耐蝕合金	○	○	×	◎
高 Cr 鑄鐵	×	○	◎	×

×…易受侵蝕　○…耐蝕性佳　◎…耐蝕性最佳

表 14.10　耐熱鑄鐵

(%)

名稱	C	Si	Mn	P	Cr	Ni	Cu	Al
高 P 鑄鐵	3.0～3.3	2.2～3.0	0.4～0.7	0.9～1.4	–	–	–	–
低 Cr 鑄鐵	3.0～3.4	1.6～2.8	0.4～1.0	0.1～0.4	0.5～2.0	–	–	–
高 Si 鑄鐵(Silal)	＜2.3	5.5～7.0	0.5～0.8	＜1.0	–	–	–	–
Al 鑄鐵	3.0～3.4	1.5～3.0	0.5～0.8	0.1～0.4	–	–	–	6～8
Si-Al 鑄鐵	1.7～2.2	4.0～7.0	0.5～0.8	0.1～0.4	–	–	–	6～10
Ni-Cr-Si 鑄鐵 (Nicrosilal)	1.5～2.0	4.5～5.5	0.6～1.0	0.1	2～4	18～23	–	–
Ni-Cr-Cu 鑄鐵 (Ni-resist)	2.6～3.1	1.0～2.0	0.8～1.4	0.1～1.0	2.5～3.5	12～16	5.5～8.0	–
高 Cr 鑄鐵	2.0～2.8	1.4～1.8	1.0～1.6	＜0.1	14～17	–	–	–
	1.0～1.3	1.0～1.3	0.7～1.0	＜0.1	30～33	–	–	–

高 P 鑄鐵其銹皮(Scale)之生成或高溫強度之下降比普通鑄鐵少，但因為無法避免成長，所以耐久性僅較普通鑄鐵稍佳，其耐用溫度為 550℃。

低 Cr 鑄鐵為添加 Cr 0.5～2.0%，使其具有耐成長性者，但其耐氧化性仍不充分，耐用溫度 700～750℃。

高 Si 鑄鐵為添加 Si 5～7%使其成長不易而且氧化亦少者，但是其材質脆，所以在急冷急熱時易龜裂。

Al 鑄鐵為添加 Al 而使氧化性獲得顯著改善者，Al 之添加量為 6%及 10%時則分別可承受抵 900℃與 1100℃前之氧化。此外 4% Al 以上時其基地將成為肥粒鐵而不易成長。當 Al 量愈多時鑄造性將變差，而且材質亦會變脆，此為其缺點，但是其耐蝕性優秀。在此系統的鑄鐵中加入 Si 3～6%時則成為 Alsilon。

鎳克矽(Nicrosilal)為添加 18～24% Ni 使成為沃斯田鐵組織者，完全不會發生成長現象，而且耐氧化性亦更佳，可承受 950℃以下之使用。此外，強度亦高，並可承受熱衝擊。

鎳耐蝕合金(Ni-resist)亦為添加 12～16%Ni 而基地為沃斯田鐵之鑄鐵，於 500～600℃時之安定性是耐熱鑄鐵中最高者，其耐用溫度為 850℃。

高 Cr 鑄鐵之基地為肥粒鐵，耐氧化性、耐成長性均佳而且強度亦大。Cr 14～17%者可耐熱到 1000℃，而 Cr 30～33%者則可耐熱至 1050℃。

㈤ **電氣用鑄鐵**

可分為**非磁性鑄鐵**與**電阻用鑄鐵**二大類。

欲使鑄鐵成為非磁性，則大量添加 Ni 或 Mn，使成為沃斯田鐵基地即可。所以沃斯田鐵系的耐熱與耐蝕鑄鐵(例如鎳耐蝕合金、鎳克矽等)即可直接做為**非磁性鑄鐵**來使用，其他的非磁性鑄鐵如表 14.11 所示。**無磁**(No-Mag)具有非磁性且電阻大、熱膨脹係數亦如 Al 合金般其數值大等特徵。

表 14.11　非磁性鑄鐵

名稱	化學成分(%)					
	C	Si	Ni	Mn	Cr	Al
無磁(No-Mag)	2.5～3.0	2.0～2.5	9～10	5～6	－	－
日立非磁性鑄鐵	2.6～3.6	2.0～4.0	5～15	4～10	0.4～4.0	0.1～6.0

灰鑄鐵之電阻為20～105 μΩ-cm程度，將隨著石墨的量及型態而變化。此外，Si量增加時其電阻會增大。所以含C與Si量多而具有粗大石墨的肥粒鐵鑄鐵之電阻極大。將此類鑄鐵做成柵狀後，即可做為電車、電氣火車、化學工業等大電流調節用電阻。

㈥ **美術、家庭用鑄件**

美術品、暖爐、鍋、釜等所使用的鑄鐵，通常不要求強度，而僅希望能做出形狀複雜且薄的美觀鑄件即可，所以其流動性乃最為重要之要求。因此是利用在高C高Si的共晶組成鑄鐵中加入1.0～1.5%P者，此外為了使斷面薄的部份不會產生白鑄鐵化，則需使S控制在0.03%以下。

14.9 冷硬鑄鐵

所謂**冷硬鑄鐵**(Chilled cast iron)是將適當成分的鑄鐵澆鑄於金屬模或含有金屬塊之砂模中，使必要的表面部份急冷成為白鑄鐵，而其餘部份為斑鑄鐵及灰鑄鐵。而把類似使鑄件的表面在鑄造時急冷使成為硬的白鑄鐵組織之操作稱為**冷硬**(Chill)。

冷硬鑄鐵被冷硬後的表面硬而脆，但內部則成為波來鐵鑄鐵，所以整體而言具有外硬內韌之性質。冷硬部份之硬度達H_v500～600左右，其耐磨耗性大，可用於作為各類軋延加工用冷硬滾子(Chilled roll)、汽車用凸輪軸(Cam shaft)等。

圖14.18所示為冷硬鑄件之表面到內部的硬度變化情形。斑鑄鐵部份B的厚度若無某程度以上時，對冷硬鑄件而言則無耐久性。此外隨著用途之不同則應改變其冷硬部的硬度及冷硬深度。C、Ni、Mn、P等元素可提高冷硬部的硬度，而S、V、Cr、Mo、Mn等則可增加冷硬深度，但Al、Si、Ni、P等則會減少冷硬深度。因此，若欲使易於冷硬則需使C與Si量同時降低至某一程度，一般是使用Mn量稍多而Si量稍少者。表14.12所示為冷硬鑄鐵之化學組成例。此外，添

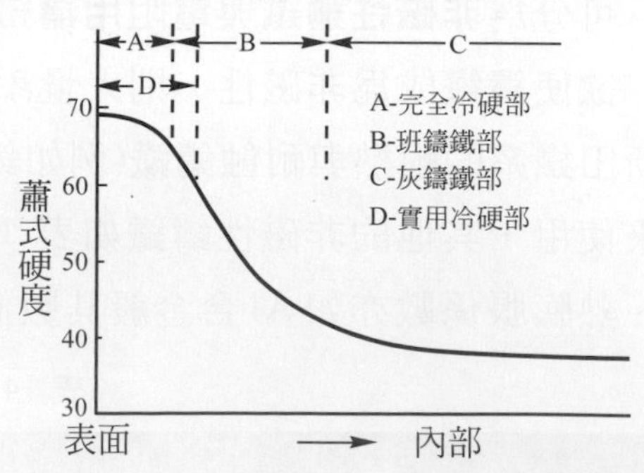

圖 14.18 冷硬鑄件的硬度分布

加Ni、Mn後可使冷硬部的硬度增加之原因乃是由於基地之波來鐵變成麻田散鐵之故！

表 14.12　冷硬鑄件之化學組成

(%)

用途	C	Si	Mn	P	S
製粉、製紙、橡膠用滾子	3.65～3.70	0.60～0.70	0.90～1.70	0.40～0.50	＜0.05
軋延用滾子	2.80～3.20	0.50～0.70	0.40～0.60	0.25～0.60	＜0.1
冷硬車輪	3.00～3.50	〃	0.50～0.90	＜0.35	＜0.14

14.10 可鍛鑄鐵

一般而言普通鑄鐵之鑄造性良好但非常脆，相反的，鑄鋼雖強韌但其熔解溫度高且收縮大，所以鑄造性不甚良好。因此對於鑄造性佳而且擁有延性的材料之要求則隨之而來，而可鍛鑄鐵即是符合此一性質要求的鑄鐵。將白鑄鐵鑄件於高溫施以長時間的退火後，則雪明碳鐵會分解或消失，而可使其韌性及延性增加之鑄鐵稱為**可鍛(展性)鑄鐵**(Malleable cast iron)。可鍛鑄鐵分為下述二種：

㈠　黑心可鍛鑄鐵

於1826年美國人Seth Boyden所發明，所謂**黑心可鍛鑄鐵**(Black-heart malleable cast iron)是將白鑄鐵置於密閉的退火箱中(可以完全不使用充填劑，或者是為了防止鑄件的變形或減少與空氣的接觸而加入中性的充填劑)，於850～930℃加熱30～40小時後徐冷至680～720℃，於此溫度保持30～40小時後爐冷至室溫，即得。一般將850～930℃之加熱稱為第一段石墨化處理，這是由於在此溫度時組織為游離雪明碳鐵與沃斯田鐵，於此溫度經過長時間加熱後其中之游離雪明碳鐵會分解為微細的石墨，通常將由雪明碳鐵分解後所得的石墨稱為**回火碳**(Temper carbon)。此外，將680～720℃之退火稱為第二段石墨化處理，於此溫度時則上述之(回火碳＋沃斯田鐵)的組織則已成為(回火碳＋波來鐵)的組織，經過長時間加熱後則波來鐵中的Fe_3C則會分解為石墨與肥粒鐵。所以爐冷至室溫時即為於肥粒鐵的基地中分散有粒狀的石墨(回火碳)的組織。若僅使其發生第一段石墨化後即加以冷卻而不讓其發生第二段石墨化，則可得到波來鐵基地中分散有回火碳的組織，稱爲**波來鐵可鍛鑄鐵**(Pearlitic malleable cast iron)，其韌性略差，但強度大而且耐磨耗性優良。圖14.19爲黑心可鍛鑄鐵組織的說明圖，而圖14.20所示爲其顯微鏡組織。

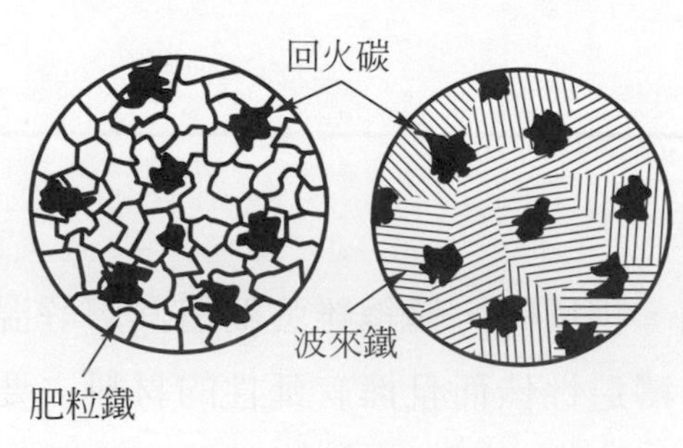

圖 14.19　黑心可鍛鑄鐵之組織(說明圖)

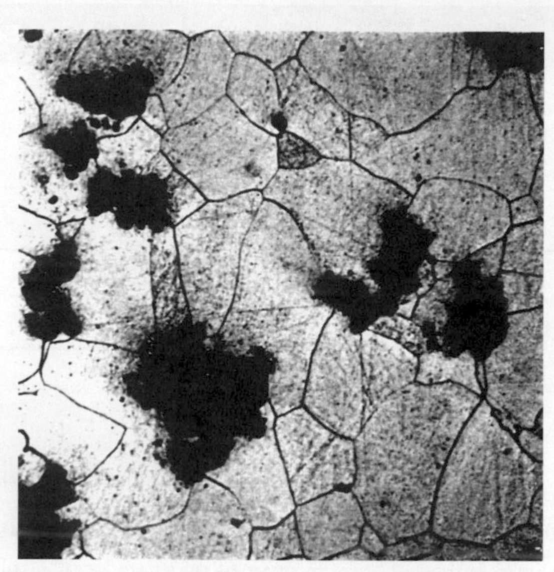

圖 14.20　黑心可鍛鑄鐵之顯微鏡組織(×250)

表14.13所示爲黑心可鍛鑄鐵之組成與機械性質例，C與Si量過多時不易得到白鑄鐵，而太少時則石墨化時間會變長。欲增加強度則減少C%及增加Si%即可。表14.14爲黑心可鍛鑄鐵與波來鐵可鍛鑄鐵之JIS規格之記號與機械性質。

表 14.13　黑心可鍛鑄鐵之組成與機械性質例子

化學成分(%)					機械性質					備考
C	Si	Mn	P	S	抗拉強度 (N/mm²)	降伏強度 (N/mm²)	伸長率 (%)	硬度 (H_B)	charpy衝擊值 (kg-m/cm²)	
2.0～2.5	0.9～1.1	0.25～0.30	0.14～0.20	0.04～0.06	340～400	240～280	10～20	100～140	1.4～2.0	電爐
2.8～3.1	0.7～1.0	0.4～0.6	< 0.20	< 0.15	280～380	210～280	5～12	100～120	1.0～1.2	化鐵爐

表 14.14　黑心可鍛鑄鐵與波來鐵可鍛鑄鐵之 JIS 規格之記號與機械性質(JIS G 5705：2000)
Malleable Iron Castings

種類記號		試驗片直徑 mm (2)	抗拉強度 N/mm^2 以上(3)	0.2%降伏強度 N/mm^2 以上(3)(8)	伸長率 %以上	硬度 HB	Charpy 吸收能量	
A (1)	B (1)						3 個之平均值 J	個別值 J
FCMB27-05		12 或 15	270	165	5	163 以下	—	—
FCMB30-06 (4)		12 或 15	300	—	6	150 以下	—	—
	FCMB31-08	12 或 15	310	185	8	163 以下	—	—
	FCMB32-12	12 或 15	320	190	12	150 以下	—	—
	FCMB34-10	12 或 15	340	205	10	163 以下	—	—
FCMB35-10		12 或 15	350	200	10	150 以下	—	—
FCMB35-10S (5)		12 或 15	350	200	10	150 以下	15 以上	13 以上
	FCMP44-06	12 或 15	440	265	6	149～207	—	—
FCMP45-06		12 或 15	450	270	6	150～200	—	—
	FCMP49-04	12 或 15	490	305	4	167～229	—	—
	FCMP50-05	12 或 15	500	300	5	160～220	—	—
	FCMP54-03	12 或 15	540	345	3	183～241	—	—
FCMP55-04		12 或 15	550	340	4	180～230	—	—
	FCMP59-03	12 或 15	590	390	3	207～269	—	—
	FCMP60-03	12 或 15	600	390	3	200～250	—	—
FCMP65-02		12 或 15	650	430	2	210～260	—	—
FCMP70-02 (6)(7)		12 或 15	700	530	2	240～290	—	—
	FCMP80-01 (6)	12 或 15	800	600	1	270～310	—	—

註：(1) A 欄爲將來若有改訂版時亦預定延用之等級，B 欄爲將來預定進行檢討整合之等級。
(2)關於試驗片之二種直徑，買方無指定時，製造業者應二擇一。
(3) 1N/mm^2=1MPa
(4)等級 FCMB 30-06 特指耐密性之重視性較強度與延性之優秀性爲高之用途。
(5) FCMB35-10S 特指重視耐衝擊性之用途，衝擊值亦有規定。
(6)油淬火後回火。
(7)此材質在空氣中淬火再回火後，0.2%降伏強度需在 430N/mm^{2}以上。
(8)降伏強度是取永久伸長量之 0.2%，亦可取荷重下之全伸長量之 0.5%。

黑心可鍛鑄鐵與波來鐵可鍛鑄鐵之CNS規格分別詳見CNS G 3054與CNS G 3056。

黑心可鍛鑄鐵及波來鐵可鍛鑄鐵之鑄件於JIS規格中對於化學成分並無規定，而僅以機械性質來加以區別。

(二) 白心可鍛鑄鐵

將白鑄鐵鑄件與氧化鐵等脫碳劑一起置入鐵製的箱內於 900～1000℃加熱 40～100 小時後徐冷至室溫，即可得到**白心可鍛鑄鐵**(White-heart malleable cast iron)。亦即藉著下述反應使白鑄鐵鑄件的表面數 mm 中之Fe_3C被脫碳而成為肥粒鐵，而內部則為由雪明碳鐵的分解所生成的微粒狀回火碳散布於波來鐵基地中的組織。

$$\left.\begin{array}{l} 2Fe_3C + O_2 \rightarrow 6Fe + 2CO \\ Fe_3O_4 + 4CO \rightarrow 3Fe + 4CO_2 \\ 2Fe_3C + 2CO_2 \rightarrow 6Fe + 4CO \end{array}\right\}$$

白心可鍛鑄鐵即是利用上述的脫碳層所構成的，若為厚度3～5 mm 的薄鑄件則到內部為止都是均勻的肥粒鐵基地，而假若厚度變大時則於其中心部將會有殘留有波來鐵基地的部份，所以一般只利用於厚度在12 mm以下的小鑄件。表14.15所示為白心可鍛鑄鐵之組成與機械性質的例子，而圖14.21為白心可鍛鑄鐵之顯微鏡組織。

表 14.15　白心可鍛鑄鐵之組成與機械性質例子

化學成分(%)					機械性質		
C	Si	Mn	P	S	抗拉強度 (N/mm^2)	降伏強度 (N/mm^2)	伸長率 (%)
2.8～3.3	0.6～0.8	＜0.4	＜0.15	0.15～0.20	300～400	200～250	3～6

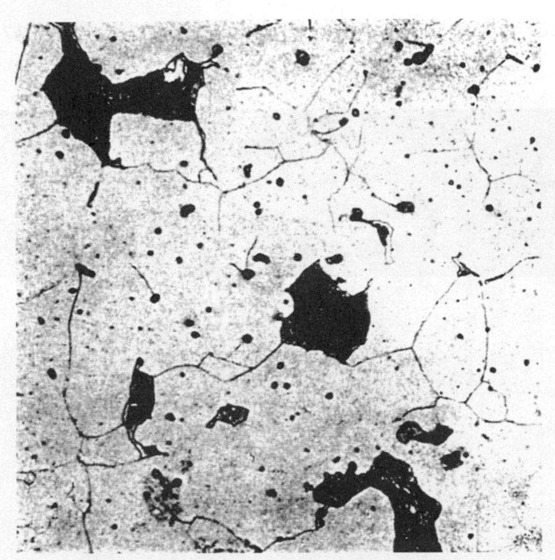

圖 14.21　白心可鍛鑄鐵之顯微鏡組織

減少 Si% 而增加 S% 可使 Fe_3C 安定化，而較易得到白鑄鐵，這些元素並不會妨礙脫碳。目前在實用上是以黑心可鍛鑄鐵爲主，而白心可鍛鑄鐵則僅限於薄鑄件之製造。表 14.16 所示爲白心可鍛鑄鐵之 JIS 規格。白心可鍛鑄鐵之 CNS 規格，詳見 CNS G 3055。

表 14.16　白心可鍛鑄鐵之 JIS 規格之記號與機械性質(JIS G 5705：2000)
Malleable Iron Castings

記號		試驗片之直徑(2)(主要尺寸 mm)	抗拉強度(3) N/mm² 以上	0.2%降伏強度(5) N/mm² 以上	伸長率 %以上	硬度 HB 以下
A (1)	B (1)					
	FCMW34-04	6(5 未滿) 10(5 以上 9 未滿) 12(9 以上)	310 330 340	— 165 180	8 5 4	207
FCMW35-04		9 12 15	340 350 360	— — —	5 4 3	280
	FCMW38-07	6(5 未滿) 10(5 以上 9 未滿) 12(9 以上)	350 370 380	— 185 200	14 8 7	192

表 14.16　白心可鍛鑄鐵之 JIS 規格之記號與機械性質(JIS G 5705：2000)(續)
Malleable Iron Castings

記號		試驗片之直徑(2)(主要尺寸 mm)	抗拉強度(3) N/mm² 以上	0.2%降伏強度(5) N/mm² 以上	伸長率 %以上	硬度 HB 以下
A (1)	B (1)					
FCMW38-12 (4)		9	320	170	15	200
		12	380	200	12	
		15	400	210	8	
FCMW40-05		9	360	200	8	220
		12	400	220	5	
		15	420	230	4	
FCMW45-07		9	400	230	10	220
		12	450	260	7	
		15	480	280	4	

註：

(1) A 欄為將來若有改訂版時亦預定延用之等級，B 欄為將來預定進行檢討整合之等級。

(2)關於白心可鍛鑄鐵件，試驗片直徑希望儘可能接近鑄件之斷面厚度。此試驗片直徑希望由買賣雙方協議之。另，主要肉厚若無特別協議時，其機械性質採主要肉厚 5mm 以上 9mm 未滿之規定值。此外，若主要肉厚難規範時，其機械性質之規定由買賣雙方協議之。

(3) 1 N/mm2 = 1 MPa

(4)白心可鍛鑄鐵之各種類，若僅限於使用適當的熔接法時，皆可進行熔接。若為要求強度及熔接後之熱處理須特別避免之零件，建議採用 FCMW38-12。

(5)降伏強度是取永久伸長量之 0.2%，亦可取荷重下之全伸量之 0.5%。

14.11 球狀石墨鑄鐵

灰鑄鐵性脆而無韌性，主要乃在於其石墨之型態為片狀之故。可鍛鑄鐵的石墨型態非為片狀而是粒狀所以富有韌性，但是在製造上需花費長時間而且不經濟此為其缺點。若可不需藉著長時間的退火熱處理，而以於鑄造狀態即可得到石墨形狀為球狀的鑄鐵之此一構想，在過去的很長一段時間內曾經只是一種夢想。終於在 1947 年時由英國的 Morrogh 發現將 0.02%以上的 Ce 添加於 0.1%P 以下的過共晶鑄鐵液中，徐冷後於鑄造狀態即可得到球狀石墨。翌年之 1948 年，美國的Gagnebin則發現將0.04%以上的Mg加入鑄鐵液中亦同樣可得到球狀石墨。一般將利用前述方法所製得的鑄鐵稱爲**球狀石墨鑄鐵**(Spheroidal or nodular graphite cast iron)或**延性鑄鐵**(Ductile cast iron)。此種鑄鐵由於具有近似於鋼之非常優秀的機械性質，所以其出現在鑄鐵的製造上可謂是一大革命性的進步。

14.11.1　球狀石墨鑄鐵之製造

製造球狀石墨鑄鐵時，一般是將高C高Si之鑄鐵液注入於底部已預先置放有Mg合金或Ce合金、稀土類金屬等球化劑(Spheroidizer，nodulant)之盛桶內，則熔液將與球化劑發生激烈的反應，而可見到有閃光與熔液飛散的現象，經過一段短時間後反應即逐漸緩和而趨於平靜，這種處理爲**球化處理**(Spheroidizing treatment)。此後再於鑄鐵液中加入Fe-Si等接種劑(0.1～0.3%)，經澆鑄後即可得到球狀石墨鑄鐵。

欲得到良好的球狀石墨鑄鐵，對於鑄鐵之原料需選擇有害於石墨之球狀化元素(例如Pb、Sn、Sb、As、Bi、Al、Ti等)少的原料之外，最重要的是鑄鐵液中的S%需控制在0.02%以下，因爲S會妨礙石墨之球狀化。一般利用化鐵爐所得到的鑄鐵液其S%通常在0.05～0.1%間，所以都需要施以**脫硫處理**(Desulphurization treatment)以降低S%。此外，若欲使石墨能夠完全球狀化，則需使鑄件化學成分中之殘留(最終)Mg量在0.04%以上。一般球化劑之添加量需依鑄鐵液中S%來作適當的調整，圖14.22所示爲熔液中S%與Mg添加量的關係。再者，球化處理完成後，隨著時間的經過熔液中之Mg含量會有逐漸減少之現象，稱爲**退化**(Fading)；而圖14.23所示爲球化處理後經過時間對殘留Mg量的影響。

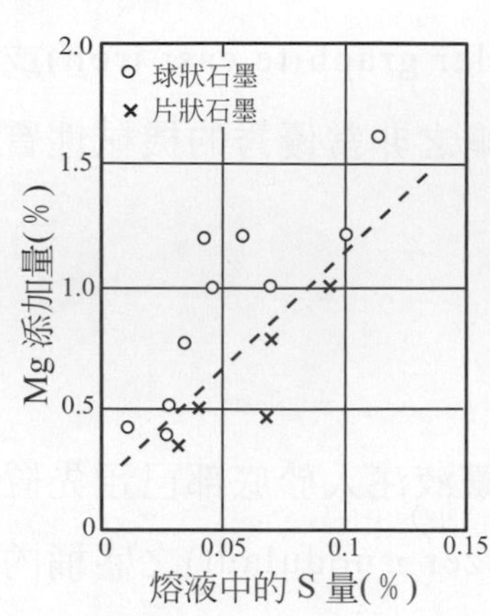

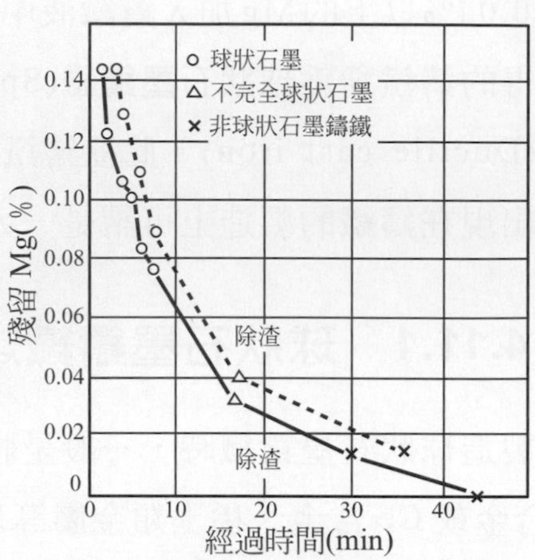

圖 14.22 熔液中 S 含量與 Mg 添加量的關係 圖 14.23 球化處理後經過時間對殘留 Mg 量的影響

14.11.2 球狀石墨鑄鐵之組織

球化劑中最常使用者為Fe-Si-Mg合金，其成分為Mg 4～30%、Si 40～60%，殘餘為 Fe，因為其價廉且石墨球狀化能亦大。此外再配合以數%之 RE 或 Al、Ca 以做為補助球化劑之情形亦很普遍。

圖 14.24 為球狀石墨鑄鐵的金屬組織之說明圖，而圖 14.25 為其顯微鏡組織。於鑄造狀態時以下述兩圖所示之(a)者較多，亦即基地組織為波來鐵，而球狀石墨之周圍則被肥粒鐵所包圍，將這種組織稱為**牛眼組織**(Bull's eye structure)。當組成與冷卻速度不同時則會形成如圖(b)所示之基地全部是波來鐵的組織，其伸長率在 5%以下，但具有 45 kg/mm^2以上的抗拉強度，所以亦稱為**高強度型球狀石墨鑄鐵**。將(a)、(b)的組織在 900～950℃施以退火加熱後，使其冷卻，而於 700～750℃的溫度範圍讓其緩慢冷卻時，則可得到(c)圖所示之肥粒鐵基地中分布有球狀石墨的組織，這種組織之抗拉強度較低為 30 kg/mm^2左右，但伸長率可達 10～20%，所以稱為**高延性球狀石墨鑄鐵**。若鑄鐵液中 Mg 的添加量太少，或者是 S 量過多而使 Mg 被脫硫所消耗時，則會形成如圖(d)所示之石墨球狀化不完全組織，其機械性質較差。

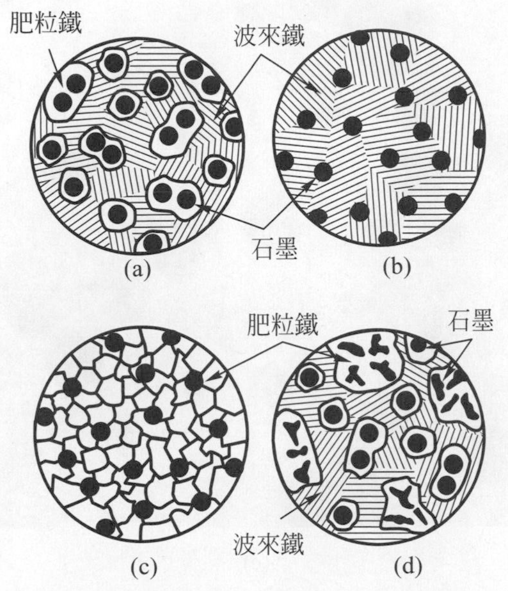

圖 14.24　球狀石墨鑄鐵組織之說明圖

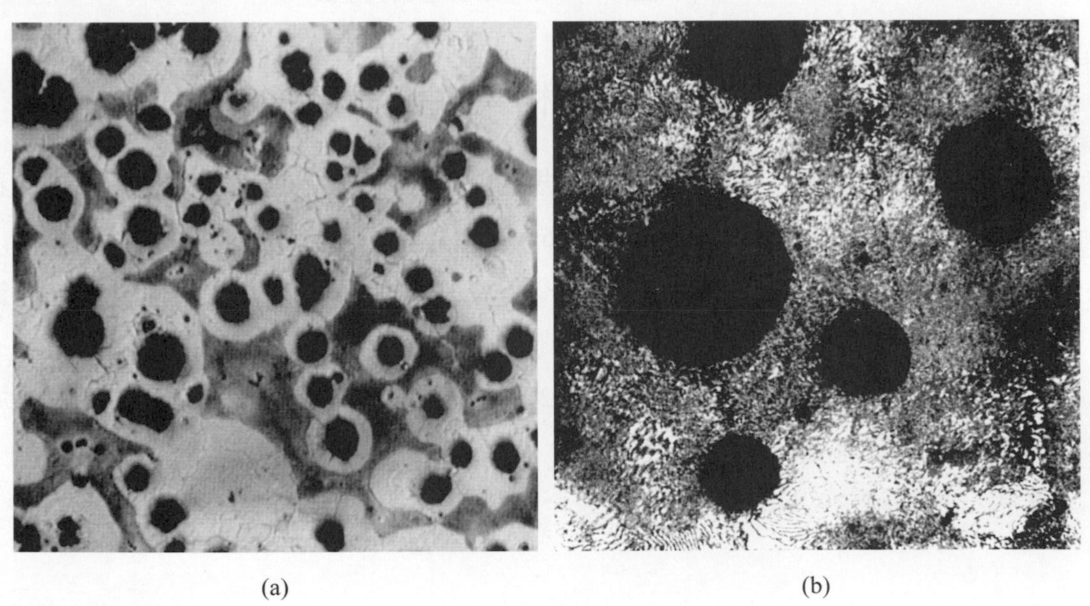

圖 14.25　球狀石墨鑄鐵的顯微鏡組織
(逢甲大學機電系 鑄造研究室攝)

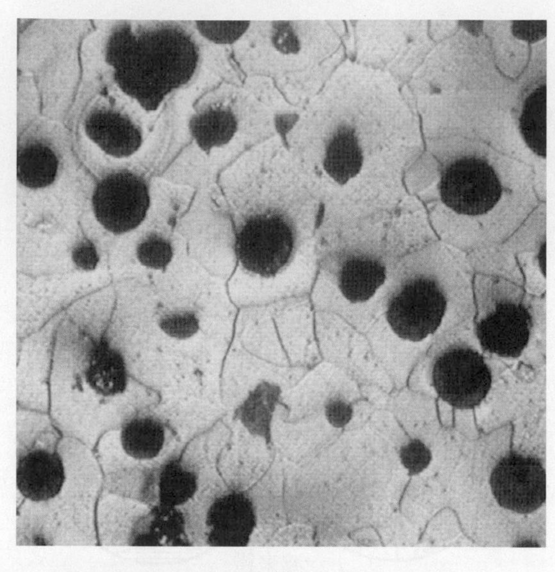

(c)

圖 14.25　球狀石墨鑄鐵的顯微鏡組織(續)
(逢甲大學機電系 鑄造研究室攝)

14.11.3　球狀石墨鑄鐵之規格、性質與用途

表 14.17 所示為球狀石墨鑄鐵之 JIS 規格，而表 14.18 為美國 ASTM 之球狀石墨鑄鐵規格，表 14.19 為其化學成分例。60-45-10 型(表示抗拉強度為 60×10^3 psi，降伏強度為 45×10^3 psi，而伸長率為 10%)為高延性型，經退火使基地成為肥粒鐵者；100-70-03 型，120-90-02 型為將Mn量稍為提高而使其易得到波來鐵基地者。此外，耐熱型為含 Si 量多；含有 Ni 18～22%的高合金型則其強度大而韌性高，亦稱為**沃斯田鐵系延性鑄鐵**。

球狀石墨鑄鐵之 CNS 規格與 JIS 完全相同，詳見 CNS B 2118。

表 14.17　球狀石墨鑄鐵之 JIS 規格(JIS G 5502：2001)
Spheriodal Graphite Iron Castings

另鑄供試樣	附體供試樣
FCD 350-22	FCD 400-18A
FCD 350-22L	FCD 400-18AL
FCD 400-18	FCD 400-15A
FCD 400-18L	FCD 500-7A
FCD 400-15	FCD 600-3A
FCD 450-10	
FCD 500-7	
FCD 600-3	
FCD 700-2	
FCD 800-2	

備註：⑴種類記號後附加有英文 L 表示對其低溫衝擊值有規定。
⑵種類記號後附加有英文 A 表示爲附體供試樣。

另鑄供試樣之機械性質

種類記號	抗拉強度 N/mm²	降伏強度 N/mm²	伸長率 %	charpy 吸收能量			參考	
				試驗溫度 ℃	3 個之平均值 J	個別值 J	硬度 H_B	主要基地組織
FCD 350-22	350 以上	220 以上	22 以上	23±5	17 以上	14 以上	150 以下	肥粒鐵
FCD 350-22L				− 40±2	12 以上	9 以上		
FCD 400-18	400 以上	250 以上	18 以上	23±5	14 以上	11 以上	130～180	
FCD 400-18L				− 20±2	12 以上	9 以上		
FCD 400-15			15 以上	−	−	−		
FCD 450-10	450 以上	280 以上	10 以上				140～210	
FCD 500-7	500 以上	320 以上	7 以上				150～230	肥粒鐵＋波來鐵
FCD 600-3	600 以上	370 以上	3 以上				170～270	波來鐵＋肥粒鐵
FCD 700-2	700 以上	420 以上	2 以上				180～300	波來鐵
FCD 800-2	800 以上	480 以上					200～330	波來鐵或回火麻田散鐵

表 14.18 球狀石墨鑄鐵之 ASTM 規格(ASTM A536-84)(Reapproved 2009)
Standard Specification for Ductile Iron Castings

種類記號	抗拉強度 psi {MPa}	降伏強度 psi {MPa}	伸長率 %
60-40-18 級	＞60,000 {＞414}	＞40,000 {＞276}	＞18
65-45-12 級	＞65,000 {＞448}	＞45,000 {＞310}	＞12
80-55-06 級	＞80,000 {＞552}	＞55,000 {＞379}	＞6.0
100-70-03 級	＞100,000 {＞689}	＞70,000 {＞483}	＞3.0
120-90-02 級	＞120,000 {＞827}	＞90,000 {＞621}	＞2.0

表 14.19 美國的各種球狀石墨鑄鐵的化學組成例 (%)

種類	C	Si	Mn	P	Ni	Mo	Cr	Mg
60-45-10 級	3.4～4.0	2.0～2.75	0.2～0.6	0.06～0.08	0～1.0	–	–	0.02～0.07
80-60-03 級	3.3～3.8	2.0～3.0	0.2～0.5	0.08	0～1.0	–	–	0.02～0.07
100-70-03 級	3.4～3.8	2.0～2.75	0.3～0.6	0.08	0～2.5	0～1.0	–	0.02～0.07
120-90-02 級	3.4～3.8	2.0～2.75	0.3～0.6	0.08	0～2.5	0～1.0	–	0.02～0.07
耐熱型	2.8～3.8	2.5～6.0	0.2～0.6	0.08	0～1.5	–	–	0.02～0.07
高合金型	3.0	2.0～3.2	0.8～1.5	0.2	18.0～22.0	–	0～2.5	0.1

球狀石墨鑄鐵於鑄造狀態時即具有可與構造用鋼相匹敵之強度，而且比鑄鋼強。此外，韌性、耐磨耗性、耐熱性亦佳，若施以熱處理後則更可使其機械性質獲得改善，但是因爲流動性較差而且收縮率較大，所以鑄造性比普通鑄鐵略差。圖 14.26 所示爲各種鑄造鋼鐵材料的機械性質之比較。

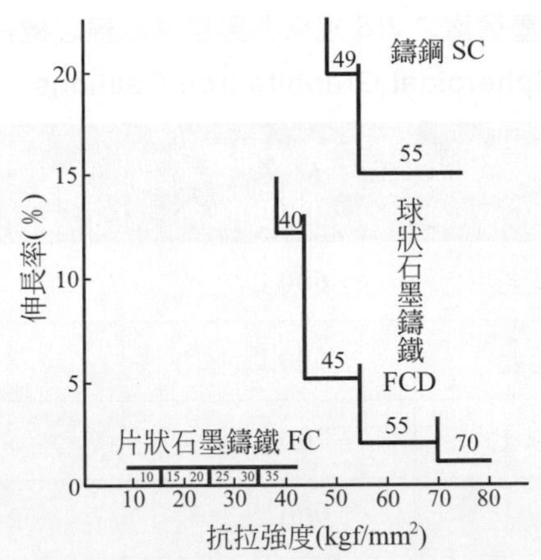

圖 14.26　各種鑄造鋼鐵材料的機械性質

14.11.4　沃斯回火球狀石墨鑄鐵(ADI)

沃斯回火球狀石墨鑄鐵(Austempered Ductile Iron，ADI)是將球狀石墨鑄鐵經過沃斯回火(Austempering)處理後，在室溫時其組織為**變韌肥粒鐵**(Bainitic ferrite)、殘留沃斯田鐵(γ_R)及球狀石墨之混合組織的鑄鐵。

自 1970 年代開始逐漸受到重視，因為其兼具有強度、延性、韌性以及耐磨耗性等機械及工業性質，近年來已部份取代了傳統上由鑄鋼或鍛鋼所製造的機械、汽車等零件，迅速而廣泛的應用在機械、汽機車、軌道車輛、建築等零組件工業上。

ADI之熱處理分為2個階段，第一階段為加熱至850℃左右，保持1～4小時之沃斯田鐵化加熱處理，之後急冷至沃斯回火溫度進行第2階段之熱處理。此階段之沃斯回火處理之恆溫液(KNO_3、$NaNO_3$、$NaNO_2$之混合鹽浴)之溫度為350℃左右，持溫時間則為0.3～5.0小時。之後取出空冷或水冷至室溫，即完成 ADI 之2階段熱處理。

表 14.20 所示為沃斯回火球狀石墨鑄鐵之 JIS 規格，而表 14.21 與表 14.22 所示分別為沃斯回火球狀石墨鑄鐵件 CNS 規格之種類符號與機械性質、沃斯回火處理標準溫度與保持時間。

表 14.20　沃斯回火球狀石墨鑄鐵之 JIS 規格與另鑄供試樣之機械性質 (JIS G 5503：1995)
Austempered Spheroidal Graphite Iron Castings

種類記號	抗拉強度 N/mm^2	降伏強度 N/mm^2	伸長率 %	硬度 H_B
FCAD 900-4	900 以上	600 以上	4	–
FCAD 900-8	900 以上	600 以上	8 以上	–
FCAD 1000-5	1000 以上	700 以上	5 以上	–
FCAD 1200-2	1200 以上	900 以上	2 以上	341 以上
FCAD 1400-1	1400 以上	1100 以上	1 以上	401 以上

表 14.21　沃斯回火球狀石墨鑄鐵件之 CNS 規格與另鑄供試樣之機械性質(CNS G 3248)
Austempered Spheroidal Graphite Iron Castings

種類記號	拉伸試驗			硬度 H_B	衝擊試驗(參考)		用途(參考)
	抗拉強度 N/mm^2 (kgf/mm^2)	降伏強度 N/mm^2 (kgf/mm^2)	伸長率 %		沙丕吸收能量 J (Kgf · m)		
					3 個試片平均值	1 個試片值	
FCD900A	900 以上 (92 以上)	600 以上 (61 以上)	8 以上	(參考) 270～350	100 以上 (10.2 以上)	80 以上 (8.2 以上)	高韌性
FCD1000A	1000 以上 (102 以上)	700 以上 (71 以上)	5 以上	(參考) 300～380	–	–	高強度
FCD1200A	1200 以上 (122 以上)	900 以上 (92 以上)	2 以上	340 以上	–	–	高強度

備考：沙丕吸收能量係採用 CNS 3033【金屬材料衝擊試片】之 4 號試片但無凹口。

表 14.22　沃斯回火球狀石墨鑄鐵件之沃斯回火處理標準溫度與保持時間(參考)(CNS G 3248)

	溫度	保溫時間
沃斯田體化處理	820～950℃	30 分～1 小時
變韌體化處理	250～450℃	30 分～3 小時
從沃斯田體化溫度降至變韌體化溫度之冷卻速度	依化學成分及鑄件厚度而定，應避免波來體及肥粒體等之析出爲原則。 通常投入保持變韌體處理溫度之液體內冷卻。	

14.12 縮狀石墨鑄鐵

縮狀石墨鑄鐵(Compacted/Vermicular graphite cast iron)之存在已有相當歷史，但最近才逐漸成爲商業化的材料。縮狀石墨鑄鐵之石墨形狀介於灰鑄鐵與球狀石墨鑄鐵之間，爲在共晶細胞內互相連結的石墨組織，其形狀較接近片狀石墨，惟其頭尾兩端呈圓角形，而且身爲粗、短狀，不似片狀石墨之細、長狀且有尖角。圖 14.27 所示爲縮狀石墨鑄鐵之光學式顯微鏡組織。

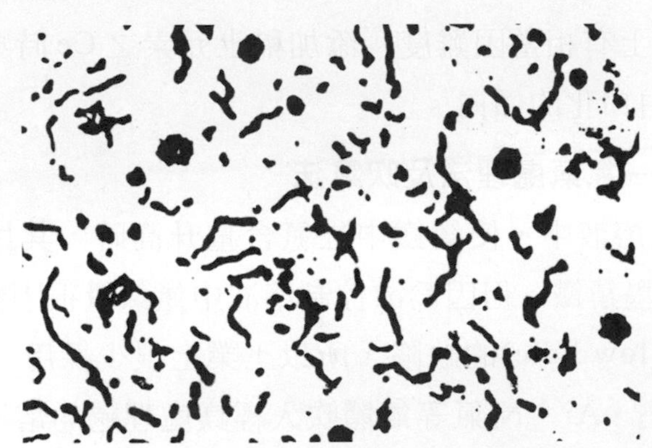

圖 14.27　縮狀石墨鑄鐵之光學顯微鏡組織(4% picral 浸蝕，×60)

14.12.1 縮狀石墨鑄鐵之製造

縮狀石墨鑄鐵之製造方法可歸納為下述三大類：

㈠ **同時加入球化劑元素及反球化劑元素**

鎂和稀土元素為長久以來所廣泛使用的有效球化劑元素，而鈦、鋁、鈣則具有破壞球狀石墨的特性，因此被視為反球化劑元素。加入反球化劑元素可以有效抵制鎂或稀土元素的球化作用而得到縮狀石墨鑄鐵。表 14.23 為製造縮狀石墨鑄鐵之效果優良的 C.G.(Compacted Graphite)合金之化學成分例。

表 14.23 C.G.合金之化學成分例　　單位：%

Mg	4～5	Si	48～52
Ti	8.5～10.5	Al	1～1.5
Ca	4～5.5	Fe	Bal.
Ce	0.025～0.035		

㈡ **僅添加球化劑元素**

單獨添加少量的Mg亦可製得縮狀石墨鑄鐵，唯其允許的範圍非常狹窄，因此Mg的添加量必須非常精確，過多時會生成球狀石墨，而過少時則又會生成片狀石墨，所以在操作管理上有相當困難度。添加稀土元素之Ce時亦可製得縮狀石墨鑄鐵，但Ce有使組織白口化的傾向。

㈢ **其他特殊方法——氮氣處理法及吹氣法**

把氮氣吹入鑄鐵熔液中，使鑄鐵中之氮含量升高時，其片狀石墨之長度會變短，即可製得縮狀石墨鑄鐵。但因為欲控制熔液中氮氣量很困難，並且熔液中氮量過高時會造成吹孔(Blow hole)的缺陷，所以工業上很少採用。

此外將CH_4、CH_2、Ar、N_2氣等氣體吹入經鎂處理過的熔液中，經由吹氣所產生的攪拌作用而促使鎂在短時間內退化亦可得到縮狀石墨鑄鐵。

14.12.2 縮狀石墨鑄鐵之規格與性質

縮狀石墨鑄鐵之 ASTM 規格與 CNS 規格分別如表 14.24、表 14.25 所示。

表 14.24 縮狀石墨鑄鐵之 ASTM 規格(A842-85)
Standard Specification for Compacted Graphite Iron Castings

	種類符號				
	Grade 250	Grade 300	Grade 350	Grade 400	Grade 450
最小抗拉強度 (Mpa)	250	300	350	400	450
最小降伏強度 (Mpa)	175	210	245	280	315
最小伸長率 (%)	3.0	1.5	1.0	1.0	1.0

表 14.25 縮狀石墨鑄鐵之 CNS 規格(CNS G 3266)
Compacted Graphite Iron Catings

種類符號	抗拉強度 N/mm^2 $\{kgf/mm^2\}$	降伏強度 N/mm^2 $\{kgf/mm^2\}$	伸長率 %	硬度 H_B
CGI 250	250 以上 {26 以上}	175 以上 {18 以上}	3.0 以上	179 以下
CGI 300	300 以上 {31 以上}	210 以上 {21 以上}	1.5 以上	143～207
CGI 350	350 以上 {36 以上}	245 以上 {25 以上}	1.0 以上	163～229
CGI 400	400 以上 {36 以上}	280 以上 {29 以上}	1.0 以上	197～255
CGI 450	450 以上 {46 以上}	315 以上 {32 以上}	1.0 以上	207～269

縮狀石墨鑄鐵之機械與物理性質大致而言是介於片狀和球狀石墨鑄鐵之間，其比較如下所述：

㈠ 拉伸性質

表 14.26 所示爲縮狀石墨鑄鐵與灰鑄鐵及球狀石墨鑄鐵的拉伸性質之比較，由表可知縮狀石墨鑄鐵之抗拉強度可達某些球狀石墨鑄鐵的等級，但遠大於灰鑄鐵。伸長率則較灰鑄鐵大而比球狀石墨鑄鐵小。

表 14.26　三種鑄鐵之典型抗拉性能的比較

鑄鐵種類	CE(%) 大略值	0.1%降伏強度 (psi)(橫距法)	抗拉強度 (psi)	伸長率 (%)
灰鑄鐵				
ASTM A48-74 25 級	4.4	15,000	25,000	1
ASTM A48-74 30 級	4.2	20,000	25,000	1
ASTM A48-74 45 級	3.6	25,000	30,000	1
縮狀石墨鑄鐵	4.2	$(35\sim60)\times10^3$	$(45\sim85)\times10^3$	1～6
球狀石墨鑄鐵	4.2	$(40\sim80)\times10^3$	$(60\sim100)\times10^3$	6～22

㈡ 導熱度

鑄鐵的導熱度主要是受到石墨的型態、量及分布所左右。高碳灰鑄鐵中，粗而互相連結的片狀石墨擁有高導熱度，而球狀石墨鑄鐵中互相分離的球狀石墨其導熱度低。縮狀石墨鑄鐵中互相連結的縮狀石墨組織則具有近似於灰鑄鐵的導熱度，如表 14.27 所示。

表 14.27　三種鑄鐵之典型導熱度

鑄鐵種類	導熱度(Cal/cm-s-℃)	
	中薄鑄件	厚鑄件
灰鑄鐵		
ASTM A48-74 25 級	0.125	0.120～0.135
ASTM A48-74 45 級	0.113	—
縮狀石墨鑄鐵	0.118	0.105～0.120
球墨鑄鐵	0.080	0.090

㈢ 衝擊值

縮狀石墨鑄鐵的衝擊值優於灰鑄鐵，但卻劣於球狀石墨鑄鐵。

㈣ **疲勞強度**

略遜於球狀石墨鑄鐵，但遠優於灰鑄鐵。

㈤ **彈性係數**

為 21×10^6 psi，介於灰鑄鐵與球狀石墨鑄鐵之間。

㈥ **收縮性**

優於球狀石墨鑄鐵。

㈦ **切削性**

介於灰鑄鐵與球狀石墨鑄鐵之間。

14.12.3　縮狀石墨鑄鐵之應用

縮狀石墨鑄鐵首先在工業上的應用為鋼錠模，依英國鋼鐵公司的研究，縮狀石墨鑄鐵製錠模(Ingot mold)的壽命較灰鑄鐵製錠模增長了50～60%。奧地利自1968年來於卡車和曳引機上的許多零件如鏈輪、中間齒輪箱(Intermediate gear box)、汽缸蓋等已由縮狀石墨鑄鐵來製造。近年來由於追求汽車引擎功率的增加及燃油效率的提高，而使得排氣溫度達500℃以上，灰鑄鐵製的排氣歧管往往承受不了熱應力而容易破裂。如果以球狀石墨鑄鐵來製造，因其強度大、延性高雖不致於破裂，但卻容易變形！而造成排氣歧管與引擎連接處的破裂，或取下排氣歧管後則很難再裝回去。但若以縮狀石墨鑄鐵來加以製造時，則由於其變形傾向低，且強度高於灰鑄鐵，因此壽命增長，所以一般轎車及卡車所使用的排氣歧管可說是縮狀石墨鑄鐵應用上的一個新方向。此外縮狀石墨鑄鐵製的高速火車的剎車盤，較灰鑄鐵製者不易發生熱疲勞破壞，而且由於導熱度佳之故其效果亦比球狀石墨製者佳。此外如齒輪泵的外殼、飛輪等之應用亦有良好的效果，如此可知縮狀石墨鑄鐵在工業上的應用正逐漸增廣之中！

習題

14.1　試述鑄鐵的分類。

14.2　說明鑄鐵的組織與組織圖。

14.3 以 3.3%C 之鑄鐵為例，說明將其由液態加以冷卻至室溫之過程中，若共晶反應在 Fe-Graphite 系發生，而共析反應在 $Fe\text{-}Fe_3C$ 系發生，詳述其變化過程，又最後其在室溫時之組織為何？

14.4 何謂鑄鐵的成長現象？其原因為何？如何採取對策？

14.5 舉例說明鑄鐵中的不純物對於鑄鐵性質的影響。

14.6 試述米漢納鑄鐵之製造方法及其用途。

14.7 欲使鑄鐵具有耐蝕性，則應添加哪些合金元素？

14.8 欲使鑄鐵具有耐磨耗性，則應添加哪些合金元素？並說明耐磨鑄鐵之種類與特徵。

14.9 舉例說明耐熱鑄鐵的種類及性質。

14.10 何謂冷硬鑄鐵？其表面到內部之硬度分佈情形如何？並說明其用途有哪些？

14.11 試述可鍛鑄鐵的種類及其特徵。

14.12 說明球狀石墨鑄鐵之製造方法、種類與性質及用途。

14.13 何謂縮狀石墨鑄鐵？其製造方法之分類有幾？並舉例說明在工業上的應用！

14.14 何謂沃斯回火球狀石墨鑄鐵？並說明其熱處理程序與用途。

14.15 解釋下述名詞：

(1)白鑄鐵 (2)粒滴斑鐵 (3)總碳 (4)游離碳 (5) Sipp 組織圖 (6) S_c
(7)菊花組織 (8)凹口效應 (9)制震能 (10)鎳硬合金(Ni-hard)
(11)鎳耐蝕合金(Ni-resist) (12)高鉻鑄鐵 (13)鎳克矽(Nicrosilal) (14) FC350
(15) FCD450-10 (16)牛眼組織 (17) FCAD1400-1 (18) ADI (19) CGI400
(20) Steadite (21) Ledeburite (22) FCMB30-06 (23) FCMB35-10S
(24) FCMP70-02 (25) FCMW40-05 (26) 100-70-03 級

15 鋁及鋁合金

鋁及鋁合金具有重量輕、加工容易外，其中一部分經由熱處理後可得到不遜於軟鋼的機械性質，此外耐蝕性優秀者亦不少。可以作為輕量構造用材料，已廣泛的應用於航太飛機、汽車、船舶等方面，並且已成為不可或缺的重要材料。

鋁合金因為很少會形成固溶範圍大的固溶體，所以無法期待藉著固溶強化來增加其強度。一般大都是利用鋁的α固溶體之溶解度會隨著溫度而改變的性質，而施以時效硬化來改善其機械性質。

15.1 純鋁

純鋁的比重約爲2.7，與鎂同爲實用合金中比重小者之一。因爲質軟，在純粹狀態時不適合做爲構造用材料，適當地加入其他金屬做成合金後會使其機械性質獲得相當大的改善，而且因爲加工容易、重量輕等緣故，所以無論是在汽車工業、航太工業或者一般機械、器具、建築材料等都廣泛的被使用著。

15.1.1 純鋁的煉製

鋁的煉製

鋁是地球上含量僅次於矽的元素，根據研究推斷其在地殼中的含量約爲7.85%。其原礦石主要爲鋁礬土(Bauxite，主成分爲$Al_2O_3 \cdot 2H_2O$)外，尚有冰晶石(主成份爲AlF_3、$3NaF$)等。鋁礬土中所含不純物爲Fe、Si、Ti等的氧化物，一般所希望的含量爲Al_2O_3 52%以上，SiO_2 5.5%以下，TiO_2在1.5%以下。由於拜爾法的進步使得即使含Si量在15%以上也能夠很經濟的來提煉鋁。

圖15.1所示爲**拜爾法**(Bayer process)的流程圖，首先將鋁礬石在大約600℃的高溫中加熱而除去水份及有機物質後，將其壓碎成粉抹狀，以鹼性鈉溶液(NaOH)浸漬約2～8小時。此時在4～5氣壓下，加熱到150～160℃時，則氧化鋁(Al_2O_3)會以鋁酸納($Na_3Al_2O_3$)的形態被抽出，而不溶性的氧化鐵、氧化鈦、氧化矽等不純物，則會被分離出來而形成殘渣，因爲此殘渣呈紅色故稱之爲**紅泥**(Red mud)。氧化鐵、氧化鈦全部在紅泥中，而氧化矽則部份殘存在溶液之中，所以希望使用氧化矽少的原礦石。在溶液中加入$Al(OH)_3$接種時，則可促進鋁化鈉(Na_3Al_2)分解成AlOH和NaOH及促進$Al(OH)_3$的沉澱。將沉澱後的$Al(OH)_3$洗淨加熱燒成後，則可得無水的氧化鋁(Al_2O_3)，再將其以電解法還原之則可得金屬鋁。其方法爲：將由上述的方法所得的氧化鋁置入於氟化鋁(AlF_3) 59%、氟化鈉(NaF)21%、氟化鈣20%的溶液中加熱至900～1000℃時，則有20%的氧化鋁會溶解，將此溶液用碳電極以大約4～5伏特的電壓電解之，則鋁層沉澱於爐底。以此方法可得到純度在99.9%以下的鋁，要得到1 kg的鋁大概要消耗2 kg的氧化鋁，4 kg的鋁礬土及27 Wh的電力。若要得到99.99%的鋁則需要利用稍微複雜的三層電解法。最近，受注目之最新精煉法爲氯化物法，此法是利用氯化鋁(AlCl)在900℃以上爲安定狀態，而在此溫度以下則會分解成鋁和三氯化鋁($AlCl_3$)的性質之方法。

將電解槽中所得的熔融鋁，由保持爐取出使充分沉澱後，澆鑄於鑄錠(Ingot)中。此期間，其所含有的氣體、溶劑、氧化物、碳化物等會被去除，而鈉則會上浮而燃燒。原料鋁錠的JIS規格如表15.1所示，僅限制Si、Fe、Cu的量，但是，例如若重視導電度時，則隨著需求，對於Ti、Mn等其他元素之含量亦需多加注意。原料鋁錠之CNS規格，詳見CNS H 3003。

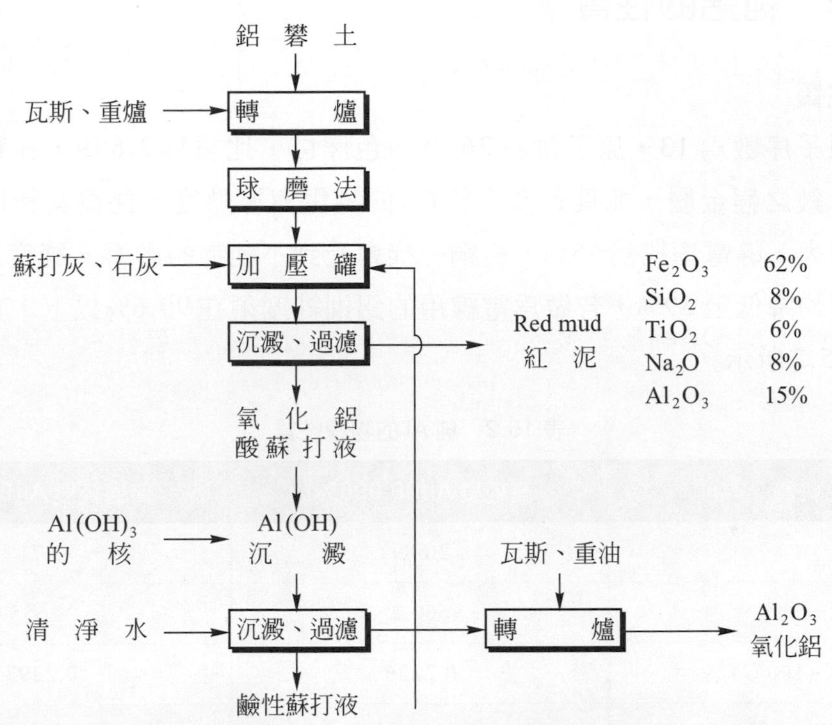

圖 15.1　拜爾法(Bayer process)的流程圖

表 15.1　原料鋁錠(JIS H 2102：2009)
Virgin Aluminium Ingots

種類	化學成分%					
	分析元素			管理元素	分析元素與管理元素之合計	Al
	Si	Fe	Cu	Ti、Mn 各別		
特 1 種	0.05 以下	0.07 以下	0.01 以下	0.01 以下	0.10 以下	99.90 以上
特 2 種	0.08 以下	0.12 以下	0.01 以下	0.01 以下	0.15 以下	99.85 以上
1 種	0.15 以下	0.20 以下	0.01 以下	0.02 以下	0.30 以下	99.70 以上
2 種	0.25 以下	0.40 以下	0.02 以下	0.02 以下	0.50 以下	99.50 以上
3 種	0.50 以下	0.80 以下	0.02 以下	0.03 以下	1.00 以下	99.00 以上

備考：1.Si、Fe、Cu 之分析值，每一熔解分別表示之。
2.對於管理元素須定期分析，僅表示 0.010%以上者。

15.1.2 純鋁的性質

㈠ 物理性質

鋁的原子序數爲13，原子量爲26.98，色澤白，比重爲2.699，在實用金屬上爲次於鎂、鈹之輕金屬，並具有僅次於Cu的導電與導熱度，此爲其特徵。熔解熱比其他金屬大，導電率約爲65%，與銅一樣會受到不純物的影響。純度爲99.5%的鋁其導電率約降低至59%，若做爲電線用的鋁則純度須在99.6%以上。其各項物理性質如表15.2所示。

表15.2 純Al的物理性質

性質	高純度Al(99.996%)	普通純度Al(99.5%)
比重20°	2.689	2.71
融點℃	660.2	～655
比熱cal/g-℃(100℃)	0.2226	0.2297
熔融潛熱cal/g	94.6	93.0
導熱度cal/cm-S-℃(25℃)	—	0.53
熱膨脹係數(20～100℃)	24.58×10^{-6}	23.5×10^{-6}
導電率%	64.94	59(退火)
電阻μΩ-cm(20℃)	2.6548	2.922
結晶構造FCC.Å(20℃)	a = 4.0413	a = 4.04

㈡ 機械性質

因爲鋁的結晶構造爲FCC所以易產生滑動，結晶面(111)比鎂等元素多所以容易變形，質軟而富延展性。鋁的機械性質會隨著其純度和加工度而改變，如表15.3所示；經加工後抗拉強度、降伏強度、硬度會增加但伸長率則會減少。

鋁的熱加工是在280～500℃實施，冷加工則在於70～80%的加工度時邊施以製程退火邊施行之。普通純度的鋁，其再結晶溫度在大約260℃附近。工業上的退火溫度最好定在350℃左右。

表 15.3　純 Al 的機械性質

純度	狀態	抗拉強度 kgf/mm^2	降伏強度(0.2%) kgf/mm^2	伸長率 %	硬度 H_B
高純度 (99.996%)	退火 75%加工	4.8 11.5	1.3 10.5	50 5.5	17 27
普通純度 (99.5%)	退火 半硬 硬	9.0 12.0 17.0	3.5 9.5 15.0	35 9 5	23 32 44

㈢ 化學性質

鋁在空氣或清水中會在表面產生氧化鋁(Al_2O_3)的透明薄膜，可以防止氧化的進行，所以不易銹蝕。此外不易受到各種有機酸之侵蝕，所以在化學工業上廣泛的被使用著。雖不會受到濃度在 80%以上的濃硝酸之侵蝕，但對於稀鹽酸、硫酸、磷酸、硝酸等的無機鹽類則較不具耐蝕性。在鹼性水溶液中，鋁表面的保護膜會溶解，而很快的會受到侵蝕，但在氨水中反而會使保護膜再度生成，因此具有優良的耐蝕性；純度愈高時，鋁的耐蝕性愈好，例如純度為 99.99%的鋁在鹽酸中的溶解量為純度 99.5%的鋁之 1/1000。Cu、Ag、Ni、Fe等不純物對鋁的耐蝕性有害，而 Mg、Mn 則否。

鋁的防蝕處理方法，有陽極氧化處理法。此法為以鉻酸溶液為電解液，鋁為陽極，鉛板或碳板為陰極而施行電解，如此則可在鋁表面產生一層耐蝕的氧化膜。若採用草酸溶液，施以陽極處理後，再經過特別的處理使氧化膜緻密者稱為氧皮鋁(Alumite)。

15.1.3　純鋁的用途

因為鋁具有上述的許多特長，所以板材則在經過加工後廣泛的使用於作為化學工業用裝置、電氣機器與光學機器的反射面、屋簷板與窗框等建築材料、船舶及車輪用材料、家庭用品等；而線材料則做為高壓電輸送的電纜線，此外也可取代包裝食品用的錫箔及冷凝器等。

15.2 鋁合金

15.2.1 鋁合金的特長

純鋁因爲質軟而強度低，做成合金後則可使其機械性質、耐蝕性或耐熱性等獲得改善。對於發揮其重量輕的特性方面，則以航空工業爲中心已有相當的研究進展，而在今日則有各種優秀而實用的鋁合金。鋁因爲沒有類似鋼鐵的變態性質，所以無法利用變態來改善其性質。但是可利用與其他元素形成合金而生成的固溶體時其強度比純鋁大的性質來改善之！

(一) 一般的狀態圖

構成實用鋁合金的基本二元合金，其在鋁側之狀態圖則如圖 15.2 所示，大多爲共晶型。隨著合金成份之不同，α固溶體的固溶限之H點的位置會跟著改變。對 Al-Si 系而言其較靠近 Al 側，而 Al-Mg 系則遠離 Al 側，但是 Al-Zn 系則例外的會呈現偏晶反應。靠近 Al 側有固溶合金元素的α相存在，此固溶體(α)在高溫時之固溶範圍大，而常溫時小，故可利用此特性來改善鋁合金的性質。在鐵、鋼或其他場合亦可見到的，也就是擁有這種形式之狀態圖的合金，若爲固溶限在 H 點之前的合金，則通常富有延展性，而若是固溶限在HC之間的合金則其熔點低、鑄造性佳，所以主要是做爲鑄造用。鑄造用鋁合金中欲藉由時效硬化來改善其機械性質者，其組成亦有在H點之左側者。

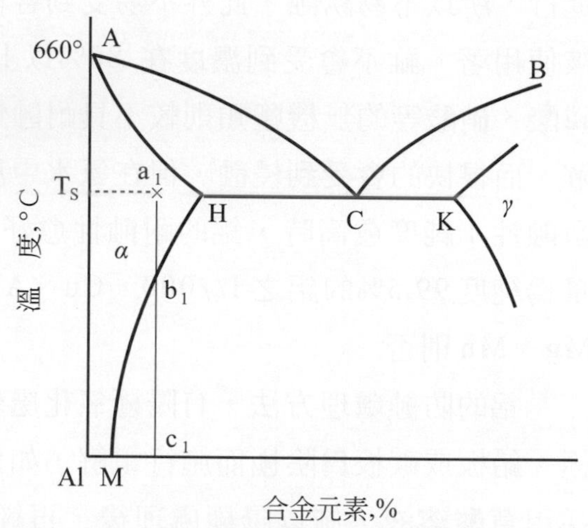

圖 15.2 Al 合金的狀態圖

(二) 鋁合金的耐蝕性

鋁合金的耐蝕性與一般的金屬相同，比純金屬低尤其當含有Cu時其傾向更加顯著。在重視耐蝕性的用途上杜拉鋁(Duralumin)系合金並不適合。Al-Mg 系合金對鹽水特別具有耐蝕性，而且強度亦佳，所以做爲耐蝕用合金。但是，鎂含量多者則會如同添加 Zn 的 Al 合金一樣會有應力腐蝕的危險，但可藉著加入少量的 Cr、Mn 來防止之。

15.2.2　鋁合金的稱呼與熱處理記號

常用鋁合金的規格除了JIS規格之外，還有ALCOA規格(Aluminum Company of America 美國鋁業公司)。對於鍛造用材料以一位數或二位數，其後再附加上"S"表示之；鑄造用材料則以二位數或三位數，其後者不附加"S"。鍛造用材料是從 2S 到 79S，其區分如表 15.4 所示。例如 50 級的合金屬於 Al-Mg 系合金，而 70 級的合金則為 Al-Zn 系合金。

表 15.4　ALCOA 規格之鋁合金鍛造用材料的稱呼區分

稱呼的數字範圍	主要添加元素
2S	(99.0～99.5%)純度的 Al
3S-9S	Mn
10S-29S	Cu
30S-49S	Si
50S-69S	Mg(60 級為Mg_2Si)
70S-79S	Zn

此外在1945年由美國鋁業協會(American Aluminum Association)對於鍛造用鋁合金提倡4位數的稱呼，最近世界各國原則上都採用此**AA 規格**，其表示法為：最初的 1 位數是採用如表 15.5 所示的合金系列；最後的二位數，對合金而言是表示原來 ALCOA 稱呼的合金數字，對純金屬而言則是表示純 Al 的純度(小數點之後)。第二位數字，對合金而言則是指此合金的變化順序，亦即改良合金(Modification of the original alloy)，若為純金屬時，則是指具規定限度的不純物元素的數目。例如 1030 僅表示純度為 99.30%的 Al，而 1230 則表示 Al 的純度為 99.30%以上之外，另外對於某二種不純物的含量有其限度規定。又例如 2017 是表示 17S，而 2117 則表示 A17S，2217 則表示 B17S(A、B 是指由 17S 變化的種類)。

表 15.5 鍛造用鋁合金之合金系列(AA 規格)

編號	主要合金元素	稱呼例子
1XXX	99.00%以上純度的 Al	99.30%Al 為 1030
2XXX	Al-Cu 系合金	17S 為 2017
3XXX	Al-Mn 系合金	3S 為 3003
4XXX	Al-Si 系合金	32S 為 4032
5XXX	Al-Mg 系合金	52S 為 5052
6XXX	Al-Mg-Si 系合金	61S 為 6061
7XXX	Al-Zn 系合金	75S 為 7075
8XXX	其他元素	
9XXX	備用	

美國鋁業協會(AA)依所添加的主要元素，將鑄造用鋁合金規定為如下表 15.6 所示的 7 種系列。

表 15.6 鑄造用鋁合金之合金系列(AA 規格)

編號	主要合金元素
1XX.X	99.0%以上純度之純 Al
2XX.X	Al-Cu 系合金
3XX.X	Al-Si-Mg/Cu 系合金
4XX.X	Al-Si 系合金
5XX.X	Al-Mg 系合金
6XX.X	尚未規定
7XX.X	Al-Zn 系合金
8XX.X	Al-Sn 系合金
9XX.X	添加其他元素

其命名編號之第一位數所代表的是其主要的合金成分。第二位及第三位數在1XX.X系列所代表的是純鋁的純度，例如150.X所代表的是99.50%Al；而在2XX.X 至 9XX.X 系列中，第二及第三位數其數值並無意義，僅用以區分不同之合金種類。而第四位數即小數點下一位所代表的是鋁合金的型態，0 代表爲鑄件，1 或 2 代表爲爲鑄錠。此外若有經過改良或是有限制其不純物含量，則會於數字編號前加上英文字母用以區別，其字母由A開始依序加以編排，但略過I、O、Q、X。X是保留給試驗中之鋁合金標示用。

鋁合金需要經過熱處理或加工後才使用的情形很多，此時則在合金記號之後必須再附加上如表 15.7 所示之加工或熱處理之記號。

表 15.7　鋁合金之加工或熱處理之記號

符號	狀態
-F	表示製造狀態(軋延、擠製、鑄造狀態)
-O	表示完全退火狀態(僅用於鍛造材料)
-H	表示加工硬化狀態
-H1n -H2n -H3n	表示僅受應變硬化(strain hardened) 表示加工硬化後施以適度的退火 表示加工硬化後施以安定化處理 n 表示加工硬化的程度： n = 2 爲 20%(1/4 硬質)　n = 4 爲 40%(1/2 硬質) n = 6 爲 60%(3/4 硬質)　n = 8 爲 80%(硬質) n = 9 爲 90%(超硬質)
-T	表示施以 F、O、H 以外之熱處理使安定化
-T1	表示鑄造後自然時效至安定化狀態
-T2	表示鑄造後施以完全退火
-T3	表示固溶化後施以冷加工使硬化者
-T4	表示固溶化後完成自然時效至安定狀態
-T5	表示省略固溶化而僅施以人工時效
-T6	表示固溶化後施以人工時效硬化者

表 15.7 鋁合金之加工或熱處理之記號(續)

符號	狀態
-T7	表示固溶化後施以安定化熱處理者
-T8	表示固溶化後施以冷加工，爾後再經過人工時效處理者
-T9	表示固溶化後施以人工時效，再冷加工者
-T10	表示 T5 後施以冷加工者
-W	固溶化後正在進行時效硬化者

15.2.3 鋁合金的熱處理

因爲鋁合金經熱處理後可期待有良好的效果，所以對鋁合金而言熱處理就成爲是一種重要的操作，其中也有採用一些與鋼鐵系的熱處理用語相異之用語，所以在此簡單的說明如下：

㈠ **均熱(Soaking)**

主要是指在熱加工前，將鑄塊加熱之，而使鑄造之變形、偏析減少，促使第二相的凝集，變形抵抗小，滑動面增加等，而使得加工容易的熱處理。

㈡ **退火(Annealing)**

將鑄塊或加工硬化的材料加熱到適當的溫度，以除去其變形，並使其進行軟化、再結晶而使得成形加工容易的熱處理。在軋延、抽拉成線等加工時，當材料發生加工硬化後，則加工會變的困難，此時常施以退火使其軟化之，一般將此種退火稱爲**製程退火**(Process annealing)。

㈢ **固溶化處理(Solution treatment)**

是指將由於溶解度的差異，其在低溫時爲多相，而在高溫時則會成爲單一相所構成的合金，將其由室溫加熱至某高溫而使成爲單一相之加熱操作，稱之。

㈣ **時效(Aging)**

上述固溶化處理以後放置於常溫中，其自然硬化的現象稱爲**自然時效**(Natural aging)；若將其加熱到低溫使其發生硬化的場合，則稱爲**人工時效**(Artificial aging)，此時把在低溫加熱的熱處理稱爲回火。

㈤ **安定化處理**(Stabilizing treatment)

加工硬化的材料由於其內部應力的關係所以不安定，當其欲回復到安定狀態時，則其機械性質會產生變化。此時，若事先施以低溫加熱而去除其內部應力，以便使其性質不會發生變化的熱處理稱之。

㈥ **時效硬化**(Age hardening)

如前述，實用鋁合金的基本形大多為如圖 15.2 的型式，其α固溶體具有溶解度變化，在實際例子中屬於這種型式者如圖 15.3 所示的 Al-Cu 合金。今考慮a_1成份的合金於 T 溫度時為均一的α固溶體，隨著溫度的下降，會與溶解度曲線相交於b_1點，而開始析出第二相$\theta(CuAl_2)$，所以在室溫時a_1合金即成為$(\alpha+\theta)$之二相共存狀態；此時若將此a_1合金再次的從室溫加熱到b_1點以上的溫度並保持適當的時間，則先前所析出的第二相(θ)會再度的溶入固溶體中，而形成均勻的α固溶體，將此操作稱為**固溶化處理**(Solution treatment)。

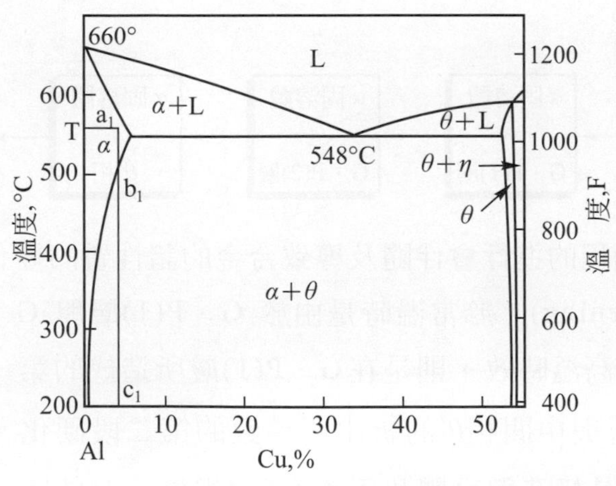

圖 15.3　Al-Cu 系狀態圖

若將a_1合金由 T 溫度施以淬火時，因為急冷之緣故，所以會變成α固溶體的過冷組織(過飽和α固溶體)。此過冷組織在室溫時為不安定組成，所以會發生過冷α(不安定相)→α(安定相)$+\theta$的變化。在變化完成後，若全部變成$(\alpha+\theta)$，則此$(\alpha+\theta)$為平衡狀態，與退火狀態時相同。但是在抵達此最終狀態之前會發生種種變化，由於在這些不同狀態時之格子畸變的關係，所以在合金中可見到有硬化現象。圖 15.4 所示為從 530℃淬火之 Al-Cu 4%合金的自然和人工時效所伴隨之諸性質的變化。

由圖可知在 75℃之前，其抗拉強度雖在數日後達到最大值，但是格子常數並無任何變化。這表示其在析出之前即已產生硬化。關於在析出之前到底是由於何種機構而產生硬化，則到目前爲止已有各種的研究報告。Guinier和Preston兩位學者以 X 射線分析之結果發現，在析出之前會經過特殊的中間相(稱爲θ'相)後再變成θ相(即$CuAl_2$之結晶系)。也就是說從過飽和固溶體(θ)經過θ'相後再變成θ相($CuAl_2$)的變化一定會引起原子的移動，因此在成爲θ'相之前 Cu 原子會產生部份聚集在一起的過程，亦即若以自然時效時來說，Cu 原子聚集於鋁的{100}面，形成厚度約 1～2Å 之 Cu 原子層而直徑爲 100Å 程度的圓板狀集合體(Aggregate)；爾後，逐漸成爲厚度約爲 20Å，而直徑約爲 400Å的圓板狀集合體(其組成近似於$CuAl_2$，含有 30%的 Cu 原子)。此過程中所形成的集合體現在一般將其稱之爲 **G．P 層**(**G．P Zone**)。在以後的研究發現 G．P 層可分爲規則與不規則二個階段，所以分別稱之爲**G．P(1)層**(Guinier-Preston aggregate 1)與**G．P(2)層**。因此從過飽和固溶體的析出過程可考慮爲：

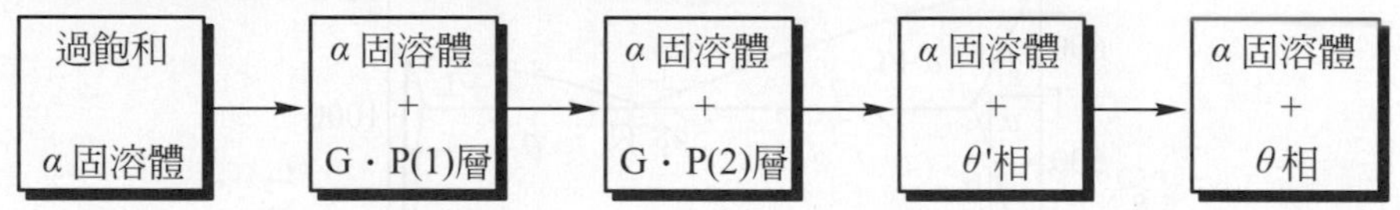

由於上述析出過程的進行會伴隨及導致合金的諸性質的變化，即爲一般所謂的**時效硬化**(Age hardening)。於常溫時是由於 G．P(1)層與 G．P(2)層引起時效硬化，而 100℃以上的高溫時效，則是在G．P(1)層所造成的第一段硬化之後，會再發生由於 G．P(2)層與中間相θ'的析出所導致的第二段硬化。θ'相之化學組成與$CuAl_2$相同，但其結晶構造與母體及平衡相θ均相異，而是呈現與母體格子相**整合**(Coherent)的狀態。當有θ'相析出的狀態時，材料之硬度達到最高值。而當提高時效溫度或延長時效時間時，則θ'相會由於原子的移動而與固溶體格子相分離，變成θ相而析出。在此階段則已成爲**過度時效**(Over aging)的狀態，所以材料會軟化。在時效過程之初，首先會發生硬化，會引起抗拉強度、硬度等的上升，而伸長率減少；不久達到最高硬度的狀態後，就會引起軟化，而使得其延展性增加，這可藉由當格子變形最大時，其硬度爲最高來解釋之。雖然對於Al-Cu合金的例子而言，當

析出物析出後而成爲平衡狀態時，實際上則已發生了軟化現象；但對於某些合金而言，當組織上呈現有微細析出物時比在發生格子變形的狀態時其硬度更高，所以此時可說是析出硬化型合金。

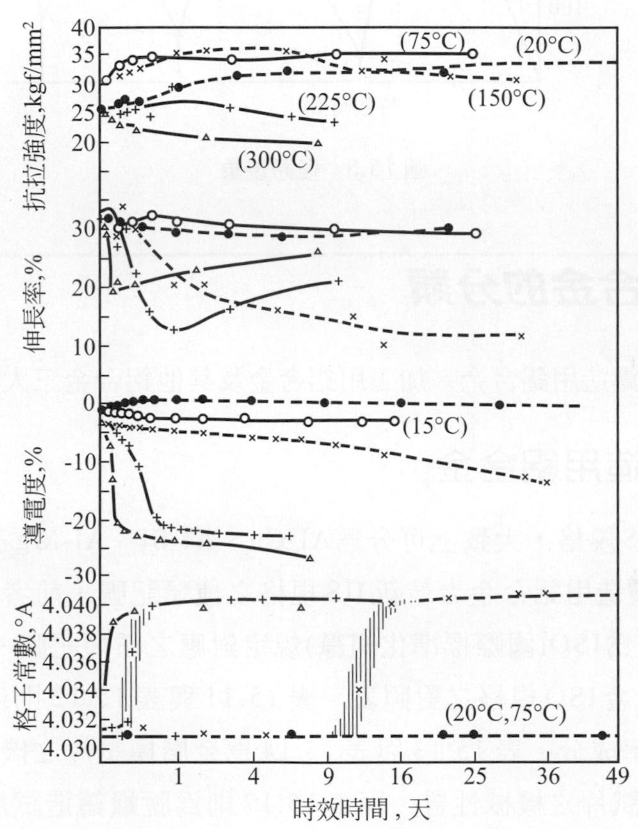

圖 15.4　Al-4.3%Cu 合金(530°C淬火)的自然和人工時效所伴隨諸性質的變化

將自然時效硬化後之前述Al-Cu4%合金在大約220℃加熱數分鐘後，則會發生軟化，而回復到與淬火狀態相同的硬度，而其在 X 射線的分析結果亦與淬火狀態相同，將此現象稱爲**復原**。若將此狀態放置於常溫中時，則可再度見到時效硬化的現象。這是因爲G．P層在低溫時安定，而在某溫度以上時，會變爲不安定所以會再度固溶而消失。將固溶處理和常溫時效反覆操作時則如圖 15.5 所示。由此可知藉著復原處理無法使其完全回復到淬火狀態，這乃是因爲有非常微量的析出在進行之故！

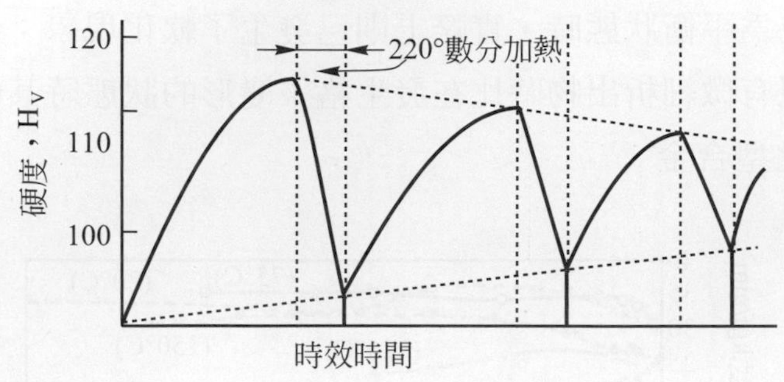

圖 15.5 復原現象

15.3 鋁合金的分類

鋁合金可分為鑄造用鋁合金、加工用鋁合金及其他鋁合金三大類，茲分述如下：

15.3.1 鑄造用鋁合金

此類合金依JIS規格，大致上可分為Al-Cu、Al-Si、Al-Mg三大系統，表15.8與表15.9所示為鑄造用鋁合金之最新JIS規格之種類記號，前者為JIS向來規定之種類記號，後者則為ISO(國際標準化組織)規定對應之種類記號。表15.10為與JIS近似之鑄造用鋁合金ISO規格之對照表。表15.11與表15.12則為鑄造用鋁合金之最新JIS規格之化學成分。表15.13與表15.14為金屬模試片之機械性質，表15.15與表15.16為砂模試片之機械性質，而表15.17則為脫蠟鑄造試片之機械性質。

為了提供作為參考起見，舊制的鑄造用鋁合金之JIS規格之種類與記號、化學成分、金屬模試片之機械性質、砂模試片之機械性質分別如表15.18、表15.19、表15.20及表15.21所示。

表 15.8　鑄造用鋁合金之 JIS 規格之種類記號 (JIS H 5202：2010)
Aluminium Alloy Castings

種類記號	適用	種類記號	適用
AC1B	砂模鑄件・金屬模鑄件	AC4D	砂模鑄件・金屬模鑄件
AC2A	砂模鑄件・金屬模鑄件	AC5A	砂模鑄件・金屬模鑄件
AC2B	砂模鑄件・金屬模鑄件	AC7A	砂模鑄件・金屬模鑄件
AC3A	砂模鑄件・金屬模鑄件	AC8A	金屬模鑄件
AC4A	砂模鑄件・金屬模鑄件	AC8B	金屬模鑄件
AC4B	砂模鑄件・金屬模鑄件	AC8C	金屬模鑄件
AC4C	砂模鑄件・金屬模鑄件	AC9A	金屬模鑄件
AC4CH	砂模鑄件・金屬模鑄件	AC9B	金屬模鑄件

表 15.9　鑄造用鋁合金之 JIS 規格之種類記號(ISO 3522：2007 規定之種類)
(JIS H 5202：2010)Aluminium Alloy Castings

種類記號	適用	種類記號	適用	種類記號	適用
Al Cu4Ti	砂模鑄件・金屬模鑄件	Al Si9Mg	砂模鑄件・金屬模鑄件	Al Si8Cu3	砂模鑄件・金屬模鑄件
Al Cu4MgTi	砂模鑄件・金屬模鑄件・LW 鑄件	Al Si10Mg	砂模鑄件・金屬模鑄件	Al Si9Cu1Mg	砂模鑄件・金屬模鑄件
Al Cu5MgAg	砂模鑄件・金屬模鑄件	Al Si10Mg(Cu)	砂模鑄件・金屬模鑄件	Al Si12(Cu)	砂模鑄件・金屬模鑄件
Al Si11	砂模鑄件・金屬模鑄件	Al Si5Cu1Mg	砂模鑄件・金屬模鑄件	Al Si12CuMgNi	金屬模鑄件
Al Si12(a)	砂模鑄件・金屬模鑄件	Al Si5Cu3	金屬模鑄件	Al Si17Cu4Mg	LW 鑄件
Al Si12(b)	砂模鑄件・金屬模鑄件・LW 鑄件	Al Si5Cu3Mg	金屬模鑄件	Al Mg3	砂模鑄件・金屬模鑄件
Al Si2MgTi	砂模鑄件・金屬模鑄件	Al Si5Cu3Mn	砂模鑄件・金屬模鑄件・LW 鑄件	Al Mg5	砂模鑄件・金屬模鑄件・LW 鑄件
Al Si7Mg	砂模鑄件・金屬模鑄件・LW 鑄件	Al Si6Cu4	砂模鑄件・金屬模鑄件	Al Mg5(Si)	砂模鑄件・金屬模鑄件
Al Si7Mg0.3	砂模鑄件・金屬模鑄件・LW 鑄件	Al Si7Cu2	砂模鑄件・金屬模鑄件	Al Zn5Mg	砂模鑄件・金屬模鑄件
Al Si7Mg0.6	砂模鑄件・金屬模鑄件・LW 鑄件	Al Si7Cu3Mg	金屬模鑄件	Al Zn10Si8Mg	砂模鑄件・金屬模鑄件

註：“LW”表示爲脫蠟鑄造。

表 15.10　與 JIS 近似之鑄造用鋁合金 ISO 規格

JIS 鑄造用鋁合金	對應之 ISO 鑄造用鋁合金
AC1B	AlCu4MgTi
AC2A	Al Si5Cu3Mn
AC2B	Al Si5Cu3Mn
AC3A	Al Si12(b)
AC4A	Al Si10Mg
AC4B	Al Si8Cu3
AC4C	Al Si7Mg
AC4CH	Al Si7Mg0.3
AC4D	Al Si5Cu1Mg
AC5A	—
AC7A	Al Mg5
AC8A	Al Si12CuMgNi
AC8B	—
AC8C	—
AC9A	—
AC9B	—

表 15.11 鑄造用鋁合金之 JIS 規格之化學成分(JIS H 5202：2010)

Aluminium Alloy Castings

單位%

種類記號	化學成分										
	Cu	Si	Mg	Zn	Fe	Mn	Ni	Ti	Pb	Sn	Cr	Al
AC1B	4.2～5.0	0.30 以下	0.15～0.35	0.10 以下	0.35 以下	0.10 以下	0.05 以下	0.05～0.35	0.05 以下	0.05 以下	0.05 以下	殘餘
AC2A	3.0～4.5	4.0～6.0	0.25 以下	0.55 以下	0.8 以下	0.55 以下	0.30 以下	0.20 以下	0.15 以下	0.05 以下	0.15 以下	殘餘
AC2B	2.0～4.0	5.0～7.0	0.50 以下	1.0 以下	1.0 以下	0.50 以下	0.35 以下	0.20 以下	0.20 以下	0.10 以下	0.20 以下	殘餘
AC3A	0.25 以下	10.0～13.0	0.15 以下	0.30 以下	0.8 以下	0.35 以下	0.10 以下	0.20 以下	0.10 以下	0.10 以下	0.15 以下	殘餘
AC4A	0.25 以下	8.0～10.0	0.30～0.6	0.25 以下	0.55 以下	0.30～0.6	0.10 以下	0.20 以下	0.10 以下	0.05 以下	0.15 以下	殘餘
AC4B	2.0～4.0	7.0～10.0	0.50 以下	1.0 以下	1.0 以下	0.50 以下	0.35 以下	0.20 以下	0.20 以下	0.10 以下	0.20 以下	殘餘
AC4C	0.20 以下	6.5～7.5	0.20～0.4	0.3 以下	0.5 以下	0.6 以下	0.05 以下	0.20 以下	0.05 以下	0.05 以下	0.05 以下	殘餘
AC4CH[a]	0.10 以下	6.5～7.5	0.25～0.45	0.10 以下	0.20 以下	0.10 以下	0.05 以下	0.20 以下	0.05 以下	0.05 以下	0.05 以下	殘餘
AC4D	1.0～1.5	4.5～5.5	0.4～0.6	0.5 以下	0.6 以下	0.5 以下	0.3 以下	0.2 以下	0.1 以下	0.1 以下	0.05 以下	殘餘
AC5A	3.5～4.5	0.7 以下	1.2～1.8	0.1 以下	0.7 以下	0.6 以下	1.7～2.3	0.2 以下	0.05 以下	0.05 以下	0.2 以下	殘餘
AC7A	0.10 以下	0.20 以下	3.5～5.5	0.15 以下	0.30 以下	0.6 以下	0.05 以下	0.20 以下	0.05 以下	0.05 以下	0.15 以下	殘餘
AC8A	0.8～1.3	11.0～13.0	0.7～1.3	0.15 以下	0.8 以下	0.15 以下	0.8～1.5	0.20 以下	0.05 以下	0.05 以下	0.10 以下	殘餘
AC8B	2.0～4.0	8.5～10.5	0.50～1.5	0.50 以下	1.0 以下	0.50 以下	0.10～1.0	0.20 以下	0.10 以下	0.10 以下	0.10 以下	殘餘
AC8C	2.0～4.0	8.5～10.5	0.50～1.5	0.50 以下	1.0 以下	0.50 以下	0.50 以下	0.20 以下	0.10 以下	0.10 以下	0.10 以下	殘餘
AC9A	0.50～1.5	22～24	0.50～1.5	0.20 以下	0.8 以下	0.50 以下	0.50～1.5	0.20 以下	0.10 以下	0.10 以下	0.10 以下	殘餘
AC9B	0.50～1.5	18～20	0.50～1.5	0.20 以下	0.8 以下	0.50 以下	0.50～1.5	0.20 以下	0.10 以下	0.10 以下	0.10 以下	殘餘

本表中未記載元素之化學成分，僅限於買方有要求時才進行分析。

備註：改良處理與微細化處理所使用的元素有 Na、Sr、Sb、P 等。

註(a)：本表中未列出元素之化學成分，每一成分均 0.05%以下，合計 0.15%以下。
但不適用於改良處理與微細化處理之元素。

表 15.12 鑄造用鋁合金之 JIS 規格之化學成分(ISO 3522：2007 規定之種類)(JIS H 5202：2010)

Aluminium Alloy Castings

單位%

種類記號	化學成分											
	Cu	Si	Mg	Zn	Fe	Mn	Ni	Ti	Pb	Sn	Cr	Al
Al Cu4Ti	4.2～5.2	0.18 以下	—	0.07 以下	0.19 以下	0.55 以下	—	0.15～0.30	—	—	—	殘餘
Al Cu4MgTi	4.2～5.0	0.20 以下	0.15～0.35	0.10 以下	0.35 以下	0.10 以下	0.05 以下	0.15～0.30	0.05 以下	0.05 以下	—	殘餘
Al Cu5MgAg[a]	4.0~5.0	0.05 以下	0.15~0.35	0.05 以下	0.10 以下	0.20~0.40	—	0.15~0.35	—	—	—	殘餘
Al Si11	0.05 以下	10.0~11.8	0.45 以下	0.07 以下	0.19 以下	0.10 以下	—	0.15 以下	—	—	—	殘餘
Al Si12(a)	0.05 以下	10.5~13.5	—	0.10 以下	0.55 以下	0.35 以下	—	0.15 以下	—	—	—	殘餘
Al Si12(b)	0.15 以下	10.5~13.5	0.10 以下	0.15 以下	0.65 以下	0.55 以下	0.10 以下	0.20 以下	0.10 以下	—	—	殘餘
Al Si2MgTi	0.10 以下	1.6~2.4	0.45~0.65	0.10 以下	0.60 以下	0.30~0.50	0.05 以下	0.05~0.20	0.05 以下	0.05 以下	—	殘餘
Al Si7Mg	0.20 以下	6.5~7.5	0.20~0.65	0.15 以下	0.55 以下	0.35 以下	0.15 以下	0.05~0.25	0.15 以下	0.05 以下	—	殘餘
Al Si7Mg0.3	0.05 以下	6.5~7.5	0.25~0.45	0.07 以下	0.19 以下	0.10 以下	—	0.08~0.25	—	—	—	殘餘
Al Si7Mg0.6	0.05 以下	6.5~7.5	0.45~0.70	0.07 以下	0.19 以下	0.10 以下	—	0.08~0.25	—	—	—	殘餘
Al Si9Mg	0.05 以下	9.0~10.0	0.25~0.45	0.07 以下	0.19 以下	0.10 以下	—	0.15 以下	—	—	—	殘餘
Al Si10Mg	0.10 以下	9.0~11.0	0.20~0.45	0.10 以下	0.55 以下	0.45 以下	0.05 以下	0.15 以下	0.05 以下	0.05 以下	—	殘餘
Al Si10Mg(Cu)	0.35 以下	9.0~11.0	0.20~0.45	0.35 以下	0.65 以下	0.55 以下	0.15 以下	0.20 以下	0.10 以下	—	—	殘餘
Al Si5Cu1Mg	1.0~1.5	4.5~5.5	0.35~0.65	0.15 以下	0.65 以下	0.55 以下	0.25 以下	0.05~0.25	0.15 以下	0.05 以下	—	殘餘
Al Si5Cu3	2.6~3.6	4.5~6.0	0.05 以下	0.20 以下	0.60 以下	0.55 以下	0.10 以下	0.25 以下	0.10 以下	0.05 以下	—	殘餘
Al Si5Cu3Mg	2.6~3.6	4.5~6.0	0.15~0.45	0.20 以下	0.60 以下	0.55 以下	0.10 以下	0.25 以下	0.10 以下	0.05 以下	—	殘餘

表 15.12　鑄造用鋁合金之 JIS 規格之化學成分(ISO 3522：2007 規定之種類)(JIS H 5202：2010)(續)

Aluminium Alloy Castings

單位%

種類記號	化學成分											
	Cu	Si	Mg	Zn	Fe	Mn	Ni	Ti	Pb	Sn	Cr	Al
Al Si5Cu3Mn	2.5~4.0	4.5~6.0	0.40 以下	0.55 以下	0.8 以下	0.20~0.55	0.30 以下	0.20 以下	0.20 以下	0.10 以下	–	殘餘
Al Si6Cu4	3.0~5.0	5.0~7.0	0.55 以下	2.0 以下	1.0 以下	0.20~0.65	0.45 以下	0.25 以下	0.30 以下	0.15 以下	0.15 以下	殘餘
Al Si7Cu2	1.5~2.5	6.0~8.0	0.35 以下	1.0 以下	0.8 以下	0.15~0.65	0.35 以下	0.25 以下	0.25 以下	0.15 以下	–	殘餘
Al Si7Cu3Mg	3.0~4.0	6.5~8.0	0.30~0.60	0.65 以下	0.8 以下	0.20~0.65	0.30 以下	0.25 以下	0.15 以下	0.10 以下	–	殘餘
Al Si8Cu3	2.0~3.5	7.5~9.5	0.05~0.55	1.2 以下	0.8 以下	0.15~0.65	0.35 以下	0.25 以下	0.25 以下	0.15 以下	–	殘餘
Al Si9CulMg	0.8~1.3	8.3~9.7	0.25~0.65	0.8 以下	0.8 以下	0.15~0.55	0.20 以下	0.10~0.20	0.10 以下	0.10 以下	–	殘餘
Al Si12(Cu)	1.0 以下	10.5~13.5	0.35 以下	0.55 以下	0.8 以下	0.05~0.55	0.30 以下	0.20 以下	0.20 以下	0.10 以下	0.10 以下	殘餘
Al Si12CuMgNi	0.8~1.5	10.5~13.5	0.8~1.5	0.35 以下	0.7 以下	0.35 以下	0.7~1.3	0.25 以下	–	–	–	殘餘
Al Si17Cu4Mg	4.0~5.0	16.0~18.0	0.45~0.65	1.5 以下	1.3 以下	0.50 以下	0.3 以下	–	–	0.3 以下	–	殘餘
Al Mg3	0.10 以下	0.55 以下	2.5~3.5	0.10 以下	0.55 以下	0.45 以下	–	0.20 以下	–	–	–	殘餘
Al Mg5	0.10 以下	0.55 以下	4.5~6.5	0.10 以下	0.55 以下	0.45 以下	–	0.20 以下	–	–	–	殘餘
Al Mg5(Si)	0.05 以下	1.5 以下	4.5~6.5	0.10 以下	0.55 以下	0.45 以下	–	0.20 以下	–	–	–	殘餘
Al Zn5Mg	0.15~0.35	0.30 以下	0.40~0.70	4.50~6.00	0.80 以下	0.40 以下	0.05 以下	0.10~0.25	0.05 以下	0.05 以下	0.15~0.60	殘餘
AlZn10Si8Mg	0.10 以下	7.5~9.0	0.20~0.40	9.0~10.5	0.30 以下	0.15 以下	–	0.15 以下	–	–	–	殘餘

1.本表中未記載元素之化學成分(ISO 3522 以外)依照 ISO 3522 之規定，僅限於買方有要求時才進行分析。

2.本表中未規定之"－"的化學成分，均依照 ISO 3522 之各規定。

註(a)：Ag 含有率為 0.4~1.0%。

表 15.13 鑄造用鋁合金之 JIS 規格之金屬模試片之機械性質(JIS H 5202：2010)
Aluminium Alloy Castings

種類記號	質別	拉伸試驗		參考[a]
		抗拉強度 N/mm²	伸長率%	勃氏硬度 HBW[b]
AC1B	T4	330 以上	8 以上	約 95
AC2A	F	180 以上	2 以上	約 75
	T6	270 以上	1 以上	約 90
AC2B	F	150 以上	1 以上	約 70
	T6	240 以上	1 以上	約 90
AC3A	F	170 以上	5 以上	約 50
AC4A	F	170 以上	3 以上	約 60
	T6	240 以上	2 以上	約 90
AC4B	F	170 以上	—	約 80
	T6	240 以上	—	約 100
AC4C	F	150 以上	3 以上	約 55
	T5	170 以上	3 以上	約 65
	T6	230 以上	2 以上	約 85
AC4CH	F	160 以上	3 以上	約 55
	T5	180 以上	3 以上	約 65
	T6	250 以上	5 以上	約 80
AC4D	F	160 以上	—	約 70
	T5	190 以上	—	約 75
	T6	290 以上	—	約 95
AC5A	O	180 以上	—	約 65
	T6	260 以上	—	約 100
AC7A	F	210 以上	12 以上	約 60
AC8A	F	170 以上	—	約 85
	T5	190 以上	—	約 90
	T6	270 以上	—	約 110
AC8B	F	170 以上	—	約 85
	T5	190 以上	—	約 90
	T6	270 以上	—	約 110
AC8C	F	170 以上	—	約 85
	T5	180 以上	—	約 90
	T6	270 以上	—	約 110
AC9A	T5	150 以上	—	約 90
	T6	190 以上	—	約 125
	T7	170 以上	—	約 95
AC9B	T5	170 以上	—	約 85
	T6	270 以上	—	約 120
	T7	200 以上	—	約 90

備考：AC7A、AC9A、AC9B 所示爲依照 JIS H 5202 中規定之鑄模所採取試片之機械性質。

註：(a)表中所示硬度爲參考值，而非規定值。

(b)採用 JIS H 5202：1999 之 HBS 10/500 之數值。

表 15.14　鑄造用鋁合金之 JIS 規格之金屬模試片之機械性質(ISO 3522：2007 規定之種類)
(JIS H 5202：2010)　Aluminium Alloy Castings

種類記號	質別	拉伸試驗			硬度試驗
		抗拉強度 MPa	0.2%降伏強度 MPa	伸長率 %	勃氏硬度 HBW
Al Cu4Ti	T6	330 以上	220 以上	7 以上	95 以上
	T64	320 以上	180 以上	8 以上	90 以上
Al Cu4MgTi	T4	320 以上	200 以上	8 以上	95 以上
Al Cu5MgAg	T6	480 以上	430 以上	3 以上	115 以上
Al Si11	F	170 以上	80 以上	7 以上	45 以上
Al Si12(a)	F	170 以上	80 以上	6 以上	55 以上
Al Si12(b)	F	170 以上	80 以上	5 以上	55 以上
Al Si2MgTi	F	170 以上	70 以上	5 以上	50 以上
	T6	260 以上	180 以上	5 以上	85 以上
Al Si7Mg	F	170 以上	90 以上	2.5 以上	55 以上
	T6	260 以上	220 以上	1 以上	90 以上
	T64	240 以上	200 以上	2 以上	80 以上
Al Si7Mg0.3	T6	290 以上	210 以上	4 以上	90 以上
	T64	250 以上	180 以上	8 以上	80 以上
Al Si7Mg0.6	T6	320 以上	240 以上	3 以上	100 以上
	T64	290 以上	210 以上	6 以上	90 以上
Al Si9Mg	T6	290 以上	210 以上	4 以上	90 以上
	T64	250 以上	180 以上	6 以上	80 以上
Al Si10Mg	F	180 以上	90 以上	2.5 以上	55 以上
	T6	260 以上	220 以上	1 以上	90 以上
	T64	240 以上	200 以上	2 以上	80 以上

表 15.14　鑄造用鋁合金之 JIS 規格之金屬模試片之機械性質(ISO 3522：2007 規定之種類)(續) (JIS H 5202：2010) Aluminium Alloy Castings

種類記號	質別	拉伸試驗			硬度試驗
		抗拉強度 MPa	0.2%降伏強度 MPa	伸長率%	勃氏硬度 HBW
Al Si10Mg(Cu)	F	180 以上	90 以上	1 以上	55 以上
	T6	240 以上	200 以上	1 以上	80 以上
Al Si5Cu1Mg	T4	230 以上	140 以上	3 以上	85 以上
	T6	280 以上	210 以上	–	110 以上
Al Si5Cu3	T4	230 以上	110 以上	6 以上	75 以上
Al Si5Cu3Mg	T4	270 以上	180 以上	2.5 以上	85 以上
	T6	320 以上	280 以上	–	110 以上
Al Si5Cu3Mn	F	160 以上	80 以上	1 以上	70 以上
	T6	280 以上	230 以上	–	90 以上
Al Si6Cu4	F	170 以上	100 以上	1 以上	75 以上
Al Si7Cu2	F	170 以上	100 以上	1 以上	75 以上
Al Si7Cu3Mg	F	180 以上	100 以上	1 以上	80 以上
Al Si8Cu3	F	170 以上	100 以上	1 以上	75 以上
Al Si9Cu1Mg	F	170 以上	100 以上	1 以上	75 以上
	T6	275 以上	235 以上	1.5 以上	105 以上
Al Si12(Cu)	F	170 以上	90 以上	2 以上	55 以上
Al Si12CuMgNi	T5	200 以上	185 以上	–	90 以上
	T6	280 以上	240 以上	–	100 以上
Al Mg3	F	150 以上	70 以上	5 以上	50 以上
Al Mg5	F	180 以上	100 以上	4 以上	60 以上
Al Mg5(Si)	F	180 以上	110 以上	3 以上	65 以上
Al Zn5Mg	T1	210 以上	130 以上	4 以上	65 以上
Al Zn10Si8Mg	T1	280 以上	210 以上	2 以上	105 以上

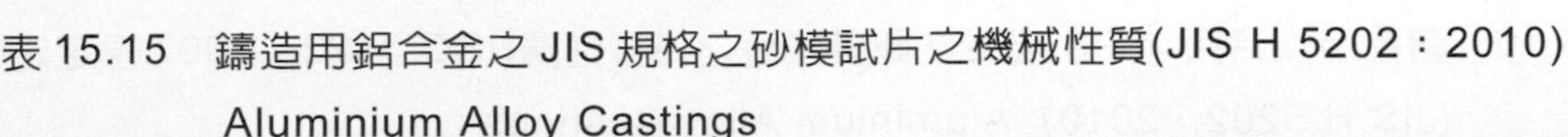

表 15.15　鑄造用鋁合金之 JIS 規格之砂模試片之機械性質(JIS H 5202：2010)
Aluminium Alloy Castings

種類記號	質別	拉伸試驗		參考[a]
		抗拉強度 N/mm^2	伸長率%	勃氏硬度 HBW[b]
AC1B	T4	290 以上	4 以上	約 90
AC2A	F	150 以上	－	約 70
	T6	230 以上	－	約 90
AC2B	F	130 以上	－	約 60
	T6	190 以上	－	約 80
AC3A	F	140 以上	2 以上	約 45
AC4A	F	130 以上	－	約 45
	T6	220 以上	－	約 80
AC4B	F	140 以上	－	約 80
	T6	210 以上	－	約 100
AC4C	F	140 以上	2 以上	約 55
	T5	150 以上	－	約 60
	T6	210 以上	1 以上	約 75
AC4CH	F	140 以上	2 以上	約 50
	T5	150 以上	2 以上	約 60
	T6	230 以上	2 以上	約 75
AC4D	F	130 以上	－	約 60
	T5	170 以上	－	約 65
	T6	220 以上	1 以上	約 80
AC5A	O	150 以上	－	約 65
	T6	220 以上	－	約 90
AC7A	F	140 以上	6 以上	約 50

註：(a)表中所示硬度爲參考值，而非規定值。
(b)採用 JIS H 5202：1999 之 HBS 10/500 之數值。

表 15.16 鑄造用鋁合金之 JIS 規格之砂模試片之機械性質(ISO 3522：2007 規定之種類)(JIS H 5202：2010) Aluminium Alloy Castings

種類記號	質別	拉伸試驗			硬度試驗
		抗拉強度 MPa	0.2%降伏強度 MPa	伸長率 %	勃氏硬度 HBW
Al Cu4Ti	T6	300 以上	200 以上	3 以上	95 以上
	T64	280 以上	180 以上	5 以上	85 以上
Al Cu4MgTi	T4	300 以上	200 以上	5 以上	90 以上
Al Cu5MgAg	T6	480 以上	430 以上	3 以上	115 以上
Al Si11	F	150 以上	70 以上	6 以上	45 以上
Al Si12(a)	F	150 以上	70 以上	5 以上	50 以上
Al Si12(b)	F	150 以上	70 以上	4 以上	50 以上
Al Si2MgTi	F	140 以上	70 以上	3 以上	50 以上
	T6	240 以上	180 以上	3 以上	85 以上
Al Si7Mg	F	140 以上	80 以上	2 以上	50 以上
	T6	220 以上	180 以上	1 以上	75 以上
Al Si7Mg0.3	T6	230 以上	190 以上	2 以上	75 以上
Al Si7Mg0.6	T6	250 以上	210 以上	1 以上	85 以上
Al Si9Mg	T6	230 以上	190 以上	2 以上	75 以上
Al Si10Mg	F	150 以上	80 以上	2 以上	50 以上
	T6	220 以上	180 以上	1 以上	75 以上
Al Si10Mg(Cu)	F	160 以上	80 以上	1 以上	50 以上
	T6	220 以上	180 以上	1 以上	75 以上
Al Si5Cu1Mg	T4	170 以上	120 以上	2 以上	80 以上
	T6	230 以上	200 以上	—	100 以上
Al Si5Cu3Mn	F	140 以上	70 以上	1 以上	60 以上
	T6	230 以上	200 以上	—	90 以上
Al Si6Cu4	F	150 以上	90 以上	1 以上	60 以上
Al Si7Cu2	F	150 以上	90 以上	1 以上	60 以上
Al Si8Cu3	F	150 以上	90 以上	1 以上	60 以上
Al Si9Cu1Mg	F	135 以上	90 以上	1 以上	60 以上
Al Si12(Cu)	F	150 以上	80 以上	1 以上	50 以上
Al Mg3	F	140 以上	70 以上	3 以上	50 以上
Al Mg5	F	160 以上	90 以上	3 以上	55 以上
Al Mg5(Si)	F	160 以上	100 以上	3 以上	60 以上
Al Zn5Mg	T1	190 以上	120 以上	4 以上	60 以上
Al Zn10Si8Mg	T1	220 以上	200 以上	1 以上	90 以上

表 15.17　鑄造用鋁合金之 JIS 規格之脫蠟鑄造試片之機械性質(ISO 3522：2007 規定之種類)(JIS H 5202：2010)　Aluminium Alloy Castings

種類記號	質別	拉伸試驗			硬度試驗
		抗拉強度 MPa	0.2%降伏強度 MPa	伸長率 %	勃氏硬度 HBW
Al Cu4MgTi	T4	300 以上	220 以上	5 以上	90 以上
Al Si12(b)	F	150 以上	80 以上	4 以上	50 以上
Al Si7Mg	F	150 以上	80 以上	2 以上	50 以上
	T6	240 以上	190 以上	1 以上	75 以上
Al Si7Mg0.3	T6	260 以上	200 以上	3 以上	75 以上
Al Si7Mg0.6	T6	290 以上	240 以上	2 以上	85 以上
Al Si5Cu3Mn	F	160 以上	80 以上	1 以上	60 以上
Al Si17Cu4Mg	F	200 以上	180 以上	1 以上	90 以上
	T5	295 以上	260 以上	1 以上	125 以上
Al Mg5	F	170 以上	95 以上	3 以上	55 以上

表 15.18　鑄造用鋁合金之 JIS 規格(JIS H 5202)
Aluminium Alloy Castings

種類	記號	合金系	鑄模之區分	參考		
				相當合金名	合金特色	用途例
鑄件 1 種 A	AC1A	Al-Cu 系	金屬模 砂模	ASTM：295.0	機械性質優良，切削性亦佳，但鑄造性不佳	架線用零件，自行車零件，航空機用油壓零件，電裝品等
鑄件 1 種 B	AC1B	Al-Cu-Mg 系	〃	ISO： AlCu4MgTi NF：AU5GT	機械性質優良，切削性亦佳，但鑄造性不佳，所以隨著鑄件之形狀，需留意熔解、鑄造方案	架線用，重電氣，自行車，航空機

表 15.18 鑄造用鋁合金之 JIS 規格(JIS H 5202)
Aluminium Alloy Castings(續)

種類	記號	合金系	鑄模之區分	參考		
				相當合金名	合金特色	用途例
鑄件 2 種 a	AC2A	Al-Cu-Si 系	〃	Lautal	鑄造性佳，抗拉強度高，但伸長率小。作爲一般用很優秀	歧管，差速齒輪，泵本體，汽缸蓋，汽車煞車零件
鑄件 2 種 B	AC2B	Al-Cu-Si 系	〃	Lautal	鑄造性佳，廣作爲一般用	汽缸蓋，閥體，曲柄軸箱，離合器框架
鑄件 3 種 A	AC3A	Al-Si 系	〃	Silumin	流動性佳，耐蝕性亦佳，但降伏強度低	容器類，蓋子類，框架類等薄斷面複雜形狀者，帷幕
鑄件 4 種 A	AC4A	Al-Si-Mg 系	〃		鑄造性佳，韌性優，適用於要求強度之大型鑄件	歧管，煞車轂，變速箱，曲柄軸箱，齒輪箱，船及車輛用引擎
鑄件 4 種 B	AC4B	Al-Si-Cu 系	〃	ASTM：333.0	鑄造性佳，抗拉強度高，伸長率小。廣爲一般用	曲柄軸箱，汽缸蓋，歧管，航空機用電裝品
鑄件 4 種 C	AC4C	Al-Si-Mg 系	金屬模 砂模	ISO：AlSi7Mg(Fe)	鑄造性佳，耐壓性、耐蝕性亦佳	油壓零件，變速箱，飛輪框架，航空機零件，小型用引擎零件，電裝品
鑄件 4 種 CH	AC4CH	Al-Si-Mg 系	〃	ISO：AlSi7Mg ASTM：A356.0	鑄造性佳，機械性質亦佳。應用於高級鑄件	汽車用輪圈，架線金屬，航空機用引擎及油壓零件

表 15.18　鑄造用鋁合金之 JIS 規格(JIS H 5202)
Aluminium Alloy Castings(續)

種類	記號	合金系	鑄模之區分	參考		
				相當合金名	合金特色	用途例
鑄件 4 種 D	AC4D	Al-Si-Cu-Mg 系	〃	ISO：AlSi5Cu1Mg ASTM：355.0	鑄造性佳，機械性質亦佳。應用於要求耐壓性者	水冷汽缸蓋，曲柄軸箱，汽缸體，燃料泵本體，航空機用油壓零件及電裝品
鑄件 5 種 A	AC5A	Al-Cu-Ni-Mg 系	〃	ISO：AlCu4Ni2Mg ASTM：242.0	高溫之抗拉強度大，鑄造性不佳	空冷汽缸蓋，柴油引擎用活塞，航空機用引擎零件
鑄件 7 種 A	AC7A	Al-Mg 系	〃	ASTM：514.0	耐蝕性優秀，韌性佳，陽極氧化性佳。鑄造性不佳	架線金屬，船用零件，雕刻素材建築用金屬，事務機器，椅子，航空機用電裝品
鑄件 8 種 A	AC8A	Al-Si-Cu-Ni-Mg 系	金屬模		耐熱性優秀，耐磨耗性亦佳，熱膨脹係數小。抗拉強度亦大	汽車、柴油引擎用活塞，船用活塞，滑輪，軸承
鑄件 8 種 B	AC8B	Al-Si-Cu-Ni-Mg 系	〃		同上	汽車用軸承，滑輪，軸承
鑄件 8 種 C	AC8C	Al-Si-Cu-Mg 系	〃	ASTM：332.0	同上	〃
鑄件 9 種 A	AC9A	Al-Si-Cu-Ni-Mg 系	〃		耐熱性優，熱膨脹係數小。耐磨耗性佳，但鑄造性及切削性不佳	活塞(空冷 2 行程用)
鑄件 9 種 B	AC9B	Al-Si-Cu-Ni-Mg 系	〃		〃	活塞(柴油引擎用，水冷 2 行程用)，空冷汽缸

表 15.19　鑄造用鋁合金之化學成分(JIS H 5202)

記號	化學成分											
	Cu	Si	Mg	Zn	Fe	Mn	Ni	Ti	Pb	Sn	Cr	Al
AC1A	4.0～5.0	1.2 以下	0.20 以下	0.30 以下	0.50 以下	0.30 以下	0.05 以下	0.25 以下	0.05 以下	0.05 以下	0.05 以下	餘量
AC1B	4.2～5.0	0.20 以下	0.15～0.35	0.10 以下	0.35 以下	0.10 以下	0.05 以下	0.05～0.30	0.05 以下	0.05 以下	0.05 以下	餘量
AC2A	3.0～4.5	4.0～6.0	0.25 以下	0.55 以下	0.8 以下	0.55 以下	0.30 以下	0.20 以下	0.15 以下	0.05 以下	0.15 以下	餘量
AC2B	2.0～4.0	5.0～7.0	0.50 以下	1.0 以下	1.0 以下	0.50 以下	0.35 以下	0.20 以下	0.20 以下	0.10 以下	0.20 以下	餘量
AC3A	0.25 以下	10.0～13.0	0.15 以下	0.30 以下	0.8 以下	0.35 以下	0.10 以下	0.20 以下	0.10 以下	0.10 以下	0.15 以下	餘量
AC4A	0.25 以下	8.0～10.0	0.30～0.6	0.25 以下	0.55 以下	0.30～0.6	0.10 以下	0.20 以下	0.10 以下	0.05 以下	0.15 以下	餘量
AC4B	2.0～4.0	7.0～10.0	0.50 以下	1.0 以下	1.0 以下	0.50 以下	0.35 以下	0.20 以下	0.20 以下	0.10 以下	0.20 以下	餘量
AC4C	0.25 以下	6.5～7.5	0.20～0.45	0.35 以下	0.55 以下	0.35 以下	0.10 以下	0.20 以下	0.10 以下	0.05 以下	0.10 以下	餘量
AC4CH	0.1 以下	6.5～7.5	0.25～0.45	0.10 以下	0.20 以下	0.10 以下	0.05 以下	0.20 以下	0.05 以下	0.05 以下	0.05 以下	餘量
AC4D	1.0～1.5	4.5～5.5	0.40～0.6	0.30 以下	0.6 以下	0.50 以下	0.20 以下	0.20 以下	0.10 以下	0.05 以下	0.15 以下	餘量
AC5A	3.5～4.5	0.6 以下	1.2～1.8	0.15 以下	0.8 以下	0.35 以下	1.7～2.3	0.20 以下	0.05 以下	0.05 以下	0.15 以下	餘量
AC7A	0.10 以下	0.20 以下	3.5～5.5	0.15 以下	0.30 以下	0.6 以下	0.05 以下	0.20 以下	0.05 以下	0.05 以下	0.15 以下	餘量
AC8A	0.8～1.3	11.0～13.0	0.7～1.3	0.15 以下	0.8 以下	0.15 以下	0.8～1.5	0.20 以下	0.05 以下	0.05 以下	0.10 以下	餘量
AC8B	2.0～4.0	8.5～10.5	0.50～1.5	0.50 以下	1.0 以下	0.50 以下	0.10～1.0	0.20 以下	0.10 以下	0.10 以下	0.10 以下	餘量
AC8C	2.0～4.0	8.5～10.5	0.50～1.5	0.50 以下	1.0 以下	0.50 以下	0.50 以下	0.20 以下	0.10 以下	0.10 以下	0.10 以下	餘量
AC9A	0.50～1.5	22～24	0.50～1.5	0.20 以下	0.8 以下	0.50 以下	0.50～1.5	0.20 以下	0.10 以下	0.10 以下	0.10 以下	餘量
AC9B	0.50～1.5	18～20	0.50～1.5	0.20 以下	0.8 以下	0.50 以下	0.50～1.5	0.20 以下	0.10 以下	0.10 以下	0.10 以下	餘量

表 15.20　金屬模試片之機械性質(JIS H 5202)

種類	質別	記號	拉伸試驗		參考						
			抗拉強度 N/mm^2	伸長率 %	勃氏硬度 H_B (10/500)	熱處理					
						退火		固溶化處理		時效硬化處理	
						溫度°C	時間 h	溫度°C	時間 h	溫度°C	時間 h
鑄件 1 種 A	鑄造狀態	AC1A-F	150 以上	5 以上	約 55	—	—	—	—	—	—
	固溶化處理	AC1A-T4	230 以上	5 以上	約 70	—	—	約 515	約 10	—	—
	固溶化處理後時效硬化處理	AC1A-T6	250 以上	2 以上	約 85	—	—	約 515	約 10	約 160	約 6
鑄件 1 種 B	鑄造狀態	AC1B-F	170 以上	2 以上	約 60	—	—	—	—	—	—
	固溶化處理	AC1B-T4	290 以上	5 以上	約 80	—	—	約 515	約 10	—	—
	固溶化處理後時效硬化處理	AC1B-T6	300 以上	3 以上	約 90	—	—	約 515	約 10	約 160	約 4
鑄件 2 種 A	鑄造狀態	AC2A-F	180 以上	2 以上	約 75	—	—	—	—	—	—
	固溶化處理後時效硬化處理	AC2A-T6	270 以上	1 以上	約 90	—	—	約 510	約 8	約 160	約 9
鑄件 2 種 B	鑄造狀態	AC2B-F	150 以上	1 以上	約 70	—	—	—	—	—	—
	固溶化處理後時效硬化處理	AC2B-T6	240 以上	1 以上	約 90	—	—	約 500	約 10	約 160	約 5
鑄件 3 種 A	鑄造狀態	AC3A-F	170 以上	5 以上	約 50	—	—	—	—	—	—

表 15.20 金屬模試片之機械性質(JIS H 5202)(續)

種類	質別	記號	拉伸試驗		參考						
			抗拉強度 N/mm^2	伸長率 %	勃氏硬度 H_B (10/500)	熱處理					
						退火		固溶化處理		時效硬化處理	
						溫度°C	時間 h	溫度°C	時間 h	溫度°C	時間 h
鑄件 4 種 A	鑄造狀態	AC4A-F	170 以上	3 以上	約 60	—	—	—	—	—	—
	固溶化處理後時效硬化處理	AC4A-T6	240 以上	2 以上	約 90	—	—	約 525	約 10	約 160	約 9
鑄件 4 種 A	鑄造狀態	AC4B-F	170 以上	—	約 80	—	—	—	—	—	—
	固溶化處理後時效硬化處理	AC4B-T6	240 以上	—	約 100	—	—	約 500	約 10	約 160	約 7
鑄件 4 種 C	鑄造狀態	AC4C-F	150 以上	3 以上	約 55	—	—	—	—	—	—
	時效硬化處理	AC4C-T5	170 以上	3 以上	約 65	—	—	—	—	約 225	約 5
	固溶化處理後時效硬化處理	AC4C-T6	220 以上	3 以上	約 85	—	—	約 525	約 8	約 160	約 6
	固溶化處理後時效硬化處理	AC4C-T61	240 以上	1 以上	約 90	—	—	約 525	約 8	約 170	約 7
鑄件 4 種 CH	鑄造狀態	AC4CH-F	160 以上	3 以上	約 55	—	—	—	—	—	—
	時效硬化處理	AC4CH-T5	180 以上	3 以上	約 65	—	—	—	—	約 225	約 5
	固溶化處理後時效硬化處理	AC4CH-T6	250 以上	5 以上	約 80	—	—	約 535	約 8	約 155	約 6
	固溶化處理後時效硬化處理	AC4CH-T61	260 以上	3 以上	約 90	—	—	約 535	約 8	約 170	約 7

表 15.20　金屬模試片之機械性質(JIS H 5202)(續)

種類	質別	記號	拉伸試驗		參考						
			抗拉強度 N/mm^2	伸長率 %	勃氏硬度 H_B (10/500)	熱處理					
						退火		固溶化處理		時效硬化處理	
						溫度°C	時間 h	溫度°C	時間 h	溫度°C	時間 h
鑄件 4 種 D	鑄造狀態	AC4D-F	170 以上	2 以上	約 70	—	—	—	—	—	—
	時效硬化處理	AC4D-T5	190 以上	1 以上	約 75	—	—	—	—	約 225	約 5
	固溶化處理後時效硬化處理	AC4D-T6	270 以上	1 以上	約 90	—	—	約 525	約 10	約 160	約 10
鑄件 5 種 A	退火	AC5A-0	180 以上	—	約 65	約 350	約 2	—	—	—	—
	固溶化處理後時效硬化處理	AC5A-T6	290 以上	—	約 110	—	—	約 520	約 7	約 200	約 5
鑄件 7 種 A	鑄造狀態	AC7A-F	210 以上	12 以上	約 60	—	—	—	—	—	—
鑄件 8 種 A	鑄造狀態	AC8A-F	170 以上	—	約 85	—	—	—	—	—	—
	時效硬化處理	AC8A-T5	190 以上	—	約 90	—	—	—	—	約 200	約 4
	固溶化處理後時效硬化處理	AC8A-T6	270 以上	—	約 110	—	—	約 510	約 4	約 170	約 10
鑄件 8 種 B	鑄造狀態	AC8B-F	170 以上	—	約 85	—	—	—	—	—	—
	時效硬化處理	AC8B-T5	180 以上	—	約 90	—	—	—	—	約 200	約 4
	固溶化處理後時效硬化處理	AC8B-T6	270 以上	—	約 110	—	—	約 510	約 4	約 170	約 10

表 15.21 砂模試片之機械性質(JIS H 5202)

種類	質別	記號	拉伸試驗		參考						
			抗拉強度 N/mm²	伸長率 %	勃氏硬度 H_B (10/500)	熱處理					
						退火		固溶化處理		時效硬化處理	
						溫度°C	時間 h	溫度°C	時間 h	溫度°C	時間 h
鑄件 1 種 A	鑄造狀態	AC1A-F	130 以上	—	約 50	—	—	—	—	—	—
	固溶化處理	AC1A-T4	180 以上	3 以上	約 70	—	—	約 515	約 10	—	—
	固溶化處理後時效硬化處理	AC1A-T6	210 以上	2 以上	約 80	—	—	約 515	約 10	約 160	約 6
鑄件 1 種 B	鑄造狀態	AC1B-F	150 以上	1 以上	約 75	—	—	—	—	—	—
	固溶化處理	AC1B-T4	250 以上	4 以上	約 85	—	—	約 515	約 10	—	—
	固溶化處理後時效硬化處理	AC1B-T6	270 以上	3 以上	約 90	—	—	約 515	約 10	約 160	約 4
鑄件 2 種 A	鑄造狀態	AC2A-F	150 以上	—	約 70	—	—	—	—	—	—
	固溶化處理後時效硬化處理	AC2A-T6	230 以上	—	約 90	—	—	約 510	約 8	約 160	約 10
鑄件 2 種 B	鑄造狀態	AC2B-F	130 以上	—	約 60	—	—	—	—	—	—
	固溶化處理後時效硬化處理	AC2B-T6	190 以上	—	約 80	—	—	約 500	約 10	約 160	約 5
鑄件 3 種 A	鑄造狀態	AC3A-F	140 以上	2 以上	約 45	—	—	—	—	—	—

表 15.21　砂模試片之機械性質(JIS H 5202)(續)

種類	質別	記號	拉伸試驗		參考							
			抗拉強度 N/mm^2	伸長率 %	勃氏硬度 H_B (10/500)	熱處理					
						退火		固溶化處理		時效硬化處理	
						溫度°C	時間 h	溫度°C	時間 h	溫度°C	時間 h
鑄件 4 種 A	鑄造狀態	AC4A-F	130 以上	—	約 45	—	—	—	—	—	—
	固溶化處理後時效硬化處理	AC4A-T6	220 以上	—	約 80	—	—	約 525	約 10	約 160	約 9
鑄件 4 種 A	鑄造狀態	AC4B-F	140 以上	—	約 80	—	—	—	—	—	—
	固溶化處理後時效硬化處理	AC4B-T6	210 以上	—	約 100	—	—	約 500	約 10	約 160	約 7
鑄件 4 種 C	鑄造狀態	AC4C-F	140 以上	2	約 50	—	—	—	—	—	—
	時效硬化處理	AC4C-T5	150 以上	2	約 60	—	—	—	—	約 225	約 5
	固溶化處理後時效硬化處理	AC4C-T6	230 以上	2 以上	約 75	—	—	約 525	約 8	約 160	約 6
	固溶化處理後時效硬化處理	AC4C-T61	220 以上	1 以上	約 80	—	—	約 525	約 8	約 170	約 7

表 15.21　砂模試片之機械性質(JIS H 5202)(續)

種類	質別	記號	拉伸試驗		參考						
			抗拉強度 N/mm²	伸長率 %	勃氏硬度 H_B (10/500)	熱處理					
						退火		固溶化處理		時效硬化處理	
						溫度°C	時間 h	溫度°C	時間 h	溫度°C	時間 h
鑄件 4 種 CH	鑄造狀態	AC4CH-F	140 以上	2 以上	約 50	—	—	—	—	—	—
	時效硬化處理	AC4CH-T5	150 以上	2 以上	約 60	—	—	—	—	約 255	約 5
	固溶化處理後時效硬化處理	AC4CH-T6	220 以上	3 以上	約 75	—	—	約 535	約 8	約 155	約 6
	固溶化處理後時效硬化處理	AC4CH-T61	240 以上	1 以上	約 80	—	—	約 535	約 8	約 170	約 7
鑄件 4 種 D	鑄造狀態	AC4D-F	130 以上	—	約 60	—	—	—	—	—	—
	時效硬化處理	AC4D-T5	170 以上	—	約 65	—	—	—	—	約 225	約 5
	固溶化處理後時效硬化處理	AC4D-T6	230 以上	1 以上	約 80	—	—	約 525	約 10	約 160	約 10
鑄件 5 種 A	退火	AC5A-0	130 以上	—	約 65	約 350	約 2	—	—	—	—
	固溶化處理後時效硬化處理	AC5A-T6	210 以上	—	約 90	—	—	約 520	約 7	約 200	約 5
鑄件 7 種 A	鑄造狀態	AC7A-F	140 以上	6 以上	約 50	—	—	—	—	—	—

表 15.21　砂模試片之機械性質(JIS H 5202)(續)

種類	質別	記號	拉伸試驗		參考						
			抗拉強度 N/mm^2	伸長率 %	勃氏硬度 H_B (10/500)	熱處理					
						退火		固溶化處理		時效硬化處理	
						溫度°C	時間 h	溫度°C	時間 h	溫度°C	時間 h
鑄件 8 種 C	鑄造狀態	AC8C-F	170 以上	—	約 85	—	—	—	—	—	—
	時效硬化處理	AC8C-T5	180 以上	—	約 90	—	—	—	—	約 200	約 4
	固溶化處理後時效硬化處理	AC8C-T6	270 以上	—	約 110	—	—	約 510	約 4	約 170	約 10
鑄件 9 種 A	時效硬化處理	AC9A-T5	150 以上	—	約 90	—	—	—	—	約 250	約 4
	固溶化處理後時效硬化處理	AC9A-T6	190 以上	—	約 125	—	—	約 500	約 4	約 200	約 4
	固溶化處理後時效硬化處理	AC9A-T7	170 以上	—	約 95	—	—	約 500	約 4	約 250	約 4
鑄件 9 種 B	時效硬化處理	AC9B-T5	170 以上	—	約 85	—	—	—	—	約 250	約 4
	固溶化處理後時效硬化處理	AC9B-T6	270 以上	—	約 120	—	—	約 500	約 4	約 200	約 4
	固溶化處理後時效硬化處理	AC9B-T7	200 以上	—	約 90	—	—	約 500	約 4	約 250	約 4

㈠ Al-Cu系合金

Al-Cu系平衡圖如圖15.6所示在Al側有溶解度變化，藉著θ相的析出可產生時效硬化，而可使機械性質獲得改善。溶解(固溶化)處理溫度為500～525℃，而時效硬化溫度約為160℃。此系統合金的鑄造性、機械性質、切削性等佳，但有熱間脆性的缺點。曾經被廣泛使用的是含Cu 8%的**美國合金**，現在則常使用添加有Si、Zn的合金。JIS的AC1A為含Cu 4～5%、Si 1.2%以下、Fe0.5%以下、以及Ti0.25%以下的合金，Fe可防止鑄件的收縮(巢)，Ti則可使結晶粒微細化。在金屬模之鑄造狀態時，抗拉強度在150 N/mm²以上，伸長率在5%以上。而固溶化處理-時效硬化後則分別在250 N/mm²以上，2%以上。通常使用砂模或金屬模來製作架線用零件等。將Al-Cu系合金的Cu，部份置換成Zn者稱為**德國合金**，具有高降伏點的特性。Al-Cu-Si系合金中有所謂的**勞德鋁**(Lautal)，這是藉著添加Si來改善Al-Cu合金的鑄造性，及添加Cu來改善Al-Si合金的切削性的合金。經過熱處理後會析出$CuAl_2$而產生時效硬化，其鑄造性、氣密性、熔接性佳，常用為壓鑄用合金。JIS規格中的AC2A、2B即相當於此種合金，如前述之表15.8、表15.11、表15.13、表15.15所示。

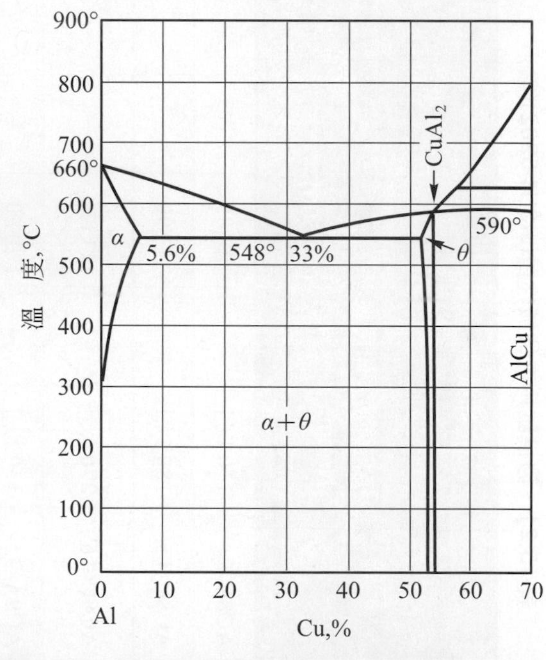

圖15.6 Al-Cu平衡狀態圖

主要含3.5～4.5%Cu、1.7～2.3% Ni、1.2～1.8% Mg，其餘為Al的合金稱為**Y合金**，因為其具有高溫強度、熱傳性佳、熱膨脹係數小的特性，所以大多作為內燃機的活塞、汽缸蓋等，其相當於JIS的AC5A。與Y合金具類似組成，但另添加有0.2%以下Ti、Cr的**Kobitalium合金**，同樣的亦作為活塞用的合金材料。兩者都是在500～520℃時施以水淬或油淬，再回火於180℃～200℃，則可得到30 kgf/mm²左右的抗拉強度。

㈡　Al-Si 系合金

此系的狀態圖如圖 15.7 所示，爲共晶型狀態圖。因爲α固溶體中Si之溶解度小，所以熱處理效果不好，在共晶點附近(10～13%Si)的合金稱爲**矽鋁明**(Silumin)，相當於JIS中的AC3A，爲實用的合金。圖中虛線所表示者爲在熔液中加入少量的Na、NaF、Sr、Sb等而冷卻時的情形，其共晶點會下降至約 13.5%Si 附近，此共晶組織微細化而且機械性質亦獲得改善，將此操作稱爲**改良處理**(Modification)。圖 15.8 所示爲改良處理前後其組織之比較。圖 15.9 及圖 15.10 爲 AC2A 之應用例，分別爲汽車之離合器外蓋、引擎汽車蓋。

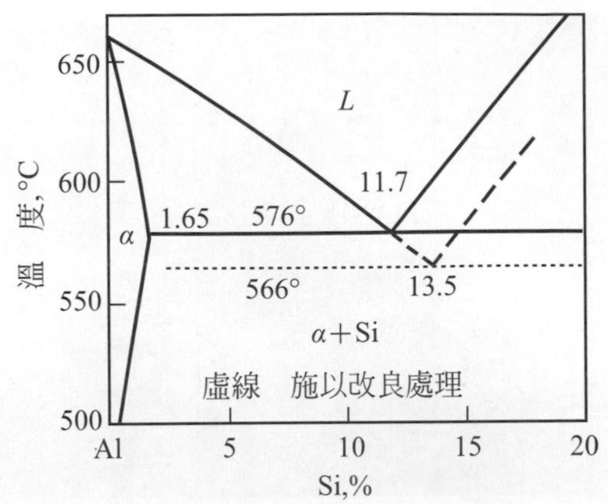

圖 15.7　Al-Si 系合金狀態圖

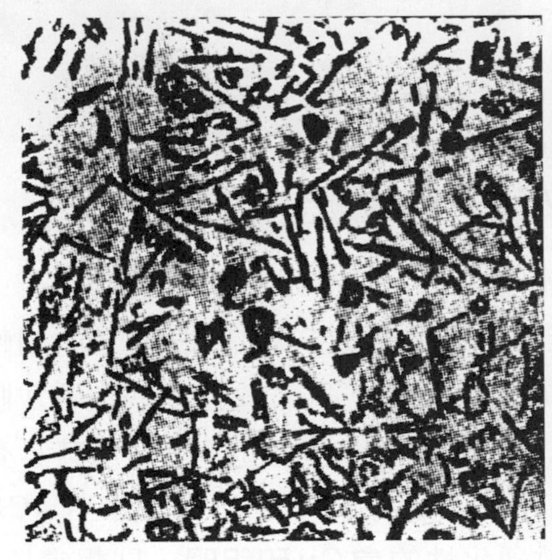

(a) 未施以改良處理

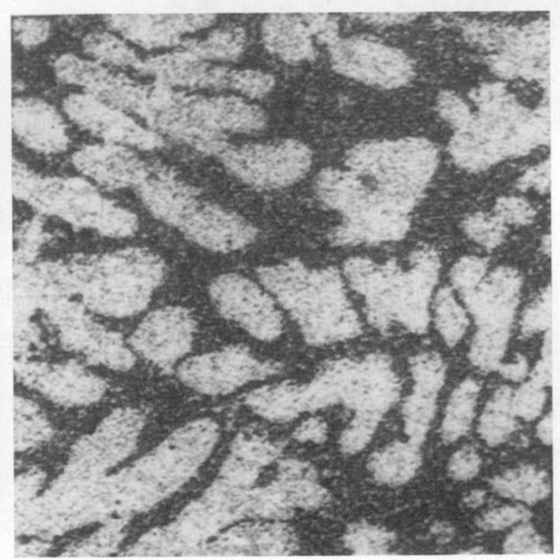

(b) 改良處理後

圖 15.8　改良處理前後組織之比較

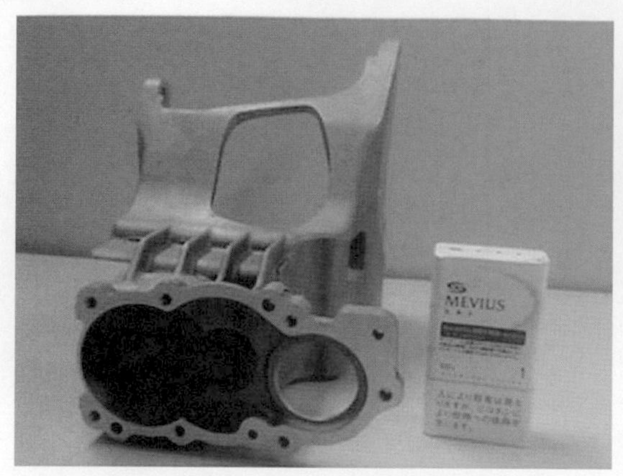

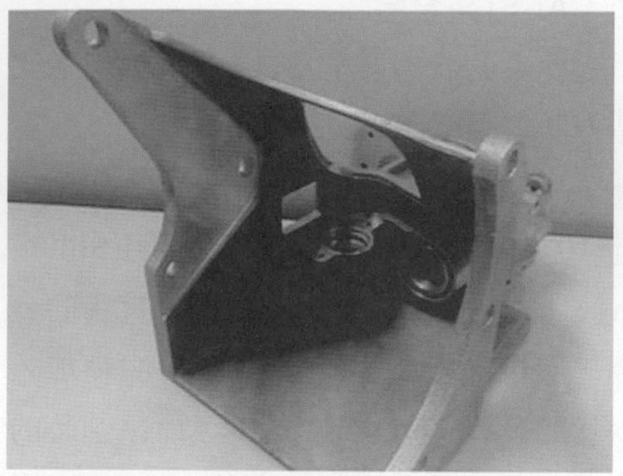

圖 15.9　汽車離合器外蓋(材料：AC2A)(日本鈴木鉄工株式会社)

圖 15.10　汽車引擎汽缸蓋(材料：AC2A-T7)(日本鈴木鉄工株式会社)

矽鋁明(Silumin)之收縮少，熔液流動性佳，所以適用於製造容器、蓋子類等薄而形狀複雜的鑄件，而且其耐蝕性亦佳。不過與其他的鑄造用 Al 合金相較時，其降伏強度、高溫強度、疲勞限低，而且加工性也差。為了改善這些性質並賦予其熱處理性能，則已開發有稍微降低其 Si%，另外再加入少量的 Mg 而使其具有時效硬化性的**γ矽鋁明**(γ-silumin)，相當於 JIS 中之 AC4A，以及 AC4C 與 AC4CH；再者，添加 Cu 以加強其固溶化而賦予其時效硬化性的**含 Cu 矽鋁明**，則相當於 JIS 中之 AC4B、AC4D 等。這些矽鋁明系合金如表 15.7 所示，其鑄造性、耐蝕性、熔接性、耐壓性等均佳，常使用於作為內燃機的重要零件。圖 15.11 為 AC4CH 材料所製作之汽車輪圈，而圖 15.12 及圖 15.13 則為 AC4C 材料應用於機車離合器與工具機零件之例子。

圖 15.11　汽車輪圈鑄造狀態(左)與拋光後狀態(右)(材料：A356/AC4CH)(美國 ROCKET RACING WHEELS)

圖 15.12　機車離合器(材料：AC4C-T6)
(日本有限会社モールドモデル)

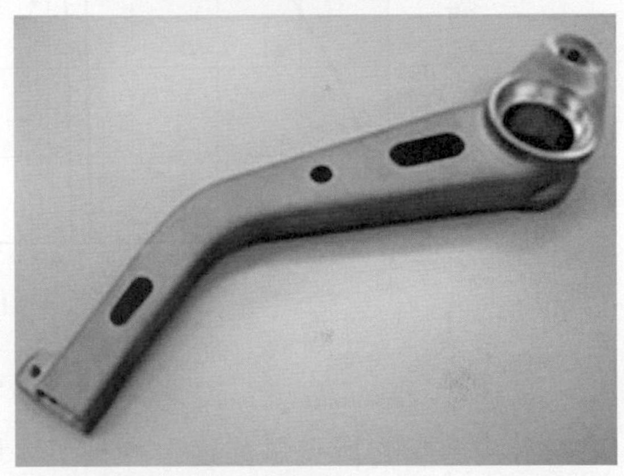

圖 15.13　工具機零件(材料：AC4C-T6)
(日本有限会社モールドモデル)

其他含有多量 Si 者爲相當於 JIS 的 AC8A、AC8B 和 AC8C 的 Lo-Ex(Low Expansion的簡稱)。爲Al-Si-Cu-Ni-Mg合金，其時效硬化性強所以強韌，膨脹係數小，並具有耐熱性。

(三) Al-Mg 系合金

最早於1898年由Mach發明，是在鋁中添加10～30%Mg之Magnalium合金。此系合金如圖 15.14 所示爲共晶型狀態圖，存在有Al_3Mg_2(Mg 37%)及Al_2Mg_3(Mg 57%)二種金屬間化合物。隨著溫度的下降，α固溶體的溶解度會顯著的減少，所以熱處理後可使其產生時效硬化。對於砂模鑄件而言，在約5% Mg以下時，隨著Mg含量的增加其機械性質會變佳，但超過5%時則反而會變差。施以熱處理時，以含

10～11%Mg 的機械性質最佳，可達到抗拉強度為 34 kgf/mm^2、伸長率 13%的程度。作為鑄件用的實用範圍約在含 Mg 量為 12%以下。JIS 規格中的 AC7A 含 Mg 量約為 3.5～5.5%。

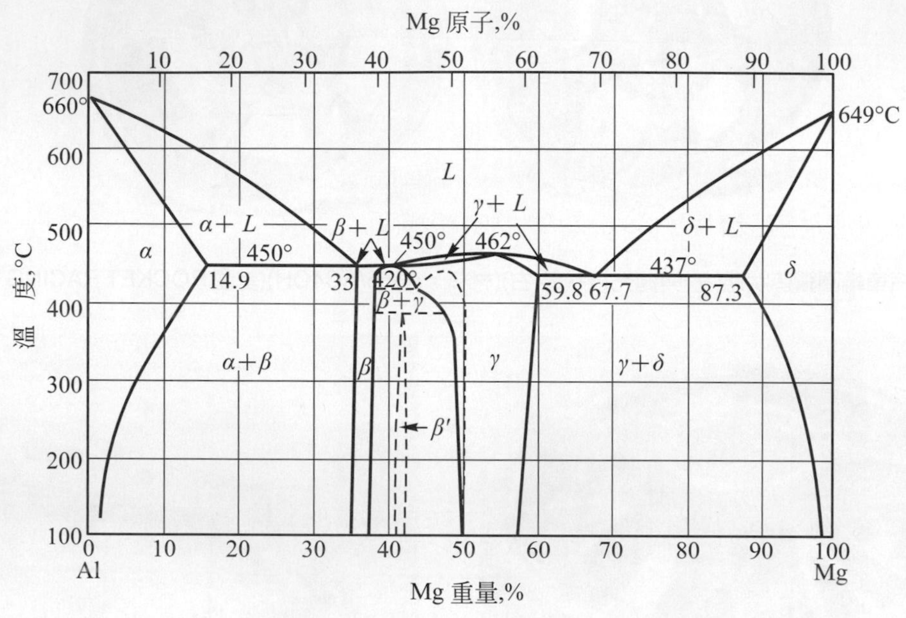

圖 15.14 Al-Mg 系狀態圖

本系合金的特長是強度、伸長率、切削性佳，特別是對海水的耐蝕性為鋁合金中最大者，所以常做為船用或化學工業用零件等。表 15.22 所示為德國有名的 Al-Mg 合金。表中的 KS Seewasser 合金具有氯化銻皮膜，其對海水的耐蝕性高，做為鑄造用和鍛造用。而Hydronalium合金則相當於AC7A，其重量輕，強度、伸長率大，耐蝕性亦佳，主要做為船舶零件、事務機器等材料。

表 15.22 德國有名的 Al-Mg 系耐蝕合金鑄件

合金名	化學成分%					熱處理
	Mg	Si	Mn	其他	Al	
KS Seewasser	2～3	0.3～1	2～3	Sb＜1	其餘	－
BS Seewasser	7～9	＜0.2	0.2～0.3	Ti＜0.3	〃	約 400℃退火
Hydronalium	4～7	＜0.6	0.1～0.5	Fe＜0.6	〃	－

㈣ 壓鑄用鋁合金

一般進行壓鑄過程時因爲是將熔融金屬液以高速高壓狀態擠入金屬模穴內，所以對於壓鑄用合金的要求條件有：流動性、融點、強度、金屬模壽命、切削性等性質。適用的材料爲Al合金、Mg合金、Zn合金或者是Cu合金等，使用在汽車、電機等的零件、機械工具、家庭用具等大量生產方面，所以對於壓鑄用鋁合金特別自鑄造用鋁合金中另歸一類，表 15.23 與表 15.24 所示分別爲壓鑄用鋁合金的最新JIS規格之種類記號與化學成份。加入 Si 可顯著的改善其流動性，防止熱間龜裂；加入 Fe 可減少對於壓鑄模的黏著和減少壓鑄模的腐蝕；Cu 除了具有和 Fe 同樣的功用外，還具有強化基地的效果。表 15.23 中的 Al-Si-Cu 系(ADC10～ADC12Z)其價格便宜，而且高溫強度優良，所以其泛用性最大。爲了提供作爲參考起見，舊制的壓鑄用鋁合金之JIS規格如表 15.25 與表 15.26 所示。表 15.27 與表 15.28 所示分別爲鑄造用及壓鑄用鋁合金之JIS規格與世界主要各國規格對照表。CNS之壓鑄用鋁合金之規格與 JIS 完全相同，詳見 CNS H3156。

圖 15.15～圖 15.19 爲ADC12 材料應用於汽車外蓋、引擎零件與氣缸體之例子。

圖 15.15　汽缸體(材料：ADC12)
(日本愛知機械工業株式会社)

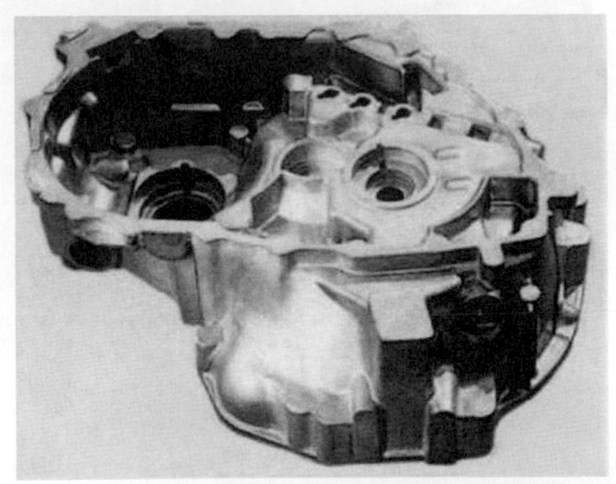

圖 15.16　離合器外蓋(材料：ADC12)
(日本愛知機械工業株式会社)

圖 15.17　離合器外蓋(材料：ADC12)(日本鈴木鉄工株式会社)

圖 15.18　汽車引擎用零件(材料：ADC12)
(日本鈴木鉄工株式会社)

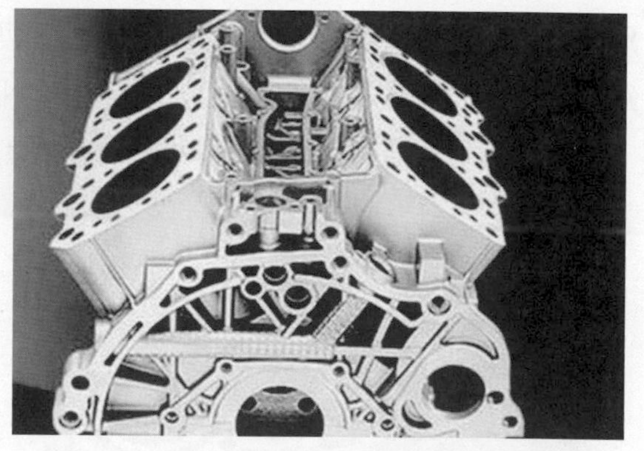

圖 15.19　汽車汽缸體(材料：ADC12)
(日本 RYOBI 株式会社)

表 15.23　壓鑄用鋁合金之 JIS 規格之種類記號(JIS H 5302：2006)
Aluminium Alloy Die Castings

種類	記號	參考	
		合金系	合金特色
壓鑄用鋁合金 1 種	ADC1	Al-Si 系	耐蝕性、鑄造性優良。降伏強度稍低。
壓鑄用鋁合金 3 種	ADC3	Al-Si-Mg 系	衝擊值與降伏強度佳，耐蝕性與 ADC1 幾乎同等，但鑄造性較 ADC1 稍差。
壓鑄用鋁合金 5 種	ADC5	Al-Mg 系	耐蝕性最好，伸長率與衝擊值高，但鑄造性差。
壓鑄用鋁合金 6 種	ADC6	Al-Mg-Mn 系	耐蝕性僅次於 ADC5，鑄造性則比 ADC5 稍佳。
壓鑄用鋁合金 10 種	ADC10	Al-Si-Cu 系	機械性質、被削性、鑄造性佳。
壓鑄用鋁合金 10 種 Z	ADC10Z	Al-Si-Cu 系	耐鑄造龜裂與耐蝕性較 ADC10 差。
壓鑄用鋁合金 12 種	ADC12	Al-Si-Cu 系	機械性質、被削性、鑄造性佳。
壓鑄用鋁合金 12 種 Z	ADC12Z	Al-Si-Cu 系	耐鑄造龜裂與耐蝕性較 ADC12 差。
壓鑄用鋁合金 14 種	ADC14	Al-Si-Cu-Mg 系	耐磨耗性、熔液流動性佳，降伏強度高，但伸長率差。
壓鑄用鋁合金 Si9 種	AlSi9	Al-Si 系	耐蝕性佳，伸長率、衝擊值亦尚佳，但降伏強度稍低，熔液流動性差。
壓鑄用鋁合金 Si12Fe 種	AlSi12(Fe)	Al-Si 系	耐蝕性、鑄造性佳。降伏強度稍低。
壓鑄用鋁合金 Si10MgFe 種	AlSi10Mg(Fe)	Al-Si-Mg 系	衝擊值與降伏強度高，耐蝕性與 ADC1 幾乎同等，但鑄造性較 ADC1 稍差。
壓鑄用鋁合金 Si8Cu3 種	AlSi8Cu3	Al-Si-Cu 系	耐鑄造龜裂與耐蝕性較 ADC10 差。
壓鑄用鋁合金 Si8Cu3 種	AlSi9Cu3(Fe)	Al-Si-Cu 系	耐鑄造龜裂與耐蝕性較 ADC10 差。
壓鑄用鋁合金 Si9Cu3FeZn 種	AlSi9Cu3(Fe)(Zn)	Al-Si-Cu 系	耐鑄造龜裂與耐蝕性較 ADC10 差。
壓鑄用鋁合金 Si11Cu2Fe 種	AlSi11Cu2(Fe)	Al-Si-Cu 系	機械性質、被削性、鑄造性佳。
壓鑄用鋁合金 Si11Cu3Fe 種	AlSi11Cu3(Fe)	Al-Si-Cu 系	機械性質、被削性、鑄造性佳。

表 15.23　壓鑄用鋁合金之 JIS 規格之種類記號(JIS H 5302：2006)(續)
Aluminium Alloy Die Castings

種類	記號	參考	
		合金系	合金特色
壓鑄用鋁合金 Si12Cu1Fe 種	AlSi12Cu1(Fe)	Al-Si-Cu 系	與 ADC12 比較時，伸長率稍佳，但降伏強度則稍差。
壓鑄用鋁合金 Si17Cu4Mg 種	AlSi17Cu4Mg	Al-Si-Cu-Mg 系	耐磨耗性、熔液流動性佳，降伏強度高，但伸長率差。
壓鑄用鋁合金 Mg9 種	AlMg9	Al-Mg 系	與ADC5 具同等之耐蝕性，但鑄造性差，須注意應力腐蝕破壞與經時變化。

表 15.24　壓鑄用鋁合金之 JIS 規格之化學成分(JIS H 5302：2006)
Aluminium Alloy Die Castings

記號	化學成份(質量%)											
	Cu	Si	Mg	Zn	Fe	Mn	Cr	Ni	Sn	Pb	Ti	Al
ADC1	1.0 以下	11.0～13.0	0.3 以下	0.5 以下	1.3 以下	0.3 以下	—	0.5 以下	0.1 以下	0.20 以下	0.30 以下	殘餘
ADC3	0.6 以下	9.0～11.0	0.4～0.6	0.5 以下	1.3 以下	0.3 以下	—	0.5 以下	0.1 以下	0.15 以下	0.30 以下	殘餘
ADC5	0.2 以下	0.3 以下	4.0～8.5	0.1 以下	1.8 以下	0.3 以下	—	0.1 以下	0.1 以下	0.10 以下	0.20 以下	殘餘
ADC6	0.1 以下	1.0 以下	2.5～4.0	0.4 以下	0.8 以下	0.4～0.6	—	0.1 以下	0.1 以下	0.10 以下	0.20 以下	殘餘
ADC10	2.0～4.0	7.5～9.5	0.3 以下	1.0 以下	1.3 以下	0.5 以下	—	0.5 以下	0.2 以下	0.2 以下	0.30 以下	殘餘
ADC10Z	2.0～4.0	7.5～9.5	0.3 以下	3.0 以下	1.3 以下	0.5 以下	—	0.5 以下	0.2 以下	0.2 以下	0.30 以下	殘餘
ADC12	1.5～3.5	9.6～12.0	0.3 以下	1.0 以下	1.3 以下	0.5 以下	—	0.5 以下	0.2 以下	0.2 以下	0.30 以下	殘餘
ADC12Z	1.5～3.5	9.6～12.0	0.3 以下	3.0 以下	1.3 以下	0.5 以下	—	0.5 以下	0.2 以下	0.2 以下	0.30 以下	殘餘
ADC14	4.0～5.0	16.0～18.0	0.45～0.65	1.5 以下	1.3 以下	0.5 以下	—	0.3 以下	0.3 以下	0.2 以下	0.30 以下	殘餘
Al Si9[(1)]	0.10 以下	8.0～11.0	0.10 以下	0.15 以下	0.65 以下	0.50 以下	—	0.05 以下	0.05 以下	0.05 以下	0.15 以下	殘餘
Al Si12(Fe)[(2)]	0.10 以下	10.5～13.5	0.10 以下	0.15 以下	1.0 以下	0.55 以下	—	—	—	—	0.15 以下	殘餘
Al Si10Mg(Fe)[(1)]	0.10 以下	9.0～11.0	0.20～0.50	0.15 以下	1.0 以下	0.55 以下	—	0.15 以下	0.05 以下	0.15 以下	0.20 以下	殘餘
Al Si8Cu3[(2)]	2.0～3.5	7.5～9.5	0.05～0.55	1.2 以下	0.8 以下	0.15～0.65	—	0.35 以下	0.15 以下	0.25 以下	0.25 以下	殘餘
Al Si9Cu3(Fe)[(2)]	2.0～4.0	8.0～11.0	0.05～0.55	1.2 以下	1.3 以下	0.55 以下	0.15 以下	0.55 以下	0.25 以下	0.35 以下	0.25 以下	殘餘
Al Si9Cu3(Fe)(Zn)[(2)]	2.0～4.0	8.0～11.0	0.05～0.55	3.0 以下	1.3 以下	0.55 以下	0.15 以下	0.55 以下	0.25 以下	0.35 以下	0.25 以下	殘餘
Al Si11Cu2(Fe)[(2)]	1.5～2.5	10.0～12.0	0.30 以下	1.7 以下	1.1 以下	0.55 以下	0.15 以下	0.45 以下	0.25 以下	0.25 以下	0.25 以下	殘餘
Al Si11Cu3(Fe)	1.5～3.5	9.6～12.0	0.35 以下	1.7 以下	1.3 以下	0.60 以下	—	0.45 以下	0.25 以下	0.25 以下	0.25 以下	殘餘
Al Si12Cu1(Fe)[(2)]	0.7～1.2	10.5～13.5	0.35 以下	0.55 以下	1.3 以下	0.55 以下	0.10 以下	0.30 以下	0.10 以下	0.20 以下	0.20 以下	殘餘
Al Si17Cu4Mg	4.0~5.0	16.0~18.0	0.45~0.65	1.5 以下	1.3 以下	0.50 以下	—	0.3 以下	0.3 以下	—	—	殘餘
Al Mg9[(1)]	0.10 以下	2.5 以下	8.0~10.5	0.25 以下	1.0 以下	0.55 以下	—	0.10 以下	0.10 以下	0.10 以下	0.20 以下	殘餘

註：(1)其他化學成份是指包含表中以“－”表示無規定其成分值之化學成分，每一成分均 0.05%以下，合計 0.15%以下。
(2)其他化學成份是指包含表中以“－”表示無規定其成分值之化學成分，每一成分均 0.05%以下，合計 0.25%以下。

表 15.25　舊制壓鑄用鋁合金之 JIS 規格之種類記號(JIS H 5302)

種類	記號	參考			
		合金系	類似合金	合金特色	使用零件例
壓鑄鋁合金 1 種	ADC1	Al-Si 系	AA A413.0	耐蝕性，鑄造性優良。降伏強度稍低	汽車主支架、前板，自動製麵包器內鍋
壓鑄鋁合金 3 種	ADC3	Al-Si-Mg 系	AA A360.0	衝擊值與降伏強度佳，耐蝕性與 1 種幾乎同等，但鑄造性不佳	汽車輪圈蓋，機車曲柄軸箱，自行車輪，船外機推進器
壓鑄鋁合金 5 種	ADC5	Al-Mg 系	AA 518.0	耐蝕性最好，伸長率、衝擊值高但鑄造性不佳	農機具臂，船外機推進器，釣具自動捲線器
壓鑄鋁合金 6 種	ADC6	Al-Mg 系	AA 515.0	耐蝕性僅次於 5 種，鑄造性則比 5 種稍佳	機車方向桿、方向燈座，船外機推進器、箱、水泵、磁碟裝置
壓鑄鋁合金 10 種	ADC10	Al-Si-Cu 系	AA B380.0	機械性質、被削性及鑄造性佳	汽車氣化器、氣缸體、氣缸蓋、機車避震器、側蓋、農機具齒輪箱、錄放影機框架、照相機本體、馬達框、釣具本體
壓鑄鋁合金 10 種 Z	ADC10Z	Al-Si-Cu 系	AA A380.0	與 10 種幾乎同等，但鑄造龜裂性與耐蝕性稍差	
壓鑄鋁合金 12 種	ADC12	Al-Si-Cu 系	AA 383.0	機械性質、被削性及鑄造性佳	
壓鑄鋁合金 12 種 Z	ADC12Z	Al-Si-Cu 系	AA 383.0	與 12 種幾乎同等，鑄造龜裂性與耐蝕性稍差	
壓鑄鋁合金 14 種	ADC14	Al-Si-Cu 系	AA B390.0	耐磨耗性優，鑄造性、降伏強度佳，但伸長率不佳	汽車自動變速機用油泵本體

表 15.26　舊制壓鑄用鋁合金之 JIS 規格之化學成分(JIS H 5302)　　單位：%

種類	記號	化學成分								
		Cu	Si	Mg	Zn	Fe	Mn	Ni	Sn	Al
1 種	ADC1	1.0 以下	11.0～13.0	0.3 以下	0.5 以下	1.3 以下	0.3 以下	0.5 以下	0.1 以下	Bal.
3 種	ADC3	0.6 以下	9.0～10.0	0.4～0.6	0.5 以下	1.3 以下	0.3 以下	0.5 以下	0.1 以下	Bal.
5 種	ADC5	0.2 以下	0.3 以下	4.0～8.5	0.1 以下	1.8 以下	0.3 以下	0.1 以下	0.1 以下	Bal.
6 種	ADC6	0.1 以下	1.0 以下	2.5～4.0	0.4 以下	0.8 以下	0.4～0.6	0.1 以下	0.1 以下	Bal.
10 種	ADC10	2.0～4.0	7.5～9.5	0.3 以下	1.0 以下	1.3 以下	0.5 以下	0.5 以下	0.3 以下	Bal.
10 種 Z	ADC10Z	2.0～4.0	7.5～9.5	0.3 以下	3.0 以下	1.3 以下	0.5 以下	0.5 以下	0.3 以下	Bal.
12 種	ADC12	1.5～3.5	9.6～12.0	0.3 以下	1.0 以下	1.3 以下	0.5 以下	0.5 以下	0.3 以下	Bal.
12 種 Z	ADC12Z	1.5～3.5	9.6～12.0	0.3 以下	3.0 以下	1.3 以下	0.5 以下	0.5 以下	0.3 以下	Bal.
14 種	ADC14	4.0～5.0	16.0～18.0	0.45～0.65	1.5 以下	1.3 以下	0.5 以下	0.3 以下	0.3 以下	Bal.

表 15.27　鑄造用鋁合金之 JIS 規格與世界主要各國規格對照表

規格 / 號碼名稱記號	日本工業規格	類似外國規格						
		美國			英國	德國	法國	國際規格
	JIS	ASTM		SAE	BS	DIN	NF	ISO
規格號碼	H5202:99	B26M:98	B108:98		EN 1706:98	EN 1706:98	EN 1706:98	3522:84
規格名稱	鋁合金鑄件	鋁合金砂模鑄件	鋁合金金屬模鑄件		鋁及鋁合金鑄件			鑄件用鋁合金
材料記號	AC1B	204.0	204.0		EN AC-21000			Al-Cu4MgTi
	AC2A	—	—		—			—
	AC2B	319.0	319.0		—			—
	AC3A	—	—		—			—
	AC4A	—	—		—			—
	AC4B	—	333.0		EN AC-46200			—

表 15.27 鑄造用鋁合金之 JIS 規格與世界主要各國規格對照表(續)

號碼名稱記號＼規格	日本工業規格	類似外國規格						
		美國			英國	德國	法國	國際規格
	JIS	ASTM		SAE	BS	DIN	NF	ISO
	AC4C	356.0	356.0			ENAC-42000		Al-Si7Mg(Fe)
	AC4CH	A356.0	A356.0			EN AC-42100		Al-Si7Mg
	AC4D	355.0	355.0			EN AC-45300		Al-Si5Cu1Mg
	AC5A	242.0	242.0			—		Al-Cu4Ni2Mg2
	AC7A	514.0	—			—		—
	AC8A	—	336.0			EN AC-48000		—
	AC8B	—	—			—		—
	AC8C	—	332.0			—		—
	AC9A	—	—			—		—
	AC9B	—	—			—		—
	Al-Cu4Ti	—	—			En AC-21100		Al-Cu4Ti
材料記號+	Al-Si5	B443.0	B443.0			—		Al-Si5
	Al-Si5Mg	—	—			—		Al-Si5Mg
	Al-Si5Cu3	—	—			EN AC-45200		Al-Si5Cu3
	Al-Si6Cu4	—	—			EN AC-45000		Al-Si6Cu4
	Al-Si10Mg	—	—			EN AC-43100		Al-Si10Mg
	Al-Si12	—	—			EN AC-44100		Al-Si12
	Al-Si12Cu	—	—			EN AC-47000		Al-Si12Cu
	Al-Mg3	—	—			—		Al-Mg3
	Al-Mg5Si1	—	—			EN AC-51400		Al-Mg5Si1
	Al-Mg6	—	—			—		Al-Mg6
	Al-Mg10	520.0	—			—		Al-Mg10
	Al-Zn5Mg	712.0	—			EN AC-71000		Al-Zn5Mg

註：AlCu4Ti 等記號所表示的合金為採用國際規格所制定的合金。

表 15.28　壓鑄用鋁合金之 JIS 規格與世界主要各國規格對照表

號碼名稱記號 ＼ 規格	日本工業規格	類似外國規格						
		美國			英國	德國	法國	國際規格
	JIS	ASTM	SAE	FS	BS	DIN	NF	ISO
規格號碼	H5302:2000	B85:96	J452:89	QQ-A-591F:81	1490:88	1725:86	A57-702:84	3522:84
規格名稱	壓鑄用鋁合金	壓鑄用鋁合金	鋁鑄件合金	壓鑄用鋁合金	鋁及鋁合金之原料與鑄件	鋁合金：鑄造合金：砂模、金屬模、壓鑄	壓鑄用鋁合金	鑄件用鋁合金
材料記號	ADC1	A413.0	A14130	A413.0	—	GD-AlSi12(Cu)	A-S12UY4	—
	ADC1C	A413.0	A14130	—	—	GD-AlSi12(Cu)	A-S12UY4	Al-Si12CuFe
	ADC2	—	—	—	LM6	GD-AlSi12	A-S12Y4	Al-Si12Fe
	ADC3	A360.0	A13600	A360.0	—	GD-AlSi10Mg	—	—
	ADC5	518.0	A05180	518.0	—	GD-AlMg9	—	—
	ADC6	—	—	—	—	—	—	—
	ADC7	C443.0	A34430	—	—	—	—	Al-Si5Fe
	ADC8	—	—	—	LM21	—	—	Al-Si6Cu4Fe
	ADC10	A380.0	A13800	A380.0	—	GD-AlSi9Cu3	A-S9U3Y4	—
	ADC10Z	A380.0	A13800	A380.0	LM24	—	A-S9U3ZY4	—
	ADCl1	—	—	—	—	—	A-S9U3Y4	Al-Si8Cu3Fe
	ADC12	383.0	A03830	383.0	LM2	—	—	—
	ADC12Z	383.0	A03830	383.0	LM2	—	—	—
	ADC14	B390.0	A23900	—	LM30	—	—	—

15.3.2 加工用鋁合金

加工用鋁合金之型態有板、箔、管、型材、棒、線材及鍛造品等，在使用上分爲適於加工硬化而導致強化之非熱處理型，與施以時效處理而導致強化之熱處理型等二大類。但對於非熱處理型而言一般亦經常會施以退火、安定化等普通熱處理。

加工用鋁合金片、條、板之 JIS 規格之種類記號、化學成分、與機械性質(選粹)分別如表 15.29、表 15.30 及表 15.31 所示。

爲了提供作爲參考起見，舊制的加工用鋁及鋁合金板、條與捲之JIS規格之種類記號、化學成份如表 15.32 與表 15.33 所示。

CNS 之加工用鋁合金之規格，詳見 CNS H 3025。

表 15.29 加工用鋁合金片、條、板之 JIS 規格之種類記號(JIS H 4000：2006)
Aluminium and Aluminium Alloy Sheets, Strips and Plates

種類 合金記號	等級	記號	參考 特性與用途例
1085	–	A1085P	因爲是純鋁，所以強度低，但成形性、熔接性與耐蝕性佳。
1080	–	A1080P	
1070	–	A1070P	
1050	–	A1050P	反射板，照明器具，裝飾品，化學工業用槽，導電材等。
1050A	–	A1050AP	比 1050 強度稍高之合金。
1060	–	A1060P	因爲是導電用純鋁，所以電導性高。匯流排(Bus bar)。
1100	–	A1100P	強度比較低，但成形性、熔接性與耐蝕性佳。一般器物，建築用材，電氣器具，各種容器，印刷板等。
1200	–	A1200P	
1N00	–	A1N00P	比 1100 強度稍高，成形性亦優。日用品等。
1N30	–	A1N30P	延展性、耐蝕性佳。鋁箔用材料等。
2014	–	A2014P	強度高之熱處理型合金。合板爲表面以 6003 軋合，改善耐蝕性者。飛機用材，各種構造材等。
	–	A2014PC	
2014A	–	A2014AP	比 2014 強度稍低之熱處理型合金。
2017	–	A2017P	爲熱處理型合金其強度高，切削加工性亦佳。飛機用材，各種構造材等。
2017A	–	A2017AP	比 2017 強度高之合金。
2219	–	A2219P	強度高，耐熱性與熔接性亦佳。航太機器等。

表 15.29　加工用鋁合金片、條、板之 JIS 規格之種類記號(JIS H 4000：2006)(續)
Aluminium and Aluminium Alloy Sheets, Strips and Plates

種類 合金記號	等級	記號	參考 特性與用途例
2024	—	A2024P	比 2017 強度高，切削加工性亦佳。合板為表面以 1230 軋合，改善耐蝕性者。飛機用材，各種構造用材等。
	—	A2024PC	
3003	—	A3003P	比 1100 強度稍高，成形性、熔接性與耐蝕性亦佳。一般用器物，建築用材，船舶用材，翼材，各種容器等。
3103	—	A3103P	
3203	—	A3203P	
3004	—	A3004P	比 3003 強度高，成形性亦優，耐蝕性亦佳。飲料罐、屋簷板，門板材、彩色鋁、燈炮接頭等。
3104	—	A3104P	
3005	—	A3005P	比 3003 強度高，耐蝕性亦佳。建築用材，彩色鋁等。
3105	—	A3105P	比 3003 強度稍高，成形性與耐蝕佳。建築用材，彩色鋁，瓶蓋等。
5005	—	A5005P	與 3003 同程度之強度，耐蝕性、熔接性與加工性佳。建築內外裝材，車輛內裝材等。
5021	—	A5021P	與 5052 同程度之強度，耐蝕性與成形性佳。飲料罐用材等。
5042	—	A5042P	強度介於 5052 與 5182 之合金，耐蝕性與成形性佳。飲料罐用材等。
5052	—	A5052P	具中等程度強度之代表性合金，耐蝕性、成形性與熔接性佳。船舶、車輛、建築用材，飲料罐等。
5652	—	A5652P	限制 5052 之不純物元素，抑制過氧化氫分解之合金，其他特性等同 5052。過氧化氫容器等。
5154	—	A5154P	強度介於 5052 與 5083 之合金，耐蝕性、成形性與熔接性佳。船舶、車輛用材，壓力容器等。
5254	—	A5254P	限制 5154 之不純物元素，抑制過氧化氫分解之合金，其他特性等同 5154。過氧化氫容器等。
5454	—	A5454P	比 5052 強度高，耐蝕性、成形性與熔接性佳。汽車輪圈等。

表 15.29 加工用鋁合金片、條、板之 JIS 規格之種類記號(JIS H 4000：2006)(續)
Aluminium and Aluminium Alloy Sheets, Strips and Plates

種類 合金記號	等級	記號	參考 特性與用途例
5754	—	A5754P	強度介於 5052 與 5454 之合金。
5082	—	A5082P	與 5083 幾乎同等強度，成形性與耐蝕性佳。飲料罐等。
5182	—	A5182P	
5083	普通級	A5083P	非熱處理型合金中強度最高者，耐蝕性與熔接性佳。船舶、車輛用材、低溫用槽、壓力容器等。
	特殊級	A5083PS	液化天然氣貯存槽。
5086	—	A5086P	比 5154 強度高，耐蝕性優之熔接構造用合金。船舶用材，壓力容器，磁碟片等。
5N01	—	A5N01P	與 3003 具同等強度，經化學或電解研磨等光輝處理後之陽極氧化處理可獲高光輝性表面。成形性與耐蝕性亦佳。裝飾品，廚房用品，鋁板等。
6101	—	A6101P	高強度導體用合金，導電性高。匯流排。
6061	—	A6061P	耐蝕性良好，主要作爲螺栓、鉚釘接合之構造用材。船舶、車輛用材及陸上構造物等。
6082	—	A6082P	與 6061 幾乎同等強度，耐蝕性亦佳。滑雪板等。
7010	—	A7010P	具有與 7075 幾乎同等強度之合金。
7075	—	A7075P	鋁合金中具高強度合金之一。合板爲表面以 7072 軋合，改善耐蝕性者。飛機用材，滑雪板等。
	—	A7075PC	
7475	—	A7475P	與 7075 幾乎同等強度，韌性佳。超塑性材，飛機用材等。
7178	—	A7178P	強度比 7075 高之合金。球棒，滑雪板等。
7N01	—	A7N01P	強度高，耐蝕性亦良好之熔接構造用合金。車輪及其他陸上構造物等。
8021	—	A8021P	比 1N30 強度高，延展性與耐蝕性亦佳。鋁箔等。裝飾用，電信用，包裝用等。
8079	—	A8079P	

備考：1.表示質別之記號，附加於上表記號之後。
2.A2014PC、A2024PC 及 A7075PC 僅限使用於合板。
3.A5083PS 僅限使用於液化天然氣貯存槽之側板、環伏(Annulus)板及連結(Knuckle)板。
4.A1060P 與 A6101P 僅限使用於導體用。

表 15.30　加工用鋁合金片、條、板之 JIS 規格之化學成分(JIS H 4000：2006)

Aluminium and Aluminium Alloy Sheets, Strips and Plates

合金記號	軋合材	化學成分%(質量分率)											
		Si	Fe	Cu	Mn	Mg	Cr	Zn	Ga,V,Ni,B,Zr 等	Ti	其他[1] 個別	其他[1] 合計	Al
1085	—	0.10 以下	0.12 以下	0.03 以下	0.02 以下	0.02 以下	—	0.03 以下	Ga0.03 以下，V 0.05 以下	0.02 以下	0.01 以下	—	99.85 以上
1080	—	0.15 以下	0.15 以下	0.03 以下	0.02 以下	0.02 以下	—	0.03 以下	Ga0.03 以下，V 0.05 以下	0.03 以下	0.02 以下	—	99.80 以上
1070	—	0.20 以下	0.25 以下	0.04 以下	0.03 以下	0.03 以下	—	0.04 以下	V 0.05 以下	0.03 以下	0.03 以下	—	99.70 以上
1060	—	0.25 以下	0.35 以下	0.05 以下	0.03 以下	0.03 以下	—	0.05 以下	V 0.05 以下	0.03 以下	0.03 以下	—	99.60 以上
1050	—	0.25 以下	0.40 以下	0.05 以下	0.05 以下	0.05 以下	—	0.05 以下	V 0.05 以下	0.03 以下	0.03 以下	—	99.50 以上
1050A	—	0.25 以下	0.40 以下	0.05 以下	0.05 以下	0.05 以下	—	0.07 以下	—	0.05 以下	0.03 以下	—	99.50 以上
1100	—	Si+Fe 0.95 以下		0.05～0.20	0.05 以下	—	—	0.10 以下	—	—	0.05 以下	0.15 以下	99.00 以上
1200	—	Si+Fe 1.00 以下		0.05 以下	0.05 以下	—	—	0.10 以下	—	0.05 以下	0.05 以下	0.15 以下	99.00 以上
1N00	—	Si+Fe 1.0 以下		0.05～0.20	0.05 以下	0.10 以下	—	0.10 以下	—	0.10 以下	0.05 以下	0.15 以下	99.00 以上
1N30	—	Si+Fe 0.7 以下		0.10 以下	0.05 以下	0.05 以下	—	0.05 以下	—	—	0.03 以下	—	99.30 以下
2014	—	0.50～1.2	0.7 以下	3.9～5.0	0.40～1.2	0.20～0.8	0.10 以下	0.25 以下	—	0.15 以下	0.05 以下	0.15 以下	餘量
2014 合板	心材	0.50～1.2	0.7 以下	3.9～5.0	0.40～1.2	0.20～0.8	0.10 以下	0.25 以下	—	0.15 以下	0.05 以下	0.15 以下	餘量
	表材[6003]	0.35～1.0	0.6 以下	0.10 以下	0.8 以下	0.8～1.5	0.35 以下	0.20 以下	—	0.10 以下	0.05 以下	0.15 以下	餘量
2014A	—	0.50～0.9	0.50 以下	3.9～5.0	0.40～1.2	0.20～0.8	0.10 以下	0.25 以下	Ni0.10 以下，Zr+Ti0.20 以下	0.15 以下	0.05 以下	0.15 以下	餘量
2017	—	0.20～0.8	0.7 以下	3.5～4.5	0.40～1.0	0.40～0.8	0.10 以下	0.25 以下	—	0.15 以下	0.05 以下	0.15 以下	餘量
2017A	—	0.20～0.8	0.7 以下	3.5～4.5	0.40～1.0	0.40～1.0	0.10 以下	0.25 以下	Zr+Ti 0.25 以下	—	0.05 以下	0.15 以下	餘量
2219	—	0.20 以下	0.30 以下	5.8～6.8	0.20～0.40	0.02 以下	—	0.10 以下	V0.05～0.15，Zr0.10～0.25	0.02～0.10	0.05 以下	0.15 以下	餘量
2024	—	0.50 以下	0.50 以下	3.8～4.9	0.30～0.9	1.2～1.8	0.10 以下	0.25 以下	—	0.15 以下	0.05 以下	0.15 以下	餘量
2024 合板	心材	0.50 以下	0.50 以下	3.8～4.9	0.30～0.9	1.2～1.8	0.10 以下	0.25 以下	—	0.15 以下	0.05 以下	0.15 以下	餘量
	表材[1230]	Si+Fe 0.70 以下		0.10 以下	0.05 以下	0.05 以下	—	0.10 以下	V0.05 以下	0.03 以下	0.03 以下	—	99.30 以上
3003	—	0.6 以下	0.7 以下	0.05～0.20	1.0～1.5	—	—	0.10 以下	—	—	0.05 以下	0.15 以下	餘量

表 15.30 加工用鋁合金片、條、板之 JIS 規格之化學成分(JIS H 4000：2006)(續)
Aluminium and Aluminium Alloy Sheets, Strips and Plates

合金記號	軋合材	化學成分%(質量分率)									其他[1]		
		Si	Fe	Cu	Mn	Mg	Cr	Zn	Ga,V,Ni,B,Zr 等	Ti	個別	合計	Al
3103	–	0.50 以下	0.7 以下	0.10 以下	0.9～1.5	0.30 以下	0.10 以下	0.20 以下	Zr+Ti 0.10 以下	–	0.05 以下	0.15 以下	餘量
3203	–	0.6 以下	0.7 以下	0.05 以下	1.0～1.5	–	–	0.10 以下	–	–	0.05 以下	0.15 以下	餘量
3004	–	0.30 以下	0.7 以下	0.25 以下	1.0～1.5	0.8～1.3	–	0.25 以下	–	–	0.05 以下	0.15 以下	餘量
3104	–	0.6 以下	0.8 以下	0.05～0.25	0.8～1.4	0.8～1.3	–	0.25 以下	Ga0.05 以下，V0.05 以下	0.10 以下	0.05 以下	0.15 以下	餘量
3005	–	0.6 以下	0.7 以下	0.30 以下	1.0～1.5	0.20～0.6	0.10 以下	0.25 以下	–	0.10 以下	0.05 以下	0.15 以下	餘量
3105	–	0.6 以下	0.7 以下	0.30 以下	0.30～0.8	0.20～0.8	0.20 以下	0.40 以下	–	0.10 以下	0.05 以下	0.15 以下	餘量
5005	–	0.30 以下	0.7 以下	0.20 以下	0.20 以下	0.50～1.1	0.10 以下	0.25 以下	–	–	0.05 以下	0.15 以下	餘量
5021	–	0.40 以下	0.50 以下	0.15 以下	0.10～0.50	2.2～2.8	0.15 以下	0.15 以下	–	–	0.05 以下	0.15 以下	餘量
5042	–	0.20 以下	0.35 以下	0.15 以下	0.20～0.50	3.0～4.0	0.10 以下	0.25 以下	–	0.10 以下	0.05 以下	0.15 以下	餘量
5052	–	0.25 以下	0.40 以下	0.10 以下	0.10 以下	2.2～2.8	0.15～0.35	0.10 以下	–	–	0.05 以下	0.15 以下	餘量
5652	–	Si+Fe 0.40 以下		0.04 以下	0.01 以下	2.2～2.8	0.15～0.35	0.10 以下	–	–	0.05 以下	0.15 以下	餘量
5154	–	0.25 以下	0.40 以下	0.10 以下	0.10 以下	3.1～3.9	0.15～0.35	0.20 以下	–	0.20 以下	0.05 以下	0.15 以下	餘量
5254	–	Si+Fe 0.45 以下		0.05 以下	0.01 以下	3.1～3.9	0.15～0.35	0.20 以下	–	0.05 以下	0.05 以下	0.15 以下	餘量
5454	–	0.25 以下	0.40 以下	0.10 以下	0.50～1.0	2.4～3.0	0.05～0.20	0.25 以下	–	0.20 以下	0.05 以下	0.15 以下	餘量
5754	–	0.40 以下	0.40 以下	0.10 以下	0.50 以下	2.6～3.6	0.30 以下	0.20 以下	Mn+Cr0.10～0.6	0.15 以下	0.05 以下	0.15 以下	餘量
5082	–	0.20 以下	0.35 以下	0.15 以下	0.15 以下	4.0～5.0	0.15 以下	0.25 以下	–	0.10 以下	0.05 以下	0.15 以下	餘量
5182	–	0.20 以下	0.35 以下	0.15 以下	0.20～0.50	4.0～5.0	0.10 以下	0.25 以下	–	0.10 以下	0.05 以下	0.15 以下	餘量
5083	–	0.40 以下	0.40 以下	0.10 以下	0.40～1.0	4.0～4.9	0.05～0.25	0.25 以下	–	0.15 以下	0.05 以下	0.15 以下	餘量
5086	–	0.40 以下	0.50 以下	0.10 以下	0.20～0.7	3.5～4.5	0.05～0.25	0.25 以下	–	0.15 以下	0.05 以下	0.15 以下	餘量
5N01	–	0.15 以下	0.25 以下	0.20 以下	0.20 以下	0.20～0.6	–	0.03 以下	–	–	0.05 以下	0.10 以下	餘量

表 15.30　加工用鋁合金片、條、板之 JIS 規格之化學成分(JIS H 4000：2006)(續)
Aluminium and Aluminium Alloy Sheets, Strips and Plates

合金記號	軋合材	化學成分%(質量分率)											
		Si	Fe	Cu	Mn	Mg	Cr	Zn	Ga,V,Ni,B,Zr 等	Ti	其他[1]		Al
											個別	合計	
6101	–	0.30～0.7	0.50 以下	0.10 以下	0.03 以下	0.35～0.8	0.03 以下	0.01 以下	B 0.06 以下	–	0.03 以下	0.10 以下	餘量
6061	–	0.40～0.8	0.7 以下	0.15～0.40	0.15 以下	0.8～1.2	0.04～0.35	0.25 以下	–	0.15 以下	0.05 以下	0.15 以下	餘量
6082	–	0.7～1.3	0.50 以下	0.10 以下	0.40～1.0	0.6～1.2	0.25 以下	0.20 以下	–	0.10 以下	0.05 以下	0.15 以下	餘量
7010	–	0.12 以下	0.15 以下	1.5～2.0	0.10 以下	2.1～2.6	0.05 以下	5.7～6.7	Ni0.05 以下，Zr0.10～0.16	0.06 以下	0.05 以下	0.15 以下	餘量
7075	–	0.40 以下	0.50 以下	1.2～2.0	0.30 以下	2.1～2.9	0.18～0.28	5.1～6.1	–	0.20 以下	0.05 以下	0.15 以下	餘量
7075 合板	心材	0.40 以下	0.50 以下	1.2～2.0	0.30 以下	2.1～2.9	0.18～0.28	5.1～6.1	–	0.20 以下	0.05 以下	0.15 以下	餘量
	表材[7072]	Si+Fe 0.7 以下		0.10 以下	0.10 以下	0.10 以下	–	0.8～1.3	–	–	0.05 以下	0.15 以下	餘量
7475	–	0.10 以下	0.12 以下	1.2～1.9	0.06 以下	1.9～2.6	0.18～0.25	5.2～6.2	–	0.06 以下	0.05 以下	0.15 以下	餘量
7178	–	0.40 以下	0.50 以下	1.6～2.4	0.30 以下	2.4～3.1	0.18～0.28	6.3～7.3	–	0.20 以下	0.05 以下	0.15 以下	餘量
7N01	–	0.30 以下	0.35 以下	0.20 以下	0.20～0.7	1.0～2.0	0.30 以下	4.0～5.0	V0.10 以下，Zr0.25 以下	0.20 以下	0.05 以下	0.15 以下	餘量
8021	–	0.15 以下	1.2～1.7	0.05 以下	–	–	–	–	–	–	0.05 以下	0.15 以下	餘量
8079	–	0.05～0.30	0.7～1.3	0.05 以下	–	–	–	0.10 以下	–	–	0.05 以下	0.15 以下	餘量

註：(1)其他之化學成分包括表中以“–”表示未規定成分值之化學成分，僅在預知其存在，或在平常之分析時其他項之規定值會有超過之徵兆時，才進行分析。

表 15.31 加工用鋁合金片、條、板之 JIS 規格之機械性質(JIS H 4000：2006 選粹)
Aluminium and Aluminium Alloy Sheets, Strips and Plates

記號	質別	拉伸試驗			
		厚度 (mm)	抗拉強度 (N/mm^2)	降伏強度 (N/mm^2)	伸長率 (%)
A1050P	O	0.2～0.5	60～100	–	＞15
A2014P	O	0.4～0.5	＜220	＜140	＞16
	T6	〃	＞440	–	＞6
A2017P	O	〃	＜215	–	＞12
	T4	〃	＞355	–	＞12
A2219P	O	0.5～13.0	＜220	＜110	＞12
	T62	0.5～1.0	＞370	＞250	＞6
A2024P	O	0.4～0.5	＜220	＜140	＞12
	T62	〃	＞440	–	＞5
A3003P A3203P	O	0.2～0.3	95～135	–	＞18
	H12	〃	120～155	–	＞2
A3005P	O	0.3～0.5	120～165	–	＞14
	H12	〃	135～185	–	＞1
A5005P	O	0.5～0.8	105～145	＞35	＞16
	H12	〃	125～165	＞95	＞2
A5086P	O	0.5～1.3	245～305	＞100	＞15
	H22	〃	275～325	＞195	＞6
A6061P	O	0.4～0.5	＜145	–	＞14
	T6	〃	＞295	–	＞8
A7075P	O	〃	＜275	＜145	＞10
	T6	〃	＞510	＞435	＞5

表 15.32 加工用鋁及鋁合金板與條之 JIS 規格(JIS H 4000)
Aluminium and Aluminium Alloy Sheets and Plates, Strips and Coiled Sheets

	種類		等級	記號
	合金號碼	形狀		
純 Al	1085	條	—	A1085P
純 Al	1080	板，條，捲	—	A1080P
純 Al	1070	板，條，捲	—	A1070P
純 Al	1050	板，條，捲	—	A1050P
純 Al	1100	板，條，捲	—	A1100P
純 Al	1200	板，條，捲	—	A1200P
純 Al	1N00	板，條，捲	—	A1N00P
純 Al	1N30	條	—	A1N30P
Al，Cu 系	2014	板，條	—	A2014P
Al，Cu 系	2014	合板	—	A2014PC
Al，Cu 系	2017	板，條	—	A2017P
Al，Cu 系	2219	板，條	—	A2219P
Al，Cu 系	2024	板	—	A2024P
Al，Cu 系	2024	合板	—	A2024PC
Al，Mn 系	3003	板，條，捲	—	A3003P
Al，Mn 系	3203	板，條，捲	—	A3203P
Al，Mn 系	3004	板，條，捲	—	A3004P
Al，Mn 系	3104	板，條，捲	—	A3104P
Al，Mn 系	3005	板，條，捲	—	A3005P
Al，Mn 系	3105	條	—	A3105P
Al，Mg 系	5005	板，條，捲	—	A5005P
Al，Mg 系	5052	板，條，捲	—	A5052P
Al，Mg 系	5652	板，條，捲	—	A5652P
Al，Mg 系	5154	板，條，捲	—	A5154P
Al，Mg 系	5254	板，條，捲	—	A5254P
Al，Mg 系	5454	板，條，捲	—	A5454P
Al，Mg 系	5082	板，條	—	A5082P
Al，Mg 系	5182	板，條	—	A5182P
Al，Mg 系	5083	板，條，捲	普通級	A5083P
Al，Mg 系	5083	板，條，捲	特殊級	A5083PS
Al，Mg 系	5086	板，條，捲	—	A5086P
Al，Mg 系	5N01	板，條，捲	—	A5N01P
Al，Mg，Si 系	6061	板，條，捲	—	A6061P
Al，Zn 系	7075	板	—	A7075P
Al，Zn 系	7075	合板	—	A7075PC
Al，Zn 系	7N01	板	—	A7N01P

表 15.33　加工用鋁及鋁合金板與條之化學成分(JIS H 4000)

合金記號	軋合材	化學成分%											
		Si	Fe	Cu	Mn	Mg	Cr	Zn	Zr,Zr＋Ti,Ga,V	Ti	其他 個別	其他 合計	Al
1085	—	0.10 以下	0.12 以下	0.03 以下	0.02 以下	0.02 以下	—	0.03 以下	—	0.02 以下	0.01 以下	—	99.85 以上
1080	—	0.15 以下	0.15 以下	0.03 以下	0.02 以下	0.02 以下	—	0.03 以下	—	0.03 以下	0.02 以下	—	99.80 以上
1070	—	0.20 以下	0.25 以下	0.04 以下	0.03 以下	0.03 以下	—	0.04 以下	—	0.03 以下	0.03 以下	—	99.70 以上
1050	—	0.25 以下	0.40 以下	0.05 以下	0.05 以下	0.05 以下	—	0.05 以下	—	0.03 以下	0.03 以下	—	99.50 以上
1100	—	Si＋Fe 1.0 以下		0.05～0.2	0.05 以下	—	—	0.10 以下	—	—	0.05 以下	0.15 以下	99.00 以上
1200	—	Si＋Fe 1.0 以下		0.05 以下	0.05 以下	—	—	0.10 以下	—	0.05 以下	0.05 以下	0.15 以下	99.00 以上
1N00	—	Si＋Fe 1.0 以下		0.05～0.2	0.05 以下	0.10 以下	—	0.10 以下	—	0.10 以下	0.05 以下	0.15 以下	99.00 以上
1N30	—	Si＋Fe 0.7 以下		0.10 以下	0.05 以下	0.05 以下	—	0.05 以下	—	—	0.03 以下	—	99.30 以上
2014	—	0.50～1.2	0.7 以下	3.9～5.0	0.40～1.2	0.20～0.8	0.10 以下	0.25 以下	Zr＋Ti 0.20 以下	0.15 以下	0.05 以下	0.15 以下	Bal.
2014 合板	心材	0.50～1.2	0.7 以下	3.9～5.0	0.40～1.2	0.20～0.8	0.10 以下	0.25 以下	Zr＋Ti 0.20 以下	0.15 以下	0.05 以下	0.15 以下	Bal.
	表材[6003]	0.35～1.0	0.6 以下	0.10 以下	0.8 以下	0.8～1.5	0.35 以下	0.20 以下	—	0.10 以下	0.05 以下	0.15 以下	Bal.
2017	—	0.20～0.8	0.7 以下	3.5～4.5	0.40～1.0	0.40～0.8	0.10 以下	0.25 以下	Zr＋Ti 0.2 以下	0.15 以下	0.05 以下	0.15 以下	Bal.
2219	—	0.20 以下	0.30 以下	5.8～6.8	0.20～0.40	0.02 以下	—	0.10 以下	V 0.05～0.15, Zr 0.10～0.25	0.02～0.10	0.05 以下	0.15 以下	Bal.
2024	—	0.50 以下	0.50 以下	3.8～4.9	0.30～0.9	1.2～1.8	0.10 以下	0.25 以下	Zr＋Ti 0.20 以下	0.15 以下	0.05 以下	0.15 以下	Bal.
2024 合板	心材	0.50 以下	0.50 以下	3.8～4.9	0.30～0.9	1.2～1.8	0.10 以下	0.25 以下	Zr＋Ti 0.20 以下	0.15 以下	0.05 以下	0.15 以下	Bal.
	表材[1230]	Si＋Fe 0.7 以下		0.10 以下	0.05 以下	0.05 以下	—	0.10 以下	—	0.03 以下	0.03 以下	—	99.30 以上
3003	—	0.6 以下	0.7 以下	0.05～0.20	1.0～1.5	—	—	0.10 以下	—	—	0.05 以下	0.15 以下	Bal.
3203	—	0.6 以下	0.7 以下	0.05 以下	1.0～1.5	—	—	0.10 以下	—	—	0.05 以下	0.15 以下	Bal.
3004	—	0.30 以下	0.7 以下	0.25 以下	1.0～1.5	0.8～1.3	—	0.25 以下	—	—	0.05 以下	0.15 以下	Bal.

表 15.33　加工用鋁及鋁合金板與條之化學成分(JIS H 4000)(續)

合金記號	軋合材	化學成分%											
		Si	Fe	Cu	Mn	Mg	Cr	Zn	Zr,Zr＋Ti,Ga,V	Ti	其他		Al
											個別	合計	
3104	—	0.6 以下	0.8 以下	0.05～0.25	0.8～1.4	0.8～1.3	—	0.25 以下	Ga 0.05 以下，V 0.05 以下	0.10 以下	0.05 以下	0.15 以下	Bal.
3005	—	0.6 以下	0.7 以下	0.30 以下	1.0～1.5	0.20～0.6	0.10 以下	0.25 以下	—	0.10 以下	0.05 以下	0.15 以下	Bal.
3105	—	0.6 以下	0.7 以下	0.30 以下	0.30～0.8	0.20～0.8	0.20 以下	0.40 以下	—	0.10 以下	0.05 以下	0.15 以下	Bal.
5005	—	0.30 以下	0.7 以下	0.20 以下	0.20 以下	0.50～1.1	0.10 以下	0.25 以下	—	—	0.05 以下	0.15 以下	Bal.
5052	—	0.25 以下	0.40 以下	0.10 以下	0.10 以下	2.2～2.8	0.15～0.35	0.10 以下	—	—	0.05 以下	0.15 以下	Bal.
5652	—	Si＋Fe 0.40 以下		0.04 以下	0.01 以下	2.2～2.8	0.15～0.35	0.10 以下	—	—	0.05 以下	0.15 以下	Bal.
5154	—	Si＋Fe 0.45 以下		0.10 以下	0.10 以下	3.1～3.9	0.15～0.35	0.20 以下	—	0.20 以下	0.05 以下	0.15 以下	Bal.
5254	—	Si＋Fe 0.45 以下		0.05 以下	0.01 以下	3.1～3.9	0.15～0.35	0.20 以下	—	0.05 以下	0.05 以下	0.15 以下	Bal.
5454	—	0.25 以下	0.40 以下	0.10 以下	0.50～1.0	2.4～3.0	0.05～0.20	0.25 以下	—	0.20 以下	0.05 以下	0.15 以下	Bal.
5082	—	0.20 以下	0.35 以下	0.15 以下	0.15 以下	4.0～5.0	0.15 以下	0.25 以下	—	0.10 以下	0.05 以下	0.15 以下	Bal.
5182	—	0.20 以下	0.35 以下	0.15 以下	0.20～0.50	4.0～5.0	0.10 以下	0.25 以下	—	0.10 以下	0.05 以下	0.15 以下	Bal.
5083	—	0.40 以下	0.40 以下	0.10 以下	0.40～1.0	4.0～4.9	0.05～0.25	0.25 以下	—	0.15 以下	0.05 以下	0.15 以下	Bal.
5086	—	0.40 以下	0.50 以下	0.10 以下	0.20～0.7	3.5～4.5	0.05～0.25	0.25 以下	—	0.15 以下	0.05 以下	0.15 以下	Bal.
5N01	—	0.15 以下	0.25 以下	0.20 以下	0.20 以下	0.20～0.6	—	0.03 以下	—	—	0.05 以下	0.10 以下	Bal.
6061	—	0.40～0.8	0.7 以下	0.15～0.40	0.15 以下	0.8～1.2	0.04～0.35	0.25 以下	—	0.15 以下	0.05 以下	0.15 以下	Bal.
7075	—	0.40 以下	0.50 以下	1.2～2.0	0.30 以下	2.1～2.9	0.18～0.28	5.1～6.1	Zr＋Ti 0.25 以下	0.20 以下	0.05 以下	0.15 以下	Bal.
7075 合板	心材	0.40 以下	0.50 以下	1.2～2.0	0.30 以下	2.1～2.9	0.18～0.28	5.1～6.1	Zr＋Ti 0.25 以下	0.20 以下	0.05 以下	0.15 以下	Bal.
	表材[7072]	Si＋Fe 0.7 以下		0.10 以下	0.10 以下	0.10 以下	—	0.8～1.3	—	—	0.05 以下	0.15 以下	Bal.
7N01	—	0.30 以下	0.35 以下	0.2 以下	0.20～0.7	1.0～2.0	0.30 以下	4.0～5.0	V 0.10 以下, Zr 0.25 以下	0.20 以下	0.05 以下	0.15 以下	Bal.

㈠ 1000系列—純Al

加工性、耐蝕性、熔接性等優良，但質軟其強度約 10 kgf/mm²級，不作爲一般的構造材料。而作爲電氣器具、日用雜貨、各種容器、反射板、裝飾品等，純度爲99.0～99.99%左右。

應用於電解冷凝器或箔則使用高純度鋁，純度爲99.95～99.995%，限制之不純物元素爲：Si、Fe、Cu、Mn、Ti、V。

㈡ 2000系列—Al-Cu高強度合金

最早開發出來的時效硬化型之高強度鋁合金系，稱爲**杜拉鋁**(Duralumin，簡稱D)，相當於JIS之A2014。此外JIS之A2017又稱爲**超杜拉鋁**(Super Duralumin，簡稱 SD)，與 A2024同爲有名的合金，其強度或切削性優良，但耐蝕性差。若使用於有腐蝕可能之地方時則可採用在其板材之表面被覆有純鋁之合板材，如 2024合板。

㈢ 3000系列合金—Al-Mn合金

添加 1～1.5%Mn，不降低其加工度及耐蝕性而提高其強度之合金，可作爲構造材料而使用於與純鋁一樣的化學環境下。廣泛用於容器或建材上。

㈣ 4000系列—Al-Si合金

本系列合金因爲耐磨耗性佳、熱膨脹係數小，所以有作爲鍛造活塞之A4032，以及藉由陽極氧化處理可得到柔和的色彩因此作爲建築外飾用之A4043等合金。

㈤ 5000系列—Al-Mg合金

本系合金其種類多而特性亦不同，Mg 含量少者用於裝飾及器具類，Mg 含量多者則爲非熱處理型鋁合金中強度最大者。例如A5083合金其抗拉強度約30～40 kgf/mm²，而且可藉加工度來加以調整。在海水及其他污染環境中之耐蝕性佳，具熔接性且強度亦大，故作爲構造材料及罐蓋材料。

㈥ 6000系列—Al-Mg-Si高強度耐蝕合金

爲熱處理型合金中耐蝕性最佳者，因爲強度大且擠製加工性亦佳，所以廣泛作爲建築用金屬窗框，例如抗拉強度爲20 kgf/mm²之A6063合金即是。若將強度更爲提高但犧牲些微的耐蝕性，並添加少量的Cu之A6061則其降伏強度大，經時效後作爲螺栓、鉚釘等航空及一般用接合構造材料。

(七) 7000 系列—Al-Zn 高強度合金

爲熱處理型材料，強度大且熔接性亦佳。最大特徵爲熔接部位之強度經過自然時效後幾乎可達母材之強度，因此其熔接之結合性佳。A7073 或 A7N01 已成爲車輛構造用材料之實用合金，A7N01 合金記號中第 2 位數字之 N 代表此合金是日本所開發出來的合金。

爲了更提升強度而添加Cu之A7075 又稱爲**超超杜拉鋁**(Extra-Super Duralumin，ESD)，固溶化與時效處理後之抗拉強度約達 60 kgf/mm^2，爲目前鋁合金中強度最大者。除了作爲航空構造用材料外，亦使用於滑雪杖等運動器材之製作等用途。

表 15.34 所示爲鍛造用鋁及鋁合金板與條之 JIS 規格與世界主要國家規格之對照表。

15.3.3 其他鋁合金

(一) Al 電線

Al的導電率約爲Cu的 65%，比重約爲 30%，中心用電鍍鋅的鋼線來補強的鋼心 Al 撚線常做爲高壓電輸送電線，美國的 51S 爲添加 1% Si、0.6% Mg、0.25% Cr 的合金，經熱處理後可得約 35 kgf/mm^{2}的抗拉強度，導電度約爲純鋁的 90%。德國的 Aldrey 合金含有約 0.5% Mg，所以具有高強度與高導電性。其屬於藉著淬火-回火的析出硬化型合金線，與 C 合金線、Be-Cu 線等同爲應用於作爲長途輸送電線、通信線等。此外 Zr-Al 線爲具有 150～180℃耐熱性之耐熱電線，與 Zn-Cu 線、Al-Cu線、Cr-Cu線同爲應用於作爲增強容量的電線、電車線(trolly)、整流器等。

(二) Al 燒結合金

將表面被覆有氧化膜的Al粉末予以加壓成型，並於 500～600℃施以燒結後，再經過熱間擠製、壓縮等加工而作成各種形狀。因爲在加工時其粉末粒子的氧化膜會被破壞而使粉末粒子相互接著在一起，所以可製成在Al基地中分散有 0.5～17% 微細氧化鋁(Al_2O_3)的強合金，將此稱之爲 SAP(Sintered Aluminum Powder)或者是 APM(Aluminum Powered Metallurgy Product)。

表 15.34 加工用鋁及鋁合金板、條與捲之 JIS 規格與世界主要國家規格對照表

(*：規定化學成分，**：規定機械性質)

規格／號碼 名稱 記號	日本工業規格	類似外國規格					
		美國		英國	德國	法國	國際規格
	JIS	AA	ASTM	BS	DIN	NF	ISO
規格號碼	H4000:99	AA:98	B209M:95	EM 573-3:95* EN 485-2:95**	EN 573-3:94* EN 485-2:95**	EN 573-3:94* EN 485-2:94**	209:89* 6361-2:90**
規格名稱	鋁及鋁合金之板與條	鋁及鋁合金板	鋁及鋁合金板	鋁及鋁合金之板與條			鋁及鋁合金之板與條
材料記號+	A1085P	—	—	—			—
	A1080P	—	—	EN AW-1080A			—
	A1070P	—	—	EN AW-1070A			—
	A1050P	—	—	—			—
	A1100P	1100	1100	—			A199.0Cu
	A1200P	—	—	EN AW-1200			A199.0
	A1N00P	—	—	—			—
	A1N30P	—	—	—			—
	A2014P	2014 Alclad 2014	2014 Alclad 2014	EN AW-2014			AlCu4SiMg
	A2017P	—	—	—			—
	A2219P	2219	2219	—			AlCu6Mn
	A2024P	2024	2024	EN AW-2024			AlCu4Mg1

表 15.34　加工用鋁及鋁合金板、條與捲之 JIS 規格與世界主要國家規格對照表(續)

(*：規定化學成分，**：規定機械性質)

規格 / 號碼名稱記號	日本工業規格	類似外國規格					
		美國		英國	德國	法國	國際規格
	JIS	AA	ASTM	BS	DIN	NF	ISO
材料記號+	A2024PC	Alclad 2024	Alclad 2024				
	A3003P	3003	3003		EN AW-3003		AlMn1Cu
	A3203P	—	—		—		—
	A3004P	3004	3004		EN AW-3004		—
	A3104P	—	—		—		—
	A3005P	3005	3005		EN AW-3005		—
	A3105P	3105	3105		EN AW-3105		—
	A5005P	5005	5005		EN AW-5005		—
	A5052P	5052	5052		EN AW-5052		AlMg2.5
	A5652P	5652	5652		—		—
	A5154P	5154	5154		EN AW-5154		—
	A5254P	5254	5254		—		—
	A5454P	5454	5454		EN AW-5454		AlMg3Mn
	A5082P	—	—		—		—
	A5182P	—	—		EN AW-5182		—
	A5083P	5083	5083		EN AW-5083		AlMg4.5Mn0.7
	A5086P	5086	5086		EN AW-5086		—

表 15.34 加工用鋁及鋁合金板、條與捲之 JIS 規格與世界主要國家規格對照表(續)

(*：規定化學成分，**：規定機械性質)

規格 / 號碼名稱記號	日本工業規格	類似外國規格					
		美國		英國	德國	法國	國際規格
	JIS	AA	ASTM	BS	DIN	NF	ISO
材料記號+	A5N01P	—	—		—		—
	A6061P	6061	6061		EN AW-6061		—
	A7N01P	—	—		—		—
	A7075P	7075	7075		EN AW-7075		AlZn5.5MgCu
	A7075PC	Alclad 7075	Alclad 7075		—		—
	A8021P	—	—		—		—
	A8079P	—	—		—		—
	KA1050AP	—	—		EN AW-1050A		Al 99.5
	KA2014AP	—	—		—		AlCu4SiMg(A)
	KA2017AP	—	—		EN AW-2017A		AlCu4MgSi(A)
	KA3103P	—	—		EN AW-3103		AlMn1
	KA5754P	—	—		EN AW-5754		AlMg3
	KA6082P	—	—		EN AW-6082		AlSi1MgMn
	KA7178P	—	—		—		AlZn7MgCu
	KA7475P	—	—		—		AlZn5.5MgCu(A)
	KA7010P	—	—		—		AlZn6MgCu
	AlZn6MgCuMnP	—	—		—		AlZn6MgCuMn

註+：從來之合金記號前附加有“K”之合金爲 JIS 將國際規格納入者。此外，AlZn6MgCuMn 等記號所表示之合金亦爲採納國際規格所定的合金。前者爲已登錄於 Al 展伸(加工)材之國際合金登錄系統，後者則尚未登錄。

由於氧化鋁的分散(於 Al 基地中)所以可阻止粒子的成長、變形，在抵達高溫之前能保持相當的強度，具有耐熱性佳、導電、導熱度低等特色。另方面，由於燒結合金的通性是耐衝擊性低，而且在熔接時，Al 和氧化鋁會分離而失去其特色，此爲其缺點，但在未來的改良與開發上仍是可被相當期待的領域。

習題

15.1　解釋下述名詞：

⑴ ALCOA 規格　⑵ AA 規格　⑶均熱　⑷固熔化處理　⑸人工時效
⑹自然時效　⑺安定化處理　⑻ G.P(1)層　⑼過度時效　⑽復原
⑾勞德鋁(Lautal)　⑿ Y 合金　⒀ Kobitalium 合金　⒁矽鋁明(silumin)
⒂改良處理　⒃ Lo-Ex　⒄ KS Seewasser　⒅超杜拉鋁　⒆超超杜拉鋁
⒇ ADC12　(21) A6061P　(22) A7075P-T6　(23) A2024PC　(24) SAP
(25) AlSi7Mg0.3　(26) AlSi12CuMgNi-T6　(27) Al-Si11Cu2(Fe)　(28) A7178P

15.2　試述以 Bayer process 煉製鋁的方法。

15.3　試述純鋁的性質與用途。

15.4　說明鋁合金之一般狀態圖。

15.5　說明鋁合金的 AA 規格之稱呼與熱處理記號之規定。

15.6　試述 4%Cu-Al 合金的時效硬化現象。

15.7　說明 Al-Si 合金的時效硬化現象。

15.8　說明鑄造用鋁合金之種類記號；以 AC4CH-T6 爲例，比較金屬模與砂模試片其機械性質之差異。

15.9　試述壓鑄用鋁合金之性質要求及分類與特色。

15.10　說明加工用鋁合金中之高強度鋁合金之種類、性質與用途。

16 鎂與鎂合金

鎂與鎂合金由於擁有在工業上為實用金屬中最輕者(比重約為 1.74)、比強度大、制震能佳、電磁波遮蔽性佳等特色，近年來在3C產業的應用上，尤其是作為筆記型電腦、手機等之外殼，在全世界呈現驚人的高度成長。

現今21世紀在追求輕、薄、短、小之大趨勢維持不墜的形勢下，於汽車零件上的應用亦展現出大幅度的成長！此外，在家電用品、光學儀器、運動器材等領域之應用，亦將持續成長！整體而言，鎂與鎂合金在工業上所扮演的角色將越形重要！

16.1 純鎂

鎂金屬是實用金屬中比重最輕的材料，在地殼組成元素中，只比氧、矽、鋁、鐵、鈣、鈉、鉀等元素少，是居第八位的存量。鎂元素存在於菱鎂礦($MgCO_3$)及白雲石(Dolomite，$CaMg(CO_3)_2$)中，其他礦物中也含有鎂金屬元素，如表 16.1 所示。另外海水中也含有0.13%之鎂金屬元素，其含量僅次於鈉金屬元素。植物之葉綠素中也有鎂元素之存在，因此從地球環境資源的角度來看，鎂金屬之蘊藏量是非常豐富而且取之不盡的。

表 16.1 含鎂元素之主要礦物

礦物名稱	理想化學組成	Mg(%)
Periclase(方鎂石)	MgO	60
Brucite(氫氧鎂石)	$Mg(OH)_2$	41
Magnesite(菱鎂礦)	$MgCO_3$	28
Olivine(橄欖石)	$(Mg \cdot Fe)_2SiO_4$	28
Serpentine(蛇紋石)	$Mg_3Si_2O_5(OH)_4$	26
Sea-water magnesia(海水苦土)	$3MgO \cdot 4SiO_2 \cdot H_2O$	23
Kieserite(硫酸鎂石)	$MgSO_4 \cdot H_2O$	17
Dolomite(白雲石)	$CaMg(CO_3)_2$	13
Carnallite(光鹵石)	$MgCl_2 \cdot KCl \cdot 6H_2O$	9
Kainite(鉀鹽鎂礬)	$MgSO_4 \cdot KCl \cdot 3H_2O$	9
Brine(鹽水)	$NaCl \cdot KCl \cdot MgCl_2$	0.7～3
Talc(雲母)	$Mg_3(Si_4O_{10})(OH)_2$	0.13

16.1.1 純鎂的煉製

現今全世界工業上鎂金屬的煉製可分為電解法與熱還原法兩大類。

(一) 電解法

電解法中又可分為IG法、Dow法(Dow chemical co.)及新電解法，主要是利用海水、鹽水(Brine)處理而成氯化鎂($MgCl_2$)，再以電解方式作成液態之金屬鎂，經抽出後成Mg錠塊。

電解法所製成的鎂，因含有 Fe、Si、Al、氧化鎂等不純物，所以需再經過加熱精練，通常是以$MgCl_2$與NaCl之混合溶劑將不純物吸除之。再將鎂於氬氣中蒸餾，因為鎂之沸點為約1100℃，所以容易蒸餾而使鎂之純度達99.99%。

㈡　熱還原法

熱還原法又可分爲Pidgeon法與Magnetherm法，是利用鎂氧化物(MgO)混合碳及矽等還原劑，在高溫、減壓之環境下，還原成鎂蒸氣，再經冷卻濃縮後就可得鎂金屬。

在鎂金屬的生產製造中，電解法佔80%，其他小部分是熱還原法。目前(2001年)鎂金屬全球之生產能力包括計畫中的部分總共約51.5萬頓，由於鎂材料之需求急速增加，而新建立的生產工廠亦陸續完成，其中以 Dead Sea Magnesium 及 Noranda等公司之年產量均可達5萬噸以上，而所採用的方法均爲電解法。

16.1.2　純鎂的性質

㈠　物理性質

純鎂的融點爲650℃，沸點約爲1107℃，原子序數爲12，原子量爲24.32。純鎂的特色是輕，比重爲1.738(99.9%Mg，20℃)，約爲鋁的2/3；純鎂單位重量的價格爲鋁的約1.5倍，同一容積的價格卻差不多。表16.2所示爲純鎂之重要物理性質。

表 16.2　純鎂的物理性質

性質		數值
原子序數		12
原子量		24.32
結晶構造		HCP(六方密格子)
燃燒熱	[cal/g]	5995
格子常數[Å](25℃)	a 軸 c 軸	3.2028 5.1998
軸比	c/a	1.6235
原子直徑	[Å]	3.190
密度	[g/cm^3]	1.70

表 16.2 純鎂的物理性質(續)

性質		數值
融點	[℃]	650
沸點	[℃]	1110
氣化熱	[cal/g]	1300
融解潛熱	[cal/g]	88.8
比熱	[cal/g](25℃)	0.25
發火熱	[cal/mol]	145.0
電阻(與軸平行)	[Ω・cm]	3.77×10^{-6}
溫度係數	[℃]	42.7×10^{-4}
電阻(與軸垂直)	[Ω・cm]	4.56×10^{-6}
溫度係數	[℃]	41.6×10^{-4}
導熱度[CGS 單位]	(0℃) (100℃) (200℃)	0.37 0.36 (Bungardt，Kallenbach) 0.36
線膨脹係數[10^{-6}/℃]	(0～550℃)	$\alpha_t = 25.0 + 0.0188t$(Baker)
收縮率	乾燥模 [%] 濕砂模 [%]	1.69 1.84
滑動面		主滑動面(0001) (20～225℃) 二次滑動面$(10\bar{1}1)$ (225℃以上)
雙晶面		$(10\bar{1}2)$
裂解面		(0001)

純鎂之電阻為 4.46μΩ-cm，約為純銅的 3 倍。熱膨脹較其他構造用金屬材料大，例如室溫之線膨脹係數約為 25×10^{-6}／℃，約比鋁大約 10%。

㈡ 機械性質

鎂的結晶構造爲六方密格子(HCP)，在常溫之塑性變形能力差；楊氏係數爲 45Gpa，蒲松比(Poisson's ratio)爲 0.35，純鎂的機械性質如表 16.3 所示。

表 16.3　純鎂的機械性質

狀態	斷面	抗拉強度 (kgf/mm^2)	降伏強度 (kgf/mm^2)	伸長率 (%)	硬度 (H_B)	彈性率 (kgf/mm^2)	剛性率 (kgf/mm^2)
砂模鑄件	徑 12.5mm	8.4	2.1	6	30	4500	1680
軟質	板	18.9	9.8	16	40	4550	1680
硬質	板	25.9	18.9	9	50	4550	1680

純鎂的機械加工性(如車削、銑切等)非常好，因此是一種能以最快速度來進行機械加工的金屬。機械加工時所需動力僅爲鋼鐵材料的約 1/5，爲鋁的約 1/2。

㈢ 化學性質

鎂在乾燥空氣中不會氧化，但在潮濕空氣中則表面易形成氧化物或碳酸鎂，而保護內部不受腐蝕，此現象與鋁相同。對強鹼則完全不被腐蝕；在硝酸、重鉻酸鈉中會形成氧化膜，因此置於空氣中也很安全。在對於其他的酸類、海水等則易被腐蝕。耐蝕性深受不純物的影響，高純度的再電解鎂其耐蝕性遠優於普通純度者。純鎂的不純物中，對耐蝕性有不良影響的是鐵、鎳、銅等元素。實用上的界限量爲 0.006%Fe，0.005%Ni，0.1%Cu。鐵的有害作用可因添加少量錳而獲改善，所以大部分的鎂合金都添加有少量的錳，其原因是添加錳可以降低鐵的固溶度。此外添加具有微粒化作用強的鋯(Zr)也可如添加錳般來抑制鐵之害處。

一般而言，鎂比鋁容易腐蝕，因此其防蝕法爲在表面塗上蟲膠(Lac)、水漆(Varnish)、油漆(Paint)等，或是使其形成化學性的保護膜。鎂粉非常易燃，在燃燒時最初會形成氮化物(Mg_2N_3)，之後變成氧化物時則發出類似太陽光，因此鎂粉可作爲鎂光燈。若鎂的粉末非常微細時則會有爆炸的危險。

16.1.3 純鎂的規格與用途

純鎂錠之JIS規格如表16.4所示，依用途與純度共分爲5種，其化學成分則如表16.5所示。

純鎂可作爲鈦、鋯等煉製時的還原劑，電氣防蝕用之陽極，亦大量使用於作爲合金的配合金屬或球狀石墨鑄鐵製作時之球化劑，印刷製版等用途。

表16.4　純鎂錠之種類與記號 (JIS H 2150：2006)
Magnesium Ingots

種類	記號	對應ISO記號
純鎂錠1種A	MI1A	Mg 99.95A
純鎂錠1種B	MI1B	Mg 99.95B
純鎂錠2種	MI2	—
純鎂錠3種A	MI3A	Mg 99.80A
純鎂錠3種B	MI3B	Mg 99.80B

表 16.5　純鎂錠之化學成分 (JIS H 2150：2006)

Magnesium Ingots

種類	記號	對應 ISO 記號	化學成分(%)（質量分率）													
			Al	Mn	Zn	Si	Cu	Fe	Ni	Pb(1)	Sn(1)	Na(1)	Ca(1)	Ti(1)	其他各元素(1)(2)	Mg(3)
純鎂錠 1 種 A	MI1A	Mg 99.95A	0.01 以下	0.006 以下	0.005 以下	0.006 以下	0.005 以下	0.003 以下	0.001 以下	0.005 以下	0.005 以下	0.003 以下	0.003 以下	0.01 以下	0.005 以下	99.95 以上
純鎂錠 1 種 B	MI1B	Mg 99.95B	0.01 以下	0.01 以下	0.01 以下	0.01 以下	0.005 以下	0.005 以下	0.001 以下	0.005 以下	0.005 以下	—	—	—	0.005 以下	99.95 以上
純鎂錠 2 種	MI2	—	0.01 以下	0.01 以下	0.05 以下	0.01 以下	0.005 以下	0.04 以下	0.001 以下	0.01 以下	0.01 以下	—	—	—	0.01 以下	99.90 以上
純鎂錠 3 種 A	MI3A	Mg 99.80A	0.05 以下	0.05 以下	0.05 以下	0.05 以下	0.02 以下	0.05 以下	0.001 以下	0.01 以下	0.01 以下	0.003 以下	0.003 以下	—	0.05 以下	99.80 以上
純鎂錠 3 種 B	MI3B	Mg 99.80B	0.05 以下	0.05 以下	0.05 以下	0.05 以下	0.02 以下	0.05 以下	0.002 以下	0.01 以下	0.01 以下	—	—	—	0.05 以下	99.80 以上

註：(1)此規定元素，由買賣雙方協議實施分析。

(2)其他元素是指純鎂錠中可能存在的元素。

(3)鎂含有率是指以 100 減去鎂以外的分析元素含有率之合計值。

表 16.6　全世界鎂合金材料在各種領域之應用

項目/年份	88	89	90	91	92	93	94	95	96	97	97/88
輕金屬壓延	134,300	134,800	160,600	137,900	133,800	126,000	143,000	157,100	138,200	146,150	1.09
球墨鑄 鐵	15,800	16,900	14,400	13,700	13,300	13,400	16,200	14,500	12,500	11,750	0.74
脫氧	28,600	32,300	28,000	28,100	36,600	40,600	42,500	36,300	39,600	47,950	1.68
金屬精煉	10,200	9,400	8,800	5,600	7,400	5,100	3,800	3,900	5,000	5,000	0.49
防蝕	8,100	5,500	9,600	9,200	9,500	9,400	11,700	10,600	9,600	8,900	1.10
化學反應	8,000	8,100	7,100	7,100	7,300	6,500	6,200	6,500	6,900	6,700	0.84
壓鑄	28,500	28,600	36,300	30,700	34,500	38,600	51,200	64,100	72,300	95,300	3.34
鑄件	2,100	2,500	3,300	2,200	2,600	1,500	1,800	1,800	2,400	2,100	1.00
展延材	7,400	6,200	6,700	5,700	6,800	5,800	5,300	4,200	4,000	3,500	0.47
其他	8,200	6,900	7,200	3,300	5,500	5,200	5,700	5,000	4,900	6,350	0.77
合計	251,200	247,200	252,000	243,500	257,300	252,100	287,400	304,000	295,400	333,700	1.33
對前一年之比		0.98	1.02	0.97	1.06	0.98	1.14	1.06	0.97	1.13	

16.2 鎂合金

鎂合金材料可分爲加工用鎂合金(Wrought magnesium alloys)與鑄造用鎂合金(Cast magnesium alloys)兩大類。而鑄造用鎂合金又再細分爲一般鑄造用鎂合金及壓鑄用鎂合金。

表 16.6 說明鎂合金材料在近十年內在各種領域上之應用。由表可知壓鑄用鎂合金佔95,300噸，加工及一般鑄造用各只佔3,500噸及2,100噸，所以可知壓鑄用鎂合金是鎂合金材料應用的主要領域。

16.3 鎂合金之規格

鎂合金之種類記號，依照ASTM分類法則如表16.7所示是由四個部分所構成。第一部份爲指示兩種主要合金之代號，第二部分指示兩種主要合金元素之含量，第三部分指示除兩種主要合金元素外，其他元素之不同，第四部分指示合金製造或熱處理狀態。

表 16.7　鎂合金之 ASTM 規格記號

第一部分	第二部分	第三部分	第四部分
指示二種主要合金元素	指示二種主要合金元素之含量	區別兩種主要元素之外其他元素之不同	指示合金狀態及性質
由二個字母組成，代表二種主要元素，含量高的在前	由二個數字組成，指示二種主要元素之含量，順序如第一部分	由一個字母組成	由一個字母和數字組成(和第三部分以"－"記號隔開)
A 鋁　M 錳 B 鉍　N 鎳 C 銅　P 鉛 D 鎘　Q 銀 E 稀土元素　R 鉻 F 鐵　S 矽 H 釷　T 錫 K 鋯　Z 鋅 L 鈹	所有數字	除I、0外之英文字母	F：製造狀態 O：退火 H10、H11 －略爲應變強化 H23、H24、H26 －應變強化及部分退火 T4 －固溶化處理 T5 －時效處理 T6 －固溶化處理後時效處理

16.4 鎂合金的分類

鎂合金依其用途一般可分爲加工用鎂合金、一般鑄造用鎂合金、壓鑄用鎂合金等三種，茲詳細分述如下。

16.4.1 加工用鎂合金

加工用鎂合金是指利用鍛造(Forging)、擠製(Extrusion)、軋延(Rolling)等塑性加工方法將鎂合金製作成鍛造材、棒材、型材、板、管、中空材等成品，以作爲飛機、火箭、機械等零件之應用。可分爲 Mg-Al 系、Mg-Zn-Zr 系合金。JIS 規格之鎂合金棒(以擠製製造而成)的種類與記號、化學成分、機械性質等分別如表 16.8、16.9、16.10 所示。

表 16.8　鎂合金棒之種類與記號(JIS H 4203：2005)
Magnesium Alloy Bars

種類	記號	對應 ISO 記號	相當合金(參考)			
			ASTM	BS	DIN	NF
1 種 B	MB1B	ISO-MgAl3Zn1(A)	AZ31B	MAG110	3.5312	G-A3Z1
1 種 C	MB1C	ISO-MgAl3Zn1(B)	–	–	–	–
2 種	MB2	ISO-MgAl6Zn1	AZ61A	MAG121	3.5612	G-A6Z1
3 種	MB3	ISO-MgAl8Zn	AZ80A	–	3.5812	–
5 種	MB5	ISO-MgZn3Zr	–	MAG151	–	–
6 種	MB6	ISO-MgZn6Zr	ZK60A	–	–	–
8 種	MB8	ISO-MgMn2	–	–	–	–
9 種	MB9	ISO-MgZn2Mn1	–	MAG131	–	–
10 種	MB10	ISO-MgZn7Cu1	ZC71A	–	–	–
11 種	MB11	ISO-MgY5RE4Zr	WE54A	–	–	–
12 種	MB12	ISO-MgY4RE3Zr	WE43A	–	–	–

備考：上表中之質別記號，是在記號後以“－”附加之，例如 MB1B － F。

表 16.9　鎂合金棒之化學成分 (JIS H 4203：2005)

Magnesium Alloy Bars

單位：%

種類	記號	化學成分														
		Mg	Al	Zn	Mn	RE[1]	Zr	Y	Li	Fe	Si	Cu	Ni	Ca	其他元素[2]	其他元素之合計[2]
1 種 B	MB1B	餘量	2.4～3.6	0.50～1.5	0.15～1.0	–	–	–	–	0.005 以下	0.10 以下	0.05 以下	0.005 以下	0.04 以下	0.05 以下	0.30 以下
1 種 C	MB1C	〃	2.4～3.6	0.5～1.5	0.05～0.4	–	–	–	–	0.05 以下	0.1 以下	0.05 以下	0.005 以下	–	0.05 以下	0.30 以下
2 種	MB2	〃	5.5～6.5	0.50～1.5	0.15～0.40	–	–	–	–	0.005 以下	0.10 以下	0.05 以下	0.005 以下	–	0.05 以下	0.30 以下
3 種	MB3	〃	7.8～9.2	0.20～0.8	0.12～0.40	–	–	–	–	0.005 以下	0.10 以下	0.05 以下	0.005 以下	–	0.05 以下	0.30 以下
5 種	MB5	〃	–	2.5～4.0	–	–	0.45～0.8	–	–	–	–	–	–	–	0.05 以下	0.30 以下
6 種	MB6	〃	–	4.8～6.2	–	–	0.45～0.8	–	–	–	–	–	–	–	0.05 以下	0.30 以下
8 種	MB8	〃	–	–	1.2～2.0	–	–	–	–	–	0.10 以下	0.05 以下	0.01 以下	–	0.05 以下	0.30 以下
9 種	MB9	〃	0.1 以下	1.75～2.3	0.6～1.3	–	–	–	–	0.06 以下	0.10 以下	0.1 以下	0.005 以下	–	0.05 以下	0.30 以下
10 種	MB10	〃	0.2 以下	6.0～7.0	0.5～1.0	–	–	–	–	0.05 以下	0.10 以下	1.0～1.5	0.01 以下	–	0.05 以下	0.30 以下
11 種	MB11	〃	–	0.20 以下	0.03 以下	1.5～4.0	0.4～1.0	4.75～5.5	0.2 以下	0.010 以下	0.01 以下	0.02 以下	0.005 以下	–	0.01 以下	0.30 以下
12 種	MB12	〃	–	0.20 以下	0.03 以下	2.4～4.4	0.4～1.0	3.7～4.3	0.2 以下	0.010 以下	0.01 以下	0.02 以下	0.005 以下	–	0.01 以下	0.30 以下

註：(1) RE 是指 Nd 與其他重稀土類。

(2)其他元素僅限於預知其存在或在平常之分析過程有可能超過規定時，才進行分析。

表 16.10 鎂合金棒之機械性質[(1)] (JIS H 4203：2005)

Magnesium Alloy Bars

種類	質別記號[(2)]	對應 ISO 質別記號	記號與質別記號	直徑 mm	拉伸試驗		
					抗拉強度 N/mm²	0.2%降伏強度 N/mm²	伸長率 %
1 種 B 1 種 C	F	F	MB1B-FM B1C-F	1 以上 10 以下 10 以上 65 以下	220 以上 240 以上	140 以上 150 以上	10 以上 10 以上
2 種	F	F	MB2-F	1 以上 10 以下 10 以上 40 以下 40 以上 65 以下	260 以上 270 以上 260 以上	160 以上 180 以上 160 以上	6 以上 10 以上 10 以上
3 種	F	F	MB3-F	40 以下 40 以上 60 以下 60 以上 130 以下	295 以上 295 以上 290 以上	195 以上 195 以上 185 以上	10 以上 8 以上 8 以上
	T5	T5	MB3-T5	6 以下 6 以上 60 以下 60 以上 130 以下	325 以上 330 以上 310 以上	205 以上 230 以上 205 以上	4 以上 4 以上 2 以上
5 種	F	F	MB5-F	10 以下 10 以上 100 以下	280 以上 300 以上	200 以上 225 以上	8 以上 8 以上
	T5	T5	MB5-T5	全斷面形狀	275 以上	255 以上	4 以上
6 種	F	F	MB6-F	50 以下	300 以上	210 以上	5 以上
	T5	T5	MB6-T5	50 以下	310 以上	230 以上	5 以上
8 種	F	F	MB8-F	10 以下 10 以上 50 以下 50 以上 100 以下	230 以上 230 以上 200 以上	120 以上 120 以上 120 以上	3 以上 3 以上 3 以上
9 種	F	F	MB9-F	10 以下 10 以上 75 以下	230 以上 245 以上	150 以上 160 以上	8 以上 10 以上
10 種	F	F	MB10-F	10 以上 130 以下	250 以上	160 以上	7 以上
	T6	T6	MB10-T6	10 以上 130 以下	325 以上	300 以上	3 以上
11 種	T5	T5	MB11-T5	10 以上 50 以下 50 以上 100 以下	250 以上 250 以上	170 以上 160 以上	8 以上 6 以上
	T6	T6	MB11-T6	10 以上 50 以下 50 以上 100 以下	250 以上 250 以上	160 以上 160 以上	8 以上 6 以上
12 種	T5	T5	MB12-T5	10 以上 50 以下 50 以上 100 以下	230 以上 220 以上	140 以上 130 以上	5 以上 5 以上
	T6	T6	MB12-T6	10 以上 50 以下 50 以上 100 以下	220 以上 220 以上	130 以上 130 以上	8 以上 6 以上

註：(1)機械性質是依照 JIS H 0001 所規定之記號、定義與意義。

(2)質別記號 F 之機械性質爲參考値。

備考：1.棒之直徑在規定範圍外時，其機械性質由買賣雙方協議之。

2. 1 N/mm² = 1 MPa。

㈠　Mg-Al 系

此系鎂合金作爲各種加工用途時最廣爲使用，由圖 16.1 所示之 Mg-Al 平衡圖可知，Al 含量越多時其強度越大。JIS 規格中之 MB1B、MB2、MB3(AZ31B、AZ61A、AZ80A)即屬此系鎂合金，由上述表可知，以MB3(AZ80A)之強度最佳。圖 16.2 所示爲此系鎂合金之擠製棒材的機械性質。

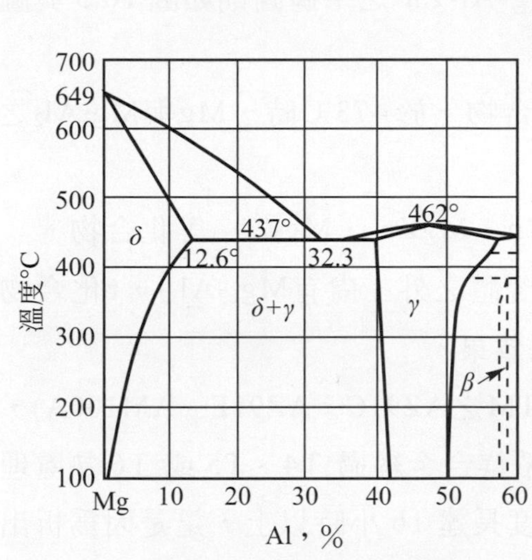

圖 16.1　Mg-Al 系平衡圖

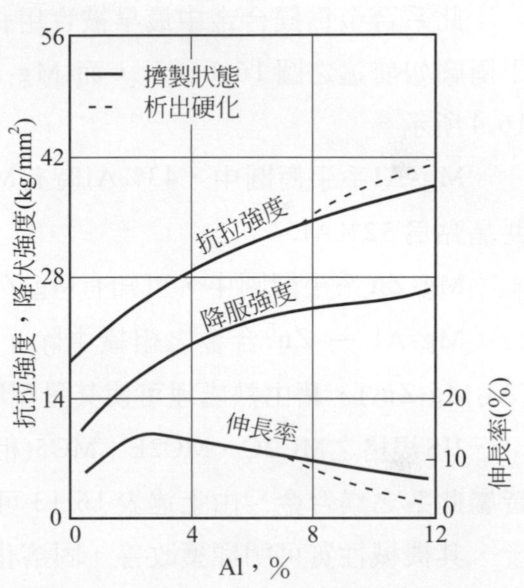

圖 16.2　Mg-A1 系合金擠製棒材之機械性質

此系鎂合金中最廣泛使用者爲 MB1(AZ31B)，藉著常溫加工使其殘留某種程度的加工應變，則可獲得強度與延性之適當組合。MB2(AZ61A)作爲擠製、鍛造用時其強度與延性均優良，但因鋁含量高所以不適用於軋延加工。

㈡　Mg-Zn-Zr 系

此系鎂合金應用於擠製之棒、型材與管，以及鍛造件，爲加工用鎂合金中強度最佳者，經過 T5 熱處理後其強度可更爲提升。JIS 規格中之 MB5、MB6(ZK60A)即屬此系之鎂合金。若以單位重量之強度(亦即比強度)來考慮時，則MB6(ZK60A)相當於加工用鋁合金中強度最大之超超杜拉鋁(7075)，所以可作爲航空材料。

16.4.2 一般鑄造用鎂合金

一般鑄造用是指砂模鑄造、金屬模鑄造、精密鑄造。此系統鎂合金之JIS規格之種類與記號、化學成分、機械性質等分別如表 16.11～16.13 所示。由表可知，可分爲Mg-Al-Zn合金、Mg-Zn-Zr合金、Mg-Zr-稀土元素合金。

㈠ Mg-Al-Zn系

此系合金爲鎂合金中最早被實用化者，樹立了鎂合金鑄造之基礎。Mg-Al 系平衡圖如前述之圖 16.1 所示，而 Mg-Zn 與 Mg-Al-Zn 之平衡圖則如圖 16.3 與圖 16.4 所示。

Mg-Al系平衡圖中，43%Al時有Mg_3Al_2化合物。於473℃時，Mg與Mg_3Al_2之共晶點爲32%Al。

Mg-Zn系平衡圖中，可知有Mg_7Zn_3、MgZn、$MgZn_2$、Mg_2Zn_{11}等化合物。

Mg-Al － Zn 合金之組織中除了 Mg 固溶體之外，尚有$Mg_{17}Al_{12}$，τ化合物$(Al_2Mg_3Zn_3)$，藉由熱處理可使其呈現時效硬化效果。

JIS規格之MC2C、MC2E、MC5(相當於ASTM之AZ91C、AZ91E、AM100A)，皆屬此系之鎂合金。由上述表 16.13 可知，此系鎂合金經過 T4、T5 或 T6 熱處理後，其機械性質可明顯獲改善。固溶化處理溫度長達 16 小時以上，這是因爲析出物之固溶與析出速度緩慢的緣故。但固溶化處理後不需急冷，而只要空冷即可得到過飽和之固溶體。

鎂合金中添加 Al 可抑制粗大結晶或柱狀晶之成長，並可使鑄造組織微細化，改善機械性質。而 Zn 少量添加時也有提高強度之效果。若此2種元素同時添加，例如 MC2C(8.1～9.3%Al，0.4～1.0%Zn)經過 T6 處理(固溶化處理後時效硬化處理)後其抗拉強度可達 240N/mm^{2}以上。

㈡ Mg-Zn-Zr系

此系合金作爲要求高降伏強度、高韌性之鎂合金鑄件，JIS 規格中之 MC6、MC7即屬此類，圖 16.5 所示爲MC6之溫度與各種機械性質的關係。

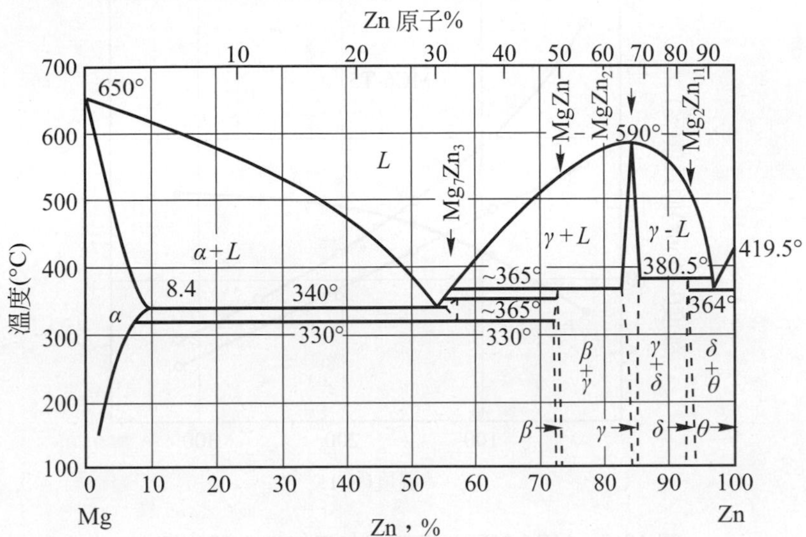

圖 16.3　Mg-Zn 系平衡圖

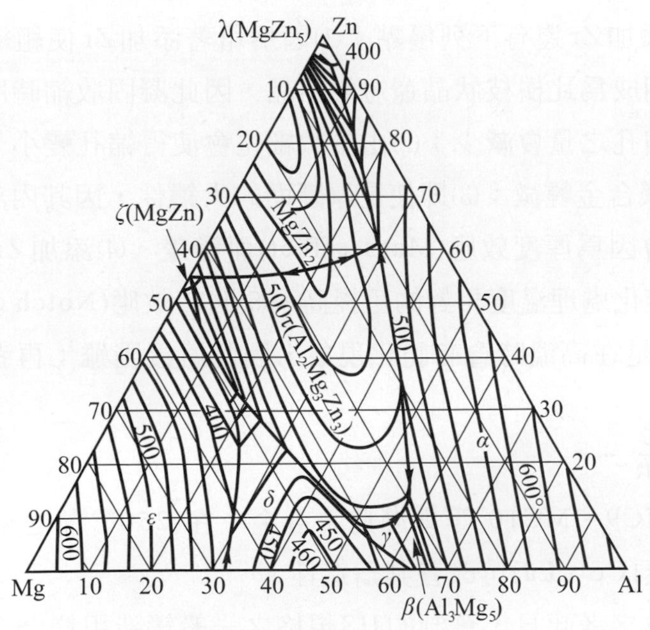

圖 16.4　Mg-Al-Zn 系平衡圖(液相面)

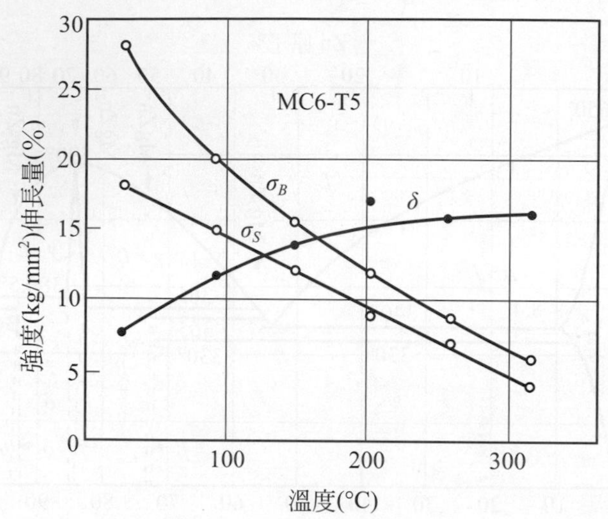

圖 16.5　MC6 試片之溫度與各種機械性質的關係

在Mg-Zn合金中添加Zr時，可使鑄造組織顯著微細化，因此機械性質可大幅度改善。此外，添加Zr還有下列優點：⑴因爲藉著添加Zr使組織微細化，所以凝固時所生成的固相成爲比樹枝狀晶還短的結晶，因此凝固收縮時所伴隨的熔液之補充較易進行，故縮孔之量會減少；⑵由於微細化會使得縮孔變小，所以縮孔之缺陷會比含Al量高之鎂合金輕微；⑶即使是厚斷面的大鑄件，因其內部仍爲微細組織，所以機械性質不會因爲厚度效應(Mass effect)而變差。⑷添加Zn後會使固相線溫度上升，因而固溶化處理溫度相對的可提高。⑸凹口效應(Notch effect)小。但是，添加Zr的缺點則是在高溫時會有脆化現象，因此熔接困難；再者是無法完全消除鑄造之縮孔缺陷。

㈢ Mg-Zr-稀土系

JIS MC8、MC9、MC10 等即屬此系合金，在 250℃前之耐熱性良好爲其特徵，添加稀土元素(Ce、La)可改善其鑄造性。

爲了提供作爲參考起見，舊制的JIS規格之一般鑄造用鎂合金與世界主要各國規格對照如表 16.14 所示。

表 16.11　鎂合金鑄件之種類與記號 (JIS H 5203：2006)
Magnesium Alloy Castings

種類	記號	鑄模之區分	參考			
			ISO 相當合金	ASTM 相當合金	合金特色	用途例
鑄件 2 種C	MC2C	砂模 金屬模 精密	MgAl9Zn1(B)	AZ91C	具韌性，鑄造性亦佳。亦適合作爲耐壓用鑄件。	一般用鑄件、齒輪箱、電視攝影機用零件、工具用治具、電動工具、混凝土試驗容器。
鑄件 2 種E	MC2E	砂模 金屬模 精密	MgAl9Zn1(A)	AZ91E	耐蝕性比MC2C佳。其他性質與MC2C同等。	
鑄件 5 種	MC5	砂模 金屬模 精密	–	AM100A	具強度與韌性，亦適合作爲耐壓用鑄件。	一般用鑄件、引擎零件等。
鑄件 6 種	MC6	砂模	–	ZK51A	使用於要求強度與韌性之場合。	高強度鑄件、雷射用輪等。
鑄件 7 種	MC7	砂模	–	ZK61A	〃	高強度鑄件、進氣罩等。
鑄件 8 種	MC8	砂模 金屬模 精密	MgRE3Zn2Zr	EZ33A	具鑄造性、熔接性、耐壓性。 常溫強度低，但高溫時之強度下降少。	耐熱用鑄件、引擎零件、齒輪箱、壓縮機殼等。
鑄件 9 種	MC9	砂模 金屬模 精密	MgAg2RE2Zr	QE22A	具強度與韌性，鑄造性亦佳。高溫強度優良。	耐熱用鑄件、耐壓鑄件殼、齒輪箱等。
鑄件 10 種	MC10	砂模 金屬模 精密	MgZn4RE1Zr	ZE41A	具鑄造性、熔接性、耐壓性，高溫時之強度下降少。	〃
鑄件 11 種	MC11	砂模 金屬模 精密	MgZn6Cu3Mn	ZC63A	擁有類似MC10之特性。鑄造性亦同等。	氣缸體、承油盤。
鑄件 12 種	MC12	砂模 金屬模 精密	MgY4RE3Zr	WE43A	可使用於 200℃以上，在高溫長時間保持時其強度下降少。	航太零件、直升機之變速箱等。
鑄件 13 種	MC13	砂模 金屬模 精密	MgY5RE4Zr	WE54A	現今之鎂合金中，高溫強度最高者。	賽車零件、尤其是汽缸體、頭·閥蓋等。
鑄件 14 種	MC14	砂模 金屬模 精密	MgRE2Ag1Zr	EQ21A	具強度與韌性，鑄造性亦佳。高溫強度優良。	耐熱用鑄件、耐壓鑄件殼、齒輪箱等。

表 16.12 鎂合金鑄件之化學成分 (JIS H 5203：2006)

Magnesium Alloy Castings

單位%

種類	記號	化學成分 % (質量分率)												
		Mg	Al	Zn	Zr	Mn	RE[1]	Y	Ag	Si	Cu	Ni	Fe	其他
鑄件 2 種 C	MC2C	餘量	8.1～9.3	0.40～1.0	—	0.13～0.35	—	—	—	0.30 以下	0.10 以下	0.01 以下	0.03 以下	0.05 以下
鑄件 2 種 E	MC2E	〃	8.1～9.3	0.40～1.0	—	0.17～0.35	—	—	—	0.20 以下	0.015 以下	0.0010 以下	0.005 以下	0.01 以下
鑄件 5 種	MC5	〃	9.3～10.7	0.30 以下	—	0.10～0.35	—	—	—	0.30 以下	0.10 以下	0.01 以下	—	0.01 以下
鑄件 6 種	MC6	〃	—	3.6～5.5	0.5～1.0	—	—	—	—	—	0.10 以下	0.01 以下	—	0.01 以下
鑄件 7 種	MC7	〃	—	5.5～6.5	0.6～1.0	—	—	—	—	—	0.10 以下	0.01 以下	—	0.01 以下
鑄件 8 種	MC8	〃	—	2.0～3.1	0.50～1.0	0.15 以下	2.5～4.0	—	—	0.01 以下	0.10 以下	0.01 以下	0.01 以下	0.01 以下
鑄件 9 種	MC9	〃	—	0.2 以下	0.4～1.0	—	1.8～2.5	—	2.0～3.0	0.01 以下	0.10 以下	0.01 以下	0.01 以下	0.01 以下
鑄件 10 種	MC10	〃	—	3.5～5.0	0.4～1.0	0.15 以下	0.75～1.75	—	—	0.01 以下	0.10 以下	0.01 以下	0.01 以下	0.01 以下

表 16.12　鎂合金鑄件之化學成分 (JIS H 5203：2006)(續)

Magnesium Alloy Castings

單位%

種類	記號	化學成分 % (質量分率)												
		Mg	Al	Zn	Zr	Mn	RE[1]	Y	Ag	Si	Cu	Ni	Fe	其他
鑄件 11 種	MC11	餘量	—	5.5～6.5	—	0.25～0.75	—	—	—	0.20 以下	2.4～3.0	0.01 以下	0.05 以下	0.01 以下
鑄件 12 種	MC12	〃	—	0.2 以下	0.40～1.0	0.15 以下	2.4～4.4	3.7～4.3	—	0.01 以下	0.03 以下	0.005 以下	0.01 以下	0.01 以下
鑄件 13 種	MC13	〃	—	0.2 以下	0.40～1.0	0.03 以下	1.5～4.0	4.75～5.5	—	0.01 以下	0.03 以下	0.005 以下	0.01 以下	0.01 以下
鑄件 14 種	MC14	〃	—	0.2 以下	0.4～1.0	0.15 以下	1.5～3.0	—	1.3～1.7	0.01 以下	0.05～0.10	0.01 以下	0.01 以下	0.01 以下

註：(1) RE 是指 Y(釔)以外之稀土類元素。

備考：*1.* 被確認有本表所規定之外的有害不純物時，可由買賣雙方協議規定不純物之容許限度。但，規定值不可超過 0.01%(質量分率)。

2. 鑄件 8 種與鑄件 10 種之 RE 主要爲 Ce(鈰)。

3. 鑄件 9 種與鑄件 14 種之 RE，Nd(釹)占 70%(質量分率)以上，其餘大部分爲 Pr(鐠)所構成之稀土混合物(Didymium)。

4. 鑄件 12 種之 RE 爲 2.0～2.5%(質量分率)之 Nd(釹)與其他重稀土類。

5. 鑄件 13 種之 RE 爲 1.5～2.0%(質量分率)之 Nd(釹)與其他重稀土類。

6. 鑄件 12 種與鑄件 13 種之 Li(鋰)含有率爲 0.2%(質量分率)以下。

表 16.13　鎂合金鑄件之機械性質[1](JIS H 5203：2006)

Magnesium Alloy Castings

種類	質別[2]	記號與質別記號	拉伸試驗			勃氏硬度[5] HBW	參考[3]、[4]				
			抗拉強度 N/mm²	降伏強度 N/mm²	伸長率 %		固溶化處理			時效硬化處理	
							溫度 ±6(°C)	最高溫度 (°C)	時間 (h)	溫度 ±6(°C)	時間 (h)
鑄件 2 種 C	鑄造狀態	MC2C-F	160 以上	70 以上	—	50～65	—	—	—	—	—
	固溶化處理	MC2C-T4	240 以上	70 以上	6 以上	55～70	412[6]	418	16～24	—	—
	時效硬化處理	MC2C-T5	160 以上	80 以上	2 以上	60～70	—	—	—	168	16
										216	4
	固溶化處理後時效硬化處理	MC2C-T6	240 以上	110 以上	2 以上	60～90	412[6]	418	16～24	168	16
鑄件 2 種 E	鑄造狀態	MC2E-F	160 以上	70 以上	—	50～65	—	—	—	—	—
	固溶化處理	MC2E-T4	240 以上	70 以上	6 以上	55～70	412[6]	418	16～24	—	—
	時效硬化處理	MC2E-T5	160 以上	80 以上	2 以上	60～70	—	—	—	168	16
										216	4
	固溶化處理後時效硬化處理	MC2E-T6	240 以上	110 以上	2 以上	60～90	412[6]	418	16～24	168	16
										216	5～6

表 16.13　鎂合金鑄件之機械性質[1](JIS H 5203：2006)(續)
Magnesium Alloy Castings

種類	質別[2]	記號與質別記號	拉伸試驗			參考[3]、[4]					
			抗拉強度 N/mm^2	降伏強度 N/mm^2	伸長率 %	勃氏硬度[5] HBW	固溶化處理			時效硬化處理	
							溫度 ±6(°C)	最高溫度 (°C)	時間 (h)	溫度 ±6(°C)	時間 (h)
鑄件 5 種	鑄造狀態	MC5-F	140 以上	70 以上	—	—	—	—	—	—	—
	固溶化處理	MC5-T4	240 以上	70 以上	6 以上	—	424[6]	432	16～24	—	—
	時效硬化處理	MC5-T5	160 以上	80 以上	—	—	—	—	—	232	5
	固溶化處理後時效硬化處理	MC5-T6	240 以上	110 以上	2 以上	—	424[6]	432	16～24	232	5
鑄件 6 種	時效硬化處理	MC6-T5	235 以上	140 以上	4 以上	60～70	—	—	—	177[7]	12
鑄件 7 種	時效硬化處理	MC7-T5	270 以上	180 以上	5 以上	—	—	—	—	149	48
	固溶化處理後時效硬化處理	MC7-T6	275 以上	180 以上	4 以上	65～75	496[8]	502	2	129	48
鑄件 8 種	時效硬化處理	MC8-T5	140 以上	95 以上	2 以上	50～60	—	—	—	175	16
鑄件 9 種	固溶化處理後時效硬化處理	MC9-T6	240 以上	175 以上	2 以上	70～90	525[9]	538	4～8	204	8
鑄件 10 種	時效硬化處理	MC10-T5	200 以上	135 以上	2 以上	55～70	—	—	—	329[10]	2

表 16.13 鎂合金鑄件之機械性質[1](JIS H 5203：2006)(續)

Magnesium Alloy Castings

種類	質別[2]	記號與質別記號	拉伸試驗			勃氏硬度[5] HBW	參考[3]、[4]				
			抗拉強度 N/mm²	降伏強度 N/mm²	伸長率 %		固溶化處理			時效硬化處理	
							溫度 ±6(°C)	最高溫度 (°C)	時間 (h)	溫度 ±6(°C)	時間 (h)
鑄件 11 種	固溶化處理後時效硬化處理	MC11-T6	195 以上	125 以上	2 以上	55～65	439[9]	445	4～8	200	16
鑄件 12 種	固溶化處理後時效硬化處理	MC12-T6	220 以上	170 以上	2 以上	75～90	527[9]	535	4～8	250	16
鑄件 13 種	固溶化處理後時效硬化處理	MC13-T6	250 以上	170 以上	2 以上	80～90	527[9]	535	4～8	250	16
鑄件 14 種	固溶化處理後時效硬化處理	MC14-T6	240 以上	175 以上	2 以上	70～90	527[9]	535	4～8	250	16

註：(1)精密鑄造之機械性質無規定。

(2)質別記號依照 JIS H 0001。

(3)固溶化處理後之鑄件，以強制空冷冷卻至室溫。有設定其他條件場合時則除外。400℃以上時，CO_2、SiO_2或SF_6含有率在 0.5～1.5%(質量分率)之 CO_2 ，可二者擇一作爲保護氣體。

(4)鑄件 2 種 C 與鑄件 2 種 E 之固溶化處理，在 260℃之熱處理爐升溫至固溶化處理溫度之時間必須爲 2 小時。

(5)此參考值是依照 JIS Z 2243(勃氏硬度試驗—試驗方法)試驗所得之數值。

(6)爲了防止結晶之粗大化，亦可施以下述 3 階段之處理：412±6℃、6 小時處理後，再於 352±6℃、2 小時，更於 412±6℃、10 小時。

(7) 218±6℃、8 小時亦可。

(8) 482±6℃、10 小時亦可。

(9)以 65℃溫水或其他媒體加以冷卻。

(10)若無法獲得既定之機械性質時，亦可追加 117℃、16 小時之處理。

備考：1 N/mm² =1 MPa。

表 16.14　一般鑄造用鎂合金之 JIS 規格與世界主要各國規格對照表

規格 號碼 名稱 記號	日本工業規格	關連外國規格						
		美國			英國	德國	法國	國際規格
	JIS	ASTM		SAE	BS	DIN	NF	ISO
規格號碼	H5203:2000	B80:97	B199:87(93)		EN 1753:97			16220:2000
規格名稱	Mg 合金鑄件	Mg 合金砂模鑄件	Mg 合金金屬模鑄件		Mg 合金原料與鑄件			Mg 合金原料與鑄件
材料記號	MC1	AZ63A	–		–			–
	MC2C	AZ91C	AZ91C		–			–
	MC2E	AZ91E	AZ91E		–			–
	MC3	AZ92A	AZ92A		–			–
	MC5	AM100A	AM100A		–			–
	MC6	ZK51A	–		–			–
	MC7	ZK61A	–		–			–
	MC8	EZ33A	EZ33A		EN-MC65120			MgRE3Zn2Zr
	MC9	QE22A	QE22A		EN-MC65210			MgAg2RE2Zr
	MC10	ZE41A	–		EN-MC35110			MgZn4RE1Zr
	MC11	ZC63A	–		EN-MC32110			MgZn6Cu3Mn
	MC12	WE43A	–		EN-MC95320			MgY4RE3Zr
	MC13	WE54A	–		EN-MC95310			MgY5RE4Zr
	MgAl6Zn3	–	–		–			–
	MgAl8Zn1	–	–		EN-MC21110			MgAl8Zn1
	MgAl8Zn	–	–		–			–
	MgAl9Zn	–	–		–			MgAl9Zn1(B)
	MgRE2Zn2Zr	–	–		–			–

16.4.3 壓鑄用鎂合金

壓鑄用鎂合金即適用於鑄造方法中之壓鑄(Die casting)製程，特別考慮到金屬熔液是在高速、高壓條件下充填之壓鑄特性，因此金屬溶液之流動性與模具之黏著性、耐壓性等均應滿足需求，其 JIS 規格之種類與記號、化學成分如表 16.15 與 16.16 所示。共有MDC1B、MDC1D、MDC2B、MDC3B、MDC4、MDC5、MDC6 等 7 種，分別相當於 ASTM 之 AZ91B、AZ91D、AM60B、AS41B、AM50A、AM20A、AM21A。由表可知，可分為Mg-Al-Zn系、Mg-Al-Mn系、Mg-Al-Si系等三大類。而表 16.17 為壓鑄用鎂合金之 JIS 規格之機械性質(參考用)。

為了提供作為參考起見，舊制的JIS規格之壓鑄用鎂合金與世界主要各國規格之對照，如表 16.18 所示。

表 16.15　壓鑄用鎂合金之種類與記號 (JIS H 5303：2006)
Magnesium Alloy Die Castings

種類	記號	參考			
		ISO 相當合金	ASTM 相當合金	合金特色	使用零件例
鎂合金壓鑄 1 種 B	MDC1B	MgAl9Zn1(B)	AZ91B	耐蝕性較 1 種 D 稍差，機械性質佳。	鏈鋸、錄放影機器、音響機器、運動用品、汽車、OA 機器、電腦等零件、其他泛用零件。
鎂合金壓鑄 1 種 D	MDC1D	MgAl9Zn1(A)	AZ91D	耐蝕性優良。其他特性與 1 種 B 同等。	
鎂合金壓鑄 2 種 B	MDC2B	MgAl6Mn	AM60B	延性與韌性優良。鑄造性稍差。	汽車零件、運動用品。
鎂合金壓鑄 3 種 B	MDC3B	MgAl4Si	AS41B	高溫強度佳。鑄造性稍差。	汽車引擎零件。
鎂合金壓鑄 4 種	MDC4	MgAl5Mn	AM50A	延性與韌性優良。鑄造性稍差。	汽車零件、運動用品。
鎂合金壓鑄 5 種	MDC5	MgAl2Mn	AM20A	延性與韌性優良。	汽車零件。
鎂合金壓鑄 6 種	MDC6	MgAl2Si	AS21A	高溫強度佳。鑄造性稍差。	汽車引擎零件。

表 16.16　壓鑄用鎂合金之化學成分 (JIS H 5303：2006)
Magnesium Alloy Die Castings

種類	記號	化學成分 % (質量分率)								
		Mg	Al	Zn	Mn	Si	Cu	Ni	Fe	其他個別
1 種 B	MDC1B	餘量	8.3～9.7	0.35～1.0	0.13～0.50	0.50 以下	0.35 以下	0.03 以下	0.03 以下	0.05 以下
1 種 D	MDC1D	〃	8.3～9.7	0.35～1.0	0.15～0.50	0.10 以下	0.030 以下	0.002 以下	0.005 以下	0.01 以下
2 種 B	MDC2B	〃	5.5～6.5	0.30 以下	0.24～0.6	0.10 以下	0.010 以下	0.002 以下	0.005 以下	0.01 以下
3 種 B	MDC3B	〃	3.5～5.0	0.20 以下	0.35～0.7	0.50～1.5	0.02 以下	0.002 以下	0.0035 以下	0.01 以下
4 種	MDC4	〃	4.4～5.3	0.30 以下	0.26～0.6	0.10 以下	0.010 以下	0.002 以下	0.004 以下	0.01 以下
5 種	MDC5	〃	1.6～2.5	0.20 以下	0.33～0.70	0.08 以下	0.008 以下	0.001 以下	0.004 以下	0.01 以下
6 種	MDC6	〃	1.8～2.5	0.20 以下	0.18～0.70	0.7～1.2	0.008 以下	0.001 以下	0.004 以下	0.01 以下

表 16.17　壓鑄用鎂合金之機械性質(參考) (JIS H 5303：2006)
Magnesium Alloy Die Castings

記號	記號與質別記號⑴	拉伸試驗⑵			勃氏硬度 HBW
		抗拉強度 N/mm^2	降伏強度 N/mm^2	伸長率%	
MDC1D	MDC1D-F	200～260	140～170	1～9	65～85
MDC2B	MDC2B-F	190～250	120～150	4～18	55～70
MDC3B	MDC3B-F	200～250	120～150	3～12	55～80
MDC4	MDC4-F	180～230	110～130	5～20	50～65
MDC5	MDC5-F	150～220	80～100	8～25	40～55
MDC6	MDC6-F	170～230	110～130	4～14	50～70

註：⑴質別記號依照 JIS H 0001。

⑵拉伸試驗所用試片之形狀與尺寸爲最小肉厚 2mm，截面積 20mm^{2}之壓鑄製作試片，表面爲鑄造狀態。

備考：1 N/mm^2 =1 MPa。

表 16.18　壓鑄用鎂合金之 JIS 規格與世界主要各國規格對照表

規格 / 號碼 名稱 記號	日本工業規格	關連外國規格							
		美國			英國	德國	法國	國際規格	
	JIS	ASTM	SAE	FS	BS	DIN	NF	ISO	
規格號碼	H5303:91	B94:94	J465:89		EN 1753:97	EN 1753:97	EN 1753:97	121:80	3315:81
規格名稱	壓鑄用 Mg 合金	壓鑄用 Mg 合金	Mg 鑄件合金		Mg 合金原料與鑄件			Mg-Al-Zn 合金鑄件	Mg-Zn-Zr 合金鑄件
材料記號	MDC1B	AZ91B	—		—			—	
	MDC1D	AZ91D	—		EN-MC21120			MgAl9Zn1(A)	
	MDC2B	AM60B	—		—			—	
	MDC3B	AS41B	—		EN-MC21320			MgAl4Si	
	MDC4	AM50A	—		EM-MC21220			MgAl5Mn	
	MgAl8Zn1	—	—		—			MgAl8Zn1	
	MgAl8Zn	—	—		—			—	
	MgAl9Zn	—	—		—			MgAl9Zn1(B)	
	MAl9Zn2	—	—		—			—	

16.5 鎂合金之成型方法

鎂合金零組件之成型方法，從全球鎂合金之生產量可知，壓鑄成型法是主要之製程，鎂合金壓鑄(Die casting)之作業流程如圖 16.6 所示。此外，近年來亦正推廣使用半固態成型法。鎂合金壓鑄成型法有別於鋁合金材料的是冷室壓鑄法與熱室壓鑄法均可適用於鎂合金產品之製作。冷室壓鑄法與熱室壓鑄法其發展歷史悠久，技術成熟度高，而這兩種壓鑄方法各有其優缺點，但基本上冷室壓鑄法較適合生產厚斷面而投影面積大之大型工件，熱室壓鑄法則適合生產薄斷面而投影面積小之工件。

16.5.1 冷熱室壓鑄法及其比較

鎂合金因爲不會對壓鑄用鋼製模具材料造成嚴重的腐蝕，因此除可選用冷室壓鑄法外，亦可採用熱式壓鑄法製程。選擇何者，主要是由鑄件大小及成品需求特性來決定。如一般較大型的汽車零件，受限於壓鑄機噸數，只能採用冷室壓鑄；而較小型的 3C 機殼零組件及自動控制閥元件等則可選用成型速度較快、成品率較高的熱室壓鑄法製程。冷室壓鑄法(Cold chamber die casting)與熱室壓鑄法(Hot chamber die casting)之製程示意圖如圖 16.7 所示，而此兩種製程之壓鑄機(Die casting machine)特性之比較如表 16.19 所示。

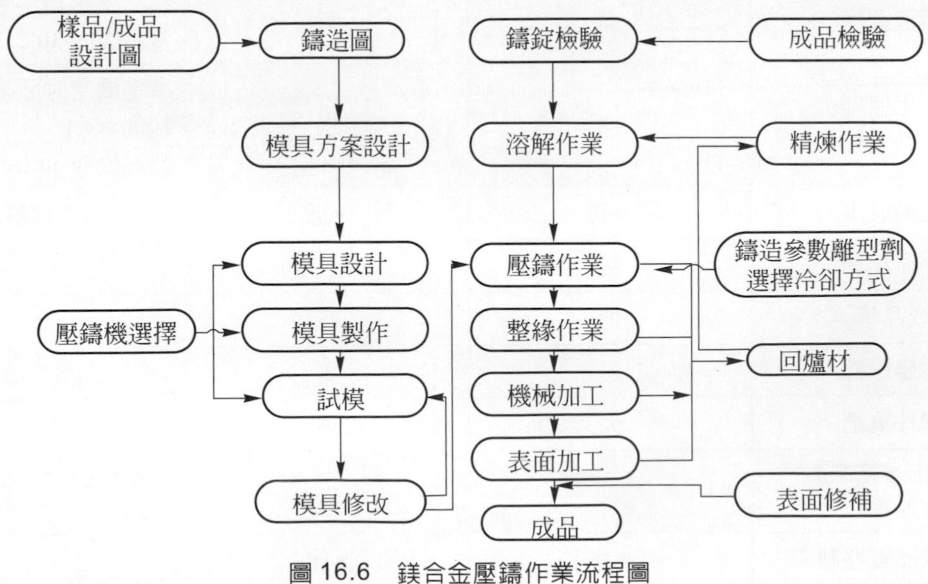

圖 16.6　鎂合金壓鑄作業流程圖

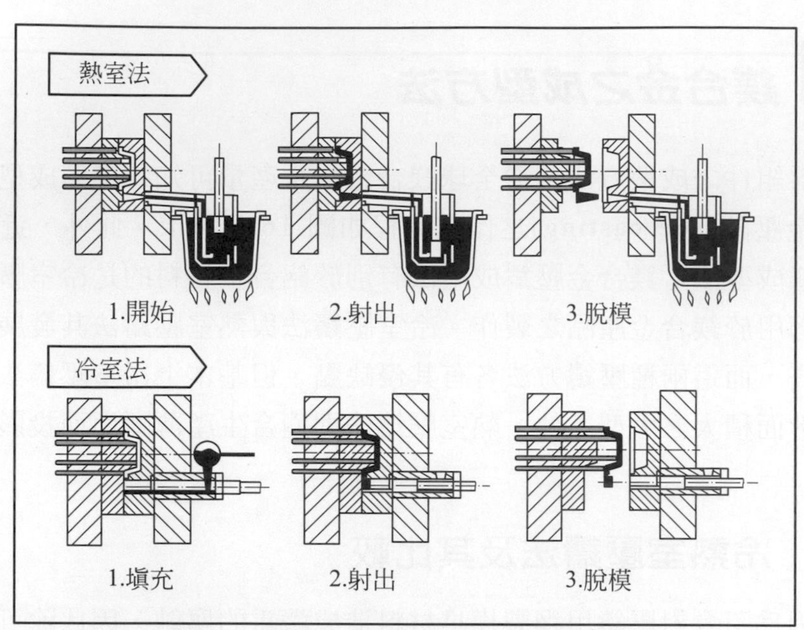

圖 16.7 冷、熱室壓鑄製程說明示意圖

表 16.19 冷、熱室壓鑄機特性之比較表

項目＼壓鑄機	冷室機 (＊鎂冷室機)	熱室機 (＊鎂熱室機)	備註
適用合金	鋁、鎂、銅	鎂、鉛、錫	
鑄造壓力	大	小	
熔液溫度	高	低	鎂冷室壓鑄熔液約較熱室高 20～30℃
射出速度 (柱塞)	快	慢	冷室機空射可達 10m/sec； 熱室機約 3m/sec
設備成本	＊高	＊低	包含熔解爐
生產周期	慢	快	
成品率	低	高	
維修保養	易	難	
鑄件重量	大	小	
射出量控制 (誤差)	大	小	冷室機射出量小時，誤差越大
熔液品質控制	＊差	＊佳	

16.5.2　壓鑄機之說明

冷室壓鑄機與熱室壓鑄機在硬體設備上最主要的區別在於：熱室機的射出系統硬體(柱塞、套筒或鵝頸)爲浸於熔融金屬液中，射出時藉由油壓驅動柱塞下壓而將金屬液射入金屬模穴中，待其冷卻而得到鑄件；而冷室機(臥室)之射出系統與熔解爐分離，射出前需將金屬液由他處之熔爐中取出後再倒入金屬套筒中，然後藉由柱塞向前將金屬液射入模穴。冷熱式壓鑄機之各部位名稱如圖 16.8(a)，(b)所示。

通常一部壓鑄機主要分爲鎖模系統、射出系統、控制系統及熔解系統等四大部分。其中鎖模系統及射出系統大致上長久以來已無太大變化。而在控制系統部分，目前壓鑄機設備廠商開始強調所謂"即時控制"(Real time control)系統，亦即在射出過程中，使用者能夠依其需要，在不同階段(時間)設定不同的壓力、速度等條件，以使產品品質更趨於完美。

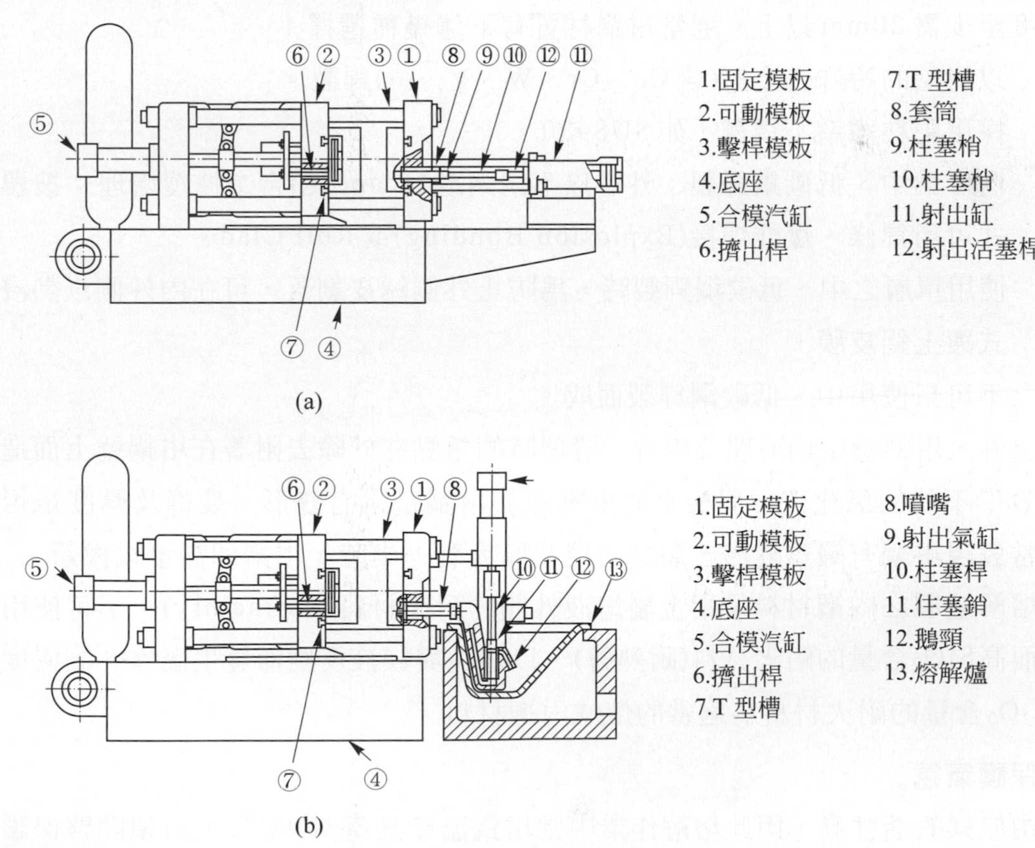

圖 16.8　冷、熱室壓鑄機各部份名稱

16.5.3 鎂壓鑄機熔解系統

壓鑄機之熔解系統部分，即是冷、熱室壓鑄機之最大差別所在，而鎂合金壓鑄機之熔解系統與鋁、鋅合金壓鑄更是有極大差異。基於作業上的安全考量，爲避免高溫之鎂熔液與氧接觸而產生氧化燃燒，因此對鎂壓鑄熔解系統的基本要求是：具有良好的密閉性，並能通入具有保護作用的氣體以防止鎂熔液氧化及燃燒。

㈠ **坩堝及爐體材質**

現今無論是冷室機或熱室機的熔解爐，基於生產效率的觀點，一般均採取全天候熔解或保溫，並隨時保持一定的液面高度。因此，在爐體及坩堝材質的選擇，除了考慮效率外，尙需避免在使用時發生坩堝突然破裂，鎂湯流出導致危險，因此安全考量更是重要的因素。

通常坩鍋材質是以鋼材爲主，且不含 Ni，以避免污染鎂液而使耐蝕性變差，其厚度至少需 20mm 以上。通常坩鍋材質有下述幾種選擇：

⑴ 以耐熱的特殊合金鋼(含 Co、Cr、W、V……)銲製。

⑵ 採用肥粒鐵系不銹鋼，如 SUS430。

⑶ 內層爲中、低碳鋼銲製；外層以不銹鋼或Inconel超合金披覆處理；披覆方式可用銲條、爆炸焊接(Explosion Bonding)或 Roll Clad。

⑷ 使用單層之中、低碳鋼銲製時，爲防止外側銹皮剝落，可在內外側以熱浸方式鍍上鋁皮膜。

⑸ 不可只使用中、低碳鋼銲製而成。

另外，坩鍋應定期清理及檢查。清理時的重點在於除去附著在坩鍋壁上而造成加熱效率不佳的氧化渣；而檢查的重點在於坩鍋是否有變形、裂縫及厚度是否不足。當發現坩鍋有嚴重變形，裂縫出現及厚度剩一半時，坩鍋即需予以換新。

熔解爐體之內襯材料是指金屬熔液外側的耐火材料(Refractory)。不可使用低密度而高SiO_2含量的耐火材料(耐熱磚)，以避免與鎂液反應而發生爆炸。高密度、高Al_2O_3含量的耐火材料爲適當的熔爐內襯材料。

㈡ **保護氣氛**

由於鎂的活性高，因此熔解作業中當坩鍋溫度高達 300℃以上時須開啓保護氣氛(Protective atmosphere)裝置。目前所用的保護氣氛以SF_6加入空氣、N_2或CO_2

等氣體爲主，依一定比例混合後，經過氣體混合裝置均勻混和之，再通入密閉的坩鍋中。所通入的保護氣氛需保持乾燥，在加入前需先經過乾燥機去除水氣。而壓鑄作業時保護氣氛的種類及比例，如下表 16.20 所示。一般而言，保護氣氛之濃度太高時易造成坩鍋材質的過度腐蝕；太低時則保護效果不足。實務操作上，宜選擇在正常開啓熔解爐(如加料，除渣)的最短時間內，使鎂液表面不致燃燒之最低濃度。

表 16.20　保護氣體之種類與比例

熔解溫度 ℃	建議之保護氣氛	熔液保護
650～705	Air + 0.04%SF_6	極佳
650～705	Air + 0.2%SF_6	極佳
650～705	75%air/25%CO_2 + 0.2% SF_6	極佳
705～760	50%air/50%CO_2 + 0.3% SF_6	極佳
705～760	50%air/50%CO_2 + 0.3% SF_6	佳

(三)　**鎂錠預熱**

鎂錠在加入熔解爐之前至少需預熱至 150℃，以便將水份完全去除，若有氧化物附著其上時則需先行去除之。鎂錠預熱的方式最好以獨立之加熱爐施行，目前以具備自動鑄錠加料功能之預熱爐較方便。

16.5.4　半固態成型法

不論是熱室或冷室壓鑄法，都是將熔融金屬液以極高之速度及壓力下射入金屬模穴內。因此壓鑄件內部容易產生因爲捲入空氣而形成之氣孔、表面流紋、內部凝固收縮、尺寸變形等鑄造缺陷，並且不易完全克服。爲了解決壓鑄所產生之此等問題，在 1970 年美國 MIT 發現組織經過球化處理之半固態合金材料之流動性，可隨著外加剪應力而產生變化，而且經過壓鑄或射出製程所產生之剪應力能使高固相率之半固態合金材料輕易的成型爲形狀複雜，斷面薄之產品。這種以半固態材料來成型之製程稱爲半固態成型(Semi-solid forming)。在鎂合金材料方面，半固態成型方法又可分爲下述三種方法。

㈠ **觸變成型(Thixomolding)**

本成型法是將長條形之鎂合金顆粒由加料筒(Feed stock)送到圖16.9所示之射出成型機的料管(Barrel)內，加熱至半固態後，以螺桿施加外力，將鎂合金材料攪拌成球狀組織之半固態狀態，然後再以螺桿送料並射到模穴內而成型。這種方法是由美國Thixomat公司所研發，其成型方法類似塑膠射出成型。此法之優點是半固態鎂合金作業溫度較低，而且在料管中與空氣隔絕，在作業安全性上比壓鑄法佳；此外作業溫度較低，因此對工件之凝固收縮以及模具壽命方面均較有利。半固態材料之成型是屬於層流(Laminar flow)，有別於壓鑄之亂流(Turbulent flow)，對於降低工件內之氣孔有相當之助益。然而其缺點是觸變成型法所用之鎂合金材料需先經加工成顆粒狀，在成本上比一般鎂錠高；再者，藉由調整成型溫度來控制鎂合金固液相百分比之條件控制，在實際上並不容易精確達成。

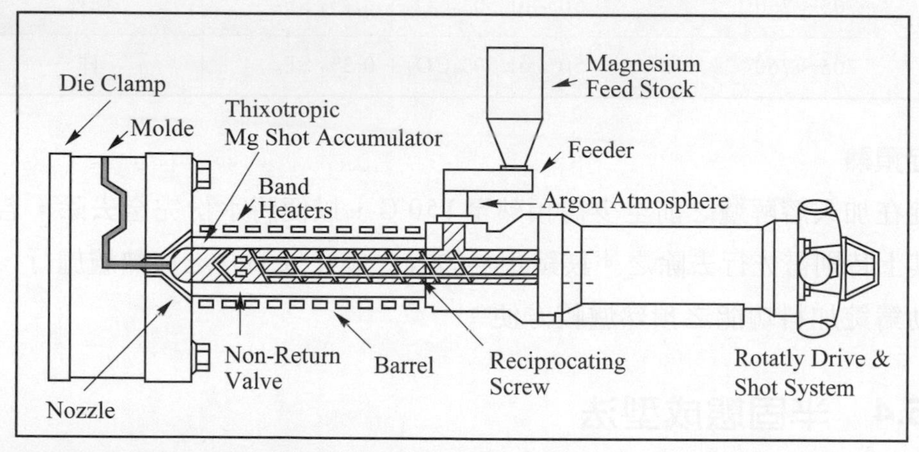

圖16.9 觸變成型

㈡ **流變成型(Rheomolding)**

針對上述觸變成型法之缺點，美國Cornell大學所提出的流變成型法是將熔融鎂金屬液送至射出成型機料管內，待其冷卻至半固態，同時經由螺桿之旋轉攪拌，使樹枝狀組織變成球狀組織，然後再以螺桿送料射出成型，如圖16.10所示。流變成型與上述之觸變成型之差別在於：前者是直接將鎂合金材料由熔融狀態冷卻至半固態後再加以成型；後者則是將材料加熱至半固態後進行成型。流變成型使用之材料可直接由鎂錠熔解使用，因此成本較低。此外，流變成型射出機之進料筒可由鎂合金液完全充滿，不會有觸變成型之鎂顆粒與顆粒之間隙所殘留之空氣會滲入料管中，無法在射入模穴之前將空氣排出，最終造成工件內產生氣孔之問題。但是，流變成型在製程條件之控制上同樣面臨控制不易之問題。

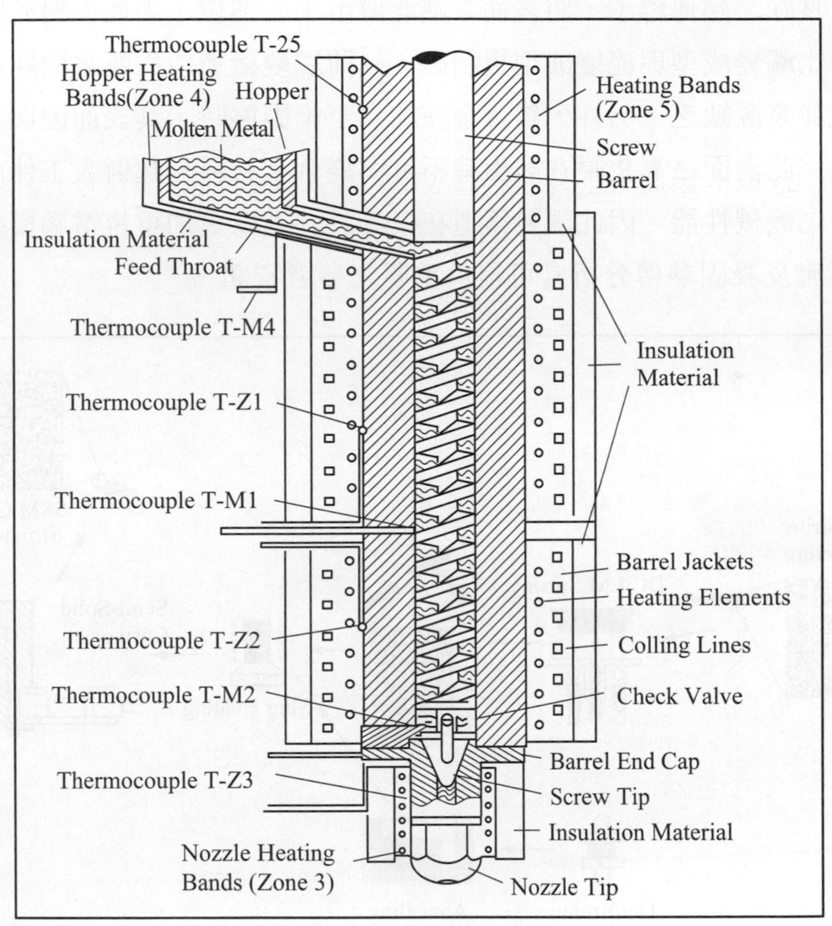

圖 16.10　流變成型

(三)　觸變鑄造(Thixocasting)

觸變鑄造是目前半固態成型方法中，商業化程度最高之製程。其成型方式是使用以電磁攪拌或是其他熱機處理(Thermal mechanical)方法所製成的球狀組織之棒材，爾後將棒材依射出工件之重量將其切成適當長度之小材(Slug)，再以感應加熱之方法，將其重新加熱至所設定之半固態狀態後再送料至擁有即時控制系統(Real time control system)之壓鑄機內成型之，如圖 16.11 所示。觸變鑄造除了使用之材料爲非樹枝組織之半固態材料外，其成型方式及設備均與壓鑄法相似。觸變鑄造法所使用之半固態材料是利用感應加熱方式，讓鎂錠經過電磁場感應，直接在表面形成渦電流(Eddy current)，利用其電阻熱來加熱鎂合金材料，所以鎂錠材料之溫度控制可經由良好之熱傳導率，將表面之熱能傳至中心部位，因此，對於固、液相百分比之控制比觸變成型與流變成型更精確。目前觸變鑄造所面臨之問題是非樹枝狀組織之鎂錠其來源缺乏。另外，鎂合金在加熱至半固態時，其表面因與空氣接觸會產生氧化膜。此表面之氧化膜在射出時不可與鎂合金材料一起射入工件內部，否則會影響工件之機械性能。因此觸變鑄造在模具設計上應更加重視電腦模擬技術之結合，對於模流及凝固熱傳分析當可提供重要之參考資訊。

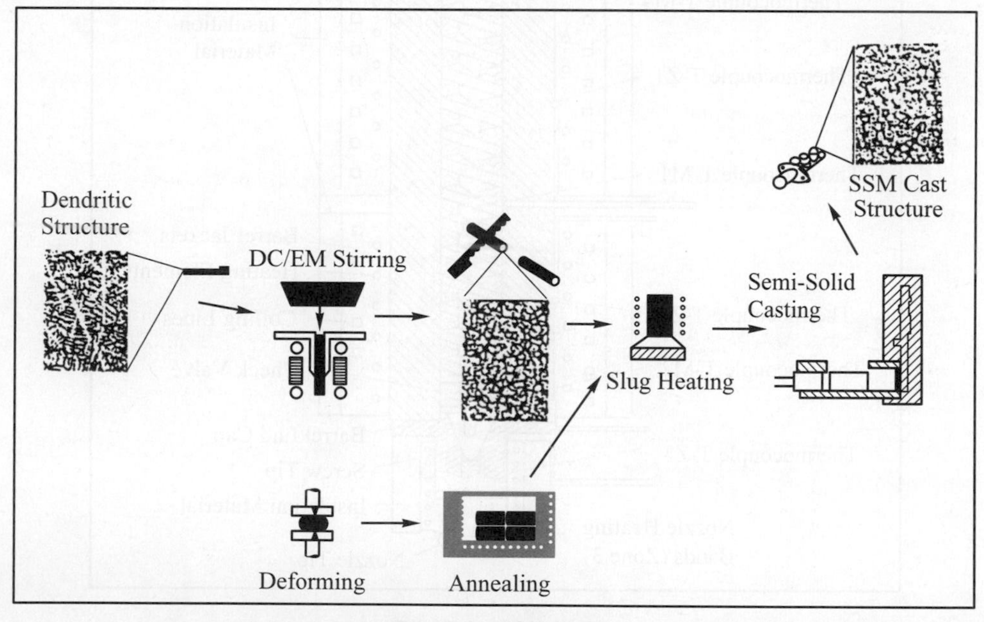

圖 16.11 觸變鑄造

16.6 鎂合金之用途

隨著全球通訊事業及網際網路的快速蓬勃發展，對於輕薄短小、可攜式、耐衝擊、耐各種不同環境條件的產品設備之需求大增，而傳統之工程塑膠及鋁合金等材料性能已漸無法滿足其需求，因此替代性材料(Substitutional material)成爲必須考處且引人注目的發展方向，而其中鎂合金所獨具的優良性質將使其不僅在汽車工業的應用上大幅成長，也將在3C產業的應用中快速崛起，或可期待佔領先之優勢。鎂合金與其化常用之工程材料性能之比較，如表16.21所示。

16.6.1 鎂合金於3C產業之應用

由於3C(Computer、Communication、Consumable electronics products)產品朝向輕、薄、短、小之趨勢，再加上散熱與遮蔽電磁波等要求，使得未來鎂合金在3C 產品上應用，有取代塑膠或鋁合金等材料而成爲3C 產品外殼及零組件原料之趨勢，將可大幅的帶動鎂合金產品的高度成長。下列爲幾種較具代表性之鎂合金3C產品：

(1) 手機(Mobile phone)
(2) 筆記型電腦(Notebook type computer)
(3) 照相機、攝影機
(4) 投影機
(5) 音響、MD、MP3

㈠ **鎂合金3C產品外殼之優點可分述如下：**

(1) **輕量化**

鎂合金之比重(1.74)約爲鋁合金之2/3，鋅合金之1/4，一般塑膠之1.5倍；鎂合金比重爲工業上構造用金屬中最輕者，因此非常適合做爲做3C產品外殼。

(2) **高剛性**

鎂合金之比剛性與鋁合金、鋅合金相近，但爲一般塑膠的10倍。

(3) **制震能佳**

鎂合金之比阻尼容量爲鋁合金的10～25倍，鋅合金之1.5倍，顯示其吸振能力的優異，可減少噪音及振動，用在可攜式設備上有助於降低外界震動源對內部精密電子、光學元件的干擾。

(4) **電磁波遮蔽性佳**

個人電腦、手機等設備的晶片在使用時所發出的高頻電磁波往往會穿透外殼，互相干擾而變成雜訊的來源，影響通訊及運算的品質。另外據多項研究調查顯示，人體長期處於強力電磁場下(例如居住於高壓鐵塔附近或工作於電腦室中)容易罹患癌症(肺癌)及各種血液病變。鎂合金是金屬，本身即爲良導體，可直接扮演電磁遮蔽之角色，不像塑膠材料需另作導電處理(如表面鍍鎂)，雖然目前尚無有效方法能完全抑制電磁波干擾(Electro-magnetic interference，EMI)，但至少可朝以下兩方面努力，將電磁波對人體的傷害減到最低，並提高機器運轉的穩定性與可信度，建立較佳的電磁相容性(Electro-magnetic compatibility，EMC)。

(5) **散熱性良好**

金屬的熱傳導率是塑膠的數百倍，因此用於電子產品外殼或零組件時，若是能夠在結構及熱傳導上加以綜合設計考量，即可發揮熱穴(Heat sink)的功能，將 CPU 等電子零件所產生的熱量予以疏導排除。與其它材料比較時如表 16.21 所示，鎂合金的熱傳導率略低於鋁合金及銅合金，但遠高於鈦合金；比熱則與水接近，略高於鋁合金，約爲鋅合金的 2.9 倍，是常用合金中最高者。從筆記型電腦等產品的散熱需求來考慮時，鎂合金外殼傳熱快(因爲熱傳導率大)，自身又較不容易發燙(因爲比熱大)，因此在材料選擇上應是極佳的選擇。

表 16.21 鎂合金與常用工程材料性能之比較

	鎂合金 (AZ91)	鋁合金 (A380)	鋼鐵	ABS	聚碳酸酯
比重(g/cm^3)	1.82	2.70	7.86	1.03	1.23
融點(℃)	596	595	1520	90(Tg)	160(Tg)
熱傳導率(W/mK)	72	100	42	0.2	0.2
熱擴散率(cm^2/s)	0.290	0.244	0.117	0.00-	0.00-
抗拉強度(MPa)	280	315	517	35	104
降伏強度(MPa)	160	160	400	*	*
比強度	187	106	80	41	102
楊氏係數(GPa)	45	71	200	2.1	6.7

鎂合金本身較不易發熱，若另搭配 TCP(Tape carrier package)散熱配件，可有效克服散熱問題；由於電腦晶片的執行運算速度越來越快，發熱功率密度也不斷提昇，因此必須把系統內所產生的熱，經由傳導、對流、幅射等方式散至大氣當中，使元件的溫度維持在可靠範圍內，以確保系統的穩定度並延長零件的壽命。以筆記型電腦來說，可分為箱體外熱阻與內熱阻。在外熱阻部份，熱經由箱體表面藉熱輻射及自然對流散至空氣中，基本上改變不大，且在外觀的設計上比較沒有轉環的餘地；因此元件溫度的降低，只有靠改善內熱阻來達成。

通常用來改善內電阻的散熱方式包括自然冷卻、強制氣冷、直接及間接液冷、汽化冷卻等，筆記型電腦大多使用自然冷卻與強制氣冷，由於輻射熱所佔的比率只有 20%左右,且箱體空間有限，雖然底部有通風孔，但自然對流散熱效率不佳，一般得靠風扇強制對流，因此可將重點放在熱傳導散熱或強制氣冷的對策上，例如將高發熱元件做成貼壁設計，將熱量導引到大面板上，如筆記型電腦外殼。

(6) **耐蝕性佳**

鎂合金之耐蝕性(耐鹽腐蝕試驗)為碳鋼之 8 倍，為鋁合金之 4 倍，更為塑膠材料之 10 倍以上，所以其耐蝕能力為常用材料中最佳者。

(7) **質感極佳**

現今 21 世紀，人類對金屬質感、光澤仍有不可抹滅的愛戀，某型號手機外殼做成類似金屬樣式，但其光澤與金屬仍有差距，質感更不同於金屬。若使用鎂合金，則外觀及觸摸質感優良，對於工業設計師而言此亦為不可忽略之事實。

(8) **可回收使用**

在目前全球環保意識高漲的大環境下，鎂合金比起無法回收的熱固性塑膠，或是含有毒抗燃劑(Flame retardent)的抗燃塑料，鎂合金顯然佔了極大的優勢。據估計只要花費相當於新材料價錢的 4%，就可將鎂合金製品及廢料回收再使用。

16.6.2 鎂合金於汽車產業之應用

汽車輕量化為省油的重要手段已是眾所皆知的事實(有歐美的報告顯示汽車省油效果70%來自輕量化)，因而使用輕量材料自然成為達成輕量化的主要手段(依一般的經驗，小轎車每減重100公斤約可省油5%)；且自1990年代以來，美國更以立法規定各汽車製造廠的平均耗油量，藉以逼迫各車廠加速開發省油車，而美國為全球主要的汽車市場之一，全球各車廠大概都必須因應此規定，因而最近十年來，如何使車子輕量省油遂成為各大汽車製造廠最大的課題之一。

目前汽車採用鋁合金已達到某一程度，若要更省油，另一個更簡單且有效方法就是採用比鋁更輕的金屬，在此種需求下鎂合金即成為被寄予厚望的新輕量材料。經過歐美主要汽車製造廠(VW、Benz、Fiat、Ford、GM 等)數年來在工程上的努力，目前已確認在汽車上使用鎂合金的可行性(強度、加工性、耐疲勞等)與優越性(吸震)，並已在現有車型中逐漸採用鎂合金零件，例如：安全氣囊罩(Airbag houshing)、方向盤(Steering wheel)、汽缸頭蓋(Cylinder head cover)等。自1990年以來，歐美小汽車應用鎂合金的重量，在1990年時，平均每車僅約1公斤，至今年(2001)已確定將達 8 磅/車(約 3.6 公斤)，目前歐美各主要汽車製造廠都在規劃，今後15～20年間要將每車的鎂合金用量提高到100～120公斤左右。

歐美汽車製造廠開始大量採用鎂合金也導致歐美之鎂合金壓鑄業的產量大增，也導致1999年全球的鎂合金壓鑄用料較1998年成長21.2%的主要原因，歐美的壓鑄件總產量當中，85～90%為汽車零組件。

近年來鎂合金於汽車產業之應用以壓鑄件為主，依應用領域不同可分為下述數類：

(1) 動力系統零件，例如汽缸頭(蓋)、進氣岐管、變速箱殼體等，使用材料為MDC1D(AZ91D)。
(2) 駕駛艙零件，例如方向盤、骨架、儀表板支架、座椅骨架等，使用材料為MDC2B(AM60B)等Mg-Al-Mn系鎂合金，因其延性及韌性佳。
(3) 車身零件，例如車門內板、後掀門框架等。
(4) 底盤零件，例如引擎固定架等，使用材料為Mg-Al-RE系鎂合金，具耐熱性及高延性。

16.6.3 鎂合金於其他產業之應用

鎂合金除了主要應用於上述3C及汽車產業之外，也廣泛的應用於下述產業：

(1) 自行車產業，例如：競賽車、登山車、跑車……等之前叉。

(2) 家電用品，例如：錄影機、隨身聽、MP3、MD、PDA……等機殼。

(3) 運動器材，例如：網球拍、魚釣自動收線匣、釘鞋……等。

(4) 建築五金，例如：道路用反射鏡、耐燃，耐酸鹼玻璃纖維、格柵、碳纖維土木橋樑結構補強材……等。

(5) 眼鏡框，例如：鏡架……等。

(6) 光學儀器，例如：數位相機、數位攝影機、單槍投影機……等外殼。

習 題

16.1 解釋下述名詞：

(1) MI3A (2) MB1B (3) AZ80A (4) MB6-T5 (5) MC2C-T6 (6) WE54A (7) MDC1D (8) AM20A (9) AS21A (10)保護氣氛 (11)觸變成形(Thixomolding) (12)流變成形(Rheomolding) (13) 3C

16.2 試述純鎂的煉製方法。

16.3 說明純鎂的物理性質與機械性質。

16.4 說明鎂合金之ASTM規格記號之規定。

16.5 鎂合金可分為哪幾大類，試說明之。

16.6 試述加工用鎂合金之分類與特色。

16.7 說明一般鑄造用鎂合金中之Mg-Zn-Zr系合金之特徵。

16.8 試述壓鑄用鎂合金之分類。

16.9 比較與說明鎂合金冷室與熱室壓鑄機之特性。

16.10 試述鎂合金壓鑄機熔解系統之特徵。

16.11 說明鎂合金之半固態成型法之分類與特色。

16.12 說明鎂合金在3C產業上之應用。

16.13 說明壓鑄用鎂合金在汽車產業上之應用。

17 鈦與鈦合金

鈦的比重約為4.5左右，正好界於輕合金與鋼鐵材料之間，此外具有優良的機械性質和耐蝕性等而已引起廣泛的注目，近年來已作為實用金屬材料而登場。在作為航太、飛機構造材料，化學工業用耐蝕材料、民生工業等方面具有光輝的未來，所以可預見其成本將會逐漸降低，但是與其他材料比較時其價格仍然偏高，此點乃最不利於其在使用層面上之擴展。

17.1 鈦的煉製

鈦的熔點高，在高溫下極易與氧、氮、氫等結合，因此很難得到高純度而且具有可鍛性的鈦。所以**克羅爾法**(Kroll process)是將四氯化鈦在真空中以鎂加以還原後可得到海棉鈦。此法可將不純物完全分離，而製成純金屬鈦，在工業上甚具重要意義。鈦的礦石有鈦鐵礦(ilmenite，$TiO_2 \cdot FeO$)、金紅石(rutile，TiO_2)及含鈦鐵砂等，含鈦量各約爲 30、60、20%左右。將原礦石和焦碳、木炭等還原劑以適當的比例混合後置於電氣爐內加以溶解，就可得到生鐵和鈦熔渣。此鈦熔渣之主生成物爲含量約75～85%之二氧化鈦，而生鐵則是副產物(因爲金紅石中二氧化鈦約爲90%，所以可省略此工程)。將鈦熔渣加以粉碎後，以木炭粉爲還原劑、焦油(Tar)爲黏結劑予以混練後即可得到團鑛，將燒成後的團鑛放在氯化爐的氯之氣氛加熱到800℃左右後會產生四氯化鈦蒸氣，使其通過凝集器後再導入精製器中，如此而得到液體的四氯化鈦。克羅爾法之還原裝置爲一密閉之軟鋼製的圓筒狀容器，在充滿

氬氣的氣氛將Mg加以熔融之。然後將四氯化鈦自熔融鎂之上方靜靜的滴下時，經由下述反應

$$TiCl_4(\text{液體}) + 2Mg(\text{液體}) \rightarrow Ti(\text{固體}) + 2MgCl_2(\text{液體})$$

如此則可得到鈦。此反應爲發熱反應，所以必須要調整溫度使其不超過800℃。反應後將未反應的鎂及殘存的氯化鎂加以除去，待溫度降至室溫時即可取出所生成的鈦塊，於眞空爐中除去其附著物後即可得到海綿狀(Sponge)的鈦。克羅爾法的流程圖如圖 17.1 所示。

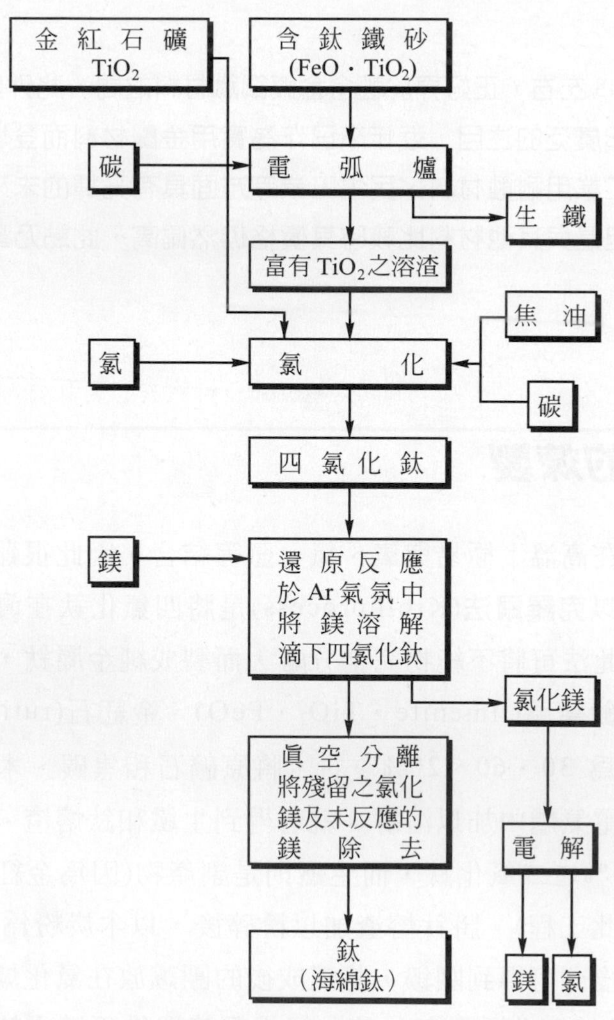

圖 17.1 利用克羅爾法(Kroll process)來製造鈦之流程圖

鈦對於氧、氮等的親和力很強，因此除了碳以外的耐火材料都會受到侵蝕。所以大都是在眞空或充滿氬氣之水冷容器中，利用金屬和電極間所產生的電弧電流來加以溶解的方法。

17.2 純鈦

將利用克羅爾法所製得的鈦原料加以製成的工業用純鈦，其純度約爲99.0～99.7%程度，並且含有氮、氧、碳、氫、鐵、矽等不純物。鈦於882℃時具有變態點，在此溫度以下爲六方密格子的α鈦，當超過此溫度則是體心立方的β鈦，即爲同素變態。表17.1所示爲純鈦的物理性質，而表17.2爲純鈦之JIS規格。CPTi(Commercial Pure Titanium)商業用純鈦在JIS規格中是以純度來區分，共4種，主要是以不純物中當中之N、O與Fe含量來分類，抗拉強度隨不純物含量之增加而變大。高純度的鈦非常柔軟，若含有不純物時則會硬化，所以在美國是以1000 lb/in^{2}爲單位來表示純鈦及其合金的抗拉強度。例如 Ti50A、75A 等即表示其抗拉強度分別爲50000、75000 psi(各約爲35、52.5 kg/mm^2)。純鈦比重小，比重約爲銅的50%，鋼的60%。以強度而言，純鈦之強度則相當於普通鋼的程度，而鈦合金則具有相當於特殊鋼或者是更高的強度。在約500℃之前的中等溫度時亦具有相當的強度，除此之外，亦具有比例限高、熱膨脹係數小、熱傳導率低等特色。特別值得一提的是其具有能與白金匹敵的優秀耐蝕性，對於普通的腐蝕之抵抗力大而且對於應力腐蝕、點腐蝕等之抵抗力亦大。

表17.1　純鈦之物理性質

密度	4.45(gf/cm^3)
融點	1668℃
同素變態點	882℃
比熱	0.13 kcal/g-℃
熱傳導率	0.041 cal/cm/sec/℃
電阻	42 μΩ-cm
電氣傳導率(Cu = 100%)	3.1% IACS
線膨脹係數	8.41×10^{-6}/℃

表 17.2 純鈦板與條之 JIS 規格之種類記號、化學成分與機械性質(JIS H 4600：2007 選粹)

種類	加工方法	記號		參考
		板	條	特色及用途例
1 種	熱間壓延	TP 270H	TR 270H	工業用純鈦。 耐蝕性，特別是耐海水性優良。使用於化學裝置、石油精製裝置、紙漿製紙工業裝置等。
	冷間壓延	TP 270C	TR 270C	
2 種	熱間壓延	TP 340H	TR 340H	
	冷間壓延	TP 340C	TR 340C	
3 種	熱間壓延	TP 480H	TR 480H	
	冷間壓延	TP 480C	TR 480C	
4 種	熱間壓延	TP 550H	TR 550H	
	冷間壓延	TP 550C	TR 550C	

種類	化學成分%					
	N	H	C	O	Fe	Ti
1 種	0.03 以下	0.013 以下	0.08 以下	0.15 以下	0.20 以下	餘量
2 種	0.03 以下		0.08 以下	0.20 以下	0.25 以下	
3 種	0.05 以下		0.08 以下	0.30 以下	0.30 以下	
4 種	0.05 以下		0.08 以下	0.40 以下	0.50 以下	

種類	拉伸試驗				彎曲試驗		
	厚度 mm	抗拉強度 N/mm^2	降伏強度 N/mm^2	伸長率 %	厚度 mm	彎曲角度	內側半徑
1 種	0.2 以上 50 以下	270～410	165 以上	27 以上	0.2 以上 5 未滿	180°	厚度的 2 倍
2 種		340～510	215 以上	23 以上			
3 種		480～620	345 以上	18 以上			厚度的 3 倍
4 種		550～750	485 以上	15 以上			

圖 17.2 爲商業用純鈦(CPTi)之拉伸性質與試驗溫度的關係。

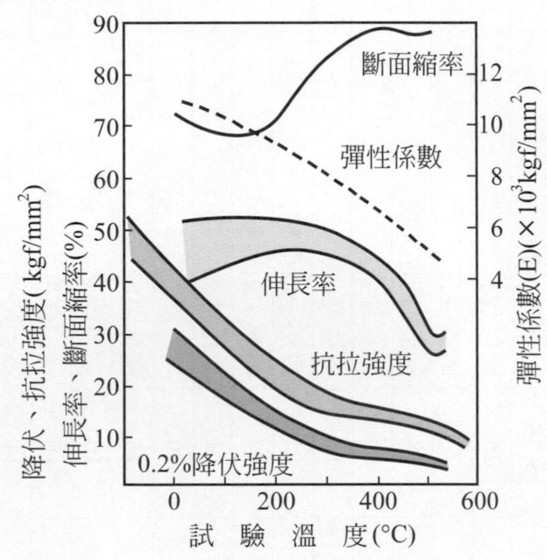

圖 17.2　商業用純鈦(CPTi)之拉伸性質與試驗溫度的關係

17.3 鈦合金

純金屬雖然具有相當的強度，但若爲了要使其成爲高強度合金時則仍必須要加入合金元素。隨著添加元素之不同會以插入形式或置換形式進入鈦之原子間。再則如前所述，純鈦具有α-β之變態，依照所添加合金種類之不同其$\alpha \rightleftharpoons \beta$變態溫度會改變，而且會使變態溫度擴大爲某種區域而會出現$\alpha+\beta$之二相領域。因此將會使變態點上升導致平衡狀態圖上之α相領域擴大之合金元素稱之爲α**相安定化元素**；相反的使變態點下降而導致β相領域擴大之元素稱爲β**相安定化元素**；不屬於上述二者的稱爲**中性元素**。上述分類之模式圖如圖 17.3 所示。

通常將鈦合金分爲α**型合金**、β**型合金**、$\alpha+\beta$**型合金**三大類，如表 17.3 所示。

α**型鈦合金**之常溫強度比其他型之鈦合金爲差，但爲低溫安定相所以在數百℃之高溫，亦不會有析出脆性遷移相ω相之憂慮，所以成爲耐熱鈦合金之基本型，熔接性亦佳。Ti-5Al-2.5Sn 合金爲其代表，但普及度小。

表 17.3　鈦與鈦合金之分類及機械性質

	合金名(組成%)	熱處理	拉伸性質(室溫)			備考	熔接性
			抗拉強度 (kgf/mm²)	降伏強度 (kgf/mm²)	伸長率 (%)		
α型 (☆near α)	CP Ti JIS 1 種(O ＜ 0.15)	加工材	28～42	＞ 17	＞ 27		有
	CP Ti JIS 2 種(O ＜ 0.20)	加工材	35～52	＞ 22	＞ 23	範圍取決於不純物與加工度	有
	CP Ti JIS 3 種(O ＜ 0.30)	加工材	49～63	＞ 35	＞ 18		有
	CP Ti JIS 4 種(O ＜ 0.40)	加工材	56～77	＞ 49	＞ 15		有
	Ti-Pd Pd(0.12～0.25)	退火	43	32	26	耐蝕性良	有
	Ti-5Ta	退火	40	30	6	耐蝕性良	有
	5-2.5(5Al-2.5Sn)	退火	87	83	18	α型之初期開發	有
	5-2.5 ELI	退火	78	65	20		有
	8-1-1(8Al-1V-1Mo)	退火	112	105	15	高強度	
	☆6-2-4-2-S(6Al-2Sn-4Zr-2Mo-0.1Si)	退火	91	—	15	耐熱、耐潛變	
	☆IMI685(6Al-5Zr-0.5Mo-0.25Si)	退火	108	90	12	耐熱、耐潛變	
α＋β型	6-4(6Al-4V)	退火	101	93	14	泛用性大	有
	6-4(6Al-4V)	時效	119	113	10		
	6-4 ELI(Extra Low Interstitial)	退火	91	84	15	極低溫韌性	有
	6-2-4-6(6Al-2Sn-4Zr-6Mo)	時效	129	120	10	高溫強度大，硬化能	
	6-6-2(6Al-6V-2Sn)	時效	130	119	10	高溫強度大，硬化能	
	ImI679(11Sn-5Zr-2.5Al-1Mo-0.25Si)	時效	130	116	11	高溫特性良	
β型	13V-11Cr-3Al	時效	130	125	8	初期之開發	
	βIII(11.5Mo-4.5Sn-6Zr)	時效	141	134	11	加工性良、高強度	有
	βC(4Mo-8V-6Cr-3Al-4Zr)	時效	147	140	7	加工性良、高強度	
	10V-2Fe-3Al	時效	125	118	8	加工性良、高強度	
	8Mo-8V-2Fe-3Al	時效	133	126	8	加工性良、高強度	
	15-5(15Mo-5Zr)	時效	160	—	7.5	加工性良、耐蝕性	有
	15-5-3(15Mo-5Zr-3Al)	時效	150	147	14	加工性良、高強度	

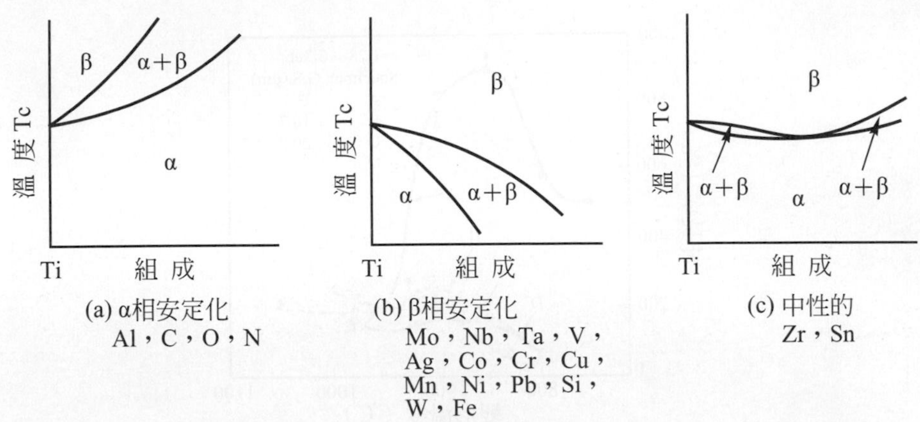

圖 17.3　鈦二元合金狀態圖之分類

β型鈦合金比較上爲高濃度合金所以其強度大，此外因其爲立方晶結構故塑性加工性佳，近來也廣受注目，但普及度小。

$\alpha+\beta$型鈦合金爲 2 相合金，因此兼具α型與β型之特長，藉熱處理可控制材料的特性，Ti-6Al-4V合金爲此型之代表性合金，抗拉強度爲97～122 kgf/mm^{2}左右，具高韌性，塑性加工性、熔接性、鑄造性都良好，所以使用性佳，爲信賴度佳的合金。

圖 17.4 所示爲α型鈦合金(Ti-5Al-2.5Sn)之高溫拉伸性質，圖 17.5 爲$\alpha+\beta$型鈦合金(Ti-6Al-4V)之伸長率與結晶粒度及變形溫度的關係，圖 17.6 爲β型鈦合金之時效條件與拉伸性質之關係。

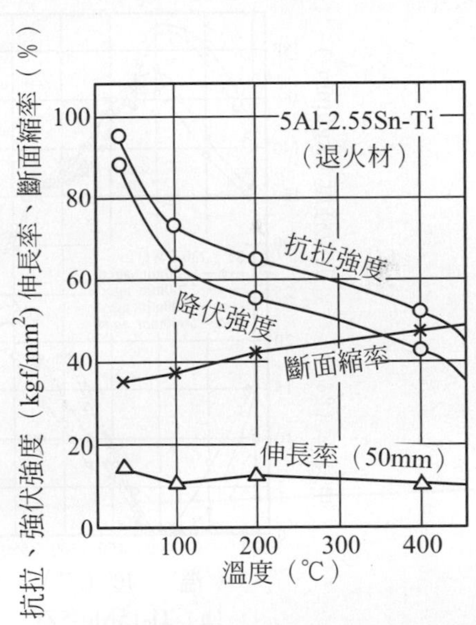

圖 17.4　α型鈦合金(Ti-5Al-2.5Sn)之高溫拉伸性質

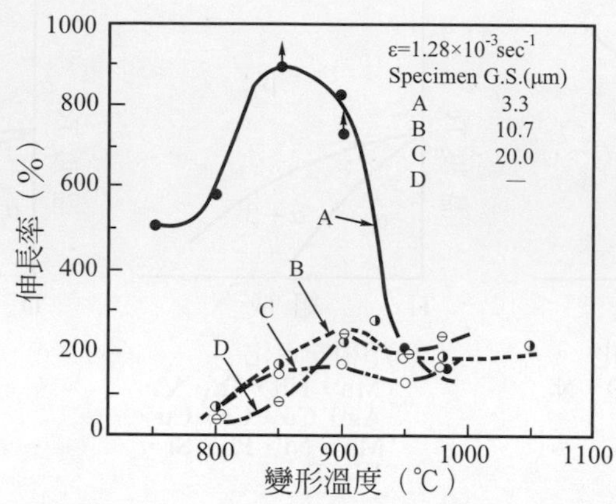

圖 17.5　$\alpha+\beta$型鈦合金(Ti-6Al-4V)之伸長率與結晶粒度及變形溫度的關係

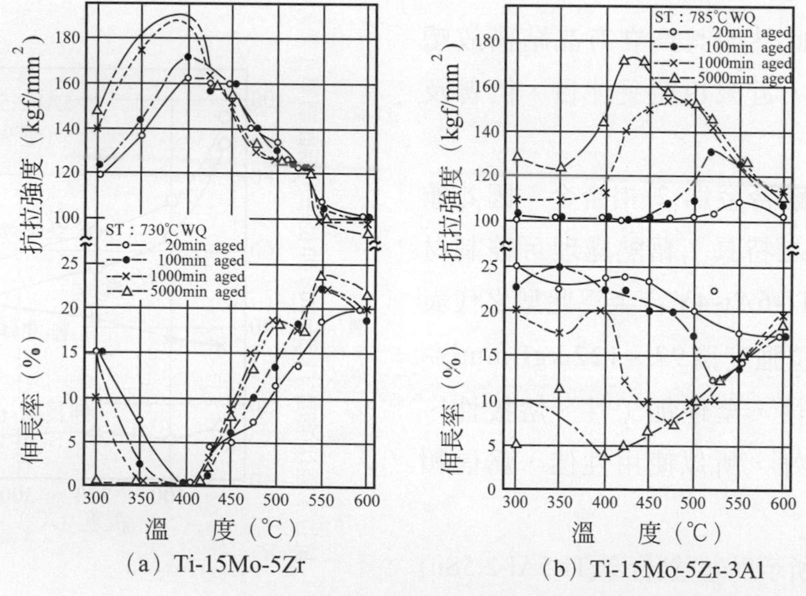

圖 17.6　β型鈦合金(Ti-15Mo-5Zr)與(Ti-15Mo-5Zr-3Al)之時效條件與拉伸性質之關係

圖 17.7 爲各種鈦與鈦合金之潛變破壞強度。

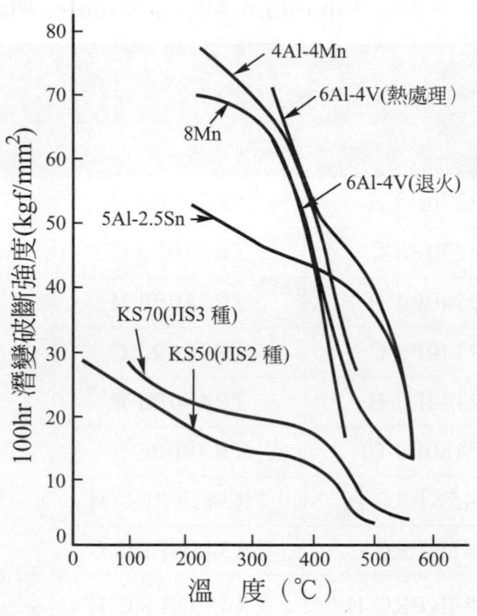

圖 17.7　各種鈦及鈦合金之潛變破壞強度

表 17.4～表 17.6 分別所示爲鈦與鈦合金片、板與條之JIS規格之種類與記號、化學成分、機械性質。

表 17.4　鈦與鈦合金片、板與條之種類與記號(JIS H 4600：2007)
Titanium and Taitanium Alloys-Sheets, Plates and Strips

種類	加工方法	記號		特色與用途例(參考)
		板	條	
1 種	熱間軋延	TP270 H	TR270 H	工業用純鈦。 耐蝕性，特別是耐海水性優良；使用於化學裝置、石油精製裝置、紙漿製紙工業裝置等。
	冷間軋延	TP270 C	TR270 C	
2 種	熱間軋延	TP340 H	TR340 H	
	冷間軋延	TP340 C	TR340 C	
3 種	熱間軋延	TP480 H	TR480 H	
	冷間軋延	TP480 C	TR480 C	
4 種	熱間軋延	TP550 H	TR550 H	
	冷間軋延	TP550 C	TR550 C	

表 17.4　鈦與鈦合金片、板與條之種類與記號(JIS H 4600：2007)(續)
Titanium and Taitanium Alloys-Sheets, Plates and Strips

種類	加工方法	記號		特色與用途例(參考)
		板	條	
11 種	熱間軋延	TP270Pd H	TR270Pd H	耐蝕鈦合金。 耐蝕性，特別是耐粒間腐蝕性優良；使用於化學裝置、石油精製裝置、紙漿製紙工業裝置等。
	冷間軋延	TP270Pd C	TR270Pd C	
12 種	熱間軋延	TP340Pd H	TR340Pd H	
	冷間軋延	TP340Pd C	TR340Pd C	
13 種	熱間軋延	TP480Pd H	TR480Pd H	
	冷間軋延	TP480Pd C	TR480Pd C	
14 種	熱間軋延	TP345NPRC H	TR345NPRC H	
	冷間軋延	TP345NPRC C	TR345NPRC C	
15 種	熱間軋延	TP450NPRC H	TR450NPRC H	
	冷間軋延	TP450NPRC C	TR450NPRC C	
16 種	熱間軋延	TP343Ta H	TR343Ta H	
	冷間軋延	TP343Ta C	TR343Ta C	
17 種	熱間軋延	TP240Pd H	TR240Pd H	
	冷間軋延	TP240Pd C	TR240Pd C	
18 種	熱間軋延	TP345Pd H	TR345Pd H	
	冷間軋延	TP345Pd C	TR345Pd C	
19 種	熱間軋延	TP345PCo H	TR345PCo H	
	冷間軋延	TP345PCo C	TR345PCo C	
20 種	熱間軋延	TP 450PCo H	TR 450PCo H	耐蝕鈦合金。 耐蝕性，特別是耐粒間腐蝕性優良；使用於化學裝置、石油精製裝置、紙漿製紙工業裝置等。
	冷間軋延	TP 450PCo C	TR 450PCo C	
21 種	熱間軋延	TP 275RN H	TR 275RN H	
	冷間軋延	TP 275RN C	TR 275RN C	
22 種	熱間軋延	TP 410RN H	TR 410RN H	
	冷間軋延	TP 410RN C	TR 410RN C	
23 種	熱間軋延	TP 483RN H	TR 483RN H	
	冷間軋延	TP 483RN C	TR 483RN C	

表 17.4　鈦與鈦合金片、板與條之種類與記號(JIS H 4600：2007)(續)
Titanium and Taitanium Alloys-Sheets, Plates and Strips

種類	加工方法	記號		特色與用途例(參考)
		板	條	
50 種	熱間軋延	TAP 1500 H	TAR 1500 H	α合金(Ti-1.5Al) 耐蝕性，特別是耐海水性優良。耐氫吸收性與耐熱性佳。例如使用於機車之消音器。
	冷間軋延	TAP 1500 C	TAR 1500 C	
60 種	熱間軋延	TAP 6400 H	−	α−β合金(Ti-6Al-4V) 高強度且耐蝕性佳。使用於化學工業、機械工業、輸送機器等之構造材，例如高壓反應槽、高壓輸送管材、休閒用品、醫療材料等。
60E 種	熱間軋延	TAP 6400E H	−	α−β合金(Ti-6Al-4V ELI[(a)]) 高強度且耐蝕性優良，極低溫時亦可保持其韌性。使用於低溫、極低溫用之構造材，例如載人深海調查船之耐壓容器、醫療材料等。
61 種	熱間軋延	TAP 3250 H	TAR 3250 H	α−β合金(Ti-3Al-2.5V) 中等強度，耐蝕性、熔接性、成形性佳，冷加工性優良，使用於作爲箔、醫療材料、休閒用品等。
	冷間軋延	TAP 3250 C	TAR 3250 C	
61F 種	熱間軋延	TAP 3250 F H	−	α−β合金(切削性佳之 Ti-3Al-2.5V) 中等強度、耐蝕性、熱加工性佳、切削性優良；使用於汽車引擎連桿、換擋把手(Shift Knob)、螺帽等。
80 種	熱間軋延	TAP 4220 H	TAR 4220 H	β合金(Ti-4Al-22V) 高強度且耐蝕性優良，冷加工性佳；使用於作爲汽車引擎扣件、高爾夫球桿頭等。
	冷間軋延	TAP 4220 C	TAR 4220 C	

註記：特色與用途例欄內所記載之合金種類，元素符號前之數字分別表示各個合金元素之成分比率(%質量分率)。

註(a)：ELI 是 Extra Low Interstitial Elements (氧、氮、氫與鐵之含有率特別低)之簡寫。

表 17.5 鈦與鈦合金片、板與條之化學成分(JIS H 4600：2007)

Taitanium and Taitanium Alloys-Sheets, Plates and Strips

種類	化學成分%(質量分率)																
	N	C	H	Fe	O	Al	V	Ru	Pd	Ta	Co	Cr	Ni	S	Lu+Ce+Pr+Nd	其他[a] 個別	其他[a] 合計	Ti
1 種	0.03 以下	0.08 以下	0.013 以下	0.02 以下	0.15 以下	—	—	—	—	—	—	—	—	—	—	—	—	餘量
2 種	0.03 以下	0.08 以下	0.013 以下	0.25 以下	0.20 以下	—	—	—	—	—	—	—	—	—	—	—	—	餘量
3 種	0.05 以下	0.08 以下	0.013 以下	0.30 以下	0.30 以下	—	—	—	—	—	—	—	—	—	—	—	—	餘量
4 種	0.05 以下	0.08 以下	0.013 以下	0.50 以下	0.40 以下	—	—	—	—	—	—	—	—	—	—	—	—	餘量
11 種	0.03 以下	0.08 以下	0.013 以下	0.20 以下	0.15 以下	—	—	—	0.12～0.25	—	—	—	—	—	—	—	—	餘量
12 種	0.03 以下	0.08 以下	0.013 以下	0.25 以下	0.20 以下	—	—	—	0.12～0.25	—	—	—	—	—	—	—	—	餘量
13 種	0.05 以下	0.08 以下	0.013 以下	0.30 以下	0.30 以下	—	—	—	0.12～0.25	—	—	—	—	—	—	—	—	餘量
14 種	0.03 以下	0.08 以下	0.015 以下	0.30 以下	0.25 以下	—	—	0.02～0.04	0.01～0.02	—	—	0.1～0.2	0.35～0.55	—	—	—	—	餘量
15 種	0.05 以下	0.08 以下	0.015 以下	0.30 以下	0.35 以下	—	—	0.02～0.04	0.01～0.02	—	—	0.1～0.2	0.35～0.55	—	—	—		餘量
16 種	0.03 以下	0.08 以下	0.010 以下	0.15 以下	0.15 以下	—	—	—	—	4.0～6.0	—	—	—	—	—	—	—	餘量
17 種	0.03 以下	0.08 以下	0.015 以下	0.20 以下	0.18 以下	—	—	—	0.04～0.08	—	—	—	—	—	—	—	—	餘量
18 種	0.03 以下	0.08 以下	0.015 以下	0.30 以下	0.25 以下	—	—	—	0.04～0.08	—	—	—	—	—	—	—	—	餘量

表 17.5　鈦與鈦合金片、板與條之化學成分(JIS H 4600：2007)(續)

Taitanium and Taitanium Alloys-Sheets, Plates and Strips

種類	化學成分%(質量分率)																
	N	C	H	Fe	O	Al	V	Ru	Pd	Ta	Co	Cr	Ni	S	Lu+Ce+Pr+Nd	其他[a] 個別	其他[a] 合計	Ti
19 種	0.03 以下	0.08 以下	0.015 以下	0.30 以下	0.25 以下	–	–	–	0.04~0.08	–	0.20~0.80	–	–	–	–	–	–	餘量
20 種	0.05 以下	0.08 以下	0.015 以下	0.30 以下	0.35 以下	–	–	–	0.04~0.08	–	0.20~0.80	–	–	–	–	–	–	餘量
21 種	0.03 以下	0.08 以下	0.015 以下	0.20 以下	0.10 以下	–	–	0.04~0.06	–	–	–	–	0.4～0.6	–	–	–	–	餘量
22 種	0.03 以下	0.08 以下	0.015 以下	0.30 以下	0.15 以下	–	–	0.04～0.06	–	–	–	–	0.4～0.6	–	–	–	–	餘量
23 種	0.05 以下	0.08 以下	0.015 以下	0.30 以下	0.25 以下	–	–	0.04～0.06	–	–	–	–	0.4～0.6	–	–	–	–	餘量
50 種	0.03 以下	0.08 以下	0.015 以下	0.30 以下	0.25 以下	1.0～2.0	–	–	–	–	–	–	–	–	–	–	–	餘量
60 種	0.05 以下	0.08 以下	0.0150 以下	0.40 以下	0.20 以下	5.50～6.75	3.50～4.50	–	–	–	–	–	–	–	–	0.10 以下	0.40 以下	餘量
60E 種	0.03 以下	0.08 以下	0.0125 以下	0.25 以下	0.13 以下	5.50～6.50	3.50～4.50	–	–	–	–	–	–	–	–	0.10 以下	0.40 以下	餘量
61 種	0.03 以下	0.08 以下	0.0150 以下	0.25 以下	0.15 以下	2.50～3.50	2.00～3.00	–	–	–	–	–	–	–	–	0.10 以下	0.40 以下	餘量
61F 種	0.05 以下	0.10 以下	0.0150 以下	0.30 以下	0.25 以下	2.70～3.50	1.60～3.40	–	–	–	–	–	–	0.05～0.20	0.05～0.70	–	0.40 以下	餘量
80 種[a]	0.05 以下	0.10 以下	0.0150 以下	1.00 以下	0.25 以下	3.50～4.50	20.00～23.00	–	–	–	–	–	–	–	–	–	–	餘量

註(a)：其他成分是指表中無規定成分值之化學成分，及表中無規定之化學成分，由買賣雙方協議之。

表 17.6　鈦與鈦合金片、板與條之機械性質(JIS H 4600：2007)
Titanium and Taitanium Alloys-Sheets,Plates and Strips

種類	拉伸試驗				彎曲試驗		
	厚度 mm	抗拉強度 MPa	降伏強度 MPa	伸長率 %	厚度 mm	彎曲角度	內側半徑
1 種	0.2 以上 50 以下	270～410	165 以上	27 以上	0.2 以上 0.5 未滿	–	–
					0.5 以上 5 未滿	180°	厚度之 2 倍
2 種		340～510	215 以上	23 以上	0.2 以上 0.5 未滿	–	–
					0.5 以上 5 未滿	180°	厚度之 2 倍
3 種		480～620	345 以上	18 以上	0.2 以上 0.5 未滿	–	–
					0.5 以上 5 未滿	180°	厚度之 3 倍
4 種		550～750	485 以上	15 以上	0.2 以上 0.5 未滿	–	–
					0.5 以上 5 未滿	180°	厚度之 3 倍
11 種		270～410	165 以上	27 以上	0.2 以上 0.5 未滿	–	–
					0.5 以上 5 未滿	180°	厚度之 2 倍
12 種		340~510	215 以上	23 以上	0.2 以上 0.5 未滿	–	–
					0.5 以上 5 未滿	180°	厚度之 2 倍
13 種	0.2 以上 50 以下	480～620	345 以上	18 以上	0.2 以上 0.5 未滿		
					0.5 以上 5 未滿	180°	厚度之 3 倍
14 種		345 以上	275～450	20 以上	0.2 以上 0.5 未滿	–	–
					0.5 以上 5 未滿	180°	厚度之 2 倍
15 種		450 以上	380～550	18 以上	0.2 以上 0.5 未滿	–	–
					0.5 以上 5 未滿	180°	厚度之 3 倍
16 種		343～481	216～441	25 以上	0.2 以上 0.5 未滿	–	–
					0.5 以上 5 未滿	180°	厚度之 2 倍
17 種		240～380	170 以上	24 以上	0.2 以上 0.5 未滿	–	–
					0.5 以上 5 未滿	180°	厚度之 2 倍
18 種		345～515	275 以上	20 以上	0.2 以上 0.5 未滿		
					0.5 以上 5 未滿	180°	厚度之 2 倍
19 種		345～515	275 以上	20 以上	0.2 以上 0.5 未滿	–	–
					0.5 以上 5 未滿	180°	厚度之 2 倍
20 種		450～590	380 以上	18 以上	0.2 以上 0.5 未滿	–	–
					0.5 以上 5 未滿	180°	厚度之 3 倍
21 種		275～450	170 以上	24 以上	0.2 以上 0.5 未滿	–	–
					0.5 以上 5 未滿	180°	厚度之 3 倍
22 種		410～530	275 以上	20 以上	0.2 以上 0.5 未滿		
					0.5 以上 5 未滿	180°	厚度之 3 倍
23 種		483～630	380 以上	18 以上	0.2 以上 0.5 未滿	–	–
					0.5 以上 5 未滿	180°	厚度之 3 倍

表 17.6　鈦與鈦合金片、板與條之機械性質(JIS H 4600：2007)(續)
Titanium and Taitanium Alloys-Sheets,Plates and Strips

種類	拉伸試驗				彎曲試驗		
	厚度 mm	抗拉強度 MPa	降伏強度 MPa	伸長率 %	厚度 mm	彎曲角度	內側半徑
50 種	0.2 以上 50 以下	345 以上	215 以上	20 以上	0.2 以上 0.5 未滿	－	－
					0.5 以上 2 未滿	105°	厚度之 2 倍
					2 以上 5 未滿	105°	厚度之 2.5 倍
60 種	0.5 以上 1.5 未滿	895 以上	825 以上	10 以上	0.5 以上 1.5 未滿	105°	厚度之 5.5 倍
	1.5 以上 5 未滿				1.5 以上 5 未滿	105°	厚度之 6 倍
	5 以上 100 以下						
60E 種	0.5 以上 1.5 未滿	825 以上	755 以上	10 以上	0.5 以上 1.5 未滿	105°	厚度之 5.5 倍
	1.5 以上 5 未滿						
	5 以上 25 未滿				1.5 以上 5 未滿	105°	厚度之 6 倍
	25 以上 75 以下						
61 種	0.5 以上 1.5 未滿	620 以上	485 以上	15 以上	0.5 以上 1.5 未滿	105°	厚度之 2.5 倍
	1.5 以上 5 未滿				1.5 以上 5 未滿	105°	厚度之 3 倍
	5 以上 100 以下						
61F 種	0.6 以上 1.5 未滿	650 以上	600 以上	10 以上	0.6 以上 1.5 未滿	105°	厚度之 5.5 倍
	1.5 以上 5 未滿	650 以上	600 以上	10 以上	1.5 以上 5 未滿	105°	厚度之 6 倍
80 種[(a)]	0.6 以上 1.5 未滿	640~900	850 以下	10 以上	0.6 以上 1.5 未滿	180°	厚度之 5.5 倍
	1.5 以上 5 未滿	640~900	850 以下	10 以上	1.5 以上 5 未滿	180°	厚度之 6 倍

註(a)：80 種須要更大強度之場合，可施以時效硬化處理。時效硬化處理方法與經過此處理後之機械性質，由買賣雙方協議之。

17.4 鈦及鈦合金之應用

以下介紹幾種鈦合金在航空工業、火箭工業、海洋深海資源潛調船等不同領域上之應用。

㈠ 航空工業

為了減輕重量(替代鋼)、使用溫度之適當性(取代鋁、鎳、銅等合金)、容量限制(替代鋁)、耐蝕性等理由，鈦合金在航空業上之應用愈趨廣泛。

圖 17.8 所示為民航飛機上所使用鈦材料重量之推移圖，圖 17.9 為波音 747、

757與767飛機之著陸齒輪樑(Landing gear beam)，圖17.10爲著陸齒輪樑與機翼後樑之連結示意圖；而表17.7所示爲波音747飛機上所使用的鈦製品例。

㈡ 火箭工業

火箭工業材料之要求性質爲高強度與耐熱性、熔接加工性良好、極低溫時之強度與韌性(液體火箭)等。

在日本鈦合金最早應用在火箭工業的時間要追溯到1968年，開發出高強度純鈦之東大火箭，1970年則開發了直徑480 mm之球形火箭，這是將Ti-2Al-2Mn以爆炸成型後焊接而成。採用此球形火箭之 Ramuda 4S-5，將日本初次之試驗衛星“Oosumi”發射成功，而擠身名列全世界第4個人工衛星國家。

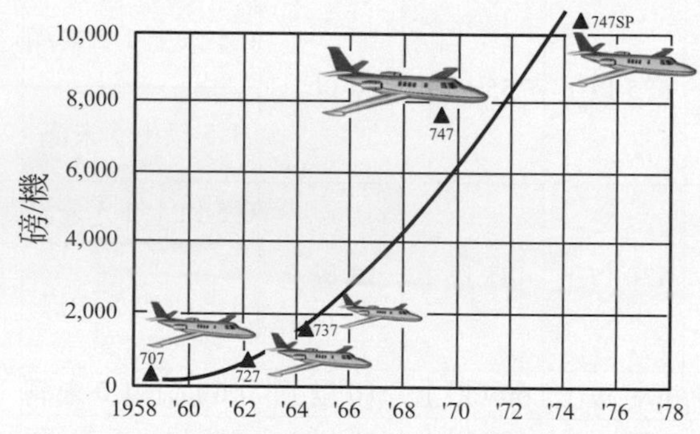

圖17.8　民航飛機上所使用鈦材料重量之推移圖

表17.7　波音747飛機所使用之鈦製品例子

機身	引擎
主著陸齒輪樑	支柱
艙環(Nacell ring)	歧管
扭矩環(Torque ring)	配管(Duct)
下部支柱	壓縮機盤
內部-衛浴排水系統	壓縮機輪葉
空調配管	其他零件
APU防火壁	
結件(Fastener)-PT螺柱	

圖 17.9　波音 747、757 與 767 飛機之著陸齒輪樑

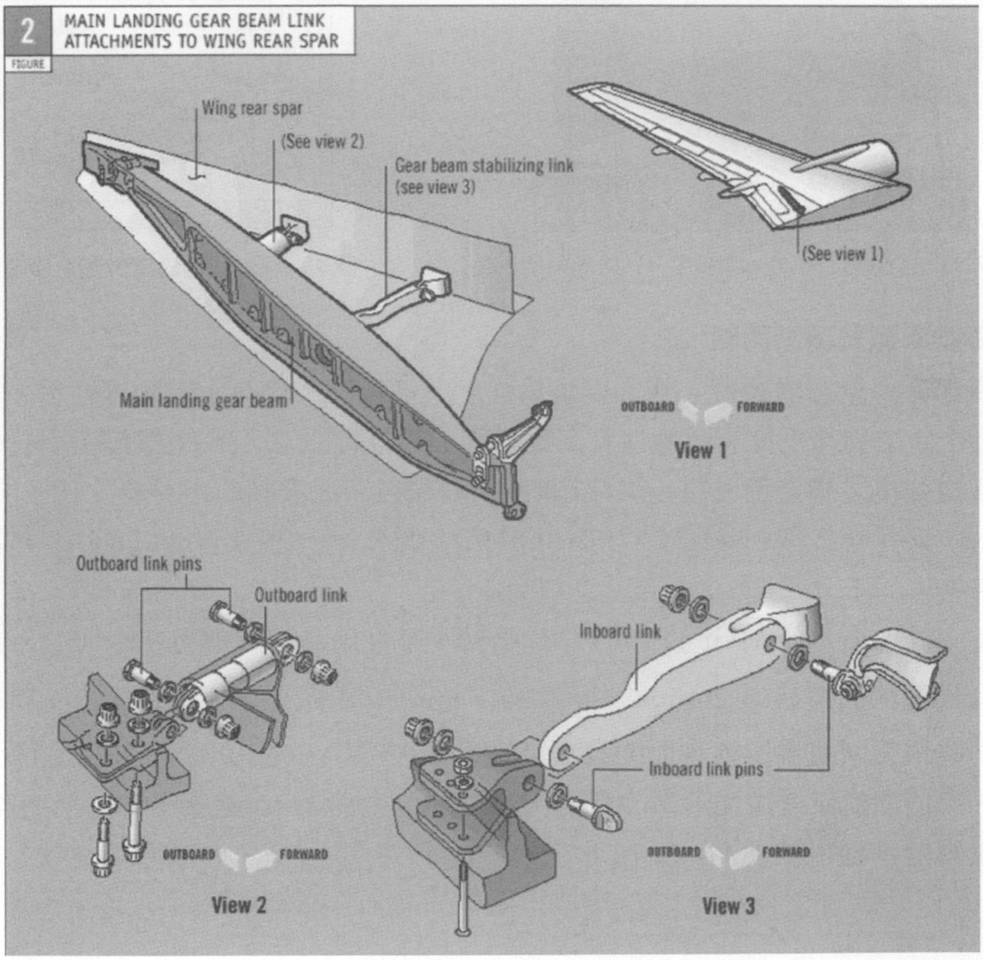

圖 17.10　著陸齒輪樑與機翼後樑之連結示意圖

(www.boeing.com/commerical/aeromagazine/aero-14/nonnormal landing.html)

圖 17.11 所示為 1974 年 Myu-3C 用的第 3 節火箭，而圖 17.12 所示為球型火箭外殼之製造工程。

圖 17.11　直徑 1130 mm Ti-6Al-4V 球形火箭馬達

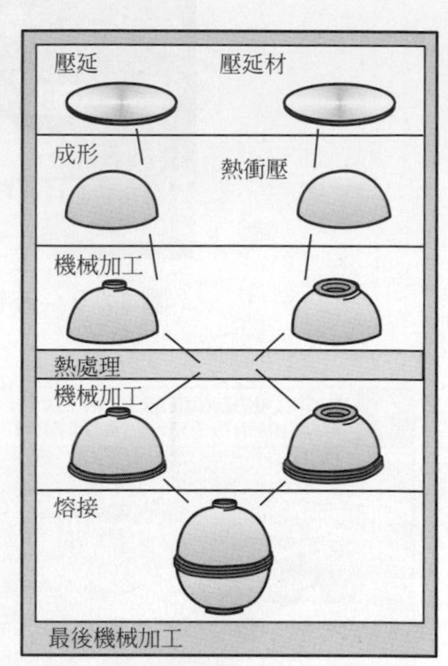

圖 17.12　球形馬達外殼之製造工程

㈢ 海洋深海資源潛調船

海洋深海資源潛調船之基本要求為強度大重量輕、耐海水腐蝕等性質。

鈦合金之特徵為擁有耐蝕性及高比強度，對於高性能之深海潛調船而言，需要採用高比強度之構造用材料。表 17.8 所示為幾種深海潛調船用材料之例子，目前以 Near α 型鈦合金(Ti-6Al-2Cb-1Ta-0.8Mo)，以及 $\alpha+\beta$ 型鈦合金(Ti-6Al-4V)二種使用最多。

美國深海潛調船 Alvin 於 1964 年建造時，是採用高強度鋼板 HY-100 ($\sigma_{0.2}=70$ kgf/mm^2)製的耐壓殼(ϕ 2.1mm，板厚 33.8 mm)，潛航深度為 1830 m。1973 年改造時則改用美國海軍所改良而開發出來的 Ti-6Al-2Cb-1Ta-0.8Mo 鈦合金(板厚 49 mm)，而使潛航深度增加為 3600 m。圖 17.13 所示為 Alvin 之概念圖，補助筒兼高壓空氣容器是採用 Ti-6Al-4V ELI。

表 17.8　深海潛調船用材料例子

		密度 g/cm³	0.2% 降伏強度 kgf/mm² (N/mm²)	抗拉強度 kgf/mm² (N/mm²)	彈性係數 kgf/mm² (N/mm²)	比強度 (降伏強度／密度)
鈦與鈦合金	工業用純 Ti 3 種	4.51	≧35(343)	49～63(418～618)	10800(106000)	7.8
鈦與鈦合金	Ti-6Al-4V(退火)	4.43	≧84(824)	≧91(891)	11500(113000)	19.0
鈦與鈦合金	Ti-6Al-2Cb-1Ta-0.8Mo	4.49	70(686)	80(785)	12000(118000)	15.6
高張力鋼與超高張力鋼	HY-100	7.85	≧70(686)	—	21000(206000)	8.9
高張力鋼與超高張力鋼	HY-140	7.85	≧91(892)	—	21000(206000)	11.6
高張力鋼與超高張力鋼	NS90	7.85	≧90(883)	約 100(981)	21000(206000)	11.5
高張力鋼與超高張力鋼	10Ni-8Co	7.85	≧120(1177)	約 130(1275)	21000(206000)	15.3
鋁合金	6061-T6	2.71	≧25(245)	≧30(294)	7000(69000)	9.2
鋁合金	7077-T6	2.78	47.8(469)	54.8(537)	7000(69000)	17.4
鋁合金	7178-T6	2.81	54.8(537)	61.9(607)	7000(69000)	19.5
FRP	NDS 1 級(濕潤)	1.8	31.5(309)[2]	—	1620(15900)[3]	17.5
FRP	NDS 2 級(濕潤)	1.7	23.0(226)	—	1270(12500)	13.5

(1)數值爲代表性值或規格值。(2)表示彎曲強度。(3)表示彎曲彈性係數。

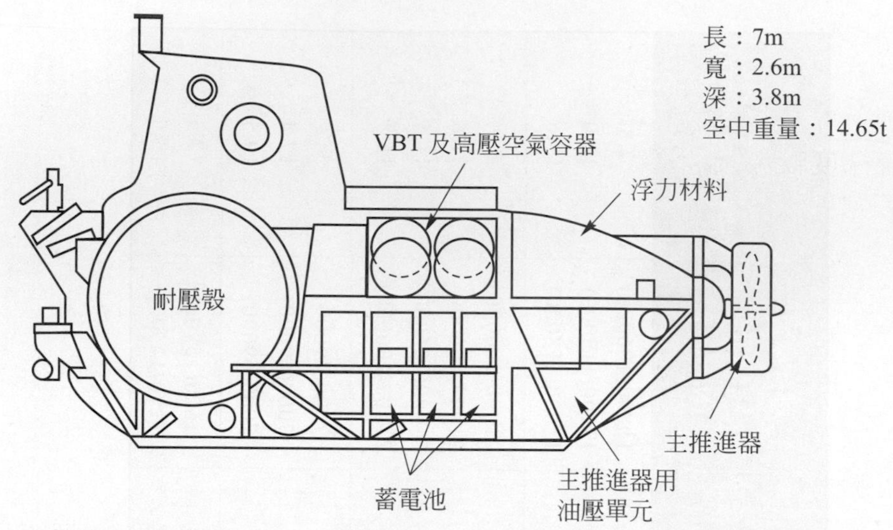

圖 17.13　Alvin 之概念圖

Ti-6Al-4V鈦合金爲全世界最廣爲使用的構造用鈦合金，其退火材之降伏強度($\sigma_{0.2}$)較前述之Ti-6Al-2Cb-1Ta-0.8Mo合金約高20%；而Ti-6Al-4V ELI型鈦合金因爲其韌性及耐海水腐蝕性佳，所以已被採用作爲日本深海潛調船(長9.5m寬2.7m高3.2m)“深海6500”(圖17.14)之球形耐壓容器(內徑2m，厚73.5mm，乘員3人)與外殼構造之製作。此“深海6500”潛調船是於1989年1月19日於日本神戶市之三菱重工業神戶造船所進行下水典禮，迄2007已完成1000次之潛航。

圖 17.14　日本深海潛調船“深海 6500”之外觀

(http://commons.wikimedia.org/wiki/File:Shinnkai_6500_01.JPG? uselang=ja)

“深海 6500” 在實際運用上，規定之潛航時間爲 8 小時當潛水深度爲 6500m 時，單程所需潛航時間爲 2.5 小時，所以實際上在海底之可進行調查時間爲 3 小時。當調查深度較淺時，調查時間則可變長。

法國之 CNEXO(Centre National pour I'Exploitation des Oceans)所開發的 6000m級深海潛調船SM97之耐壓殼亦採用 Ti-6Al-4V ELI。美國海軍之深海救難艇(DSRV)之外殼構造補強環(直徑約 2.49 m)亦是採用 Ti-6Al-4V EVI。

圖 17.15 及圖 17.16 所示分別爲鈦合金製耐壓容器，以及外殼骨架構造之製作流程。

(四)　運動器材

近幾年來鈦合金應用於高爾夫球桿頭之製作上，乃是一種新的嘗試與突破，已在世界各地引起騷動及注目，而風行之興趣亦開始昇高當中。其最大優點在於擊球後球之飛行距離的優越性，以及重量輕之輕巧性(與一般之不鏽鋼球桿頭比較)等。圖 17.17 所示爲目前在日本上市中的鈦合金高爾夫球桿頭(Golf club head)之一例。圖 17.18 與圖 17.19 分別爲鈦合金高爾夫球桿頭之各部位的構成，所使用之鈦合金材料及其製造方法之典型例子。由圖可知，鈦合金高爾夫球桿頭是由軀體(Body)、正面(Face)、頂部(Crown)等三個部份所構成，分別利用鑄造等製造技術成型加工後再組立而成。

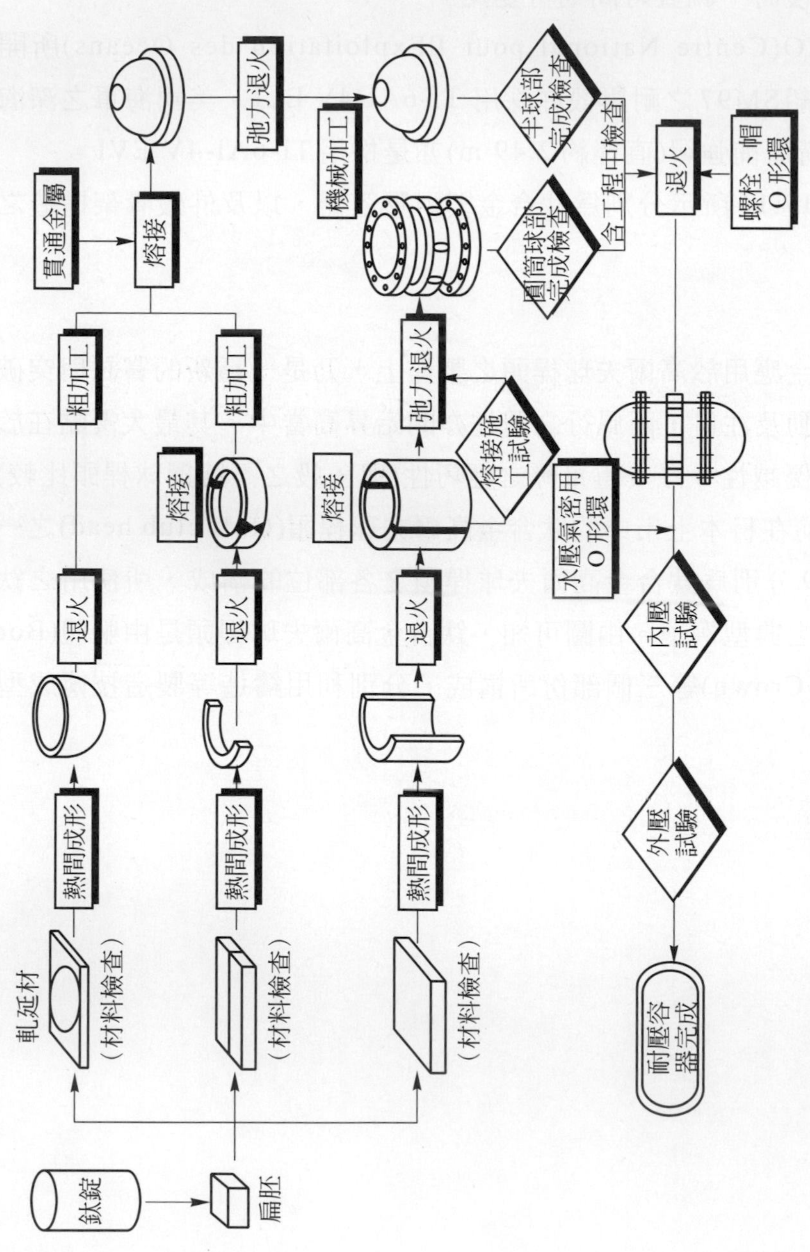

圖 17.15 鈦合金製耐壓容器之製作流程

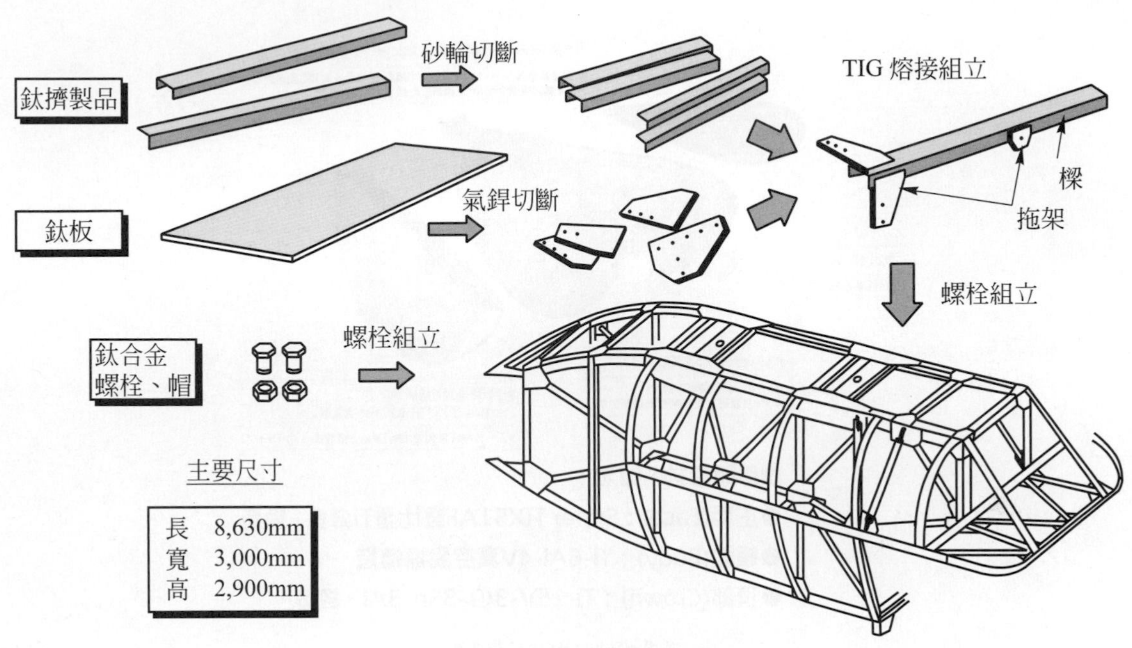

圖 17.16　外殼骨架構造之製作流程

圖 17.17　鈦合金高爾夫球頭

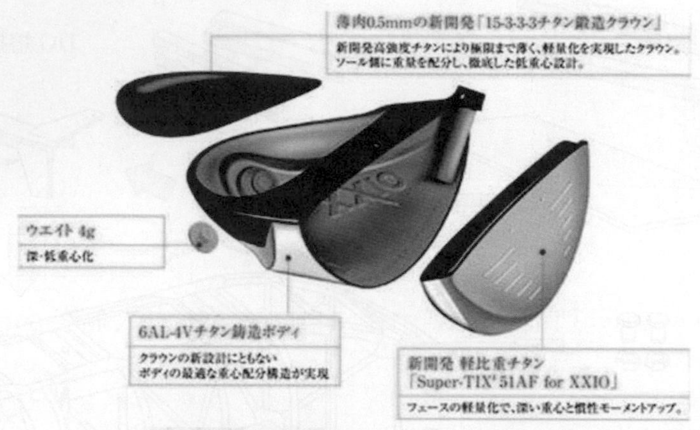

球桿頭素材、製法：

●正面(Face)：Super TIX51AF輕比重Ti合金，鍛造

●軀體(Body)：Ti-6Al-4V真空脫蠟鑄造

●頂部(Crown)：Ti-15V-3Cr-3Sn-3Al，鍛造

スポーツといっしょに生きる

ダンロップスポーツ

圖 17.18　鈦合金高爾夫球桿頭之各部位構成例 1

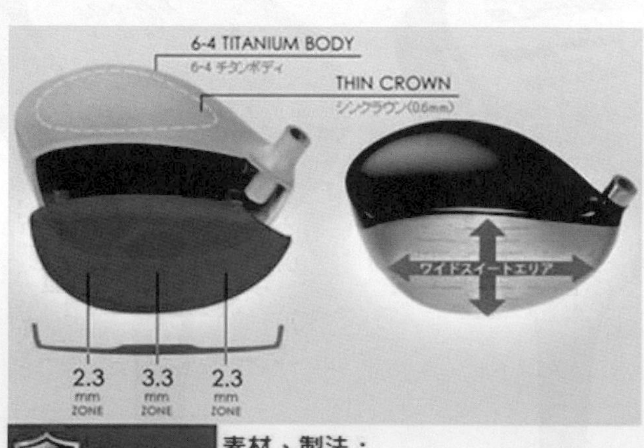

素材、製法：

●正面(Face)：6-22-22Ti合金，鍛造

●軀體(Body)：Ti-6Al-4V，真空脫蠟鑄造

●底部(Sole)：WNi塗覆

圖 17.19　鈦合金高爾夫球桿頭之各部位構成例 2

㈤ 人工關節與人工骨骼

Ti 合金在人體醫學材料上之應用，近年來在國內外亦備受矚目，因爲依據相關之研究報導指出，Ti 合金與迄今爲止在人體醫學材料上所廣泛使用的不鏽鋼材料加以比較時，Ti 合金擁有較優秀之人體細胞合適性(亦即排斥性較輕微)與耐蝕性，所以已漸廣泛應用於作爲各種人體醫學材料。

最具代表性之應用例即爲 Ti 合金所製作之人體骨接合用品，圖 17.20 爲人體各部位人工關節(Artifical joint)之應用例。圖 17.21 則爲人體各部位人工關節之構成例。

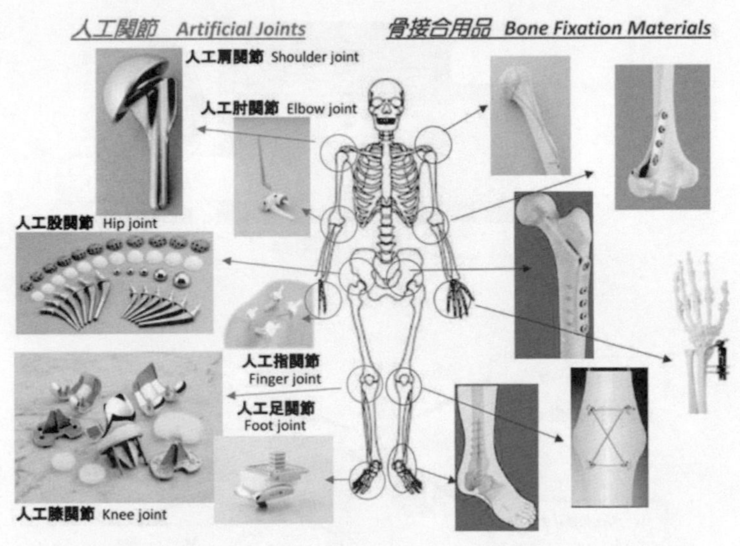

圖 17.20　人體各部位人工關節之應用例

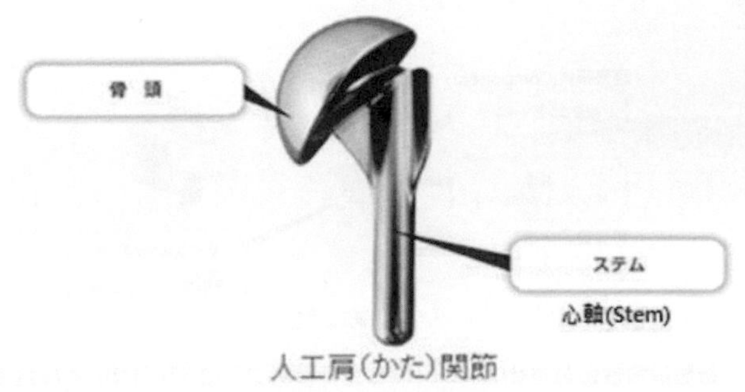

圖 17.21　人體各部位人工關節之構成例

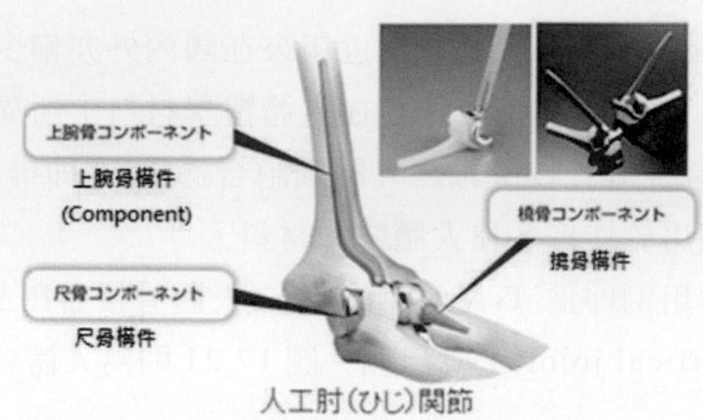

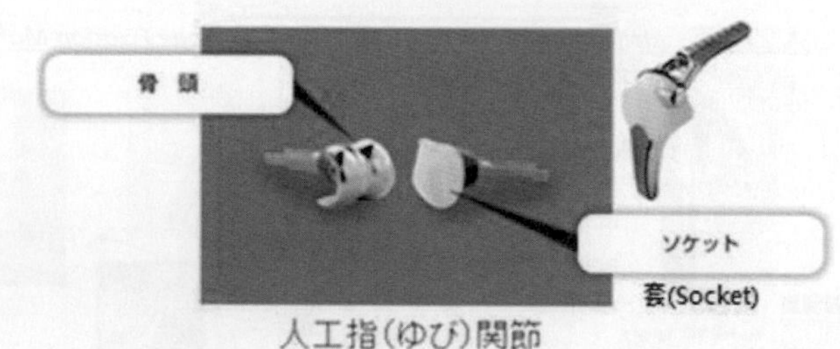

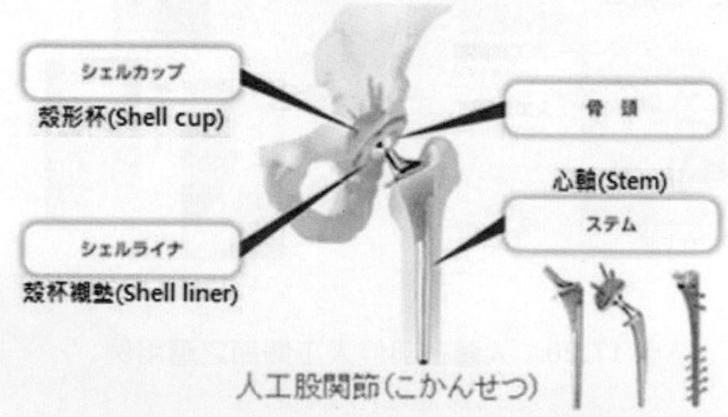

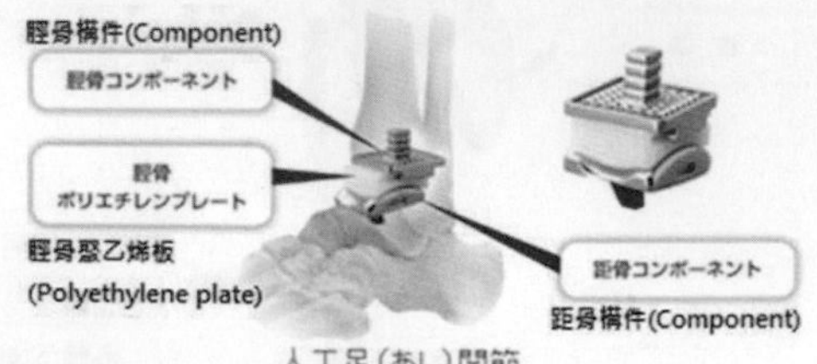

細胞適合性耐蝕性比Ti-6Al-4V合金更優秀之Ti-15Zr-4Nb-4Ta合金

NAKASHIMA ナカシマメディカル株式会社
We Go Beyond

圖 17.21　人體各部位人工關節之構成例(續)

習題

17.1　解釋下述名詞：

(1) CPTi　(2) TP270C　(3) TR480H　(4) $\alpha+\beta$型 Ti 合金　(5) Ti-6Al-4V ELI

(6) TAP3250H　(7) TAR4220C　(8)人工關節

17.2　試述克羅爾法(Kroll process)煉製鈦之情形。

17.3　敘述純鈦之特性與用途。

17.4　依添加元素之不同可將鈦合金分爲哪三類。

17.5　說明$\alpha+\beta$型鈦合金之特徵，並舉出最常用之合金。

17.6　列舉鈦合金在民航機上所使用部位之例子。

17.7　圖示及說明深海潛調船之耐壓殼之製作流程。

17.8　說明鈦合金製高爾夫球桿頭之特徵。

17.9　說明鈦合金高爾夫球桿頭之構成及其製造方法與使用之鈦合金材料。

17.10　試述鈦合金在人體醫學材料之應用，其特徵及優點爲何？

17.11　鈦合金人體骨接合用品可分爲哪幾大類，試述之。

18 陶瓷

近年來陶瓷(Ceramics)材料的進步實在是日新月異，其在種類及用途上均有很大的進展與突破。陶瓷是屬於無機非金屬材料，與金屬材料及有機材料同為重要的機械材料。

最近利用人工原料或經過化學處理之高純度原料，使其具有優越特性的陶瓷(又稱為新陶瓷New ceramics)亦誕生了！這些新陶瓷已被廣泛的應用於機械工業上之高溫構造材料、切削工具材料、電子工業、核能與航太材料或生體材料等，而成為今日之最先端技術之基礎材料之一。

18.1 陶瓷之分類與性質

陶瓷(Ceramics)之分類方法，一般可依成份、使用目的等來加以分類，表 18.1 所示爲將陶瓷大分類爲**古典陶瓷**(Classic ceramics)與**新陶瓷**(New ceramics)二大類，然後再依使用目的再分別加以作細分類。成份上皆是以氧化物爲主體，另外有碳化物、氮化物等所構成。

古典陶瓷與新陶瓷其性質上的區別，前者主要是使用以矽酸(SiO_2)爲主體之豐富而價廉的天然原料，因此擁有較多的不純物，而且組織與性質不均一的場合多；後者則使用氧化鋁(Al_2O_3)、氧化鎂(MgO)、碳化矽(SiC)等被調製成高純度之人工原料，經由嚴密控制之製造過程，而使其擁有各種高機能者。

表 18.1　陶瓷之分類與用途

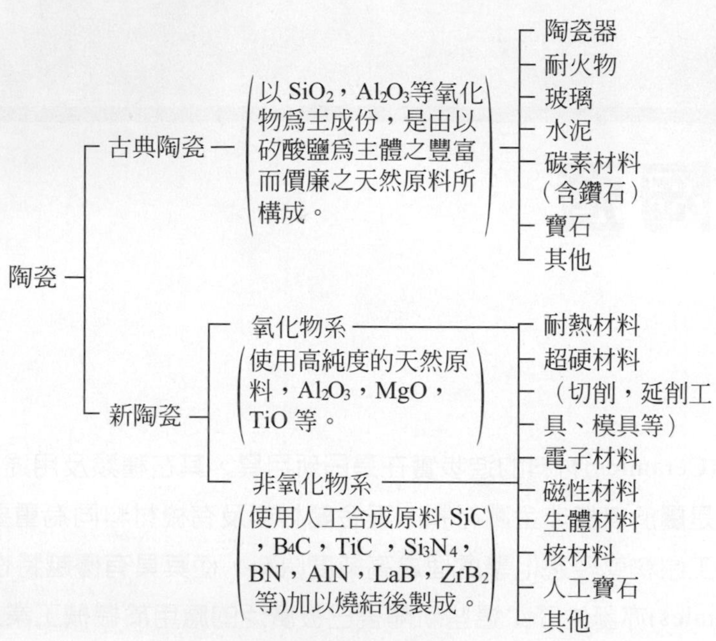

18.2 古典陶瓷

茲將古典陶瓷之分類敘述於下：

(一) 陶瓷器

陶瓷器是以SiO_2與Al_2O_3為主成份之所謂燒成物。由於其性脆、低強度、不均質性等性質，作為機械材料之用途很少。但是，近年來特殊陶瓷器(新陶瓷)之進步顯著，已漸成為理化學用、切削工具、原子爐、電氣材料等之重要材料。

瓷器(Porcelain)主要是將黏土、石英、長石、陶石加以配合後，予以成型乾燥之，再於 1300～1450℃燒結固化而成。基地為白色，具透光性，其機械性強度較高，為電之不良導體。富於化學性之耐蝕性及耐熱性。高壓絕緣器、理化學保護管、磁磚約含 70%之SiO_2、20%之Al_2O_2及微量的TiO_2及Fe_2O_3，表 18.2 所示為工業用瓷器之物理性質。此外，若作為電氣用瓷器時，則使用$MgO \cdot SiO_2 \cdot 2MgO \cdot SiO_2$等。

表 18.2 工業用瓷器之物理性質

	耐蝕瓷器	耐熱、耐蝕瓷器	鋯系瓷器	鋁系瓷器
外觀密度(g/cm^3)	2.3～2.5	2.3～2.5	2.9～3.5	3.1～3.9
吸水率(%)	0.0～0.1	0.15～5.0	0.02～4.0	0.0
氣孔率(%)	0.0～0.2	0.4～10.0	0.06～11.0	0.0
硬度(mohs')	7.0～8.0	－	8.0	8.5～9.0
熱膨脹係數(C^{-1}	$4.5～6.5×10^{-6}$	$1.5～5.5×10^{-6}$	$4.2～4.7×10^{-6}$	$5.5～8.1×10^{-6}$
熱傳導度(cal/cm-sec-℃)	0.002～0.005	－	0.01	0.007～0.05
抗拉強度(kg/cm^2)	300～400	120～340	－	540～3400
壓縮強度(kg/cm^2)	2500～4000	1000～3500	－	5400～27800
彈性率(kg/cm^2)	$70～80×10^4$	$40～75×10^4$	－	－

另方面，陶器(Earthenware)與瓷器同樣的是以黏土質爲主原料，再配合以石英、陶石後於 1200～1300℃附近加以燒成後施以釉藥，再於 1050～1100℃施以釉燒而成。爲多孔質，具吸水性但無透光性；與瓷器比較時，因其機械強度低，所以很少作爲機械材料。

㈡ **耐火物**

耐火物(Refractories)是指使用於窯爐之耐火磚等爐材坩鍋、鍋之斷熱材等。耐火磚依其主成份之化學性可大分類爲酸性耐火物(以SiO_2爲主成份)、中性耐火物(以Al_2O_3、Cr_2O_3爲主成份)、及鹼性耐火物(以 CaO、MgO 爲主成份)。表 18.3 所示爲耐火磚之一例。此外，亦有碳化矽或氮化矽之緻密燒結體之特殊耐火物。高溫實驗或高溫測定用之耐火材料及耐熱零件等亦包含在耐火物中。

㈢ **玻璃**

玻璃(Glass)的種類很多，但其主成份皆爲矽酸(SiO_2)。將SiO_2加以熔融後予以冷卻時，可得到矽玻璃(石英玻璃)，其熔融溫度爲 1800～2000℃。實用玻璃中通常會加入各種的氧化物(Na_2O、B_2O_3、CaO等)，其融點則於 1000～1500℃之範圍。

表 18.3　代表性耐火磚之組成

原料	化學組成(wt%)								外觀氣孔率 (%)	主要相 (通常存在量之順序)
	Al_2O_3	SiO_2	MgO	Cr_2O_3	Fe_2O_3	CaO	TiO_2	合計		
鉻礦	30.0	5.3	19.0	30.5	13.5	0.7	—	99.0	22	$(Mg,Fe)(Al,Cr)_2O_4$ R_2O_3固溶體 $MgFe_2O_4$ $(Mg,Fe)(Al,Cr)_2O_4$
鉻礦-氧化鎂	19.0	6.0	40.0	22.0	11.0	1.2	—	99.2	25	MgO，$MgFe_2O_4$，Mg_2SiO_4
氧化鎂-鉻礦	9.0	5.0	73.0	8.2	2.0	2.2	—	99.4	21	MgO，$(Mg,Fe)(Al,Cr)_2O_4$，$MgFe_2O_4$，$MgCaSiO_4$
氧化鎂	1.0	3.0	90.0	0.3	3.0	2.5	—	99.8	22	MgO，$MgFe_2O_4$，$MgCaSiO_4$，Mg_2SiO_4
結合瀝青之白雲石	0.3	0.4	40.0	0.3	0.3	56.0	—	97.3	20	MgO，CaO，$MgCaSiO_4$ 2.7%殘留碳素
鎂橄欖石	1.0	33.3	54.5	—	9.1	1.0	—	99.6	23	$MgSiO_4$，$MgFe_2O_4$，MgO，$MgAl_2O_4$
矽	0.2	96.3	0.6	—	—	2.2	—	99.3	25	鱗英石，白矽石
高氧化鋁耐火黏土	90～50	10～45	0～1	—	0～1	0～1	1～4	—	18～25	富鋁紅柱石，含矽酸相

表 18.4 玻璃之種類與性質

性質		軟質玻璃		硬質玻璃		
		碳酸鈉玻璃	鉛玻璃	硼矽玻璃	鋁矽酸玻璃	鋁硼酸玻璃
化學成分(%)	SiO_2	69～73	35～60	65～80	54～57	8～23
	B_2O_3	—	—	13～28	4～8	37～48
	Na_2O	14～17	5～8	4～5	1	6～14
	K_2O	0.～1.9	6～8	0.5～4	—	0.2
	CaO	5～7	0.3	0.1～3	6～11	6～10
	MgO	2～4	0.2	0.2	7～12	—
	Al_2O_3	1～4	0.6	1～3	16～23	24
	PbO	—	20～60	0.2～6	0.2	—
密度(g/cm^3)		2.46～2.49	2.8～4.3	2.1～2.2	2.5	—
轉移點(℃)		470～505	400	450～520	670	—
軟化點(℃)		650～730	580～630	830	915	900～920
熱膨脹係數($\times 10^{-7}℃^{-1}$) (0～300℃)		92	90～100	32～46	42～45	43
楊氏係數($\times 10^6$ psi)		9～10	8～9	7～10	13	—
屈折率		1.51～1.52	1.54～1.64	1.47	1.53	—
常溫比電阻(Ω-cm)		10^{11}	$10^{16\text{-}18}$	$10^{13.5}$	—	—
1000 Hz, taNδ		2×10^{-2}	10^{-3}	7×10^{-3}	4×10^{-3}	—

表 18.4 所示爲玻璃的種類與性質，軟質玻璃因其軟化點低，所以加工容易而適於大量生產。其中之Na_2O-CaO-SiO_2系(碳酸鈉石灰玻璃)作爲板玻璃與瓶玻璃，爲最大量生產者。Na_2O-PbO-SiO_2系之鉛玻璃，其屈折率高且密度亦大，因此通常作爲光學玻璃。矽酸玻璃(Ba_2O-B_2O_3-SiO_2系)等之硬質玻璃，其膨脹係數小、化學耐蝕性佳、軟化點亦高，所以常使用於化學工業上之各種容器及眞空管等。

(四) 水泥與混凝土

詳細內容請參閱相關內容。

(五) 碳素材料

碳爲非金屬元素，因爲是固體，所以亦被視爲是陶瓷。碳素材料中有高硬度而耐熱性佳，而且具絕緣性者；另外，添加於複合材料之碳纖維亦具有重要的角色。碳有結晶質與非晶質兩類，鑽石(Diamond)與石墨(Graphite)是屬於結晶質碳，表 18.5 所示爲鑽石及石墨之性質。

表 18.5 鑽石與石墨之性質(常溫)

性質	鑽石	單結晶石墨		Pyrographite	
		層面方向 (⊥C)	層間方向 (//C)	(⊥C)	(//C)
密度(g/cm^3)	3.52	2.265		2.20	
強度(kg/cm^2)	5.92×10^6	2×10^5	－	1000	30
熱傳導度(cal/cm-s-℃)	1.57	0.95	0.19	1.30	0.031
熱膨脹係數($℃^{-1}$)	2.8×10^{-6}	-1.5×10^{-6}	28×10^{-6}	1.7×10^{-6}	28×10^{-6}
比電阻(Ω-cm)	10^{14}	4×10^{-5}	＜1	40×10^{-5}	5

鑽石(Diamond)之硬度爲所有物質中最高者，在作爲研磨材料及切削工具上，仍爲現今之生產加工技術上不可缺少的材料；此外亦用於作爲寶石軸承。鑽石粒可單獨被使用，但亦可使其分散於銅或鐵粉中使其固化後以瓷金(Cermet)之形態被使用。在使用上，可使用主要是以南非所生產的天然鑽石，但在工業上卻是以 Ni 或 Co 爲觸媒，於 1500℃、6 萬氣壓之高溫高壓下所合成的所謂人造鑽石的使用占壓倒性的多數。

另方面，**石墨**(Graphite)則作爲電極或磚，或是混合於金屬中加以燒結後可作爲電刷及引擎用封(Seal)等，乃是應用其優良的耐磨耗性或自潤性者較多。相對的，屬於非結晶質碳則有碳黑(Carbon black)、碳纖維、石墨纖維等。

18.3 新陶瓷

在今日所謂的陶瓷當中，新陶瓷亦算是自古以來即存在者，但近年來無論在質與量方面均有急速的進步。將新陶瓷與陶瓷器加以比較時，其成份中之SiO_2、Al_2O_3等乃爲相似之處，但組成上卻有極大差異。新陶瓷是以精選的高純度原料，使其擁有精密控制之組成，再經由高度的製造技術於 1500～2000℃所燒成者，爲結晶質所構成，與普通的陶瓷器比較時，緻密且均一性佳，並擁有優良的性，其重要性將與日俱增。

新陶瓷若以組成來加以分類時，則可分爲：利用高純度的天然原料之**氧化物系**(Oxide system)(表 18.6)，即氧化鋁(Al_2O_3)、氧化矽(SiO_2)、氧化鈦(TiO_2)等；與**非氧化物系**(Non-oxide system)，使用人工合成原料，例如碳化矽(SiC)、硼化鈦(TiB_2)、氮化矽(Si_3N_4)等(表 18.7～18.9)。這些陶瓷其耐熱、耐蝕性佳，硬度高且機械強度亦大，擁有優良的電氣與磁氣性質，所以用途很廣泛，表 18.10 所示爲新陶瓷於將來可被期待之用途，亦即可使用於高溫構造材料、超硬材料、高強度材料、電子材料、原子爐材料、生體材料等。

以下將對於代表性的新陶瓷概略的加以說明：

(一) 氧化鋁

氧化鋁(Al_2O_3)爲表 18.6 所示氧化物系陶瓷之中最具有代表性而且使用度最高者。融點較高爲 2050℃，硬度與強度亦高。具有優良的熱傳導性與耐藥品性，而且電氣絕緣性等電氣性質亦佳。但是強度方面若與Si_3N_4等比較時則低。廣泛應用於 IC 基板、化學用器、爐材、切削工具等。

(二) 氧化鎂

氧化鎂(MgO)之熱傳導率較高比熱亦大。融點雖高，若不是經過高溫處理者則會溶解於酸，亦會與空氣中之CO_2氣體起反應。常溫與高溫時的強度較AlO_3或ZrO_2差。

表 18.6 主要氧化物系陶瓷之性質與用途

物質	BeO	Al_2O_3	MgO	ZrO_2	ThO_2
密度	3.01	3.97	3.58	5.56	9.69
融點 (°C)	2500	2050	2800	2715	3300
硬度 (mohs')	9	9	6	7	7
熱傳導率 (kcal/m-h°C)	227(30℃) 54(600℃)	4.4(1000℃)	5.4(1000℃)	1.7(1000℃)	4.0
熱膨脹係數 ($\times 10^{-6}$/°C)	8.9(1000℃)	7.7(0～1000℃)	13(0～1000℃)	11.5(0～1000℃)	9.31(100℃)
抗拉強度 (kgf/cm^2)	1000～2000	2650～5000		1485	
壓縮強度 (kgf/cm^2)	8000～14000	30000～40000		21000	15540
彈性率 ($\times 10^{-6}$ kgf/cm^2)	3.1	3.82	0.88	1.72	2.34
用途	坩鍋、高溫電氣絕緣材、高熱傳導性電氣絕緣材、原子爐用材料。	坩鍋、保護管、球磨機、陶瓷工具、軸承、耐磨耗材、封(seal)。	U、Th 之熔解用坩鍋、眞空熔解用坩鍋、磚。	金屬熔解坩鍋、非金屬發熱體、磚、瓷器燒成用、切削工具。	各種金屬之熔解用坩鍋、原子燃料主物質。

表 18.7 主要碳化物系陶瓷之性質與用途

碳化物	密度 (g/cm^3)	融點 (℃)	硬度 (mohs)	比電阻 (室溫) (Ω-cm)	熱傳導度 (20～420℃) (cal/s-cm-℃)	線膨脹係數 (25～800℃)	彎曲強度 (kg/cm^2)	用途
B_4C	2.52	2450	9.3	0.3～0.8	0.07～0.2	4.5×10^{-6}	3000	研磨材，切削工具(超硬工具)，瓷金原料，燒成用容器，發熱體，金屬模，高溫構造材。
SiC	3.21	2200	9.2	107～200	0.1	4.7×10^{-6}	300	
TiC	4.25	3160	8～9	1.05×10^{-4}	0.041	7.4×10^{-6}		
VC	5.36	2830	9～10	1.56×10^{-4}				
ZrC	6.70	3570	8～9	6.34×10^{-5}	0.049	6.7×10^{-6}		
NbC	7.82	3500	9～10	7.4×10^{-5}	0.034			
TaC	14.5	3877	＞9	2×10^{-5}	0.053	8.2×10^{-6}		
WC	15.5	2865	＞9	1.2×10^{-5}		6.2×10^{-6}		

表 18.8 主要氮化物系陶瓷之性質與用途

物質	BN	AlN	Si_3N_4
理論密度	2.27	3.26	3.44
融點(分解)°C	3000	2450	1900
硬度(mohs')	2	7	＞9
比重	2.09～2.18	3.03～3.20	2.22～2.52
熱傳導率(cal/cm-s-℃)	//P：0.0030 ⊥P：0.063 (900℃)	0.053(600℃)	0.0017～0.0037(25～250℃) (比重 2.20～2.60)
熱膨脹係數($\times10^{-6}$/℃)	//P：4.19 ⊥P：0.46 (R.T～1000℃)	5.64(R.T～1000℃)	2.5(R.T～1000℃)
壓縮強度(kgf/cm^2)	//P：3100 ⊥P：2800	2100	2800～6300
彎曲強度(kgf/cm^2)	//P：1120 ⊥P：546	2700	1060～1500
彈性率(kgf/cm^2)	//P：9.1 ⊥P：5.0	3500	5600～9400
用途	坩鍋，眞空高週波爐用絕緣物，耐熱潤滑劑，離型材，高溫高壓用實驗用材。	金屬熔融容器，眞空蒸著用坩鍋，耐熱磚，耐熱性治具。	金屬用坩鍋，熱電偶保護管，耐熱磚，腐蝕性氣體用管，研磨材，耐磨耗材。

表 18.9　主要硼化物陶瓷之性質與用途

物質	結晶系	融點 (°C)	硬度 mohs'	硬度 微小硬度 (kg/mm^2)	密度 (g/cm^3)	熱傳導 (cal/cm-s-°C)	比電阻 (μΩ-cm)	熱膨脹係數 (1/°C)	用途
TiB_2	六方	2980		3400	4.52	0.058(23℃) 0.1(500℃)	$12\sim28.4\times10^{-6}$	8.1×10^{-6} (25～2000℃)	高溫軸承，內燃機關用噴射噴嘴，熔融非鐵金屬之處理用零件，電氣接點等。
ZrB_2	六方	3040		2200	6.09	0.058(23℃) 0.055～0.060(200℃)	$9.2\sim38.8\times10^{-6}$	5.5× `0^{-6} (20～1000℃)	
HfB_2	六方	3060			11.2	0.026(23℃)	$100\sim104\times10^{-6}$	5.3×10^{-6} (20～1000℃)	
TaB_2	六方	3000		1700	12.6	0.033(200℃)	$68\sim86.5\times10^{-6}$		
MoB_2	六方	2100		1280	7.8		$22.5\sim45\times10^{-6}$		
CrB_2	六方	2760		1700	5.6	0.049(25℃)	21×10^{-6}	4.6×10^{-6}	
NbB_2	六方					0.040(25℃) 0.047～0.062(200℃)	$28.4\sim65.5\times10^{-6}$		
MoB	正方	2180	8	1570	8.8		$40\sim50\times10^{-6}$		

表 18.10　新陶瓷之可被期待分野及用途(產業技術經濟研究所調查)

分野	用途
超硬材料	刀具材料，耐磨耗材料，切削工具材料，研削材料，固體潤滑劑，超尺寸安定材料
耐熱結構材料	柴油引擎零件，燃氣輪機零件，熱交換器零件
化學機能耐蝕材料	地熱發電用管、閥，化學閥材料，化學泵材料，觸媒、觸媒擔體，核燃料製造裝置材料，化學反應裝置內側
高強度材料	汽車車體，彈簧，航空、宇宙用構造材，運動用途
寶石、裝飾品	人造寶石，合成寶石
電氣機能材料	電極材料，磁性材料，超音波發振材料，壓電材料，電池(固體電解質)，絕緣材料，發熱體
電子機能材料	磁性材料，IC基板保護材，半導體，紅外線檢出電容器(溫度、濕度、壓力、磁氣、近接、加速度、氣體等)
耐火材料	冶金用高級耐火材，冶金用及化學用濾器，半導體製造裝置材料，耐熱斷熱材，鑄型、砂心、點火栓
生體機能材料	人工骨，人工關節，人工齒
放射線關連材料	核融合爐爐型，原子爐控制棒，核燃料
光學機能材料	放電燈管，光纖維，耐熱透明材料

表 18.11　高強度陶瓷之特性例子

	無加壓燒結氮化矽	無加壓燒結碳化矽	反應燒結碳化矽
密度(g/cc)	3.10～3.15	3.12～3.17	3.10
抗折強度(kg/mm^2)			
常溫	60～70	55～65	53
高溫	30～35(1200℃)	40～50(1400℃)	53(1300℃)
壓縮強度(kg/mm^2)	170～190	210～230	180～210
縱彈性係數(×10^{4}kg/mm^2)	2.9～3.1	4.1～4.3	4.2

表 18.11　高強度陶瓷之特性例子(續)

	無加壓燒結氮化矽	無加壓燒結碳化矽	反應燒結碳化矽
維氏硬度	1400～1550	2400～2700	2500～3500
摩擦係數(同材質組合)	0.6	0.7	0.5
熱膨脹係數($\times 10^{-7}$℃)	33～35	42～45	43
熱傳導率(100℃)(kcal/m-h-℃)	16～17	38～39	172
耐熱衝擊溫度差(℃)	750～800	500～600	600～700
氧化增量(mg/cm^2)	0.2～0.5	0.1～0.3	0.1～0.2
	(1200℃×24h)	(1400℃×24h)	(1300℃×24h)
體積固有抵抗(Ω-cm)	＞10^{16}(常溫)	10^5～10^7(常溫)	0.1(500℃)
	10^{13}～10^{14}(350℃)	10^3～10^5(350℃)	0.01(1200℃)

㈢ 氧化鈹

氧化鈹(BeO)與Al_2O_3相似，其化學性質安定而可使用至高溫。導電度很差，但熱傳導率爲氧化物中之最高者，此爲其特徵。因此可使用於溫度變化之顯著部分或是需要吸收熱的部分。機械強度於低溫時比較低，但於 1600℃之高溫前則幾乎不會變差。適用於溶解用坩鍋等，尤其爲大家所熟知的是常作爲原子爐用中子減速材料。

㈣ 碳化矽

碳化矽(SiC)如表 18.7 所示，碳化物系陶瓷與氧化物比較時，其融點及硬度均高，另外熱傳導率亦大。高溫時之機械強度雖大，但耐氧化性差。熔融後加以粉碎而製成的碳化矽(SiC)粒子亦稱爲**金剛砂**(Carborundum)，爲綠黑色的結晶體。於5%矽砂、40%焦碳中混入金屬屑及食鹽，再加熱至2000℃以上，即可製得。由於硬度高之故，自古以來即作爲研磨材料來使用；此外，對於要求耐熱衝擊性的部位材料，例如使用於作爲各種陶瓷燒結用之容器。最近則作爲高強度陶瓷(燒結體)，而應用於輪機之動靜翼、熱交換機、柴油機零件等。表 18.11 所示爲SiC燒結陶瓷之特性。

㈤ **碳化硼**

碳化硼(B_4C)較SiC爲硬，故作爲研磨材料，此乃爲眾所熟知。其耐磨耗性佳，而且壓縮強度高達 300 kg/cm^2，密度亦小。利用熱壓法之製品可使用於作爲防彈材及噴嘴等。

㈥ **WC及TiC碳化物**

碳化鈦(TiC)具優秀的耐氧化性，添加 Ni、Co 等金屬後，加以燒結，即製成**瓷金**(Cermet)，常作爲超硬切削工具材料及耐熱材料來使用。瓷金中TiC-Ni系(Ni 30～70%)是屬於高強度者。若於WC或TiC中加入Co，再予以燒結後即製成所謂的**超硬合金**(Cemented carbide)，而應用於切削工具、岩石鑿削用鑽頭、模具、成形金屬模、摺動部零件等。WC是將W及C直接以高週波加熱所製成。

㈦ **氮化矽**

氮化物系陶瓷的例子如前述之表 18.8 中所示，其中之氮化矽(Si_3N_4)其熱衝擊抵抗大，機械強度可維持到高溫。另外亦有優良的耐氧化性及耐蝕性，所以應用於燃氣輪機之動靜翼、熱交換器、耐熱治具等高溫機械零件。此外，亦用於軸承、封(Seal)材料、切削工具等。近年來已成爲最重要的機械零件用新陶瓷，而且此材料亦被使用於作爲半導體材料、誘電材料、絕緣材料等。

㈧ **BN與AlN氮化物**

Si_3N_4以外的氮化物中，氮化硼(BN)與氮化鋁(AlN)(皆指燒結體)爲重要的機械用材料，其硬度極高，耐熱性及電絕緣性佳，所以使用於各種耐熱材料，耐熱治具等。尤其是BN爲立方晶氮化硼(CBN)中具代表性者，大量被使用於作爲所謂“超硬質研削材”。表 18.9 中亦示有各種硼化物的一般性質。

※ 18.4 陶瓷的構造

陶瓷的構造中不具有類似金屬之所謂結晶質，即非晶質者較多，而僅一部分是擁有結晶構造。以下將分別以其代表性者來加以簡單的說明。

㈠ **矽酸鹽構造(非晶質構造)**

磚與磁磚等之古典陶瓷中大半都是由矽酸(SiO_2)所構成。矽酸鹽之基本構造(單位格子)如圖 18.1 所示爲SiO_4四面體，亦即Si原子是插入於4個氧原子之空隙中。圖 18.2 所示爲SiO_4四面體之結合狀態，而保持此四面體之力爲，離子結合圖(a)與共價結合圖(b)之間分別以一半的時間間隔存在。因此，此四面體即強有力的結合在一起。另外，上述之二種結合方式中，各個氧原子之最外層的電子數皆爲7，較有效數8個少了一個。

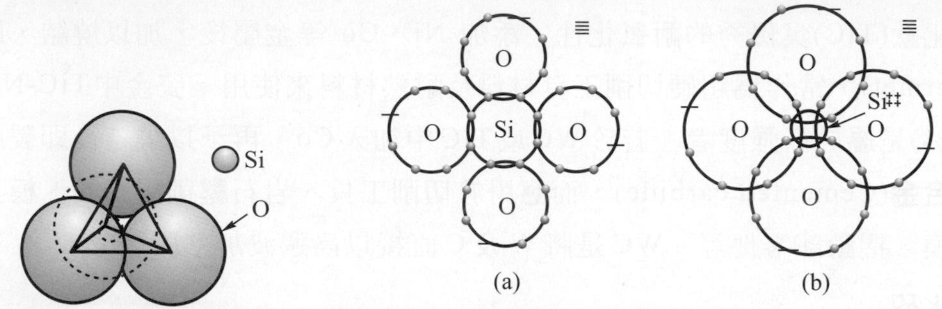

圖 18.1　矽酸鹽結晶構造　　圖 18.2　SiO_4^{4-}四面體之結合狀態

但是，欲補充氧原子之電子的不足之方法有二種，所以會形成不同的矽酸鹽的構造。第一種方法是從其他的金屬原子得到一個電子之場合，而產生SiO_4^{4-}離子與金屬陽離子。第二種方法是各個氧與第二個矽共有一對電子，此種場合即可形成多數的四重配位群。

第一種方法之最簡單例子即爲大家所熟知的作爲高溫耐火材料之Mg_2SiO_4，其構造如圖 18.3 所示。也就是說Mg_2SiO_4之SiO_4^{4-}離子是從4個鄰接的 Mg 原子處得到4個電子，各個 Mg 原子是將第二個電子給予其他的SiO_4單位，此結果即可形成很強的構造，而Mg^{2+}離子擔任了SiO_4^{4-}離子間之連結鎖的角色。

```
   O⁻               O⁻               O⁻
   |                |                |
⁻O–Si–O⁻–Mg²⁺–O⁻–Si–O⁻–Mg²⁺–O⁻–Si–O⁻
   |                |                |
   O⁻               O⁻               O⁻
   Mg²⁺             Mg²⁺             Mg²⁺
   O⁻               O⁻               O⁻
   |                |                |
⁻O–Si–O⁻–Mg²⁺–O⁻–Si–O⁻–Mg²⁺–O⁻–Si–O⁻
   |                |                |
   O⁻               O⁻               O⁻
   Mg²⁺             Mg²⁺             Mg²⁺
   O⁻               O⁻               O⁻
   |                |                |
⁻O–Si–O⁻–Mg²⁺–O⁻–Si–O⁻–Mg²⁺–O⁻–Si–O⁻
   |                |                |
   O⁻               O⁻               O⁻
```

圖 18.3　Mg_2SiO_4之結晶構造

第二種方法之最簡單例子爲二種四面體矽酸鹽等之所謂鎖狀構造與板狀構造。圖 18.4 爲二重矽酸鹽四面體之單位，一個氧同屬於 2 個單位之一員，其結果是二重單位之組成爲Si_2O_7，並且從鄰近之金屬原子獲得電子而形成$Si_2O_7^{6-}$離子。若相互鄰接的兩組四面體能共有一個氧時，則可知四面體之其他的氧亦可被共有。圖 18.5 所示爲鎖狀構造(圖 a)與板狀構造(圖 b)之SiO_4，其不具有類似金屬之結晶構造，而是爲非晶質。而圖 18.6 所示爲SiO_4之板狀構造之投影圖。

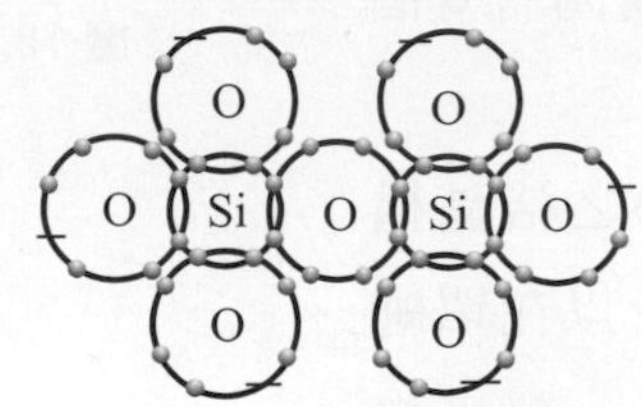

圖 18.4　二重四面體矽酸鹽$Si_2O_7^{6-}$

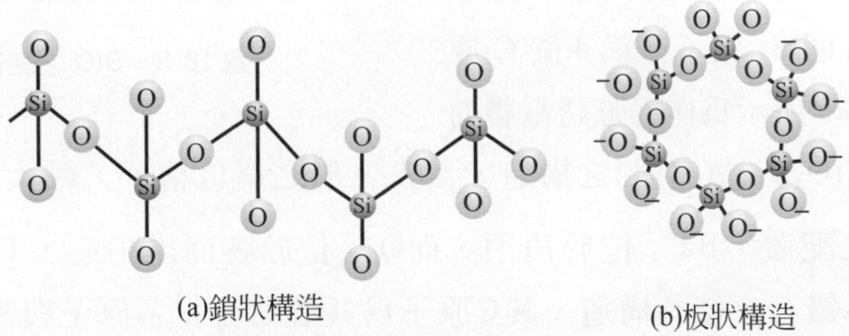

(a)鎖狀構造　(b)板狀構造

圖 18.5　矽酸離子間之結合

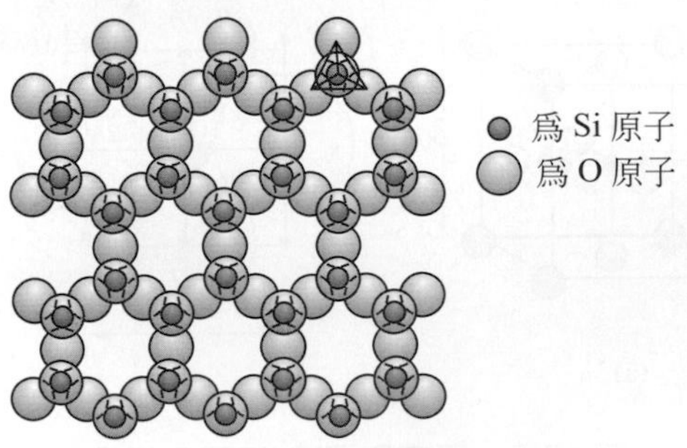

圖 18.6　SiO_4^{4-}之板狀構造投影圖

㈡ 金屬氧化物等之構造(結晶構造)

在陶瓷中例如氧化物、碳化物等具有與金屬同樣的結晶構造者亦不少，圖18.7所示為擁有比較單純的結晶構造之MgO陶瓷的例子。MgO之基本構造為與NaCl之離子結晶為同型之立方格子，亦即在中心之較小的Mg原子之周圍有6個較大的氧原子之排列。

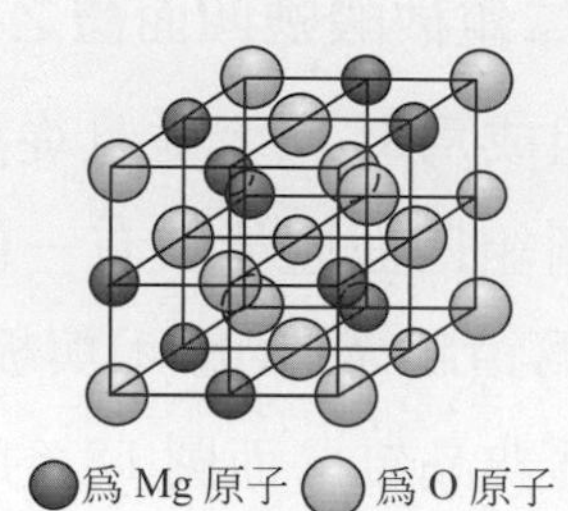

圖 18.7 MgO之岩鹽型結晶構造

圖 18.8 為碳化矽(β-SiC)之結晶構造，本圖之C：Si為1：1，所以在單純立方之位置上僅半數具有原子。鄰接之Si原子與C原子間會形成共價配列，所以結晶很硬。各個C原子被4個Si原子所包圍，而且各個Si原子亦為4個C原子所包圍。圖18.9所示為作為強誘電體而為所熟知之$BaTiO_3$結晶(室溫)之構造，為正方形之單位格子，較大之氧與Ba之離子呈面心立方之配置，Ba^{2+}位於角頂，而O^{2-}位於各面之中心，Ti^{4-}則位於正方體之中心。另外鑽石之結晶構造，其C原子為共價結合，各原子與其相鄰的原子共有一對電子。鑽石之高硬度即是由於此共價結合所致。

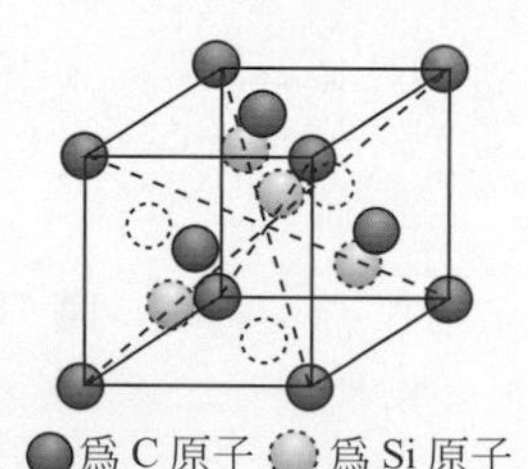

圖 18.8 SiC之結晶構造

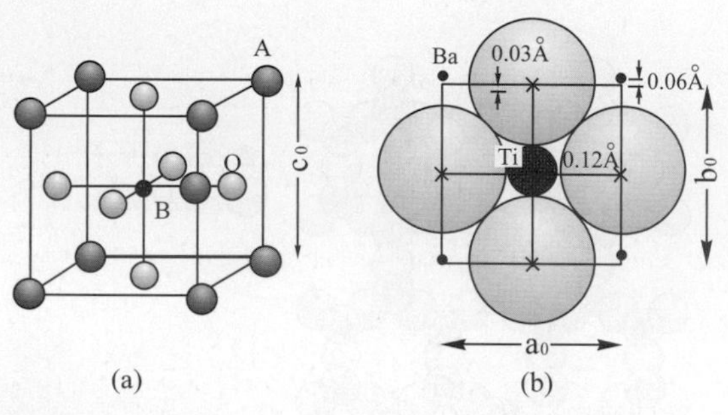

圖 18.9 正方$BaTiO_3$結晶之構造

18.5 陶瓷的性質

陶瓷因原料之種類多，所以其種類亦如上所述亦為繁多，而性質上亦迥然不同。關於一部分的陶瓷之性質已於前面談及，但一般說來，若與金屬材料比較時，則具有⑴硬而脆⑵融點高⑶耐熱、耐氧化性佳⑷高溫強度大⑸化學性安定⑹熱傳導率低⑺電絕緣性大⑻誘電性、磁性、壓電(Piezo-electric)性優良⑼耐衝擊性差⑽耐熱衝擊性差⑾成形佳、機械加工性差⑿透光性佳等特徵。

陶瓷材料之製造工程如圖 18.10 所示。一般**燒結方法**有反應燒結法(Reaction bonding)、常壓燒結法(Normal sintering)、氣體加壓燒結法(Gas pressure sintering)、熱壓法(Hot pressing)、熱均壓法(Hot isostatic pressing)、電漿燒結(Plasma sintering)等，燒結方法將影響燒結後陶瓷的各種性質。若以成本及燒結之容易度等觀點而言，常壓燒結法為最常採用的方法。

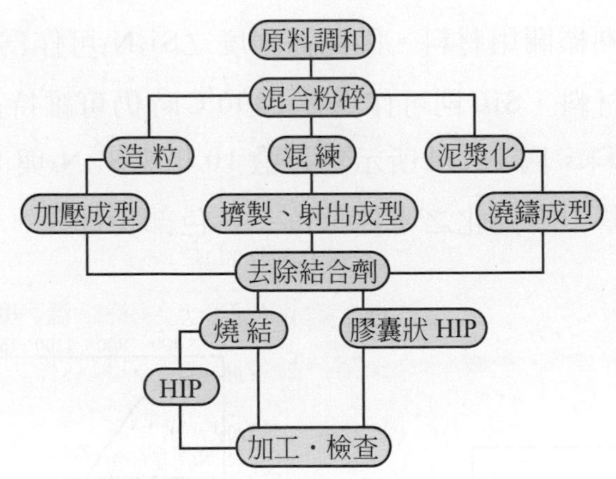

圖 18.10 陶瓷材料之製造工程

以下介紹及說明陶瓷材料的一些重要性質：

㈠ **機械強度**

陶瓷材料因為幾乎無塑性變形，所以材料內部之缺陷或表面之傷痕會成為應力集中之起源而發生龜裂，經傳播後則容易發生破碎。燒結體之場合，一般而言，粒度愈細者其強度愈大，而且氣孔率愈低時強度亦愈大。因為會在有表面缺陷或表面粒界溝處引起應力集中，一般說來，陶瓷之抗拉強度雖低，但壓縮強度大，所以適合使用在承受壓縮應力之部位。另外於常溫時無塑性變形，所以伸長率非常小。但是，例如鑽石、B_4C、SiC，其整個結晶都是共價結合的結晶體則擁有很大的強度。對於陶瓷的強度而言，其重要者爲脆性，也就是衝擊抵抗之大小。在上述之粒界或缺陷處之應力集中，常承受有衝擊荷重時會更形變大，將其與靜態強度比較時，則會呈現顯著的低強度。尤其是離子結晶材料般之脆性材料，更會呈現衝擊強度。

(二) 高溫強度

陶瓷之強度在常溫與金屬材料比較時未必一定較高，但在抵達 1000℃以上之高溫前則可維持高強度，此爲其特徵。圖 18.11 所示爲氧化鋁(燒結體)等新陶瓷之高溫抗拉強度，圖 18.12 所示爲各種陶瓷材料之彎曲強度與溫度依存性之關係，而圖 18.13 所示爲ZrO_2其強度隨年代之變遷情形，由圖可知初期之ZrO_2是由安定之立方晶所構成所以強度低；但現今之ZrO_2爲正方晶，其燒結體緻密而微細，具高破壞韌性值。但其缺點爲高溫時之強度差，所以一般作爲刀具材料等。

非氧化物系之Si_3N_4或 SiC 在抵 1000℃高溫之前其強度不會變差，所以是優秀的高溫材料而應用於熱機關用材料。因此高強度之Si_3N_4可作爲室溫強度達 100 kgf/mm^{2}之陶瓷球軸承用材料，SiC則可作爲在 1400℃時仍可維持高強度之燃氣輪機用之燃燒器等之高溫材料。圖 18.14 所示爲近數 10 年來Si_3N_4與 SiC 之強度與溫度之關係。圖 18.15 爲引擎中陶瓷化之零件部位，灰色部份即是。

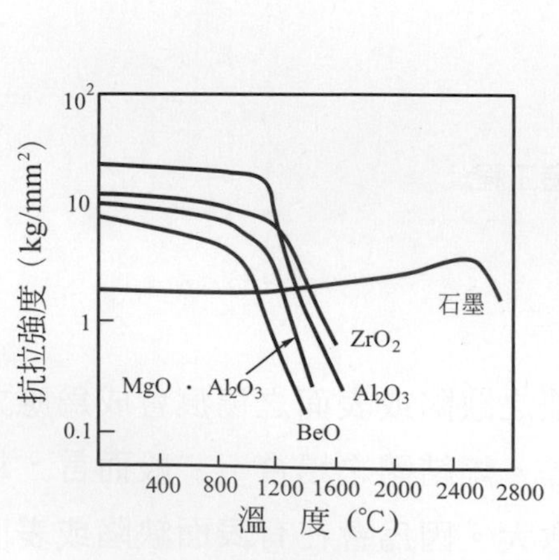

圖 18.11 抗拉強度與溫度之關係

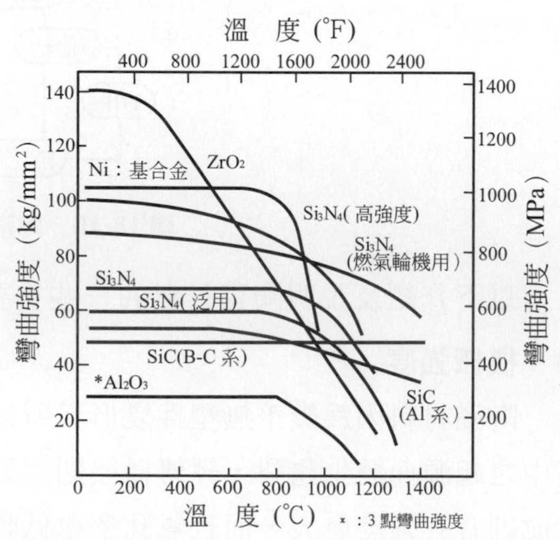

圖 18.12 各種陶瓷材料之彎曲強度與溫度之依存性

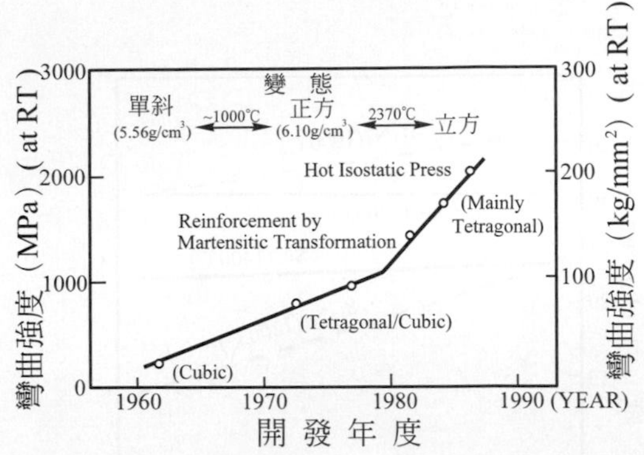

圖 18.13　ZrO_2彎曲強度與年代之變遷情形

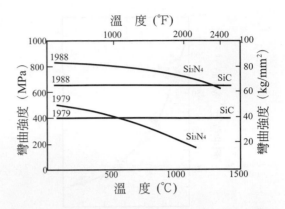

圖 18.14　近年來Si_3N_4與SiC之強度與溫度之關係

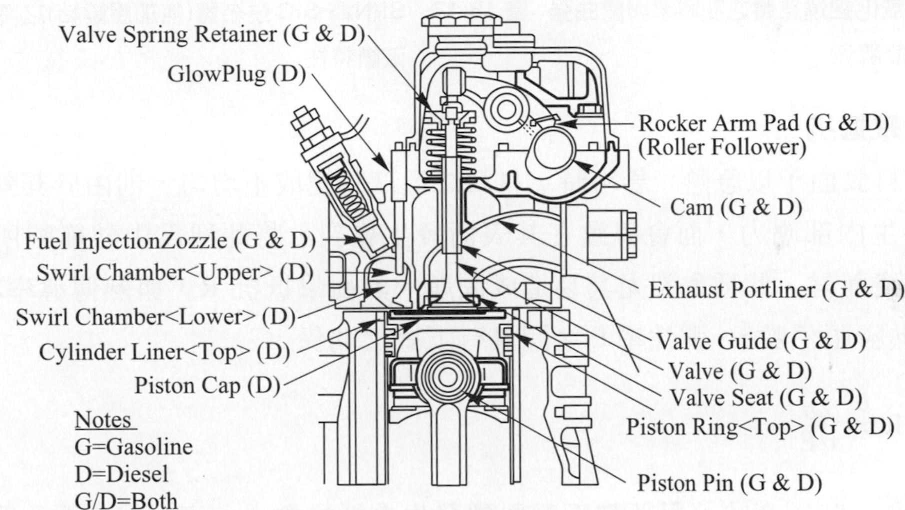

圖 18.15　柴油與汽油引擎零件之陶瓷化例子

眾所熟知較新的作為輪機翼材料等之Si_3N_4或SiC的燒結體可使用於1300℃之高溫。陶瓷中具有最佳之耐熱性者為石墨，抵達2700℃左右之前其強度不會變差。圖 18.16 所示為氧化鋁燒結體之孔隙率對於室溫及高溫彎曲強度之影響。圖 18.17 所示則為已正逐漸實用化而作為燃氣輪機、引擎零件之高強度燒結陶瓷之潛變破斷強度。

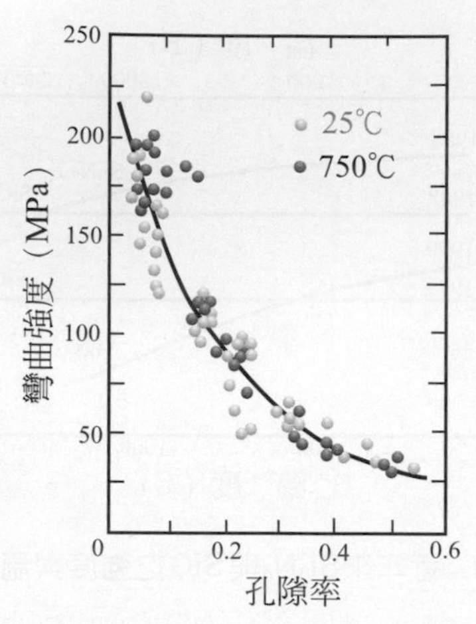

圖 18.16 氧化鋁燒結體之孔隙率與彎曲強度關係

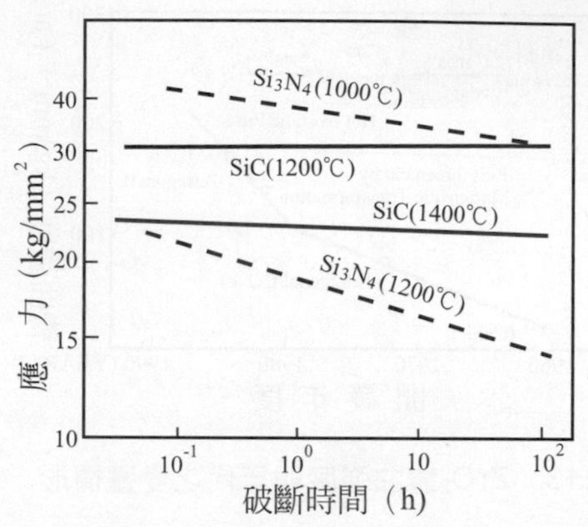

圖 18.17 Si_3N_4、SiC 燒結體(無加壓燒結)之高溫潛變之破斷特性

(三) 熱衝擊抵抗

將材料表面予以急熱、急冷時，材料之溫度將變成不均勻，則由於其熱膨脹之差異會產生內部應力，而會導致在其表面發生龜裂，將此稱爲由熱衝擊所致之龜裂。對陶瓷而言，此種龜裂尤其易造成問題。熱衝擊抵抗 R，與熱傳導率λ、抗拉強度σ、熱膨脹係數σ、彈性率 E 之間具有下式之關係：

$$R \propto \frac{\lambda\sigma}{\alpha E}$$

當此R值愈小時則意味著對於熱衝擊龜裂發生之抵抗愈大。表 18.12 所示爲將各種陶瓷之熱衝擊破壞抵抗係數R$'$之大小所作之比較，在此

$$R' = \sigma(1-\mu)/\alpha E$$

但μ爲 Poisson's ratio。石英玻璃對於熱衝擊龜裂具有抵抗，廣泛被作爲熱電偶保護管之緣故即在於α值非常小。圖 18.18 所示之陶瓷(氧化系)之線膨脹率亦提供作爲參考。

表 18.12 各種陶瓷材料之熱衝擊破壞抵抗係數R′)

材料	σ (kg/mm²)	E (kg/mm²)	α (℃⁻¹×10⁻⁶	R′ (℃)
Al_2O_3	15	36	8.8	47
Al_2O_3	35	35	8.4	113
BeO	15	31	9.0	53
MgO	9.9	21	13.5	34
尖晶石	8.4	24	7.6	47
ThO_2	9.9	14	9.3	75
ZrO_2(安定性)	15	17	8.3	106
mullite	8.4	15	5.3	107
瓷器	7.0	7.0	6.0	167
長石塊滑石	6.3	11	8.2	72
鋯石($ZrO_2 \cdot SiO_2$)	8.4	9.9	4.2	210
耐火磚	75	1.8	5.5	55
TiO_2(高密度)	12	20	8.9	63
TiO_2(空孔率 17%)	8.4	11	8.8	93
蘇打玻璃	7.0	6.7	9.0	117
石英玻璃	11	7.4	0.5	3000
TiC	14	32	7.4	60
石墨(不浸透性)	2.4	1.1	3.0	735

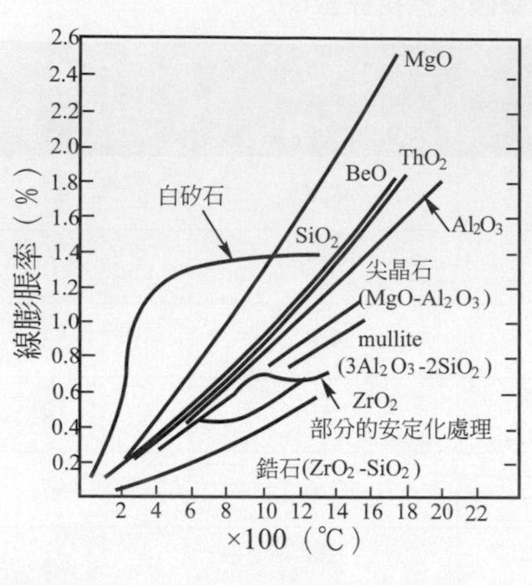

圖 18.18 氧化物之熱膨脹率

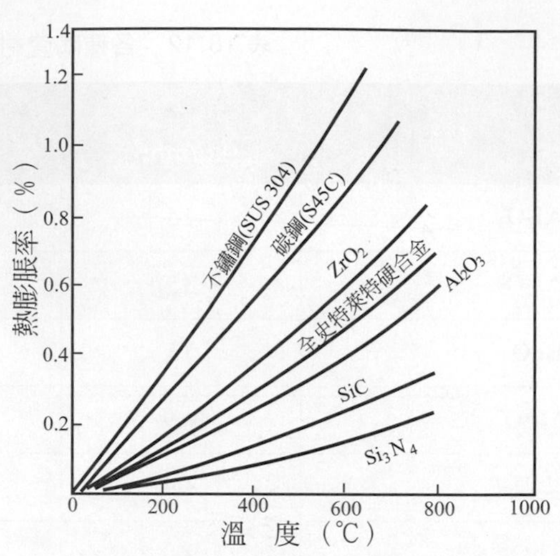

圖 18.19 各種材料之熱膨脹係數

圖 18.19 為各種材料之熱膨脹係數，其中Al_2O_3之熱膨脹係數僅為金屬之1/2～1/3，剛性高且價廉，所以常作為精密工業之心軸(spindle)或半導體業之X-Y Table，如圖 18.20 所示。

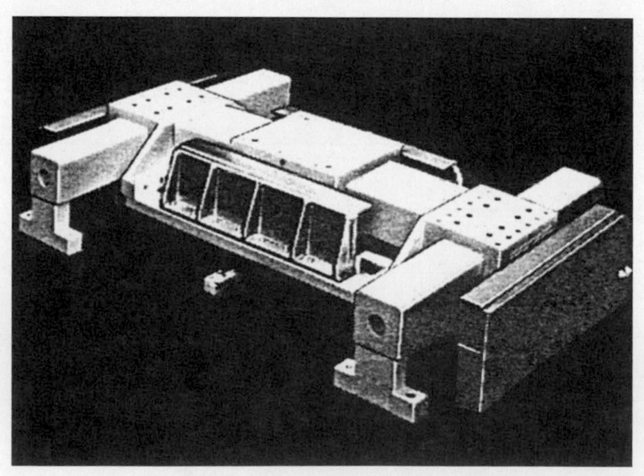

圖 18.20 Al_2O_3製 X-Y Table

㈣ 硬 度

陶瓷中例如鑽石等具有顯著之高硬度者多。硬度高亦即表示其耐磨耗性亦大，因此除了作為切削、研削工具、衝頭、壓模等外亦使用於作為各種摺動部之材料。另外，類似高硬度之陶瓷並不適於塑性加工，而且機械加工亦不容易。通常，陶瓷之機械加工是使用鑽石工具來進行。

㈤ 熱的絕緣性

陶瓷無法藉著自由電子來進行熱傳導，因此一般爲熱之絕緣體。由圖 18.21 所示可知各種陶瓷之導熱度與金屬比較時，其值顯著偏低，所以適於作爲保溫材料或斷熱材料者多。Al_2O_3或ZrO_2之多孔燒結體或球狀中空粒等乃爲有名的高溫斷熱材料。

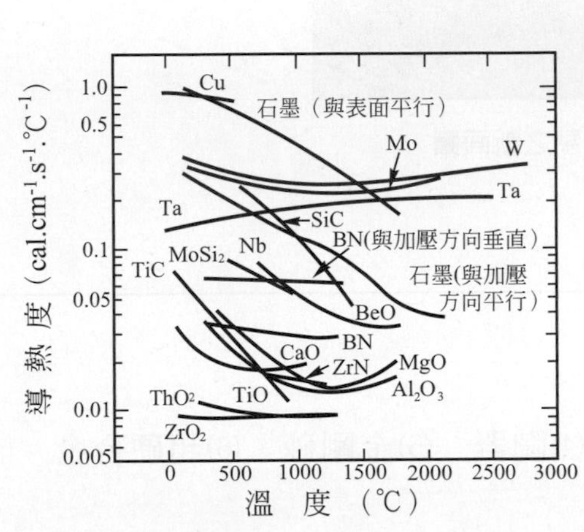

圖 18.21 各種陶瓷之導熱度

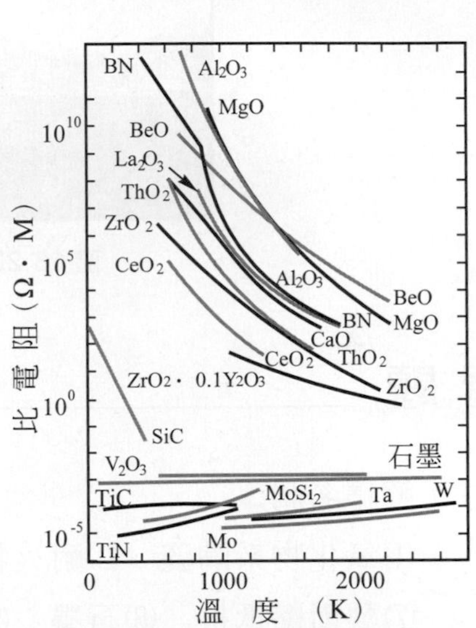

圖 18.22 各種陶瓷材料之比電阻與溫度之關係

㈥ 電傳導性

金屬因擁有自由電子所以是電傳導體。陶瓷通常是離子結合，由於離子電導所致之電傳導雖有若干，但是一般而言爲電絕緣體或是半導體。Al_2O_3、MgO等的陶瓷尤其擁有高絕緣性，故爲所熟知之電絕緣材料。圖 18.22 所示爲將各種陶瓷之比電阻與金屬所作之比較，横軸爲溫度。由圖可知，陶瓷之比電阻遠高於金屬，此外一般而言隨著溫度之升高其絕緣性將大幅度變差。

除上述性質外，陶瓷亦具備各種機能，尤其是在誘電性、磁性等電的諸特性上優秀者甚多(表 18.12)。

㈦ 化學性質

陶瓷材料之特徵之一爲擁有高耐氧化性、耐藥品性、耐融熔金屬性。

此外，化學耐久性及耐磨耗性亦佳，所以應用於高黏性流體搬運用泵之零件，廣泛應用於食品、製紙、上下水道等方面。圖 18.23 所示爲SiC製偏心軸泵之斷面圖。

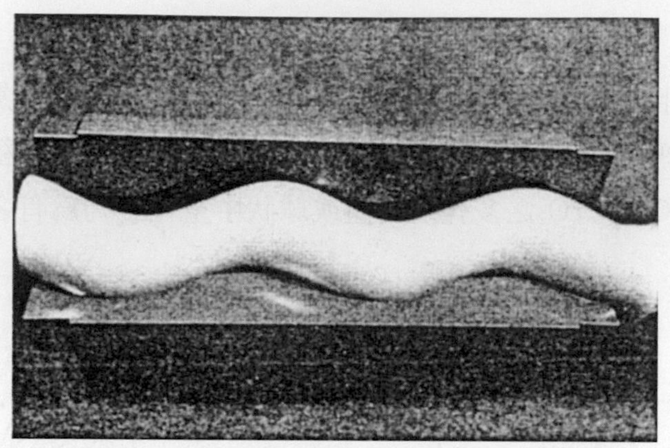

圖 18.23 SiC 製偏心軸泵之斷面圖

習題

18.1 解釋名詞:

(1)氧化物系陶瓷 (2)耐火物 (3)瓷器 (4)陶器 (5)金剛砂 (6)超硬合金 (7)熱衝擊抵抗 (8)石墨 (9) CBN

18.2 試述陶瓷之分類。

18.3 古典陶瓷含哪幾類，並分述其特性。

18.4 新陶瓷若依組成來分類時，共有哪幾種？

18.5 圖示矽酸鹽及Mg_2SiO_4之結晶構造。

18.6 圖示 SiC 之結晶構造。

18.7 說明陶瓷材料之製造流程。

18.8 圖示及說明各種陶瓷材料之彎曲強度與溫度依存性之關係。

18.9 說明ZrO_2之結晶構造與溫度的關係，以及其用途。

18.10 試述Si_3N_4與 SiC 之高溫強度之特徵，及其應用例。

18.11 舉例說明汽車引擎中陶瓷化之零件部位名稱。

18.12 例舉數種陶瓷材料之熱膨脹性質，以及其用途。

18.13 說明陶瓷材料其化學性質之特徵。

19 聚合體

聚合體(Polymers)是指由重複單體連結而成的長鏈分子之混合物，大多數之聚合體之主要結構為碳，所以可視為經由人工加以化學合成之有機材料。

聚合體可分為塑膠(Plastics)與彈膠(Elastomer)二大類。聚合體在工程上之應用歷史較淺，次於金屬與陶瓷。因其具有加工性、耐蝕、電與熱絕緣性佳等性質，所以已廣泛的應用於機械、航空、汽車、電機與電子、化學、能源、生體等工業方面。

19.1 聚合體之分子構造

以下先說明構成**聚合體**(Polymers)之分子構造，以利理解聚合體。

㈠ **碳化氫**

大半之聚合體基本上是碳與氫以C_nH_{2n+2}的型式鏈狀結合而成的高分子，藉共價結合使C與H連結，而形成更大的分子。如此而成長的高分子其長度約為0.1～10 μm。這類分子其鍵結中之各個 C 原子爲完全充滿狀態，而被周圍的4個鄰接原子所包圍，因此分子是呈飽和狀態。在此場合原子間之結合爲共價結合，其結合力強，但分子間之結合力則弱。但隨著分子數的增加，其結合力將增加，而導致黏性、融點等會昇高。

上述之**飽和碳化氫**之例子如圖 19.1 所示，一般以C_nH_{2n+2}表示，碳數n增加時會成爲直線狀連結之長分子。

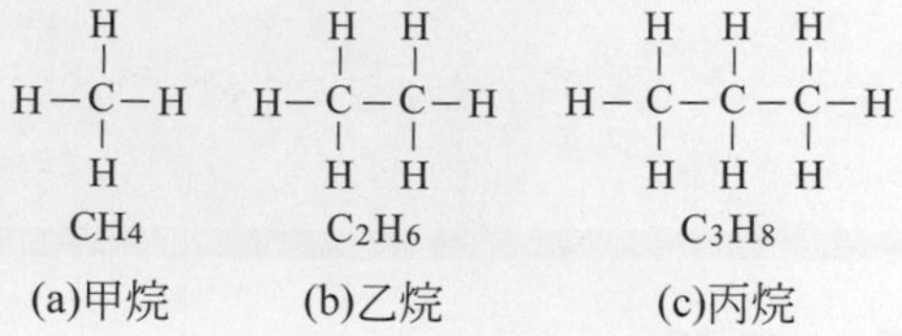

CH_4 (a)甲烷　C_2H_6 (b)乙烷　C_3H_8 (c)丙烷

圖 19.1　飽和碳化氫之例子

圖 19.2 所示爲具有 2 重結合或 3 重結合的碳化氫，將其稱爲**不飽和碳化氫**。2 重或 3 重結合在聚合體之形成時扮演著重要的角色。

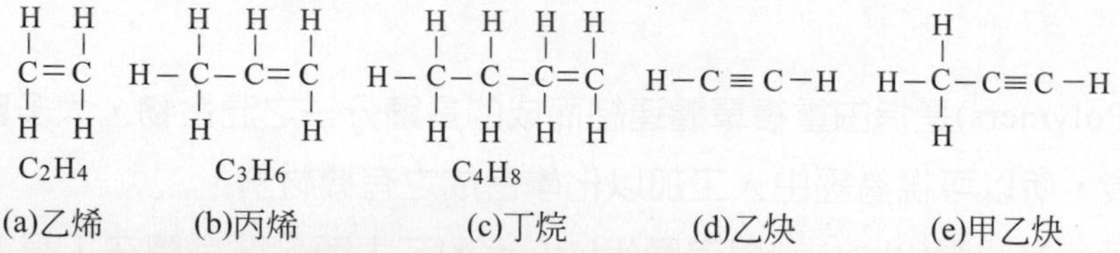

C_2H_4 (a)乙烯　C_3H_6 (b)丙烯　C_4H_8 (c)丁烷　(d)乙炔　(e)甲乙炔

圖 19.2　不飽和碳化氫之例子

㈡ 聚合體之代表性低分子

欲理解聚合體時，需先知悉其基礎構造之分子或原子群，圖 19.3 所示爲乙烯型分子之例子。

(a)乙烯　(b)氯乙烯　(c)雙氯亞乙烯　(d)四氟化乙烯

(e)乙烯醇　(f)苯乙烯　(g)醋酸乙烯　(h)異丙烯

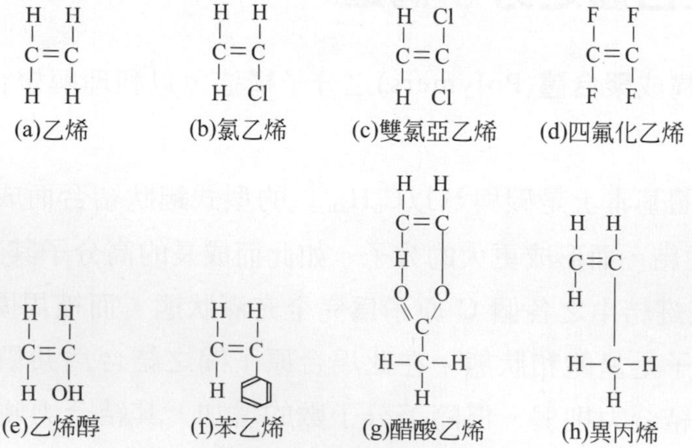

圖 19.3　乙烯型分子

㈢ 異形體

分子組成相同而原子配置相異之有機化合物稱之爲**異形體**，與金屬之同素異形體相似。其組成雖相同，但構造不同，所以融點等各種性質亦不相同，圖 19.4 爲異形體之例，前者之融點爲－127℃，而後者則爲－89℃。

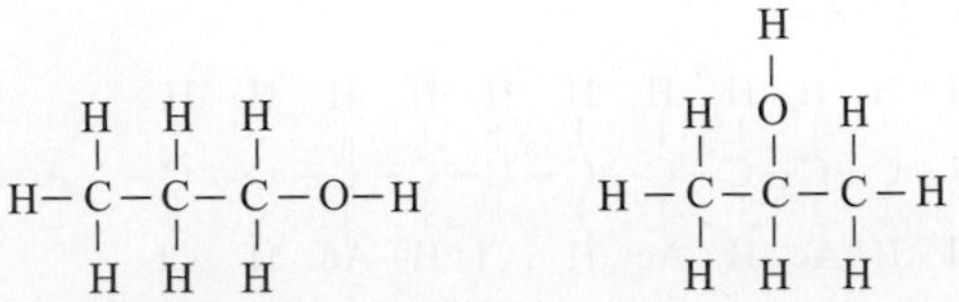

```
                                  H
                                  |
   H  H  H                     H  O  H
   |  |  |                     |  |  |
H－C－C－C－O－H            H－C－C－C－H
   |  |  |                     |  |  |
   H  H  H                     H  H  H
```

(a)丙基醇　　(b)異丙基醇

圖 19.4　異形體之例子

㈣ 聚合體(Polymer)

如前所述，將低分子結合後使成爲高分子之作用，稱爲**聚合**(Polymerization)。聚合所得之物質稱爲**聚合體**(Polymer)；聚合可分爲加成聚合、縮合聚合、共聚合等 3 種。

⑴ 加成聚合(Addition polymerization)

加成聚合是指將同一**單體**(Monomer)的 2 重結合打開，而附加上漸次地形成的鏈狀高分子。此種聚合無關原子之進出，而都是利用單體來形成新的高分子。圖 19.5 所示即爲加成聚合體之例，爲聚乙烯與聚氯乙烯之聚合情形。

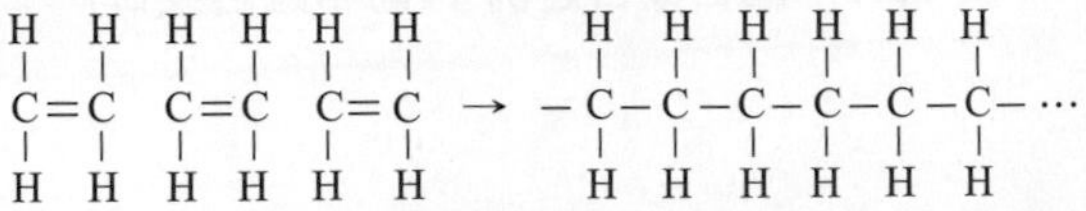

```
H  H   H  H   H  H        H  H  H  H  H  H
|  |   |  |   |  |        |  |  |  |  |  |
C=C    C=C    C=C   →  －C－C－C－C－C－C－…
|  |   |  |   |  |        |  |  |  |  |  |
H  H   H  H   H  H        H  H  H  H  H  H
```

(a) 乙烯之聚合

```
       單體                   聚體
H  H   H  H   H  H        H  H  H  H  H  H
|  |   |  |   |  |        |  |  |  |  |  |
C=C    C=C    C=C   →  －C－C－C－C－C－C－…
|  |   |  |   |  |        |  |  |  |  |  |
H  Cl  H  Cl  H  Cl       H  Cl H  Cl H  Cl
```

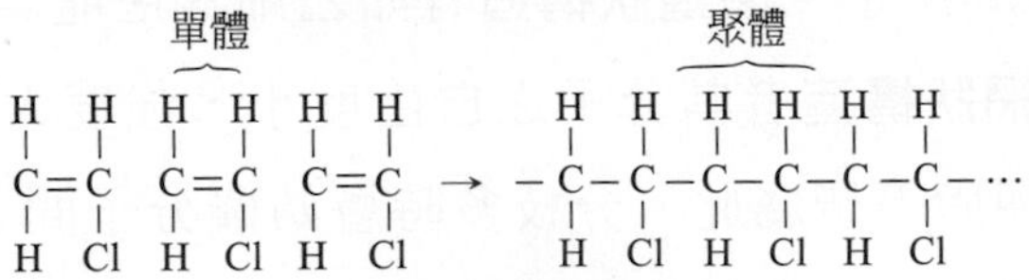

(b) 氯乙烯

圖 19.5　加成聚合之例子

⑵ **共聚合**(Copolymerization)

2種相異之單體以反覆的一定順序所結合而成的聚合體稱爲**共聚合**(Copolymerization)。此共聚合使製作新的聚合體之可能性更爲擴大，共聚合可藉著加成聚合或下述之縮合聚合而得；圖 19.6 所示爲共聚合之例子。

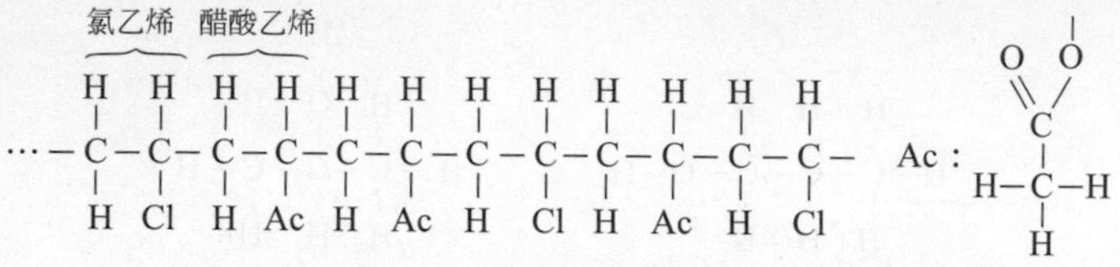

氯乙烯 醋酸乙烯

```
   H  H  H  H  H  H  H  H  H  H  H  H             O  O
   |  |  |  |  |  |  |  |  |  |  |  |              \\ |
…—C—C—C—C—C—C—C—C—C—C—C—C—     Ac :         C
   |  |  |  |  |  |  |  |  |  |  |  |                 |
   H  Cl H  Ac H  Ac H  Cl H  Ac H  Cl          H—C—H
                                                     |
                                                     H
```

圖 19.6　共聚合之例子(氯乙烯與醋酸乙烯之聚合)

⑶ **縮合聚合**(Condensation polymerization)

將2種相異的單體混合後使發生加熱反應，隨著時間之經過會放出水，反應持續進行而產生高分子化之聚合體稱之爲**縮合聚合**(Condensation polymerization)，如圖 19.7 所示；尼龍 66 等即屬此類。

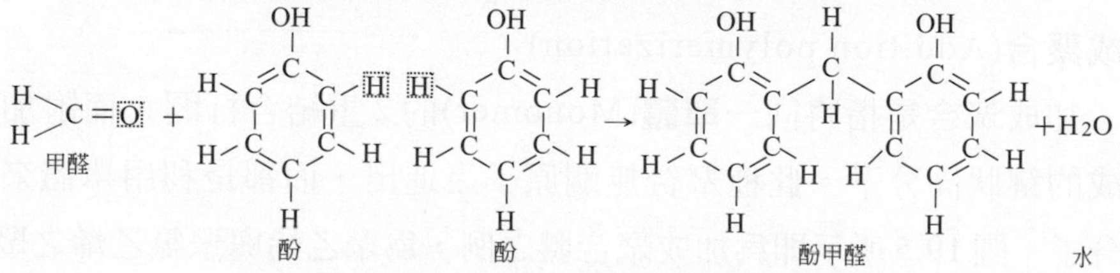

甲醛 + 酚 + 酚 → 酚甲醛 $+H_2O$（水）

圖 19.7　縮合聚合之例子(酚甲醛之聚合)

㈤ **巨觀構造**

聚合體之構造以巨觀而言，分子會呈現以鏈狀結合之鏈狀構造，及3次元結合之網狀構造，如圖 19.8 所示。屬**鏈狀構造**者如乙烯、尼龍等，自由度高而富可撓性，易製成纖維。屬**網狀構造**者其分子之自由度小，強度大但硬脆，三聚氰胺樹脂、尿素樹脂、聚酯樹脂等皆屬此。分枝多時會妨礙分子間之運動。

絡接(Crosslink)是指分子之鍵與鍵間連結有 1 個原子的現象，如圖 19.9 所示爲在生橡膠中添加硫時造成絡接現象而生成網狀構造，絡接的量增加時會使加硫橡膠之硬度變得愈硬。

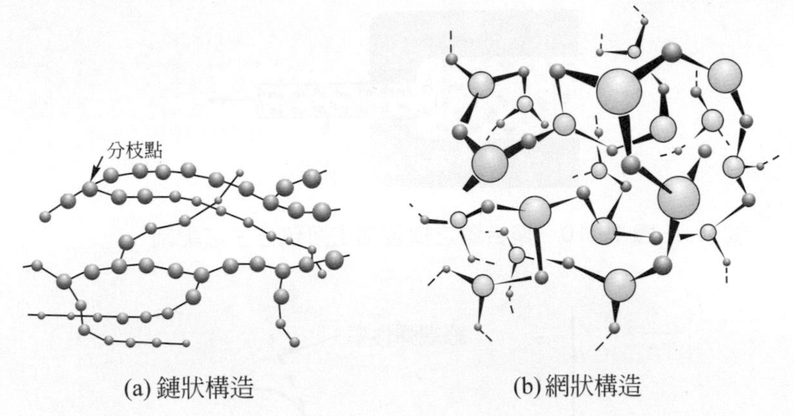

圖 19.8　聚合體之巨觀組織

```
          H3          H3                              H3          H3
          |           |                               |           |
 H   H    C   H   H   H   C   H               H   H   C   H   H   H   C   H
 |   |    |   |   |   |   |   |               |   |   |   |   |   |   |   |
···-C-C=C-C-C-C=C-C-···                ···-C-C-C-C-C-C-C-C-···
 |        |   |           |               |   |   |   |   |   |   |   |
 H        H   H           H               H   |   |   H   H   |   |   H
                                              S   S           S   S
 H        H   H           H               H   |   |   H   H   |   |   H
 |        |   |           |               |   |   |   |   |   |   |   |
···-C-C=C-C-C-C=C-C-···                ···-C-C-C-C-C-C-C-C-···
 |   |    |   |   |   |   |               |   |   |   |   |   |   |   |
 H   C    H   H   H   C   H               H   C   H   H   H   C   H   H
     |                |                       |               |
     H3               H3                      H3              H3
              (a)                                       (b)
```

圖 19.9　生橡膠加硫所致絡接之例子

此外，從一條鏈狀分子而產生新的高分子時之狀態，稱爲**分枝**(Branching)，如前述之圖 19.8(a)。

㈥ 分子之配向與結晶化

聚合狀態之聚合體，其分子之配向不具規則性，但是鏈狀聚合物之場合，經由壓延或擠製加工會產生**配向現象**，如圖 19.10 所示，呈纖維狀之排列，強度亦會增大。

圖 19.11 所示爲射出成型後之聚合體的應力－應變曲線，最初會出現降伏點，之後分子呈縱方向配向，在其配向完全終止後變形抵抗會變得很大！

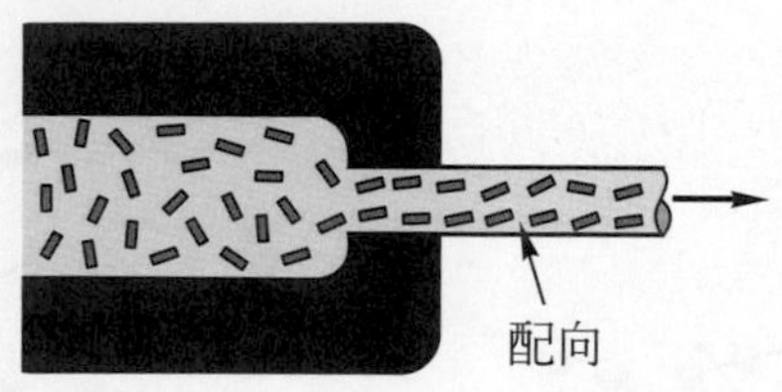

圖 19.10　聚合體之擠製加工所致分子之配向

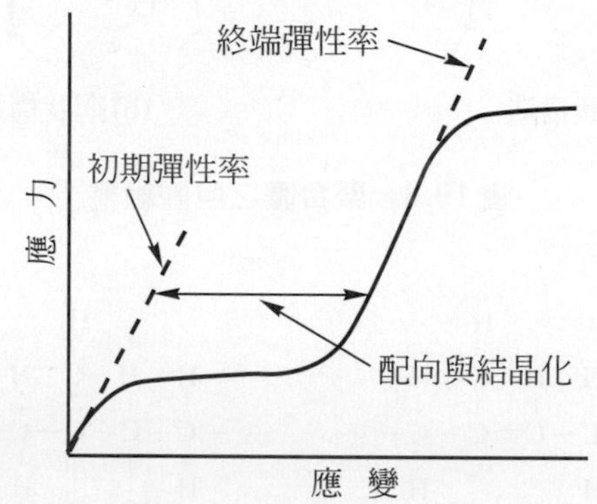

圖 19.11　射出成型後聚合體之應力-應變曲線

聚合體一般為**非結晶性**(非晶質)，但實際上亦有不少具**結晶性**者，但大多數是同時混合有非結晶質與結晶部。例如，藉著上述之塑性變形，而可得到含有結晶之鏈狀聚合物，聚乙烯等比較上其結晶性佳。

㈦ 玻璃轉化點

聚合體所共有之特異而且重要的熱性質之一為**玻璃轉化點**(Glass transition point)T_g。將結晶性聚合物自高溫之融熔狀態予以徐冷至融點T_m時，開始結晶化而比容積急速減少(黏性低的高分子則會變為橡膠狀)；溫度更下降至T_g以下時，分子運動會停止而變成硬脆之玻璃狀。此外無定形(不規則)高分子在T_m～T_g之間，其非晶質會呈過冷狀態而成為橡膠狀存在，而當達T_g溫度亦將成為玻璃狀。而以T_g點為界其黏度或機械性質均會大幅度變化。

聚合體之T_g有很大不同，分子之鏈易斷裂時其T_g較低，當構造複雜之硬聚合體則其T_g溫度高，表 19.1 所示為各種代表性聚合體之T_g溫度。

表 19.1　數種代表性聚合體之T_g溫度

聚合體	T_g(°C)	T_m(°C)
矽膠	−123	−58
天然橡膠	−70	28
聚異丁烯	−70	
聚乙烯	−85	135
聚苯乙烯	100	230
聚丙烯	−18	176
尼龍 6	47	225
尼龍 66	−65	265
聚氯乙烯	82	180

19.2 聚合體之種類

聚合體可分爲**塑膠**(Plastic)或稱爲**樹脂**(Resin)，與**彈膠**(Elastomer)二大類，工程上習慣再將塑膠分爲熱塑性塑膠與熱固性塑膠，如表 19.2 所示，分述如下：

表 19.2　塑膠之種類與靜態強度特性

	種類	比重	抗拉強度 (kg/mm^2)	伸長率 (%)	縱彈性係數 (kg/mm^2)×10^2	壓縮強度 (kg/mm^2)	彎曲強度 (kg/mm^2)
熱塑性	聚苯乙烯(高衝擊性)	1.04	1.4～3.5	5～80	1.4～2.8	2.8～6.3	2.8～8
	ABS	1.04～1.05	4.5～5.0	2～4	1.4～2.8	−	6.6～7.5
	聚乙烯(高密度)	0.940～0.965	2.7～2.9	200～400	1.0	−	−
	聚丙烯	0.905	3.5	10～20*	1.1	4.2	4.2
	聚氯乙烯(硬質)	1.4	4.9～5.6		2.7	6.3～7.7	7.7～11
	甲基丙烯酸樹脂(高衝擊)	1.08～1.12	3.9～4.1	38～40	1.5～1.7	5.6	6
	聚酸醛	1.41	6.2	60	2.6**	−	9
	尼龍(66)	1.13～1.15	8.3	60	3.0	−	−
	尼龍(6)	1.13	8.3	200	2.7	4.7～6.8	−
	聚四氟化乙烯	2.14～2.19	1.8～4.2	250～400	0.4～0.6**	−	−
	纖維素醋酸乙烯	1.23～1.34	1.3～6.0	6～70	0.6～2.8**	1.5～25	1.4～11

表 19.2 塑膠之種類與靜態強度特性(續)

	種類	比重	抗拉強度 (kg/mm²)	伸長率 (%)	縱彈性係數 (kg/mm²)×10²	壓縮強度 (kg/mm²)	彎曲強度 (kg/mm²)
熱固性	酚樹脂成形品	1.36～1.42	4.2～5.3	–	8.4～15	18～21	6.3～7.7
	酚樹脂積層板(綿布基材)	1.33～1.36	7.9～9.8	–	6.3～7.0**	25～27	11～12
	尿素樹脂成形品	1.5	3.9～7.0	–	9.1～9.8	18～27	5.6～11
	三聚氰胺樹脂成形品	1.42～2.0	3.5～7.0	–	7.0～14	14～32	4.6～17
	三聚氰胺樹脂積層板(綿布基材)	1.40	7.0	–	7.7**	27	11
	不飽和聚酯	1.05～1.4	4.2～8.4	1.0～4.5	3.2～4.9**	14～16	7.0～17
	環氧樹脂	1.11～2	2.8～9.1	1～6	2.5	11～20	5.6～15
	矽膠(硬質)	1.15～1.18	1.1～2.5	–	–	12～13	2.3～5.3
	聚胺(橡膠狀)	1.1～1.3	2.8～5.6	400～700	–	–	–

*降伏點之伸長，其他為破斷時之伸長。**彎曲試驗之測定，其他為拉伸試驗之測定值。

19.2.1 塑膠(Plastic)

㈠ **熱塑性塑膠**(Thermoplastic resins)

此類塑膠，其高分子鏈與鏈間之結合力弱，變形容易由高分子間之滑動而產生，因此被加熱時其熱運動激烈，致使分子間結合力顯著變弱而軟化。此外，相反的施以冷卻時其結合力會再變強而再度固化。此硬化－軟化過程為可逆反應，在不會產生化學變化之下可重複無限次數，此類型之塑膠適合於壓縮成型，其代表性例子為聚乙烯、聚苯乙烯、乙烯、氟樹脂、聚酯、尼龍等。

㈡ **熱固性塑膠**(Thermosetting resins)

此類之塑膠，高分子間之結合到處存在，因此其變形較困難而強度大者較多。起初在低分子時縱使具可塑性，當加熱時則會產生絡接現象而使網狀構造更形發達導致硬化。一旦硬化後則再加熱亦不會再軟化，換言之，不會發生可逆的軟化-硬化現象，因此再生困難。其代表性例子為酚樹脂、尿素樹脂、三聚氰胺樹脂、環氧樹脂等。

19.2.2 彈膠(Elastomer)

擁有數100%之伸長率的高分子稱之為**彈膠**(Elastomer)或**橡膠**(Rubber)。

一般將彈(橡)膠分爲**天然橡膠**(Natural rubber)與**合成橡膠**(Synthetic rubber)。合成橡膠之例子有聚氯丁二烯合成橡膠(Neoprene，亦稱爲紐普韌)、聚酯(Polyurethane)等。

19.3 聚合體之性質

㈠ 機械性質

⑴ 應力－應變曲線

彈性係數如前述之表 19.2 所示，隨塑膠種類之不同而有相當差異。例如尿素樹脂成型品擁有較高之彈性係數(9～10×10^2 kg/mm^2)，但與鋼鐵材料比較時仍非常偏低。抗拉強度大半在 10 kgf/mm^2以下與鐵(50 kg/mm^2)比較時明顯偏低。此外，應力－應變曲線如圖 19.12 所示有各種型式；苯乙烯等硬而強度大乃爲眾所熟知，尼龍則硬而具韌性。一般而言，熱固性塑膠因擁有網狀高分子構造，所以其彈性係數、抗拉強度大，但伸長率極小。

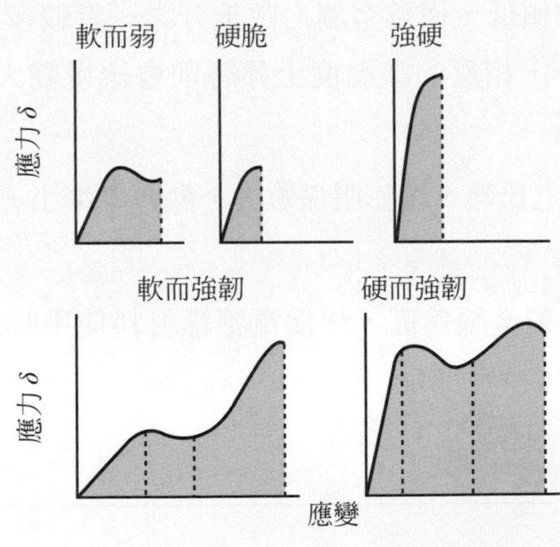

圖 19.12　塑膠之應力－應變曲線

⑵ 高溫強度

塑膠之高溫強度低，多數無法耐 100～150℃以上溫度，圖 19.13 所示爲代表性塑膠之高溫時之應力-應變曲線，圖 19.14 爲塑膠之潛變曲線。

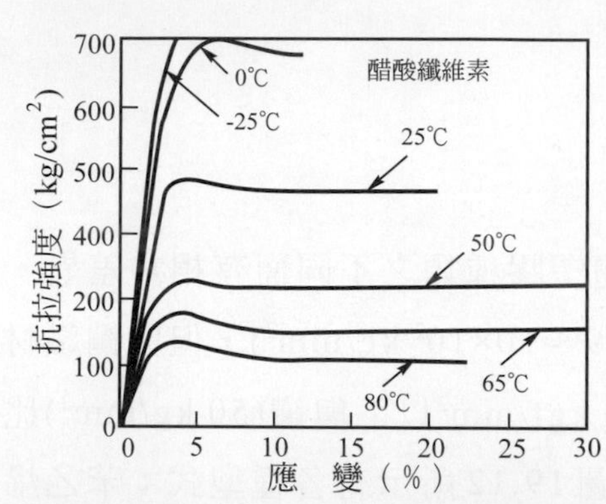

圖 19.13　溫度對於塑膠之應力－應變之影響

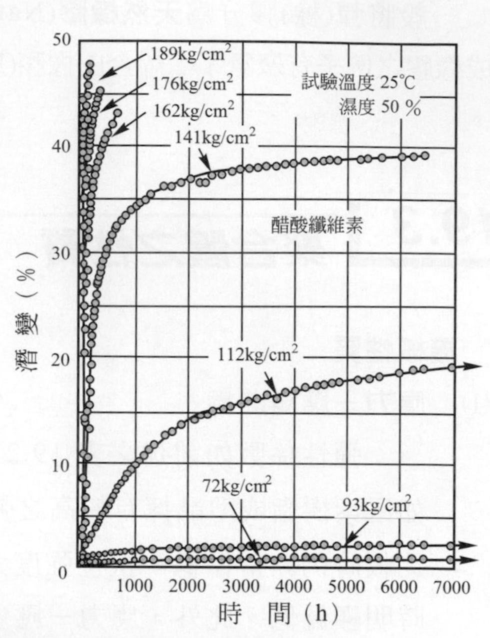

圖 19.14　塑膠之潛變曲線

⑶　衝擊值

塑膠之衝擊值低，僅為金屬之數千分之一者較多；此外，接近低溫時衝擊值會急劇減小，相反的當溫度上昇時則會緩慢變大。

㈡　熱性質

與金屬比較時塑膠之比熱、線膨脹係數大，熱傳導率小，故適合作為隔熱材料。

㈢　電性質

塑膠之電阻顯著的較金屬為高，作為電絕緣材料使用時之特性相當優秀。亦為導線之被覆材等不可或缺的材料。

習 題

19.1　解釋名詞：

⑴異形體　⑵聚合　⑶聚合體　⑷單體　⑸網狀構造　⑹絡接　⑺分枝　⑻玻璃轉化點(Tg)　⑼彈膠

19.2　何謂聚合體？其優點為何？

19.3　圖示及說明飽和及不飽和碳化氫之結合型式。

19.4　何謂聚合？共分爲幾種？圖示及說明之。

19.5　“玻璃轉化點”意義爲何？與聚合體之種類有何關係？

19.6　比較及說明熱塑性塑膠與熱固性塑膠。

19.7　圖示及說明聚合體之應力－應變曲線。

19.8　說明彈膠(Elastomer)之分類，並舉例之。

20 複合材料

複合材料(Composite materials)是指將各種材料適當的加以組合，使其在必要之方向具有所欲特性之材料，所以亦稱為“量身訂做”(Tailor made)的材料。

由於擁有高比彈性係數、高比強度、制震能大、疲勞強度大、高溫及潛變強度大、耐磨耗及耐蝕性佳、能同時擁有各種不同機能、合乎輕薄短小之要求等優點，所以已廣泛的應用於民生、汽機車、航空及太空、化學等工業方面，更逐漸增加當中！

20.1 複合材料之歷史

近代複合材料之起源可追溯至 1888 年製作出以纖維來補強之充氣式輪胎，或者另有一說是指在 1942 年發明出玻璃纖維強化塑膠時開始的。

圖 20.1 所示爲複合材料之發展過程示意圖。

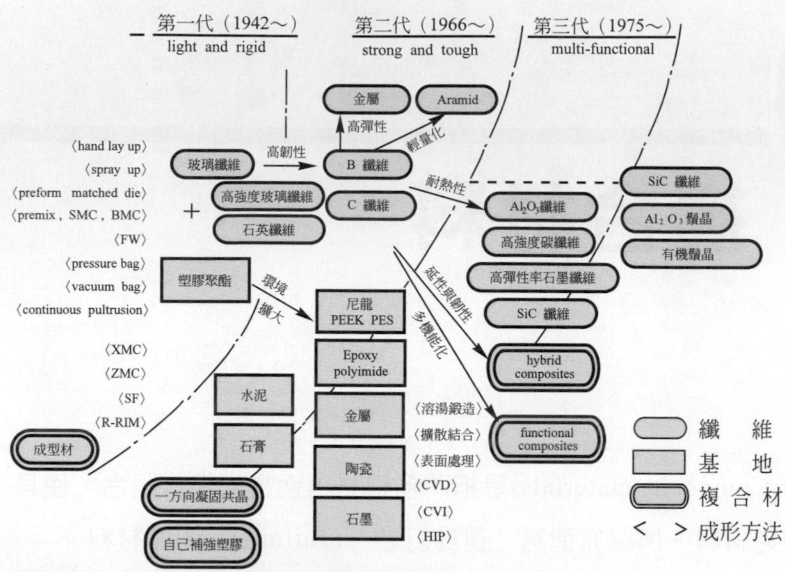

圖 20.1 複合材料之發展過程

20.2 複合材料之構成

複合材料主要是由**強化(補強)材料**(Reinforcement material)與**基地**(Matrix)二大部份所構成，換言之是使強化材料均勻分散於基地上，以便使所形成的複合材料具有各種的優良性質。

作為強化材料與基地之材料，可選擇金屬材料、陶瓷材料及聚合體三種材料中之任何一種。

強化材料依形狀及大小之不同而分為**纖維**(Fiber)、**鬚晶**(Whisker)、**顆粒**(Particle)等 3 種；纖維是指其直徑在數十μm以上者，而鬚晶是指直徑在數μm～數十μm，長度為數百μm 左右者；顆粒之大小範圍是從數μm 至數十μm 以上。

亦有將強化材料分為連續性與非連續性強化材二種。連續性強化材以纖維中之長纖維為主，而非連續性強化材則可為短纖維、鬚晶、顆粒等三種。

20.3 複合材料之力學

圖 20.2 所示爲一方向強化複合材料之拉伸試驗所得之應力與應變之關係曲線。由圖可知，複合材料之強度介於纖維(強化材)與基地之間，而伸長率則受制於二者中之較小者。由此可知欲得到高強度之複合材料則可使用強度大且延性佳之強化材料。

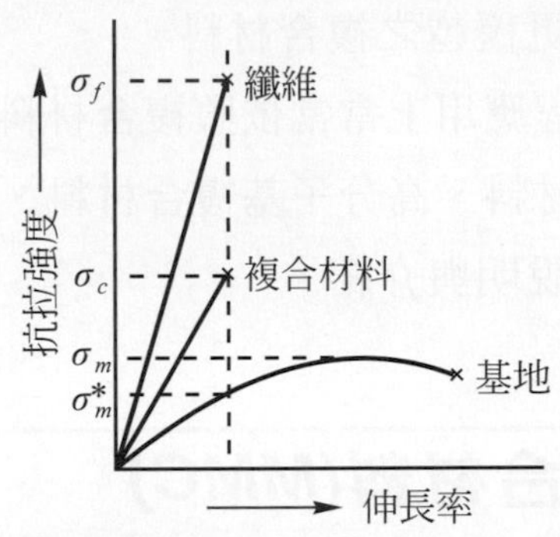

圖 20.2　一方向強化複合材料之拉伸破壞模式

欲預測及得知複合材料之強度時，則可利用下述**強度之複合法則**的式子簡單求得：

$$\sigma_c = \sigma_f V_f + \sigma_m (1 - V_f)$$

σ_c：複合材料之強度

σ_f：強化材之強度

σ_m：基地之強度

V_f：強化材所佔之體積率

20.4 複合材料之分類

由前述之圖 20.1 可知，複合材料依開發年代之先後關係，可分爲下述幾種類型。第一代爲**玻璃纖維強化塑膠 GFRP**(Glass Fiber Reinforced Plastic)，其特徵爲重量輕、高剛性。第二代則爲**碳纖維強化塑膠CFRP**(Carbon Fiber Reinforced Plastic)與**硼纖維強化塑膠BFRP**(Boron Fiber Reinforced Plastic)，其特色爲高比強度。接著爲第三代的**纖維強化金屬FRM**(Fiber Reinforced Metals)或稱爲**金屬基複合材料MMC**(Metal Matrix Composites)，具有優秀的耐熱性爲其特徵。

最新一代則爲**複合化之複合材料**(Hybrid Composite)，例如將芳香族纖維強化塑膠ArFRP(Aramid Fiber Reinforced Plastic)與CFRP組合而成的複合化之複合材料，可以互補前者之壓縮強度與後者之制震能之不足；亦即藉著將複合材料加以複合化，而可得到各種性能更優越之複合材料。

此外，一般習慣上與工程應用上常常依照複合材料之基地材料的不同，而將複合材料分類爲：金屬基複合材料、高分子基複合材料、陶瓷基複合材料等三大類。以下將依此分類，作詳細之說明與介紹。

20.5 金屬基複合材料(MMC)

金屬基複合材料(MMC)因爲擁有比強度大、比剛性大、加工性、耐疲勞、耐蝕及耐熱性佳等特徵，所以已廣泛的應用於航太工業之太空梭機身、太空望遠鏡腳架及太陽能收集板組架、噴射引擎葉片等；軍事方面則如野戰砲塔及坦克車履帶；汽車工業之引擎活塞之頂耐磨環槽、煞車盤、驅動軸等。

(一) 製造方法

MMC之製造方法依所添加強化材料種類之不同，大致上可分爲粉末冶金法、浸滲法、化學反應法、液態攪拌法。圖 20.3 爲筆者研究室所設計之液態攪拌法之實驗裝置。

(二) 機械性質

MMC之製造方法、製造條件、後處理程序等參數對於所製得MMC之各種機械性質均有影響，圖 20.4 所示爲SiC/A356鋁基複合材料其強化粒子添加量對於硬度之影響關係，而圖 20.5 所示則爲強化粒子添加量與衝擊值之關係，而圖 20.6 爲SiC/A356鋁基複合材料之金相顯微鏡照片。

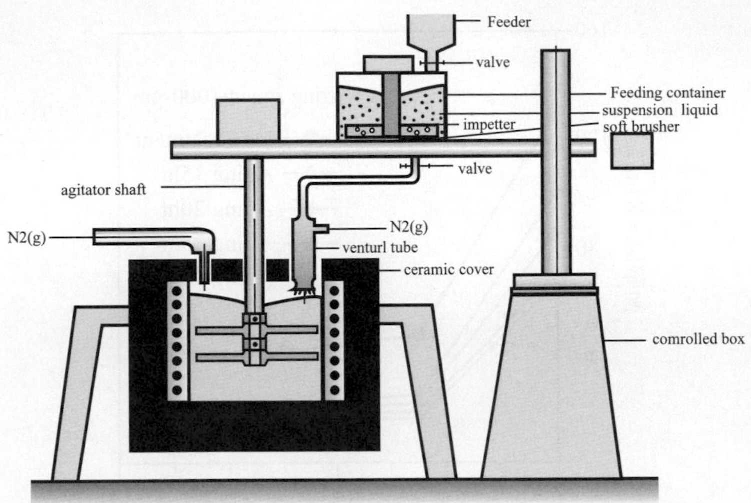

圖 20.3　液態攪拌法之實驗裝置

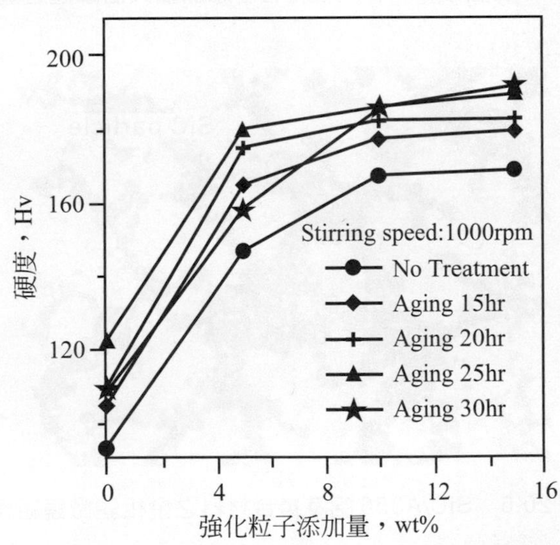

圖 20.4　SiC/A356 鋁基複合材料之強化粒子添加量與硬度之關係(金屬模澆鑄)

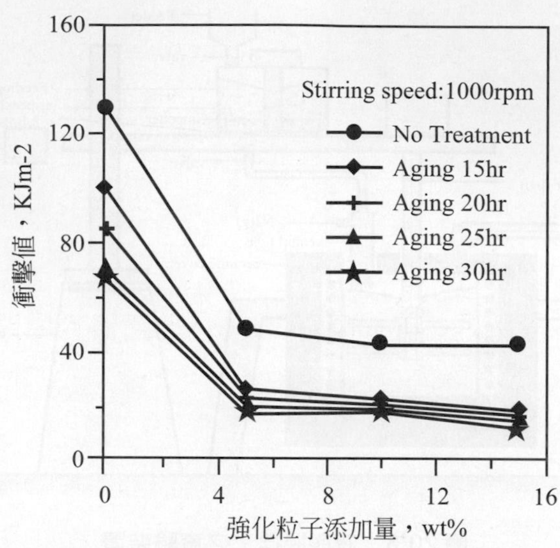

圖 20.5 SiC/A356 鋁基複合材料之強化粒子添加量與衝擊值之關係(金屬模澆鑄)

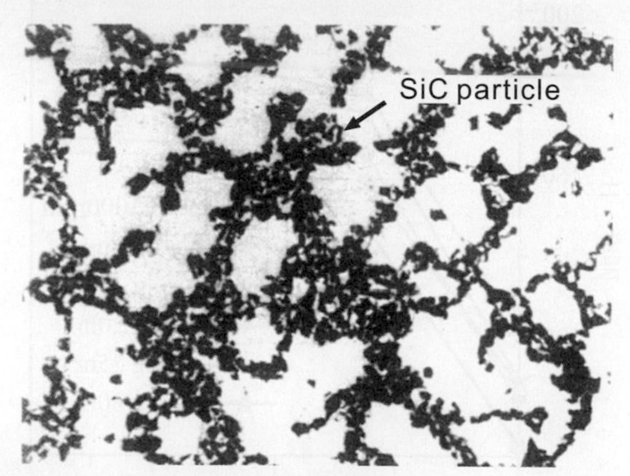

圖 20.6 SiC/A356 鋁基複合材料之金相顯微鏡組織

20.6 高分子基複合材料(FRP)

高分子基複合材料因為其基地為高分子材料(聚合體)，所以也稱為**纖維強化塑膠**(Fiber Reinforced Plastic, FRP)。一般分為二大類：一為以價廉之玻璃纖維作爲強化材料之玻璃纖維強化塑膠 GFRP；另一爲採用碳纖維、芳香族(Aramid)纖維、硼纖維等高強度、高彈性率纖維爲強化材料之**先進複合材料 ACM**(Advanced Composite Materials)。

高分子基複合材料之特徵爲成型加工容易，所以 GFRP 迄今之應用已非常廣泛。上述之先進複合材料因爲其彈性係數大，所以可達到輕量化構造之要求，已應用於運動器材、飛機工業等領域。

圖 20.7 爲未來複合材料之研究開發與 FRP 之關係，由圖可知在各個應用領域上，其使用環境將愈形苛刻，而且對比強度之要求亦高，因而FRP將佔重要地位。

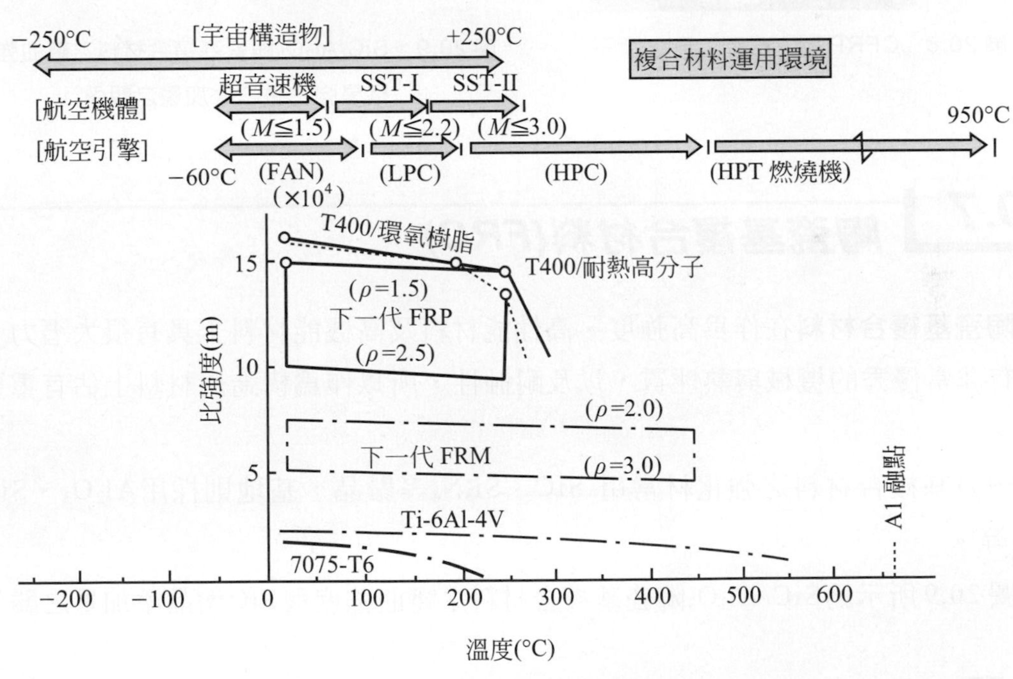

圖 20.7　未來複合材料之研究開發與 FRP 之關係

圖 20.8 爲採用 CFRP 製作之成型用工具之一例，擁有尺寸安定性佳、低熱膨脹、低成本、耐熱衝擊性佳、可防止成型品之彈回(Spring back)現象等優良性質，故需求將會持續增加！

圖 20.8　CFRP 製之成型工具之例子

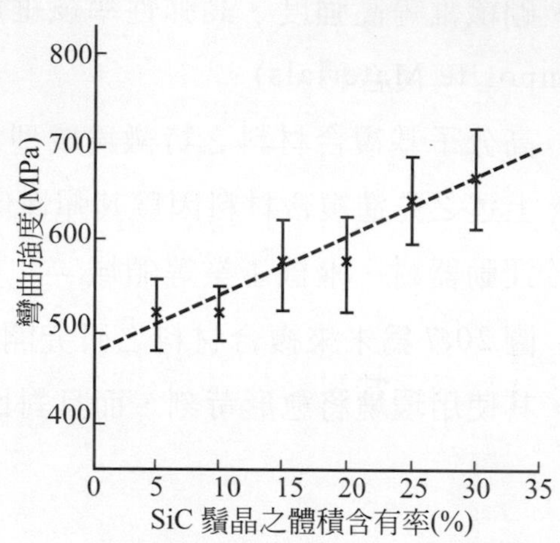

圖 20.9　SiC/Al_2O_3陶瓷基複合材料之彎曲強度與鬚晶強化材料添加量之關係

20.7 陶瓷基複合材料(FRC)

陶瓷基複合材料在作爲高強度、高性能材料及高機能材料上具有很大潛力。因其擁有非常優秀的機械與熱性質，以及耐蝕性，所以作爲構造用材料上佔有重要的地位。

陶瓷基複合材料之強化材常用 SiC、Si_3N_4等鬚晶，基地則採用Al_2O_3、SiC、Si_3N_4等。

圖 20.9 所示爲SiC/Al_2O_3陶瓷基複合材料之彎曲強度與SiC鬚晶添加量之關係。

習 題

20.1　解釋名詞：

(1) Tailor made 材料　(2)強化材料　(3)鬚晶　(4) GFRP　(5) CFRP
(6) FRM　(7) MMC　(8) Hybrid composite　(9) ACM　(10) FRC
(11) SiC/A356

20.2　何謂複合材料？並說明複合材料之歷史。

20.3　複合材料主要由哪二大部份所構成，分述之。

20.4　何謂複合材料之強度的複合法則？

20.5　試說明複合材料之分類。

20.6　說明金屬基複合材料之特徵及其機械性質與工業上之應用例子。

20.7　圖示及說明金屬基複合材料(SiC/A356)之強化粒子(材)添加量與機械性質之關係。

20.8　高分子基複合材料之種類有幾？優點爲何？

參考文獻

1. 金屬材料學，高橋、淺田、鐮田，森北出版株式會社
2. 金屬材料，財滿鎮雄，日本朝倉書店
3. 金屬材料學，武井英雄，日本理工學社
4. 金屬材料工學，宮川大海，森北出版株式會社
5. 機械·金屬材料，矢島、市川、古澤，日本丸善株式會社
6. 機械材料學，常岡金吾，工學圖書株式會社
7. 機械材料學，川田、田中、島村，共立出版株式會社
8. 機械材料，松尾、末永、立川等，日本朝倉書店
9. 非金屬材料，菊地喜久男，日本KORONA社
10. 材料試驗，川田、松浦、水野等，共立出版株式會社
11. 非鐵金屬材料，椙山正孝，KORONA社
12. 先端材料之基礎知識，日本材料學會，OMU社
13. JIS Handbook，鑄鐵，日本規格協會
14. JIS Handbook，非鐵，日本規格協會
15. 鐵鋼材料講座，現代之金屬學材料編4，日本金屬學會
16. 演習·材料試驗入門，砂田久吉，日本大河出版(株)
17. 機械材料之基礎，美馬源次郎、長谷川正治，日本日新出版
18. 機械材料之選擇與使用方法新版，杉田　稔，日本工業新聞社
19. 基礎金屬材料，渡編慈朗、齊藤安俊　共著，日本共立出版株式會社
20. 新金屬材料特性與加工技術，中小企業研究所編，日本日刊工業新聞社
21. 金屬鈦及其應用，「金屬鈦及其應用」編集委員會編，日本日刊工業新聞社
22. 複合材料，森田、金原、福田，日刊工業新聞社
23. 最新機械製作，機械製作法研究會編，日本東京養賢堂株式會社
24. 熱處理導論，日本熱處理技術協會，日本大河出版(株)
25. 鑄鋼之顯微鏡寫眞與解說，增補3版，佐藤知雄，丸善株式會社
26. Flinn, Trojan: Engineering Materials and Their Applications, Second Edition, 1981.

27. Craig R. Barrett, Willian D. Nix, Alan S. Tetelman: The Principles of Engineering Materials.
28. Michael F. Ashby, David R. H. Jones: Engineering Materials.
29. Van Vlack: Elements of Materials Science and Engineering, Fifth Edition, 1985.
30. James F. Shackelford: Introduction to Materials Science for Engineers, 1988.
31. William F. Smith: Principles of Materials Science and Engineering, Third Edition, 1996.
32. William F. Smith: Foundations of Materials Science and Engineering, Second Edition, 1993.
33. William D. Callister, Jr.: Materials Science and Engineering and Introduction, 1994.
34. E. Paul Degarmo, JT. Black, Ronald A. Kohser: Materials and Processes in Manufacturing, 1997.
35. Robert E. Reed-Hill: Physical Metallurfy Principles, Second Edition, 1984.
36. R. E. Smallman: Modern Physical Metallurgy, Fourth Edition, 1985.
37. Macr Andre' Meyers, Knshan Kumar Chawla: Mechanical Metallurgy, 1984.
38. Lawrence E. Doyle, Carl A. Keyser, James L. Leach, George F. Schrader, Morse B. Singer: Manufacturing Processes and Materials for Engineers, 1985.
39. Harmer E. Davis, George Earl Troxell, Clement T. Wiskocil: The Testing and Inspection of Engineering Materials.
40. Serope kalpakjian, Steven R. Schmid: Manufacturing Engineering and Technology, Fifth Edition, 2006.
41. Mikell P. Groover : Fundamentals of Modern Manufacturing Materials, Processes, and Systems, Third Edition, 2007.
42. JT. Black, Ronald A. Kohser: Materials & Processes in Manufacturing, Tenth Edition, 2007.
43. Mikell P. Groover : Principles of Modern Manufacturing, Fourth Edition, 2011.

附錄 1　鋼之維氏硬度(H_v)與其他硬度之近似值對照表

維氏硬度(H_v)	勃氏硬度 10mm球 · 荷重 3000kgf		洛氏硬度(2)				洛氏表面硬度 鑽石圓錐壓痕器			蕭氏硬度	抗拉強度(近似值) MPa (1)	維氏硬度(H_v)
	標準球	WC球	A刻度 荷重60 kgf 鑽石錐壓痕器	B刻度 荷重100 kgf 徑1.6 mm (1/16 in)鋼球	C刻度 荷重150 kgf 鑽石錐壓痕器	D刻度 荷重100 kgf 鑽石錐壓痕器	15-N 刻度 荷重15 kgf	30-N 刻度 荷重30 kgf	45-N 刻度 荷重45 kgf			
940	—	—	85.6	—	68.0	76.9	93.2	84.4	75.4	97		940
920	—	—	85.3	—	67.5	76.5	93.0	84.0	74.8	96		920
900	—	—	85.0	—	67.0	76.1	92.9	83.6	74.2	95		900
880	—	(767)	84.7	—	66.4	75.7	92.7	83.1	73.6	93		880
860	—	(757)	84.4	—	65.9	75.3	92.5	82.7	73.1	92		860
840	—	(745)	84.1	—	65.3	74.8	92.3	82.2	72.2	91		840
820	—	(733)	83.8	—	64.7	74.3	92.1	81.7	71.8	90		820
800	—	(722)	83.4	—	64.0	73.8	91.8	81.1	71.0	88		800
780	—	(710)	83.0	—	63.3	73.3	91.5	80.4	70.2	87		780
760	—	(698)	82.6	—	62.5	72.6	91.2	79.7	69.4	86		760
740	—	(684)	82.2	—	61.8	72.1	91.0	79.1	68.6	84		740
720	—	(670)	81.8	—	61.0	71.5	90.7	78.4	67.7	83		720
700	—	(656)	81.3	—	60.1	70.8	90.3	77.6	66.7	81		700
690	—	(647)	81.1	—	59.7	70.5	90.1	77.2	66.2	—		690
680	—	(638)	80.8	—	59.2	70.1	89.8	76.8	65.7	80		680
670	—	630	80.6	—	58.8	69.8	89.7	76.4	65.3	—		670
660	—	620	80.3	—	58.3	69.4	89.5	75.9	64.7	79		660
650	—	611	80.0	—	57.8	69.0	89.2	75.5	64.1	—		650
640	—	601	79.8	—	57.3	68.7	89.0	75.1	63.5	77		640
630	—	591	79.5	—	56.8	68.3	88.8	74.6	63.0	—		630
620	—	582	79.2	—	56.3	67.9	88.5	74.2	62.4	75		620
610	—	573	78.9	—	55.7	67.5	88.2	73.6	61.7	—		610
600	—	564	78.5	—	55.2	67.0	88.0	73.2	61.2	74		600
590	—	554	78.4	—	54.7	66.7	87.8	72.7	60.5	—	2055	590

(續前表)

維氏硬度 (H_v)	勃氏硬度 10mm球・荷重3000kgf		洛氏硬度(2)				洛氏表面硬度 鑽石圓錐壓痕器			蕭氏硬度	抗拉強度(近似值) MPa (1)	維氏硬度 (H_v)
	標準球	WC球	A刻度 荷重60 kgf 鑽石錐壓痕器	B刻度 荷重100 kgf 徑1.6 mm (1/16 in)鋼球	C刻度 荷重150 kgf 鑽石錐壓痕器	D刻度 荷重100 kgf 鑽石錐壓痕器	15-N 刻度 荷重15 kgf	30-N 刻度 荷重30 kgf	45-N 刻度 荷重45 kgf			
580	—	545	78.0	—	54.1	66.2	87.5	72.1	59.9	72	2020	580
570	—	535	77.8	—	53.6	65.8	87.2	71.7	59.3	—	1985	570
560	—	525	77.4	—	53.0	65.4	86.9	71.2	58.6	71	1950	560
550	(505)	517	77.0	—	52.3	64.8	86.6	70.5	57.8	—	1905	550
540	(496)	507	76.7	—	51.7	64.4	86.3	70.0	57.0	69	1860	540
530	(488)	497	76.4	—	51.1	63.9	86.0	69.5	56.2	—	1825	530
520	(480)	488	76.1	—	50.5	63.5	85.7	69.0	55.6	67	1795	520
510	(473)	479	75.7	—	49.8	62.9	85.4	68.3	54.7	—	1750	510
500	(465)	471	75.3	—	49.1	62.2	85.0	67.7	53.9	66	1705	500
490	(456)	460	74.9	—	48.4	61.6	84.7	67.1	53.1	—	1660	490
480	448	452	74.5	—	47.7	61.3	84.3	66.4	52.2	64	1620	480
470	441	442	74.1	—	46.9	60.7	83.9	65.7	51.3	—	1570	470
460	433	433	73.6	—	46.1	60.1	83.6	64.9	50.4	62	1530	460
450	425	425	73.3	—	45.3	59.4	83.2	64.3	49.4	—	1495	450
440	415	415	72.8	—	44.5	58.8	82.8	63.5	48.4	59	1460	440
430	405	405	72.3	—	43.6	58.2	82.3	62.7	47.4	—	1410	430
420	397	397	71.8	—	42.7	57.5	81.8	61.9	46.4	57	1370	420
410	388	388	71.4	—	41.8	56.8	81.4	61.1	45.3	—	1330	410
400	379	379	70.8	—	40.8	56.0	81.0	60.2	44.1	55	1290	400
390	369	369	70.3	—	39.8	55.2	80.3	59.3	42.9	—	1240	390
380	360	360	69.8	(110.0)	38.8	54.4	79.8	58.4	41.7	52	1205	380
370	350	350	69.2	—	37.7	53.6	79.2	57.4	40.4	—	1170	370
360	341	341	68.7	(109.0)	36.6	52.8	78.6	56.4	39.1	50	1130	360
350	331	331	68.1	—	35.5	51.9	78.0	55.4	37.8	—	1095	350
340	322	322	67.6	(108.0)	34.4	51.1	77.4	54.4	36.5	47	1070	340
330	313	313	67.0	—	33.3	50.2	76.8	53.6	35.2	—	1035	330
320	303	303	66.4	(107.0)	32.2	49.4	76.2	52.3	33.9	45	1005	320
310	294	294	65.8	—	31.0	48.4	75.6	51.3	32.5	—	980	310
300	284	284	65.2	(105.5)	29.8	47.5	74.9	50.2	31.1	42	950	300
295	280	280	64.8	—	29.2	47.1	74.6	49.7	30.4	—	935	295
290	275	275	64.5	(104.5)	28.5	46.5	74.2	49.0	29.5	41	915	290

(續前表)

維氏硬度 (H_v)	勃氏硬度 10mm 球．荷重 3000kgf		洛氏硬度(2)				洛氏表面硬度 鑽石圓錐壓痕器			蕭氏硬度	抗拉強度(近似值) MPa (1)	維氏硬度 (H_v)
	標準球	WC 球	A 刻度 荷重 60 kgf 鑽石錐壓痕器	B 刻度 荷重 100 kgf 徑 1.6 mm (1/16 in)鋼球	C 刻度 荷重 150 kgf 鑽石錐壓痕器	D 刻度 荷重 100 kgf 鑽石錐壓痕器	15-N 刻度 荷重 15 kgf	30-N 刻度 荷重 30 kgf	45-N 刻度 荷重 45 kgf			
285	270	270	64.2	—	27.8	46.0	73.8	48.4	28.7	—	905	285
280	265	265	63.8	(103.5)	27.1	45.3	73.4	47.8	27.9	40	890	280
275	261	261	63.5	—	26.4	44.9	73.0	47.2	27.1	—	875	275
270	256	256	63.1	(102.0)	25.6	44.3	72.6	46.4	26.2	38	855	270
265	252	252	62.7	—	24.8	43.7	72.1	45.7	25.2	—	840	265
260	247	247	62.4	(101.0)	24.0	43.1	71.6	45.0	24.3	37	825	260
255	243	243	62.0	—	23.1	42.2	71.1	44.2	23.2	—	805	255
250	238	238	61.6	99.5	22.2	41.7	70.6	43.4	22.2	36	795	250
245	233	233	61.2	—	21.3	41.1	70.1	42.5	21.1	—	780	245
240	228	228	60.7	98.1	20.3	0.3	69.6	41.7	19.9	34	765	240
230	219	219	—	96.7	(18.0)	—	—	—	—	33	730	230
220	209	209	—	95.0	(15.7)	—	—	—	—	32	695	220
210	200	200	—	93.4	(13.4)	—	—	—	—	30	670	210
200	190	190	—	91.5	(11.0)	—	—	—	—	29	635	200
190	181	181	—	89.5	(8.5)	—	—	—	—	28	605	190
180	171	171	—	87.1	(6.0)	—	—	—	—	26	580	180
170	162	162	—	85.0	(3.0)	—	—	—	—	25	545	170
160	152	152	—	81.7	(0.0)	—	—	—	—	24	515	160
150	143	143	—	78.7	—	—	—	—	—	22	490	150
140	133	133	—	75.0	—	—	—	—	—	21	455	140
130	124	124	—	71.2	—	—	—	—	—	20	425	130
120	114	114	—	66.7	—	—	—	—	—	—	390	120
110	105	105	—	62.3	—	—	—	—	—	—	—	110
100	95	95	—	56.2	—	—	—	—	—	—	—	100
95	90	90	—	52.0	—	—	—	—	—	—	—	95
90	86	86	—	48.0	—	—	—	—	—	—	—	90
85	81	81	—	41.0	—	—	—	—	—	—	—	85

註：⑴ 1MPa = 1 N/mm^2

⑵表中括弧(　)內之數值爲並不常用的範圍，僅供參考。

附錄 2 JIS 鋼鐵記號之規定

鋼鐵材料之規格，主要分爲鐵與鋼二大類。然後將鐵再細分爲生鐵、合金鐵與鑄鐵；鋼則分爲普通鋼、特殊鋼及鑄鍛鋼。此外，再將普通鋼依形狀及用途分類爲棒鋼、形鋼、厚板、薄板、線材及線；而特殊鋼則依用途分爲強韌鋼、工具鋼、特殊用途鋼；鋼管再依鋼種與用途，而不鏽鋼則依形狀再分別作細分類。

鋼鐵記號依循上述之規格分類方法，原則上是由下述之 3 個部份所構成。

⑴ **前段部份**：表示材質。

⑵ **中段部份**：表示規格或製品名稱。

⑶ **後段部份**：表示種類。

例：$\frac{\text{S}}{<1>}$ $\frac{\text{S}}{<2>}$ $\frac{\text{400}}{<3>}$ 或 $\frac{\text{S}}{<1>}$ $\frac{\text{UP}}{<2>}$ $\frac{\text{6}}{<3>}$

<1>以英文或羅馬字首，或元素符號來表示材質，鋼鐵材料以 S(Steel：鋼)或 F (Ferrum：鐵)記號開頭者較多。SiMn(錳矽)、MCr(金屬鉻)等之合金鐵類爲例外。

<2>以英文或羅馬字首來表示板、棒、管、線、鑄造品等製品之形狀別之種類或用途，寫在S或F字母之後，其記號大半代表下述類別(參考鋼鐵記號之分類別表)。

P：Plate(薄板)　　U：Use(特殊用途)　　W：Wire(線材、線)

T：Tube(管)　　C：Casting(鑄件)　　K：Kogu(工具)

F：Forge(鍛造)

例外：(Ⅰ) 構造用合金鋼(例如 Ni-Cr 鋼)是加上其添加元素之符號，寫爲 SNC。

(Ⅱ) 普通鋼鋼材中之棒鋼、厚板(例如鍋爐用鋼材)是以其用途之英文字首來表示，寫爲 SB(Boiler)。

<3>表示材料種類之號數，或最低之抗拉強度或降伏強度(通常爲 3 位數字)。但是機械構造用鋼時是表示其主要合金元素量之代號與含碳量(參照 JIS 機械構造用鋼記號體系)。例如：

1：1 種　　A：A 種或 A 號

2A：2種A等級　400：抗拉或降伏強度

備註：鋼鐵材料之種類記號之外，為了表示其形狀或製造方法，亦以下述記號附加於上述<3>之種類記號之後。

例：SM570-Q為熔接構造用軋延鋼第5種，施以淬火回火者。

STB340-S-H為熱加工無縫鍋爐、熱交換器用碳鋼鋼管，抗拉強度之規格之下限值為340 N/mm^2。

① 表示形狀之符號

W	線	Wire	CS	冷軋延帶	Cold Strip
CP	冷軋延板	Cold Plate	HS	熱軋延帶	Hot Strip
HP	熱軋延板	Hot Plate	TB	熱傳達用管	Boiler and Exchange Tube
WR	線材	Wire Rod	TP	配管用管	Pipes

② 表示製造方法之符號

-R	未靜鋼	
-A	半靜鋼	
-K	全靜鋼	
-S-H	熱加工無縫鋼管	Seamless Hot
-S-C	冷加工無縫鋼管	Seamless Cold
-E	電阻熔接鋼管	Electric Resistance Welding
-E-H	熱加工電阻熔接鋼管	Electric Resistance Welding Hot
-E-C	冷加工電阻熔接鋼管	Electric Resistance Welding Cold
-E-G	熱與冷加工以外之電阻熔接鋼管	Electric Resistance General
-B	鍛接鋼管	Butt Welding
-B-C	冷加工鍛接鋼管	Butt Welding Cold
-A	電弧熔接鋼管	Arc Welding
-A-C	冷加工電弧熔接鋼管	Arc Welding Cold
-D9	冷抽拉(9為容許差之等級9級)	Drawing
-T8	切削(8為容許差之等級8級)	Cutting
-G7	研磨(7為容許差之等級7級)	Grinding
-CSP	彈簧用冷軋延鋼帶	Cold Strip Spring

-M	特殊研磨帶鋼	MIGAKI

③ 表示熱處理之記號

R	軋延狀態	as-rolled
A	退火	annealing
N	正常化	normalize
Q	淬火-回火	quench and tempered
NT	正常化-回火	normalized and tempered
TMC	熱加工控制	thermo-mechanical control process
P	低溫退火	plate annealing
TN	試驗片正常化	test normalize
TNT	試驗片正常化-回火	test normalized and tempered
SR	試驗片應力除去熱處理	stress relief annealing
S	固熔化熱處理	solution treatment
TH×××× RH×××	析出硬化熱處理	H：時效處理、R：深冷處理、 T：變態處理、X：華氏溫度

④ 表示嚴格尺寸公差之記號

ET	厚度容許差(不鏽鋼帶、彈簧、用冷軋延鋼帶)	Extra Thickness
EW	寬度容許差(不鏽鋼帶)	Extra Width

附錄 3　JIS 鋼鐵記號之分類別一覽表(選粹)

分類	規格名稱	記號					
合金類	硼鐵	FB	F:Ferro	B:Boron			
	鉻鐵	FCr	F:Ferro	Cr:Chromium			
	錳鐵	FMn	F:Ferro	Mn:Manganese			
	鉬鐵	FMo	F:Ferro	Mo:Molybdenum			
	鈮鐵	FNb	F:Ferro	Nb:Niobium			
	鎳鐵	FNi	F:Ferro	Ni:Nickel			
	磷鐵	FP	F:Ferro	P:Phosphorus			
	矽鐵	FSi	F:Ferro	Si:Silicon			
	鈦鐵	FTi	F:Ferro	Ti:Titanium			
	釩鐵	FV	F:Ferro	V:Vanadium			
	鎢鐵	FW	F:Ferro	W:Wolfram			
	矽化鈣	CaSi	Ca:Calcium	Si:Silicon			
	金屬鉻	MCr	M:Metallic	Cr:Chromium			
	金屬錳	MMn	M:Metallic	Mn:Manganese			
	金屬矽	MSi	M:Metallic	Si:Silicon			
	錳化矽	SiMn	Si:Silicon	Mn:Manganese			
	鉻化矽	SiCr	Si:Silicon	Cr:Chromium			
構造用鋼	汽車構造用熱軋鋼板與鋼帶	SAPH	S:Steel	A:Automobile	P:Presss	H:Hot	
	熔接構造用軋延鋼材	SM	S:Steel	M:Marine			
	熔接構造用耐候性熱軋鋼材	SMA	S:Steel	M:Marine	A:Atmospheric		
	一般構造用軋延鋼材	SS	S:Steel	S:Structure			
機械構造用鋼	機械構造用碳鋼鋼材	S××C	S:Steel	XX:碳含量	C:Carbon		
	鋁鉻鉬鋼鋼材	SACM	S:Steel	A:Aluminium	C:Chromium	M:Molybdenum	
	鉻鉬鋼鋼材	SCM	S:Steel	C:Chromium	M:Molybdenum		
	鉻鋼鋼材	SCr	S:Steel	Cr:Chromium			
	鎳鉻鋼鋼材	SNC	S:Steel	N:Nickel	C:Chromium		
	鎳鉻鉬鋼鋼材	SNCM	S:Steel	N:Nickel	C:Chromium	M:Molybdenum	
	機械構造用錳鋼與錳鉻鋼鋼材	SMn SMnC	S:Steel S:Steel	Mn:Manganese Mn:Manganese	 C:Chromium		
	高溫用合金鋼螺栓材	SNB	S:Steel	N:Nickel	B:Bolt		
	特殊用途合金鋼螺栓用棒鋼	SNB	S:Steel	N:Nickel	B:Bolt		
工具鋼	碳工具鋼鋼材	SK	S:Steel	K:工具(kougu)			
	中空鋼鋼材	SKC	S:Steel	K:工具	C:Chisel		

分類	規格名稱	記號					
工具鋼	合金工具鋼鋼材	SKS SKD SKT	S:Steel S:Steel S:Steel	K:工具 K:工具 K:工具	S:Special D:Die T:鍛造(Tanzo)		
	高速工具鋼鋼材	SKH	S:Steel	K:工具	H:High Speed		
特殊用途鋼	硫與硫複合系易切鋼鋼材	SUM	S:Steel	U:Use	M:Machinerbility		
	高碳鉻軸承鋼鋼材	SUJ	S:Steel	U:Use	J:軸受(Jiku uke)		
	彈簧鋼鋼材	SUP	S:Steel	U:Use	P:Spring		
	彈簧用冷軋鋼帶	S××C-CSP SK○-CSP SUP-CSP	S××C:SC 材 SK○:SK 材 SUP○○:SUP 材	C:Cold C:Cold C:Cold	S:Strip S:Strip S:Strip	P:Spring P:Spring P:Spring	
不銹鋼	不銹鋼鋼棒	SUS-B	S:Steel	U:Use	S:Stainless	B:Bar	
	冷加工不銹鋼鋼棒	SUS-CB	S:Steel	U:Use	S:Stainless	C:Cold	B:Bar
	熱軋不銹鋼鋼板與鋼帶	SUS-HP SUS-HS	S:Steel S:Steel	U:Use U:Use	S:Stainless S:Stainless	H:Hot H:Hot	P:Spring S:Strip
	冷軋不銹鋼鋼板與鋼帶	SUS-CP SUS-CS	S:Steel S:Steel	U:Use U:Use	S:Stainless S:Stainless	C:Cold C:Cold	P:Spring S:Strip
	彈簧用不銹鋼鋼帶	SUS-CSP	S:Steel	U:Use P:Spring	S:Stainless	C:Cold	S:Strip
	不銹鋼線材	SUS-WR	S:Steel	U:Use	S:Stainless	W:Wire	R:Rod
	熔接用不銹鋼線材	SUS-Y	S:Steel	U:Use	S:Stainless	Y:溶接	
	不銹鋼鋼線	SUS-W	S:Steel	U:Use	S:Stainless	W:Wire	
	彈簧用不銹鋼鋼線	SUS-WP	S:Steel	U:Use	S:Stainless	W:Wire	P:Spring
	冷間壓造用不銹鋼鋼線	SUS-WS	S:Steel	U:Use	S:Stainless	W:Wire	S:Screw
	熱軋不銹鋼等邊山形鋼	SUS-HA	S:Steel	U:Use	S:Stainless	H:Hot	A:Angle
	冷間成形不銹鋼等邊山形鋼	SUS-CA	S:Steel	U:Use	S:Stainless	C:Cold forming	A.Angle
	不銹鋼鍛鋼品用鋼片	SUS-FB	S:Steel	U:Use	S:Stainless	F:Forging	B:Billet
	塗裝不銹鋼鋼板	SUS-C SUS-CD	S:Steel S:Steel	U:Use U:Use	S:Stainless S:Stainless	C:Coating C:Coating	 D:Double
耐熱鋼	耐熱鋼棒	SUH-B SUH-CB	S:Steel S:Steel	U:Use U:Use	H:Heat Resisting H:Heat Resisting	B:Bar C:Cold	 B:Bar
	耐熱鋼板	SUH-HP SUH-CP SUH-HS SUH-CS	S:Steel S:Steel S:Steel S:Steel	U:Use U:Use U:Use U:Use	H:Heat Resisting H:Heat Resisting H:Heat Resisting H:Heat Resisting	H:Hot C:Cold H:Hot C:Cold	P:Plate P:Plate S:Strip S:Strip
超合金	耐蝕耐熱超合金棒	NCF-B	N:Nickel	C:Choromium	F:Ferrum	B:Bar	
	耐蝕耐熱超合金板	NCF-P	N:Nickel	C:Choromium	F:Ferrum	P:Plate	
	配管用無縫鎳鉻鐵合金管	NCF-TP	N:Nickel	C:Choromium T:Tube	F:Ferrum P:Pipe		
	熱交換器用無縫鎳鉻鐵合金管	NCF-TB	N:Nickel	C:Choromium T:Tube	F:Ferrum B:Boiler		
鍛鋼	碳鋼鍛鋼品	SF	S:Steel	F:Forging			
	碳鋼鍛鋼品用鋼片	SFB	S:Steel	F:Forging	B:Bloom		

分類	規格名稱	記號					
鍛鋼	壓力容器用碳鋼鍛鋼品	SFVC	S:Steel	F:Forging	V:Vessel	C:Carbon	
	壓力容器用調質型合金鋼鍛鋼品	SFVQ	S:Steel	F:Forging	V:Vessel	Q:Quenched	
	高溫壓力容器用合金鋼鍛鋼品	SFVA	S:Steel	F:Forging	V:Vessel	A:Alloy	
	高溫壓力容器用高強度鉻鉬鋼鍛鋼品	SFVCM	S:Steel	F:Forging M:Molybdenum	V:Vessel	C:Chromnium	
	壓力容器用不銹鋼鍛鋼品	SUSF	S:Steel	U:Use	S:Stainless	F:Forging	
	低溫壓力容器用鍛鋼品	SFL	S:Steel	F:Forging	L:Low-Temperature		
	鉻鉬鋼鍛鋼品	SFCM	S:Steel	F:Forging	C:Chromium	M:Molybdenum	
	鎳鉻鉬鋼鍛鋼品	SFNCM	S:Steel	F:Forging M:Molybdenum	N:Nickel	C:Chromium	
	鐵塔法蘭用高張力鋼鍛鋼品	SFT	S:Steel	F:Forging	T:Tower Flanges		
鑄鐵	灰鑄鐵品	FC	F:Ferrum	C:Casting			
	沃斯田鐵基球狀石墨鑄鐵品	FCA FCDA	F:Ferrum F:Ferrum	C:Casting C:Casting	A:Austenitic D:Ductile	 A:Austenitic	
	球狀石墨鑄鐵品	FCD	F:Ferrum	C:Casting	D:Ductile		
	延性鑄鐵管	DPF, D-	D:Ductile	P:Pipe	F:Fixed	D:Ductile	-:管厚之種類
	延性鑄鐵異形管	DF	D:Ductile	F:Fittings			
	鐵系低熱膨脹鑄造品	SCLE FCLE	S:Steel F:Ferrum	C:Casting C:Casting	L:Low thermal L:Low thermal	E:Expansive E:Expansive	
	黑心可鍛鑄鐵品	FCMB	F:Ferrum	C:Casting	M:Malleable	B:Black	
	白心可鍛鑄鐵品	FCMW	F:Ferrum	C:Casting	M:Malleable	W:White	
	波來鐵可鍛鑄鐵品	FCMP	F:Ferrum	C:Casting	M:Malleable	P:Pearlite	
鑄鋼	碳鋼鑄鋼品	SC	S:Steel	C:Casting			
	熔接構造用鑄鋼品	SCW	S:Steel	C:Casting	W:Weld		
	熔接構造用離心鑄造鑄鋼管	SCW-CF	S:Steel	C:Casting	W:Weld	CF:Centrifugal	
	構造用高張力碳鋼與低合金鋼鑄鋼品	SCC SCMn SCSiMn SCMnCr SCMnM SCCrM SCMnCrM	S:Steel S:Steel S:Steel S:Steel S:Steel S:Steel S:Steel	C:Casting C:Casting C:Casting C:Casting C:Casting C:Casting C:Casting M:Molybdenum	C:Carbon Mn:Manganese Si:Silicon Mn:Manganese Mn:Manganese Cr:Chromium Mn:Manganese	 Mn:Manganese Cr:Chromium M:Molybdenum M:Molybdenum Cr:Chromium	
	構造用高張力碳鋼與合金鋼鑄鋼品	SCNCrM	S:Steel	C:Casting M:Molybdenum	N:Nickel	Cr:Chromium	
	不銹鋼鑄鋼品	SCS	S:Steel	C:Casting	S:Stainless		
	耐熱鋼鑄鋼品	SCH	S:Steel	C:Casting	H:Heat-Resisting		
	高錳鋼鑄鋼品	SCMnH	S:Steel	C:Casting	Mn:Manganese	H:High	
	高溫高壓用鑄鋼品	SCPH	S:Steel	C:Casting	P:Pressure	H:High Temperature	
	高溫高壓用離心鑄造鑄鐵管	SCPH-CF	S:Steel	C:Casting CF:Centrifugal	P:Pressure	H:High Tempera-ture	
	低溫高壓用鑄鋼品	SCPL	S:Steel	C:Casting	P:Pressure	L:Low Tempera-ture	

附錄 4 JIS 機械構造用鋼記號體系

⑴ **適用範圍**：主要是以機械構造用碳鋼鋼材及構造用合金鋼鋼材之種類記號加以規定。

參考 *1.* 現行 JIS 現象

JIS G 4051，G 4052，G 4102，G 4103，G 4104，G 4105，G 4106，G 4202

2. 亦作爲將來 JIS 化之構造用鋼爲基礎之易切鋼等種類記號之指標。

⑵ **種類記號之構成**

① **種類記號之順序**

種類記號是以表示鋼之記號、主要合金元素記號、主要合金元素量代號、含碳量代表值、及付加記號等所構成，其構成順序如下。

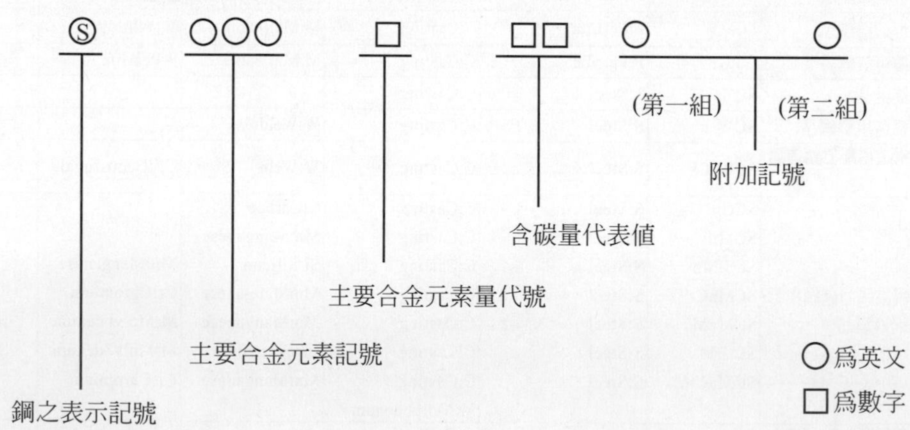

② **主要合金元素記號**

❶ 本記號表示主要合金元素之組合。

❷ 使用文字以英文表示，無法以小寫表示時變更爲大寫亦可。

❸ 各合金元素之記號如表 1 所示。

表 1　各合金元素的記號

元素名	記號	
	單獨之場合	複合之場合
錳	Mn	Mn
鉻	Cr	C
鉬	Mo	M
鎳	Ni	N
鋁	Al	A
硼	Bo	B

❹ 鋼與主要合金元素記號一併表示時之記號如表 2 所示。

表 2　主要合金元素記號

區分	記號	區分	記號
碳鋼	S××C	鉻鋼	SCr
硼鋼	SBo	鉻硼鋼	SCrB
錳鋼	SMn	鉻鉬鋼	SCM
錳硼鋼	SMnB	鎳鉻鋼	SNC
錳鉻鋼	SMnC	鎳鉻鉬鋼	SNCM
錳鉻硼鋼	SMnCB	鋁鉻鉬鋼	SACM

③　**主要合金元素含量代號**

❶ 本代號爲了區別主要合金元素之量，除了碳鋼外都使用。

❷ 使用文字爲 1 位數。

❸ 本代號與合金元素含有量之對照表如表 3。本代號之選定是以各合金元素含有量之中心值爲代表。

表 3　主要合金元素含量代號與元素含有量之對比

區分 元素 / 主要合金元素量代號	錳鋼	錳鉻鋼		鉻鋼	鉻鉬鋼，鋁鉻鉬鋼		鎳鉻鋼		鎳鉻鉬鋼		
	Mn	Mn	Cr	Cr	Cr	Mo	Ni	Cr	Ni	Cr	Mo
1					0.30 以上 0.80 未滿	0.15 未滿					
2	1.00 以上 1.30 未滿	1.00 以上 1.30 未滿	0.30 以上 0.90 未滿	0.30 以上 0.80 未滿	0.30 以上 0.80 未滿	0.15 以上 0.30 未滿	1.00 以上 2.00 未滿	0.25 以上 1.25 未滿	0.20 以上 0.70 未滿	0.20 以上 1.00 未滿	0.15 以上 0.40 未滿
3					0.80 以上 1.40 未滿	0.15 未滿					
4	1.30 以上 1.60 未滿	1.30 以上 1.60 未滿	0.30 以上 0.90 未滿	0.80 以上 1.40 未滿	0.80 以上 1.40 未滿	0.15 以上 0.30 未滿	2.00 以上 2.50 未滿	0.25 以上 1.25 未滿	0.70 以上 2.00 未滿	0.40 以上 1.50 未滿	0.15 以上 0.40 未滿
5		1.30 以上 1.60 未滿	0.90 以上		1.40 以上	0.15 未滿					
6	1.60 以上	1.60 以上	0.30 以上 0.90 未滿	1.40 以上 2.00 未滿	1.40 以上	0.15 以上 0.30 未滿	2.50 以上 3.00 未滿	0.25 以上 1.25 未滿	2.00 以上 3.50 未滿	1.00 以上	0.15 以上 1.00 未滿
8				2.00 以上	0.80 以上 1.40 未滿	0.30 以上 0.60 未滿	3.00 以上	0.25 以上 1.25 未滿	3.50 以上	0.70 以上 1.50 未滿	0.15 以上 0.40 未滿

❹ 硬化能保證鋼(H鋼)、特殊元素添加鋼等，其主要合金元素含有量之規格與基本鋼不同時，仍採用與基本鋼相同之代號。

④ **含碳量之代表值**

❶ 本記號代表其含碳量。

❷ 使用文字為數字。

❸ 本代表值是採用所規定含碳量之中心值之100倍數值。

此時：(a)100倍之數值非為整數值時則取捨使成整數。

(b)100倍之數值小於9時，第1位記為0。

❹ 硬化能保證鋼之含碳量之規定與基本鋼不同時，仍採用與基本鋼相同含碳量之代表值。表4所示為含碳量之代表值之表示例。

表4 含碳量之代表值之表示例

	規定含碳量範圍		中央值×100	表示值	備考
❸(a)項之例	S12C	0.10～0.15	12.5	12	
❸(b)項之例	S09CK	0.07～0.12	9.5	9→09	
❸(c)項之例	SCM420	0.18～0.23	20.5	20→20	
	SCM421	0.17～0.23	20	20→21	Mn高之故
❹項之例	SMn433H	0.29～0.36	32.5	32→33	配合基本鋼
	SMn433	0.30～0.36	33	33	基本鋼

⑤ **附加記號**

❶ 附加記號由第1組與第2組所構成，使用英文。

❷ 第一組，本記號適用於添加合金元素於基本鋼時。

例：為了改善被削性之特別元素添加鋼

區分	附加記號
鉛添加鋼	L
硫添加鋼	S
鈣添加鋼	U

備考：複合添加時以上述記號組合表示。

❸ 第二組，本記號適用於除化學成分以外，尚保證某些特殊特性時。
例：保證特殊特性之鋼

區分	記號
硬化能保證鋼(H 鋼)	H
表面硬化用碳鋼	K

附錄 5 常用世界各國規格之符號說明

AA : The Aluminum Association 美國鋁業協會所制定之規格。

AISI : American Iron and Steel Institute 美國鋼鐵協會所制定之規格。

ANSI : American National Standards Institute 美國國家標準協會所制定之規格。

ASTM : American Society for Testing and Material 美國材料測試協會所制定之規格。

BS : British Standards Institution 英國國家標準所制定之規格。

CNS : Chinese National Standards 中華民國國家標準所制定之規格。

DIN : Deutsches Institut fur Nörmung 德國標準委員會所制定之規格。

EN : European Standard 歐盟標準所制定之規格。

FS : Federal Specification 美國政府針對物資調度所制定之規格。

ISO : International Organization for Standardization 國際標準化組織所制定之規格。

JIS : Japanese Industrial Standards 日本工業標準所制定之規格。

NF : Normes Francaises 法國國家標準所制定之規格。

SAE : Society of Automotive Engineers 美國汽車工程師協會所制定之規格。

索 引

A

B

D

E

I

J

K

Q

R

S

T

U

V

W

Y

國家圖書館出版品預行編目資料

工程材料學 ／ 楊榮顯編著. -- 五版. -- 新北市：
全華圖書, 2016.03
面； 公分
ISBN 978-957-21-9940-4(精裝)
1.CST： 工程材料
440.3 104009836

工程材料學(精裝本)

作者／楊榮顯
發行人／陳本源
執行編輯／吳政翰
出版者／全華圖書股份有限公司
郵政帳號／0100836-1 號
印刷者／宏懋打字印刷股份有限公司
圖書編號／0330074
五版五刷／2022 年 09 月
定價／新台幣 630 元
ISBN／978-957-21-9940-4 (精裝)
全華圖書／www.chwa.com.tw
全華網路書店 Open Tech／www.opentech.com.tw
若您對本書有任何問題，歡迎來信指導 book@chwa.com.tw

臺北總公司(北區營業處)
地址：23671 新北市土城區忠義路 21 號
電話：(02) 2262-5666
傳真：(02) 6637-3695、6637-3696

南區營業處
地址：80769 高雄市三民區應安街 12 號
電話：(07) 381-1377
傳真：(07) 862-5562

中區營業處
地址：40256 臺中市南區樹義一巷 26 號
電話：(04) 2261-8485
傳真：(04) 3600-9806(高中職)
(04) 3601-8600(大專)

歡迎加入 全華會員

● 會員獨享

會員享購書折扣、紅利積點、生日禮金、不定期優惠活動…等。

● 如何加入會員

掃 QRcode 或填妥讀者回函卡直接傳真（02）2262-0900 或寄回，將由專人協助登入會員資料，待收到 E-MAIL 通知後即可成為會員。

如何購買 全華書籍

1. 網路購書

全華網路書店「http://www.opentech.com.tw」，加入會員購書更便利，並享有紅利積點回饋等各式優惠。

2. 實體門市

歡迎至全華門市（新北市土城區忠義路 21 號）或各大書局選購。

3. 來電訂購

(1) 訂購專線：(02) 2262-5666 轉 321-324
(2) 傳真專線：(02) 6637-3696
(3) 郵局劃撥（帳號：0100836-1　戶名：全華圖書股份有限公司）
※　購書未滿 990 元者，酌收運費 80 元。

全華網路書店 www.opentech.com.tw
E-mail: service@chwa.com.tw

※ 本會員制如有變更則以最新修訂制度為準，造成不便請見諒。

廣　告　回　信
板橋郵局登記證
板橋廣字第540號

行銷企劃部　收

23671 新北市土城區忠義路 21 號
全華圖書股份有限公司

讀者回函卡

掃 QRcode 線上填寫 ▶▶▶

姓名：＿＿＿＿＿＿ 生日：西元＿＿＿年＿＿＿月＿＿＿日 性別：□男 □女

電話：（ ）＿＿＿＿＿＿ 手機：＿＿＿＿＿＿

e-mail：（必填）＿＿＿＿＿＿

註：數字零，請用 Φ 表示，數字 1 與英文 L 請另註明並書寫端正，謝謝。

通訊處：□□□□□＿＿＿＿＿＿

學歷：□高中・職 □專科 □大學 □碩士 □博士

職業：□工程師 □教師 □學生 □軍・公 □其他

學校／公司：＿＿＿＿＿＿ 科系／部門：＿＿＿＿＿＿

・需求書類：

□A. 電子 □B. 電機 □C. 資訊 □D. 機械 □E. 汽車 □F. 工管 □G. 土木 □H. 化工 □I. 設計

□J. 商管 □K. 日文 □L. 美容 □M. 休閒 □N. 餐飲 □O. 其他

・本次購買圖書為：＿＿＿＿＿＿ 書號：＿＿＿＿＿＿

・您對本書的評價：

封面設計：□非常滿意 □滿意 □尚可 □需改善，請說明＿＿＿＿＿＿

內容表達：□非常滿意 □滿意 □尚可 □需改善，請說明＿＿＿＿＿＿

版面編排：□非常滿意 □滿意 □尚可 □需改善，請說明＿＿＿＿＿＿

印刷品質：□非常滿意 □滿意 □尚可 □需改善，請說明＿＿＿＿＿＿

書籍定價：□非常滿意 □滿意 □尚可 □需改善，請說明＿＿＿＿＿＿

整體評價：請說明＿＿＿＿＿＿

・您在何處購買本書？

□書局 □網路書店 □書展 □團購 □其他＿＿＿＿＿＿

・您購買本書的原因？（可複選）

□個人需要 □公司採購 □親友推薦 □老師指定用書 □其他＿＿＿＿＿＿

・您希望全華以何種方式提供出版訊息及特惠活動？

□電子報 □DM □廣告（媒體名稱＿＿＿＿＿＿）

・您是否上過全華網路書店？（www.opentech.com.tw）

□是 □否 您的建議＿＿＿＿＿＿

・您希望全華出版哪方面書籍？＿＿＿＿＿＿

・您希望全華加強哪些服務？＿＿＿＿＿＿

感謝您提供寶貴意見，全華將秉持服務的熱忱，出版更多好書，以饗讀者。

填寫日期： / /

2020.09 修訂

親愛的讀者：

感謝您對全華圖書的支持與愛護，雖然我們很慎重的處理每一本書，但恐仍有疏漏之處，若您發現本書有任何錯誤，請填寫於勘誤表內寄回，我們將於再版時修正，您的批評與指教是我們進步的原動力，謝謝！

全華圖書 敬上

勘 誤 表

書號		書名		作者	
頁數	行數	錯誤或不當之詞句		建議修改之詞句	

我有話要說：（其它之批評與建議，如封面、編排、內容、印刷品質等・・・）